"十二五"国家重点出版物出版规划项目
铁路科技图书出版基金资助出版

铁路工务技术手册

绿 化

中国铁路总公司运输局工务部

中国铁道出版社

2017年·北京

图书在版编目(CIP)数据

绿化/中国铁路总公司运输局工务部组织编写. —北京：中国铁道出版社,2017.9
(铁路工务技术手册)
ISBN 978-7-113-23128-6

Ⅰ.①绿… Ⅱ.①中… Ⅲ.①绿化-技术手册
Ⅳ.①S73-62

中国版本图书馆 CIP 数据核字(2017)第 114521 号

书　　名：	铁路工务技术手册
	绿　化
作　　者：	中国铁路总公司运输局工务部

责任编辑：刘　霞	编辑部电话：(路电)021-73141	电子信箱：crplx2013@163.com

封面设计：崔　欣
责任校对：苗　丹
责任印制：高春晓

出版发行：中国铁道出版社(100054,北京市西城区右安门西街 8 号)
网　　址：http://www.tdpress.com
印　　刷：中煤(北京)印务有限公司
版　　次：2017 年 9 月第 1 版　2017 年 9 月第 1 次印刷
开　　本：787 mm×1 092 mm　1/16　印张：29.75　字数：688 千
书　　号：ISBN 978-7-113-23128-6
定　　价：200.00 元

版权所有　侵权必究

凡购买铁道版图书,如有印制质量问题,请与本社读者服务部联系调换。电话：(010)51873174(发行部)
打击盗版举报电话：市电(010)51873659,路电(021)73659,传真(010)63549480

前　言

  中国铁道出版社出版发行的《铁路工务技术手册》(以下简称《手册》)是20世纪70年代中期开始由原铁道部工务局陆续组织编写出版的,90年代初期曾进行过一次修编。原《手册》共十个分册,涵盖了工务主要专业领域,多年来一直是工务系统广泛使用的应用类工具书,在生产实践、业务指导、技术培训等方面发挥了重要作用。近年来,随着高速、重载铁路的快速发展和路网规模的不断扩张,工务设备结构、技术标准、维修体制和维护技术等方面均发生了巨大变化,原《手册》已不能满足工务工作需要。为此,中国铁路总公司运输局工务部组织对《手册》进行全面修编。

  新版《手册》共十三个分册,在基本保留《轨道》《道岔》《路基》《桥涵》《隧道》《线路业务》《养路机械》《防洪》《造林与绿化》《采石》等十个分册基础上,将《线路业务》更名为《线路养护》,《养路机械》更名为《工务机械》,《造林与绿化》更名为《绿化》,新增《线路检测与测量》和《房建》两个分册。

  本次修编本着"科学严谨、实事求是"的态度,以及"注重延续性和发展性,确保科学性和规范性,突出全面性和实用性,具备可扩充性"的原则,组织了各铁路局以及有关科研机构、高等院校、设计、制造、施工等单位的专家编写而成。在原版框架基础上,充分吸收了高速、重载和提速有关研究成果及成功实践经验,体现了当前工务设备结构、技术标准、维护技术的现状、特点与发展方向,内容与现行国家标准、行业标准,中国铁路总公司规章及企业标准保持一致,内容全面,实用性强,体现了工具书的特点,可指导铁路工务养护维修、管理工作,亦可作为相关技术、技能人员学习培训之用。

  《铁路工务技术手册》修编委员会名单:

主　　任: 康高亮

副主任: 曾宪海　牛道安　吴景海　张大伟　钟加栋

委　　员: 沈　榕　万　坚　吴细水　付　锋　许建明　姚　冬
　　　　　　王　敏　杨忠吉　杨梦蛟　徐其瑞　洪学英　时　博

《绿化》修编过程中,综合考虑了铁路路网结构、规模、覆盖地域变化带来的对铁路绿化工作新要求,突出实用性、简明性,对《造林与绿化》中部分陈旧、不常用的内容进行了删减,对科普性、研究性的内容进行了精炼,对技术层面的内容进行了充实,补充了高速铁路线路绿化相关内容和近年来发展成熟的绿化新技术、新设备内容,重点增加了铁路沙害防治相关内容。修编后《绿化》共十三章和四个附录,涵盖铁路线路绿化林、其他防护林、林木管护、苗圃育苗、林木病虫害、林业作业安全、园林绿化,铁路沙害防治基础理论、工程治沙技术、植物治沙技术、铁路沙害防护体系建设等。

本次修编的《绿化》是在传承前两版的基础上完成的,其中的许多内容都凝聚着工务前辈们的心血,在此对前辈们表示由衷地敬意。修编过程中还得到了全国绿化委员会办公室赵良平以及各铁路局绿化办的大力支持,在此一并表示感谢。

主　编:段民杰　郝才元　李付军

主要编写人员:

第一章:李付军(郑州铁路局)

第二章:段民杰　李付军　周蕊娟(郑州铁路局)

第三章:曹守伟　李付军(郑州铁路局)
　　　　边植光　刘鹏超(哈尔滨铁路局)

第四章:曹守伟(郑州铁路局)
　　　　郭　芳(河南农业大学)

第五章:宋桂云　王湘军(郑州铁路局)

第六章:李付军　周蕊娟(郑州铁路局)

第七章:莫江波　赵　敏(郑州铁路局)

第八章:曹守伟　王湘军　尤小虎(郑州铁路局)

第九章:蒋富强(中铁西北科学研究院)

第十、十一、十二章:郝才元(呼和浩特铁路局)

第十三章:郝才元(呼和浩特铁路局)
　　　　　蒋富强(中铁西北科学研究院)
　　　　　王润心　姜爱东(兰州铁路局)
　　　　　王进昌(青藏铁路公司)

附　录:周蕊娟　曹守伟　宋桂云(郑州铁路局)

主　审：苏金乐(河南农业大学)

主要审定人员：朱京明　井文波(北京铁路局)

　　　　　　　蒋富强(中铁西北科学研究院)

　　　　　　　徐程扬(北京林业大学)

　　　　　　　潘　兵(全国绿化委员会办公室)

　　　　　　　姚　冬　王文花　涂文靖(中国铁路总公司运输局工务部)

　　　　　　　王进昌(青藏铁路公司)

　　　　　　　王润心　姜爱东(兰州铁路局)

　　　　　　　王锡来(中国铁路总公司工程管理中心)

　　　　　　　朱肖颖　袁世海(上海铁路局)

　　　　　　　郝才元(呼和浩特铁路局)

　　　　　　　鲁里程(成都铁路局)

　　　　　　　王相乾　张吉兴(郑州铁路局)

　　　　　　　薛　鹏(沈阳铁路局)

　　　　　　　刘　霞(中国铁道出版社)

中国铁路总公司运输局工务部

2017 年 3 月

目 录

第一章 铁路造林绿化概述 1

第一节 铁路造林绿化的主要内容 1
一、铁路造林绿化的范围和作用 1
二、铁路林种分类 2
三、铁路绿化造林树种选择 3

第二节 铁路绿色通道 4
一、铁路绿色通道建设概述 4
二、铁路绿色通道建设有关技术规章 5

第二章 线路绿化林 6

第一节 线路绿化林及其营造范围 6
一、营造范围 6
二、植树位置 7

第二节 线路绿化林设计 14
一、造林规划设计 14
二、线路绿化林设计 16

第三节 线路绿化林施工与验收 35
一、线路绿化林施工 35
二、线路绿化林验收 41

第三章 其他防护林 45

第一节 护坡林 45
一、护坡林的护坡作用与分类 45
二、护坡林设计 45
三、铺种草皮的具体作法 48
四、路基边坡草灌结合防护技术 52
五、草本、灌木及藤本植物的选择 54
六、护坡绿化管理及养护 55

第二节 防水林 56
一、铁路线路防水林的种类 56
二、防水林的调查设计与营造 57

第三节 防雪林 61
一、线路防雪林的调查设计 61

— 1 —

二、营造防雪林注意事项 ·· 66

第四章 林木管护 ·· 68

第一节 幼林抚育管理 ·· 68
一、幼林抚育管理的标准 ·· 68
二、中耕除草 ·· 68
三、灌　溉 ·· 69
四、施　肥 ·· 69
五、平　茬 ·· 69
六、幼林抹芽、除蘖、修剪 ·· 70
七、扶苗和培土 ·· 70
八、防治病虫害 ·· 71
九、幼林检查 ·· 71
十、幼林补植 ·· 71

第二节 成林管理 ·· 72
一、成林抚育管理的标准 ·· 72
二、成林抚育管理措施 ··· 72
三、建立造林技术档案 ··· 75

第三节 林木保护管理 ·· 75
一、护林组织 ·· 75
二、林政管理 ·· 76

第四节 危树管理 ·· 77
一、危树的定义 ·· 78
二、危树处理的依据与原则 ·· 78
三、危树调查处理的责任分工 ··· 78
四、危树的调查处理 ·· 78
五、危树处理的基本要求 ··· 79
六、危树处理的安全基本要求 ··· 79
七、危树抢险应急预案的编制 ··· 80

第五节 单木树干材积测定 ··· 81
一、基本测树因子 ··· 81
二、测定工具 ·· 81
三、单株立木材积测定 ·· 83

第五章 苗圃育苗 ·· 85

第一节 苗圃的建立 ··· 85
一、苗圃的种类 ·· 85
二、圃地的选择 ·· 85
三、苗圃的区划 ·· 85

第二节　苗木繁殖
　一、播种繁殖 ……………………………………………………… 88
　二、扦插繁殖 ……………………………………………………… 101
　三、嫁接繁殖 ……………………………………………………… 114
　四、压条繁殖 ……………………………………………………… 127
　五、分株繁殖 ……………………………………………………… 130
　六、埋条繁殖 ……………………………………………………… 132

第三节　圃地管理与培育大苗
　一、圃地管理 ……………………………………………………… 133
　二、苗木移植 ……………………………………………………… 140
　三、培育大苗 ……………………………………………………… 142

第四节　苗木出圃
　一、苗木出圃前的调查 …………………………………………… 148
　二、苗木出圃的质量要求 ………………………………………… 150
　三、起　　苗 ……………………………………………………… 151
　四、分级与统计 …………………………………………………… 154
　五、假植与贮藏 …………………………………………………… 155
　六、包装与运输 …………………………………………………… 156
　七、检疫和消毒 …………………………………………………… 157
　八、建立育苗技术档案 …………………………………………… 157

第五节　设施育苗
　一、容器育苗 ……………………………………………………… 160
　二、塑料大棚育苗 ………………………………………………… 164
　三、全光喷雾嫩枝扦插育苗技术 ………………………………… 168
　四、地膜覆盖育苗技术 …………………………………………… 170
　五、无土栽培 ……………………………………………………… 172
　六、组织培养育苗 ………………………………………………… 175

第六节　盆花培育
　一、培养土的要求与配制 ………………………………………… 178
　二、盆花的繁殖 …………………………………………………… 178
　三、盆花栽培管理技术 …………………………………………… 180
　四、盆花出室与入室 ……………………………………………… 184
　五、花期调控技术 ………………………………………………… 186

第七节　化学除草
　一、苗圃的杂草及其危害 ………………………………………… 191
　二、除草剂的分类 ………………………………………………… 193
　三、化学除草剂的选择性 ………………………………………… 194
　四、除草剂的应用技术 …………………………………………… 194
　五、除草剂在土壤中的残留 ……………………………………… 198
　六、常用除草剂简介 ……………………………………………… 199

第六章 林木病虫害防治 ... 202

第一节 林木病虫害基础知识 ... 202
一、林木病害的症状 ... 202
二、林木病害的病原 ... 204
三、林木病害的发生与发展 ... 207
四、昆虫生物学 ... 209
五、昆虫的习性 ... 211

第二节 农药知识 ... 212
一、农药的概念 ... 212
二、农药的使用方法 ... 213
三、农药的稀释与计算 ... 215
四、合理和安全使用农药 ... 216

第三节 林木病虫害的综合防治 ... 217
一、病虫害综合治理 ... 217
二、林木病虫害防治方法 ... 218
三、林木病虫害的调查 ... 227
四、林木虫害的预测预报 ... 232
五、外来入侵生物防治技术措施 ... 234

第四节 常见植物病虫害的识别 ... 236
一、常见主要林木病害识别 ... 236
二、常见害虫形态及习性 ... 240

第七章 林业作业安全 ... 248

第一节 安全管理基础知识 ... 248
一、安全管理基本原则 ... 248
二、安全管理主要内容 ... 249

第二节 林业主要作业安全 ... 252
一、危树处理或林木采伐 ... 252
二、林木管护、绿化工程及其他作业安全重点注意事项 ... 254
三、施药作业 ... 255
四、施肥作业 ... 257
五、作业中安全揭示标志简介 ... 257

第三节 林业机械安全 ... 259
一、林业机械分类 ... 259
二、林业机械安全技术 ... 260

第八章 园林绿化 ... 268

第一节 园林规划与设计 ... 268
一、园林构成要素和应用 ... 268

二、园林绿地规划设计原则 …………………………………………… 279
　　三、园林设计构景手法 ………………………………………………… 280
　　四、园林绿地布局 ……………………………………………………… 281
　　五、园林绿化工程预算编制 …………………………………………… 282
　　六、铁路站区、生产厂区绿化设计 …………………………………… 282
　第二节　绿化工程施工 …………………………………………………… 286
　　一、施工前准备 ………………………………………………………… 286
　　二、种植工程施工 ……………………………………………………… 289
　　三、大树移植 …………………………………………………………… 293
　　四、园路铺装 …………………………………………………………… 293
　　五、草坪建植 …………………………………………………………… 296
　　六、花坛的施工 ………………………………………………………… 300
　第三节　立　体　绿　化 ………………………………………………… 302
　　一、屋顶绿化 …………………………………………………………… 302
　　二、墙面绿化 …………………………………………………………… 311
　　三、棚架绿化 …………………………………………………………… 315
　第四节　站区庭院树木养护管理 ………………………………………… 322
　　一、园林绿地分级管理的标准与养护管理工作月历 ………………… 322
　　二、中耕除草 …………………………………………………………… 322
　　三、灌溉与排水 ………………………………………………………… 323
　　四、施　　肥 …………………………………………………………… 324
　　五、园林树木的修剪 …………………………………………………… 325
　　六、低温危害与防寒 …………………………………………………… 329
　　七、草坪的养护管理 …………………………………………………… 332
　　八、花坛的养护管理 …………………………………………………… 337

第九章　铁路沙害防治基础理论 …………………………………………… 339

　第一节　国内外沙害铁路简述 …………………………………………… 339
　　一、国外沙害铁路 ……………………………………………………… 339
　　二、国内沙害铁路 ……………………………………………………… 340
　第二节　铁　路　沙　害 ………………………………………………… 342
　　一、铁路沙害类型 ……………………………………………………… 342
　　二、铁路沙害等级 ……………………………………………………… 343
　　三、铁路沙害成因 ……………………………………………………… 344
　　四、铁路沙害形式 ……………………………………………………… 344
　第三节　风　的　特　征 ………………………………………………… 345
　　一、风的阵发性 ………………………………………………………… 345
　　二、风向、风速的表示方法 …………………………………………… 345
　　三、风　　压 …………………………………………………………… 347
　第四节　沙化土地及沙丘分类特征 ……………………………………… 348
　　一、根据沙地稳定性程度分类 ………………………………………… 348

二、根据沙丘形态分类 …………………………………………………… 348
　　三、根据沙丘的形成与风向的关系分类 ………………………………… 349
第五节　风沙流特征 ……………………………………………………………… 349
　　一、沙粒运动的基本形式 ………………………………………………… 349
　　二、风沙流结构及技术指标 ……………………………………………… 350
　　三、起动风速与沙粒粒径、含水率的关系 ……………………………… 351
　　四、起动风速与下垫面粗糙度的关系 …………………………………… 352
　　五、风沙流饱和状态与地表蚀积之间的关系 …………………………… 352
　　六、风沙流与线路的关系 ………………………………………………… 353
第六节　风沙流的观测 …………………………………………………………… 354
　　一、野外观测 ……………………………………………………………… 354
　　二、风洞试验 ……………………………………………………………… 357

第十章　工程治沙技术 ……………………………………………………… 358

第一节　沙障的类型和作用原理 ………………………………………………… 358
　　一、沙障类型 ……………………………………………………………… 358
　　二、沙障的作用原理 ……………………………………………………… 358
第二节　沙障的技术设计 ………………………………………………………… 361
　　一、沙障技术指标 ………………………………………………………… 361
　　二、沙障的设置方法 ……………………………………………………… 363
　　三、沙障的组合 …………………………………………………………… 365
第三节　其他措施 ………………………………………………………………… 366
　　一、化学固沙措施 ………………………………………………………… 366
　　二、输沙措施 ……………………………………………………………… 367

第十一章　植物治沙技术 …………………………………………………… 368

第一节　植物治沙的特点及作用 ………………………………………………… 368
　　一、植物治沙的特点 ……………………………………………………… 368
　　二、植物对流沙环境的作用 ……………………………………………… 368
第二节　造林设计 ………………………………………………………………… 369
　　一、收集资料及外业调查 ………………………………………………… 369
　　二、内业设计 ……………………………………………………………… 370
第三节　造林技术 ………………………………………………………………… 371
　　一、造林整地 ……………………………………………………………… 371
　　二、造林方法 ……………………………………………………………… 372
　　三、造林季节 ……………………………………………………………… 374
　　四、抚育管理 ……………………………………………………………… 374
第四节　主要治沙造林植物种特性及造林技术 ………………………………… 375
　　一、籽　蒿 ………………………………………………………………… 375
　　二、油　蒿 ………………………………………………………………… 375

三、柠　条 ……………………………………………………………… 376
　　四、花　棒 ……………………………………………………………… 377
　　五、杨　柴 ……………………………………………………………… 378
　　六、沙拐枣 ……………………………………………………………… 379
　　七、沙　柳 ……………………………………………………………… 380
　　八、柽　柳 ……………………………………………………………… 380
　　九、梭　梭 ……………………………………………………………… 381
　　十、沙　枣 ……………………………………………………………… 382
　　十一、胡　杨 …………………………………………………………… 382
　　十二、樟子松 …………………………………………………………… 383
第五节　节水灌溉技术 …………………………………………………… 384
　　一、滴灌技术 …………………………………………………………… 384
　　二、喷灌技术 …………………………………………………………… 386
　　三、渗灌技术 …………………………………………………………… 388

第十二章　铁路沙害防护体系建设 …………………………………… 389

第一节　防护体系建设的程序 …………………………………………… 389
　　一、技术准备 …………………………………………………………… 389
　　二、现场调查 …………………………………………………………… 389
　　三、防护体系设计 ……………………………………………………… 391
　　四、施工管理 …………………………………………………………… 394
　　五、后期管护 …………………………………………………………… 395
　　六、总结经验 …………………………………………………………… 396
　　七、技术台账 …………………………………………………………… 396
第二节　干草原地带沙害防护体系 ……………………………………… 396
　　一、自然特征及分布 …………………………………………………… 396
　　二、防治措施 …………………………………………………………… 397
第三节　半荒漠地带沙害防护体系 ……………………………………… 397
　　一、自然特征及分布 …………………………………………………… 398
　　二、防治措施 …………………………………………………………… 398
第四节　荒漠地带沙害防护体系 ………………………………………… 400
　　一、自然特征及分布 …………………………………………………… 400
　　二、防治措施 …………………………………………………………… 400

第十三章　铁路沙害防治工程实例 ……………………………………… 403

第一节　包兰线沙坡头沙害防治工程 …………………………………… 403
　　一、工程背景 …………………………………………………………… 403
　　二、风沙危害 …………………………………………………………… 404
　　三、风沙防治 …………………………………………………………… 404
　　四、防护体系模式 ……………………………………………………… 405

第二节 集二线沙害综合治理工程 ·········· 407
一、半干旱草原沙害治理模式 ·········· 407
二、干旱草原沙害综合治理模式 ·········· 408
三、半荒漠草原零星沙害综合治理模式 ·········· 408
四、沙漠沙害综合治理模式 ·········· 409
五、荒漠草原沙害综合治理模式 ·········· 409

第三节 青藏铁路红梁河、沱沱河沙害治理 ·········· 410
一、红梁河沙害治理 ·········· 410
二、沱沱河沙害治理 ·········· 411

第四节 兰新线玉门段"四带一体"防护体系 ·········· 413
一、自然状况 ·········· 413
二、风沙危害 ·········· 414
三、风沙治理 ·········· 414
四、防护体系模式 ·········· 415

第五节 兰新线新疆段风沙灾害防治 ·········· 416
一、工程概况 ·········· 416
二、技术措施 ·········· 417
三、施工技术要点 ·········· 419
四、防护效果 ·········· 420

第六节 临策铁路沙害治理案例 ·········· 420
一、临策铁路概况 ·········· 420
二、沙害对铁路安全和经营的影响 ·········· 420
三、沙害现状 ·········· 422
四、防沙措施 ·········· 422

第七节 兰新高铁沙害治理案例 ·········· 424
一、研究背景 ·········· 424
二、沙害现状 ·········· 425
三、治理措施 ·········· 425

第八节 高原高海拔地区植草技术 ·········· 428
一、生态修复植物物种组合 ·········· 428
二、建植技术 ·········· 431

附 录 ·········· 434
附录一 林业行业主要技术标准与规程名录 ·········· 434
附录二 常见草本、灌木及藤本植物 ·········· 436
附录三 各种肥料混施情况表 ·········· 443
附录四 铁路绿化造林常见树种繁殖与培育一览表 ·········· 444

参考文献 ·········· 458

第一章　铁路造林绿化概述

本章简要介绍铁路造林绿化的范围和作用、铁路林种的分类、树种选择的原则和要求，以及铁路部门响应国家生态文明建设号召，推进铁路绿色通道建设，改善铁路沿线的生态环境，制定铁路绿色通道建设技术规章等内容。

第一节　铁路造林绿化的主要内容

一、铁路造林绿化的范围和作用

1. 绿化范围

铁路造林绿化是国土绿化的重要组成部分，铁路造林绿化的范围包括线路绿化和车站（庭院）绿化两个方面。

（1）线路绿化：指铁路沿线铁路用地上的植树绿化。

（2）车站（庭院）绿化：指铁路所属车站、单位庭院的环境绿化。

2. 功能作用

根据铁路造林绿化的特点和营造范围，具有以下的功能作用。

（1）保护生态环境

铁路林带绵延万里，单位庭院绿树成荫，与周边绿地系统有机统一，共同发挥调节温度（吸热、遮阴）、释氧固碳（促进碳氧平衡）、滞尘吸尘（吸附有害粉尘）、杀菌消毒（吸收大气有害气体、分泌杀菌剂）、减弱噪声（吸音、隔音）等净化空气、改善小气候的生态保护功能。

（2）保障行车安全

树木根系发达，和土壤相互紧密结合，增强了表层土壤的抗冲防蚀能力；树冠和地被植物可以阻挡雨水直接冲击路堤坡面，含蓄雨水，减少地表径流，因而可以防止铁路路基变形、坡面塌陷。

防护林带可以降低风速减少危害，灌木绿篱可以阻隔牲畜，合理变化的植被景观可以缓解司乘人员的视觉疲劳。

（3）美化站容线貌

铁路造林绿化所栽植树木可以美化环境，营造舒适、美丽的自然环境。绿色植物与周边建筑、道路广场、河流湖泊等有机融合，可以组织并构成各具特色的自然风景和人文景观。

植物具有特殊的观赏性，各种植物的形、干、枝、叶、花、果等呈现色彩缤纷、千变万化的特点。树、干、叶、花、果的形状、颜色和香味等元素呈现了树木在大自然中的靓丽风貌；将其观赏特征通过各种配置方式与外界地形地貌、地质景观、地方历史文化等有机结合起来，可以为人们营造舒适安静的生活和工作环境。

开展沿线造林及站段单位庭院、住宅区绿化,美化了路容环境,促进了生态文明、精神文明、物质文明建设共同协调发展,有力高效地树立和提升铁路形象。

另外,由于铁路的独立性和区域特点,铁路造林绿化可以有效保护铁路用地,同时树木浑身是宝,有的花、根、树皮可以供药用,有的枝叶可以作饲料、肥料,有的果实可以榨油、制胶,有的枝条可以编筐等等,因此在植树造林中,绿化要和生产相结合,因地制宜、因树制宜,选择既有绿化效果,又有经济收益的树种,努力增加经济效益,实现以林护地的目标。

二、铁路林种分类

《中华人民共和国森林法》(以下简称《森林法》)将我国森林划分为用材林、经济林、薪炭林、防护林、特种用途林五个林种。森林分类系统根据经营目标不同将有林地、疏林地和灌木林地分为五个林种、二十三个亚林种,见表1—1—1。

表1—1—1 林种分类

	森林类别	林种	亚 林 种
1.	生态公益林(地)	防护林	(1)水源涵养林;(2)水土保持林;(3)防风固沙林;(4)农田防护林;(5)护岸林;(6)护路林;(7)其他防护林
		特种用途林	(1)国防林;(2)实验林;(3)母树林;(4)环境保护林;(5)风景林;(6)名胜古迹和革命纪念林;(7)自然保护区林
2.	商品林(地)	用材林	(1)短轮伐期工业原料用材林;(2)速生丰产用材林;(3)一般用材林
		薪炭林	薪炭林
		经济林	(1)果树林;(2)食用原料林;(3)林化工业原料林;(4)药用林;(5)其他经济林

依据《铁路林业技术管理规则》(铁运〔2008〕208号,以下简称《林规》),铁路造林分为防护林、特种用途林、用材林、经济林四大类。

1. 防护林

防护林是指为了保持水土、防风固沙、涵养水源、调节气候、减少污染所经营的天然林和人工林。防护林是中国林种分类中的一个主要林种,根据其防护目的和效能,防护林分为水源涵养林、水土保持林、防风固沙林、护路林、环境保护林等。

铁路防护林特指铁路沿线以稳固路基,防止自然灾害,保护铁路所营造的各种林木,包括防雪林、防水林、防沙林、护坡林、水土保持林和线路绿化林等。

由于铁路线路分布范围广、气候差异大、立地条件不一,功能需求不同,因此要因地制宜、因害设防、适地适树营造各种防护林。铁路沿线营造各种防护林带时还可以结合各省市关于铁路两侧绿色廊道建设的整体规划,科学配置、合理选择树种和设置种植密度,构建相互有机融合的防护林体系,实现景观效果和防护效益双赢。

2. 特种用途林

特种用途林是指以国防、环境保护、科学实验等为主要目的的森林(天然林或人工林)。包括国防林、实验林、母树林、环境保护林、风景林和名胜古迹、革命纪念地的林木以及自然保护区的森林。

铁路特种用途林特指以保护车站及铁路各单位环境所栽的林木,包括车站绿化、单位庭院绿化。

3. 用材林

用材林是指以培育和提供木材或竹材为主要目的的森林,分为一般用材林和专用用材林两种。一般用材林指培育大径通用材种(主要是锯材)为主的森林;专用用材林指专门培育某一材种的用材林,包括坑木林、纤维造纸林、胶合板材林等。

铁路用材林特指以生产木材为主要目的的规模化种植的林木。各铁路局在用地许可的条件下,应根据当地气候条件选择生长速度快、经济价值高的乡土树(竹)种,培育用材林,以支援铁路建设,增加经济收入。

4. 经济林

经济林是指以生产除木材以外的果品、食用油料、工业原料和药材等林产品为主要目的的森林。经济林有狭义与广义之分。

广义经济林是与防护林相对而言,以生产木料或其他林产品直接获得经济效益为主要目的的森林,包括用材林、特用经济林、薪炭林等。狭义经济林是指利用树木的果实、种子、树皮、树叶、树汁、树枝、花蕾、嫩芽等,以生产油料、干鲜果品、工业原料、药材及其他副特产品(包括淀粉、油脂、橡胶、药材、香料、饮料、涂料及果品)为主要经营目的的乔木林和灌木林,如木本粮食林、木本油料、工业原料特用林等。

铁路经济林是指以生产果品、食用油料、调料、药材等为目的林木。铁路林业生产单位可发掘适合当地气候和土壤等条件的经济植物(树木、花卉、竹类等),大力开展经济林营造,实现效益的最大化。

三、铁路绿化造林树种选择

(一)树种选择的原则

1. 一般原则

选择生长速度适中、抗逆性强、病虫害少、树形美观,经济价值较高的树种。还要根据造林绿化目的进行选择,绿化林宜选择观赏价值高的树种,防护林根据防护要求选择相应抗逆性强的树种,护坡植被选择根系发达的树种等,站段厂区等单位绿化应选择具有吸附有害粉尘、阻隔噪声、抗有害气体污染树种,住宅区庭院绿化要选择无飞絮、无异味、杀菌的树种。

2. 因地制宜,适地适树

根据树木的生物学特性、生态学特性和林学特性以及立地条件选择树种,要优先选择优良的乡土树种,还可根据立地要求,选择适生的外来树种。

不同地域,气候不同,要注意影响当地环境变化的各种因素。南方高温多雨,沿线多台风,应选择透风率高、树干坚韧、耐热、耐水浸的树种,北方气候寒冷必须选择抗寒性强树种,沙漠地带干旱少雨,可选择抗旱树种。

(二)具体要求

1. 线路绿化

(1)乔木。生长稳定,树干通直,根系深广,不易倒伏,树冠紧密,寿命长;根部萌蘖少,无过多的子实,耐盐碱,耐水湿(或干旱)。

(2)灌木。根系发达,枝叶茂盛,萌芽性高,适应性强,耐瘠薄,用途广泛。

2. 车站和单位庭院绿化

(1)大中城市及工厂附近绿化,宜选择抗污染耐烟尘的树种。

(2)慎用侧根强大,具有浓香或肉质浆果易落的树种。

(3)孤植树木要树形优美,具有特色。

(4)行道树要选主干端直,树冠整齐,叶多荫浓,易修剪成形的树种。

(5)绿篱要选冠形茂密,萌芽强、耐修剪的树种。

(6)建筑墙面、栏杆可选爬藤及攀缘植物。

3. 注意事项

(1)在沿线不能栽植乔木的地段(如弯道内侧等),应选用适当的小乔木、亚乔木或大灌木。

(2)选用树种时,尽量做到常绿与落叶相结合。

(3)选择树种不能单一,一般应根据当地的立地条件和造林目的,选定一个主要树种和1~2个伴生树种。

第二节 铁路绿色通道

铁路绿色通道是指由铁路沿线各类林木、绿地连接成绿色生态廊道,并符合"铁路每侧绿化带宽度(含路堤、路堑)应至少达到5 m。沿线车站全部绿化,宜林地绿化率应达90%以上,且要有保障浇灌的水源或灌溉设施"的要求。

一、铁路绿色通道建设概述

1998年1月,全国绿化委员会等四部委联合发布《关于在全国范围内大力开展绿色通道工程建设的通知》(全绿字〔1998〕1号),要求从1998年开始,在全国范围内以公路、铁路和江河沿线绿化为主要内容,掀起绿色通道工程建设高潮。国务院于2000年10月发出《国务院关于进一步推进全国绿色通道建设的通知》(国发〔2000〕31号),要求绿色通道建设要和公路、铁路、水利设施建设统筹规划并与工程建设同步设计、同步施工、同步验收。明确提出,铁路通道的绿化由铁道系统负责,要安排相应的资金用于绿色通道工程建设。2001年2月,《关于转发国务院关于进一步推进全国绿色通道建设的通知》(铁计〔2001〕8号)制定了新建、改建铁路绿色通道建设设计、造价、验收标准。

自2001年,陆续制定了一系列铁路绿色通道工程建设规划,统一建设资金,分步实施。各铁路局及各施工单位明确责任目标,全面加快新建铁路绿色通道建设和既有线绿色通道改造速度。

2004年,全面推进京哈、京沪、京广、京九、陇海、浙赣六大铁路干线提速安全标准线建设,并明确了"十全"建设标准。其中,"建成内灌外乔林带"是十大标准之一。全路有关铁路局按照内灌外乔的配置原则,选择乡土树种开展绿色通道建设,截至2005年8月,全路相关铁路局在线路两侧种植灌木3 640万株,栽种乔木695万株,六大干线基本完成种植计划,绿色通道建设初具规模,初见成效。

2007年《关于开展秋季大造林活动的通知》,要求各铁路局在全路集中开展一次声势浩大的铁路沿线绿化造林战役,按照因地制宜、内灌外乔、一次成林、全线贯通的原则,奋战3年,建设高标准绿色生态安全屏障,让全国所有宜林铁路全面绿化,形成带、网、片、点相结合,层次多样、结构合理、功能齐备、世界一流的绿色生态长廊,创造新的绿色辉煌。短短3年时间,3亿株林木植根于35 000 km铁路两侧,与原有5亿株林木形成"连起来、厚起来、茂起来、美起来"的绿色生态网络,铁路宜林区段根据绿化标准实现全面补植,沿线关闭车站和提速改线地段实现全面绿化。

2015年末,运营铁路可绿化里程54 273.27 km,已绿化里程44 162.08 km,绿化率81.37%;站区庭院已绿化面积8 275.25 hm^2;沙害铁路长度4 640.72 km,已治理2 699.61 km,当年生物治沙23.65 km,沙害治理率58.68%。国家铁路主要干线已基本形成了铁路沿线绿色走廊和安全屏障,线、点均不同程度呈现出了美丽景象,为国土绿化做出了应有贡献。

二、铁路绿色通道建设有关技术规章

为了推进铁路绿色通道建设,改善铁路沿线的生态环境,统一铁路绿色通道建设的技术要求,自2001年,铁道系统先后制定颁布了一系列绿色通道建设的规定和指导意见,《林规》增加了绿色通道建设相关技术要求。

铁路绿色通道建设是国土绿化的重要组成部分,铁路各部门、各单位要把绿色通道建设作为铁路林业、绿化工作的重点。

铁路局应制定既有线绿色通道建设规划,在统一规划和设计的基础上,根据财力和区域土壤及气候特点,因地制宜、经济合理、循序渐进地推进既有线绿色通道建设,建设和管护费用应纳入年度预算。

新建、改建、扩建铁路工程应将绿色通道建设纳入工程概算,与主体工程同步设计、同步施工、同步验收。

铁路绿色通道建设的范围原则上应在铁路地界内,也可采用路地共建等其他建设方式。

绿色通道线路绿化以营造防护林为主,站区绿化以营造特种用途林为主。线路两侧可种植绿篱或花灌木,以美化和保护线路。

要适地适树地开展绿化,宜乔则乔、宜灌则灌、宜草则草。宜林地绿化时,应合理配置树种,可实行针阔混交或乔灌混交,形成内灌外乔绿化带。干旱地区宜选用耐旱、耐贫瘠的灌木,有条件的地区可种植乔木。

《高速铁路设计规范(试行)》(TB 10621—2009)制定了高速铁路绿化及绿色通道设计原则和技术要求。

2013年8月,中国铁路总公司发布《铁路工程绿色通道建设指南》(铁总建设〔2013〕94号),指南共分9章,主要内容包括总则,术语,基本规定,路基地段绿化设计,桥梁、隧道地段绿化设计,站区绿化设计,其他场地绿化设计,绿化施工,质量检验和验收;另有3个附录。

第二章　线路绿化林

线路绿化林是铁路绿色通道的主要组成部分，是国家廊道绿化和生态文明建设的重要组成部分。本章重点以保证行车安全为前提，从科学确定植树位置，严格界定适地适树等方面，指导营造安全防护功能与绿化美化效果兼备的铁路防护林带。

第一节　线路绿化林及其营造范围

线路绿化林属于铁路防护林，是指铁路线路两侧，以稳固路基，防止自然灾害，起防护和绿化作用所营造的各种林带。

一、营造范围

线路绿化林的营造范围是铁路沿线区间线路两侧范围内（车站进站信号机以外）的所有铁路用地，包括铁路道口、两线间、大桥下、路堑顶面等处。

线路绿化除要求做到因地制宜、适地适树、良种壮苗、内灌外乔、生长茂盛、整齐美观、林带不断以外，还应考虑以下因素。

（1）自然灾害和人为生产、生活对行车安全的影响，绿化应与防护相结合，以发挥防护功能。

（2）绿化林应尽可能与生产相结合，在不影响防护功能和绿化效果的前提下，结合林木生长情况和营林计划，合理进行疏伐和更新采伐，以增加造林的经济效益。

（3）对铁路通过的城市市区、各种道口、大桥两端、名胜古迹及重点旅游点附近，要求兼有保护环境和美化环境的作用，并具有风景林的特色。

多年来，全路在铁路沿线宜林地段营造了线路绿化林，起到了绿化、美化、防护作用。图2—1—1为陇海铁路线路绿化林。

图2—1—1　陇海线绿化林带

二、植树位置

为了保证行车安全,植树位置须符合《铁路技术管理规程》《林规》等相关规定,应注意以下事项。

(1)倒树侵入限界影响安全行车的可能性。如果沿线绿化用地较宽,只需将乔木栽植位置向外推移到树倒时不会侵入限界的安全位置即可。但沿线大多数地段,铁路绿化用地宽窄不一,因此,要认真研究乔灌木的栽植位置及根据安全要求控制其高度的方式,特别注意倒树时不能侵入防护栅栏等运输设备的限界。

(2)树木与电线路(包括通信线路)、地下光缆的安全距离。要防止树木枝条和根系侵入安全限界。

(3)路基及路堑边坡防护宜工程防护与植物防护相结合。植物选择以灌木为主,要有利于环境改善。

(4)保证安全和满足维修检查。植树位置避开维修检查通道,栽植在栅栏外,同时不得影响行车瞭望。

(一)植树与安全

沿线乔木树种植树位置,常随路基(包括路堤与路堑)高低的变动而变动。乔木树种高度越高,植树位置距离外轨越近,倒伏时侵入限界的可能性越大。由于机车车体宽度超过铁轨,因此控制树木生长的高度要小于其与外轨的距离,在不考虑树冠大小、防护栅栏、接触网及通信线路等因素的情况下,各类不同高度的路堑、路堤,距外轨不同距离的植树点所栽植树木的控制高度见表2—1—1。

表2—1—1 树木倒伏不侵入限界的最大生长高度(m)

外轨距离	栽植点距	6	8	10	12	14	16	18	20
		树木最大生长高度							
路堑高度	2		6.4	8.4	10.4	12.4	14.4	16.4	18.4
路堤高度	2	6	7.6	9.3	11.0	13.0	15.0	17.0	19.0
	5			10.6	12.6	14.2	16.2	18.0	19.8
	8				13.0	15.4	17.5	19.3	21

注:(1)因机车车体外缘超出外轨,因此控制树高要适当小于树木距外轨的距离,防止倒树时剐蹭车体。
(2)上述树高为理论数据,未考虑供电线路和其他运输设施设备位置。

沿线路基两侧既要绿化植树,又要防止大风倒树威胁行车安全,所以必须首先根据植树位置的远近,正确设计并选择生长高度适当的树种。但是仅仅用选择树种和控制树高来防止大风倒树不侵入限界是不够的,必须在选择适当树种的同时采取综合措施,才能取得较好的效果。

(1)树种的选择应根据沿线造林立地条件的类型,以一行或数行为单位,结合路基结构情况慎重考虑,选用一个树种。

(2)设计林型结构时,透风系数保持在0.4左右;在初植密度郁闭后的适当时期内,及时进行抚育疏伐,以增加透风度以及林木径度的生长。

(3)不准在林地内取土伤根;对需要控制树高的地段,根据树种情况,随时进行整枝修剪。

(4)在绿化与用材相结合的地段,有计划地培育小径材,在树高未进入限度以前,就进行分段采伐更新;在栽植经济树种的地段,采取与当地农民合营的方式,就近加强管理,防止倒伏。

(5)严格抚育管理制度,加强林地巡视,及时发现并有效处置各种可能危及行车设备或人身安全的危树。

(二)普速铁路植树位置

距外轨 4 m 以外栽植灌木,距外轨 8 m 以外可栽植乔木,对倒树后影响行车的树木要控制高生长;无路肩地段栽植灌木距外轨不得小于 4 m,铁路防护栅栏设在路肩时,应栽植在防护栅栏以外,如图 2—1—2 所示。

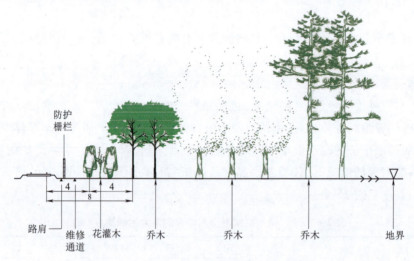

图 2—1—2　平路基地段造林位置示意(单位:m)

路堑坡面栽灌木,从线路侧沟外边 1.5 m 向上栽植。路堑坡面不应栽植乔木,路堑顶上栽乔木时,从堑顶边 4 m 向外栽植;天沟两边 1.5 m 内及易坍方的堑顶禁栽乔木,如图 2—1—3 所示。

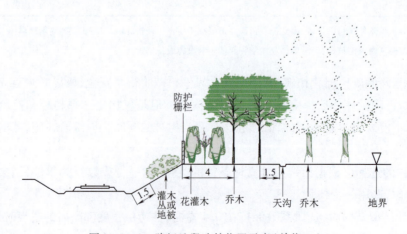

图 2—1—3　路堑地段造林位置示意(单位:m)

路堤坡面栽植灌木,从路肩沿坡面2.5 m向下栽植。高路堤坡面上栽植乔木,从路肩沿坡面7.5 m向下栽植,如图2—1—4所示。

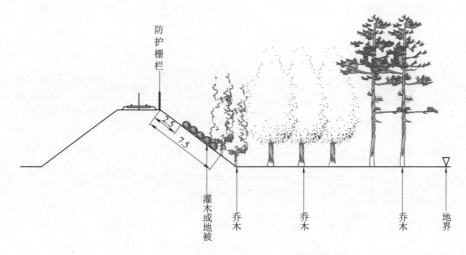

图2—1—4　路堤地段造林位置示意(单位:m)

路堑、路堤坡面有草皮起护坡作用者可不植树。

曲线内侧有碍行车瞭望地点及信号机显示线上不栽乔木。但遇下列情况可栽乔木:

(1)曲线半径大于1 000 m,而且路界较宽可采取加大与外轨距离和株距的方法在曲线内侧栽植乔木。

(2)缓和曲线不影响行车瞭望时可按照规定栽植乔木。

(3)曲线内侧路堤高8 m以上时,可在坡脚向外栽乔木。

铁路平交道口附近栽树时,在公路上距铁路外股钢轨7 m处瞭望道口两端铁路各400 m。复线地段与公路正交叉口,在平路基地段,乔灌木的栽植位置如图2—1—5所示。

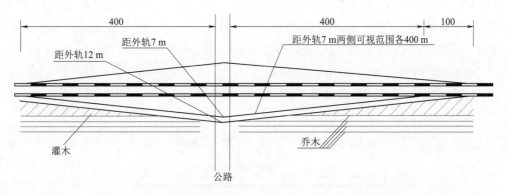

图2—1—5　复线地段与公路正交道口绿化栽植示意(单位:m)

电线路下2 m宽(包括通信电线路)禁栽乔木。沿电线路两侧栽植乔木,树冠外缘与电线要经常保持一定距离:在市内不少于1 m,在市外不少于2 m,高压线为3~5 m。电气化区段树冠外缘距输电网不少于5 m。地下电缆线路与树木的平行距离1 m。电柱拉线桩周围应留出2 m×2 m空地不植树。栽植点与输电线路电压大小的关系,应按电业部门有关规定。

乔木栽植点距建筑物的距离不少于3 m,灌木不少于1.5 m。

地下管道附近栽植乔灌木时应距管道外缘 1~3 m,如图 2—1—6 所示。

车站绿化应不影响旅客乘降、各类输电线路、地下电缆、货物装卸和信号瞭望。

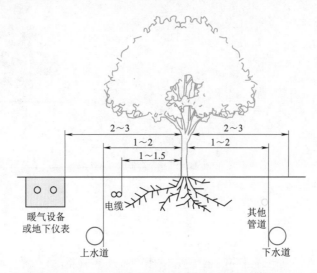

图 2—1—6　乔、灌木与地下管道距离示意（单位：m）

（三）高速铁路植树位置

随着我国铁路建设的快速发展,高速铁路的绿化越来越受到重视。由于铁路施工给沿线自然地形、地貌和原有植被造成了一定的破坏,对高速铁路进行绿化不仅可以尽早恢复当地植被,还可以保护和改善当地环境,使之成为赏心悦目的自然景观,使司乘人员感到安全、舒适,从而提高高速铁路使用、运输的效果。

按照高速铁路设计规范,绿化及绿色通道应与路基边坡防护、隧道洞口仰坡加固设计相结合。路基两侧应采用内灌外乔的形式,形成立体复层的绿化带,兼顾美观与景观效果;桥下绿化不得影响维修通道的设置,并宜采用耐阴草、灌木植物,乔木应控制成年树高,其倾覆后不得影响桥梁和行车安全的具体要求,确定高速铁路植树位置时要根据铁路地界范围、路堤（路堑）高度、视野与安全要求,以及既有线造林绿化关于植树位置的规定。

1. 桥梁地段绿化

按照《铁路工程绿色通道建设指南》,桥梁地段绿化位置如图 2—1—7 所示。

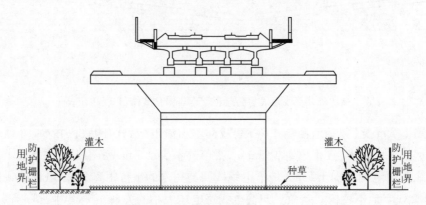

图 2—1—7　桥梁地段绿化示意

桥下绿化应以植草为主,两侧宜种植灌木,有特殊要求时,桥下可根据需要种植灌木。桥梁地段绿化还应考虑维修通道、救援通道、地方道路等设置的要求,维修、救援通道范围内可植草。

2. 路基(包括路堤、路堑)边坡,桥椎体边坡,隧道洞口边、仰坡及明洞顶部绿化

以工程防护为主,辅以栽植适应当地环境气候、防护功能强的草皮、地被植物或花灌木。路堤(路堑)外侧要根据路基高低和地界宽度,参照既有线线路造林绿化有关规定确定植树位置和树种。

(1)路基及路堑坡面

宜采用灌草结合、灌木优先的方式,如图2—1—8所示。

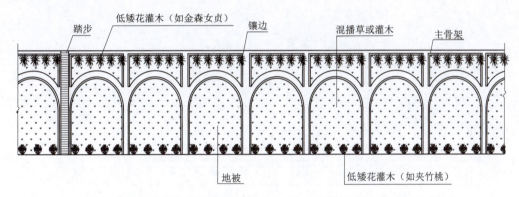

图2—1—8　高铁路基及路堑绿化示意(含六棱块骨架护坡)

(2)有排水沟地段

路堤坡脚至水沟间种植1~2排灌木,株距1 m;排水沟至防护栅栏间,种植2~4排灌木(根据路堤高度可栽植小乔木),株距为灌木1 m,乔木2 m;土质地表可根据具体情况种植观赏地被植物和草坪。花灌木、小乔木可选不同品种相间种植,栽植穴按梅花状错位布置,其与排水沟外缘、防护栅栏中心线的横向距离分别不小于0.5 m、0.6 m,如图2—1—9~图2—1—11所示。

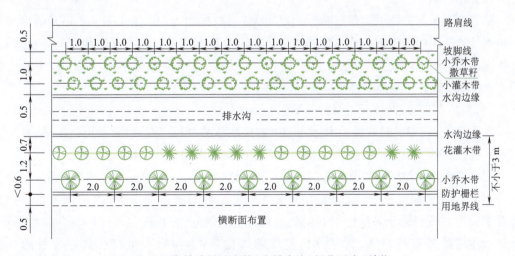

图2—1—9　高铁路堤坡脚外(有排水沟)绿化示意(单位:m)

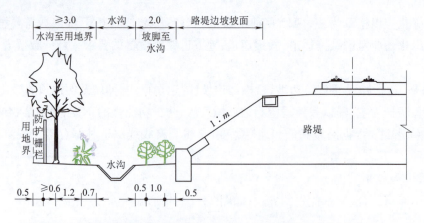

图 2—1—10 高铁路堤坡脚外(有排水沟)绿化横断面示意(单位:m)

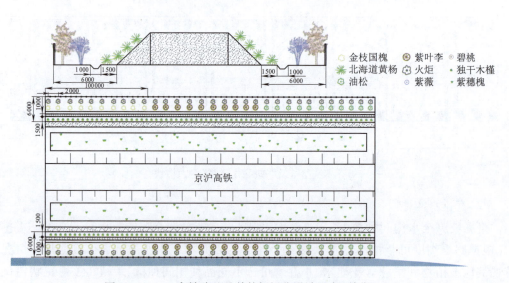

图 2—1—11 高铁路基及其外侧绿化设计示意(单位:mm)

(3)无排水沟地段

路堤坡脚至防护栅栏间种植灌木,小乔木各一排,株距为灌木1 m、乔木2 m;地界内地表可根据具体情况种植观赏地被植物和草坪。花灌木和小乔木可选不同品种相间种植,栽植穴按梅花状错位布置,其与电力电缆槽、坡脚墙的横向距离分别不小于0.5 m、0.6 m,如图 2—1—12、图 2—1—13 所示。

(4)隧道洞口边、仰坡及明洞顶部绿化

土质仰坡小于30°时栽植灌木,大于30°时应灌草结合;石质仰坡宜采用植生袋(外挂网固定)、挂网喷播等植物防护技术,植灌草设计及效果如图 2—1—14 所示。

在高速铁路两侧较宽的范围内(包括地方土地)绿化时,植树位置应按照《铁路安全管理条例》《高速铁路设计规范》《林规》《铁路工程绿色通道建设指南》的具体规定;同时,还要结合地方政府关于城区内铁路两侧景观绿化的规划,在保障行车运输安全的前提下,坚持采用内灌外乔的形式,营造立体复层的绿化带,为司乘人员打造赏心悦目的景观效果。

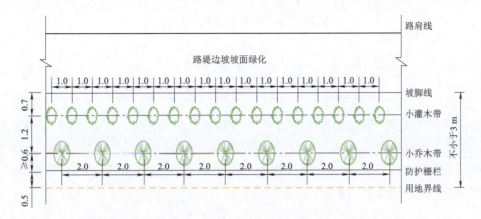

图 2—1—12　高铁路堤坡脚外(无排水沟)绿化示意(单位:m)

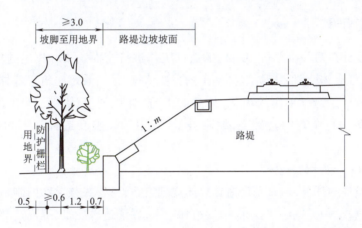

图 2—1—13　高铁路堤坡脚外(无排水沟)绿化示意(横断面)(单位:m)

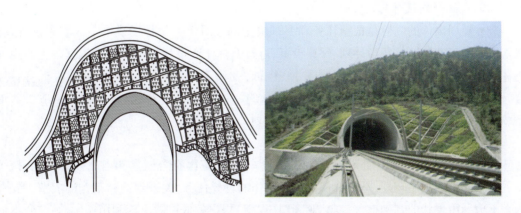

图 2—1—14　隧道仰坡绿化设计(宁杭高铁长岭隧道口)

高铁高速行驶时司乘人员的视点是不断变化的,在两侧较宽范围栽植树木时还要根据不同区段的车速和动态视野变化的关系,对铁路沿线的林带要根据实际情况,对同一种林地类型的树种隔一段进行依次轮转,诱导视线、防止眩光,缓解司乘人员视觉疲劳,车速与人的视野距离、视野最佳观赏宽度(林带单元转换的最佳距离)的关系,见表2—1—2。

表 2—1—2 运动视觉研究分析表

车速(km/h)	180	145	90	40
视野距离(m)	216	175	108	60
视野宽度(m)	375	302	187	104

科学确定高速铁路绿化植树位置,对高铁行车安全至关重要。但是,由于客观原因,与我国高速铁路的建设速度相比,相应管理规范的制定相对较为滞后。因此,要深入研究我国高速铁路行车安全的要求,结合高速和普速铁路绿化的特点,对《林规》补充高速铁路绿化技术和规范等显得尤为必要和紧迫。

第二节 线路绿化林设计

一、造林规划设计

造林规划设计是对一个单位(项目)的造林工作进行全面安排和作出的具体设计,是指挥造林生产、制订造林计划和指导造林施工的主要依据,是高效定向培育森林必不可少的环节。造林规划设计是造林工作的基础,具体的讲,造林规划设计就是在对宜林荒山、荒地及其他绿化用地进行调查的基础上,编制科学、实用的一整套造林规划和造林技术设计方案。

(一)造林规划设计的任务

造林规划设计的任务,一是制定造林总体规划方案,为各级领导部门制定林业发展决策和计划提供依据;二是提供造林设计,指导造林施工,保证造林质量,提高造林成效。概括来讲,造林规划设计就是对一个地区的造林工作进行全面的安排和具体设计。

(二)造林规划设计的内容

造林规划设计的内容是根据任务和要求决定的。对于一个林场或一个区域来讲,造林规划设计是为编制造林年度计划、预算投资、进行造林作业设计或造林提供依据。主要规划造林总任务量的完成年限,规划造林林种、树种,设计造林技术措施等。此外,对现有林经营、种苗、劳力、投资与效益均需进行规划和估算。必要时,对与完成造林有关的项目如道路、通信、护林及其他基建等设施,也应做出规划。

1. 土地利用规划

在植被建设中,正确地处理农林牧各业的关系,制定出符合国家和当地社会、经济持续发展要求的土地利用规划,是造林规划设计工作的首要任务,关系到造林工作的成败。要在调查土地利用现状的基础上,根据林业区划(规划)提出的农林牧土地利用比例,并结合本地实际情况制定合理的土地利用规划。

2. 立地类型划分

在造林规划设计中,选择造林树种是一项十分重要的内容。为了圆满完成这项任务,做到适地适树,通常是根据立地类型进行造林树种的选择。所以,立地类型划分的正确与否,直接关系到造林工作的成败。

编绘立地类型图,用图面形式直观地反映立地分类的成果,并将其作为造林规划设计的依据和专用图,是世界上林业发达国家的普遍做法,近年来在我国的造林规划工作中也得到了广泛的应用。

3. 林种规划

林种规划要按《森林法》划分的林种,根据规划地区的自然条件(如地形、地势、气候、土壤及自然灾害的特点等);社会经济条件,如当地的人口、耕地、粮食生产、生活水平和对林产品(木材、燃料、饲料等)的需求情况,因地制宜地确定所需培育的林种,并且落实到一定的区域范围内。一般应参照当地的综合农业区划、林业区划及上一级造林规划所确定的原则,在立地调查和造林地调查的基础上具体落实林种布局。

4. 树种规划

规划树种主要按照适地适树的原则,兼顾社会和大众的需要来选择树种。在地形、土壤比较复杂的地方,应根据海拔高度、地形部位、坡向、土壤种类和厚度、地下水位、盐渍化程度等影响造林的主要因子,选择适合生长的树种。规划设计必须坚持以当地优良乡土树种为主,乡土树种与引进外地良种相结合的原则,不断丰富造林树种。

在树种搭配上,应考虑多方面的要求,尽量做到针阔结合、常绿与落叶树种结合,乔、灌、草结合。

5. 造林技术设计

造林技术设计,是在造林立地调查及有关经验总结的基础上,根据林种规划和造林主要树种的选择,制定出一套完整的造林技术措施,是造林施工和抚育管理的依据。

造林技术设计的主要内容包括造林整地、造林密度、造林树种组成、造林季节、造林方法、幼林抚育管理等。

造林技术设计前,应全面分析研究本地或临近地区人工造林(最好是不同树种)主要技术环节、技术指标和经验教训,以供造林技术设计参考。

6. 造林进度规划

规划造林进度的目的在于加强造林工作的计划性,避免盲目性,便于有计划地准备苗木、安排劳力。安排造林进度是一项复杂细致的工作,搞不好就会使进度规划流于形式。因此,在安排造林进度时,既要考虑林业区划和规划提出的造林总任务,又要考虑规划地区造林的任务和种苗、劳力、经济条件,经过全面分析研究做出切合实际的安排。根据实践经验,进度规划的年限不宜过长,一般以 3~5 年为宜,有利于把造林规划纳入发展国民经济的五年规划中去,使规划设计落到实处。

7. 种苗规划

要保证造林规划设计的实现,必须有充足的种苗,种苗规划要根据造林规划设计提出的树种和规格要求安排。规划种苗要贯彻"自采、自育、自造"的原则,尽量减少苗木调运。但对外地优良品种应积极扩大繁殖。规划时要首先计算出每年各树种种苗需要量,然后提出采种和育苗计划,并具体规划出苗圃用地、采种基地和母树林等。

8. 投资规划和效益估算

(1)投资规划:主要是人力、物力和资金规划。

(2)效益估算:主要估算造林工作完成后的森林覆盖率、立木蓄积、抚育间伐所生产的林产品和林副产品以及多种经营的实际收益等。

(三)造林规划设计的类别

造林规划设计按其细致程度和控制顺序,可分为造林规划、造林调查设计及造林施工设计三个逐级控制。

1. 造林规划

造林规划是对一个局部地区的造林工作进行粗线条的安排。包括发展方向、林种比例、布局、规模、进度、投资与效益概算等。

2. 造林调查设计

造林调查设计是在造林规划的指导下,对某一个基层单位的造林地条件特别是宜林地状况进行详细的调查,并在此基础上进行具体的造林设计。内容包括立地调查、立地类型划分、造林典型设计(需要的种苗、劳力、树种、密度、整地技术、投资等)。

3. 造林施工设计

在造林调查设计的指导下,在一个基层单位内,为确定年度的具体造林地点、面积、种苗及劳力安排进行的设计工作(作业设计)。

(四)造林规划设计的工作程序

一般来说,在生产实践中首先应在当地土地利用规划(或综合规划、区划)及林业区划或上一级造林规划设计的基础上,结合国家和当地经济建设的需要和可能,提出造林工程项目。然后对造林地区进行初步调查研究,提出初步设计方案或可行性论证报告,以确定该项造林工程的规模、范围及有关要求。

其次,在造林工程项目纳入国家或地方建设计划后,对造林工程进行全面调查设计,提出造林工程规划设计方案,作为编制造林计划、组织造林施工和造林施工设计(作业设计)的依据。

造林规划设计工作一般分为三个阶段。

第一,准备阶段。包括成立组织领导机构、组建规划设计队伍、编写提纲、制定计划、组织学习、进行试点、收集有关图文资料,以及仪器、工具、调查用表和文具等准备。

第二,外业调查阶段。包括立地调查与类型划分、造林地区划与调查、树种生物学特性与现有林木生长状况调查等。

第三,内业设计、编制方案阶段。包括林种布局与树种选择、造林技术设计(或造林典型设计)、种苗规划与苗圃设计、用工与投资概算以及预期效益分析等,直至提交全部成果。

造林规划设计成果(方案),一般包括三个方面。一是造林规划设计说明书(简要叙述规划设计范围内的基本情况,规划设计的依据,造林技术设计和年度生产安排等);二是附表(土地利用现状、造林典型设计表、林分经营措施表、种苗需要量表、用工投资概算表等);三是附图(土地利用现状图、立地类型图、造林规划设计图等)。

造林规划设计方案一经上级主管部门批准,施工单位要认真遵照执行,并在生产活动中依此进行检查验收。在实施方案过程中,如有重大变动,需要修改设计方案中某些主要内容时,必须经过原审批单位和设计单位的同意。

二、线路绿化林设计

线路绿化林的规划与设计,不仅适用于新建线路造林,而且适用于既有线路林带的更新改造。因此可以同时进行有关营林生产的规划与设计,如现有林的经营利用,抚育间伐、逐步更新,林分改造,土壤改良,多种经营,综合利用等。在铁路造林工作实践中,线路绿化林规划与设计一并完成的具体做法,可分准备、外业调查、内业分析、施工图设计、编制规划设计方案五个步骤(或称阶段),既包括造林调查设计,又包括造林施工设计。

(一)准备阶段

准备阶段主要内容为收集资料,制定调查大纲,准备调查用的材料,造林地的踏勘。

(1)组建规划与设计队伍。

(2)组织学习,明确造林目的和要求,编写提纲。

(3)收集沿线地区的地形、地貌、地质、土壤、水文、气象、植被等资料。

(4)收集沿线线路地形图,铁路地亩平面图,行政区划图等。

(5)收集有关土地资源,森林资源,调查材料和全国林业区划与省级林业区划资料。

(6)根据收集的资料,加以系统分析。对需要进行规划与设计的线路两侧路界内未受筑路破坏的自然造林地,进行全面踏勘。根据现场的地形(坡向、坡度、海拔高)、土壤(土层厚度、质地、结构和石砾含量等)、植被(优良树种和指示植物)等各方面的变化,划分调查段。调查段可能是一个或不到一个区间,也可能是2~3个或更多的区间,按顺序进行编号。

(7)对调查区段,根据粗略踏勘初步提出造林地立地条件类型划分意见。

(8)组织讨论,准备仪器、工具和调查用表格等。

(二)外业调查

线路绿化林外业调查阶段的主要工作是对造林地立地条件进行详细而专业的调查,以确定造林地的立地条件类型。

1. 外业调查的方法

对初步划定的调查段,以铁路区间两侧的路用土地为依据,进行调查记录。每区间内根据地形、土质、植被情况,选一具有代表性的点,进行详细调查。同一调查段长度不足一个区间至二个区间的,调查点应不少于一处;两个以上区间至四个区间的应不少于两处,四个以上区间的应不少于三处。调查点的位置应进行编号,并按公里里程加以记录。

调查应根据当地实际情况,选定主导环境因子进行。例如,在干旱地区,水分条件是主导因子;在低湿地区,地下水位和盐碱程度为主导因子;在石质山地,土层厚度、肥力条件和石砾含量为主导因子;在路堤坡面坡脚,石砾含量、水分、肥力与土壤结构、坡向、坡度为主导因子等。在植被调查中,不仅要调查路内用地情况,同时应调查线路附近地段,特别是当地乡土树种及人工林地段林木的生长情况。不同区域主导环境因子见表2—2—1。

表2—2—1 不同区域主导环境因子

序号	区域	主导环境因子
1	山区、丘陵区	坡向、坡位、小地形、海拔高度、土层厚度、石砾含量、腐殖质层厚度、有机质含量、基岩及成土母质、土壤水分条件、土壤酸化程度等
2	平原区	土壤种类、机械组成、地下水位、盐碱化程度等
3	侵蚀地区	地形部位、坡向、坡度、侵蚀程度、生草化程度、土壤种类、土层厚度等
4	沙区	沙地类型、机械组成、植被情况、地下水位、盐碱化程度等
5	滩地	地形部位、淹侵程度、淹没时间长短、地下水位、土壤种类、机械组成、盐碱化程度等

在同一地区,不同的造林地存在着不同的环境差别。所以,区别其种类,认识其特点,有助于选择主导的环境因子,有助于立地条件类型的划分以及分别采取适当的造林措施。

2. 调查数据记载

为了便于材料的汇总与分析,应按专业调查规定的要求统一内容,统一方法,统一标准,统一格式进行调查记载。

3. 补充调查

在调查后,如果发现调查材料尚不能代表本地区所有造林地立地条件类型,或汇总材料不够充分,均需进行补充调查。

4. 现场小结

在结束每一调查段的调查记载后,应在现场及时对该调查段,进行概括性的小结。根据现场具体自然环境条件找出对造林起主导作用的因子,加以归纳分析,并提出立地条件类型划分意见和营林方案的建议。

(三)内业分析

该步骤主要工作是统计分析调查资料,划分造林地立地条件类型,具体任务是确定线路绿化林造林的方案。

1. 划分造林地立地条件类型

在对某一区域划分线路绿化林造林地立地条件类型时,应以我国林业区划的初步方案、森林类型及其分布的资料为依据。在了解所划分立地条件类型区段在全国范围所属的林业划区与森林类型的同时,遵循划区内的自然条件、经济条件,以及发展林业的经验教训,以更好地划分沿线造林地立地条件类型,制定符合实际情况的规划。

(1)整理分析立地条件调查材料

对野外调查记载的材料,应进行全面检查,如有遗漏或差误应进行补充、修正,必要时应进行野外补充调查。对调查难以确认的植物和岩石标本,及时进行鉴定,并按鉴定后的名称修改野外记录。

立地条件类型因子汇总,是对立地条件类型进行综合分析的过程。本着立地条件类型内部条件趋于一致,而与外部又有明显差异的原则,按照野外调查时初步划分的立地条件类型或者根据地形、土壤、植被等特征,采取分级归类,逐步组合的方法。先将近似的立地条件逐步汇总,在汇总过程中加以调整,最后归纳出不同的立地条件类型。

立地条件类型划分的多少,即划分的细致程度,应根据当地的自然条件和生产上的实际需要来决定。一般划分不宜过多过细,以免给生产上带来不必要的繁琐。

立地条件类型因子汇总通常采用表格形式,见表2—2—2。

表2—2—2 立地条件类型因子汇总表

调查段编号	地形							土壤								植物	
	海拔高	坡向	坡度	坡位	地形特点	裸岩比例	侵蚀状况	土层厚度	腐殖质层厚度	质地	干湿度	石砾含量	pH值	石灰反应	母质	地下水位	优势种名称	覆盖度

(2) 编制立地条件类型特征表

该表是划分立地条件类型的结果。在立地条件类型因子汇总表的基础上,经反复分析调整,则可基本确定所需划分立地条件类型。并根据因子汇总表概括出每一立地条件类型的特征及特征的变动范围。特征的描述要力求简练、准确,重点突出,见表2—2—3。

表2—2—3 立地条件类型特征表

立地条件类型名称	代号	地形	土壤	植被

根据线路绿化林造林地的特点,可划分为路堤坡面坡脚,低洼水湿地,路堑坡面坡顶,界内自然造林地等四大类型。参照地方省市编制的造林绿化立地类型表,结合全路沿线各地实际情况,铁路绿化林立地类型见表2—2—4。

表2—2—4 铁路绿化林立地类型表

类序	名 称	主要特点	分布区地段
Ⅰ	(1)石渣填方地	土层中砾、碎石片或其他杂质占40%以上,土壤层干燥、肥力差	岩质旁山路下坡,砾石填方,土路堤坡面及坡脚
Ⅰ	(2)泥质填方地	土层中砾、碎石,杂质含量40%以下、排水通气好,土壤肥力中等	农区地段路堤坡面坡脚,以及泥质填方土路堤坡面及坡脚
Ⅱ	低洼水湿地	地下水位1m以内,或常年积水,或季节性水淹	路堤坡脚以外空地原为取土坑,有的为当地农民耕种改成低水田
Ⅲ	路堑坡地	成土母质或新风化土壤坡度大,水土易流失,肥力很差	路堑两侧堑坡或旁山路段及堑顶山坡
Ⅳ	(1)界内自然造林地(平原地区)	地下水位1m以内淹水情况,土壤结构,酸碱度,肥力中等	平地按土植被。分子目划分农耕地、撂荒地、草坡竹丛、灌丛、田旁宅地
Ⅳ	(2)界内自然造林地(山坡丘陵地区)	海拔高度、坡度小地形、土层厚度、石砾含量、腐殖质层厚度、有机质含量、成埠质、土壤水分条件、酸碱度	山地、丘陵地区,按主导因子划分子目
Ⅳ	(3)界内自然造林地(侵蚀地区)	地形部位、坡向、坡度、侵蚀程度、生草化程度、土壤种类、土层厚度	侵蚀地区按主导因子划分子目
Ⅳ	(4)界内自然造林地(沙地)	沙地类型、机械组成、植被情况、地下水位、盐碱化程度	沙地按主导因子划分子目
Ⅳ	(5)界内自然造林地(滩地)	地形部位、淹水深度、时间长短、土壤种类、机械组成、盐碱化程度	滩地按主导因子划分子目

注:根据××省林业勘察设计研究院制定的铁路绿化立地类型表修改而成,仅供参考。

2. 选择线路绿化林树种

根据造林目的,立地条件类型,树种的生物学、生态学特性与绿化林不同功能要求,分别选用生长速度适中、材质优良、树形美观、病虫害少、抗风性强、耐烟尘、具有经济价值的树种，做到适地适树。

（1）线路区间一般绿化林

乔木树种要根据路基高低、用地宽窄等情况，区别距外轨远近，分别按小、中、大规格，选择树干通直、深根性、根系发达，树冠较小、枝下高大，根部萌蘖少、适应性强、耐盐碱、耐水湿、耐旱、抗风力强、耐修剪、生长速度适中、无过多籽实的树种。

灌木树种分别按小、中、大规格，选用根系发达、枝叶繁茂、冠形整齐、无须多加修剪、开花期长、萌芽性强、适应性广、耐瘠、耐旱的树种。

在混交林地段，所选树种对立地条件有同一适应性，种间又可共生的树种，以便能较长期共存。营造纯林片林，经1~2代以后，应更换树种。

（2）特殊地段的绿化林

与防护目的相结合的绿化林，按防护林设计要求选用树种。

具有园林景观的风景林地段，应选择生长速度适中、树形优美，花色艳丽、有芳香、春秋叶色不同、萌芽力强、耐修剪、病虫害少具有经济价值的树种。工厂区附近，应选生长迅速、树冠覆盖面积大、抗弯性强、防尘、防烟、防止噪声的树种。区间线路铁路用地距外轨不足4 m的有路堤地段，根据地形、土壤条件，分别选用花灌木，草皮或栽宿根性花草，进行绿化并防护路基，区间铁路用地较宽处，除营造线路绿化林起防护作用外，还可以营造经济林。

（3）选择方法与注意事项

选用树种应尽量做到常绿与落叶、乔木与灌木相结合，防止种树单一。一般应根据造林立地条件类型，选择林木生物学与生态学特性相近似的一个主要树种和1~2个辅助树种。另外，要重视选用当地造林成效较好的乡土树种。

对引进的优良新树种，必须经过检疫，在当地试种成功之后才能大面积推广。

3. 整地方案设计

线路绿化林整地方案设计要根据树种不同，视造林地立地条件差异程度，因地制宜地设计清理方式、整地方法和整地规格等。

铁路线路两侧一般采用带状清理和块状清理的方式，除少数新造林需全面整地外，多为局部整地（包括带状、块状和开沟整地等）。在水土流失地区，还要结合水土保持工程进行整地。在干旱地区，一般应在造林前一年雨季初期整地。通过整地保持水土，为幼树蓄水保墒，提高造林成活率。

线路绿化林整地规格应根据苗木规格、造林方法、地形条件、植被、土壤和水土流失情况等综合决定，以求满足造林需要而又不浪费劳力为原则。

4. 造林密度设计

线路绿化林造林密度应依据树种及其防护作用和自然经济条件合理设计。一般速生树种密度应小于慢生树种，干旱地区密度可较小一些。密度过大固然会造成林木个体养分、水分不足而降低生长速度，但密度过小又会造成防护功能不良、景观效果不佳，生态效益下降。

一般情况下，不同地区营造防护林或其他林种可参考《造林技术规程》（GB/T 15776）中各造林区域主要造林树种造林适宜初植密度表、各造林区域一般造林树种造林最低初植密度表,来确定造林(初植)密度。

铁路绿化林以林带为主,种植点的配置沿线区间主要采用行状配置(包括正方形、长方形、正三角形),地界宽、立地差、气候环境不良地段可采用群状配置;在特殊地段,如道口和车站站台等区域绿化林的配置,可采用园林绿化配置的方法。

5. 造林树种的配置

铁路绿化林主要树种确定后,除特殊地段绿化林外,需根据立地条件的分布状况和树种组成设计来确定哪些地段营造纯林,哪些地段营造混交林。对混交林还要设计混交类型、混交方法和混交比例。

(1)树种配置设计

设计树种配置,应主要考虑造林目的、立地条件和树种特性。

根据造林目的,绿化林在路界较宽地段,一般应营造以用材为主的纯林,培育轮伐期短、速生丰产,或对干材质量要求不高的薪炭林。大部经济林均可设计为纯林,以防护为主的环境保护和风景林,常设计为混交林。

根据立地条件,某一地段只有某一树种适生时,只能设计纯林。对立地条件较差的造林地,为改善其生态环境,促进目的树种的生长,往往设计为乔灌混交林。立地条件好的,为充分发挥土地生产力,也以设计混交林为主。

根据树种特性,生长稳定、干形通直、天然整枝好和单位面积蓄积量高的树种,设计纯林,但应注意防止病虫害与火灾的发生。

(2)混交类型设计

铁路线路绿化林主要有乔木混交型、阴阳性树种(主伴)混交型和乔灌混交等类型。

①乔木混交型:用两种以上主要乔木树种(栽培目的树种)混交的一种类型,适于立地条件较好的林地营造用材林和防护林。

②阴阳性树种混交型:阳性乔木与阴性乔木混交的一种类型,主要树种是喜光树种,伴生树种则是耐阴的,并处于第二林冠层。这种混交类型要求较好的立地条件,一般适于营造用材林及水源涵养林。

③乔灌混交型:乔木树种与灌木混交的一种类型,多用于防风、防沙林、水土保持及立地条件较差的用材林。

(3)混交方法

铁路线路绿化林混交方法的确定,应参照当地天然林的组成,或根据当地营造混交林的成功经验,也可以通过对不同树种林学特性的分析合理地加以确定。

一般情况下,种间矛盾小,而辅助作用大的,可采用行间混交。在经验不足或地形比较复杂的地区,可根据造林地的立地条件,按照适地适树的原则,按坡位坡向等不同部位设计小块状混交或群丛状混交,块的大小随地形而变(陡坡,块的面积宜小;缓坡,块的面积可适当加大)。种间矛盾较大的树种,混交时即使在坡度平缓的造林地,仍以小块状或带状混交比较稳妥。

①株间混交

铁路线路绿化林株间混交如图2—2—1所示,如马尾松+灌木;刺槐或杨树+灌木;油茶+油桐;四旁绿化中常绿树+落叶树。

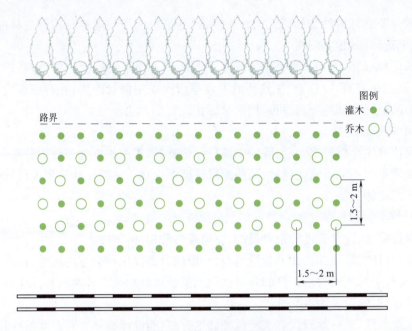

图 2—2—1 株间混交示意

②行间混交

铁路线路绿化林行间混交如图 2—2—2 所示,如马尾松＋相思树;落叶松＋水曲柳;红松＋云杉;马尾松＋木荷;红松＋椴树。

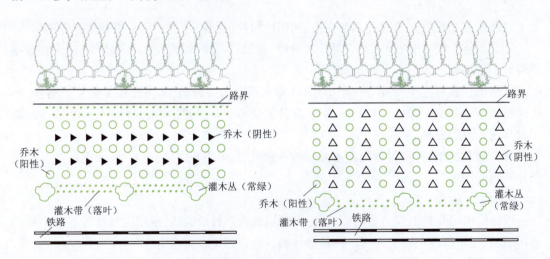

图 2—2—2 行间混交栽植示意

③带状混交

线路绿化林由于栽植点与外轨距离不同,控制的高度不一,所以,选择这种形式混交,可根据距外轨远近不同,配置不同树种混交,以利控制高度。

在营造用材、防风、防浪、防火及防治病虫害、隔音等方面的混交林常采用这种形式。如南方山区用马尾松＋木荷,杉木＋檫树,或阔叶树种间的相互混交等。

在滨江、河湖地段营造防浪护堤林,可选择河柳、乌桕、池杉等耐水树种,顺水流方向实行行带状混交。一带高树种、一带矮树种,形成波浪式的林带结构以削弱水的动能,增加防护效果。带状、带状混交示意分别如图2—2—3和图2—2—4所示。

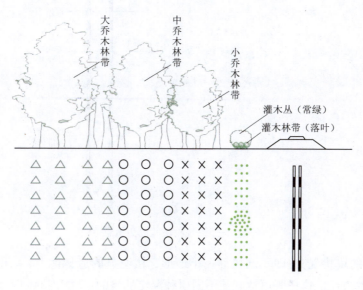

图2—2—3　带状混交示意

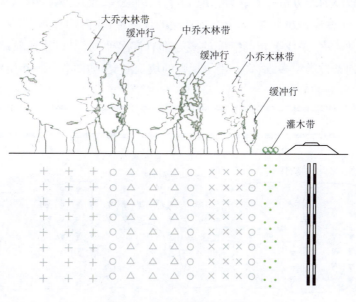

图2—2—4　行带状混交示意

④块状混交

线路绿化林块状地的面积,原则上不少于成熟林中每株林木占的平均面积,一般为25～50 m²。地块也不宜过大,过大就成了片林,混交的意义也就不大了。

a. 规则块状混交:适用于平坦或坡面整齐的造林地上,一般分为正方形或长方形的块状地,并在每块地上,按一定株行距栽植同一树种。通常相邻块呈品字形交错排列,如图2—2—5所示。

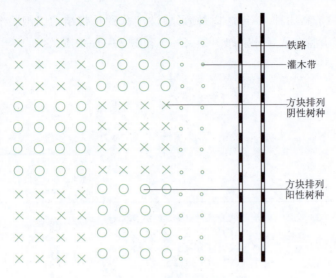

图 2—2—5　规则块状混交示意

b. 不规则的块状混交：即不同树种在小地形起伏明显的造林地上，采用大小不等的块状地进行混交的方法。这样既可达到使不同树种混交的目的，又能因地制宜安排造林树种，满足适地适树的要求。如南方低山地区，山顶土壤瘠薄干旱，可选择马尾松、枫香、栎类；山腰排水好，土层较厚的地方造杉木、柳树，或毛竹；山脚坡缓，土层厚造樟树、楠木、檫树、银杏等较珍贵树种。从整片林地来看，既可发挥混交的优越性，块内树种划一，又具备纯林特点，对造林施工、护林防火、采伐更新等措施的实施都有许多便利，所以采用较多。线路绿化林造林地种类、立地条件类型多，适宜采用不规则的块状混交，如图 2—2—6 所示。

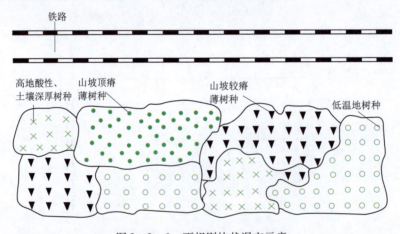

图 2—2—6　不规则块状混交示意

c. 植生组混交：植生组混交种间关系容易调节，具有群状配置的优点，主要适用于林区人工更新，次生林改造及治沙造林等。

6. 铁路绿化林造林类型设计

不同地段的造林地作为同一类型，进行同一的造林设计，称为造林类型设计。这种设计对某个立地条件类型来说，体现了因地制宜，适地适树。对设计本身来说，具有某一立地条件类型的各个造林地，具有典型的作用。

由于铁路绿化林受到路用土地宽窄的影响,植树位置必须符合技规和林规的要求,即使采用同一树种,在同一个方位的栽植点上,由于路基的结构不同,需要控制林木的生长高度也不同;并且,还受到诸如尽可能的结合生产、增加经济效益等因子的制约,所以在实际套用各种规定时,必须根据现场的实际情况,对树种选择、密度配置、混交方式等作具体的合理的安排,同时应注意地段之间的统一性和连贯性。

铁路绿化林类型设计可分为两大类。

(1)线路区间一般绿化林

①灌木林带

类型一:路界较窄,泥质填方地,路基左高右平。受地界限制,距外轨4 m栽灌木林带1行,株距1~2 m,间隔10~16 m可插栽观花大灌木,高3.5~4.5 m,如图2—2—7所示。

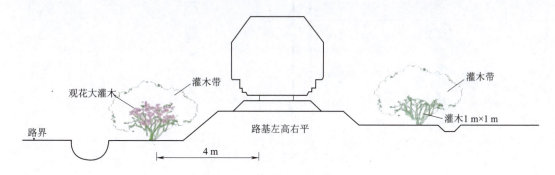

图2—2—7 灌木林带设计示意一

类型二:路界较窄,左泥质填方地,右路堑泥质坡地。左路肩2.5 m坡面下栽灌木,距外轨7 m坡脚处栽小乔木或大灌木一行,株距2~10 m,右路堑1.5 m以上栽灌木至堑顶,灌木初值密度1 m×1 m或0.5 m×1 m,如图2—2—8所示。

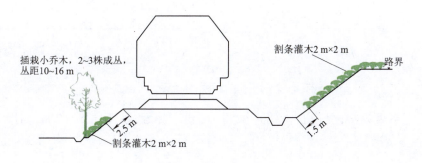

图2—2—8 灌木林带设计示意二

②单行乔木带

类型一:路界虽宽,但左侧低洼水湿地,大部分季节积水,右侧小河,如图2—2—9所示。

类型二:路界较宽,但界内自然土壤,平地、沙质壤土农耕地,有通信线路、贯通线等。距电杆外线6.5 m栽乔木一行,株距2~3 m;距电杆两侧1.5~2 m栽小乔木($h \leqslant 5$ m)或大灌木一行或多行(依地界宽度、线路设备位置而定),株距2~6 m,株距大时可插栽花灌木,如图2—2—10所示。

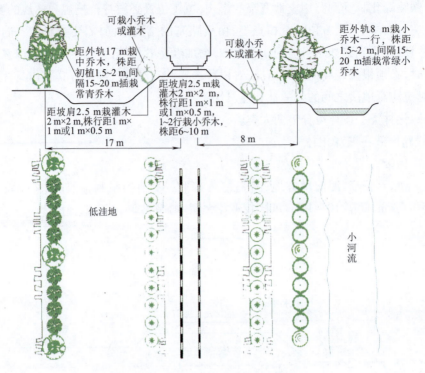

图 2—2—9　单行乔木林带设计示意一

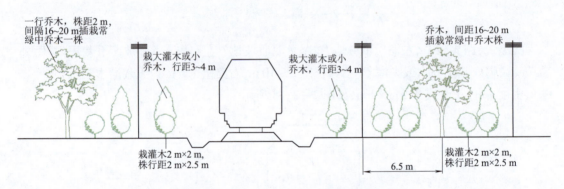

图 2—2—10　单行乔木林带设计示意二

类型三：路界较窄，界内自然平原农耕地，栽小乔木，株距 1.5～2 m，如图 2—2—11 所示。

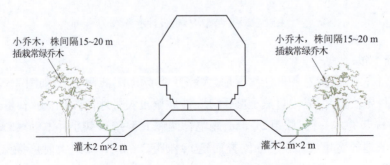

图 2—2—11　单行乔木林带设计示意三

③双行乔木林带

类型一:路界左右各 20 m,路堑高 2 m,界内自然坡地或平地。左距外轨 8.6 m 通信线路,右距外轨 15.6 m 有通信线路。自边坡 1.5 m 以上至堑顶向外侧 4 m 栽灌木,两行灌木之间可插栽小乔木或大灌木,株距 15~20 m;左侧距电杆 6.5 m 向外栽乔木 2 行(依据输电线距离控制树高),右侧距外轨 8.1 m 开始栽小乔木($h \leqslant 6.4$ m)两行,如图 2—2—12 所示。

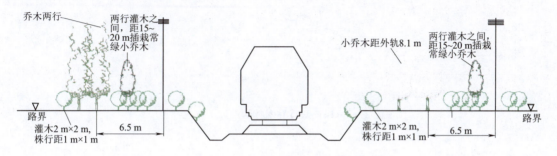

图 2—2—12 双行乔木林带设计示意一

类型二:路界左右各 13 m,界外平原农耕地。距外轨 4 m 开始灌木,株距 0.5~1 m,行距 2 m,可插栽大灌木;距外轨 8 m 开始栽乔木,距路界 1 m 栽灌木 1 行,如图 2—2—13 所示。

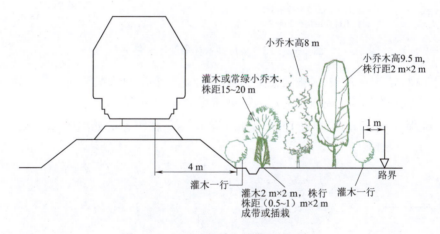

图 2—2—13 双行乔木林带设计示意二

类型三:路界左右各 20 m,依山傍水,界内自然山区石质挖填地段路堤路堑地段。路堑泥质坡顶栽灌木护坡,堑顶距堑肩 4 m 以外至地界栽乔木 2 行(控制树高);石质填方路堤下部为滩地,可栽乔木两行($h \leqslant 9$ m),如图 2—2—14 所示。

④多行乔木林带

类型一:路界左 27 m,右 30 m,界内自然造林地,平原地区农耕地。距外轨 8 m 栽常绿或落叶小乔木($h \leqslant 6.5$ m)1 行,距外轨 10 m 栽落叶乔木($h \leqslant 8.5$ m)2 行,距外轨 14 m 栽常绿乔木($h \leqslant 12.5$ m)2 行,外侧可继续栽植灌木、小乔木或中、大乔木等(依线路设备位置、地界宽度而定)至路界处,如图 2—2—15 所示。

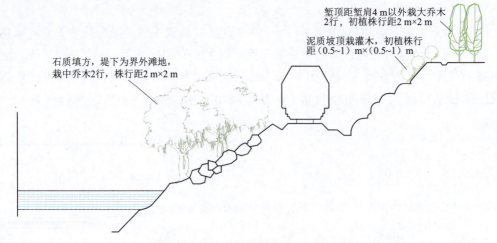

图 2—2—14 双行乔木林带设计示意三

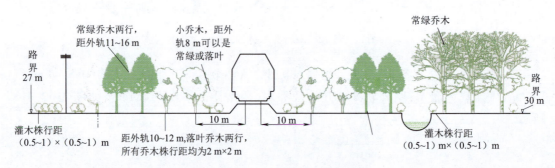

图 2—2—15 多行乔木林带设计示意一

类型二:路界20 m左右,界内自然造林地,平原地区农耕地或撂荒地。距外轨4 m向外栽灌木3行,株行距(1~2) m×2 m,灌木间可插栽花期不同的花灌木;距外轨10 m栽针叶乔木3行,株行距3 m×2 m,距外轨19 m,栽落叶乔木1行,株距3 m,如图2—2—16所示。

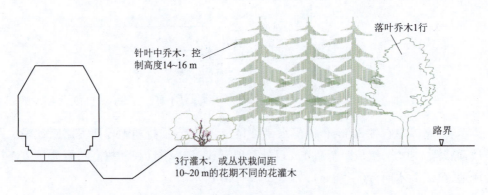

图 2—2—16 多行乔木林带设计示意二

类型三:路界不足20 m,界内自然造林地,平原地区撂荒地。左侧栽中、大灌木2行,株行距(1~2) m×2 m,常绿针叶小乔木2行,株行距3 m×3 m,落叶中乔木2行,株行距3 m×3 m;右侧栽中、大灌木2行,株行距(1~2) m×2 m,落叶或常绿小乔木2行,株行距2 m×2 m,落叶中乔木3行,株行距2 m×2 m,如图2—2—17所示。

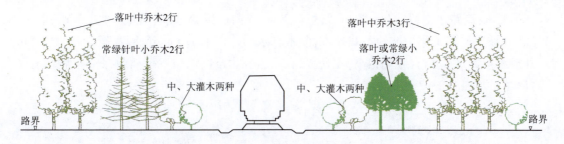

图 2—2—17　多行乔木林带设计示意三

类型四：路界 18 m 左右，距外轨 8 m 栽针叶小乔木 1 行，株距 2 m，距外轨 11 m 栽针叶中乔木 2 行，株行距 2 m×(2.5~3)m，距外轨 14 m 栽落叶中乔木 1 行，株距 2 m，如图 2—2—18 所示。

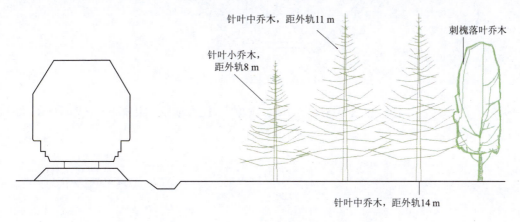

图 2—2—18　多行乔木林带设计示意四

类型五：高路基地段，路界 30 m，路堤高 8 m，界内自然造林地，山坡低谷，山谷泥质填方地。路肩下 2.5 m 坡面开始栽灌木，坡面 7.5 m 处可栽落叶小乔木 1 行，株距 16~20 m，坡脚处向外栽植落叶中乔木 5~6 行，株行距 2 m×2 m，继续向外栽植针叶或其他常绿乔木 3 行，初植株行距 2 m×2 m，路界内 1 m 处栽植大灌木 1 行，如图 2—2—19 所示。

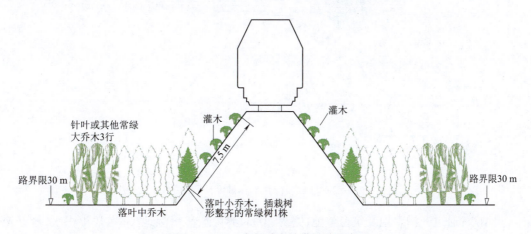

图 2—2—19　多行乔木林带设计示意五

类型六:高路堑地段,路界30 m,路堑高8 m,界内山区挖方地,黄壤酸性,石砾20%~40%。在坡面采取工程护坡的不栽灌木,灌木自水沟边向上1.5 m开始栽,堑顶距堑肩4 m以外至地界栽乔木多行(控制树高)至地界,在不占乔木空间的位置可插栽棕榈科常绿小乔木($h \leqslant 5$ m),如图2—2—20所示。

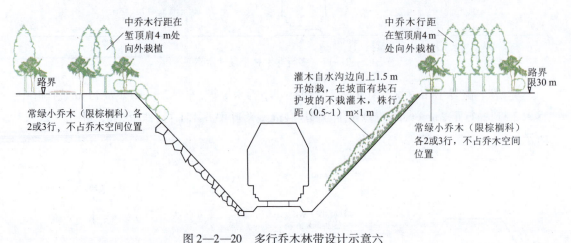

图2—2—20 多行乔木林带设计示意六

类型七:依山傍水地段,界内山区石质山地,按填方、挖方地段,如图2—2—21所示。

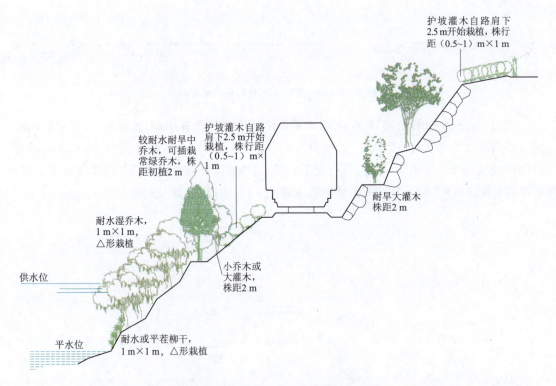

图2—2—21 多行乔木林带设计示意七

类型八:通过开沟整地及筑台整地,路界20 m,界内低洼水湿地,基本常年积水,经开沟整地或筑台田,可栽多行林带,如图2—2—22所示。

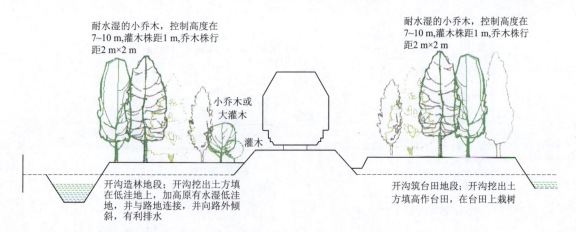

图 2—2—22 多行乔木林带设计示意八

(2)特殊地段的线路绿化林设计

①道口绿化

利用无人看守道口附近铁路用地,培育观赏大苗:选择交通便利,土质良好、排水畅通、灌溉便利的道口地段,开辟地被植物和观赏大苗培育区,按苗木的高矮层次安排布局,加强管理,贮备大苗于线路。即可绿化道口又能节约苗圃用地,如图 2—2—23 所示。

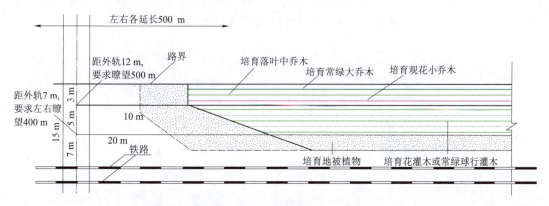

图 2—2—23 道口绿化示意

有人看守道口,一般都在城镇郊区附近:应根据地形个别设计,对城镇街道所栽行道树,栽植点与铁路外轨距离不能小于 8 m。道口绿地栽植的乔木不得近于 6 m,以地被植物与绿篱花灌木为主。

②穿越大、中城市的线路绿化林

穿越大、中城市的铁路线,分市区与郊区两种情况。

类型一:如图 2—2—24 所示。

类型二:如图 2—2—25 所示。

市区因铁路用地宽窄不等,使用情况复杂,房屋建筑大部背向铁路,个别地段两侧成为单位和居民排污与抛掷垃圾的场所。而这些地段恰恰是一个城市的对外窗口,不仅有损观瞻,同时污染环境。市区线路往往立地条件很差,做好这些地段的绿化是改善城市窗口景观、造福居民的大事;必须依靠当地绿化部门,下定决心花最大力气,才能取得一定的成效。

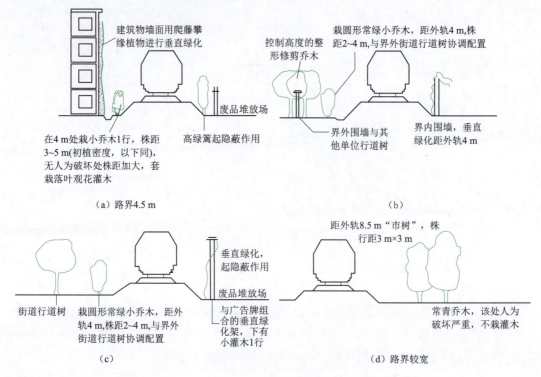

图 2—2—24　大、中城市市区绿化林设计示意一

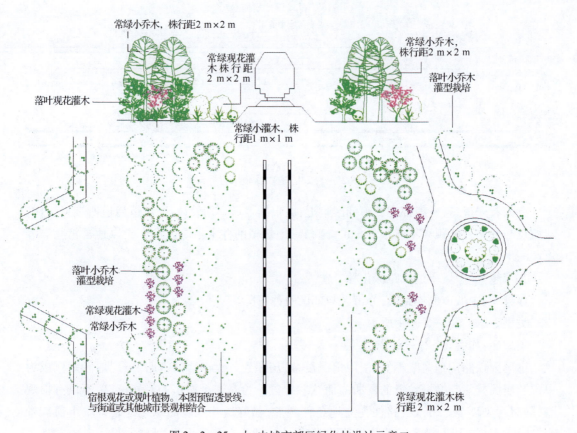

图 2—2—25　大、中城市郊区绿化林设计示意二

郊区情况比市区有利，如路用土地较宽，可以营造风景林，配植当地乡土观赏花木或当地的市树、市花等。

市区和郊区绿化林应尽量利用草本地被植物与常绿或落叶乔、灌木、色叶植物，观花树木相结合，以增加层次，丰富季相，使贯穿大中城市的线路绿化林与当地绿地、城建景观融为一体。

与当地农田防护林带相结合的线路绿化林，根据当地农田防护林带的设计方案，结合铁路的走向，并依据当地农田防护林地的结构进行设计。

（四）施工图设计

根据内业分析确定的方案，进行线路绿化林施工图设计，按公里落实具体地块。查清施工作业任务量，当地劳动力供应情况，为施工提供可靠依据。

线路绿化林造林地立地条件调查后，通过内业分析划分了立地条件类型，选择了适宜造林树种，制定了整地方案，确定了造林密度，规定了各树种的株行距，并根据路界宽窄和绿化林的功能要求，按植树位置规定，进行造林类型设计。为进一步按公里落实到地段、地块、必须根据内业分析所确定的方案，逐公里落实。整地工程按各种整地方法，分别统计计算出总工程数量，按劳动定额算出整地项目共需多少劳动工日。造林栽植工程，须按公里分树种、苗木规格，计算工程数量，按定额分析算出栽植项目所需工日。

1. 造林前整地

根据内业确定的方案，按公里和整地方法分类，进行设计，落实到具体地块，计算出土方工作量。

2. 树种的配置

树种配置要求乔灌木树种相结合，常绿与落叶树种相结合，同时适当配置观花及彩叶树种以达到百花争春，绿荫护夏，红叶迎秋，松柏傲冬，既能发挥防护功能，又能美化路容的目的。乔灌木树种的配置应选用生态特性和立地条件相吻合的树种，并注意栽植位置和树木高度。

车站站线范围以内，线路通过的道口附近、穿越大城市市区与大桥两端、重点名胜古迹风景区、主要工矿区附近、路用土地狭窄距外轨不足 4 m 的地段等属绿化林中的特殊地段，有的要采取城市园林绿地的形式栽植，在现场设计中，可参考有关造林类型设计或园林设计灵活套用。由于这些地段地形复杂，类型设计无法一一列举。在现场无法设计时，可根据具体情况另行设计。对另行设计的范围，踏勘后应绘制简单的地形地貌平面图纸。

在绿化与防护相结合地段，对线路上小规模的水害、沙害、雪害地段，调查时应根据防护林的设计要求进行设计。

施工图设计应注意经济利用土地。站线有的宜林地，如按规定行距只能种 4 行，必要时可把行距缩小 0.2 m，布置 5 行，如图 2—2—26 所示。

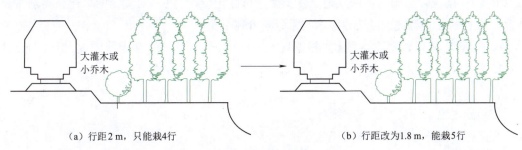

（a）行距 2 m，只能栽 4 行　　　　（b）行距改为 1.8 m，能栽 5 行

图 2—2—26　节约林地示意

区间线路绿化林施工图设计,应根据造林地立地条件调查的原始资料、线路地形、地亩图、已确定的造林类型等资料,通过复查,按公里逐一绘制造林示意图,包括树种、名称、数量、整地方法与工作量等;或者按表2—2—5的内容进行设计,分段绘图,然后逐公里进行统计。

表2—2—5　绿化林设计现场调查记录表

线别　　　　　区间　　　　　局　　　　　　　　　林场

线路左侧							线路右侧						
区间公里	延长	支距	林带宽度	行数	株行距	栽植株数	记事	区间公里	延长	支距	林带宽度	行数	株行距	栽植株数	记事

调查人:　　　　　　　　　　　　　　　　调查日期:

(五)编制规划设计方案

该步骤的任务是统计、计算、编制分年或年度规划设计文件。

1. 文字说明

(1)前言:简述造林规划设计的经过,依据的文件和要求,规划设计人员组成、工作方法、存在问题。

(2)基本情况:简述造林规划设计地段的地理位置、范围、总里程、宜林地总面积、自然条件、地形、地势、海拔高、主要山脉、河流、水文、气象、地质土壤、植被分布特点、社会经济情况、沿途各主要区间人口、耕地面积、粮食产量、群众生活、交通通信、劳动力供应情况、林业生产在当地国民经济中的地位等。

(3)区划铁路绿化林造林地立地条件类型的所在位置,及各占总额的百分比。

(4)立地条件类型划分说明与依据。

(5)造林技术设计科学性与合理性的论证。

(6)造林总任务量与分年施工任务量的安排。

(7)种苗需要量及年度育苗量。

(8)按生产环节的用工量,及用工总量。

(9)投资概算(分年)。

(10)预期效果分析。

2. 编绘图面材料

(1)编绘现状图。以线路地形地亩图为底图,通过现场核对、记录更正,改变与底图不符的地形地物,把统计正确的不同立地条件类型进行注记(或着色),对确定的绿化林类别按其位置在图上标明(或着色,可按乔灌木与常绿落叶树分类)。

(2)编制造林规划设计类型图。根据现场设计的记录或草图,在现状图上,把规划设计的安排重点内容采用数字或符号(或颜色)等形式按公里反映在图纸上。

(3)各种表格。

①划分立地条件类型的各种统计表。

②造林总任务量与分年施工任务安排表。

③种苗需要量及年度育苗量计划表。

④按生产环节用工设计表。

⑤规划设计总概算,及分年概算表。

铁路线路绿化林是以沿线林带、片林、道口桥隧和车站站线绿化等连续组成的绿带,线长点多,沿线地形复杂,路用土地宽窄不等,立地条件各异;加之要求的功能作用不同,林型结构也有很大差别。因此,有必要事先制定一个较长时期的分年造林规划,作为一定时期内的营林目标。中长期规划方案的制定主要是为了便于逐年根据计划和任务组织造林设计和施工,有步骤地达到造一段,管一段,成林一段的目的。随着既定造林任务的进展,每年只需根据上一年的实施情况,继续落实或修正原有方案,确保造林规划的按期完成。

铁路线路绿化林的规划与设计方法主要是依据我国林业行业造林学理论及其相关造林技术措施,并经过全路林业系统在生产实践中应用和归纳总结,有效地指导了铁路林业部门开展造林绿化的规划设计工作。目前,由于铁路造林地多局限于路界内原有林地,或者新建铁路用地立地条件较好,因此各专业单位在进行线路绿化林的规划和设计时可以按照实际情况,结合具体要求学习借鉴我国园林绿化工程规划设计的方法和要求,以便更加科学、合理地指导各铁路林场(林业管理所)编制线路绿化林规划与设计。

第三节 线路绿化林施工与验收

一、线路绿化林施工

铁路沿线造林受造林地立地条件、林带类型、造林范围、交通便利性、投资额度等因素制约,与单位庭院绿化在施工内容、技术标准、作业步骤等方面有所不同。

线路绿化林造林施工的主要步骤有施工前准备、苗木准备、造林地整理、区划定点、栽植、检查等。

(一)施工前的准备

进场施工前应该做好各种开工准备工作,首先要熟知设计文件,进行细致的现场调查,了解并掌握地上和地下各种铁路运输设备的具体位置,是否影响相关作业,按照铁路营业线施工要求办理有关手续和采取防护措施后方可开工。

(1)熟悉设计方案、掌握资料、勘查现场、制定施工方案(施工组织设计),做好现场准备。

(2)办理安全协议、营业线施工计划(申请)等各种施工手续,必要时要对影响施工的设备做好安全防护。

(3)由设计人员向施工单位进行设计交底,熟悉设计的指导思想、设计意图、设计图纸、质量、艺术水平的要求。

(4)对施工人员进行进场前安全教育和培训,确保持证上岗;如发包工程,则事先与建设单位签订承包合同,办理必要手续,合同生效后方可施工。

(二)苗木准备

1. 苗木标准

(1)用已木质化、根系发达、茎干苗壮的合格苗木造林。凡染有病虫害、遭受冻害、霉烂、机械损伤、劈根和针叶树无顶芽或双顶芽的苗木不得用于造林。

(2)造线路防护林宜选用地上1.3m处胸径为1.5cm以上的大苗。干旱、风沙地区或机械造林,可因地制宜使用小苗或截干造林。

(3)使用小苗造林时,限用一级苗或健全的二级苗。

营造线路绿化林一般应使用大苗,要求生长苗壮,根系发达,高与地径有一定比例。苗木规格一般高 2 m 以上,高粗比大致为(100∶1)~(100∶2)。

2. 苗木检疫

为防止病虫害的侵入,在购买使用外地苗木时,要对出圃的树苗进行检疫检测,确保每批次苗木没有国家规定的林业检疫性有害生物。

3. 苗木假植

运送苗木要求迅速,当天或短期内无法栽植的苗木要进行假植。苗木假植须符合下列要求:

(1)苗木运到工地应栽植,当天内不能栽完的苗木应当天假植完毕。

(2)苗木呈现枯萎、发热、发霉等现象时,须进行水浸或用药剂消毒后再行假植。对霉烂、干枯等影响成活的苗木,应另行假植,经技术人员鉴定后再作处理。

(3)假植苗木须选土壤湿润、排水良好、避风地点按每段造林株数分开进行。如遇杂草丛生或土壤黏重,要先进行整地打碎土块再进行假植。

(4)假植裸根苗木须除净捆包草类、杂物,将苗木疏排沟内覆土踏实。如天气干旱需浇水至湿透为止。对针叶树幼苗另加草帘覆盖。

假植苗木的地点要选择在湿润蔽荫、排水良好、空气流通的地方。假植苗木要根据绿化林的设计,分区分段进行。假植时要挖长沟,将苗排在沟内,大苗不要重叠,小苗不要过厚,不能露根,并切实掌握疏排深埋,实踩。假植后,必须进行灌水并用土盖好,防止风吹日晒。

如发现有发霉或发热现象,应及时浸泡在清水中并加以鉴别,对发霉较轻的苗木用石灰水或用1%的硫酸铜溶液消毒,然后再进行假植。对假植的苗木若短期内不能栽完时,应设专人管理,常检查,必要时进行灌水或排除积水。

运到工地的苗木,凡不符合规格,有病虫或人为损伤的,不得栽种,应分别假植,报质检部门检查后处理。

4. 苗木栽植前处理

苗木处理是维持苗木水分平衡的重要措施,从起苗到栽植各工序要尽量减少苗木失水。

(1)修剪

剪掉部分主干和枝叶或全部枝叶,以减少枝叶蒸腾,主要是对萌芽力强的阔叶树,干旱地区都要进行重剪,不同类型的树种采用不同的修剪方式。

萌芽力强主干明显的树种,如杨树、榆树、旱柳、国槐、刺槐等采用削枝保干法,即剪去树干高度的 1/4~1/3 或 1/2,剪口截于饱满芽处,对侧枝全部疏除或部分疏除。

无主干的树种,如垂柳、龙爪槐,保留数个主枝,并对其重剪,适当保留二级枝。

萌芽力弱,生长慢的树种,如白蜡,可轻剪。

对多年生的大灌木都要重剪,即短剪一半以上,要做到中高外低,内疏外密。

地上部分的处理还有截干,枝叶的化学药剂处理,蒸腾抑制剂处理。

(2)蘸泥浆(打浆)

生产上常用的方法,简单易行,主要用在针叶树裸根苗,以及阔叶树、灌木小苗。作用是利用吸湿性强的黏土附在根系表面,使根系在较长时间保持湿润、防止风干,达到保持苗木生活力的目的。泥浆就是黏土和水的混合物,泥浆稠稀要适宜,过稀挂不在根系上,过稠挂泥过多,会增加重量,还可能在根系上形成泥壳,窒息根系的生理活动,使苗木根系腐烂。一般苗木以放入后能蘸上泥浆但不粘团为宜。

(3) 浸水

造林前将苗木放在水中浸泡,增加苗木含水量,也是常用的方法,简单易行,效果明显。经过浸水的苗木,耐旱能力增强,发芽早,缓苗期短,有利于提高造林成活率。浸泡时间一般为 $1\sim 2\,d$,杨树要全株浸水 $2\sim 4\,d$,水要求是淡水,最好是清水和流水。

(4) 生根粉(保水剂等)处理

主要作用是加快根系恢复,提高成活率。根系处理还有接种菌根菌,在针叶树造林中接种菌根;还有修根,主要是修去过长和劈裂根系。

(三) 造林地整理

造林前整地的目的是为了疏松土壤,保持墒情,减少蒸发,并使林地平整划一;减少病虫对林木的危害,提高苗木成活率;把非宜林地改变成为宜林地,扩大路有土地造林面积。

整地在春、秋两季进行最好,一般最迟应在造林前三个月整地。南、北方各铁路局经验证明,荒地当年春翻、夏管、秋耙、来春造林,质量好,进度快,成活率高。夏翻、秋耙,来春造林,质量也较好、成活率也较高。现翻、现耙造林,质量较差,成活率较低。

1. 全面整地

对营造绿化林及防护林的较平坦荒地,特别是土壤板结、干旱、杂草繁多的宜林地,应进行全面整地。整地方式有机械、畜力和人工整地三种。

机械整地包括翻地、耙地、打垄、筑台、开沟等作业。铁路线路两侧地势平坦,面积较大的宜林地,使用大型胶轮或履带拖拉机牵引三铧犁或五铧犁,进行全面翻起,做到不漏生地、深浅均匀(一般为 $25\sim 30\,cm$),林地规整。

翻后根据土壤情况进行耙地,对杂草少、土块少、没有草垡的地方及干旱地区,可以翻后立即耙地。对土壤黏重、草根多、土块大的地方,需隔一段时间,使土壤风化后再耙地。由于土壤的性质不同,使用耙型也不同。在沙质土壤疏松的地方,可用拖拉机牵引双列圆盘耙;在黏重土壤地方,需使用缺口重耙。耙地的方法一般与翻地方法相同,在面积较大的宜林地,可采取对角线运行法。这种方法运行方便,效果也好。

对春季翻耕的宜林地,要进行土壤管理,一般根据杂草生长多少、高矮情况,在七、八月份用拖拉机牵引圆盘耙或缺口耙,耙掉杂草。在造林前重翻一次,便于造林。按规格将宜林地用拖拉机牵引五铧犁或七铧犁做垄,为造林创造条件。

铁路两侧的机械化造林整地,是一项多快好省的造林技术措施,有条件的地方,应广泛采用。

畜力整地的方法和质量要求,与机械整地相同。黏重土壤及杂草丛生的地方,如畜力整地不易达到质量要求时,则应采取畜力整地与人工整地相结合,力求达到造林整地标准。

在不适宜于用机械、畜力整地的地方,如线路两侧面积较小的宜林地,可用人力全面整地,翻地的深浅要适宜,并打碎土块,清除杂物。

2. 带状整地

为防止风蚀或水土流失、蔽荫幼苗、节省劳力,可采取带状整地。带的方向、宽窄和带间距离按造林设计要求进行,整地质量与全面整地相同。

3. 块(穴)状整地

对较陡山坡或易发生水土流失,以及为线路防水而设计的保护堤坝坡面的宜林地,应采用块状整地。其直径和株间距离,按设计要求进行。

4. 鱼鳞坑整地

对路堑或较高的路堤以及线路两侧有水土流失现象的坡面,应采取鱼鳞坑整地,以保护原有坡面。整地方法是把栽植点定为三角形,交错排列成品字形;做坑时,把坡上的土培到坡下,围成小土埂,并清除杂草、石块。穴内成水平状,以蓄积雨水。

5. 筑台整地

对线路两侧不能造林的低洼地,可采取筑台整地,使线路绿化林衔接不断。筑台方式有两种,一是台田与线路成直角,另一种是台田与线路平行,应根据线路积水及排水情况决定。与线路平行的台田除南方地区外,其他地区不宜过长,要根据地形,在一定区段内,留出2~3 m空段,以保持路基与台田之间排水畅通。台顶要筑平,杂物要清除,通过土壤管理之后,即可造林,如图2—3—1所示。

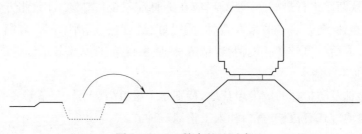

图2—3—1 筑台整地示意

6. 开沟整地

线路两侧宜林地,有的已被开成水田,自成排灌系统。为了不受农田排灌影响,应抬高地形,进行开沟整地,距路界边0.5~1 m向铁路内侧开2~3 m宽沟,把沟土平摊在宜林地上,呈外低内高,并略有倾斜,以利排水。开沟深度大致在0.8~1.2 m,筑台宽窄,按地形而定,如图2—3—2所示。

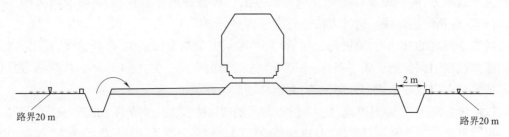

图2—3—2 开沟整地示意

(四)区划定点

线路绿化林,要求林相整齐、美观。因此,在造林之前,必须做好放样定点工作,以保证造林栽植时不紊乱、栽植后林木规格整齐。绿化林的放线定点应使林带与线路平行,根据设计定好基线后,再向外按株行距规格定点。

为保证林带和铁路线路一致,定点一般以临近铁路的一行作为基线,基线用三点定线,每点至外轨的距离均应在垂直线上相等。在直线放线定点时,一般应把基线延长 0.5~1 km 用三根标杆瞄直,每隔 100 m 进行复核。曲线地段应多选点(半径大于 1 000 m 可用 100 m 定一点,半径小的用 50 m)才能连成线。第一条基线确定后,以第一条基线为准依次向外放线,并按照株、行距定点。定点的坑要刨得深一点,用石灰定点则更好,使植栽位置明显。

(五)栽植

1. 造林方法

造林方法按造林所用材料分为植苗、播种、分殖(埋干、插条等)造林三种,生产中需根据立地条件和树种特性选用合适的造林方法;铁路线路造林,一般多采用植苗造林的方法。但不论采用哪种方法都不得将一、二级苗混栽,以免人为造成林木分化。

2. 造林季节

造林工作季节性较强,适时造林,是造林成活的关键因素之一。造林时间,最好在春季、雨季和秋季三个季节。造林季节须符合下列要求:

(1)根据当地气候情况,抓住有利时机造林。南方宜在春季或冬季,北方在春季土壤解冻后或秋季封冻前进行造林。秋季应避免在土壤黏重或易发生冻拔的地方造林。

(2)有经验或气候条件适合时,可在雨季造林,但在土层浅的阳坡或冲刷严重的陡坡不宜雨季造林。

(3)植树造林应抓紧进行,每批苗木从包装、运送到栽完的时间须力求缩短,一般应不超过 5 d。

铁路沿线造林一般以春季最为适宜,落叶树应在树芽萌动以前,土地解冻以后,春季发芽早的栽植要早些,发芽迟的可晚些,常绿树比落叶树晚些。

春季干旱和春季造林时间较短的地区,可根据苗木性质,如针叶常绿树,营养杯造林的阔叶常绿树等,也可在雨季造林。

秋季造林,落叶树应在落叶以后,土地封冻以前进行。

3. 栽植方法

(1)按植穴的形状分类

穴植:即挖树穴(坑)栽植,应用最为普遍。

缝植:是用一种特制的植树锹开缝栽植,此法工效高,土壤水分不易散失。但根系容易变形,适用于疏松的采伐迹地和沙地栽植针叶树小苗。

沟植:以植树机械或畜力拉犁开沟,将苗木按一定的株行距摆放沟底,再覆土、扶正、压实,此法效率高,但只适用于平坦地或缓坡地。

(2)按苗木根系是否带土分类

裸根栽植和带土栽植。

(3)按一植穴栽植的苗木数量分类

有单植和丛植两种。过去油松造林常采用丛植(2~3 株一丛),灌木植苗造林常常是一穴栽植 2 株,如沙棘等。

(4)按使用的工具分类

有人(手)工植树和机械栽植两种。

机械栽植适用于线长,片大,较平坦的宜林地。使用机械造林有速度快、用工少、成本低、质量好、成活高等特点。

铁路线路绿化林一般采取人工植树造林的方法,可分为栽小苗、栽大苗、带土坨(球)栽植、营养杯栽植等方式,多采用穴植的栽种方法。

4. 栽植作业的具体内容

造林种植程序主要为挖坑、散苗、栽种、浇水、封土。

(1)挖坑

要按照施工文件要求的规格大小挖掘,表、心土分放两边,栽植穴上下口径基本相等;栽常绿乔木要带土坨,坑要比土坨每边大 10~15 cm。

在土壤疏松、肥沃成片的地方栽植 1~2 年生的树苗,可以采取边挖坑边栽植的方法;在土壤黏重的地方,应采取先挖坑,后栽苗的方法。

(2)栽种

①种植前要对因运输和搬运过程中受到损伤的苗木根系、枝干(条)进行修剪或封蜡处置,常绿树冠适当修整。

②采取相应科学措施,根据需要施肥料、生根粉和保水剂等。

③要把表土打碎先填入穴内 1/3~1/2,并成扁平土堆;放苗要把苗木直立树坑中央,使根系舒展无弯曲窝根现象;填土时适量加松细土壤后要适当提苗到适度深浅,并把穴四周土壤铲入坑中,如图 2—3—3 所示。

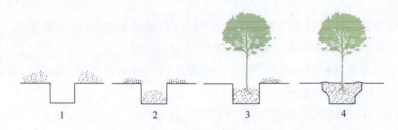

图 2—3—3　苗木栽植

④黏重和板结土块尽量打碎,草根砾石要清除,防止土壤透气造成根系风干脱水。

⑤分层加土要分层踏实,栽植深度一般要比原地痕略深一些。

⑥栽植要注意株行距,前后、左右对照整齐后封土踏实。

⑦一般情况下要在新栽苗木四周修筑土堰,便于浇水。

(3)浇水

浇水一方面是为了补充新栽植苗木体所需要的水分,同时可以使栽植树穴中的土壤密接达到树木生长的自然条件,为此要注意以下几点:

①要提前做好浇水准备工作,尽量当天栽植当天浇水。

②要浇足浇透,有条件时可采取漫灌方式。

③栽植常青树木,填至 2/3 或 3/5 深时浇足水,然后覆土踏实成盆状,以保证成活。

④浇水时要检查渗透情况,发现倒苗要封土扶直(正);待水渗下后再封坑,以保持水分。

⑤定期检查土壤墒情,适时补浇 2~3 遍水直至成活。

(4)其他

①栽植常绿树木,穴底加表土10 cm踏实,树坨轻放直立中心,要将包装草绳剪断埋入土中,边填边踩实,或用木棒、锹把捣实,最重要的是,不要将土坨弄碎。栽戴冠大规格常绿树木,必要时应设置支架。

②栽针叶树小苗要用盛有水或泥浆的苗桶盛苗,使根不离水;栽阔叶树小苗应尽量避免苗根长时间暴露在风日之下,有条件时苗根沾泥浆。

③容器苗造林:造林前,应预先挖好树坑,填回表土2/3,以保持水分;栽植时,先将坑内的土松动填满,在中间挖一小穴,根据容器种类,把容器苗从容器内取出或连土杯轻轻放入,较原地面稍低2～3 cm,苗木直立,然后复土(如土质太差,应在附近找一些肥土放入);填土至杯高时,用脚靠杯边向下踏实,栽完后,上面盖一层松土,以保持水分,并以苗为中心,培土成锅底形,便于浇水时蓄水。

④机械造林:有速度快、用工少、成本低、质量好、成活高等特点,适用于线长、片大、较平坦的宜林地。

二、线路绿化林验收

(一)造林检查验收分类

造林检查验收分为施工作业检查、幼林检查验收、造林竣工验收三种。

1. 施工作业检查

在每项造林环节施工作业完成后进行的检查。如整地、播种、植苗、幼林抚育等,关键是整地和植苗造林两次检查验收。

(1)整地作业验收

整地作业验收主要检查整地的规格和质量:深度、长度、宽度等规格。石头、树根是否除尽,土壤是否松碎等质量。

(2)植苗作业检查

植苗作业检查主要检查造林的面积(或数量)和质量。面积较大要抽样调查(不低于3%),造林质量检查在植苗完成后进行。播种造林检查播种量、深度等;植苗造林检查苗木质量、栽植深度、是否窝根、造林时间等。

2. 幼林检查验收

幼林检查验收主要包括成活率检查、保存率检查两项内容。

(1)成活率检查

成活的株数占检查株数的百分比即为成活率。新造幼林经过一个生长季的生长后,进行成活率检查。铁路局组织检查组按造林单位报表随机抽查评定,抽查数量不少于总量的10%。造林成活率不足40%的地块重新造林,在41%～69%(北方)或75%(南方)之间的地块,要进行补植。

(2)保存率检查

在造林后3年进行保存率检查,保存的株数占栽植总株数的百分比。林木保存率不足25%的林地,应重新造林。

(二)造林成活率标准

1. 造林成活率检查评定方法

(1)检查沿线造林时,应由造林单位全面自检列表上报,铁路局依具体情况组织检查组按报表随机抽查评定,抽查数量不少于总量的10%。

(2)绿化大苗在株高1.5 m以上处发芽的算成活。但经剪枯后新萌株干达到原植苗标准者亦算成活。

2. 造林成活率标准

成活率标准见表2—3—1。

表2—3—1 造林成活率标准

地区	等级标准(%)				备 注
	优良	良好	合格	不合格	
南方	90以上	85以上	75以上	75以下	(1)按树种分别计算 (2)南方包括:广州、南宁、成都、上海、南昌、武汉、昆明局 (3)沙区干旱造林成活率除外
北方	90以上	80以上	70以上	70以下	

(三)线路绿化林验收

1. 施工单位自查、自验

为切实保证线路绿化林的造林质量,及时发现问题、纠正缺陷,应对造林的每道工序如检疫、苗木运输、假植、整地(分为林地清理与整地作业)、定点、挖穴、栽植、扶直、培土、补植等,逐项进行检查验收。

(1)施工作业自验

根据每个作业项目的主要环节,应将每道工序进行分解。如造林整地应分为林地清理与整地作业,栽苗应分为定点、挖穴、栽植。作业完毕进行复查,内容包括林地平整、点数正确、倾倒苗的扶直、修剪断枝,发现有问题的苗木应立即进行更换。有关苗木运输,假植检疫等作业应与供苗单位相互协作。苗木出圃时,应填写苗木出圃验收单(包括起苗起讫日期、修剪情况、假植时间、假植质量、包装方法、包装质量、发送运输情况等),一式二份,供苗商一份,自存一份,造林完毕后归档。

造林工地负责人(或工长)应边施工边检查,及时纠正缺点。每项作业完成后应会同质检员及作业负责人,按作业标准严格检查验收。造林任务完成后,填写竣工报告表(表2—3—2)报请组织验收。

表2—3—2 造林竣工报告表

　　　　　　铁路局　　　　　　林场造林竣工报告表

线别	造林区间	起讫公里	计划任务与分树种株数(株)			完成任务与分树种株数(株)			开工与完工日期		质量自评
									开工	完工	
											验收日期: 结果:

工长:

（2）组织验收。

林场（林业所）在线路绿化林造林期间应成立造林质量验收小组，由技术负责人负责，工程技术人员组成。收到竣工报告后，在5天内到工地会同施工负责人、工长、质检员等共同验收。

验收时，除用目测手段，检查外观及栽植质量外，并要选定标准地（或标准行）进行抽样详查。整地要查土块大小、整地深度；挖坑（穴）的要检查坑（穴）的上口直径、底部直径和深度是否符合规定和要求；土壤是否表、心土分开；石块及建筑垃圾等是否捡出；以及各项作业完成数量。运输假植是否按技术要求进行，栽植的苗木要选标准株轻轻挖开复土的一半，不伤苗根，检查苗木栽植深度是否有窝根现象。对造林有关作业项目和完成的数量、质量逐项做出记录。

检查验收完毕后，应分别填写造林验收登记表（表2—3—3）与造林技术验收证明书（表2—3—4）各一式二份，一份留施工单位，一份送林场（林业所）存档。

表2—3—3 ＿＿＿＿＿年（春、秋）林场造林验收记录表

线别	起讫公里	树种	造林方法	计划造林面积及工作量/株	完成造林面积及工作量/株	主要缺点	纠正缺点的措施	预计造林成活率	造林工作质量的评价	备注

参加人员： 年 月 日

表2—3—4 林场造林技术验收证明书

线别：	区间：	起讫公里：	起讫日期：

1. 树种及工作量（株）：

2. 整地的方式方法、时间，质量：

3. 种苗来源和质量：

4. 造林方法和质量：

5. 严重影响造林质量的因素：

6. 纠正缺点的措施及所需费用：

7. 完成的工作与造林设计的差别及原因：

8. 预计造林的成活率和工作质量的评价：

9. 负责造林工作的人员：

负责人： 时间：

2. 造林竣工验收

每年秋末冬初,各铁路局林业主管部门组织对造林单位当年春季、雨季和上年秋(冬)季的造林及补植工程进行一次验收,主要对造林数量、质量和成活率进行检查,既可以作为对全部造林工程的竣工验收,也可以作为相关单位造林质量的考核依据。

线路绿化林验收应遵照《林规》及《铁路工程绿色通道建设指南》质量检验和验收的具体规定(参加单位或部门、验收项目、质量标准、检验数量和方法等)进行检查验收。

(1)工程验收时,施工单位应提供下列资料、图纸存档。

①施工设计图、竣工图。设计变更图纸原件等。

②实际完成工程量表、施工记录、质量记录。

③工程决算。

④批准的工程文件。

(2)工程验收时应重点抽样检查,并做好验收记录。

(3)工程竣工验收质量合格移交表,有建设单位和施工单位分别盖章。

(4)工程竣工验收会议纪要。

已实施招投标的线路绿化林工程的检查验收按照国家相关绿化验收规范和办法及建设单位招标文件的具体规定进行。

第三章　其他防护林

本章重点介绍铁路护坡林、防水林和防雪林建设的调查设计、营造施工等技术要求,通过各种防护林带的建设,实现路基坡面生态植被的恢复与防护,有效强化固化路基,降低洪水对路基、桥梁、涵洞等设施的冲刷和雪灾等对铁路运输安全的影响。

第一节　护　坡　林

随着我国铁路基本建设速度加快,因修建铁路路基而形成了大量裸露的路堤边坡和路堑边坡。这些裸露的边坡坡面不仅影响了生态环境景观,有些还存在许多地质灾害隐患,影响了主体工程的安全稳定。护坡林是一种新兴的能有效防护裸露坡面的生态护坡方式,与传统的土木工程护坡(钢筋锚杆支护、挂网、格构等)相结合,可以有效地实现路基坡面的生态植被恢复与防护,不仅具有保持水土的功能,还可以改善生态环境,美化植物景观,降低司乘人员视觉疲劳,最终实现对主体工程的保护。

一、护坡林的护坡作用与分类

(一)护坡林的护坡作用

(1)防止路基坡面冲刷溜坍。路基坡面上的土壤裸露,经雨淋后会冲成沟壑,长时间将产生裂纹,造成坍塌。采用植灌种草护坡可以巩固路基坡面,减轻雨水冲刷。

(2)防止风化石碎落。风化石边坡白天受太阳的照射,表面温度升高而膨胀,晚间温度下降而收缩,反复地热胀冷缩,岩石的节理逐渐松开形成裂隙,造成表面剥落。全面铺上草皮,保护了坡面,调节了气温,可防止风化层直接碎落。

(3)减少清理路堑、侧沟工作。

(4)保护生态,美化环境,保证行车安全。

(二)护坡林分类

(1)按所用植物不同分为草本植物绿化防护、藤本植物绿化防护、木本植物绿化防护。

(2)按栽种植物方法不同分为栽植法和播种法。播种法主要用于草本植物的绿化,其他植物绿化适用栽种法。播种法按使用机械与否,又可分为机械播种法和人工播种法。

(3)按植生土的来源不同可分为客土绿化和原地绿化。客土绿化按所用材料不同又分为移土绿化和植生混凝土绿化。

二、护坡林设计

(一)一般规定

路基边坡地段绿化范围应包括铁路用地界内路基边坡及路堤坡脚或路堑堑顶外线路绿

化林。土质路基边坡应采用植物防护,或植物防护与工程防护相结合的措施;石质路基边坡采用植物防护时应进行技术经济分析。植物防护宜采用灌草结合,灌木优先的方式。路基边坡常用植物防护类型及适用条件,宜按表3—1—1的规定选用。

表3—1—1 路基边坡常用植物防护类型及适用条件

植物防护类型	适用条件	
	边坡性质	边坡坡率
种植灌草或喷播植草、灌木	土质边坡	不大于1:1.25
栽植灌木	土质、软质岩和全风化的硬质岩石边坡	不大于1:1.5
植生带植草、灌木	砂类土或碎石类土边坡、全风化的硬质岩石或强风化软质岩边坡	不大于1:1
植生袋植草、灌木	砂类土或碎石类土边坡、硬质岩边坡或弱风化软质岩边坡、盐碱地边坡	不大于1:0.75
客土植生	漂石土、块石土、卵石土、碎石土、粗粒土和强风化的软质岩及强风化、全风化的硬质岩石路堑边坡,或由其弃渣填筑的路堤边坡	不大于1:1
喷混植生	漂石土、块石土、卵石土、碎石土、粗粒土和强风化、弱风化的岩石路堑边坡	不大于1:0.75

路基边坡采用植物防护时,天然土层厚度不宜小于30 cm,边坡土(岩)质不适宜植物生长时,应采取土质改良、客土、喷混植生等措施,客土厚度不应小于20 cm,喷混植生厚度不宜小于10 cm。填充于骨(框)架、土工格室内的种植土应含有植物生长必需的平衡养分和矿物元素,粒径不应大于30 mm。路基边坡坡面采用植物防护时不得影响路基密实和稳定。

路堑侧沟平台和边坡平台、路堑挡土墙墙顶处,应设置绿化槽栽植灌木,挡土墙墙趾处应设置绿化槽栽植藤本植物。绿化槽宽度不应小于40 cm、深度不应小于30 cm。膨胀土、黄土等地区及挡土墙墙顶平台绿化槽底部应采取封闭止水措施。

(二)土质路堤、路堑

土质路堤边坡宜栽植灌木,土质路堑边坡应采用栽植灌木或灌草结合的植物防护措施,断面形式如图3—1—1~图3—1—4所示。

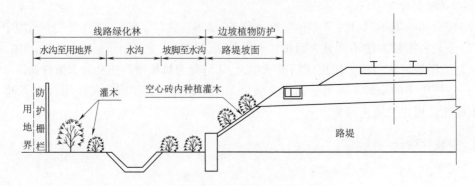

图3—1—1 路堤地段绿化断面示意(边坡高度<3 m)

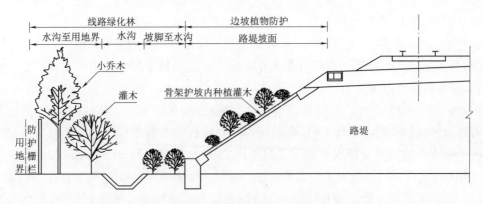

图3—1—2 路堤地段绿化断面示意(边坡高度3~6m)

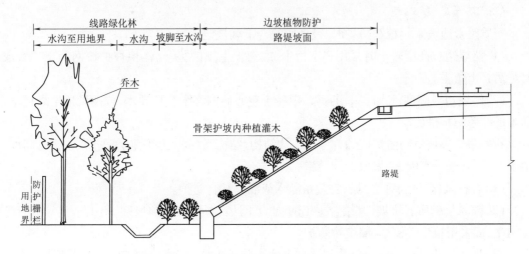

图3—1—3 路堤地段绿化断面示意(边坡高度>6m)

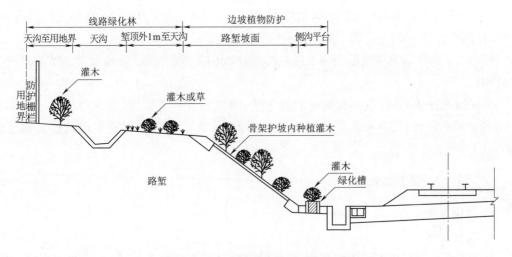

图3—1—4 路堑地段绿化断面示意

下列边坡采用植物防护时,宜与土工网、土工网垫、立体植被护坡网、浆砌片石(或混凝土)骨架、混凝土框架梁、混凝土空心砖等工程防护相结合。

(1)边坡高度超过4~6 m。
(2)填料为膨胀土、粉土、砂类土、碎石类土和易风化软岩块的路堤边坡。
(3)膨胀土、粉土、砂类土和碎石类土等路堑边坡坡面易受雨水冲刷严重或有地下水渗出、坡面潮湿的路堑边坡。

短时间浸水的路堤边坡,应选用根茎发达、缠绕性强和耐湿、耐水淹的灌木。边坡采用穴植容器灌木苗的间距宜为0.3~0.6 m。砂类土、碎石类土等土壤瘠薄的路堑边坡,种草、灌木种子时宜在坡面上开挖水平横沟或挖坑,水平横沟行距宜为20~40 cm,深度不应小于20 cm,沟内或坑内回填种植土或设置植生带。必要时可采用客土植生、喷混植生等措施。

路堑边坡坡面较光滑,植物种子着落困难时,应采取在坡面上挖槽、沟或蜂窝状浅坑等增大坡面粗糙度的措施。

(三)石质路堤、路堑

石质路堤边坡采用植物防护时,设计应符合下列规定。

(1)路堤边坡高度较小时采用客土植生,或铺设土工网垫、立体植被护坡网等土工合成材料后客土植生。

(2)路堤边坡高度较大时采用骨架、混凝土空心砖内客土栽植灌木,或铺设植生袋植草、灌木的绿色防护措施。

石质路堑边坡植物防护应综合考虑岩体结构、结构面现状、风化程度、边坡坡率与高度、地下水、气候条件等因素,采取下列措施。

(1)岩石风化呈土状的边坡,宜栽植灌木或灌草结合防护。
(2)强风化软质岩边坡,宜结合土工网、土工网垫、立体植被护坡网、土工格室等进行客土植生,或采用植生带植草、灌植物防护。
(3)硬质岩边坡或弱风化软质岩边坡坡率不陡于1:1时,宜结合空心砖、骨架或框架梁内客土植生、植生袋植草或喷混植生防护。
(4)硬质岩边坡或弱风化软质岩边坡坡率陡于1:1时,宜采用植生袋(外挂网固定)植灌草、挂网喷混植生或挂网预埋植生带后进行喷混植生防护。

喷混植生的喷射厚度应根据施工地点的气候、水文、地层岩性、边坡坡率和堑坡高度等综合确定。

所采用的种植基材,应具有良好的透气性、团粒化度和酸碱度,含有植物生长必需的平衡养分和矿物元素,具有较好的保水持水能力,具有一定的强度和较强的抗暴雨侵蚀能力。

三、铺种草皮的具体作法

(一)铺种草皮前的准备工作

1. 实地勘察

实地勘测包括简单测出边坡面积、高度、坡度、鉴别土壤种类,了解目前冲刷情况,边坡上部截水沟排水是否畅通,有无泉水暗流;要用长1~2 m的钢钎子探明土层厚度,以免日后打桩发生障碍;调查草皮来源和运距。如需要小木桩及竹钉等原料也应加以调查。以上勘测资料,应详细予以记载。

2. 铺种前整修坡面

坡面整修对铺种草皮后的收效极为重要,必须根据坡面地形、沟洞深浅与土壤松软,加以适当处理。

对一般路堑坡面冲成小沟,深度不超过 60 cm 的,刮去浮土,铲除坡面个别障碍物;用黏土夯补,不需填石(否则将影响钉竹钉),夯实后即可进行铺植。

对冲刷严重的路堑坡面,应先由大坑下部筑起,进行打排桩(桩长 4~5 m、桩距 1~1.5 m)。深沟需打 3~5 排桩,用木板挡土,填以片石草皮块,并用原地土壤充填,层层夯实。

对长年风化的坡面,因受风吹雨打,常有细砂剥落,应在下部及中部打入 2~3 m 长木桩,编竹片拦挡,层层夯实后,再行铺植。

对于风化石上的流动灰渣,可在灰渣上浇一层黄泥浆(用水和黄土临时合成),使灰渣不再流动,待黄泥浆稍干后,即可将草皮依次铺上,以竹钉固住。

如边坡斜度达 60°~75°、高达 50 m 以上,土壤属于沙土者下部应筑 1.5~2 m 挡土墙或片石墙,针对容易风化剥落或破碎程度较为严重的坡面,应当考虑坡面的防护措施,防止各种自然作用对边坡的破坏作用,以保证边坡的稳定性。然后刮去浮土,平整坡面,再进行铺植。

整理坡面,必须注意下列各点。

(1)如有裂纹,应即夯紧填实。

(2)如坡面有泉水,应采用片石盲沟将水引向侧沟。

(3)路堑坡面的泄水沟,需浆砌的不能用草皮代替。

(4)边坡脚可适当挖成平台,必要时砌挡土墙,以免下部土壤含水饱和沉塌。

(5)在整坡的同时,对 10 m 以上的路堑,每隔 3~4 m 高,挖成 0.3~0.4 m 宽的横路,便于输送草皮。

为使草皮生长旺盛茂密,可在平整土地时按每百平方米施入 40~50 kg 的腐熟堆肥,或 0.15 kg 的过磷酸钙。要充分拌和均匀,然后耙平,待用。

3. 铺种草皮季节

铺种草皮要根据各地气候条件,做到适地适时。一般以气温不高,多雨时期为宜。除了冰冻时期外,一年四季都可铺种。

(1)将草的茎、叶全部割掉,以减少蒸发。

(2)草皮厚度要适当增加。除了狗牙根草类厚度 5~7 cm 外,其他草种的草皮厚度为 10~15 cm,同时还要浸水铺种。

(3)经常浇水,保持草皮湿润。干旱时,要早晚各浇水一次。

(4)利用坡面浮土临时覆盖,厚度为 1~1.5 cm,避免阳光直射,防止蒸发。

(5)草皮要密接敲紧。伏天气温高,湿度低,更要敲紧,以增加抗旱保湿能力。

4. 切取草皮

草皮规格要求大小一致,厚度均匀,切边角度划一,底面平整,不松不散。可把草皮切成长宽各为 30 cm×30 cm 大小的方块,或宽 30 cm、长 2 m 的长条形,草皮块厚度为 2~3 cm,带根铲起来重叠堆起,以利运输,长条形状的草皮块可卷成地毯卷一样,把铲起来的宽 30 cm、长 2 m 长条草皮,卷成草皮卷装车搬运。

在有条件地方,起草皮可采用起草皮机进行起草皮,草皮块的质量将会大大提高,起草皮机作业,不仅进度快,而且所起草皮厚度均匀,容易铺装。切取草皮时应注意:

(1)在炎热干燥地区,深根性的草皮,厚度必须适当增大,有时可达 15 cm。

(2)切取草皮规格要大小一致,厚薄均匀,切边角度统一,不松不散,便于搬运,易于成活。

(3)过于薄的草皮,切取时发现主根已被切断的,不宜再用于铺植。

(4)长条形草皮较为牢固,摊开保存较好,所需竹钉也较少。

(5)草皮最好随掘随铺,防止干萎。

(6)不要用泥炭田或沼泽地的草皮。最好使用草皮的土壤成分与铺植地相类似,以利生长。

5. 准备草皮钉

一般用竹钉,钉长 25~30 cm。

(二)铺种方法

1. 密铺法

(1)一般坡面

先在路堑基脚侧沟上,即与路肩等高处铲削一条同草皮侧面等厚的台阶,然后将草皮侧面横放在台阶上,顺序错纹向上铺植,也可沿左右方向进行。在铺植时,草皮四边斜面切口要相互搭扣(上下覆盖如瓦状,左右为马耳交接状),底部要紧贴坡面,不留缝隙,同时每块草皮用草皮锤尽力锤打,草皮中间钉一竹钉,竹青向上,须与坡面垂直。竹钉钉入草皮时,露头 1.5~2 cm。

草皮要从坡脚铺到天沟边。如坡顶有天然杂草,不铺到天沟边亦可,但要注意在坡顶上先铲去一部分泥土,将草皮镶进去,使铺后和原坡顶一样平,绝不能使后铺的草皮突起,以防雨水冲刷。

密铺草皮应注意:草皮紧贴坡面,接缝严密;草皮要打紧,全面拍平;草皮底部不要有空间;草皮缺角要补齐,不让雨水渗入。

(2)风化石坡面

因其坡面与一般不同,应采取以下措施。

①风化石上植被不易着生,可利用坡面不平的特点,将碎草块倒嵌在石缝里,或填一些肥沃泥土,夯实,上面铺植草皮,用锤尽力打紧,使其上下密贴,并在中间钉一竹钉。钉子能打入就用,否则,可不钉。

②草种要选择根茎发达,生长力强,适应性强的,如白茅草类。因风化石上没有泥土,故草皮厚度一般要增加到 12 cm 以上。铺植时草皮要软,如干旱天气,先浇水再切取草皮。注意打紧,促使底部长入石缝,紧接坡面,做到草皮上面能负荷人重,不钉竹钉亦可。

2. 方格法

把已整理好的坡面,挖成带状浅沟,浅沟与边坡水平线成 45°相交成斜方格,沟宽 20 cm,深 3~4 cm,空格部分为 80 cm×80 cm,然后将草皮铺入沟内拍平,在草皮中部钉一竹钉。这个方法成本较低,在路堤坡面采用效果较好,但不宜在过高过陡的路堑边坡施行,因路堑边坡长期受雨水冲刷会形成凹坑,严重的连原铺的草皮都会被冲垮。土壤以壤土或黏壤土为适宜,同时草皮应选择匍匐性的、根茎蔓延迅速的草种,如狗牙根类,以达到迅速覆盖坡面的目的。

3. 栽草法

在冲刷较轻的坡面上,可采用栽草块办法。草块大小和栽植密度应视草的种类、坡面高度及倾斜角度而定。冲刷处较严重的,多栽或栽满;冲刷轻的地方可栽成梅花形,间距为30～50 cm。先在坡面挖成小洞,然后栽植。每坑栽草一小撮(15根左右匍匐茎),栽后要立即浇水。天旱要多浇几次,直至发青抽芽时为止。

(三)播种草籽

播种草籽分为人工播种和机械播种(喷播植草)两种方法。

1. 人工播种草籽

一般宜在坡度较缓、坡面不高、面积较小的坡面上采用。如坡面土壤不适于种植的,可铺一层10～12 cm厚的种植土再播种。但应注意使种植土与边坡结合牢固。通常是在播种前,从上到下挖台阶,并将表面土壤耙松。如边坡面的坡度为1:2或较缓时,可以不挖台阶。

为使草皮生长均密,播种应力求均匀。为此,可将种子分成两份拌入等量的细砂。拌匀后,先纵向撒播一次,再横向撒播一次。播种完毕后,另盖一层等于种子直径3～4倍的细土,稍加压实。如土壤潮湿而易黏着时,可不镇压,以免黏动土壤,反而使种子分布不匀。如天气干燥无雨,播后要经常用细孔喷壶或喷雾器浇水,使表土在10～12 cm深度内,经常保持湿润。切忌浇水时水点过大,冲去土壤或使土壤板结,影响幼苗出土。

2. 喷播种植

喷播种植技术是以水为载体,将经过技术处理的植物种子、纤维覆盖物、黏合剂、保水剂及植物生长所需的营养物质,经过喷播机混合、搅拌并喷洒到所需种植的地方,从而形成初级生态植被的绿化技术,是一种适用于风化程度较高的岩土边坡和土夹石边坡绿化的新型技术。喷播对土壤厚度的要求,根据边坡的具体情况而定,通常为10～30 cm。

喷播种植,播种后能很好地保护种子与土壤接触,比常规播种成坪快;在坡地不易施工的地方也能播种,喷播作业形成的自然膜可抗风、抗雨水冲刷;播种均匀,节省种子,节约费用,保证质量,适合于大面积的绿化作业;效率高,播种的同时,肥料、保水剂、浇水等一次成功且均匀。

喷播种植防护工程的作业工序流程:边坡检验→边坡修整→喷播草灌种子→覆盖无纺布→养护管理→绿化成坪。

喷播的主要配料一般包括水、植物生长素、黏合剂、染色剂、草籽、灌木种子、复合肥料等(根据情况的不同也有另加保水剂、松土剂、活性钙等材料)。

(1)种子。包括花、草、灌木种子,用量为15～20 kg/亩。

(2)水和纤维覆盖物。水作为主要溶剂,把植物生长素、草籽、肥料、黏合剂等均匀混合在一起。纤维在水和动力的作用下形成均匀的悬浮液体,喷后能均匀地覆盖地表,具有包裹和覆盖种子、吸水保湿、提高种子发芽率及防止雨水冲刷的作用。水和纤维的重量比一般为30:1,纤维用量60～75 kg/亩。常用的纤维覆盖物为纸浆。

(3)肥料。常用复合肥,用量20～30 kg/亩。

(4)染色剂和活性钙。染色剂使喷播素材着色,用以指示界限,一般为绿色。使用活性钙有利于前期土壤pH值的平衡。

(5)黏合剂。用高质量的自然胶、高分子聚合物等配方组成,水溶性好,并能形成胶状的浆液,具有较强的黏合力和较好的持水性及通透性,平地少用或不用,坡地多用,黏土少用,沙地多用。用量占纤维量的3%。

(6)保水剂。一种无毒、无害、无污染的水溶性高分子聚合物,具有强烈的保水性能。用量因气候而异,$3\sim 5\,\mathrm{g/m^2}$,湿润时少用或不用,干旱时多用。

喷播植草施工完成之后,在边坡表面覆盖无纺布,以保持坡面水分并减少降雨对种子的冲刷,促使种子生长,另外,无纺布可起到防止小鸟啄食种子的作用。无纺布的铺设,自上而下,坡顶与坡底各流 30 cm,用土压实。相邻两幅无纺布竖向重叠 10 cm,并用竹钉固定。

3. 播种后养护管理

(1)播种或喷播后加强坪床管理,根据土壤含水分,适时适度喷水,以促其快速成坪;

(2)在养护期内,根据植物生长情况施 3~6 次复合肥;

(3)加强病虫预防工作,发现病虫害时及灭杀;

(4)当幼苗植株高度达 10 cm 或出 2~3 片叶时揭掉无纺布;避免无纺布腐烂不及时,以致影响小苗生长;

(5)根据出苗的密度,对于生长明显不均匀的位置应予以补播;

(6)防除杂草。对已经高出主草丛的杂草,采用人工拔除。

四、路基边坡草灌结合防护技术

(一)草本或灌木在边坡绿化中的优缺点

1. 优点

目前,我国铁路边坡生态防护多采用草本植物,其优点如下所述。

(1)草本植物种植方法简便,费用低廉。

(2)早期生长快,对防止初期的土壤侵蚀效果较好。

(3)作为生态系统恢复的起点,有利于初期表土层的形成。

2. 缺点

草本植物与灌木相比具有以下缺点:

(1)草本植物具有根系较浅,抗拉强度较小,固坡护坡效果较差;在持续的雨季里,高陡边坡有的会出现草皮层和基层剥落现象。

(2)群落易发生衰退,且衰退后二次植被困难。

(3)开发利用的痕迹长期难于改变,与自然景观不协调,改善周围环境的功能差。

(4)坡地生态系统恢复的进程难于持续进行,易成为藤本植物滋生的温床。

(5)需要采取持续性的管理措施,维护和管理作业量大。

因此,单纯的草本植物用于路基边坡的绿化并不理想。由于草本植物作为护坡植物的缺点,铁路边坡生态防护应重视灌木的护坡作用。灌木作为护坡植物主要的缺点是成本较高,早期生长慢,植被覆盖度低,对早期的土壤侵蚀防止效果不佳。但可以通过与草本植物混播,草本植物早期迅速覆盖地面防止土壤侵蚀,后期由灌木发挥作用的方式解决。

(二)路基边坡草灌结合的栽植方式

1. 草灌混播

草灌混播主要运用于土质坡面,也可配合挂网喷混植生工艺完成面层的播种工作。

(1)液力喷播

在坡度达到小于一般土壤稳定坡角,且本身具植物生长的土壤,具备了人工回填土后液力喷播完成植被建植和恢复的条件时可采用液力喷播工艺。液力喷播工艺是将经过催芽处理后的种子加入过筛的腐殖土、草纤维、黏合剂、保水剂、缓释复合肥等搅拌均匀后,均匀喷射到边坡表面上,喷射厚度 2~3 cm。

工序流程:坡面修整→覆土或客土吹附→液力喷播→养护。

(2)植草皮+点播灌木等方法

该方法主要运用于土质边坡,采用人工直接铺草皮的方法,达到快速覆盖植被的目的。为加强后续生长效果,再点播灌木种子、扦插灌木插穗或间隔栽植灌木,形成草、灌结合的植被结构。

2. 喷混植生

喷混植生是一种将草种、有机质混凝土喷在岩石坡面上的边坡绿化方法,适用于开挖后的岩石坡面的植被恢复。

(1)施工工序

坡面处理→铺网钉网→喷混植生→回填种植土→养护。首先喷射不含种子的混合料,喷射厚度 6~8 cm,待第一次喷射的混合土达到一定强度后,紧接着第二次喷射经过催芽处理后的种子加入过筛后的泥炭土、腐殖土、黏结剂、纤维、缓释复合肥、保水剂搅拌均匀后的混合材料。

(2)工艺流程(图3—1—5)

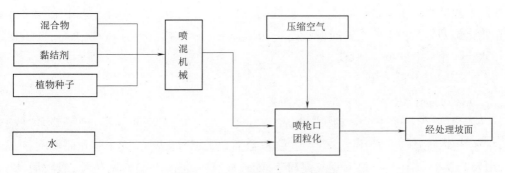

图3—1—5 喷混植生工艺流程

3. 客土吹附

在坡面较陡岩面或岩土面上利用喷播设备,将经过一定比例混合的客土喷射到挂有铁丝网的坡面上的一种边坡绿化工艺,其注意事项如下。

(1)铺网。选用网孔为 4 cm×4 cm 或 5 cm×5 cm 的镀 PVC 或镀锌菱形铁丝网铺设坡面,长度根据需要裁剪,坡顶延伸不低于 50 cm,开沟并用桩钉固定后回填或埋入截水沟中。坡顶固定后自上而下铺设。左右两片网之间搭接宽度不小于 10 cm。针对石坡面情况采用 L 形 $\phi 6 \sim 8$ 或其他型号的钢锚钉或竹锚钉,锚钉长度根据实际情况分别采用 $150 \sim 400$ mm。

(2)客土吹附。将过筛腐殖土、草纤维、泥炭土、缓释营养肥、黏合剂、保水剂、水等混合材料用喷播机充分搅拌,然后通过喷播机将材料及种子送至坡面,喷附到预先固定在坡体上的铁丝网上。

工序流程:坡面处理→铺网、钉网→覆土、喷射客土及种子→养护。

4. 植生袋法

利用边坡岩面本身的凹陷处,在凹陷处下部采用植生袋围堰,围堰内填土,种植灌木为主,植生袋内装入按一定比例配制的耕植土、有机基质、保水剂、肥料。或在坡面外侧直接用植生袋梯形叠砌,形成一层植生袋面层,通过该植生袋内种子的生长来绿化边坡。

工序流程:植生袋灌注→植生袋堆砌→植生袋加固→养护。

5. 鱼鳞坑

在条件许可的岩面边坡通过风镐或小爆破来开挖适当的鱼鳞坑,在坑内填土,种植乔灌木及爬藤类植物;鱼鳞坑开挖一般要求为坑 $0.5 \text{ m} \times 0.5 \text{ m}$,坑深 0.5 m,间距 2 m,交叉开挖呈梅花状。

工序流程:风镐或小爆破成坑→槽内装填种植土→种植乔灌木及爬藤类植物绿化→养护。

6. 种植槽

种植槽是在陡峭的岩质边坡面上利用工程锚杆固定和钢筋混凝土梁板形成并在槽内种植乔灌木及爬藤类植物的一种边坡绿化工艺。

工序流程:搭设脚手架→锚杆成孔、制作→钢筋混凝土梁板槽浇筑→槽内装填种植土→种植灌木及爬藤类植物绿化→养护。

五、草本、灌木及藤本植物的选择

路基边坡生态防护是一项改造大自然的工作,是工程措施和植物措施相结合的措施。但植物措施乃是防止土壤流失的根本办法,因此,在进行植物措施时,必须了解、选用、栽种保持水土作用显著的植物种类。

(一)草本植物的选择

1. 草种的选择依据

一般说来,保持水土的草种,应具备的特点:根部发达,且密生须根;种子繁多,易于繁殖;抗逆性强,能适应多种环境;茎叶茂盛,覆盖面积大;分蘖力强,每株展开面积大;生长迅速,根及叶易于发育;生有地下茎或匍匐茎,能长成丛生的草皮;具有耐牧性,放牧后易于恢复;具有持久性,长成后能历久不衰。

2. 常用护坡的草本植物

常用护坡的草本植物见附录二附表 2—1 常用护坡的草本植物。

(二)灌木的选择

(1)边坡生态防护中使用的灌木见附录二附表 2—2 边坡生态防护中常用灌木。

(2)各地区主要可供选用的护坡灌木见表 3—1—2 各地区主要可供选用的护坡灌草植物。

表 3—1—2　各地区主要可供选用的护坡灌草植物

地区	主要灌木树种	主要草种
东北地区	**紫穗槐、胡枝子、沙棘、荆条、冬青**、小叶锦鸡儿、树锦鸡儿、柠条、锦鸡儿、怪柳、小叶黄杨、辽东水蜡、榆叶梅、东北连翘、紫丁香、红瑞木、卫矛、金银忍冬、越橘、杜鹃、杜香、柳叶绣线菊、杞柳、蒙古柳、兴安刺玫、刺五加、毛榛、黄柳、茶条槭、六道木、偃伏莱木	苔草、小叶樟、芍药、地榆、沙参、线叶菊、针茅、野豌豆、隐子草、冷蒿、冰草、早熟禾、紫羊茅、防风、碱草、艾蒿、苜蓿、驼绒藜、鹅观草、高羊茅
东北、华北、西北风沙地区	**紫穗槐、沙柳、沙棘、柠条**、锦鸡儿、毛条、山竹子、花棒、杨柴、踏朗、黄柳、杞柳、怪柳(红柳)、沙拐枣、梭梭、胡枝子、沙木蓼、白刺、沙冬青、沙枣、白梭梭	沙蒿、沙打旺、甘草、苜蓿、碱草、大针茅、鸭茅
黄河上中游地区	**紫穗槐、夹竹桃、四翅滨藜、野枸杞、怪柳**、绣线菊、虎榛子、黄蔷薇、柄扁桃、沙棘、胡枝子、金银忍冬、连翘、麻黄、胡颓子、多花木兰、白刺花、山楂、柠条、荆条、黄栌、六道木、金露梅、酸枣、山皂角、花椒、山杏、山桃	黑麦草、猫尾草、早熟禾、驼绒藜、无芒雀麦、羊草、苜蓿、黄背草、白草、龙须草、沙打旺、冬凌草、小冠花、高羊茅
华北中原地区	**紫穗槐、夹竹桃、胡枝子、怪柳、黄荆**、酸枣、荆条、杞柳、绣线菊、照山白、胡枝子、金露梅、杜鹃、高山果、小叶锦鸡儿、鹅耳枥、山皂角、花椒、枸杞、山杏、山桃、马棘	蒿草、蓼、紫花针茅、羽柱针茅、昆仑针茅、苔草、驼绒藜、黄背草、白草、龙须草、沙打旺、冬凌草、小冠花、高羊茅、狗牙根
长江上中游地区	**紫穗槐、夹竹桃、胡枝子、荆条**、三棵针、小蘗、绢毛蔷薇、报春、密枝杜鹃、山胡椒、乌药、箭竹、马桑、白花刺、火棘、化香、绣线菊、月月青、车桑子、盐肤木、黄荆、红花檵木、小叶女贞	芒草、野古草、蕨、白三叶、红三叶、黑麦草、苜蓿、雀麦、高羊茅、狗牙根
中南华东（南方）地区	**紫穗槐、夹竹桃、山毛豆、胡枝子、荆条**、密枝杜鹃、胡枝子、苧宁栎、枹树、茅栗、化香、白檀、海棠、野山楂、红果钓樟、绣线菊、水马桑、蔷薇、黄荆、红花檵木、小叶女贞	香根草、芦苇、水烛、菖蒲、芦竹、芒草、野古草、高羊茅、狗牙根
热带地区	**紫穗槐、蛇藤**、米碎叶、龙须藤、小果南烛、杜鹃、桎木	金茅、野古草、海芋、芭蕉、蕨类

注：表中以黑体字表示的树种为铁路推荐采用的灌木品种。

（三）藤本选择

边坡生态防护中藤本植物的选择应符合下列规定。

（1）向阳面选择喜光、耐旱、适应性强的凌霄、爬山虎、五叶地锦、木香、藤本月季、紫藤、葡萄及茑萝等藤本植物。

（2）向阴面选择常春藤、常绿油麻藤、金银花、爬山虎、络石等耐阴藤本植物。

目前，在边坡生态防护中使用的藤本见附录二附表 2—3 边坡生态防护中使用的藤本。

六、护坡绿化管理及养护

路基边坡的植物定植后，这样的植物群落结构非常不稳定，如果措施跟不上，草本植物过度发育，群落中的灌木很快就会因营养、阳光、水分和其他资源不足而被草本植物"吃掉"。另一方面，一旦草本植物把土壤中的营养消耗到一定程度，很可能出现大面积的衰退，并且重新回到裸地的状态。为此，要制定合理养护管理措施，促进植物群落向目标群落转化是路基边坡绿化的重要内容，主要养护措施包括肥水管理、补栽和其他辅助管理措施等。

（一）肥水管理

制定肥水管理计划，针对植物群落的不同发育时期，采用不同的肥料配比，抑制草本植物生长，促进木本植物的发育，从而达到逐步以木本植物为主的植物群落。

水分是植被能否存活的另一个重要原因，植物在不同生长发育时期对水的需求量有很大差异，不同植物对水分的需求量也不同，通过对水的管理可以实现对群落演替方向的调控，包括喷水养护和追施肥料等措施。喷水养护分前、中、后期水分管理，前期喷灌水养护为60 d，中期靠自然雨水养护，若遇干旱每月喷水3~4次，后期养护每月喷水2次。追施肥料，为满足草本植物氮、磷、钾等营养需求，维持草苗正常生长，须在苗高8~10 cm时进行第一次追肥。追肥分春肥(3~4月)和冬肥(10~11月)两次。另外，还可依据实际情况进行叶面追肥，如用0.1%的磷酸二氢钾或0.3%的尿素液喷施。

（二）补栽措施

路基边坡铺种草皮后，严禁放牧、烧荒、割草。要经常检查边坡草皮有无坍塌裂缝及其他问题，发现情况，要及时加以修补。

由于路基边坡的养护资金非常有限，培育稳定边坡植物群落，充分发挥自然力在其中所起的作用，逐步减少养护费用很重要。其中一个主要的措施是增加群落中的多样性，一般认为群落的结构越复杂，多样性越高，群落也越为稳定。此外，也将群落多样性作为其稳定性的一个重要尺度。在植被建植的早期由于恶劣的立地环境，仅有少量植物可以在边坡上定居，群落的多样性指数很低，其稳定性和恢复力都很弱，需要大量的人工辅助措施才能确保群落不退化。在后期随着小气候条件、土壤条件和其他条件的完善，需要在未来群落的不同发展时期，适当加入一些本地的其他植物，提高群落多样性和群落的稳定性。

（三）其他管理

修剪、间苗、疏枝以及采用化学药剂等多种措施控制路基边坡群落的演替方向，包括防治病虫害和防除杂草等措施。防治病虫害是出苗后随时观察有无病虫危害，不同草本植物所发生的病害和虫害不一样。病虫害和化学防除杂草的具体防治措施可见其他章节相关内容。种子发芽，杂草生长已高出主草丛，可人工拔除。总之，在路基边坡绿化养护中，只有将工程措施与植物措施相结合，才能最大程度发挥路基边坡绿化的社会效益和生态效益。

第二节 防 水 林

在线路两侧营造防水林是防治洪水冲刷路基、桥梁、涵洞等设施，保证行车安全的一项重要措施，可以起到一般土、石、木工程所不能起到的防护作用。

一、铁路线路防水林的种类

防水林不仅直接影响河流的流量、河流的演变和泥沙的移动，也影响到洪水的水位、持续时间和强度，因而在河水易泛滥的铁路沿线营造防水林，可以减缓洪水的流速，保护线路和桥涵不受暴雨、洪水的袭击和冲刷，保证行车安全。铁路防水林按其防护对象和作用可分为五种，见表3—2—1。

表 3—2—1 铁路防水林种类

序号	防水林种类	防护对象	主要作用	备注
1	导流防水林	线路、桥涵、导流堤坝、河流两岸	(1)将水流引向线路的过水建筑物,并从过水建筑物引出 (2)引开水流,防止对路基和其他建筑物的冲刷 (3)与导流堤坝起相互作用,并能保护坝堤 (4)可使河流两岸的浅滩增高,保护河岸	
	导流防水林区	线路、桥涵、导流堤坝	(1)扩大和改善原有导流堤坝的作用 (2)代替导流堤坝的接续部分	在原有导流堤的头部、后部营造大面积林木,以巩固堤坝,导引水流远离桥涵流入河道
	横向林带	线路、桥涵、导流堤坝,丁字坝	(1)代替丁字坝,防止纵向水流冲刷路基和桥涵 (2)保护丁字坝的稳固	
	局部导流防水林	线路、桥涵	(1)导引水流沿河道流去 (2)导引水流背离线路方向流去	这种防水林,主要是在顺延线路河流流向线路部分以及在河水泛滥范围营造的林木
	全部导流林	线路、桥涵	主要作用同局部导流防水林,但面积大,比较稳固	从河滩到路基全部营造,以防水浸路基,冲刷线路
	封歧导流防水林	线路、桥涵、堤坝	(1)堵住歧流水沟,防止水流冲刷路基或桥涵 (2)保护封歧沟的堤坝稳固	这种防水林最好与土、石工程配合进行,单独营造,必须结构紧密
2	护坡防水林	线路、坝堤、丁字坝,河岸	(1)保护和稳固线路堤坝、丁字坝及坡面,使之不受冲刷 (2)保护河岸的坡面不受洪水冲刷	为了巩固建筑物,在丁字坝顶部也可以栽植林木
3	防浪林	线路路基	主要防止水浪侵击路基	
4	防蚀林	小桥、涵洞	保护线路小桥及涵洞的入口处、出口处不受沟谷水流的侵蚀,以巩固小桥、涵洞的基础	这种防水林最好与土、石工程结合进行
5	防淤林	沟谷出口处的桥、涵洞,线路	(1)防止沟谷流下泥沙淤塞桥孔、涵洞和淤埋线路 (2)限制加速挟带泥沙等物的水流通过桥涵流向下游	

二、防水林的调查设计与营造

(一)防水林的调查设计

1. 设计前的准备工作

(1)调查项目

包括水害位置、发生情况、水源、河流情况、水位、水流速度、流量、立地条件、气温、降水量以及河床演变情况等。

(2) 准备资料

包括征求有关部门意见、测量制图、编制预算等。

2. 防水林设计的根据

根据掌握的近期第一手材料,分析考虑成林后的导水、阻水、透水、固土、护堤、护坡、排淤等方面的作用。

在设计中应考虑其适应范围。首先应考虑能够使防水林顺利成长的条件,林木生长的一个重要条件是土壤中的氧气不断地进入林木的根部。在防水林被水淹没时期,土壤中的氧气不能自由地进入林木的根部,只能从水中吸收不足的氧气,由于氧气不足,天长日久导致防水林死亡,因此,在设计中必须考虑采用耐水淹树种。其次应考虑防水林在水流作用中的稳固条件,在靠近河岸和沟谷下游部分,应选择枝叶茂盛、深根性的乔灌木,特别是灌木柳类树种尤为适宜,以保护岸沟的冲刷和流失。此外,要防止流冰伤损防水林,灌木柳树枝条具有柔韧特性,可以自然弯曲,并可在流冰的挤压下免受较大的损害,因此还可以影响水流的流速和冲击力,引导冰流流向大溜,所以采用乔灌木混交的防水林,可以减轻损害。

由于植物抗冲能力有一定限度,因此在水流很急的险工和水流顶冲严重的地段,要与土、石工程结合。工程较大的地段要与工务、工程部门配合,以保证防水林及土、石设施的稳固性。

3. 防水林树种的选择

铁路防水林除了水土保持林和水源涵养林以外,大部分营造在河滩、河岸、堤坝、坡面以及大量过水或经常干旱地带。为此,对树种的要求,不仅要有稳固的根系,而且要具有生长快、韧性强、耐旱、耐涝、耐瘠薄、适应性强的特性。符合以上要求的主要树种,有柳类、杨树、水曲柳、乌桕等;枫杨、赤杨、白桦、核桃楸、桤木、竹类、水杉等较耐低湿的树种,可选为防水林的辅助树种。但必须考虑到对防水林的要求不同,分别使用主要树种和辅助树种,例如,防浪林使用柳树,灌木柳更好;又如,导流林的迎水部分使用柳树或水曲柳,其他部分使用杨、枫杨等其他辅助树种。

4. 铁路防水林的位置、林型结构

铁路防水林种类不同,营造位置、林型结构和造林方法也有所不同。但总的特点应是紧密的、稳固的、乔灌结合的,植树和埋干、插干、插条相结合的营造方法。在必要时可采取编篱栽植法和树桩栽植法。为了防止波浪冲刷路基,也可采取挂柳、放柳排等方法。根据调查的地形、水情资料、建筑物稳固状态,以及测绘的平面、断面图,确定具体位置、林型结构和造林范围。

5. 制图制表

根据现场勘测资料,绘制防水林设计平面图和断面图。同时编写设计说明书,编制出造林设计表,以备审核批示、编制预算和施工使用。

(二) 防水林的营造

1. 导流防水林的营造

导流防水林是为了调整水流的流向而设置的,营造位置主要是在桥梁附近上、下游的河岸部分。

导流防水林的结构是紧密而稳固的,稠密而柔韧的灌木柳的枝叶抗阻水流,有抵抗力的乔木抗阻强大的洪流,并防止水流进入林区。林型结构为紧密的整体,如乔灌混交、插干与植树相结合的结构。株行距乔木 1 m×1 m 或 1 m×0.75 m,灌木 0.5 m×0.5 m 或 0.5 m×0.75 m,均为三角形栽植。插干的株行距离与灌木的株行距离相同,如图 3—2—1 所示。

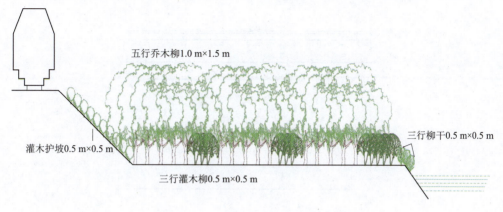

图 3—2—1　导流防水林林型结构示意

2. 护坡防水林的营造

护坡防水林通常设在建筑物的迎水坡面上或前后坡面上,以及坝顶、石坝坡脚下,是为了防止冲刷,固土护石而营造的,要根据河岸及建筑物情况来决定林型结构。河岸、沙滩可插柳干,株行距为 0.5 m×0.5 m 或 0.5 m×0.75 m,密植灌木柳树;丁字坝及堤坝坡面上可栽乔木柳、杨和其他辅助乔木,株行距可采用 1 m×1 m 或 1 m×1.5 m,或乔灌混交,乔木 1 m×1 m,灌木 0.5 m×1 m;路堤坡上栽灌木柳树,采用 0.5 m×0.75 m 或 0.5 m×0.5 m。但在丁字坝及堤坝的顶部,在路基的坡面以及半石半土的坡面上,不宜栽乔木;在全石的坝上不能栽树,可在坝的坡脚下迎水面和回水面营造 5~10 行乔灌混交的防水林,株行距乔木 1 m×1 m 或 0.75 m×0.75 m,灌木为 0.5 m×0.5 m。

3. 防浪林的营造

防浪林的营造,应该在洪水、水浸路基之前进行。铁路路基附近河滩地带上,栽植防浪林是抵御洪水波浪和降低波浪高度的有效办法,降低波浪高度的同时也减弱其在坡面上的侵袭高度和强度,除此之外,路基边坡上的防水林也渐次减弱波浪在坡面的侵袭强度,因而有效减少了波浪的破坏作用。在邻近铁路线路较大水域边沿首先可以营造防浪林,作为综合防护的一种辅助措施,可以有效地防止铁路线路在洪水时期通过河滩时,受到洪水波浪的冲击而严重损毁路基等设施。

防浪林树种的选择以柳树为主。柳树速生易长,耐水性强,经洪水淹没后仍然能够正常生长,柳树的枝条以其特有的耐性和韧性,随波起伏,如同弹簧承受压力一样,起到了缓冲的作用,减轻了水流和风浪对堤岸、边坡的冲击力。但柳树易老化,材质较差,与杨树和其他优质树种比较,经济价值也很低下,因此,80 年代后期,多以杨树取而代之。

为了防止浪花冲打路基坡面,可在坡面栽植灌木柳,株行距采取 0.5 m×0.5 m,三角形结构栽植。也可以用 0.5 m×0.5 m 插条方法,护坡防浪。另在坡脚下栽植乔木柳时,或插柳干挂淤防浪,株行距为 0.5 m×0.5 m 或 1 m×0.75 m,必要时可以采取编篱栽植、树桩栽植、挂柳、放柳排等方法。

(1) 编篱栽植法

使用 1~2 年生柳树，栽在坡面上，株行距可用 1 m×2 m 或 0.75 m×1.5 m。正方形顺坡斜栽后，人工把树干贴坡面编起来，成正方形或三角形(图 3—2—2)。

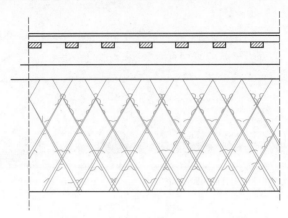

图 3—2—2　路基坡面编柳防浪示意

最好的方法是用 20 cm 长的柳条，两头剪尖，在每方格交叉处插一根，使栽植的树根伏贴在坡面上生长。

(2) 树桩栽植法

用带根的柳树、杨树，剪掉树冠，顺路基坡脚三角形栽植。株行距 1 m×1 m，或 1 m×0.75 m；坡上栽灌木柳时株行距为 0.5 m×0.5 m。

(3) 挂柳法和放柳排方法

都是植树以外的防浪方法，即把柳枝和编好的柳干排，或柳帘放入水中，用绳或铁线把柳排或柳帘固定在路基坡肩上。这两种方法可以在水浸路基后采用。

4. 防蚀林的营造

防蚀林是保护桥涵出入口不受水流侵蚀而营造的林木，栽植位置太远时，不起防护作用，栽植太近又容易发生壅水现象，影响水流通过和桥涵的稳固。在设计中结合流速、流量和透水建筑物的口径设置林木，一般应设置稀疏乔、灌木混交的林型结构，乔木柳株行距以 1 m×1 m 为宜，灌木柳宜为 0.5 m×0.5 m。要注意在洪水期应剪掉全部树冠或大部分树冠，以免发生壅水现象。

5. 防淤林的营造

防淤林是为防止沟谷流下的泥沙杂物拥上线路而营造的林木，营造的位置通常是在小桥、涵洞的上游水入口部分。为了防止壅水和在桥口、涵洞、路基附近出现淤沙，林带内缘应距桥涵入水口处 15 m 以上，结构应为乔灌混交，株行距乔木 1 m×1 m 或 0.5 m×1 m，灌木为 0.5 m×0.5 m。

(三) 营造防水林应注意的事项

铁路防水林的营造时间、栽植方法及造林技术要求等，一般与营造绿化林相同，可参阅绿化林部分，但根据防护目的、立地条件等不同，要考虑其特殊性。必须根据设计的树种、林型结构、造林位置等，做到结合实际，按图施工。

防水林大部在低湿或干旱的位置上营造。枯水期造林要浇水,低洼地方要排水。

防水林要求在短期内发生作用,因此,造林前要细致整地,造林后要加强抚育管理。

防水林栽植后,在雨季特别是洪水后,要注意实效观测,并把调查资料载入技术台账,便于总结分析,改进工作。

防水林的设计营造,一般都是采取紧密的结构,在造林后的 3~5 年内,生长量不大,五年后则要考虑按防水林种类,分别适当修枝,以保证防水林的稳固与持久。

第三节 防 雪 林

铁路线路修建时,经常通过平原、丘陵、谷口等地段,使线路也起伏不平,修筑路堤也有高有低,路堑开挖深线也各异。由于吹雪的原因,造成线路积雪。即在降雪时或降雪后,大地上的雪被风吹动,遇到路基阻拦便堆积起来,掩埋了线路。如图 3—3—1 所示,图佳线湖南营车站附近地势较高,为一丘陵地带。线路在此经过 4 m 多深、长 850 m 的路堑后才能进站。长期以来受到从西北方向吹来的风雪很大威胁。1947 年冬因大风雪把此路堑填平,并且机车、通信设施、站舍也全部被积雪掩埋,以致中断行车 178 h。又如集二线 107 km 附近,原为平坦线路,在 1983 年 3 月,因在线路附近有几株树木,引起了线路积雪厚达 4 m 以上,动员 200 余人除雪,造成国际列车在现场停车 4 h。由于雪害而中断行车的例子不胜枚举。一旦发生雪害,必须花费大量的人力、物力去清除积雪。过去工务部门为保证线路畅通,减少或减轻积雪对线路的危害,曾在有积雪之处设置 1 至数道防雪栅栏。为了制作栅栏,每年需用大量木材和废旧枕木。而且在安设和拆除时尚需大量劳力。据统计,仅哈尔滨铁路局在 20 世纪 50 年代初,全局管内发生雪害的地段多达 2 100 余处,延长 830 km。每年用于设置或维修防雪栅栏的木材达 12 000 m^3。1953 年开始,东北各线逐渐开始营造防雪林后,雪害逐渐消除或减轻。由此看来,线路两侧营造防雪林是一项长久而有效的防治雪害的有力措施。

图 3—3—1 图佳线线路积雪

一、线路防雪林的调查设计

线路防雪林按其防护效用和营造方法不同分为四种,见表 3—3—1。

表3—3—1 防雪林种类

防雪林种类	应用范围	备注
单带式防雪林	积雪宽度30 m以内的积雪区段	
双带式防雪林	积雪宽度31~60 m的雪害区段	林带中间静止区域为20~30 m
三带式防雪林	积雪宽度61~90 m的雪害区段	林带中间静止区域为20~30 m
多带式防雪林	积雪宽度90 m以上的雪害区段	林带中间静止区域为20~30 m

(一)线路防雪林设计前的准备工作

1. 调查

调查内容包括雪害位置、发生情况、主风方向、气温、积雪宽度、积雪延长、积雪量、雪峰高度,年平均降雪量,防雪栅设施情况(包括移设次数),立地条件,损失情况等。

2. 准备资料

包括征求有关部门意见,测量制图,编制预算等。

(二)雪害分析

营造科学而稳固的防雪林,必须根据调查资料,弄清雪害的基本原因,进行分析,得出雪害类型,积雪与地形的关系,积雪与路基的关系,以及主风方向与线路位置、角度等关系。在一般情况下,线路雪害类型可分为下述四种。

1. 降雪而引起的雪害

平均降雪是不易预防的,对线路危害性常是很小的,用很少的人力、物力就可以清除。

2. 吹雪而引起的雪害

这种雪害是在降雪后,由于风吹而引起的。风将线路以外大地上的积雪吹到线路上,掩没钢轨。这种吹雪在线路平坦地段上造成的积雪厚度,最大不能高于地表20 cm。但是对深0.4~2 m的路堑部分,或有其他障碍的线路地段,则可造成严重的后果。

3. 暴风雪而引起的雪害

暴风雪常常是在降雪和吹雪同时出现的。在降雪的同时,风速大于6 m/s时,线路即可出现雪害。特别是路堑、路堤以及有其他障碍的线路部分,则更为严重。

4. 线路两侧20 m以内有其他建筑物、障碍物影响而引起的雪害

这种雪害的发生,都是因为挟有大量雪花的风流,遇到了障碍物,降低了风速,使风挟带的大量雪花降落在线路附近而造成雪害。虽然线路地段很平坦,没有上述三种造成雪害的条件,但是靠近线路附近有房屋、有屏障、有野生树木或因营造了位置不当的绿化林等,因而造成线路积雪。

由于线路所处地理环境不同,以及气象因子关系而形成不同的积雪量和无雪情况。

(1)位于两山前入口的线路部分,位于山腰的线路路堤高在1 m以内的地区,零点地段的线路,主风方向与线路夹角在30°~60°的线路地段,0.65~1.2 m的路堤部分,0.4~2 m的路堑部分,路堤高度大于1.2 m的复线、多线部分,以及因空气乱流出现的旋风地段,积雪都比较严重。

(2)平坦地段的路基高于地面(在0.65 m以下)的线路部分,路堑深度在2~8.5 m的线路部分,主风方向与线路夹角在10°~30°的部分,积雪则比较轻微。

(3)路堤高于地面1.2 m的线路部分,路堑深度超过8.5 m的线路地段,无积雪。

(三)设计

1. 线路防雪林设计的原则

线路防雪林的设计,关系到整个林带的效能、质量和稳固。根据大气运动的规律和空气动力学研究的结果证明,防雪林的背风侧形成一个风速最小的静止区域(使挟带的雪可落在这个区域内)。风流离开防雪林则逐渐增加速度,使挟带的雪花继续前进,遇阻则再次降落。因此,设计线路防雪林的位置、宽度以及林带间的静止区域宽度,必须遵守如下原则。

(1)防雪林的防雪作用取决于其密度和高度。防雪林越密越高,林后的静止区域所占的范围也就越大。

(2)防雪林的背风侧的一段空地,一般风速不超过5~6 m/s,可以利用这段空地作为积雪地段。

(3)防雪林的背风侧的稳定防雪区域宽度,平均等于防雪林有效部分高度的10倍。一般紧密稳固的防雪林生长到2~3 m高时,则开始起到防雪作用。因此,其稳定的防雪区域则为20~30 m,如图3—3—2所示。

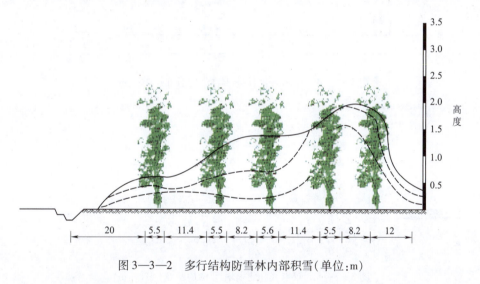

图3—3—2　多行结构防雪林内部积雪(单位:m)

(4)不论在任何条件下,当积雪宽度大于防雪林及稳定防雪区域的宽度时,则必须设置双带或多带式的防雪林。

2. 线路防雪林位置与宽度的设计

根据上述风流与防雪林的关系,林带与静止区域的关系以及铁路所处地理环境、气象因子等关系所得的结论证明,设置防雪林的位置、宽度及树种的高度,都关系到防雪林的效能,为此,在设计时必须考虑其位置、林带的宽度和林带的结构。

(1)按积雪宽度设计防雪林的位置和林带的结构

积雪宽度在30 m以内的积雪地段,可设单带式或单传式防雪林(图3—3—3和图3—3—4)。林带内缘距线路外轨最近不能少于20 m,但最远不能大于50 m。积雪宽度在30~60 m的积雪地段,可设双带式防雪林(图3—3—5和图3—3—6)。带间静止区域宽度应为 20~30 m。积雪宽度在 60 m 以上时,则应设置三带式或多带式的防雪林(图 3—3—7 和图 3—3—8)。图 3—3—9 是防雪林的结构图例。

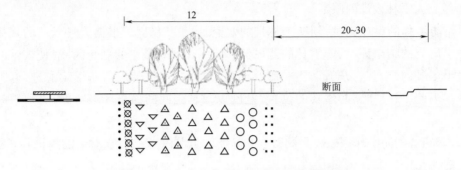

图 3—3—3 单带式防雪林林型结构示意(单位:m)

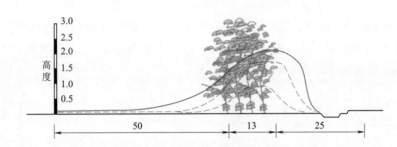

图 3—3—4 单传式结构防雪林枫雪分布(单位:m)

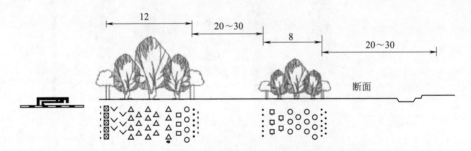

图 3—3—5 双带式防雪林林型结构示意(单位:m)

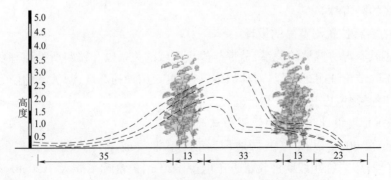

图 3—3—6 双带结构防雪林积雪分布(单位:m)

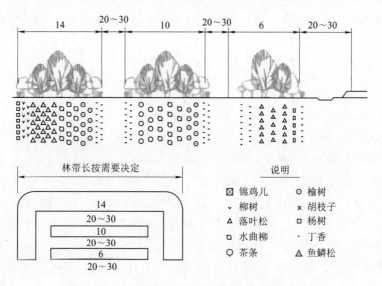

图3—3—7 多带式防雪林林型结构示意(单位:m)

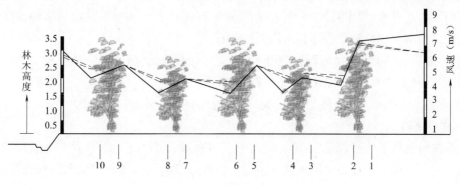

图3—3—8 多带结构防雪林内部风速图

图3—3—9 防雪林结构图例

(2)按照积雪量设计线路防雪林的宽度图

按照积雪量的大小设计线路防雪林,是确定林带宽度的有效方法。在设计前,必须根据调查资料了解铁路线路需要防护区段的积雪量。积雪量要根据积雪最大年份所积聚的雪量资料,必要时可向当地养路工人调查了解。

根据积雪量设计防雪林的宽度 l 可按下列公式计算:

$$l = K\sqrt{P}$$

式中 K——积雪系数:当积雪量每公里小于100 m^3 时,$K=4$;当积雪量每公里在100~200 m^3 时,$K=5$;当积雪量每公里大于200 m^3 时,$K=6$;

P——防雪栅所聚雪堆的截断面(m^2)。

例:通过调查,了解雪害区段每公里积雪量为180 m³,系数 K 为5,同时了解到防雪栅所积聚的雪堆截断面为30 m²。

按上述公式:

防雪林宽度 $l = 5 \times \sqrt{30} = 5 \times 5.477 = 27.385(m)$,取27.4 m。

$$B = S/H$$

式中　B——防雪林宽度(m);
　　　S——雪峰横断面积(m²);
　　　H——防雪栅积聚雪堆的平均高度(m)。

例:通过调查了解雪峰横断面积为44 m²,防雪栅积雪堆的平均高度为2.2 m,则

防雪林宽度 = 44/2.2 = 20(m)

3. 树种的选择

要达到营造质量好、效果大、持久性强的线路防雪林,选用适宜的良好树种是一项重要的工作。实践证明,线路防雪林由于选择树种与搭配得好,就能促使林带提早发生防雪作用,增强防雪效能,节约抚育费用。特别是选用有强力抗雪性能、树干直,树冠正常的速生树种,以及乔木、亚乔木、灌木搭配得当,使防雪林带形成一个上、中、下紧密的结构,对防止雪害更能起到预期的良好效果。通常采用的树种有:

(1)主要乔木有鱼鳞松(云杉)、落叶松、水曲柳、柳、糖槭、杨、榆、白桦等。

(2)伴生树种有黄槐、稠李、茶条、卫矛、沙枣等。

(3)灌木树种有丁香、锦鸡儿、榆叶梅、紫穗槐、胡枝子、灌木柳等,可为下木。

4. 林型结构

线路防雪林的结构必须是具有上、中、下三层林冠,自上而下地形成一个紧密的整体。其主要目的是使挟带雪片的风流不能通过,从而减弱风速,使风所挟带的雪片徐徐降落在防雪林内及其背风侧,或静止区域内。为此,在设计防雪林的结构中,必须根据积雪量考虑林带的宽度、行数,考虑树种的搭配和株、行距离,以保证林带的持久、稳固、实效。

对雪害线路区段的道口,要设置有重叠延长的林带,以保证防雪林的紧密性。设计时应予注意。

在线路附近引起雪害的建筑物、树木或其他障碍物,必要时应通过请示,研究拆除。

如果两段以上的积雪地段相隔不超过300 m时,最好不要使防雪林带中断。设计时应予注意。

设计防雪林时,应按表3—3—2详细填写。

二、营造防雪林注意事项

1. 细致整地

营造防雪林的重点要求是结构紧密,林间、行间的距离比较小。要求成活率、保存率高。林相要整齐,树势要强盛,抗雪性能强。为此,最好在造林前一年进行秋季整地。要细整细耙,清除草根、石块、耙平、镇压后准备翌年春季适时造林。

2. 提高成活率和保存率并及时补植

为了保证防雪林的紧密性,要求成活率在85%以上,保存率在90%以上。为此,造林后

要及时检查,及时补植。

防雪林设计时,要合理设计林带位置,预留出落雪区域此外,造林后的第一、二年内,必要时应在适当的位置上设置防雪栅,以防雪折损坏林带。并且,在造林后要建立完整的技术履历书及登记卡片。

表3—3—2 线路防雪林设计明细表

线别: 区间: 林场: 年 月 日

顺号	林地位置			距离	林地			株距(m)	行距(m)	行数	林地延宽(m)	面积(m²)	造林株数	树种(株)								
	起止		侧别		实际长(m)	重叠长(m)	净延长							落叶松	水曲柳	杨树	榆树	柳树	鱼鳞松	茶条	丁香	胡枝子	紫穗槐
	km	km																					
1																							
2																							
3																							
4																							
5																							
6																							
7																							
8																							
9																							
10																							

调查人:

第四章　林木管护

本章主要介绍幼林、成林管理、林木保护的主要内容和作业要求,危树调查处理的责任分工、技术标准和安全要求,以及单木树干材积测定。

第一节　幼林抚育管理

幼林抚育通常是指在造林后至郁闭前这一阶段时间里所进行的各种技术措施,虽因造林地的环境条件和造林树种的生物学特性等不同而有所差异,但总体来说,幼林抚育管理工作大致可以分为中耕除草、灌溉、施肥、平茬、修枝、抹芽、除蘖、间苗、扶苗、培土和幼林调查、幼林补植、病虫害防治等。

一、幼林抚育管理的标准

郁闭前的幼林保存率,防护林、用材林应达到造林数的80%,但线路绿化林应达到造林数的85%。

二、中耕除草

幼林的中耕除草工作,应于造林后开始进行,到幼林郁闭度达0.6以上时为止。中耕除草的主要目的是为了消灭杂草、疏松土壤、保蓄水分,改善林木的生长条件,促使林木迅速生长。中耕的时间、次数应根据林种、造林地段条件和中耕方法而定。中耕方法分为全面、带状和块状三种。

1. 全面中耕锄草

一般在全面整地上进行。为了提高工效,应积极采用各种中耕锄草机。在条件许可时,对局部整地的地方,也可进行全面中耕锄草工作。

2. 带状中耕锄草

在幼林地上进行全面整地和块状整地时,为了保持水土,在山地丘陵地区要沿等高线进行带状锄草。

3. 块状中耕锄草

应随幼树的生长而逐渐扩大中耕锄草面积,其直径第一年为60~80 cm,第二年80~100 cm,第三年100~120 cm,第四年以后,根据情况逐渐扩大。

中耕锄草以幼树为中心,由里向外,里浅外深。中耕深度应在深8~10 cm(最深至15 cm)范围内进行。中耕除草应按不同的季节提出不同的要求,干旱季节宜浅耕,多雨季节宜深耕翻土。

中耕除草在造林头几年内,每年需要进行的次数第一年2~3次,第二年2次,第三年及以后1~2次。干旱地区因水分不足,每年中耕除草次数应适当增加为第一年3~5次,第二年2~4次,第三年2~3次,第四年1~2次,第五年及以后1次。中耕除草工作应做到幼林郁闭度达到0.6以上时为止。对干旱、雨多、水土流失区、流沙地区和坡面上的林木,要根据具体情况增减次数或割草和不除草。

为了更好地发挥中耕除草的作用,要求做到"三除、三不伤和一培土"。三除是指除草要除早、除小、除了;三不伤是指不伤根、不伤皮、不伤树梢;一培土是指中耕除草后,将碎土、杂草(要翻过来使草根向上)培在种植点上,以减少水分蒸发,增加土壤有机质。

4. 化学除草

化学除草即通过喷洒除草剂进行除草。近年来,铁路沿线的造林数量和里程逐年增加,全面进行中耕除草已不现实,为防止杂草上树,化学除草成为主要选择。每年需要进行的次数第1~3年3~5次,第4~5年2~3次,第6年及以后1~2次。

三、灌　溉

水是林木生存的命脉,土壤中如含水量在16%以上时,树木就能快速生长。因此,凡有条件的地方,都应及时进行灌溉,特别是造林的当年。灌溉方法有穴灌、沟灌、坑灌、环灌等几种,可根据水源地形和树种不同而选择进行,并注意以下几点。

1. 灌溉的时期

应按各地气候和土壤湿度而定,一般定植后要浇定根水。在春季萌芽时,如土壤呈现干燥要及时进行灌溉。特别是对栽植的大苗、常绿树,要做到浇深、浇透,浇后松土、覆土。在干旱地区造林,除栽植时浇一次透水外,每年至少再浇灌2~3次。

2. 灌水次数

除夏、秋干旱季节外,不宜过多,否则会使树根腐烂。

3. 灌水前应将土地耙松

四周做成小围垄,防水外溢。灌水时间以早、晚最好,特别是夏季,忌在中午烈日下进行。

河水、溪水、池水、井水均可用以灌溉,但忌用工厂排出的废水和含碱质水。

四、施　肥

为使林木生长发育良好,施肥是重要的措施之一。由于树木是多年生植物,应施以肥效长的有机肥为主,化肥为辅。最好结合整地时施足基肥。

五、平　茬

平茬是利用阔叶树种的萌蘖能力,切去其地上部分生长不良的树干,促使长出新茎的一种抚育措施。经过平茬长出的萌条,一般都能赶上其相邻的未平茬植株,而进入同一林层。

1. 平茬一般都在下列情况下进行

(1) 地上部分由于机械损伤等原因生长不良,丧失培育前途时;

(2) 播种或造林时树干弯曲,可经过平茬可使萌芽条生长通直;

（3）为了促进灌木丛生,加强水土保持,发挥护坡、防风、防沙和固沙作用时;

（4）在混交林中为了调节树种间的关系,保护主要树种免受压抑时;

（5）应在发挥防护效能之后。

2. 平茬的方法

平茬要使用剪口咬合较好的手剪或特制的鹰嘴剪进行。在苗木距地面 2~3 cm 的根茎处剪截,剪口要平滑,避免撕裂韧皮部。还要用手剪剪去根际处附生的根蘖苗,使养分集中。

3. 平茬的季节

平茬工作必须在苗木的休眠期,即落叶后至第 2 年发芽前进行。过早,一旦上部不定芽萌发,冬季易遭冻害;过晚,由于养分已经向上运输,生长势将减弱。因此,平茬工作最好在当年 12 月份或翌年 1 月份进行。

4. 平茬后的管理

苗木平茬后,要立即追施一次较大量的充分腐熟的饼肥或人粪尿,也可掺入部分化学复合肥。然后浇一次透水。浇水后用稻草覆盖平过茬的苗木,以减少水分蒸发,并起到防寒作用。以后每半月浇一次水,这样不仅保证了平茬苗对水分的需要,也可使肥料得以"化解"而被根部吸收。

六、幼林抹芽、除蘖、修剪

为促使幼林的正常生长,提高材质,保持树干通直、树形美观,改善林地通风,减少病虫害的发生和加速成林,应及时对幼树的侧枝、双顶枝、萌芽、旁蘖及攀缘植物进行修剪。

修剪整枝时,要根据营林目的、树种、生长情况决定修剪强度。一般幼林树冠应保持树高的三分之二,绿化林要保持树形美观;防护林要注意不影响防护作用,用材林要保持树干通直,树冠圆满。

在造林初期,对乔木树种进行修剪时,应保留植株高度三分之二的树冠,以后视幼林生长情况,保留三分之一或二分之一。有些幼树(特别是针叶树)侧枝向四周伸展严重,必须于秋季将下部枝条剪去。杨、柳等及埋干(插条)造林的幼林,应于春季萌芽后,进行两次摘芽,对缺乏顶枝的针叶树应注意修剪,以促使形成新的树冠。

修剪时,应注意做到去弱留强(指萌芽条)、弱树少剪、强树多剪、互生枝贴皮剪、轮生枝留桩(留约 1 cm)剪。

修剪树木应用锋利刀具,剪口要平滑,不得劈裂,以便于愈合。不要把主干的树皮削去,以免影响树木的生长。对修剪较大的枝干,切口处要注意涂抹防腐剂。

修剪工作一般在树木休眠期进行。

七、扶苗和培土

大风、暴雨常使幼树倒伏,应结合护林和中耕除草,及时扶正培土。扶正时,如林地有积水应先排泄,再将倒伏反向土壤挖松,然后扶正苗木。位于风口处的幼树,必要时可设立支柱,或剪去部分枝叶,以减少风害。

八、防治病虫害

防治林木病虫鸟兽危害,应贯彻"以防为主,防治并举"的原则,要采取积极措施,防止蔓延成灾。

九、幼林检查

幼林检查的目的在于考核造林效果,统计幼林成活率,分析成败原因,改进造林技术,推广先进经验以及拟订补植和抚育措施。检查的主要内容是成活率、当年生长量及典型植株的分析等。检查季节应在秋、冬,检查对象包括当年春季以及前一年雨季和秋季所营造的幼林,检查后填写幼林检查报告表并逐级上报。当幼林将进入郁闭时,再进行一次较全面的调查,以便统计幼林保存率,总结造林及抚育管理的经验。

造林成活率检查评定方法:

(1)检查沿线造林时,应由造林单位全面自检列表上报,铁路局依具体情况组织检查组按报表随机抽查评定,抽查数量不少于总量的10%。

(2)车站、单位及住宅区绿化树木,由管护单位按株检查后报铁路局。

(3)绿化大苗在株高1.5 m以上处发芽的算成活。但经剪枯后新萌株干达到原植苗标准者亦算成活。

造林成活率的标准见表4—1—1,幼林保存率的标准见表4—1—2。

表4—1—1　造林成活率标准

地区	等级标准(%)				备注
	优良	良好	合格	不合格	
南方	90以上	85以上	75以上	75以下	(1)按树种分别计算 (2)南方包括广州、南宁、成都、上海、南昌、武汉、昆明局 (3)沙区干旱造林成活率除外
北方	90以上	80以上	70以上	70以下	

表4—1—2　幼林保存率(郁闭前)标准

林种	应达到造林数的		
	绿化林	防护林	用材林
%	85	80	80

十、幼林补植

为了保证造林密度,促进幼林早日郁闭成林,增强防护作用和提高木材的产量、质量,凡造林成活率达不到指标或虽达到指标但分布不匀的区段,均须及时补植。补植时使用生长良好同等规格的苗木,按原造林密度进行。

补植应注意以下几点:

(1)造林成活率低于40%的区段,需重新造林。

(2)郁闭前的幼林保存率,防护林、用材林达不到80%,线路绿化林达不到85%,需进行补植。

(3)绿化林带250 m以上无林带(包括灌木林带)为断带,需进行补植。

为减少造林补植工作量,可在造林的同时,用一定数量的苗木假植在造林地附近较阴湿的地方,或在沿线局部地段高度密植。在生长季内结合抚育,随时随地取苗带土补植。

第二节 成林管理

一、成林抚育管理的标准

(1)抚育及时,林地整洁,疏密适度,林相整齐,生长旺盛,快速成林。

(2)及时处理歪倒、病腐、枯死、有碍通信信号和行车安全的树木。

二、成林抚育管理措施

(一)林地巡视

为了掌握林木生长发育情况,及时消除森林火灾,防止人为损毁等,应指派专人携带工具,分区段反复巡视。

1. 巡视内容

(1)制止、劝阻一切有碍林木生长和损伤林木,以及在林地取土、埋坟、开荒、混农等行为的发生;

(2)了解林木倒伏情况,并扶正、培土;

(3)了解沿线林木影响行车瞭望和通信的情况,并进行初步处理;

(4)注意了解林木丢失和折损情况,进行必要的处理;

(5)注意林木病虫害发生情况;

(6)注意森林火灾,制止在林地弄火的行为。

2. 巡视人员应做好的其他工作

(1)疏通林地水沟,做好排水;

(2)修枝、除蘖、摘芽、割藤;

(3)深入乡、村宣传护路,护林防火,并建立护林爱路公约;

(4)看管林副产品,设置宣传标语牌;

(5)记载护林日记、毁林登记簿,初步处理毁林事件。

(二)林木修枝

1. 目的

(1)培育长干无节的树形;

(2)改善林分的光照、卫生等条件,减少病虫害和雪折等灾害;

(3)剪去妨碍司机行车瞭望的树枝;对离线路较近的乔木,为防止倒伏危及行车,应及时进行截顶,确保运输安全。

2. 修枝范围

(1)林木之间的交叉枝,树干下部侧枝、萌蘖;

(2)枯枝、弱枝、有严重病虫害的枝条;

(3)影响其他林木生长的侧枝、弯曲枝、折枝、双条枝;

(4)影响林相、伸出林缘的侧枝以及向下生长的垂枝;

(5)妨碍行车瞭望和影响通信设备的枝条以及有倒伏危险的树木。

3. 修枝方法

根据营林目的、树种、生长情况确定修枝强度。对生长期林木的修枝强度不宜过大,一般阔叶树应保持二分之一以上的树冠,针叶树应保持三分之二以上的树冠。对绿化林的修枝要注意树形美观;对用材林修枝要保持树冠圆满,树干通直。

对防护林的修枝,应按生长情况进行。在防护季节,以不减低防护效能并能促进生长为原则。对防沙林、防雪林的灌木,为促进发育、增蘖,可带、隔行、隔株进行平茬。护坡林每年或隔年平茬一次。

林木的修枝工作,一般在冬季或春季林木休眠期间进行。应使用锋利工具,贴近树干,防止破口、伤皮。对粗大锯口应涂防腐剂,防止雨水、病菌侵入。

(三)护林防火

护林防火亦称森林防火,要立足于预防,特别是在列车经常通行的林区林带,更要认真做好防止森林火灾,积极保护森林资源工作。

1. 森林火灾等级指数

一级:气温偏低,相对湿度大,林区潮湿而不易燃烧。无火险,不易发生火灾。

二级:气温不高,相对湿度较大,林区较潮湿而难燃烧。属低级火险,由火种引起的火灾燃烧后蔓延也很慢。但仍需加强巡逻,以防万一。

三级:气温较高,湿度不大,林区较干燥,有利起火,可蔓延。属中级火险,易引起火灾且蔓延较快。需加强巡逻及瞭望,严禁在林区吸烟打猎等易引起火灾的行为。

四级:气温高,湿度小,风力大,林区干燥,有利起火,容易蔓延。属高级火险,易引起火灾且蔓延较快。必须加强巡逻瞭望,作好灭火准备,严格控制一切火源。

五级:气温高,湿度很小,风力小,林区干燥,极易起火,蔓延迅速。属特级火险,极易引起火灾且蔓延特快。必须采取非常防火措施,昼夜密切监视,严格控制一切火源。

2. 森林火灾预防

森林防火应认真贯彻"预防为主,积极消灭"的方针,特别是在列车经常通行的林区、林带,应重点做好以下工作:

(1)建立健全护林防火组织,做到有部署、有检查、有督促、有落实。

(2)护林防火设施完备,提高对突发性森林火灾的监控水平和处置能力。

(3)加强与当地政府的联系,在夏收秋收季节,通过张贴告示、广播等宣传方式,提高当地村民的防火意识,严禁在铁路地界或林带内堆放农作物秸秆,防止焚烧秸秆行为,消除防火安全隐患。

(4)健全护林防火制度,如入山管理制度、生产生活用火制度和岗位责任制等,分片管理,各负其责。

(5)发生火灾时,按防火应急预案进行处理。

(四)林木调查

1. 目的和任务

依据《林规》规定,铁路局每5年组织进行一次林木调查。林木调查的目的在于加强铁路林木管理,准确掌握铁路防护林、用材林、经济林、特种用途林等林木资源资产情况,为制定林区规划、计划,指导林业生产,提供基础资料;实现森林资源合理经营、科学管理、永续利用。

林木调查的任务是统计林木的数量、质量、材积量;调查林木的生长情况和防护效能;了解技术措施执行效果,总结造林、育林、护林工作,登记林木台账,按照总公司的相关要求,建立林业技术档案。

2. 内容和方法

按照《铁路林木台账管理暂行办法的通知》的要求,结合各局的实际情况,组织开展林木调查工作,参照其样表格式,建立台账。

调查范围:由站段负责对管内防护林、用材林、经济林、特种用途林等进行调查、登记。

调查方式:防护林、用材林按每木调查,特种用途林按绿地类别、植物种类调查,经济林按林龄、产量调查。

调查内容:

(1)防护林。

①林带内各种乔木的行数、株数、胸径和最内一行乔木主干距线路外股钢轨的最小距离。

②林带内各种灌木的行数、株(穴)数和最内一行灌木栽植中心距线路外股钢轨的最小距离。

③已去头截杆乔木分布情况。

(2)用材林。用材林面积、蓄积量,各种乔木株数、胸径、树高等。

(3)经济林。经济林面积,各种乔木株数,灌木株(穴)数。

(4)特种用途林。特种用途林占地面积、可绿化面积、已绿化面积、绿化覆盖率,各种植物品种、株数、胸径、面积等(按植物统计单位进行统计)。

(五)病虫害防治

详细内容参阅林木病虫害相关章节。

(六)抚育间伐

沿线林带的抚育间伐不仅是为了改善林木本身的生长条件,促进树木生长,更重要的是改善林带结构,以促进其更好地发挥防止自然灾害、改善环境的功能。所以,在林带抚育间伐时,应把维持林带最优结构作为主要目的,而不是单纯地将防护林等同于人工用材林。

根据铁路防护林的作用与特点,抚育间伐主要采用以下四种。

1. 透光伐

在幼龄林阶段进行,在人工纯林中主要伐除过密和质量低劣、无培育前途的林木。

2. 疏伐

在中壮龄林阶段进行,伐除生长过密和生长不良的林木,进一步调整树种组成与林分密度,加速保留木的生长与培育良好干形。

3. 生长伐

在近熟林阶段进行,伐除无保留价值的枯立木、濒死木、罹病木、被压木等有害木,加速保留木的直径生长,提高防护效果。

4. 卫生伐

在遭受病虫害、风折、风倒、雪压、森林火灾的林分中进行,伐除已被危害、丧失防护作用的林木。

(七) 更新采伐

铁路营造的各林种,在进行采伐更新时,必须遵守《森林法》规定,并掌握以下原则。

(1) 因沿线两侧造林用地较窄,采伐更新难度较大,为了防止树木倒伏危及行车,线路绿化林的采伐更新,可在林分未达到自然成熟期或近成熟期时提前进行。对用插栽苗造林的绿化林带,应在木材腐心之前采伐更新。

凡林木残缺不全、分布不匀、病虫危害严重、生长不良的"小老树"区段和保存率不足25%、残留的树木较大无法进行补植的区段,应移植归并或伐除,重新造林。

(2) 成熟的用材林应根据不同情况,分别采取择伐、皆伐和渐伐方式;皆伐应严格控制。

(3) 采伐后各林种的更新,必须紧接跟上,做到当年采伐,当年更新或次年更新,确保青山常在,永续利用。

三、建立造林技术档案

为了摸索各种造林技术措施的实施效益,不断提高造林技术水平,应建立和健全造林技术档案管理制度。在幼林检查验收后,就要按工区(小班)填写技术档案,详细记载造林的施工经过和造林以后的抚育管理及林木生长发育等有关情况。

建立技术档案应分别不同造林树种和不同立地条件,选择有代表性的林地,建立永久性的标准地,进行观察,取得有代表性、准确的数据。这是一项细致而持续时间较长的工作,因此,要指定专人负责,坚持按时填写,做到准确无误,不漏记、不间断、不弄虚作假,并保管好档案资料。造林技术档案应由业务领导和技术人员亲自审查签字。

第三节 林木保护管理

一、护林组织

为了加强林木保护管理,要建立护林网点,健全护林组织,如护林小组、护林队。护林工作须选配工作认真的人员担任,重点林区建立林业公安派出所等。护林组织成员的主要工作内容如下所述。

(1) 贯彻执行《森林法》和各项林业政策法令。

(2) 发动组织群众,制订护林公约。

(3) 进行林地巡视,护林防火、林木修剪、防治病虫鸟兽危害、从事林木调查和抚育采伐等。

(4) 依靠地方政府,密切乡、村关系,建立护林网点,宣传教育广大群众护林爱树,制止一切毁林和违反林政法令的行为。

(5) 了解并及时汇报有碍行车树木,遇有紧急情况要立即处理。

(6) 掌握管内林木种类、数量、生态,发现有病虫鸟兽危害,及时采取应急措施,并立即上报。

(7) 防火期制止一切违章用火。

(8) 携带工具做好林木扶正、修枝、摘芽、除蘖、排水等小量工作,并记好护林日记。

二、林政管理

(一) 林政管理职责

铁路林政管理是针对铁路林业经营过程中所涉及的管理问题,依照林业相关政策法规,对林业相关产业实施的业务管理。其核心内容主要有林业经营管理、林权管理、森林资源管理、自然保护区管理、林木采伐管理、木材流通管理和林业行政执法。当前铁路林政管理工作的主要职责如下所述。

(1) 积极配合有关部门宣传林业政策、法规,提高铁路职工的知法、懂法和守法的自觉性。

(2) 贯彻执行林业政策、法规,研究解决执行中存在的问题。

(3) 依法对森林采伐限额、凭证采伐、运输和销售等制度的贯彻执行进行管理、监督,及时制止和查处违章行为。

(4) 依法办理征用、占用林地的审批手续,加强对林地的保护管理。

(5) 协助当地政府调解处理林木、林地权属纠纷,维护林区生产的正常秩序,保护林木、林地所有者和使用者的合法权益。

(6) 配合有关部门及时查处毁林案件,依法行使林业行政处罚权等。

(二) 林政执法的内容及应用

为切实加强林木保护,巩固绿化造林成果,部分铁路局经当地省政府林业主管部门的授权,依法成立了铁路林业局,并在授权范围内开展林业管理和林业行政执法工作。

林业行政执法是林业行政主管部门对违反法律法规的行政管理相对人,依照法律法规的规定,给予行政处罚的过程。因为行政执法直接面向社会和公众,所以行政执法的水平、质量直接关系到政府的形象。

1. 行政执法工作的主要内容

(1) 宣传贯彻党和国家林业法律、法规以及当地省林业资源保护方面的有关条例、规定,依法开展全局林业行政执法工作。

(2) 实施对林政资源保护管理工作的监督,开展对从事森林资源利用的各种活动进行检查与监督。

(3) 依据有关林业法律、法规、规章和规定及当地省林业主管部门委托,依法对辖区内的盗伐、滥伐林木及违法征、占用林地案件进行查处。

(4) 依据有关林业法律、法规、规章和规定及当地省林业主管部门委托,办理铁路地区的林木采伐许可证。

(5) 加强林政资源保护管理工作监督,对全局森林(林木)采伐、木材运输和木材经营(加工)进行监督管理,对伐区作业进行检查验收。

(6) 指导林业系统开展林木保护、行政执法、林业法律法规培训等工作。

2. 林业行政执法人员

林业行政执法人员是指县级以上林业行政主管部门,法律、法规授权的组织以及林业行政主管部门依法委托的组织中,按照业务分工,具有林业行政执法职能机构的执法工作人员和分管的行政负责人,还必须具备下列条件。

(1)林业行政执法人员必须是在岗直接从事林业行政执法工作的人员;

(2)经过林业行政主管部门组织的资格性岗位培训,取得《岗位培训合格证书》;

(3)经过林业行政执法资格性培训,考试考核合格;

(4)遵纪守法、秉公执法、清正廉洁;

(5)身体健康、作风正派、责任心强。

林业行政执法人员要坚持做到持证上岗、亮证执法、依法办案、秉公执法、文明执法、热情服务,并严格按照《林业行政处罚程序规定》进行执法。

(三)工程施工采伐

(1)工程采伐是指国家批准的既有铁路建设工程,包括新建、改建、扩建和其他铁路或政府重点建设项目工程等,需采伐的铁路林木。

(2)林木采伐应贯彻"科学修伐、永续利用"的原则,坚持以修为主,以伐为辅;能移则移,尽量不伐。严格实行限额采伐和凭证采伐制度,严禁无证采伐。

(3)铁路扩建、改建工程应尽量不占或少占林地,必须占用时,应对树木进行移植,并保证成活。确实无法移植时,要在设计时会同铁路局林业管理部门实地调查合理砍伐。

(4)铁路沿线施工作业应避免损毁林带。工程项目需穿越林带时,须经林木管护单位同意。

(5)铁路林木的更新采伐,以及各项工程伐树,须经铁路局林业主管部门审核同意,并按法律法规规定的程序办理采伐许可证。

(6)铁路沿线工程伐树,由施工单位负责砍伐时,要严格执行《铁路营业线施工安全管理办法》,施工单位要与林木管护单位和相关设备管理单位签订安全协议,林木管护单位和相关设备管理单位要进行安全监护。

(7)工程移植、砍伐树木,在铁路部门核实批准后,地方有规定的应送交地方审批,按采伐许可证进行移植、采伐。要遵守当地林业有关法规,不得超期、超伐,保护林带生长。

(四)保护铁路林地和林木

铁路林地严禁毁林开荒,杜绝下列情况。

(1)滥砍盗伐、火烧树干、提苗、晃苗、剥皮、折枝、撸叶、采花、摘果、车轧、犁毁等。

(2)堆积材料、装卸货物、积肥、埋坟等。

(3)在树干上钉刺线、拴铁线、拴牲畜等。

(4)在林地内或附近挖坑、取土、倾倒垃圾、熬沥青、搭棚、盖房、放牧、猎取鸟兽、排泄污水等。

(5)其他修机耕路、开挖渠道等毁损林木的行为。

第四节 危树管理

安全是铁路运输的永恒主题,危树管理是林业系统与铁路运输安全有直接联系的一项工作,如果危树管理不善,在雨季发生倒伏,一旦导致行车事故,将会给国家和人民的生命财产造成重大损失。因此,危树管理工作要作为一项长期的日常性重要工作来做。

一、危树的定义

铁路沿线影响列车司机瞭望、侵入接触网或铁路电力线安全距离、倒伏后侵入设备限界的树木均为危树,主要包括以下情况。

(1)铁路线路弯道、坡道以及其他地段影响列车司机瞭望的树木;

(2)铁路平交道口,在公路上距铁路外股钢轨 7 m 处瞭望道口两端铁路各 400 m,影响视线的树木;

(3)电线路下方及两侧各 1 m(包括通信线路)范围内的树木;

(4)树冠外缘距铁路接触网(含供电线、回流线)小于 5 m 的树木;

(5)树冠外缘距架空电力线路(含自闭线、贯通线、电源线路、低压电力线路)小于 3 m 的树木;

(6)出现严重倾斜、空洞、腐烂等现象,威胁生命或财产安全的树木。

二、危树处理的依据与原则

(1)依据《铁路安全管理条例》第二十九条"禁止在铁路线路安全保护区内烧荒、放养牲畜、种植影响铁路线路安全和行车瞭望的树木等植物"的规定进行专项整治。

(2)对铁路线路两侧种植的且影响铁路线路安全和行车瞭望的树木,按照"以修为主、重点伐除、修伐彻底、严禁复种"的原则,由各责任单位负责进行修伐或移植,严禁无证采伐、乱砍滥伐、过度修枝截干、损毁造林绿化成果。

(3)危树处理应尽量采取修枝或移植方法解决,对生长状态良好倒伏后可能侵入限界的树木可进行截干处理。

(4)对严重倾斜、空洞、腐烂等高危危树必须砍伐,一棵不留,确保行车安全和人民生命或财产安全。

(5)危树一旦伐除,任何单位和个人不得再在铁路安全保护区内复种影响铁路线路安全和行车瞭望的树木等植物。

三、危树调查处理的责任分工

根据《林规》的规定,属于铁路林权的危树,由林木管护单位负责处理;单位庭院危树、路外林权危树及自然生长的杂树,由受影响的设备管理单位负责处理。

四、危树的调查处理

(1)铁路局每年 11 月份应组织有关部门和单位对沿线、站段庭院和居住区的树木进行一次全面调查,做出相应记录,在汛期来临之前,按规定程序对危树进行一次全面处理。

(2)建立定期添乘和林区巡视制度,及时发现并处理新增危树。

(3)所有危树纳入问题库,制定计划,有序处理,及时销号。

(4)对于设备单位提报的危树,林木管护单位及时进行树权确认,按照责任分工分别进行处理。

（5）各林木管理单位要进一步细化危树管理办法,完善危树处理应急预案,强化抢险队伍建设,配齐抢险机具,落实汛期值班制度,加强恶劣天气条件下的危树添乘和现场巡视检查,发现险情,果断处置。

五、危树处理的基本要求

1. 路内危树

（1）杨树类高大乔木的截干。由树干部位截干,截干后保持与供电等运输设备安全距离。

（2）柳树、国槐类乔木截冠。由树干分枝点以上开始修剪,修剪后保持与供电等运输设备安全距离。

（3）红叶李、火炬类小乔木修枝。剪去侵入防护网内的枝条和个别顶枝,保持安全距离。

（4）线路两侧枯死、裸根、倾斜、腐朽的树木及林带内自生的树木全部清除。

（5）安装防护网地段清除侵入网内的孽生树、紫穗槐等,无防护网地段清除路肩边角向外 2.5 m 内的孽生树、紫穗槐等。

（6）处理后现场的树干、枝条全部清除。

2. 路外危树

高大乔木原则上伐除,其他类型的危树比照路内危树处理标准进行截干、截冠和修枝。

六、危树处理的安全基本要求

（1）危树处理前必须组织工作人员对有关安全技术要求进行学习和培训,全面理解并培训合格后方准开工。

（2）处理危树或伐木时,必须指定有经验的人员事先与有关车站、工务、电务、供电等单位联系,并按照铁路总公司有关规定做好防护,确保行车安全。

（3）伐除高大及偏冠树木应先适当截掉枝丫,再伐主干,必要时进行绳索牵引控制树倒方向,伐倒木不得侵入限界。

（4）树上作业应由身体灵便、健康人员担任。上树前必须详细观察树干,是否腐朽,有无虫、蛇、野兽后,再行攀登。上树时必须系好安全带或安全绳。

（5）树上操作时,随身工具要有套袋或用绳拴牢,防止掉落。操作中树下不准有人停留或清理枝条。

（6）伐（修）区四周应设立"伐区危险,不准进入"的警戒标牌,伐木将倒时,伐木人员必须高喊树倒方向,以引起附近工作人员的注意。

（7）不得双脚登在直径 10 cm 以下的枝丫上。

（8）雨、雪、雾及五级以上大风时,停止树上作业。

（9）树冠伸入河流、山涧上空的树木不得攀登。

（10）使用油锯伐除较大树木时,助手必须使用架杆,掌握好树倒方向,每伐完一株,必须立即控制链齿转动。

（11）发生挂甲、搭桥等难于处理的情况时,应报告负责人亲临指挥处理。

(12)每个施工组的组间距离:幼林不得近于20 m,成林不得近于40 m,每伐(修)一株未完全倒地,不准再伐(修)另一株。

七、危树抢险应急预案的编制

针对每年可能出现树木倒伏造成的险情,确保第一时间到达现场,以最快的速度排除险情,保障运输畅通,各管护单位应结合自身实际情况,制定《危树抢险应急预案》。

《危树抢险应急预案》的编制大纲,主要包括以下内容。

1. 总则
(1)编制目的。
(2)编制依据。
(3)适用范围。
(4)工作原则。
2. 组织体系与职责
(1)组织机构及职责。
(2)安全值班纪律要求。
3. 预防和预警机制
(1)预防预警信息。
(2)预警级别划分。
(3)预防预警行动。
(4)主要预防方案。
4. 应急响应
(1)应急响应的总体要求。
(2)应急响应的分级与行动。
(3)主要应急响应措施。
(4)应急响应的组织工作。
(5)应急结束。
5. 应急保障
(1)通信与信息保障。
(2)人员与物资保障。
(3)抢险、培训和演练。
6. 后期处置
(1)抢险物资的补充。
(2)灾后林带的恢复。
(3)调查与总结。
7. 附则
(1)预案管理与更新。
(2)奖励与责任追究。

第五节　单木树干材积测定

一、基本测树因子

树木的直接测量因子及其派生的因子称为基本测树因子,如树干的直径、树高等。这些均是树木直接测定因子。还有一些因子,如树干横断面积、树干材积、形数等是在直接测定因子的基础上派生的。

1. 树木的直径

树干直径是指垂直于树干轴的横断面上的直径,用 D 或 d 表示,测定单位是厘米(cm)。树干直径随其在树干上的位置不同而变化,其中位于距根茎 1.3 m 处的直径,称为胸高直径,简称为胸径。由于胸径在立木条件下容易测定,且胸高处树干受根部扩张的影响较根茎较少,所以胸径是一个最基本、最重要的测树因子之一。

2. 树高

树干的根茎处至主干梢顶的长度称为树高,测量单位是米(m),一般要求精确至 0.1 m。树高通常用 H 或 h 表示。

3. 树干横断面积

树干横断面积同树干直径一样也可以有许多个,其中位于胸高处横断面积是一个重要测树因子,通常简称为树木的胸高断面积,记为 g,测量单位是平方米(m^2)。

4. 树干材积

树干材积是指根茎(伐根)以上树干的体积,记为 V,单位是立方米(m^3)。

二、测定工具

(一)树干直径测定工具

测定直径的工具种类很多,常用的有轮尺、直径卷尺(围尺)。

1. 轮尺

轮尺又称卡尺,是测定树木直径的主要工具之一,应用广泛。其主要构造为固定脚,滑动脚和尺身三部分。不仅用于测定单株树木的直径,也可作为森林调查中测定大量立木直径的工具,因而在测尺上一般都有两种刻度。一种是从固定角内侧为零开始,按厘米刻画。可精确到 0.1 cm,用以量测实际直径。另一种是径阶刻画,即在森林调查时,用于大量树木直径的测定,为了读数和统计方便,一般是按 1 cm、2 cm、4 cm 分组,所分的直径组称为径阶,用其组中值表示。当按 1 cm、2 cm、4 cm 分组时,其最小径阶的中值分别为 1 cm、2 cm、4 cm。径阶整化常采用上限排列法,见表 4—5—1。

表 4—5—1　径阶范围划分

径阶(cm)	2 cm 径阶范围(cm)	径阶(cm)	4 cm 径阶范围(cm)
2	1.0~2.9	4	2.0~5.9
4	3.0~4.9	8	6.0~9.9
6	5.0~6.9	12	10.0~13.9
8	7.0~8.9	16	14.0~17.9
10	9.0~10.9	20	18.0~21.9
…	…	…	…

轮尺测径时应测径时应使尺身与两脚所构成的平面与干轴垂直,且其三点同时与所测树木断面接触;测径时先读数,然后再从树干上取下轮尺;树干横断面不规则时,应测定其互相垂直两直径,取其平均值为该树干直径;若测径部分有节瘤或畸形时,可在其上、下等距处测径取其平均值。

2. 直径卷尺(围尺)

在我国,直径卷尺又称作围尺。通过围尺量测树干的圆周长,换算成直径。一般长 1～3 m,围尺采用上下(或在双面)刻画,下面刻普通米尺,上面上刻上与圆周长相对应的直径读数,也就是根据 $C = \pi D$ 的关系(C 为周长,D 为直径)进行刻画。

围尺比轮尺携带方便且测定值比较稳定,使用时,围尺要拉紧并与树干保持垂直。因为树干横断面不是正圆,用围尺量树干直径换算的断面积一般稍偏大。

(二)树高测定工具

树高一般使用测高器测定。测高器的种类很多,但测高原理多为相似三角形和三角函数两种。其中最常用的有布鲁莱斯测高器和 Nikon Forestry 激光测距仪两种,二者的基本测树原理相同。

1. 布鲁莱斯测高器

以布鲁莱斯测高器为例,其构造和测高原理如图 4—5—1 和图 4—5—2 中所示。

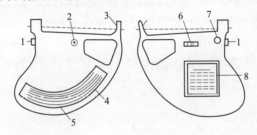

图 4—5—1　布鲁莱斯测高器

1—制动按钮;2—视距器;3—瞄准器;4—刻度盘;5—摆针;6—滤色镜;7—启动钮;8—修正表

由图 4—5—2 可得全树高 H 为

$$H = AB\tan\alpha + AE$$

式中　　AB——水平距;

　　　　AE——眼高(仪器高);

　　　　α——仰角。

在布鲁莱斯测高器的指针盘上,分别有几种不同水平距离的高度刻度。使用时,先要测出测点至树木水平距离,且要等于整数 10 m、15 m、20 m、30 m,测高时,按动仪器背面启动按钮,让指针自由摆动,用瞄准器对准树梢后,稍停 2～3 s 待指针停止摆动呈铅锤状态后,按下制动钮,固定指针,在刻度盘上读出对应于所选水平距离的树高值,再加上测者眼高 AE 即为树木全高 H。

在坡地上,先观测树梢,求得 h_1;再观测树基,求

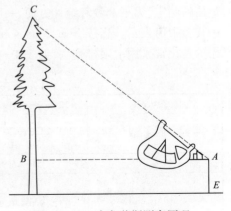

图 4—5—2　布鲁莱斯测高原理

得 h_2。若两次观测符号相反(仰视为正,俯视为负),则树木全高 $H = h_1 + h_2$;若两次观测值符号相同,则 $H = h_1 - h_2$,如图4—5—3所示。

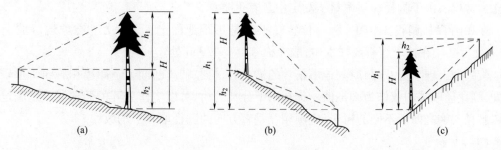

图4—5—3 在坡地上测高

使用布鲁莱斯测高器,其测高误差为±5%。为获得比较正确树高值,一般应注意选择的水平距应尽量接近树高,在这种条件下测高误差比较小;当树高太小(小于5 m)时,不宜用布鲁莱斯测高,可采用长杆直接测高;对于阔叶树应注意确定主干梢头位置,以免测高值偏高或偏低。

2. 激光测距仪

目前,在教学中广泛运用的激光测距仪为Nikon Forestry激光测距仪系列产品。该仪器可以通过一键式操作,测定点到点的直线距离、水平距离、俯仰角度、垂直高度测量和两点定高。

(三)测树学主要测计量单位及其单位符号

测树学调查因子主要有直径、断面积、高(长)度、材积(或蓄积)、年龄等。各种量的计量单位及惯用符号见表4—5—2。

表4—5—2 测树学主要测计量及其单位符号

测计量	惯用符号	计量单位	符 号
林分平均直径	D_g	厘米	cm
林分算术平均直径	$\overline{D}$	厘米	cm
树干断面积	g	平方米	m^2
林分总断面积	G	平方米	m^2
林分平均高	H_D	米	m
林分算术平均高	$\overline{H}$	米	m
林分优势木平均高	H_T	米	m
树干全部或局部材积	V 或 v	立方米	m^3
林分或森林蓄积	M	立方米	m^3
林分每公顷林木蓄积量	M	立方米每公顷	m^3/hm^2

三、单株立木材积测定

(一)单株立木测定特点

立木是指生长在地面的树木,从单株材积测定原理来说,伐倒木各种测算方法均可用于立木材积测定。但由于立木和伐倒木存在状态不同,自然也会产生与立木难以直接测定这个特点相适应的各种测算法。这些方法主要是通过胸径、树高和上部直径等因子来间接求算立木材积。由于胸径在立木材积测定中具有重要意义。

在我国森林调查工作中,胸高位置在平地是指距地面上 1.3 m 处。在坡地以坡上方 1.3 m 处为准。在树干解析或样木中,取在根茎以上 1.3 m 处。

胸高处出现节疤,凹凸或其他不正常的情况时,可在胸高断面上下距离相等而干形较正常处,测直径取平均数作为胸径值。胸高以下分叉的树,可以当作分开的两株树分别测定每株树胸径。胸高断面不圆的树干,应测相互垂直方向的胸径取其平均数。

(二)材积表

材积表是测树数表的一种,按计量的对象有原木、原条和立木材积表。原木、原条和立木材积表是通过研究和建立材积与其他各因子的相关关系,把难以测定的材积指标表示为容易量测的粗度、长度等因子的函数形式,列出相关数表,供计量材积时查用。表中所列数值是大量单根木的平均材积值,对某一个体来说,都存在大小不同、有正有负的误差。因此,使用材积表应以测量许多个体求其总材积为目的,才能保证必要的精度,而且森林面积越大,计量个体越多,总材积的测算精度越高。

1. 原木材积表

一般以原木小头直径和材长为检尺因子编制数表和查定原木材积,表列数值多为实际材积。

2. 原条材积表

通常根据原条中央直径和长度编制数表和查定原条材积。

3. 立木材积表

按查定材积需测立木因子(胸高、树高、干形)的数量不同而分三元、二元和一元材积表;按树种分某一树种、树种组和通用材积表。

(1)三元材积表。根据立木胸径、树高和干形某一指标 3 个因子编制和查定立木材积的材积表。干形指标多采用树木中央直径与胸径之比(形率)。该表由成材材积表(小头直径 7 cm 以上的材积)、树木材积表、枝条材积表、树皮材积表、削度表、林分形数表、材种表和树高表组成,被誉为最完备的材积表。

(2)二元材积表。根据立木胸径和树高两个因子编制和查定立木材积的材积表。由于树木干形与胸径、树高密切相关,不把干形因子直接作为独立变量编表,理论误差不大,因此二元材积表发展较快,并成为多数国家的基本材积表。

(3)一元材积表。只根据立木胸径一个因子编制和查定立木材积的材积表。具有使用简便的优点,但由于没有考虑树高和干形的变化,适用地域范围不大,是一种地方材积表。

第五章 苗圃育苗

苗圃是造林绿化的基础,科学规划和管理苗圃是林业发展的需要,本章系统地介绍了苗圃生产管理技术,设施育苗、组织培养、花期控制等新技术,以图、表、文方式讲授苗木花卉的繁殖和培育方法,为指导铁路林业单位生产优质壮苗和花卉提供了技术支撑。

第一节 苗圃的建立

苗圃是繁殖和培育苗木的场所,是应用较先进的技术,在较短的时间内,以较低的成本,根据铁路造林和市场需要,培育各种用途、各种类型的优质苗木。

一、苗圃的种类

根据铁路造林、绿化特点,苗圃可分为临时苗圃和固定苗圃两类。

临时苗圃是为了完成某一特定的造林或绿化任务而临时设置的育苗地。一般面积较小,以就近培育造林苗木,经营期仅限造林任务。

固定苗圃规划建设使用年限通常在 10 年以上,面积较大,生产苗木种类较多,机械化程度较高,设施先进,能够提供大规格、造型优美的大规格苗木。

二、圃地的选择

选择圃地应符合下列基本条件。

(1)交通、电源、水源方便,环境污染较少,尽可能靠近车站、公路。

(2)地势平坦,排水良好,背风向阳,坡度在 3°以下。

(3)土壤结构疏松,透水通气性良好的沙壤土、壤土或轻黏土;一般针叶树苗木 pH 值在 5.5~7,阔叶树种 pH 值在 6~8;含盐量低于 0.2%。

三、苗圃的区划

苗圃的位置及所需土地面积一经确定之后,应进行苗圃区划,具体步骤如下。

1. 绘出平面图

小型苗圃的比例尺为 1:250,中型苗圃为 1:500,大型苗圃为 1:1 000。

2. 确定办公、生产房屋的具体位置

房屋及场院一般应设在不利于育苗或瘠薄土壤区域,大型及特大型(60 hm^2 以上)苗圃的办公房屋宜设在苗圃中心,便于管理。

3. 生产用地的区划

(1)生产用地的区划原则

耕作区是苗圃中进行育苗的基本单位;耕作区的长度依机械化程度而异,完全机械化的以 200~300 m 为宜,畜耕者 50~100 m 为好。耕作区的宽度依圃地的土壤质地和地形是否有利于排水而定,排水良好时可宽,排水不良时要窄,一般宽 40~100 m;耕作区的方向,应根据圃地的地形、地势、坡向、主风方向和圃地形状等因素综合考虑。坡度较大时,耕作区长边应与等高线平行。一般情况下,耕作区长边最好采用南北方向。

(2)各育苗区的配置

苗圃生产用地包括播种繁殖区、营养繁殖区、苗木移植区、大苗培育区、设施育苗区等。

①播种苗繁殖区。应选择全圃自然条件和经营条件最好、最有利的地段作为播种区。要求其地势较高而平坦,坡度小于 2°。接近水源,灌排方便;土质优良,深厚肥沃;背风向阳,便于防霜冻;且靠近管理区。

②营养繁殖苗区。培育扦插苗、压条苗、分株苗和嫁接苗的地区,与播种区要求基本相同,应设在土层深厚和地下水位较高、灌排方便的地方。培育嫁接苗木时,因为需要先培育砧木播种苗,嫁接苗区要同播种区相同。压条和分株育苗的繁殖系数低,育苗数量较少,不需要占用较大面积的土地,所以通常利用零星分散的地块育苗。嫩枝扦插育苗需要插床、荫棚等设施,可将其设置在设施育苗区。

③移植区。由播种区、营养繁殖区中繁殖出来的苗木,需要进一步培养成较大苗木时,则应移入苗木移植区进行培育。移植区占地面积较大,一般可设在土壤条件中等,地块大而整齐的地方。同时也要依苗木的不同习性进行合理安排,如杨柳可设在低湿地区,松柏类等常绿树则应设在较高燥而土壤深厚的地方,以利带土球出圃。

④大苗培育区。为培育根系发达、有一定树形、苗龄较大、可直接出圃用于绿化的大苗而设置的生产区。大苗培育区的特点是株、行距大,占地面积大,培育的苗木规格大,根系发达。大苗的抗逆性较强,对土壤要求不太严格,但以土层深厚、地下水位较低的整齐地块为宜。为便于苗木出圃,位置应选在便于运输的地段。

⑤设施育苗区。为利用温室、荫棚等设施进行育苗而设置的生产区。设施育苗区应设在管理区附近,主要要求用水、用电方便。

4. 辅助用地的设置

苗圃的辅助用地主要包括建筑物、道路系统、排灌系统、防护林带、母树林、试验区等,占地面积不超总面积的 20%。

(1)道路系统的设置

苗圃中的道路是连接各耕作区与开展育苗工作有关的各类设施的动脉,一般设有一、二、三级道路和环路。

①一级路(主干道)。是苗圃内部和对外运输的主要道路,多以办公室、管理处为中心,设置一条或相互垂直的两条路为主干道。通常宽 6~8 m,其标高应高于耕作区 20 cm。

②二级路。通常与主干道相垂直,与各耕作区相连接,一般宽 4 m,其标高应高于耕作区 10 cm。

③三级路。是沟通各耕作区的作业路,一般宽 2 m。

④环路。设在苗圃四周防护林带内侧,供机动车辆回转通行使用,设计路面宽度一般为4~6 m。

大型苗圃和机械化程度高的苗圃注重苗圃道路的设置,通常按上述要求分三级设置。中、小型苗圃可少设或不设二级路,环路路面宽度也可相应窄些。路越多越方便,但占地多,一般道路占地面积为苗圃总面积的7%~10%。

(2)灌溉系统的设置

苗圃必须有完善的灌溉系统,以保证供给苗木充足的水分。灌溉系统包括水源、提水设备和引水设施三部分。灌溉的形式有渠道灌溉、管道灌溉和移动喷灌三种。

①渠道灌溉。土渠流速慢、渗水快、蒸发量大、占地多,不能节约用水。现都采用水泥槽作水渠,既节水又经久耐用。

②管道灌溉。主管和支管均埋入地下,其深度以不影响机械化耕作为度,开关设在地端使用方便。用高压水泵直接将水送入管道或先将水压入水池或水塔再流入灌水管道。出水口可直接灌溉,也可安装喷头进行喷灌或用滴灌管进行滴灌。

③移动喷灌。主水管和支管均在地表,可进行随意安装和移动。按照喷射半径,以相互能重叠喷灌安装喷头,喷灌完一块苗木后,再移动到另一地区。此方法一般节水20%~40%,节省耕地,不产生深层渗漏和地表径流,土壤不板结。并且,可结合施肥、喷药、防治病虫害等抚育措施,节省劳力,同时可调节小气候,增加空气湿度。

(3)排水系统的设置

排水系统对地势低、地下水位高及降雨量集中的地区更为重要。排水系统由大小不同的排水沟组成。大排水沟应设在圃地最低处,直接通入河湖或市区排水系统。中小排水沟通常设在路旁,耕作区的小排水沟与小区步道相结合。

在地形、坡向一致时,排水沟和灌溉渠往往各居道路一侧,沟、路、渠并列。排水沟与路渠相交处应设涵洞或桥梁。

苗圃四周宜设置较深的截水沟,可防止苗圃外的水入侵,并且具有排除内水保护苗圃的作用。

(4)防护林带的设置

防护林带的设置规格,依苗圃大小和风害程度而异。一般小型苗圃与主风方向垂直设一条林带;中型苗圃在四周设置林带;大型苗圃除设置周围环圃林带外,并在圃内结合道路等设置与主风方向垂直的辅助林带。

林带树种应选择在当地适应性强、生长迅速、树冠高大的乡土树种,同时也要注意到与速生和慢长、常绿和落叶、乔木和灌木、寿命长和寿命短的树种相结合,也可结合采种、采穗母树和有一定经济价值的树种。为了防止人们穿行和畜类窜入,可在林带外围种植带刺的或萌芽力强的灌木。苗圃中林带占地面积一般为苗圃总面积的5%~10%。

近年来,国外一些苗圃采用塑料制成的防风网作为防护林带,其优点是占地少且耐用,但成本较高,当前在我国运用还较少。

(5)管理区的设计

苗圃管理区包括房屋建筑和苗圃内场院等部分。房屋建筑主要包括办公室、宿舍、食堂、仓库、种子贮藏室、工具房、车库等;苗圃内场院主要包括运动场、晒场、堆肥场等。苗圃管理区应设在交通方便,地势高燥的地方。中、小型苗圃办公区、生活区一般选择在靠近苗圃出入口的地方。大型苗圃为管理方便,可将办公区、生活区设在苗圃中央位置。堆肥场等则应设在较隐蔽、但便于运输的地方。管理区占地面积一般为苗圃总面积的1%~2%。

(6)其他设备

包括电力设备、机具设备及其他防护设备(围墙、栅栏)等。

第二节 苗木繁殖

苗木繁殖有两种基本方法。一种是用种子播种繁殖而形成新个体,这种方法称为有性繁殖。有性繁殖得到的苗称实生苗或播种苗;另一种是利用植物的根、茎(枝)、叶等营养器官的一部分来培育成新个体,这种方法称为无性繁殖。用无性繁殖法生产得到的苗木称为无性苗或营养苗。

一、播种繁殖

播种繁殖在实际生产上采用最多,许多乔灌木都是用种子繁殖培育。树木的种子体积较小,采收、贮藏、运输、播种等都较简单,可以在较短的时间内培育出大量的苗木或嫁接繁殖用的砧木,因而在苗圃生产中占有极其重要的地位。

(一)播种繁殖的特点

(1)利用种子繁殖,一次可获得大量苗木,种子获得容易,采集、贮藏、运输都较方便。

(2)播种苗生长旺盛,根系发达,寿命长;抗风、抗寒、抗旱、抗病虫的能力及对不良环境的适应力较强。

(3)种子繁殖的幼苗,遗传保守性较弱,对新环境的适应能力较强,有利于异地引种的成功。

(4)用种子播种繁殖的苗木,特别是杂种幼苗,由于遗传性状的分离,在苗木中常会出现一些新类型的品种,这对于园林树木新品种、新类型的选育有很大的意义。

(5)种子繁殖的幼苗,开花、结果较晚。

(6)由于播种苗具有较大的遗传变异性,因此对一些遗传性状不稳定的园林树种,用种子繁殖的苗木常常不能保持母树原有的观赏价值或特征特性。如龙柏经种子繁殖,苗木中常有大量的桧柏幼苗出现;重瓣榆叶梅播种苗大部分退化为单瓣或半重瓣花;龙爪槐播种繁殖后代多为国槐等。

(二)适宜播种繁殖的主要树种

播种繁殖是树木育苗的主要手段之一,许多树木都可以用播种繁殖方法进行苗木繁育,以播种繁殖为主要育苗方式的常见树种如下。

(1)常绿乔木类。南洋杉、油杉、冷杉、黄杉、银杉、云杉、红松、华山松、白皮松、油松、马尾松、杉木、柳杉、柏木、侧柏、圆柏、铺地柏、罗汉松、红豆杉、广玉兰、樟树、枇杷、石楠、冬青、杜英、杨梅、蚊母树等。

(2)落叶乔木类。银杏、落叶松、水杉、金钱松、水松、白桦、栓皮栎、榆树、朴树、构树、榕树、望春玉兰、杜仲、合欢、紫荆、刺槐、国槐、楝树、火炬树、枫香、元宝枫、七叶树、栾树、木棉树、梧桐、珙桐、喜树、楸树、无患子、重阳木等。

(3)常绿灌木类。十大功劳、南天竹、含笑、海桐、黄槐、黄杨、女贞、小蜡、火棘等。

(4)落叶灌木类。小檗、太平花、金缕梅、绣线菊、紫薇、石榴、云实等。

(5)藤本类。常春藤、金银花、紫藤、南蛇藤、爬山虎等。

(6)棕榈型类。苏铁、棕竹、棕榈、蒲葵、鱼尾葵、散尾葵等。

(三)土壤消毒处理

(1)硫酸亚铁。雨天用细干土加入2%~3%的硫酸亚铁粉制成药土,每平方米施药土150~225 g。晴天可施用浓度为2%~3%的水溶液,用量为0.5 kg/m²。硫酸亚铁除杀菌的作用外,还可以改良碱性土壤,供给苗木可溶性铁离子,因而在生产上应用较为普遍。

(2)敌克松。施用量为4~6 g/m²。将药称好后与细沙土混匀做成药土,播种前将药土撒于播种沟底,厚度约1 cm,把种子撒在药土上,并用药土覆盖种子。

(3)五氯硝基苯混合剂。以五氯硝基苯为主(约占75%),加入代森锌或敌克松(约占25%)。使用方法和施用量与上述敌克松相同。

(4)辛硫磷。能有效杀灭金龟子幼虫、蝼蛄等地下害虫,常用50%的辛硫磷颗粒剂,每平方米用量3.0~3.7 g。

(5)福尔马林。福尔马林50 mL/m²加水6~12 L,在播种前10~20 d洒在要播种的苗圃地上,然后用塑料薄膜覆盖在床土上,在播种前7 d揭开塑料薄膜,待药味全部散失后播种。福尔马林除了能消灭病原菌外,对于堆肥的肥效还有相当的增效作用。

(四)作床和作垄

为了给种子发芽和幼苗生长发育创造良好的条件,便于苗木管理,在整地施肥的基础上,要根据育苗的不同要求把育苗地作成床或垄。

1. 作床

根据气候、地势、土壤条件和树种特性等应做出不同类型的苗床。苗床的种类可分为高床,平床和低床三种,如图5—2—1所示。

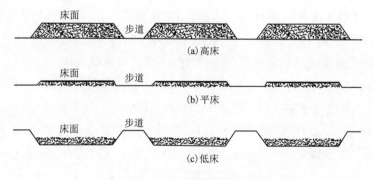

图5—2—1 各类苗床剖面示意

(1)高床。床面高于地面15~25 cm。在地势较高,排水通畅的地方,床面可稍低;而在排水不畅的圃地,床面应较高。床的宽度以便于操作为适度,一般宽度为1.1~1.2 m。床长根据播种区的大小而定,一般长度为15~20 m,过长管理不方便。两床之间设人行步道,步道宽30~40 cm。

高床的优点是床面高,排水良好,地温高,通气,肥土层厚,苗木发育良好,便于侧方灌溉，床面不致发生板结。适用于南方降雨量多或排水不良的黏质土壤苗圃地，以及对土壤水分较敏感，怕旱又怕涝的树种或发芽出土较难，必须细致管理的树种。

做床时先由人行步道线内起土，培垫于床身，床边要随培土随拍实。然后再于床的四边重新排线拉直，用平锹切齐床边，最后再把床面土壤翻松。

(2) 平床。床面比步道稍高，平床筑床时，只需用脚沿绳将步道踩实，使床面比步道略高几厘米即可。适用于水分条件较好，不需要灌溉的地方或排水良好的土壤。

(3) 低床。床面低于步道，床面宽 1 m，步道宽 30～40 cm，步道高 15～18 cm，床的长度与高床的要求相同。

低床的优点是做床比高床省工，灌溉省水，保墒性较好，适宜于北方降雨量较少或较干旱的地区应用。但也具有灌溉后床面板结，不利排水以及起苗比高床费工等不足。低床适用于喜湿、对稍有积水无碍的树种，如大部分阔叶树种和部分针叶树种。

做床时先按床面和步道的宽度划好线，然后由床面线内起土培起步道，随培土随压实，以防步道向床中坍塌。步道做好后，把床面耕翻疏松，将土面整平即可。

做床的时间应与播种时间密切配合，以早春或播种前半个月进行为宜。

2. 作垄

在北方、西北和东北各铁路局，因圃大地多，降雨较少，为节省劳力，有利于机械作业，增加产苗量，常采用大田式或垄式育苗，南方各铁路局则较少应用。根据垄的高低分高垄和低垄两种类型。

(1) 高垄。高垄的规格，一般垄距为 60～70 cm，垄高约 20 cm，垄顶宽度为 20～25 cm，长度依地势或耕作方式而定。做高垄时可先按规定的垄距画线，然后沿线往两侧翻土培成垄背，再用木板刮平垄顶，使垄高矮一致，垄顶宽度一致，便于播种。垄向以南北向为宜，山地宜沿等高线作垄。高垄适用于中粒及大粒种子，幼苗生长势较强，播后不需精细管理的树种。

(2) 低垄。低垄又称为平垄、平作，是指将苗圃地整平后，直接在整平的地块上进行播种而生产苗木，适用于大粒种子和发芽力较强的中粒种子树种。低垄适于多行式带状播种，便于机械作业。低垄适于土壤水分充足、排水良好、不需经常灌溉的地区。

作垄的时间，东北地区都在早春土壤解冻 15 cm 左右时，经耙压后顶浆作垄，而不能在土壤翻浆时作垄，以免破坏土壤结构。春季干旱地区，可在头年秋季作垄，以利保墒。夏播树种也应在春季作垄，最迟应在播种前半个月完成。垄的规格一般高 10～15 cm，垄底宽 50～80 cm，经镇压后垄面宽 20～45 cm。镇压要及时，如土壤过湿，过黏时，应待垄面稍干再镇压。

(五) 播种前种子测定与处理

植物种类不同，其果实和种子的形态特征有很多差异。大致分成球果类、干果类（荚果、蒴果、翅果、坚果、菁葖果）、肉质果类（仁果、浆果、核果、柑果）三类，种子成熟特征见表 5—2—1。

为了使种子萌发迅速、整齐，发芽率高和防治病虫危害，必须在播种前做好种子的测定、消毒和催芽等工作。

表 5—2—1 种子成熟特征简表

种实种类	代表树种	成熟特征
球果类	松、杉类	球果幼时青绿色,果鳞包得很紧,成熟球果变为黄色或黄褐色
干果类	刺槐、合欢、皂荚、紫穗槐	果皮由绿色转为黄色,褐色乃至黄褐色,红褐色、紫黑色,果皮干燥、紧缩、硬化或开裂
肉果类	樟、檫、桧柏	果皮软化,有些肉质果上出现白霜,果皮颜色由青绿色变为紫黑色或紫色,色泽鲜艳,果实涩味、酸味减少,糖分增加,散出香味

1. 种子测定

播种繁殖用的种子来源于自采或购商品种子。种子质量直接关系到播种作业所要掌握的播种量、播种后播种苗床的管理,播种前应对种子进行必要的测定,主要测定千粒重、种子净度、发芽势、发芽率。

(1) 种子千粒重是指在气干状态下 1 000 粒纯种子的重量,一般以克表示。常采用百粒法、千粒法、全量法测定。

(2) 种子净度即种子纯度是指纯净种子重量占测定样品总重量的百分比。

计算净度公式:净度(%) = $\dfrac{纯净种子重量}{纯净种子重量 + 废种子重量 + 夹杂物重量} \times 100\%$。

(3) 种子发芽势是指种子在发芽初期(规定日期内)能正常发芽的种子数占供试种子数的百分比。

发芽势计算公式:发芽势(%) = $\dfrac{发芽初期正常发芽的种子数}{供测定种子数} \times 100\%$。

(4) 种子发芽率是指在发芽试验终期(规定日期内)发芽的种子粒数占供试种子总数的百分比。

发芽率计算公式:发芽率(%) = $\dfrac{正常发芽的种子粒数}{供测定种子总粒数} \times 100\%$。

2. 种子消毒

为了消灭附在种子上的病菌,预防苗木发生病害,在种子催芽或播种前,应进行种子消毒灭菌。

(1) 药剂拌种

常用敌克松粉剂拌种,药量为种子重量的 0.2% ~ 0.5%。先用药量 10 ~ 15 倍的土配制成药土,再于播种前拌种。对苗木猝倒病有较好的防治效果。

(2) 热水浸种

水温 40 ℃ ~ 60 ℃,用水量为待处理种子的两倍。如将干燥种子直接放入 50 ℃ 温水中浸泡 25 min,尽量保持恒温;也可以先将种子放进 50 ℃ 水中浸种 10 min,然后投入 55 ℃ 水中浸种 5 min,最后将种子放入冷水中。在浸种过程中,要不断地搅拌,使上下温度均匀。本方法适用于针叶树种或大粒种,对种皮较薄或种子较小的树种不适宜。

(3) 石灰水浸种

用 1% ~ 2% 的石灰水浸种 24 h 左右,对落叶松等有较好的灭菌作用。利用石灰水进行浸种消毒时,种子要浸没 10～15 cm 深,种子倒入后,应充分搅拌,然后静置浸种,使石灰水表层形成并保持一层碳酸钙膜,提高隔绝空气的效率,达到杀菌目的。

(4)药剂浸种

①硫酸铜溶液浸种:使用浓度为 0.3%～1.0%,浸泡种子 4～6 h,取出阴干,即可播种。硫酸铜溶液不仅可消毒,对部分树种(如落叶松)还具有催芽作用,可提高种子的发芽率。

②福尔马林溶液浸种:在播种前 1～2 d,配制浓度为 0.15% 的福尔马林溶液,把种子放入溶液中浸泡 15～30 min,取出后密闭 2 h,然后将种子摊开阴干后播种。1 kg 浓度为 40% 的福尔马林可消毒 100 kg 种子。用福尔马林溶液浸种,应严格掌握时间,不宜过长,否则将影响种子发芽。

③高锰酸钾溶液浸种:使用浓度为 0.5%,浸种 2 h;也可用 3% 的浓度,浸种 30 min,取出后密闭 30 min,再用清水冲洗数次。采用此方法时要注意,对胚根已突破种皮的种子,不宜采用本方法消毒。

其他用 60% 多菌灵 600 倍液,或 70% 甲基托布津 1 000 倍液,或 75% 百菌清 600 倍液,或硫酸铵 100 倍液等,种子先在清水中浸 2～3 h,然后用上述任何一种药剂浸泡 10～15 min,取出种子冲洗干净,再用清水浸种。

3. 种子催芽

催芽是以人为的方法,打破种子的休眠,促使其部分种子露出胚根或裂嘴的处理方法。苗圃生产中常用的催芽方法如下。

(1)层积催芽

把种子与湿润物混合或分层放置,促进其达到发芽程度的方法称为层积催芽。

层积催芽的条件:种子催芽必须创造良好的温度、湿度、通气条件,在层积催芽中,因树种的生物学特性不同,对温度的要求也不同。因此,要根据具体情况来确定适宜的温度。

层积催芽时,要用间层物将种子混合起来(或分层放置),间层物一般用湿沙、泥炭,沙子的湿度应为土壤含水量的 60%,即用力握湿沙能成团,但不滴水为宜。

层积催芽还必须有通气设备,种子数量少时,可用花盆,上面盖草袋子,也可以用秸秆做通气孔,种子数量多时可设置专用的通气孔。

层积催芽一般选择地势高燥排水良好的地方,挖宽度 1 m 的坑,长度随种子的多少而定,深度一般在地下水位以上、冻层以下。坑底铺一些鹅卵石,其上铺 10 cm 的细沙,干种子要浸种、消毒,然后将种子与沙子按 1:3 的比例混合放入坑内,或者一层种子、一层沙子放入坑内(注意沙子的湿度要合适),直到沙与种子的混合物放至距坑沿 10～20 cm 时为止。然后盖上沙子,最后用土培成屋脊形,坑的两侧各挖一条排水沟。在坑中央直通到种子底层放一秸秆或木制通气孔,层积期间,要定期检查。

层积催芽的日数根据树种的不同而不同,如桧柏 200 d,女贞 60 d,见表 5—2—2。

层积期间,要定期检查种子坑的温度,当坑内温度升高得较快时,要注意观察,一旦发现种子霉烂,应立即取种换坑。

表 5—2—2 部分树种低温层积催芽的时间

树　　种	所需时间(月)
油松、落叶松	1
侧柏、樟子松、云杉、冷杉	1～2
黄檗、女贞、榉树、杜梨	2
白蜡、复叶槭、山桃、榆叶梅、君迁子	2.5～3
山定子、海棠、花椒、银杏	2～3
榛子、黄栌、栾树	4
核桃楸	5
椴树	5(变温)
水曲柳	6(变温)
红松、桧柏	6～7(变温)
山楂、山樱桃	7～8

在播种前 1～2 周,检查种子催芽情况,如果发现种子未萌动或萌动得不好时,要将种子移到温暖的地方,上面加盖塑料膜,使种子尽快发芽。当有 30% 的种子裂嘴时即可播种。

(2)浸种催芽

浸种的目的是促使种皮变软,种子吸水膨胀,有利于种子发芽。这种方法适用于大多数树种的种子。技术关键是应掌握浸种的水温和浸种时间的长短。一般分为热水浸种、温水浸种和冷水浸种。

①高温浸种法。水温一般为 70 ℃～80 ℃,适用于种皮特别坚硬而致密、透水性很差的种子,如刺槐、皂荚、合欢等。

②中温水浸种。对于种皮比较坚硬、致密、种皮较厚的种子,如马尾松、侧柏、紫穗槐等树种的种子宜用温水浸种。水温 40 ℃～50 ℃,浸种时间一昼夜,然后捞出摊放在席上,上盖湿草帘或湿麻袋,经常浇水翻动,待种子有裂口后播种。

③常温浸种。水温 20 ℃～30 ℃。适用于中小粒和种皮薄的种子如杨、柳、泡桐、榆、核桃等。

浸种催芽操作应注意以下几点。

a. 浸种时种子和水的体积比一般以 1∶3 为宜。

b. 热水浸种应边倒边搅拌,降至室温后使其自然冷却。

c. 对一些硬粒种子,可采用逐批水浸方法。如刺槐种子热水浸泡自然冷却一昼夜后,把已经膨胀漂浮的种子捞出进行催芽,将剩余的硬粒用相同方法再浸泡 1～2 次,分批催芽,既节约了种子,又可出苗整齐。

d. 对浸泡时间较长的种子应每天换水,水温保持在 20 ℃～30 ℃。

e. 浸种时间因树种而异,一般 1～3 d,种皮薄的较短(几小时),种皮厚、透水差的种子可 5～7 d(表 5—2—3)。

表 5—2—3　常见树种浸种水温和时间表

树　　种	水温(℃)	浸种时间(h)
杨、柳、榆、桦、梓、泡桐	冷水	12
悬铃木、桑、臭椿	30 左右	24
樟、檫、汕松、落叶松、油松、楠、山茶	35 左右	24
湿地松、杉木、侧柏、马尾松、文冠果、柳杉、柏木、木麻黄	40~50	24~48
国槐、君迁子、苦楝、枫杨、紫穗槐、紫荆、软枣	60~70	24~72
刺槐、合欢、皂荚、南洋楹、相思树、山皂荚	80~90	24

　　f. 浸泡过的种子已经吸水膨胀,应不间断地保持其环境湿度、温度、透气,进行催芽。环境条件的保证,可用沙藏法,也可用麻袋、草袋分层覆盖法。无论采用哪种方法,在催芽过程中都要注意温度应保持20 ℃~50 ℃。保证种子有足够的水分,有较好的通气条件,经常检查种子的发芽情况,当种子有30% 出芽时即可播种。

　　(3)药剂浸种和其他催芽方法

　　①低温处理。榉树、厚朴等种子在春天播种时,如地温过高,为延迟发芽,可在5 ℃~10 ℃低温贮藏7~15 d 后取出播种,可促进发芽。

　　②脱蜡法。乌桕、漆树等种子的种皮上有蜡质,应用热草木灰水浸种。草木灰水的比例是草木灰1.5 kg,兑水5 kg,水温保持在70 ℃左右。种子倒入后,应进行搅拌,除去蜡质和果皮,再用清水烫种,促进发芽。

　　③机械损伤催芽法。具有坚硬和透水性极差的种子可用机械搓伤法(搓、磨、压、砸等)或用酸碱等化学物质腐蚀,以改变其种皮透性。小粒种子可用3~4 倍的沙子混合后轻捣细碾;大粒种子和混合石子摩擦或用搅拌机搅拌。少量种子可以用砂纸打磨种子,用锉刀锉种子,用锤子砸破种皮,或用钳夹开种子。进行种子破皮时注意不要使胚外的种皮受到损伤,不能伤及种子的种仁。机械处理后一般需水浸或沙藏才能到达催芽的目的。

　　④酸碱处理法。生产上常用的药剂一般属于酸类、碱类和盐类(如浓硫酸、硫酸钠、稀盐酸、硫酸铜、高锰酸钾、碳酸氢钠、氢氧化钠等),其中以浓硫酸和小苏打最常用。种皮具有蜡质、油质的种子,如黄连木、乌桕、花椒、车梁木等,常用1%的碱水或1%的苏打水浸种脱蜡去脂,催芽效果较好。种皮坚硬的种子。如凤凰木、皂荚、相思树、胡枝子等,可用60%以上的浓硫酸浸种0.5 h,然后用清水冲洗;漆树种子可用95%的浓硫酸浸种1 h,再用冷水浸种2 d 左右,干燥后即可播种。此外用碳酸氢钠,硫酸钠,溴化钾等处理杉木、桉树、木荷等种子,对加快发芽速度,提高发芽率,都能取得较好的效果。

　　⑤植物激素催芽法。植物生长素可打破种子休眠,具有较好的催芽效果。种子常用的激素有 GA、NAA、IAA、IBA 、2,4-D(2,4 - 二氯苯氧乙酸)、6-BA 等。生产上利用稀释5 倍的赤霉素(GA3)发酵液浸泡香椿、白蜡、刺槐和乌桕等树种2 h 后,催芽效果显著。常使用浓度 0.001%~0.1%。

　　4. 接种工作

　　对有些树种,播种前需要进行接种。

　　(1)接种根瘤菌。生产上常将根瘤菌与相应植物种子混合拌种随即播种,或制成包衣种子,播种后可提高种子发芽率与苗木品质。

(2)接种菌根菌。有些植物的根与土壤中的某些真菌有着共生关系,这些同真菌共生的根叫菌根,这些真菌叫菌根菌。生产上可将菌根菌剂用水调成糊状,拌种后立即播种,以提高苗木的质量。

(3)接种磷化菌。幼苗在生长初期很需要磷,而磷在土壤中很容易被固定(即成为难溶状态,不能为植物吸收和利用),从而造成缺磷。因此,生产上常将磷化菌剂与相应植物种子拌种后播种,可保证幼苗生长初期对磷的需求。

(六)播种育苗技术

1. 播种时期

一般要根据种子的特性和当地的气候条件、土壤条件和耕作制度等因素来确定。如果是保护地栽培或营养钵育苗则全年都可播种,不受季节限制。

(1)春播。春季是主要播种季节,大多数树种都可在春季播种,即在土地解冻后至树木发芽前将种子播下。要宜早不宜晚,一般在幼苗出土后不会遭受低温危害的前提下以早为好。早播、早出的幼苗抗性强,生长期长,病虫害少,要注意防止晚霜,对晚霜危害比较敏感的树种如洋槐、臭椿等则不宜过早播种,应考虑使幼苗在晚霜后出土,以防霜害,但松类、海棠等尤其应早播。

(2)夏播。夏季成熟的种子,如杨、柳、榆、桑、桉树、银桦等种子,不宜久藏,在种子成熟后随采随播。最好在雨后进行播种或播前进行灌水,有利于种子的萌发,同时播后要加强管理,经常灌水,保持土壤湿润,降低地表温度,有利于幼苗生长。为使苗木在冬季来临前能充分木质化,以利安全越冬,夏播应尽量提早进行。

(3)秋播。秋季也是一个很重要的播种季节,一些大、中粒种子,或种皮坚硬的、有生理休眠特性的种子都可以在秋季播种。一般种粒很小和含水量大而易受冻害的种子不宜秋播。

由于种子在土壤中时间长,易遭鸟、兽的危害,因此秋播播种量比春播要多。秋播翌春出苗早,要注意防止晚霜危害苗木。秋播的时间不可太早,最好于晚秋进行,如播期过早,秋季日温高,有的种子容易发芽。到冬季苗木还要防寒,否则会受冻害。秋播的具体时间要根据树种的生物学特性和当地的气候条件来确定。

(4)冬播。在我国南方,冬季气候温暖,雨量充沛,适宜冬播,冬播是我国南方的主要播种季节。如福建、两广地区的杉木、马尾松等,常在初冬种子成熟后随采随播,使种子发芽早,扎根深,幼苗的抗旱、抗寒、抗病等能力强,生长健壮。

2. 苗木密度与播种量计算

(1)苗木密度。苗木密度是单位面积(或单位长度)上苗木的数量,对苗木的产量和质量起着重要的作用。确定苗木密度要依据树种的生物学特性、生长的快慢、圃地的环境条件、育苗的年限以及育苗的技术要求等。此外要考虑育苗所使用的机器、机具的规格,来确定株行距。

苗木密度的大小,取决于株行距,尤其是行距的大小。播种苗床一般行距为 8~25 cm,大田育苗一般为 50~80 cm。行距过小不利于通风透光,也不便于管理。

(2)播种量的计算。播种量就是单位面积或单位长度上所播种子的数量或质量。播种量确定的原则,就是用最少的种子,达到最大的产苗量。

计算播种量的依据为:①单位面积(或单位长度)的产苗量;②种子品质指标:种子纯度(净度)、千粒重、发芽势;③种苗的损耗系数。

播种量可按下列公式计算:

$$X = C \times (A \times W)/(P \times G \times 1000^2)$$

式中　X——单位长度(或单位面积)实际所需的播种量(kg);

　　　A——单位长度(或面积)的产苗数;

　　　W——千粒种子的重量(g);

　　　P——净度(%);

　　　G——发芽势(%);

　　　1000^2——常数;

　　　C——损耗系数。

C 值因树种、圃地的环境条件及育苗的技术水平而异,同一树种,在不同条件下的具体数值可能不同,各地可通过试验来确定。C 值的变化范围大致如下:

①用于大粒种子(千粒重在700 g以上),$C=1$;

②用于中、小粒种子(千粒重为3~700 g),$1<C\leqslant 5$,如油松种子;

③用于小粒种子(千粒重在3 g以下),$C>5$,甚至 $C=10\sim 20$,如杨树种子。

例如,生产一年生油松播种苗 1 hm²,每平方米计划产苗量 500 株,种子纯度为95%,发芽率为90%,千粒重为37 g,其所需种子量为:

每平方米播种量 $=500\times 37\div (0.95\times 0.90\times 1000^2)=0.0216$(kg)。采用床播 1 hm² 的有效作业面积约为6000 m² 时,则每公顷的播种量为 $0.0216\times 6000=129.6$(kg)。

这是计算出的理论数字,从生产实际出发应再加上一定的损耗,如 $C=1.5$,则生产 1 hm² 油松共需用种子200 kg左右。至于单位面积最适宜的产苗量,应根据育苗技术规程来确定。

播种量按苗木净面积(有效面积)计算。苗床净面积按国家标准每公顷为6000 m²,部分树木的播种量与产苗量见表5—2—4。

表5—2—4　部分树木的播种量与产苗量

树　种	播种量(g/m²)	产苗量(株/m²)	播种方式
油松	100~125	100~150	高床撒播或垄播
白皮松	175~200	80~100	高床撒播或垄播
侧柏、桧柏	25~30	30~50	高垄或低床条播
云杉	20~30	150~200	高床撒播
银杏	75	15~20	低床条播或点播
黄杨	40~50	50~80	低床撒播
小叶椴	50~100	12~15	高垄或低床条播
榆叶梅	25~50	12~15	高垄或低床条播
国槐	25~50	12~15	高垄条播

续上表

树　种	播种量(g/m²)	产苗量(株/m²)	播种方式
刺槐	15~25	8~10	高垄条播
合欢	20~25	10~12	高垄条播
元宝枫	25~30	12~15	高垄条播
小叶白蜡	15~20	12~15	高垄条播
臭椿	15~25	6~8	高垄条播
香椿	5~10	12~15	高垄条播
茶条槭	15~20	12~15	高垄条播
皂荚	5~10	15~20	高垄条播
栾树	50~75	10~12	高垄条播
青桐	30~50	12~15	高垄条播
山桃	100~125	12~15	高垄条播
海棠	15~20	15~20	高垄或低床两行条播
贴梗海棠	15~20	12~15	高垄或低床条播
核桃	20~25	10~12	高垄点播
卫矛	15~25	12~15	高垄或低床条播
文冠果	50~75	12~15	高垄或低床条播
紫藤	50~75	12~15	高垄或低床条播
紫荆	20~30	12~15	高垄或低床条播
小叶女贞	25~30	15~20	高垄或低床条播
紫穗槐	10~20	15~20	平垄或高垄播
丁香	20~25	15~25	低床或高垄播
紫薇	15~20	15~20	高垄或低床条播
杜仲	20~25	12~15	高垄或低床条播
山楂	20~25	15~20	高垄或低床条播
花椒	40~50	12~15	高垄或低床条播
枫杨	15~25	12~15	高垄条播

3. 播种技术

(1)播种方法

①条播。按一定的行距开沟,将种子均匀地撒在播种沟内称条播。可用垄播或床播,一般行距10~25 cm,沟的深度一般是种子大小的2~3倍,沟宽为3~5 cm,较小的种子可用1.5 cm,大粒种子可达6 cm。条播适用于中、小粒种子,播种时苗行一般以南北向为好。

②撒播。撒播是将种子均匀地撒在播种床面或垄上,主要适用于小粒种子,如桉树、马尾松、杉木等种子常采用撒播。撒播完毕后,可撒一层薄薄的细土或火烧土进行覆盖,以不见种子为度。杨树、赤杨、泡桐种子细小,镇压后可不盖土,必要时盖草。南方各铁路局撒播桉树种子时,常在床面盖上薄薄一层2~3 cm长的松针,不再覆土盖草效果也很好。

撒播用种量大,一般是条播的2倍;另外,撒播苗木抚育不便于管理。

③点播。按一定的株行距播种,或将种子按一定的密度与方式逐粒播种于苗床圃地上,称为点播,主要适用于大粒种子或稀有、珍贵的树种,如银杏、七叶树、雪松、核桃、板栗等常用点播法播种。通常点播的最小行距不小于30 cm,株距不小于10~15 cm(点播的株行距常为10 cm×30 cm~15 cm×30 cm);为了便于机械操作,株距可稍密,行距可稍宽。

为了便于种子的出苗与幼苗生长,点播时(特别是大粒与特大粒种子),应注意种子的方向。种子常侧放,并使种子尖端朝向相同(种子具有缝合线的,其缝合线应与地面垂直)。如此操作便于种子胚根(下胚轴)轻松入土,胚芽(上胚轴)出土快,并可使株行距均匀一致。

此外,为了克服条播和撒播的不足,生产上可采用宽幅条播。2~5行分为1幅,缩小行间距离,加大幅间距离,行距一般为10~15 cm,幅距30~50 cm,这样既便于抚育管理,又提高了苗木的品质和产量,克服了撒播和条播的缺点。

(2)播种覆土厚度

播种主要是通过人把种子播在播种地上。主要技术要求是画线要直,开沟深浅要一致,沟底要平,沟的深度要根据种粒的大小来确定,粒大的种子要深些,粒极小的种子可不开沟,混沙直接播种。为保证种子与播种沟湿润,要做到边开沟,边播种,边覆土,一般覆土厚度应为种子直径的2~3倍。部分树种播种覆土厚度见表5—2—5。

表5—2—5 部分树种播种覆土厚度

树　　种	覆土厚度(cm)
杨、柳、桦、桉、泡桐等极小粒种子	以隐见种子为度
落叶松、杉木、柳杉、樟子松、榆树、黄檗、黄栌、马尾松、云杉等种粒大小相似的种子	0.5~1.0
油松、侧柏、梨、卫矛、紫穗槐及种粒大小相似的种子	1.0~2.0
刺槐、白蜡、水曲柳、臭椿、复叶槭、椴树、元宝枫、槐树、红松、华山松、枫杨、梧桐、女贞、皂荚、樱桃、李子及种粒大小相似的种子	2.0~3.0
胡桃、板栗、栓皮栎、油茶、油桐、山桃、山杏、银杏及种粒大小相似的种子	3.0~8.0

覆土可用原床土,也可以用细沙土混些原床土,或用草炭、细沙、粪土混合组成覆土材料。覆土后,为使种子和土壤紧密结合,要进行镇压。如果土壤太湿或过于黏重,要等表土稍干后再镇压。

(七)播种苗的年生长发育特点

播种苗从种子发芽到当年停止生长进入休眠期为止是其第一个生长周期。生产上常将播种苗的第一个生长周期划分为出苗期、幼苗期、速生期和硬化期4个时期。

1. 出苗期

出苗期是从播种到幼苗刚刚出土的时期。春播者需3~7周,夏播者需1~2周,秋播则需几个月。

(1)出苗期的生长特点。种子播种后首先在土壤中吸水膨胀,酶的活动加强,在酶的作用下种子中贮藏的物质进行转化,分解为可溶性物质,并释放出能量,供胚的生长。一般胚根先长,形成主根深入土层,然后胚芽生长,逐渐出土形成幼苗。在这个时期幼苗不能自行制造营养物质,而靠种子中贮藏的营养物质进行生长。

(2)育苗技术要点:采取有效措施,创造良好环境,促进种子迅速萌发,出苗整齐。为此要做到,适时播种,提高播种技术,保证土壤湿度但不要大水漫灌,覆盖增温保墒,同时遮阴防止高温危害苗木。

2. 幼苗期(生长初期)

从幼苗出土后能够进行光合作用,自行制造营养物质开始,到苗木生长旺盛时为止。春播需5~7周,夏播需3~5周。

(1)幼苗期的生长特点:地上部分的茎叶生长缓慢,而地下的根系生长较快。但是幼根分布仍较浅,对炎热、低温、干旱、水涝、病虫害等抵抗力较弱,易受害而死亡。

(2)育苗技术要点:主要任务是提高幼苗保存率。这个时期影响幼苗生长发育的主要外界因子有水分、温度、养分、光照和通气,水分是决定幼苗成活的关键因子。要保持土壤湿润,但不能太湿,以免引起腐烂或徒长。要注意遮阳,避免温度过高或光照过强而引起烧苗伤害。同时要加强间苗、蹲苗、松土除草、施肥(磷和氮)、病虫害防治等。

3. 速生期

从幼苗加速生长开始到生长速度下降为止的时期。大多数园林植物的速生期是从6月中旬开始到9月初结束,持续70~90 d。

(1)速生期的生长特点:此时苗木生长速度最快,生长量最大。表现为苗高增长,茎粗增加,根系加粗、加深和延长等。有的树种出现两个速生阶段,一个在盛夏前,一个在盛夏后,盛夏期间因高温和干旱,光合作用受抑制,生长速度下降,出现生长缓慢现象。

(2)育苗技术要点:在前期加强施肥、灌水、松土除草、病虫害防治,并运用新技术如生长调节剂、抗蒸腾剂等,促使幼苗迅速而健壮地生长。在速生期的后期应适时停止施肥和灌水,防止贪青徒长,使苗木充分木质化,有利于越冬。

4. 苗木的硬化期(生长后期)

苗木的硬化期从幼苗速生期结束到落叶进入休眠为止,一般持续1~2个月。

(1)硬化期的生长特点:幼苗生长缓慢,地上部分生长量不大,但地下部分根系的生长仍可持续一段时间,叶片逐渐变红、变黄而后脱离,幼苗木质化并形成健壮的顶芽,越冬能力提高。

(2)育苗技术要点:停止促进苗木生长的措施如施肥、灌水等,设法控制幼苗生长,为幼苗越冬做好营养贮藏和休眠准备。

(八)播种地的管理

播种地管理是从播种后幼苗出土,一直到冬季苗木生长结束为止,对苗木及土壤进行的管理,如遮阴、间苗、截根、灌溉、施肥、中耕、除草等工作。

1. 遮阴、降温保墒

树种在幼苗期组织幼嫩,不能忍受地面高温的灼热,易产生日灼现象,致使苗木死亡,因此要在高温时,采取降温措施。

(1)遮阴。遮阴可使日光不直接照射地面,因而能降低育苗地的地表温度,减少土壤水分的蒸发,以免幼苗遭受日灼伤害。

遮阴一般采用苇帘、竹帘或黑色的编织布等做材料设活动阴棚,透光度以50%~80%为宜。阴棚高40~50 cm,每日9:00~17:00进行放帘遮阴,其他早晚弱光时间与阴天可把帘子卷起。也可以采用在苗床上插荫枝或间种等办法进行遮阴。

(2)覆草和喷灌降温。把草类放在苗行间,能降低温度8℃~10℃以上,效果较好。喷灌能降低地表温度,用地面灌溉也同样能起到降低地温的作用。

2. 间苗和补苗

(1)间苗。间苗是为了调整幼苗的密度,使苗木之间保持一定的株行距,保持一定的营养面积、空间位置和光照范围,使根系均衡发展,促使幼苗健壮生长。

间苗次数应依苗木的生长速度确定,一般间苗1~2次为好。速生或出苗较少的树种,可行1次间苗,一般苗高达10 cm左右进行,即为定苗。对生长速度中等或慢生树种、出苗较密的,可行2次间苗,第一次间苗在苗高5 cm时进行,当苗高达10 cm左右再进行第2次间苗,即定苗。第二次间苗与第一次间苗相隔10~20 d,第二次间苗即为定苗。间苗的数量应按单位面积产苗量的指标进行留苗,其留苗数可比计划产苗量增加5%~15%,作为损耗系数,以保证产苗计划的完成,但留苗数不宜过多,以免降低苗木质量。间苗后要立即浇水,淤塞苗根孔隙。

(2)补苗。补苗工作是补救缺苗断垄的一种措施。补苗时间越早越好,补苗工作可和间苗工作同时进行,最好选择阴天或16:00以后进行,以减少日光的照射,防止萎蔫,必要时要进行遮阴,以保证成活。

3. 截根和幼苗移植

(1)截根。截根适用于主根发达、侧根发育不良的树种,如核桃、橡栎类、梧桐、樟树等树种。截根的目的是截断主根,促使苗木多生侧根、须根,加速苗木的生长,提高移植后苗木的成活率。截根的时间,一般在幼苗长出4~5片真叶,苗根尚未木质化时进行。根据树种来确定截根的深度,一般为5~15 cm。可用锐利的铁铲、斜刃铁或弓等进行截根。

(2)幼苗移植。结合间苗进行幼苗移植,对珍贵或小粒种子的树种,可进行床播或室内盆播等,待幼苗长出2~3片真叶后再按一定的株行距进行移植。移植应选在阴天进行,移植后要及时灌水和适当遮阴。

4. 中耕与除草

(1)中耕。中耕在幼苗初期宜浅并要及时,以后可逐渐增加达10 cm左右,在干旱或盐碱地,雨后或灌水后,都应进行中耕,以保墒、避免土壤板结和龟裂,防止反碱。

(2)除草。一般除草较浅,以能铲除杂草,切断草根为度。除草可以用人工除草、机械除草和化学除草,本着"除早、除小、除了"的原则,使用化学除草剂来消灭杂草时,要先进行科学实验后,再大面积地推广使用。

5. 灌水与排水

(1)灌水。应根据幼苗的特性、幼苗所处的生长期、土壤特点和气候条件等因素,适时浇水。灌溉一般采用漫灌、喷灌、滴灌等方法。灌水时应注意,灌溉时间最好在早晨和傍晚,不要在气温最高的中午进行;不宜用水质太硬或含盐类的水灌溉;灌溉要保持持续性,不宜中断。灌溉结束期因树种不同而异,对多数苗木在霜冻到来之前6~8周为宜。

(2)排水。排水主要指排除因大雨或暴雨造成的苗区积水,在地下水位偏高、盐碱严重地区,排水工作还有降低地下水位、减轻盐碱含量或抑制盐碱上升的作用。因此苗圃作业区均要依据道路系统的建立而设置完整的排水系统或排水沟,在排水不畅的地块应增加田间排水沟,并使沟沟相连,以便下大雨或暴雨时能及时排除圃地的积水。

6. 追肥

苗期追肥通常以已充分腐熟的人粪尿、硫酸铵、过磷酸钙、尿素等速效肥为主;在苗木的生长初期,常以氮、磷肥为主;在苗木速生期,可氮、磷、钾结合施用;苗木生长后期,为促使苗木生长成熟,可注意增施磷、钾肥,停施氮肥。

(1) 施肥的主要方法

①撒施:将肥料均匀地撒施在苗床上,浅耙1~2次后覆土。

②条施:在苗木行间开沟,将肥料施入后覆土。

③穴施:在植株附近开一小穴,将肥施入穴内并覆土。

④环施:在苗木根际周围一定距离内开环状沟,将肥料施入沟内并覆土。此法多用于大苗、林木、母树和果树的施肥。

⑤浇灌:将肥料先溶解在水中,再浇在苗床上或行间,有时也可将肥料随灌溉水一起施于苗地。

⑥根外追肥:在苗木生长期间,将速效性肥料溶液喷在叶面上,让肥料通过叶面气孔由苗木直接吸收利用。根外追肥的优点是可以避免土壤对肥料的固定或流失,肥料用量少效率高,供肥速度快。尤其在下列情况下根外追肥更具有优越性:气温升高而地温尚低,苗木地上部已开始生长而根系尚未活动时;苗木刚定植,根系受伤,尚未恢复时;土层干燥而又无灌溉条件无法进行土壤追肥时;苗木需要某种微量元素,又无法从土壤中得到时。

根外追肥时喷洒液的浓度不宜过大,以免烧伤树苗。对苗木的适宜浓度为0.5%~1.0%,或者小于0.5%的浓度更为安全。对苗木进行根外追肥时,要使肥料喷洒在整个叶子的表面上,特别是对阔叶树种苗木要使叶片正面和背面部喷洒上肥料,因为叶片背面吸收养料的能力比正面还要大得多。

(2) 肥料的混施

凡矿质肥料与矿质肥料或矿质肥料与有机肥料混施后,引起肥分损失,或使土壤的物理性质变坏者不能混施。至于哪些肥料可混施,哪些肥料不能混施,详见附录三各种肥料混施情况表。

7. 病虫害防治

防治病虫害是苗圃多育苗、育好苗的一项重要工作,要贯彻"预防为主,综合防治"的方针,加强调查研究,搞好虫情调查和预测预报工作,创造有利于苗木生长、抑制病虫发生的环境条件。本着"治早、治小、治了"的原则,及时防治,并对进圃苗木加强植物检疫工作。

二、扦插繁殖

扦插繁殖是利用离体的植物营养器官如根、茎(枝)、叶等的一部分,在一定的条件下插入土、沙或其他基质中,利用植物的再生能力,经过人工培育使之发育成一个完整新植株的繁殖方法。经过剪截用于直接扦插的部分叫插穗,用扦插繁殖所得的苗木称为扦插苗。

扦插苗生产技术易掌握,简单易行;扦插后成苗快,进入开花结果时间早;能保持母本树的优良性状;根系在土壤中的分布较浅,对生长环境的适应性和抗逆性一般不及实生苗;扦插苗寿命较实生苗短。

因插穗脱离母体,必须给予适合的温度、湿度等环境条件才能成活,对一些要求条件较高的树种,还需采用必要的措施如遮阴、喷雾、搭塑料棚等措施才能成功。因此扦插繁殖要求管理精细,比较费工。

(一)扦插成活的原理

利用植物的茎、叶等器官进行扦插繁殖,首要任务就是让其生根。由于大多数木本植物的茎、叶等器官不具备根原始体(根原基),发根的位置不固定,故从这些茎、叶产生的根称"不定根"。根据插穗不定根形成的部位,插穗的生根类型可分为皮部生根型、愈伤组织生根型、混合生根型三种类型。

1. 皮部生根

属于皮层生根型的插穗,皮层内的根原体已经存在甚至已经形成,这些根原体在适宜的温湿度条件下能进一步发育,钻出皮层,形成根系。因而这类型的植物生根快,扦插容易成活。

2. 愈合组织生根

属于这一生根类型的大多是生根困难的树种。植物局部受伤以后,具有恢复生机保护伤口形成愈合组织的能力。在插穗形态基端的伤口周围,能形成大量呈半透明状的、能保护伤口、吸收水分、恢复伤口生机的愈伤组织。这些愈伤组织进一步分化,向内逐渐形成木质部、韧皮部和形成层等组织,向外分化形成根的原始体,发生出不定根。

一般来说,扦插较难成活、生根速度较慢的树种,其根系发生类型大多属愈伤组织生根。

3. 混合生根

事实上,插穗根系的发生大多数属愈伤组织和皮部生根两者的兼有型。属于皮部生根为主的同时,伴有愈伤组织生根现象;以愈伤组织生根的同时,伴随有皮部生根的现象发生。属于混合生根型的植物组织与器官扦插后特别容易成活。

(二)影响扦插成活的因素

1. 内在因素

(1)植物的遗传特性

不同树种由于其遗传特性不同,因此,扦插成活的难易差别很大。根据生根难易程度归纳为四大类,见表5—2—6。

表5—2—6 扦插生根难易树种表

扦插成活难易分类	树 种
极易生根的植物	柳树、杨树、杉木、柳杉、水杉、池杉、落羽杉、黄杨、白蜡、紫穗槐、柽柳、连翘、月季、栀子花、常春藤、木槿、小叶黄杨、南天竹、葡萄、无花果、紫薇、大叶黄杨、木芙蓉等
较易生根的植物	泡桐、国槐、刺槐、水蜡树、山茶、野蔷薇、夹竹桃、杜鹃、罗汉松、侧柏、扁柏、花柏、铅笔柏、悬铃木、猕猴桃、石榴、六道木、珊瑚树、迎春、探春、金银花、红叶李、鹅掌楸、紫荆、贴梗海棠、杜梨、云南黄馨等
较难生根的植物	樟树、槭树、梧桐、苦楝、臭椿、银杏、木兰、海棠、米兰、雪松、龙柏、粗榧、日本白松、广玉兰等
极难生根的植物	大部分松科、山毛榉科、榆科、槭树科、胡桃科、棕榈科、柿科、杨梅科等

（2）母树及枝条年龄

植物新陈代谢作用和生活力都随着树龄的增加而减退，所以从幼、壮龄母树上采取的枝条作插穗，生根快而生长好。对特别难生根的树种，从年龄较小的一年、二年生实生苗植株上选择枝条扦插，效果较好。

（3）枝条部位和发育状况

枝条的部位包括两个方面，一是枝条在母树上的着生部位，二是指同一枝条的上、中、下部位。

同一母树上的枝条，一般从颈部及主干处萌发的枝条再生能力较强，选取插穗成活率高；相反从树冠外围和经历了多次反复分枝上选取的插穗，成活率低。

同一枝条不同部位，不定根发生情况不一样，并无共同的规律。对常绿树种和嫩枝扦插时，取枝条的中、上部扦插，效果较好；落叶树种，选枝条的中、下部为好。

应从生长健壮、无病虫害的母树树冠中部或下部，选发育充实、芽眼饱满，节间较短的一、二年生枝条做插穗。

（4）插穗长度、粗细

生产扦插苗时，插穗至少需带2个芽，剪取的插穗长度一般为：草本植物为7~10 cm；常绿树种为10~20 cm；落叶树种硬枝扦插时，插穗长度为5~20 cm。随着扦插技术的提高，扦插已逐渐向短插条方向发展，有的甚至用一芽一叶扦插。

对不同粗细的插穗，年龄相同的插穗越粗越好。插条的适宜粗细因树种而异，多数针叶树种直径为0.3~1 cm；阔叶树种直径为0.5~2 cm。在生产实践中，应该根据需要和可能，采用适当粗细、长度的插穗，应掌握"粗枝短剪，细枝长留"的原则。

（5）叶芽对生根的影响

插穗上的芽是形成茎、干的基础。芽和叶能供给插穗生根所必需的营养物质和生长激素、维生素等，对生根有利，尤其对嫩枝扦插及针叶树种、常绿树种的扦插更为重要。剪取插穗一般留叶2~4片，若有喷雾装置，定时保湿，则可留较多的叶片，以便加速生根。

2. 外界因素

影响插穗不定根的外界因素主要有温度、湿度、光照、扦插基质等。

（1）温度

温度与插穗不定根的发生及根系的生长速度有极大关系，适宜不定根发生的温度因树种、扦插时间等不同而异。大多数树种硬枝扦插时，插穗生根的适宜温度为15℃~25℃，20℃为最适宜温度；嫩枝扦插时，适宜温度20℃~25℃；热带植物扦插生根的适宜温度为25℃~30℃。

当插壤温度比气温高出3℃~5℃时，可促进插穗先生根，后发芽，成活率提高。生产上可在插壤下铺20~50 cm厚的马粪或电热线等酿热材料以增加地温，还可利用太阳光的热能进行倒插催根，提高扦插成活。

（2）湿度

在插穗不定根的形成过程中，空气的湿度、基质的湿度以及枝条本身的含水量是扦插成败的关键，尤其是嫩枝扦插，湿度更为重要。

对一般树种,适宜插穗生根的空气的相对湿度为80%~90%;基质含水量控制在50%~60%时能保证插穗不定根发生的需要。

生产上,保持插床与插穗的措施最好采用间歇喷雾装置,也可采用遮阴和加强人工喷水的办法。插穗采下后,低温沙藏、密封储存,以保持插穗含水量。插前可将剪好的插穗浸泡在水中,以利吸水保湿。

(3)光照

光照对嫩枝扦插很重要。适宜的光照能保证一定的光合强度,提高插条生根所需要的碳水化合物,同时可以补充利用枝条本身合成的内源生长素,使之缩短生根时间,提高生根率。但光照太强,会增大插穗及叶片的蒸腾强度,加速水分的损失,引起插穗水分失调而枯萎。因此,最好采用全光喷雾的方法,既能调节空气的相对湿度,又能保证光照,有利于生根。

(4)扦插基质

插穗的生根成活与扦插基质的水分、通气条件关系十分密切。硬枝扦插最好用砂质壤土或壤土,也可使用于嫩枝扦插一样的砂土、蛭石、珍珠岩、泥炭土等基质,但嫩枝扦插一般常用几种基质进行混合。

生产上长期育苗时应注意定期更换基质,如果需要使用旧床土,一般用甲醛或高锰酸钾进行喷雾或浇灌插床消毒。

(三)促进插穗生根的方法

1. 洗脱处理

洗脱处理一般有温水处理、流水处理、酒精处理等。

(1)温水洗脱处理。将剪好的插穗捆好,插穗下端放入30℃~35℃的温水中泡几小时或更长时间,具体时间因树种、枝条的幼嫩情况而异。如用容器浸泡应每天换水1~2次。

(2)流水洗脱处理。将插穗放入流动的水中浸泡数小时,具体时间也因树种与枝条生长情况而异。一般短的在24 h内,长的可达2~3 d,有的甚至更长。

(3)酒精洗脱处理。用酒精处理插穗基部。一般使用浓度1%~3%,或者用1%的酒精+1%的乙醚混合液,浸泡时间6 h左右,如杜鹃类。

2. 机械处理

方法一:插穗剪离母枝或母树前,在计划剪取插穗的枝条基部用刀刻伤或环剥枝条,10 d后把已刻伤、环剥的枝条从伤口处剪下进行扦插。

方法二:从母树上剪取插穗环剥、刻伤插穗基部。刻法有纵刻与横刻,纵刻的深度可达木质部处,用药剂浸泡插穗基部,进行扦插。此法多用于难生根的树种,如杜鹃、木兰等。

3. 黄化处理

在生长季前用黑布、黑纸、黑色塑料袋等深色材料将母枝基部进行包扎遮光,使被包扎的组织黄化,待其枝叶长到一定程度后,剪下进行扦插。黄化处理对一些难生根的树种,效果很好。经黄化处理的枝条,一般需经3~4周的处理时间。

4. 化学药剂处理

有些化学药剂也能有效地促进插条生根。如乙酸(醋酸)、磷酸、高锰酸钾、硫酸锰、硫酸镁等。

(1)高锰酸钾处理。用0.05%~0.1%高锰酸钾溶液浸泡插穗12 h,能促进生根,并抑制细菌的发育而起到消毒作用。

(2)乙酸处理。用0.1%的乙酸水溶液浸泡丁香、卫茅插穗,能显著地促进生根。

5. 增温处理

人为地提高插穗形态基端生根部位的温度,相对降低插穗形态顶端叶芽部位的温度,让插穗"头凉脚热",先生根,后发芽。生产上加热催根处理方法有阳畦、火炕、酿热温床、电热温床或在插床内放入生马粪(即酿热物催根法)的催根处理。

6. 倒插催根

一般在冬末春初进行。利用春季地表温度高于坑内温度的特点,将插条倒放坑内,用沙子填满孔隙,并在坑面上覆盖2 cm沙,使倒立的插穗基部的温度高于插穗梢部,这样为插穗基部愈伤组织的根原基形成创造了有利条件,从而促进生根,但要注意水分控制。

7. 生长刺激素及生根促进剂

(1)生长激素处理

常用的生长素有萘乙酸(NAA)、吲哚乙酸(IAA)、吲哚丁酸(IBA)、2,4-D等。使用方法,一是先用少量酒精将生长素溶解,然后配置成不同浓度的药液。低浓度(如50~200 mg/L)溶液浸泡插穗下端6~24 h,高浓度(如500~10 000 mg/L)可进行快速处理(几秒钟到一分钟);二是将溶解的生长素与滑石粉或木炭粉混合均匀,阴干后制成粉剂,用湿插穗下端蘸粉扦插;或将粉剂加水稀释成为糊剂,用插穗下端浸蘸;或做成泥状,包埋插穗下端。处理时间与溶液的浓度随树种和插穗种类的不同而异,一般生根较难的浓度高些,生根较易的浓度低些,硬枝浓度高些,嫩枝浓度低些。

(2)生根促进剂处理

目前,使用较为广泛的有ABT生根粉、植物生根剂HL-43、根宝、3A系列促根粉等,均能提高多种树木如银杏、桂花、板栗、红枫、樱花、梅、落叶松等的生根率,其生根率可达90%以上,且根系发达,吸收根数量增多。

(四)扦插基质和扦插床

1. 扦插基质

扦插基质应具有保温、保湿、疏松、透气、洁净、酸碱度适中、成本低、便于运输等特点。常用基质主要有河沙、石英砂、珍珠岩、蛭石、砻糠灰、腐殖土、泥炭土等。

2. 扦插床

(1)花盆与木箱。名贵树种或扦插数量不多的树种,常用花盆扦插。通常用深12~16 cm、直径25~45 cm平面浅的素烧盆,或特制的大罐内套小罐的双层钵扦插。

扦插箱可利用旧的浅木箱制成,做成50 cm×35 cm×15 cm的可移动的浅箱。箱底每隔7~8 cm钻一个直径1.2~1.5 cm的孔洞,以利排水。扦插基质可根据繁殖的树种特性掌握运用。

(2)露地扦插。一般大型苗圃主要进行露地育苗。用砖砌成宽90~120 cm,高35~40 cm的扦插床。畦东西向,为了避免阳光直射,可在畦上架设高70~100 cm荫棚进行遮阴,或设高2 m的板条棚遮阴。为提高插床的温度,减少水分蒸发,保持棚内湿度,可在畦面用竹子搭成拱形棚架,上覆塑料薄膜,以利发根。在苗木发根后,即撤去塑料薄膜,进行全光育苗。

(3)地热温床扦插。插穗先生根、后发芽是扦插成活的关键,为了给予插穗基部适宜不定根发生的温度,可在插床床底铺设地热线,做成地热扦插温床。

地热扦插温床四周可用砖砌成,在床底铺 5 cm 左右厚的排水材料,在其上铺一层珍珠岩等材料以隔热,再在上面铺设地热线(线距 10 cm 左右),最后填入床土或培养基质(河沙、锯末、珍珠岩等),厚度稍大于插条长度,地热线由温控仪控制,一般保持插穗基部在 20 ℃ ~ 25 ℃ 为宜。

(4)弥雾苗床扦插。弥雾扦插苗床是一种智能型的自动控制扦插床,其采用电子自动控温喷雾系统,可较好地控制插床内的温度与湿度。

利用弥雾苗床进行扦插,可给插穗创造一个相对空气湿度近似饱和的空间,使插穗叶面形成并维持一层的水膜,以促进叶片的生理活动,加速插穗生根,显著提高半木质化或未木质化枝条扦插的成活率。

为使插穗能充分利用太阳光进行光合作用,弥雾苗床上可不加任何覆盖材料。

(五)插穗的剪取及其贮藏和包装运输

1. 插穗的剪取及其贮藏

采穗条工作应在秋季母树落叶后,或在春季开始发芽前进行。选健壮无病虫害母树的一年生枝条为好,春季随采随插,如果不进行秋插,可按一定数量打捆砂藏。

插穗储藏的一般方法是选择地势较高、排水良好、背风向阳的地方挖沟,沟深 80 ~ 120 cm,宽 80 ~ 100 cm,长视插穗多少而定,将插穗捆扎成束,埋于沟内,盖上湿沙和泥土,适时检查,至气温适宜时扦插。

常绿树种,一年四季均可采取扦插等方法生产苗木。嫩枝扦插时,即剪即插,或剪下插穗后,用水浸泡基部后扦插。

剪穗工作应在凉爽的室内或阴凉的地方操作。最好在阴天或晴天的早晨 8:00 ~ 10:00 或下午 16:00 ~ 17:00 进行。

2. 包装运输

采集穗条应尽量就地取材。必须从外地采集的优良插穗,应按规定的长度剪截,捆扎成捆,两端切口用蜡封口,置于木箱或包装纸匣内,四周填以湿木屑、木炭屑或湿水苔等保湿材料,以保持新鲜湿润。

(六)扦插时期

树木的扦插时期,根据树种特性、气候条件、扦插方法以及技术设备、管理条件而异。有温室、温床等设备管理精细的,一年四季都能扦插,特别是草本植物,在生长期扦插,一般不受季节限制。

木本植物习惯在春、秋两季扦插,而以春插为主,春插宜早;北方寒冷地区,春插常在土壤解冻以后进行。秋插则宜在土壤结冻以前进行,随采随插,南方温暖地区,树木生长期长,扦插时间常推迟到初冬进行。但冬季有冻拔害的地区仍以春插为好。

常绿植物在生长期带叶扦插,一般都在梅雨季节或雨季进行,利用气温高,湿度大的自然条件,以利发根。常见乔灌木树种扦插适宜时期见表 5—2—7。

表 5—2—7　常见乔灌木树种扦插适宜时期

扦插时期	树　种
落叶树无叶扦插于休眠期	水杉、池杉、落羽杉、泡桐、悬铃木、七叶树、木兰、柳树类、杨树类、醉鱼草、溲疏、金丝桃、连翘、迎春、黄馨、凌霄、山梅花、月季、锦鸡儿、木芙蓉、贴梗海棠、郁李、木槿、紫荆、紫薇、石榴、无花果、木香、野蔷薇、地锦、红叶李、锦带花、雪柳、忍冬、葡萄等
落叶树带叶扦插于生长期	溲疏、棣棠、木香、石榴、锦鸡儿、迎春、金钟花、连翘、山梅花、绣线菊、麻叶绣球、蔷薇、月季、紫薇、八仙花、海仙花、假叶树、腊梅、凌霄等
常绿阔叶树扦插于生长期	杜鹃、瓜子黄杨、大叶黄杨、雀舌黄杨、冬青、水蜡、桂花、月桂、火棘、小蘖、胡颓子、南天竹、十大功劳、栀子、山茶、茉莉、佛手、常春藤、蚊母、枸骨、夹竹桃、珊瑚树、凤尾兰、丝兰、瑞香、含笑、油橄榄等
常绿针叶树扦插于生长期	圆柏、杜松、罗汉松、中山柏、南洋杉、蜀桧、翠柏、线柏、紫杉、粗榧、日本柳杉
常绿针叶树扦插于休眠期	雪松、龙柏、桧柏、匍地柏、日本花柏、金叶桧、紫杉、罗汉松、罗汉柏

（七）扦插育苗技术

1. 硬枝扦插

用已经完全木质化的枝条作插穗进行扦插育苗的方法称硬枝扦插,适用于扦插容易和较容易成活的植物,如杨树、柳树、悬铃木、月季、木槿、花柏等。

（1）扦插时期

硬枝扦插春、秋两季均可进行,最适宜的时期是春季,一般宜早,在叶芽萌动以前进行扦插,北方冬季结冻地区当土壤解冻后立即扦插。一般在3月上中旬至4月上中旬进行扦插。秋插可在落叶后、土壤封冻前随采随插,扦插应深一些,不需贮藏插条。但在北方寒冷地区,秋插的插穗易遭冻害。在干旱地区第一芽容易干枯死亡,故一般不在秋季扦插。

（2）插条的选取

选择幼龄母树上当年生枝条（在来源缺乏的情况下也可用二年生的）或萌生条。要求枝条生长健壮,无病虫害,距主干近,已木质化。剪取插条的时间为落叶树种在落叶以后或开始落叶时；常绿树种在芽苞开放之前采集枝条的生根率高,而且不易腐烂。

（3）插穗的剪取

常用的插穗剪取方法是在枝条上选择中段的壮实部分,剪长约10～20 cm,带有2～3个充实芽的枝段作插条,单芽插穗长3～5 cm。上芽离剪口0.5～1 cm,并将上剪口剪成微斜面,斜面的方向是朝着生芽的一方高,背芽的一方低。插穗的切口要光滑,较细的插穗则剪成平面也可,下端切口在靠近芽的下方。下切口有平切、斜切、双面切、踵状切等几种切法（图5—2—2）。一般平切口生根呈环状均匀分布,便于机械化截条,对于皮部生根型及生根较快的树种应采用平切口;斜切口根多生于斜口的一端,易形成偏根,同时剪穗也较费工。双面切与插壤的接触面积更大,在生根较难的植物上应用较多。踵状切口,一般是在插穗下端带2～3年生枝段,常用于针叶树种扦插。

（4）扦插方法

硬枝扦插又分为长穗插和单芽插两种。长穗插是用带有两个以上芽的枝段进行扦插；单芽插是用仅带一个芽的枝段进行扦插,由于枝条较短,故又称为短穗插。

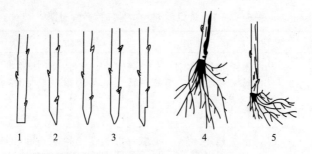

图5—2—2 插穗下切口形状与生根

1—平切；2—斜切；3—双面切；4—下切口平切生根均匀；5—下切口斜切根偏于一侧

①长穗插

通常有普通硬枝扦插、踵形插、槌形插等（图5—2—3）。

a. 普通硬枝扦插。大多数树种都可采用这种方法。既可采用插床扦插，也可大田平作或垄作扦插。一般插穗长度10～20 cm，插穗上保留2～3个芽。将插穗插入土中或基质中，插入深度为插穗长度的2/3。凡插穗较短的宜直插，便于起苗，又可避免斜插造成偏根。

b. 踵形插。插穗基部带有一部分二年生枝条，形同踵足，这种插穗下部养分集中，容易发根，但浪费枝条，即每个枝条只能取一个插穗，适用于松、柏类、桂花等难以扦插成活的树种。

c. 槌形插。是踵形插的一种，基部所带的二年生枝条较踵形插多，一般长2～4 cm，两端斜削，成为槌状。

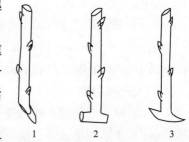

图5—2—3 插穗的剪取与硬枝扦插

1—踵形插；2、3—槌形插

除以上三种扦插方法外，在普通硬枝扦插的基础上，为了提高生根成活率，形成以下几种扦插方法：

a. 割插。插穗下部自中间劈开，夹以木棒等。利用人为创伤的办法刺激伤口愈合组织产生，扩大插穗的生根面积。此法多用于生根困难，且以愈伤组织生根的树种，如桂花、茶花、梅花等。

b. 土球插。将插穗基部裹在较黏重的土球中，再将插穗连带土球一同插入土中，利用土球能保持较多的水分的特点，提高扦插生根率。此法多用于常绿树和针叶树，如雪松、竹柏等。

c. 肉瘤插。此法是在树木生长季中，以割伤、环剥等办法，造成枝条基部形成突起的愈伤组织肉瘤状物，增加营养贮藏，然后从此处剪取插条进行扦插。此法程序较多，且浪费枝条，但利于生根困难的树种扦插成活，因此多用于珍贵树种繁殖。

d. 长干插。即用长枝扦插，一般用长50 cm，也可长达1～2 m的1至多年生枝干作插穗进行扦插，此法多用于易生根的树种。长干插可在短期内得到有主干的大苗，或直接插于栽植地，减少移植。

e. 漂水插。利用水作为扦插基质，将插穗插于水中，生根后及时取出栽植。水插的根较脆，过长易折断。

②单芽插（短穗插）

用只带一个芽的枝条进行扦插。单芽插选用枝条短，一般长度不超过10 cm，下切口斜切。并需要喷水来保持较高的空气相对湿度和温度,使插穗在短时间内生根成活。单芽插多用于常绿树种的扦插繁殖。用此法扦插白洋茶,枝条长2.5 cm左右,2～3个月生根,成活率可达90%,桂花用单芽插扦插的成活率达到70%～80%。

扦插时直插、斜插均可,但倾斜不能过大。扦插前可在插床上按一定的距离开沟或打孔,将处理好的插穗斜插或直插于基质中,斜插的扦插角度不应超过45°,插穗插入基质中的深度为插穗长度的1/2～2/3,顶部可只露出1～2个芽或插穗露出地面2～3 cm,插后喷水压实即可。

扦插一般行距为20～30 cm,株距5～15 cm。为便于中耕除草,可适当缩短株距,把行距扩大到50 cm。扦插时要特别注意不要倒插。扦插水杉、池杉、落羽松,因插穗较细较短,行距可用10～20 cm,株距3～5 cm。

2. 软枝扦插

软枝扦插是在生长期中选用半木质化的绿色枝条进行扦插育苗的方法,所以又叫嫩枝扦插或绿枝扦插。

(1)采条时间。采条时间要掌握适宜。过早由于枝条幼嫩容易腐烂;过迟生长素减少,生长抑制物质含量增加不利于生根。大部分树种的采条适期在5～9月,在早晨采条较好,避免在中午采条。一般是随采随插,不宜贮藏。

(2)插穗的选取。采条时应选择生长健壮而无病虫害的幼年母树,一般以枝条成熟适中为宜,过嫩易腐烂,过老则生根缓慢,对难生根的植物,年龄越小越好。开花植物如月季等,剪取插穗的时间可在谢花后。具体做法是谢花后将花头剪掉,不使其结实,促使枝条积累较多营养物质,利于扦插成活率的提高,1周后选取腋芽饱满、叶片发育正常、无病虫害的嫩枝做插穗进行扦插。

(3)插穗的剪取。插穗一般要保留3～4个芽,插穗长度一般比硬枝插穗短,长度5～15 cm,上剪口在芽上方1 cm左右,下剪口在基芽下0.3 cm,最好上平下斜,且刀口平滑。插穗带叶,保留部分叶片,叶片较大的剪去一半。阔叶树一般保留2～3个叶片,针叶树的针叶可不去掉,下部可带叶插入基质中。在制穗过程中要注意保湿,随时注意用湿润物覆盖或浸入水中。

(4)扦插方法。软枝扦插插穗一般垂直插入土中,插穗插入基质的深度约为插穗长度的1/3～1/2。在扦插时,先用竹签或种刀插洞,后将枝条插入洞中,喷水压实。株行距一般为10 cm左右,扦插密度以两插穗之叶相接为宜,如图5—2—4所示。

图5—2—4 常见嫩枝扦插方法

嫩枝扦插时期,在南方,春、夏、秋三季均可进行,北方主要在夏季进行。具体扦插时间在早晨或傍晚进行,随采随插。如能人工控制环境条件,越浅越好,一般为0.5~3 cm,不倒即可。嫩枝扦插要求空气湿度高,以避免植物体内大量水分蒸腾,现多采用全光照自动间隔喷雾扦插设备、荫棚内小塑料棚扦插,也可采用大盆密插、水插等方法(图5—2—5)。此类扦插密度较大,多在生根后立即移植到圃地继续培养。

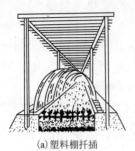  

(a) 塑料棚扦插　　(b) 大盆密插　　(c) 暗瓶水插

图5—2—5　嫩枝扦插法

3. 根插

利用植物的根作插穗进行扦插成为根插。一些枝插生根较困难的树种,如泡桐,可用根插进行无性繁殖,以保持其母本的优良性状。

(1) 采根

根插用插穗的选取方法有两种。第一种,可利用树体进入休眠期后,从选定的母株周围刨取种根做插穗;第二种,苗木出圃起苗时,利用残留在圃地内的根做插穗。

一般应选择生长健壮的幼龄树或1~2年生苗木作为采根母树,根穗的年龄以一年生为好。若从单株树木上采根,一次采根不能太多,否则影响母树的生长。采根一般在树木休眠期进行,采后及时埋藏处理,切勿损伤根皮。在南方最好早春采根随即进行扦插。

(2) 根穗的剪截

根据树种的不同,可剪成不同规格的根穗。一般根穗长度为15~20 cm,大头粗度为0.5~2 cm。为区别根穗的上、下端,可将上端剪成平口,下端剪成斜口。此外,有些树种如香椿、刺槐、泡桐等也可用细短根段,长3~5 cm,粗0.2~0.5 cm。

(3) 扦插

在扦插前细致整地,灌足底水。然后将根插穗垂直或倾斜插入土中,插时注意根的上下端,不要倒插。插后到发芽生根前最好不灌水,以免地温降低或由于水分过多引起根穗腐烂。有些树种的细短根段还可以用播种的方法进行育苗。

4. 叶插

因为叶子也具有再生和愈伤能力,所以可以利用叶片进行繁殖培育成新植株。多数木本植物叶插苗的地上部分是由芽原基发育而成。因此,叶插穗应带芽原基,并保护其不受损伤,否则不能形成地上部分。其地下部分(根)是愈伤部位诱生根原基,再发育成根的。木本植物叶插主要有针叶束水插育苗(草本花卉的全叶插、片叶插参考有关花卉学教材),如湖北省荆州地区林科所研究湿地松、火炬松、马尾松等全光照喷雾水插育苗成功,并用于生产;山东乳山县苗圃、烟台市林科所相继用水插法培育成黑松、赤松的针叶束苗。

(1) 采叶

于秋冬季节,选择生长健壮的二年生苗木或幼龄枝的当年生粗壮针叶束做繁殖材料。

(2) 针叶束处理

采回的针叶束,清水洗净,然后贮藏在经过消毒的纯沙中(叶束埋深2/3即可,起脱脂作用),并浇透水,经常保持湿润,温度控制在0~10℃,约一个月左右。沙藏后的叶束,用刀片在生长点以下将叶束基部切去(勿伤生长点),造成一新鲜伤口,有利愈合生根。切基后的叶束再进行激素处理。

(3) 水插

水插实际上不是插在水中,而是插在一定的营养液中。营养液的基本配方为硼酸50~70 mg/L,硝酸铵20 mg/L,维生素 B_1 20 mg/L,pH 值在7以下,还可以根据树种不同加其他药品如维生素 B_6 等。将经过切基、激素处理的针叶束插入水培营养液中,并固定。温度控制在10℃~28℃,空气相对湿度在80%左右,积温达到1 000℃左右,生根加快。一般1周左右要冲洗叶束,清洗水培容器,并更换营养液一次。

(4) 移植

当叶束根长到1~2 cm时,即可进行移植,同时接种菌根。移植时用小铲开孔,插入带根叶束,深度以掩埋住根即可,轻轻压实,经常保持土壤的湿润。移植初期,中午前后阳光太强,要适当遮阴。移植后最关键的问题是促进生长点的萌动、发芽、抽茎生长。叶束发芽与叶束的质量有密切关系。叶束健壮,重量大,易发芽。此外接种菌根对促进发芽有一定作用。有时为促进发芽,还可喷洒赤霉素等。

叶束苗长出新根、发芽、抽茎以后的管理,同一般的育苗方法。

(八) 扦插后的管理

扦插后的抚育管理较为重要,是扦插成活的关键环节之一。扦插后主要应从插床的温度、空气湿度、光照、通风透气等方面做好抚育管理。一般扦插后应立即灌一次透水。插条上若带有花芽或花蕾应及时摘除。当未生根之前地上部已展叶,则应摘除部分叶片,在新苗长到15~30 cm时,应选留一个健壮直立的枝条以养干,其余抹去,必要时可在行间进行覆草,以保持水分和防止雨水将泥土溅于嫩叶上。

硬枝扦插对不易生根的树种,生根时间较长,应注意必要时进行遮阴降温,嫩枝露地扦插也要搭阴棚遮阴降温,每天10:00~16:00点遮阴降温,同时每天喷水,以保持湿度。用塑料棚密封扦插时,可减少灌水次数,每周1~2次即可,但要及时调节棚内的温度和湿度。叶插生根前,可每隔5~7 d喷一次0.1%的磷酸二氢钾水溶液。为防止苗期病害发生,在磷酸二氢钾水溶液中加入多菌灵、甲霜灵、根腐宁等杀菌剂。插穗生根后,可每隔5~7 d喷一次0.2%的尿素+0.1%的磷酸二氢钾水溶液,以增加养分。插条成活后,要经过炼苗阶段,使其逐渐适应外界环境再移到圃地。在温室或温床中扦插时,当生根展叶后,要逐渐开窗流通空气,使逐渐适应外界环境,然后再移至圃地。

在空气温度较高而且阳光充足的地区,可采用全光照间歇喷雾扦插床进行扦插。其他参考播种苗管理。

(九)常见树种扦插生产技术

常见树种扦插生产技术见表5—2—8。

表5—2—8 常见树种扦插生产技术

序号	植物名称	扦插时期	扦插方法
1	雪松	3月中旬发芽前或雨季扦插。全光照嫩枝扦插在6月中旬至7月中旬	取幼龄树中上部枝段做插穗。硬枝扦插时可取一年生枝,嫩枝扦插可取当年生幼嫩枝段。剪取的插穗长约12 cm,保留插条上部叶,去掉下部叶;基部可用500 mg/L萘乙酸液浸5 s后即插;插后搭荫棚,充分喷水
2	龙柏	2月下旬至3月下旬;5~8月	从实生幼树上取一年生枝段做插穗,穗长15~20 cm,可剪去下端叶片。插后设塑料棚覆盖保湿,光照过强时要遮阴。遮阴后棚内温度为24℃~26℃。8年生以内的幼树,取当年生嫩枝段做插穗,穗长10~15 cm。剪取的插穗可用500 mg/L吲哚丁酸速蘸1 min
3	刺柏	春季	从实生幼树上剪取一年生枝段做插穗。穗长15~20 cm,基部用400~500 mg/L吲哚丁酸处理。插穗入土深5~6 cm,插后遮阴浇水保湿
4	罗汉松	春季3~4月;夏、秋季5~9月	春插用一年生枝段做插穗;夏秋季选取半木质化新梢带踵扦插,穗长10~15 cm,激素处理后扦插效果较好。插时保留上部针叶,剪去下部针叶。插后遮阴喷水保湿,小苗移植时需带宿土
5	南洋杉	9月	将幼树截顶促抽侧枝,用当年生新梢先端部分做插穗,穗长10~15 cm。为防长成的植株斜生,应选用主干式徒长枝直插
6	水杉	3月上中旬;5~6月	选不超过5年生树龄的一两年生枝段做插穗。春插用一年生枝段,嫩枝扦插用半木质化枝段。保留上部叶片,穗长10~15 cm基部用500 mg/L萘乙酸液速蘸3~6 min。插后搭荫棚,喷水保湿
7	毛白杨	早春;6~8月	选取一两年生苗木及幼壮龄母树基部当年生粗壮枝段做插穗。早春将苗条浸水3~10天后剪成15~20 cm插穗,上端1/3蜡封后扦插。嫩枝扦插用0.5%~5%蔗糖液+50 mg/L的ABT 1号液浸1~2 h后扦插
8	垂柳	春季或雨季	在姿态优美、抗性强的母树上采插穗。插穗粗1~2 cm长15~20 cm,水浸12~24 h后扦插
9	二球悬铃木	春季或冬春季	选实生苗干或10年生以下母树基部萌生的2年生枝做插穗。冬、春季随采随插。秋末冬初采后需覆土至第2年春插。穗长20 cm,株行距为20 cm×30 cm。3月中上旬用落水法扦插:先在苗床灌水,等水渗透床面成泥浆状时扦插,穗条地面露3 cm长即可;也可直插苗床或开沟扦插后灌水
10	梅	秋季	选当年生充实枝段做插穗,穗长10~15 cm,上部留叶3~4片,基部用50 mg/L ABT 1号生根液浸30 min或1000~2000 mg/L萘乙酸液浸几秒钟后扦插。插后喷雾、盖薄膜,使插床温度保持在18℃~26℃。注意床土不能过湿,以防霉烂
11	紫叶李(红叶李)	9~10月;6~7月上旬	选幼壮龄母树一年生壮枝段做插穗,穗长约15 cm。秋季扦插时穗条上端1/3蜡封,深插,外露1个芽即可。嫩枝扦插时,插穗上端需留叶3~4片,基部用200 mg/L ABT 1号生根剂液浸1~4 h。插床上最好搭建塑料小拱棚以增温保湿
12	红花羊蹄甲(洋紫荆)	春季;夏季	硬枝扦插时间宜在早春,选一两年生枝段做插穗,穗长10~15 cm。嫩枝扦插适宜时间为雨季,扦插时注意水分的供给与扦插后的遮阴

续上表

序号	植物名称	扦插时期	扦插方法
13	紫薇（百日红）	春季；秋季	春季发芽前选一两年生枝段做插穗，穗长15~20 cm，最好插于湿沙床或圃地。插穗上部蜡封可显著提高成活率。深秋扦插最好在塑料拱棚内进行。生长季嫩枝插穗可用250 mg/L萘乙酸液浸30 min或50 mg/L ABT1号生根剂液浸1 h后扦插
14	细叶榕	4月	选一年生粗壮枝条做插穗，穗长10~15 cm。插后需搭荫棚保湿。利用多年生枝段扦插也易成活
15	枇杷	春季3~4月；夏季5~6月	用半木质化枝条带叶扦插容易成活。春季在插床上设塑料拱棚增温保湿，夏季需适当遮阴
16	铺地柏	春季；8~9月	春插时从壮年母树上选一两年生壮枝做插穗，插穗长15~20 cm。剪去枝段下部叶扦插，插后浇水，用塑料小拱棚覆盖，适当遮阴。嫩枝扦插前可用100 mg/L萘乙酸或400~500 mg/L吲哚丁酸处理
17	红花檵木	雨季；5~8月	选当年生枝段带踵或不带踵扦插，插穗长10~15 cm，上端可留2叶或不留，基部用1 000 mg/L的IBA溶液速蘸60 s。扦插株行距为10 cm×20 cm，插后需遮阴保湿
18	海桐	6~9月	选当年生半木质化枝段做插穗，长15~20 cm，保留上部4、5叶，其余除去。插入深度至基部最下一叶。插后遮阴浇水
19	火棘	春季、夏秋季均可	硬枝扦插在春、秋均可，插穗长10~15 cm，保留上部2、3叶。基部用400~500 mg/L萘乙酸或吲哚丁酸速蘸。低温时用塑料小拱棚增温保湿，高温时搭荫棚遮光与通风降温。嫩枝扦插时宜选半木质化壮枝用插穗，处理方法同硬枝扦插
20	大叶黄杨	春季；8~9月；全光照扦插适宜时段为5~9月	春插选去年生枝带踵扦插，秋插选当年生枝段扦插。穗长15~20 cm，上端留2叶。插后灌水遮阴。嫩枝扦插宜选当年生嫩梢做插穗，穗长10 cm，基部用50 mg/L AB 2号生根剂液浸1 h后扦插
21	佛肚竹	3月中下旬	选一两年生壮主侧枝或次生枝做插穗，每穗留3个节，剪去叶片或留少许上部叶片，带节插入湿沙床内。常喷雾以保湿，约1个月后生根，2个月后可移入圃地培育
22	红叶小檗	6~7月；晚秋	选一两年生壮枝段做插穗，穗长约12 cm，上部留2~3片叶，基部用0.1%高锰酸钾液浸16 h至出现大量黄色沉淀物，后用200~300 mg/L吲哚丁酸浸2 h，插后遮阴保湿。秋插可于塑料小拱棚内进行
23	八仙花	早春；初夏	早春进行硬枝扦插，初夏进行嫩枝扦插。选当年生半木质化枝段做插穗，穗长15~20 cm，上端留2叶。插后常喷水可促进生根
24	铁梗海棠	7~8月；春季	选半木质化壮枝段做插穗（顶部嫩梢弃去），穗长10~15 cm，上部留2、3叶，基部用100 mg/L萘乙酸或吲哚丁酸浸8 h。插后喷水保湿遮阴。春插选长约15 cm的一年生插穗，插后保温保湿
25	石榴	春季；秋季；雨季	晚秋选一两年生粗0.6~1.2 cm、长12~15 cm的健壮带顶芽枝段做插穗，沙藏至第2年春插。嫩枝扦插时选长约15 cm、上端有2~4小叶的半木质化枝段做插穗，基部用50 mg/L ABT1号生根剂液浸0.5~2 h或250 mg/L萘乙酸加500 mg/L吲哚丁酸混合液速蘸
26	红端木	春季；6~8月	在深秋选当年生壮枝沙藏至第2年春，插穗长20~25 cm，插入苗床，露出2 cm左右，扦插株行距为15 cm×25 cm。嫩枝扦插易生根
27	杜鹃（映山红）	南方入夏扦插；北方入秋扦插	花后剪去残留的花，选绒毛为棕色的初生侧枝带踵扦插，穗长约10 cm，上端留4片叶，基部用200 mg/L吲哚丁酸或萘乙酸液浸1~2 h，后插入黑山土或草炭土中。插后需遮阴，塑料小拱棚上需盖膜保湿

续上表

序号	植物名称	扦插时期	扦插方法
28	迎春花	早春;7~8月	早春采一年生壮枝,穗长约15 cm,插入沙质土中,外露一个节。嫩枝扦插应选半木质化枝,穗长约10 cm,上端留些许小叶。插后遮阴保湿,成活率高
29	紫丁香	早春;5~6月	嫩枝扦插时需在花后1个月进行。选当年生半木质化壮枝做穗,穗长15~20 cm,清水浸泡1 d后扦插。插后搭阴棚盖膜保湿。硬枝扦插需在秋季落叶后采枝沙藏,至第2年早春插才易生根
30	木香	秋末或春季;6~9月	硬枝插可选一年生节短、髓部小的壮枝做穗,穗长约15 cm,粗0.5~1.0 cm,插后搭建塑料拱棚供夏季遮阴或增温保湿。嫩枝扦插在6~9月进行,选充实当年枝的中下部做插穗,穗长约20 cm,上端留1、2叶,插后遮阴保湿
31	爬山虎	全年都可扦插	多在落叶后至萌芽前进行,穗长10~20 cm,插后保湿,极易成活。也可在夏秋季带叶扦插,插后需遮阴
32	常青藤	春季;雨季;6~7月	6~7月进行嫩枝扦插效果最佳。选当年生半木质化枝段做插穗,穗长约12 cm,上端留1~2叶,插后遮阴
33	凌霄	3月中旬	在上一年的11月中旬至12月中旬采一两年生壮枝做穗,2、3节为一段,用湿沙埋藏至第2年春插,插入深度为插穗长的2/3。用有气生根的枝条扦插成活率更高
34	叶子花（三角花）	春季、夏季	用当年生或一两年生枝做插穗,穗长约15 cm,基部用20 mg/L吲哚丁酸液浸24 h,插后需经常喷水保湿
35	雀舌黄杨	雨季前半个月;全光照扦插适宜时段在5~10月	可用半木质化枝段带踵扦插,穗长约12 cm,上端留2、3叶。插床需搭棚遮阴,保持湿润与适宜温度25℃~28℃。嫩枝扦插可用当年生新梢,穗长约12 cm,可用50 mg/L ABT 2号生根剂液浸1 h
36	小叶女贞	春季或秋季;全光照扦插适宜时段为6~9月	可于冬初选当年生壮枝段做穗,穗长15~20 cm,沙藏后于第2年春插,插后需保持适当湿度,但不能积水。秋插后待第2年发生不定根。嫩枝插时可用当年生嫩枝做插穗,穗长约10 cm,基部可用0.4%高锰酸钾液浸30 min
37	夹竹桃	春季、夏季	春季萌芽前选一两年生1~1.5 cm粗的萌蘖做插穗,穗长15~20 cm。插前将下端1/3浸入水中约10 d(浸水过程中需每天换水),至浸水部位变白时扦插。夏季扦插时需选半木质化枝做插穗,穗长约10 cm,基部可用0.1%高锰酸钾液浸24 h。夹竹桃水插也易生根,但需经常换水
38	葡萄	3月上旬~4月上旬;夏季	秋冬选一年生壮枝的中间部位沙藏,第2年春用清水浸泡6~8 h后,剪成带2~3芽,长约20 cm的插穗,上端于芽上部1 cm处平剪,下端于芽下0.5 cm处斜剪,露1芽斜插。插前可用50 mg/L吲哚丁酸或50~100 mg/L萘乙酸浸泡插条基部12~14 h或1000~1500 mg/L萘乙酸速蘸。嫩枝扦插易成活,插穗可去除先端部分,留3芽扦插

三、嫁接繁殖

嫁接是将一个植株上取下的带芽枝段或芽片接到另一植株体上,愈合后成为一个独立的新个体的方法。通过嫁接的方法所得的苗木称嫁接苗,供嫁接用的带芽枝或芽片称为接穗,承受接穗的植株称为砧木。

(一)嫁接的作用

嫁接繁殖是园林植物重要的育苗方法之一,除具有一般营养繁殖的优点外,还具有其他营养繁殖所无法起到的作用。

1. 保持植物品质的优良特性,提高观赏价值

嫁接繁殖所用的接穗,均来自具有优良品质的母株上,遗传性稳定,观赏价值高。虽然因嫁接后不同程度地受到砧木的影响,但基本上能保持母本的优良性状。

2. 增加抗性和适应性

嫁接所用的砧木,大多采用野生种、半野生种和当地的乡土树种。这类砧木的适应性强,能在自然条件很差的情况下正常生长发育。用作砧木,能使嫁接品种适应不良环境,以砧木对接穗的生理影响,提高嫁接苗的抗性,扩大栽培范围,如提高抗寒、抗旱、抗盐碱及抗病虫害的能力。

3. 提早开花结果

嫁接能使观花观果树种及果树提早开花结果,使用材树种提前成材。

嫁接促使观赏树木及果树提早开花结果的原因,是接穗采自已经进入开花结果期的成龄树,这样的接穗嫁接成活后,很快就会开花结果。

在用材树种方面,通过嫁接提高了树木的生活力,生长速度加快,从而使树木提前成材。"青杨接白杨,当年长锄扛"就是指嫁接后树木生长加快、提前成材而言。

4. 克服不易繁殖现象

一些树木品种不能正常结果,无法用种子进行繁殖,而扦插繁殖困难或扦插后发育不良,采用嫁接繁殖可以较好地完成繁殖育苗工作。

5. 扩大繁殖系数

以种子繁殖的方法,可获得大量实生砧木,通过接穗可以在短时间内获得大量苗木,尤其是芽变的新品种,采用嫁接方法可以迅速扩大繁殖系数。

6. 繁育、培育新品种

(1)利用"芽变"繁育新品种。芽变通常是指1个芽和由1个芽产生的枝条所发生的变异。这种变异是植物芽的分生组织细胞所发生的突变。芽变常表现出新的优良性状,如高产、品质优良、抗病虫能力增强等等。人们将芽变后的枝条进行嫁接,再加以精心管理,就能繁育出新品种。如"龙爪槐"就是利用国槐的芽变,经过嫁接繁育出来的,具有枝条的下垂性。

(2)进行嫁接育种。嫁接育种是一个无性杂交的过程。运用嫁接方法,要通过接穗和砧木间的相互影响,使接穗或砧木产生变异,从而产生新的优良性状。要进行嫁接育种,就需要选定杂交组合,选择接穗和砧木。使砧木影响接穗,使接穗产生某种变异。在变异产生之后,再通过进一步培育,就有可能育成一个新品种。

(3)进行无性接近,为有性远缘杂交创造条件。有性远缘杂交常有杂交不孕或杂种不育的情况,如果事先将两个亲本进行嫁接,使双方生理上互相接近,然后再授粉杂交,常能达到成功。例如,苹果枝条嫁接到梨的树冠上,开花后用梨的花粉授粉,获得苹果和梨的属间杂种。如不经过嫁接,便不能受精。

7. 恢复树势、治救创伤、补充缺枝、更新品种

衰老树木可利用强壮砧木的优势通过桥接、寄根接等方法,促进生长,挽回树势。树冠

出现偏冠、中空,可通过嫁接调整枝条的发展方向,使树冠丰满、树形美观。品种不良的植物可用嫁接更换品种。雌雄异株的植物可用嫁接改变植株的雌雄性别。嫁接还可使一树多种、多头、多花,提高其观赏价值。通过嫁接可以提高或恢复一些树木的绿化、美化效果。

嫁接繁殖也有一定的局限性和不足之处。例如,嫁接繁殖一般限于亲缘关系,要求砧木和接穗的亲和力强,因而有些植物不能用嫁接方法进行繁殖,单子叶植物由于茎构造上的原因,嫁接较难成活。此外,嫁接苗寿命较短,并且嫁接繁殖在操作技术上也较繁杂,技术要求较高,有的还需要先培养砧木,人力、物力上投入较大。

(二)嫁接成活的原理

苗木嫁接后的成活原理为砧木和接穗接合部位的形成层都具有再生能力,二者形成层被接合在一起后,各自都会进行旺盛的生长而分裂出大量的薄壁细胞,薄壁细胞进行分裂形成愈伤组织,逐渐填满接合部位的空隙,使接穗与砧木的新生细胞紧密相接,形成共同的形成层,新的形成层细胞继续分裂,向内、向外分化出输导组织(导管与筛管),两个异质部分从此结合为一体。这样,由砧木根系从土壤中吸收的水分和无机养分供给接穗,接穗的枝叶制造的有机物质输送给砧木,二者结合而形成了一个能够独立生长发育的新个体。

嫁接成活的关键在于尽量扩大砧木和接穗形成层的接触面。嫁接时要掌握"切削面平滑,形成层对齐、夹紧,绑扎要牢固"的技术要领。

(三)影响嫁接成活的因素

影响嫁接成活的主要因素有砧木和接穗的亲和力、砧木和接穗质量、外部环境条件、嫁接技术及嫁接后管理。

1. 内在因素

嫁接成活的内因包括砧木和接穗的亲和力,砧木、接穗的生活力及树种的生物学特性等。

(1)砧木和接穗的亲和力

嫁接亲和力是指砧木和接穗两者接合后愈合生长的能力。嫁接亲和力是嫁接成活的关键,不亲和的组合,再熟练的嫁接技术和适宜的外界环境条件也不能成活。一般说来,影响嫁接亲和力大小的主要因素是接穗、砧木之间的亲缘关系。如同品种之间进行嫁接(称为共砧),亲和力最强;同树种不同品种之间嫁接,亲和力稍差;同属异种的则更次之;同科异属的,一般来说其亲和力更弱。但也有些树种,异属之间的嫁接成活也是较高的,如桂花嫁接在女贞上,贴梗海棠嫁接在杜梨上,都能成活。

亲和不良的表现为植株矮化,生长势弱,叶早落,枯尖,嫁接口肿大,砧木和接穗粗细不一,结合处易断裂,树木寿命短等。

(2)砧木和接穗的生长特性

砧木生长健壮,体内贮藏物质丰富,形成层细胞分裂活跃,嫁接成活率就高。砧木和接穗在物候期上的差别与嫁接成活也有关,凡砧木较接穗萌动早,能及时供应接穗水分和养分的,嫁接成活率较高;相反,如果接穗比砧木萌动早,则可能因得不到砧木供给接穗的养分和水分"饥饿"而死;如果接穗萌动太晚,砧木溢出的液体太多,又可能"淹死"接穗,嫁接不易成活。此外,有时由于砧木、接穗在代谢过程中产生树脂、单宁或其他有毒物质,也会阻碍愈合。

接穗的含水量也会影响嫁接的成功。如果接穗含水量过少,形成层就会停止活动,甚至死亡,一般接穗含水量应在50%左右,所以接穗在运输和贮藏期间,不要过干或过湿。嫁接后也要注意保湿,如低接时要培土堆,高接时要绑缚保湿物,以防水分蒸发。

此外,如果砧木和接穗的细胞结构、生长发育速度不同,嫁接则会形成"大脚"或"小脚"现象。如黑松上嫁接五针松,在女贞上嫁接桂花,在梓树上嫁接楸树等均会出现"小脚"现象。除影响美观外,生长仍表现正常。因此,在没有更理想的砧木时,在园林苗木的培育中仍可继续采取上述砧木。

2. 外部条件

外部条件主要是温度和湿度的影响。在适宜的温度、湿度和良好的通气条件下嫁接,则有利于愈合成活和苗木的生长发育。

(1) 温度。温度对于愈伤组织形成的快慢和嫁接成活有很大关系。一般植物在25℃左右嫁接最适宜,高于32℃或低于15℃,则会影响愈合组织的健康生长。但不同物候期的植物,对温度的要求不一样,物候期早的比物候期迟的适宜温度要低,春季进行枝接时,各树种安排嫁接的次序,主要以此来确定。一般容易接活的树种早春嫁接也易成活。

(2) 空气湿度。空气湿度对嫁接愈合也有很大影响。空气相对湿度接近饱和最适合嫁接。一般在85%以上愈合组织就能迅速生长。为促进成活,嫁接后苗床应避免强光照射,一定要作好接穗的保湿工作。一般低接要堆土,高接要用既透气又不透水的聚乙烯膜封扎嫁接口和接穗,涂蜡或创造类似低接的环境。或用塑料袋套住接穗和接口,以保湿。

(3) 光照。光照对愈伤组织的形成和生长有明显的抑制作用。在黑暗条件下,有利于愈伤组织形成,而在光照条件下所产生的愈合组织少而硬,呈浅绿色,因此,嫁接后一定要遮光。低接可以用土埋,既保湿又遮光。

(4) 气象条件。在室外嫁接应避免在不良气候条件下进行,阴湿、温度低、风大、雨雪天都不宜嫁接。最好选无风和湿度大的天气进行嫁接。

(5) 嫁接质量。嫁接水平的高低和嫁接技术的熟练程度是影响嫁接成活率的重要因素。快速、熟练、合理处理接穗和砧木,削面平滑,形成层对齐,严密包扎伤口,防止接穗蒸发失水,能显著提高接穗成活率。

(四) 嫁接成活时期

理论上,嫁接只要采取相应措施可以不受季节限制,而最佳嫁接时期的确定应根据当地的气候条件、砧木与接穗的生理状况等来确定。

1. 春接

2~4月份,常用枝接的方法进行春季嫁接。气温低,利于砧木和接穗植株的水分平衡。但此时嫁接,伤口愈合缓慢,从嫁接至伤口愈合常需1个月以上。南方一般在二月中、下旬至三月中旬,北方在三月下旬至四月中旬,东北在四月上、中旬进行。

绝大多数植物都可在春季嫁接。落叶类树种常用经历沙藏的枝条做接穗进行春季嫁接,常绿类树种则采取未开始萌动的一年生枝条做接穗进行嫁接。

2. 夏接

5~7月份,可用芽片或幼嫩枝条做接穗,以芽接方法或插接、劈接法进行夏接。此时,接穗已完全发育充实,形成腋芽。而砧木的树液流动已不太快,剥皮又很容易,这时嫁接最好。桃、李、山茶、杜鹃、仙人掌类等植物,夏季嫁接能取得较好的效果。

3. 秋接

8~10月份是各类植物芽接的适宜时期。此时大多数植物的枝梢已基本停止生长,树体与枝条内储存的养分多,芽眼充实,形成层处于活跃状态;嫁接后,接芽当年愈合,可安全越冬。樱桃、杏、苹果、梨、榆叶梅、李、月季等植物都适于在此时期进行芽接法嫁接。

4. 冬接

有些植物在条件较好、具有保温设施的情况下,可于冬季的12月至翌年1月份进行嫁接。此时嫁接,嫁接苗可埋在塑料大棚的沙床或土壤中,嫁接口慢慢愈合,翌春即可生长,且新枝抽发后生长速度快,能较快地移至棚外进行养护。生长于江苏一带的五针松、红枫、月季等,多实行冬季嫁接。北方地区因天气寒冷,不宜进行冬接。

此外,还可根据短期天气条件或当地小区气候条件,选择适合的嫁接时期。下雨后,树液流动快,代谢活动旺盛,此时嫁接比在干旱、少雨季节嫁接好;阴天无风时嫁接比晴天大风时嫁接效果好。

(五)嫁接前准备

1. 砧木的准备

木本植物在一般栽培上进行嫁接时,砧木须在头年(如生长旺盛的桃树、松柏等)或两三年前(如一般果树、白玉兰、中国槐、松类等)即播种、扦插、移植或定植。

(1)自身生长健壮、根系发达,最好是当地野生树种、乡土树种,或已适应了当地环境的外来树种。

(2)与接穗亲和力强,嫁接容易成活。

(3)对接穗开花结果有良好的影响。

(4)对栽培地区环境适应力强(如抗旱、抗涝、抗寒、抗盐碱、抗病虫害等)。

(5)易于大量繁殖。

(6)具有其他特殊性状(如高化、矮化、无刺、耐高温、抗低温等)。

2. 接穗的准备

接穗应选自性状优良,生长健壮,观赏价值或经济价值高,无病虫害的成年树。

(1)必须是生长一年或不足一年的枝条,避免用老枝条。

(2)必须具有健康的生长发育良好的芽。

(3)生长强壮,不过于柔软多汁,应采用植物上部充分成熟与硬化的新梢。

(4)最好的接穗是取自新梢的中部,或在基部以上2/3的地方。

(5)充分证明母树无病原菌及遗传上名副其实的品种。

(6)冬季严寒地区采取接穗,应在上冻以前采集贮藏,绝不能采用冻伤的枝条。

春季枝接用的接穗,可结合冬季修剪时从母树上修剪下的枝条中选择生长充实,粗细适中,无病虫害的作为接穗。每100根捆成一束,贴上标签,埋藏于(或低温储藏)荫蔽、排水良好、微湿的沙坑内,伤口涂以接蜡,防止冻害,注意保温,留待来春取用,随接随取,接完再取,以防干萎。

夏秋嫁接的树木,应选当年生芽饱满的发育枝为接穗,随采随接,注意保湿。

3. 工具、包扎及覆盖材料的准备

在选择好适宜的砧木和采集好接穗后,主要进行嫁接工具、包扎和覆盖材料的准备工作。

(1)嫁接工具

嫁接繁殖工具主要有刀、剪、凿、锯、撬子、手锤等。

嫁接刀有切接刀、劈接刀、芽接刀、根接刀和单面刀片等。另外,据不同的嫁接材料可自制刀具,如用于柿子方块芽接的自制刀具,可用钟表发条或锯条制作;在多头高接时,可用锯、凿子、撬子等进行劈接。

(2)涂抹和包绑材料

涂抹材料通常为接蜡,用来涂抹接合部和接穗剪口。接蜡有固体和液体两种。

①固体接蜡。由松香、黄蜡、猪油(或植物油)按4∶2∶1的比例配成。先将油加热至沸,再将松香、黄蜡倒入充分溶化,然后冷却凝固成块。

②液体接蜡。由松香、动物油、酒精、松节油按8∶1∶3∶0.5的比例配成。先将松香和动物油放入锅内加热,至全部熔化后,稍稍放冷,将酒精和松节油慢慢注入其中,并充分搅拌即成。

嫁接固定用塑料薄膜,塑料薄膜应在嫁接前剪成宽长适中的条,芽接用条可窄些,1 cm即可;枝接时,膜可宽些,约1.5~5 cm,长度约30~50 cm,注意不能用脏的塑料薄膜包扎。

(三)嫁接方法

嫁接方法按所取材料不同可分为枝接、芽接、根接三大类。

1. 枝接法

用带芽的枝段作接穗进行的嫁接叫枝接,常用的枝接有切接、劈接、插皮接、靠接腹接、合接、髓心接、舌接、芽苗砧嫁接、根接等。

(1)切接法

切接是沿砧木形成层纵向切一个切口,然后将接穗插入切口的一种嫁接方法。如图5—2—6所示,切接最好在早春砧木树液刚开始流动、接穗的芽尚未萌动时进行。

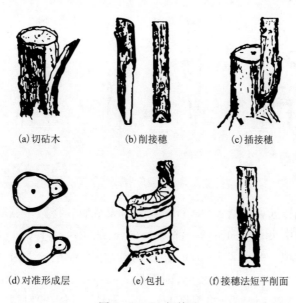

(a)切砧木　(b)削接穗　(c)插接穗

(d)对准形成层　(e)包扎　(f)接穗法短平削面

图5—2—6　切接法

切接是苗圃地实施春季嫁接时,对成年大树实施高接换种时最常用的方法之一。高接换种时,嫁接适宜高度一般离地面1~1.4 m。

一般用于直径2 cm左右的小砧木,嫁接部位较平滑。

①切削砧木:嫁接时先将砧木基部的土壤扒开,稍露出根部(以下各种枝接法都同样先扒土),在离地面5~10 cm选一平滑处,将砧木上部的干剪去,修平剪口;然后在砧木上选择比较平直的一面,从横切面上约1/5~1/4处垂直切下,深2~3 cm。

②切削接穗:接穗一般2.5~3.0 cm长(较长的可达10 cm),其上至少有1个以上发育饱满的芽。倒握枝条,从饱满芽下的侧面平滑处用切接刀削一长约1~3.0 cm、深达木质部的长削面;于长削面的正背面以45°角削一短削面,使长、短削面的交界处为一直线;在芽上方0.5~1.0 cm处剪断,接穗即削成。

③砧木和接穗结合:将接穗插入已处理好的砧木切口中,并使接穗长削面的形成层与砧木的形成层对准密接。如砧木和接穗切口大小不一致,二者形成层必须对齐一边。

接穗插入砧木的深度以接穗削面上端露出0.5 cm左右为宜,俗称"露白",有利于愈合成活。

④包扎:用20~30 cm,宽2 cm左右的嫁接膜进行包扎。包扎时,右手握薄膜条2/3,绕一圈,将砧木和接穗互相固定,然后左手将膜反转过来盖严接穗上端剪口,右手持膜,把砧木和接穗交界处伤口扎紧,继续用膜固定砧木和接穗,最后打成活结。包扎过程中应使接穗顶端芽露出。如果伤口太大,也可在接口处涂蜡密封伤口。

(2)劈接法

劈接是利用劈接刀和木锤在砧木上劈一直的伤口,然后将处理好的接穗插入砧木伤口的一种枝接方法(图5—2—7),适用于大部分落叶树种,但木质纹理不直、不易劈出平直劈口的一些树种(如枣树等)不宜用此法。通常在砧木较粗、接穗较小时使用,劈接法或称割切法。接法和切接法相同,方法步骤如下。

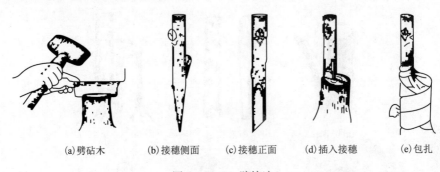

(a)劈砧木　(b)接穗侧面　(c)接穗正面　(d)插入接穗　(e)包扎

图5—2—7　劈接法

①切削砧木。选择通直光滑、至少6 cm范围内无节疤处将砧木截断,并修平截口;用劈接刀从砧木横截面的中央垂直向下劈一深为3~4 cm的伤口。

②切削接穗。接穗一般长2.5~3 cm,最长的可达10 cm左右,其上至少有1个发育饱满的芽。在接穗基部左右各削一刀成楔形,削面长2~3 cm。如接穗较粗壮,削面要适当长一些;削面要平滑。砧木和接穗结合将削好的接穗立即插入砧木劈口内。接穗形成层的一面应与砧木的一面对齐。砧木较粗时,可一边插一根插穗,或将砧木劈成一个交叉的"十"字形,可同时插入2~4个接穗。不要把接穗伤口全插入砧木劈口内,可像切接一样,二者接合处露白0.5 cm左右。

③包扎。接后即用嫁接膜绑扎。包扎时要将劈口、各处伤口及露白处全部包严并扎紧。也可用接后涂以接蜡或套袋的形式保湿。

(3) 靠接

靠接是一种将砧木和接穗靠在一起进行嫁接的枝接方法如图5—2—8所示。生产上可用靠接法生产用其他嫁接法难以嫁接成活的苗木。在植物的休眠期、生长期,都可用靠接法生产苗木。一些珍贵植物苗木与草木植物苗木常用此法生产。

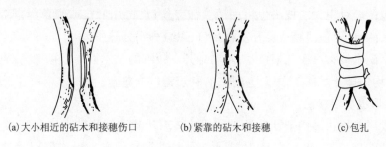

(a) 大小相近的砧木和接穗伤口　　(b) 紧靠的砧木和接穗　　(c) 包扎

图5—2—8　靠接法

靠接时要求砧木和接穗均为自根植株,且二者嫁接处枝条的大小相近。嫁接前,需将砧木和接穗移植在一起。生产上常将二者栽入容器中,嫁接时将容器移置于一处进行。

①切削砧木和接穗。在砧木和接穗相对应的光滑处,各削一长3~5 cm、大小相同、深达木质部的伤口面。

②包扎。对齐二者形成层后,用嫁接膜绑缚严密。

靠接成活后,处理嫁接口上下的砧木和接穗。

(4) 插皮接

插皮接也叫皮下接,是将接穗插入砧木树皮的一种嫁接方法(图5—2—9)。操作方法简单,成活率较高,在生产中运用较多;但嫁接后,砧木和接穗接合处易被风吹裂,所以嫁接后要及时在接合处对插皮接幼苗进行绑缚支撑,多风地区不宜使用插皮接。

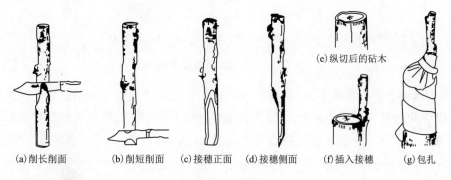

(a) 削长削面　(b) 削短削面　(c) 接穗正面　(d) 接穗侧面　(e) 纵切后的砧木　(f) 插入接穗　(g) 包扎

图5—2—9　插皮接法

此法适宜在树液开始流动、皮层容易剥离时进行。砧木的直径最好在2~4 cm范围内。

①切削砧木。从砧木平滑处截断砧木,削平截面。对直径较小的砧木,在距地面5 cm左右用枝剪剪断;对直径较大的砧木,可用手锯等锯截修平,进行多头高接。

用刀在树皮光滑处纵划一刀,用刀尖向两边适度挑开树皮。

②切削接穗。接穗长 2.5~3 cm,最长者可达 10 cm 左右,至少有 1 个发育饱满的芽。将接穗基端,削成 3~4 cm 的长斜面。切削时,先将刀横切入木质部约 1/2 处,然后向前削至先端,再在背面削一个长 0.5~1 cm 的短削面即小斜面,并把下端削尖。

③砧木和接穗接合。将接穗的大斜面顺着砧木形成层与皮层之间插入,插入深度以接穗削面上端露出砧木断面 0.5 cm 左右为宜。

④包扎。可用长宽适当的嫁接膜进行绑缚,将伤口包严。需特别注意要将砧木伤口及接穗露白处包严。对粗大的枝头也可用薄膜覆盖伤口,再用麻皮或细草绳捆绑严密。接穗上端伤口过大的,也要包薄膜或涂凡士林封口,以减少水分蒸发。

一般一个砧木枝头可插二根接穗,左右排开。较细的砧木插一根接穗,较粗的可插 3~4 根接穗,要求均匀排开。插二根以上接穗,有利于锯口的愈合。

(5)髓心形成层对接法

髓心形成层对接法多用于针叶类树种的嫁接。针叶类植物砧木的芽开始膨胀时,是该种嫁接方法的嫁接适期,也可在秋季新梢充分木质化时用髓心形成层对接法进行嫁接如图 5—2—10 所示。方法步骤如下。

①切削砧木。选择砧木植株枝干顶端一年生枝条作为砧木。在略粗于接穗的枝条处将针叶摘掉,摘掉针叶处的长度略长于接穗伤口面。自上而下沿形成层(或略带木质部)切一长、宽皆同接穗的削面;至削面基端,以 45°斜切一刀,切去削起的砧木皮层,该斜切面的大小最好与接穗的小斜面相当。

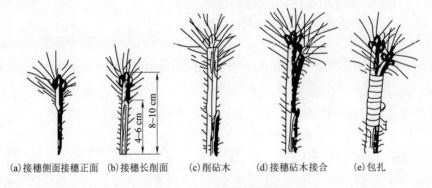

(a)接穗侧面接穗正面　(b)接穗长削面　(c)削砧木　(d)接穗砧木接合　(e)包扎

图 5—2—10　髓心形成层对接法

②切削接穗。剪取带顶芽、长 8~10 cm 的一年生针叶类植物枝条做接穗。接穗顶芽以下保留 10 余束针叶与 2、3 个轮生芽,以下其余针叶全部摘除。从离保留的针叶下 1 cm 左右处,用嫁接刀向下削出一逐渐通过髓心的平直削面,削面长 6 cm 左右,再在其背面以 45°削出一 0.5 cm 大小的小斜面(相当于短削面)。

③砧木和接穗接合。将接穗削面与砧木的削面相接,并使小斜面插入砧木的小斜面里,注意对齐接穗和砧木间的形成层。

④包扎。接合部位用嫁接膜绑缚严密。待接穗成活后,再剪去嫁接口以上带顶芽的砧木。

2. 根接

根接是植物根系作为砧木的一种枝接方法(图 5—2—11、图 5—2—12)。

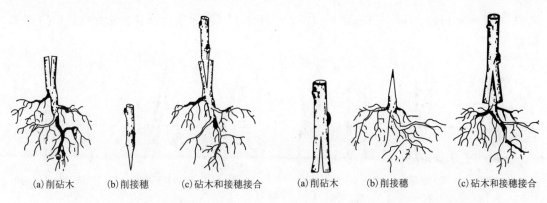

(a)削砧木　(b)削接穗　(c)砧木和接穗接合　　　　(a)削砧木　(b)削接穗　(c)砧木和接穗接合
　　图5—2—11　根的正劈接　　　　　　　　　　图5—2—12　根的倒劈接

　　根接适用于秋、冬季节的室内嫁接。可结合圃地起苗,选取直径1～1.5 cm、长10 cm、带细根较多的根段作为砧木。根接的操作方法、步骤与劈接、切接、靠接等嫁接法相同。可根据接穗与砧木的粗细不同,进行根的正劈接与根的倒劈接。根的正劈接即在根砧顶端按劈接接穗的方法处理嫁接口,接穗处理法与劈接相同;根的倒劈接是在根砧顶部按劈接接穗的削取方法处理嫁接口,将接穗基端用嫁接刀劈开。

　　因使用根嫁接法嫁接后不方便解膜,所以,根接包扎一般用麻皮、蒲草、马蔺草等。塑料薄膜无法自然降解或降解速度太慢,因而不宜用塑料薄膜条包扎根接后的伤口。用麻皮、蒲草、马蔺草等材料包扎则不存在解膜问题。

　　根接后,可将嫁接苗埋于湿沙中,以促进伤口愈合。紫藤、葡萄、梨、苹果、牡丹等植物可用根接法生产嫁接苗。

　　3. 芽接

　　芽接是用芽片做接穗进行嫁接的方法。所取芽片可稍带或不带木质部。芽接必须在树木皮层易剥离时进行,一般在生长期(4～9月份)进行。常用的芽接方法有嵌芽接、T字形芽接、方块芽接、套芽接等。

　　(1)嵌芽接

　　嵌芽接又叫合芽接。嫁接时,要求砧木切口与接穗芽片的创面大小形状相等或相似,接穗嵌入砧木中,故称为嵌芽接(图5—2—13),也叫带木质芽接。此种芽接方法不受树木皮层是否容易剥离的季节限制,且嫁接后砧木与接穗接合处牢固,利于嫁接苗的生长,在生产上运用广泛。

　　①切削砧木。在砧木选定的部位斜削一刀,深达木质部。刀口角度不宜太大,伤口面需稍长于芽片伤口。

　　生产上对于嵌芽接切削方法由"一刀法"改为"二刀法"。如图5—2—13(a)、(b)、(c)所示,在选定的部位处以10°～15°向下斜切一刀,深达木质部;然后在此切口基部上方2 cm左右处,以45°由上而下斜削至刀口处。通过这上下两刀,即可处理好砧木。

　　②接穗切削。倒握枝条,在芽上方5～8 mm处向下斜削一刀,削面长15～20 mm,稍带木质部,然后在芽下8～10 mm处以45°斜切一刀,取下芽片。

　　③接合。将芽片插入砧木切口内,注意对齐形成层。

　　④包扎。将芽片嵌入砧木切口内后,用适宜长度与宽度的嫁接膜包扎嵌入部位。一般

来说,嫁接膜的长为20 cm左右,宽1~1.2 cm,将砧木与接穗结合绑紧。注意嫁接口应两头稍紧,中部稍松。

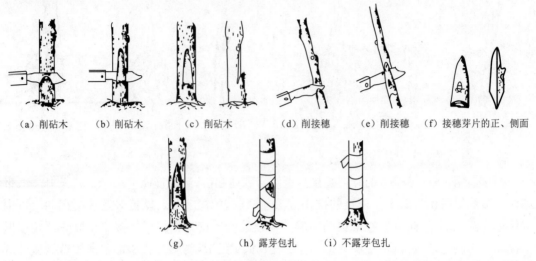

图5—2—13 嵌芽接

(2)T字形芽接法

嫁接时,砧木切成T字形状,故称为T字形芽接(图5—2—14)或丁字形芽接,由于接穗芽片呈盾形,故也称为盾形芽接。此嫁接方法也是生产中常用嫁接方法之一,必须在树液流动、树皮易剥离时进行。

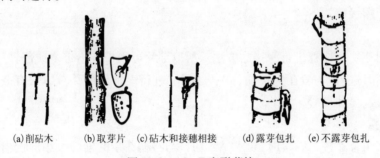

图5—2—14 T字形芽接

①切削砧木。选用一、二年生的实生小苗作为砧木。在距地面7~8 cm处,在砧木树干光滑处横切一刀,深度以达木质部为准;在于横切口中间向下纵切一刀,长约2 cm,使切口呈T字形,用刀尖或芽接刀尾部骨柄轻轻撬开砧木的韧皮部。如树体皮层较容易分离,用刀在横切口的中间切一小口即可。

②切削接穗。选健壮饱满、已木质化的当年生枝条为接穗。取下枝条后,用枝剪除去叶片,保留叶柄。从芽的上方0.5 cm左右处横切一刀,刀口长0.5~0.8 cm,深达木质部;然后,从芽的下方1 cm左右处斜削一刀,使刀口与横切的刀口相接,将芽取下。削好的芽片形状呈上宽下窄的盾形。对于芽明显隆起的植物,削取的芽片可稍带木质部;对芽隆起不明显的植物,芽片可不带木质部,并随削随接。

③砧木和接穗接合。用手捏住芽片叶柄,迅速将接芽插入已撬开的T字形切口内,压住叶柄往下推至芽片全部插入砧木后,再往回推至与砧木的横切口对齐。

④包扎。将芽片嵌入砧木切口内,包扎与嵌芽接相似,嫁接口两头稍紧,中部稍松。嫁接膜的长为20 cm左右,宽为1~1.2 cm。

对出现流胶与伤流现象的砧木,可露芽包扎。

(3)方块芽接

方块芽接即嫁接时所取接穗芽片为方块形状,砧木切口也为方块形状(图5—2—15)。

由于芽片伤口的形成层与砧木的形成层接触面积大,较难接活的树种多用方块芽接法嫁接。嫁接时,如采用专门的双刃芽接刀操作,可提高工作效率。

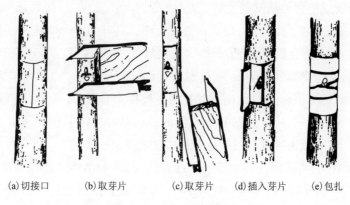

(a)切接口　(b)取芽片　(c)取芽片　(d)插入芽片　(e)包扎

图5—2—15　方块芽接

①切削砧木。根据砧木的粗细与将削取的芽片的大小,在砧木上用双刃芽接刀横切一刀,然后在两条横向切口中间纵切一刀,使切口呈"工"字形。用刀尖跳开皮层,使之与韧皮部分开。用普通嫁接刀削砧木时,则需按接穗的大小,在砧木上做好记号,切削砧木。

②切削接穗。用双刃嫁接刀在饱满芽上下等距离处横切一刀,深达木质部;然后在芽的两侧纵切一刀,深达木质部,取下长方形芽。

③砧木与接穗接合。将芽片嵌入砧木切口中,使其上下左右四周都与砧木切口密接。

④包扎。与嵌芽接、T字形状芽接包扎方法同。

(七)嫁接质量与嫁接后管理

1. 嫁接质量

在所有嫁接操作中,用刀的技术和速度是最重要的。

(1)接穗削面要平整光滑。嫁接成活的关键因素是接穗和砧木两者形成层的紧密结合。这就要求接穗的削面一定要平整光滑,这样才能和砧木紧密贴合。如果接穗削面粗糙不平,嫁接后接穗和砧木之间有较大的缝隙,需要填充较多的愈伤组织细胞,二者愈合就比较困难。因此,削接穗的刀要锋利,削面要做到平整光滑。

(2)接穗削面的斜度和长度要适当。嫁接时,接穗和砧木间同型组织接合面愈大,二者的输导组织愈易沟通,成活率就愈高;反之,成活率就愈低。因此,接穗削面需要一定的长度,一般为2~4 cm。

(3)接穗、砧木的形成层需对准。大多数植物的嫁接成活是接穗、砧木的形成层积极分裂的结果,因此,嫁接时形成层对得越准,二者输导组织越易沟通,成活率就越高。

(4)嫁接后及时包扎、封伤口。嫁接后应尽快用塑料带进行包扎,并用油漆或液体石蜡等涂抹伤口,防止失水。

嫁接速度快而熟练,可避免削面风干或氧化变色,从而提高成活率。熟练的嫁接技术和锋利的接刀,是嫁接成功的基本条件。

2. 嫁接后管理

(1)检查成活。利用枝接法和根接法嫁接后,可于接后10～30 d检查嫁接成活率。凡接穗上的芽已经萌发或仍保持新鲜颜色的,即已成活。

用芽接法嫁接后,常于接后7～15 d检查成活率。凡叶柄已产生离层,用手轻轻触叶柄,叶柄即落;芽体与芽片颜色没变,仍呈新鲜绿色,表示已嫁接成活。若叶柄干枯不落,芽体与芽片颜色已成黄褐色,则嫁接未成活,需适时补接。

(2)补接。如发现嫁接未成活,应适时补接。枝接未成活的,可将已有嫁接口剪去,剪口以下处将会发生许多新梢,从中选留一个健壮的进行培养,待到夏、秋季节,用芽接法补接。芽接未成活的,于当年或翌年春季用相应嫁接方法补接。

(3)解除绑缚物。当接穗萌芽生长半个月之后,砧木和接穗口已愈合牢固时,要及时解除绑缚物。枝接解除绑缚物的时间为接后20～30 d,芽接在检查成活率的同时即可解除绑缚物。秋季实施芽接的,则在翌年春季萌发后松开绑缚物。

(4)剪砧、抹芽和除蘖。用靠接和芽接等嫁接方法生产的嫁接苗,嫁接时没有断砧。检查嫁接成活时,需及时将接口以上的砧木剪去。剪砧可分2次完成,第一次可通过剪除接口上部砧木的一部分或折砧的形式处理砧木;第二次则紧靠嫁接口,把以上砧木剪除。

嫁接成活后,砧木部分常萌发许多蘖芽,不利于接穗成活,要及时抹除。抹芽时,应用枝剪从芽的基部剪除,防止撕裂树皮。抹芽和除蘖一般需反复进行2、3次。为减少抹芽与除蘖的工作量,可于蘖芽萌发处涂抹高浓度盐水,以抑制不定芽的再次萌发。

(5)设立支柱。接穗在生长初期很娇嫩,在风较大的季节与地区,为防止接穗新梢风折和弯曲,应在新梢生长后设立支柱。

3. 嫁接苗的田间管理

嫁接苗对水分的需求并不太大,只需能保证幼苗生长即可。嫁接苗生长期间,苗床一般不能积水,否则会造成接口腐烂。嫁接苗伤口愈合期间,若遇干旱天气,应及时灌水。

其他抚育管理与播种苗类似。

(八)常见树木砧木树种及嫁接方法

常见树木砧木树种及嫁接方法见表5—2—9。

表5—2—9 常见树木砧木及嫁接方法

嫁接树种	砧木树种	常用的嫁接法	嫁接树种	砧木树种	常用的嫁接法
油松	油松、黑松	髓心形成层对接	枣	酸枣、枣	劈接、插皮接、嵌芽接
樟子松	樟子松	同上	桂花	水蜡、女贞、白蜡	靠接、切接
湿地松	湿地松、马尾松	同上	楸树	梓树	劈接、插皮接、T形芽接

续上表

嫁接树种	砧木树种	常用的嫁接法	嫁接树种	砧木树种	常用的嫁接法
马尾松	马尾松	同上	刺槐	各类刺槐	劈接、插皮接、T形芽接
火炬松	湿地松	同上	龙爪槐	国槐	劈接、芽接（多采用大苗高接）
落叶松	落叶松	同上	乌桕	乌桕	切接、插皮接
雪松	油松、黑松	同上	毛白杨	加杨	T形芽接、劈接
水杉	水杉	同上	油桐	油桐	T形芽接
杉木	杉木	髓心形成层对接、切接、块状芽接	苹果	山定子、海棠	芽接、劈接、切接等
侧柏	扁柏、杜松	髓心形成层对接、切接	梨	杜梨、褐梨、秋子梨	芽接、劈接、切接等
黄檗	黄檗	劈接、插皮接	桃	山桃、毛桃、杏	芽接、劈接
水曲柳	水曲柳	劈接、插皮接	杏	山杏、山桃	芽接、劈接
核桃楸	核桃楸	劈接、插皮接	李	山桃、毛桃、杏、梅	芽接、劈接
核桃	核桃、核桃楸	插皮接、块状芽接	樱桃	酸樱桃	芽接、劈接、切接
油茶	油茶	切接、腹接	柑橘	枳、枸头橙、红橘、酸橘	切接、芽接
板栗	板栗、茅栗	插皮接、劈接	柚	酸柚	切接、芽接
柿	黑枣、油柿	劈接、T形芽接、嵌芽接	含笑	木兰、玉兰	切接
樱花	山樱	切接	月季	野蔷薇	切接、芽接、根接
牡丹	牡丹、芍药	切接	腊梅	九英梅	切接、靠接
杜鹃	映山红、毛鹃	切接、靠接	山茶	油茶、杨桐、茶梅	切接、靠接

四、压条繁殖

压条是将生长在母体上的枝条或茎蔓埋压土中或包缚于生根基质中,待枝条上发生不定根后,将其切离母树而形成独立新植株的种苗生产方法。

压条繁殖是植物无性繁殖中最简单最安全的育苗方法。凡扦插、嫁接不易成活的树种,常用压条方法繁殖。此法不仅方法简单容易操作,且可保持母树的优良特性,虽一次不能得到大量苗木,但有些难以生根的植物或稀有的珍贵树种如荔枝、龙眼、柑桔、桂花、滇山茶、米兰等,至今仍沿用压条繁殖。

(一)压条的时期

植物的压条一年四季都可进行,有休眠期压条和生长期压条两种。休眠期压条是指秋季落叶后或早春发芽前,用1~2年生成熟枝条进行压条。生长期压条是指在新梢生长期或雨季进行压条。常绿树种在生长期压条效果较好。北方地区用压条法生产苗木时,多在春末至夏初,对当年生枝条进行包、埋;南方地区常在春、秋两季,利用当年生的枝条包、埋。

(二)压条方法

根据所用基质处理枝条位置的高低,有低压法和高压法。

1. 低压法

低压法分为普通压条法、连续压条法、波状压条法、堆土压条法四种(图5—2—16)。

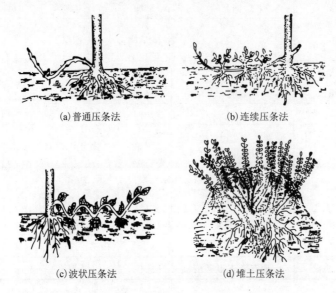

(a) 普通压条法　　(b) 连续压条法
(c) 波状压条法　　(d) 堆土压条法

图5—2—16　低压法

普通压条法是常用的一种压条方法。对夹竹桃、栀子、大叶黄杨、木兰等植物,其枝条离地面近,易于弯曲,适于普通压条法生产种苗。其方法是在母株旁,根据选定枝条的生长状况,挖10~25 cm深的浅沟,将近地1~2年生枝条引入沟内,并将埋入土中的枝条刻伤,以促使生根,然后覆土压埋,并使顶梢露出土面,为防止枝条反弹出地面,可用枝杈勾埋住压入土中的枝条,待其生根后,与母株分离,即获一新植株。

对于枝条细长、柔软的树种,如迎春、连翘、紫藤、葡萄、凌霄等,可采用连续压条法或波状压条法生产苗木。在植株春季萌芽前,将整个枝条平压入土内,使枝条各节都发生不定根,形成新的、独立的植株。为促使枝条能更好地发根,可将枝条呈波状压入土中,并对波谷处枝条刻伤,这样一根枝条可获得多个新植株。

堆土法压条法又称直立压条法,适于丛生性和萌蘖性都很强的树种,如杜鹃、牡丹、木兰、贴梗海棠、八仙花等,早春萌芽前,将母株地上部分枝条从基部截去,促使萌发多根枝条。当新梢到30~40 cm高时,用刀将各枝条基部刻伤或环剥,然后埋土(为促进不定根的发生,此过程中需保持土壤的湿度)。第2年春,将发生了根系的各枝条从基部剪断,另行栽植。

2. 高压法

高压法又称空中压条法。凡是树体高大、枝条坚硬、韧性差、不易生产萌蘖的树种均可采用高压法生产苗木,如桂花、山茶、米兰、荔枝、龙眼、玉兰等树种。

空中压条法程序,如图5—2—17所示。选生长健壮的一、二年生枝条,于枝条基部近绿叶层光滑处环剥或刻伤,以促发不定根,然后用对开的竹筒或厚塑料袋等套在刻伤处,内填湿润物如苔藓、蛭石、疏松土壤等,将竹筒或袋口扎紧,待枝条刻伤处生根后,即成一新植株,剪下栽植。

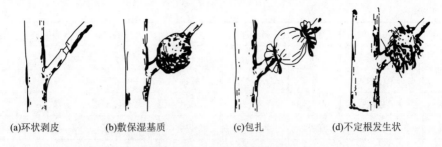

(a)环状剥皮　　　(b)敷保湿基质　　　(c)包扎　　　(d)不定根发生状

图5—2—17　空中压条法

（三）促进压条生根的方法

对于不易生根的或生根时间较长的植物,可采取技术处理以促进生根。促进压条生根的常用方法有刻痕法、切伤法、缢缚法、扭枝法、劈开法、软化法、生长刺激法以及改良土壤法等。

以上各种方法,皆是为了阻滞有机物质(碳水化合物等)的向下运输,而向上的水分和矿物质的运输则不受影响,使养分集中于处理部位,有利于不定根的形成。同时,也有刺激生长素产生的作用。

（四）压条苗的管理

压条用的土壤或基质必须疏松,富含有机质,要与压条密接。压条之后应保持土壤适当湿润,并要经常松土除草,使土壤疏松,透气良好,促使生根。冬季寒冷地区应予以覆草,免受霜冻之害。随时检查埋入土中的枝条是否露出地面,如已露出必须重压。留在地上的枝条若生长太长,可适当剪去顶梢,如果情况良好,对被压部位尽量不要触动,以免影响生根。

分离压条的时间,以根的生长情况为准,必须有了良好的根群方可分割,与母株的分离最好定于翌年春季。对于较大的枝条不可一次割断,应分2~3次切割。初分离的新植株应特别注意保护,及时灌水、遮阴等。畏冷的植株应移入温室越冬。

对分离移植的新植株,应做好保护、灌水、遮阳、立支柱等常规抚育管理工作。

（五）常见适于压条繁殖的树木（表5—2—10）

表5—2—10　适于压条繁殖的树木及其方法

树　种	适用方法	压条时期	备　注	树　种	适用方法	压条时期	备　注
贴梗海棠	单枝压	春		胡颓子	单枝压	春、夏	刻伤处理
滇山茶	空中压	雨季		扶芳藤	单枝压	春、夏	容易生根
含笑	单枝压	春		白鹃梅	单枝压	春、夏	
榅柠	单枝压、培土压	春、秋		无花果	单枝压、培土压	春、夏	
小溲疏	单枝压	春、秋		连翘	单枝压、顶枝压	春、夏	
木通	培土压	秋		八仙花	单枝压	春、夏	
米兰	空中压	梅雨季		冬青	单枝压	春	
黄檗	单枝压	春	伐后用萌蘖压	茉莉	单枝压	春	
榛树	单枝压	春		山月桂	单枝压	春	

续上表

树 种	适用方法	压条时期	备 注	树 种	适用方法	压条时期	备 注
珙桐	空中压	春		胡枝子	单枝压	春、夏	
黄栌	单枝压	春		忍冬	单枝压	春、夏	
六道木	单枝压	春、夏		枸杞	单枝压	春、夏	
猕猴桃	单枝压	春、夏		木兰	培土压	春	
棠棣	单枝压	春、夏		十大功劳	单枝压	春	
桃叶珊瑚	单枝压	春、夏		腊梅	单枝压	春	
落叶杜鹃	单枝压	春、夏		杨梅	单枝压、空中压	春	
紫珠	单枝压、培土压	春、夏	刻伤处理	夹竹桃	单枝压、培土压	春	
蔷薇	单枝压、枝顶压	春		桂花	空中压	春	
凌霄	单枝压	春、夏		常绿杜鹃	单枝压	春、夏	刻伤处理
南蛇藤	单枝压、波状压	春、夏		接骨木	单枝压	春	
铁线莲	单枝压、连续压	夏		紫丁香	单枝压	春	
四照花	单枝压、连续压	春、秋		葡萄	连续压	春	
铺地蜈蚣	单枝压	春、秋	刻伤处理	紫藤	单枝压、连续压	春	
瑞香	单枝压	春		金缕梅	单枝压	春	
木本绣球	单枝压	初夏		迎春	单枝压	春	
栀子花	单枝压	春、夏		探春	单枝压	春	

五、分株繁殖

分株是一种利用某些植物能够萌生根蘖、匍匐茎、根状茎、球茎、鳞茎、吸芽等习性，人为地将萌发的根蘖、匍匐茎等切离母体，并将其培养成独立新植株的无性苗生产方法。这种方法在李、芭蕉、苏铁、石榴、贴梗海棠、黄刺玫、玫瑰、竹类等植物的种苗生产中运用普遍。

（一）分株苗的特点

分株苗的生产实质上是将有根"植株"从母体上分离，因成活率高，并能保持母体的优良形状与品质，简单易行，但繁殖系数低，且苗木规格不整齐，多应用于数量少的种苗与珍稀名贵花木种苗的生产。

（二）分株苗的生产适期

一般来说，分株苗的生产无严格的季节限制，生产上可根据需求情况，在任何季节与时间安排种苗的分株生产。但是，分株苗的生产适期宜在春、秋两季，秋季开花植物分株苗的生产宜在春季萌芽前进行；春季开花植物分株苗的生产宜在秋季落叶后进行；竹类植物分株苗的生产宜在出竹笋前一个月进行；蕨类植物分株苗的生产可于春季结合换盆与翻盆进行。

（三）分株方法

植物分株苗生产方法有根蘖（茎）分株法、匍匐茎分株繁殖法和分球法。

1. 根蘖（茎）分株法

根蘖是指树根上产生不定芽，在植株根部周围抽发新梢，形成许多小植株的现象。易产生根蘖的树种有李、枣、刺槐、银杏、香椿、臭椿、紫玉兰、紫丁香、石榴、桑等。

茎蘖是指从茎基部长出许多不脱离母体的簇生小植株现象。易产生茎蘖的树种有牡丹、腊梅、珍珠梅、黄刺玫梅、迎春、贴梗海棠、月季、玫瑰、连翘、苏铁、菊花、香蕉、菠萝等。

根蘖（茎）分株法又分为掘分法、侧分法与断分发。

（1）掘分法。将母株全部带根挖起，用锋利的刀或剪将母体分割成数丛。使每一从上有1~3个枝干，地下部带有一定数量的根系，对分开植株的枝、根进行适当修剪后，另行分别栽培。

（2）侧分法。侧分法即在母株一侧或两侧将土挖开，露出根系，将母株根部周围萌发的带有一定基干（一般1~3个）和根系的植株带根挖出，另行栽植。用此种方法，挖掘时注意不要对母株根系造成太大的损伤，以免影响母株的生长发育，减少以后的萌蘖。

（3）断根法。即为促使植株萌生大量的根（茎）蘖苗，可在植株休眠期间，距母株树干1 m以外，挖宽约30 cm的环状沟，切断粗1~2 cm的侧根，施入肥料，回土填平环状沟后灌水，促使来年断根伤口处抽发大量新梢的方法。

2. 匍匐茎分株繁殖法

草莓、虎耳草、吊兰等植物的匍匐茎是从根茎的叶腋处发生，后沿地面生长，且能在节部发生不定根和芽，形成小植株。对这类植物，可在春季萌芽前或入秋后，将抽发的匍匐茎切离母体栽植，从而形成独立的新植株，即匍匐茎繁殖法。

3. 分球法

分球法是指球根类植物的地下变态茎，如球茎、块茎、鳞茎、根茎和块根等产生的仔球，进行分级种植而生产种苗的方法。

对鳞茎类植物，如百合、水仙等，可取母球上的小鳞茎按大小分级栽植1~2年，即可长成能开花的大鳞茎。百合自叶腋间还可发生珠芽（即气生小鳞茎），珠芽成熟后，将其播种在苗床内，经2~3年栽培，也可长成开花大鳞茎或开花大球。

对球茎类植物，可将母球旁生产的新球分级生产栽培。也可生产的大球切割成带芽的几块另行栽培，如此也可获得所需要的大球。

对块根、根茎类植物，如大丽花、美人蕉、竹子等，可将其肥大的块根或根茎分切成若干小块或小段，使每块或每段上都带1~2个芽，后将其栽植。

用分球法生产种苗时需注意的事项是，将质嫩肥大的块茎、块根、根茎等进行切割栽植培育时，不能损伤芽。质嫩肥大的块茎等产生伤口后，伤口处常表现多汁与多浆现象，此时可在伤口处蘸草木灰等防止伤口腐烂。

另外，分株繁殖可结合出圃工作进行。在对出圃苗木的质量没有影响的前提下，可从出圃苗上剪下少量带有根系的分蘖枝，进行栽植培养，这也是分株繁殖的一种形式。有些树种，根部萌芽性较强，当根系受到机械损伤或蔓延近地表面时，往往发生根蘖，利用树种这一特性，可将母树附近土壤扒开，切伤根系，诱发生大量根蘖苗，将这些根蘖苗用锋利工具从母体分离，栽到苗圃中以培养健壮的优质苗。也可利用大树砍伐后，刨出伐根，或在树桩四周开沟断根，促其萌发出大量根蘖苗，以资利用。

分株繁殖简单易行,成活率高。但繁殖系数小,不便于大量生产,多用于名贵花木的繁殖或少量苗木的繁殖。但经常从母树切取根蘖苗会影响母树的生长发育,故应注意对母树的施肥和管理。适用分株繁殖的树种可归为以下三类。

①常绿树。杉木、珊瑚树、月桂树、桃叶珊瑚、南天竺、瑞香、十大功劳、榧子、朱砂根、草珊瑚、观音竹、棕竹、珠兰、迎春、苏铁等。

②落叶树。银杏、毛白杨、刺槐、泡桐、楸树、香椿、臭椿、赤杨、橡树、桑树、漆树、黄檗(黄柏、黄波罗)、皂荚、白杨、榆树、山楂、牡丹、腊梅、金雀花、绣线菊、金丝桃、金丝梅、溲疏、木槿、木瓜、郁李、棠棣、连翘、紫薇、蔷薇、紫荆、石榴、贴梗海棠、连香树、金缕梅、麻叶绣球、木笔、茉莉、锦带绣球等。

③草本。兰花、君子兰、石斛、菊花、白芨、高良姜、射干、姜花、萱草、玉簪、鸢尾、玉蝉花、麦冬、酢浆草、玉竹、吉祥草、万年青、白头翁、紫花地丁、西洋滨菊、蝶叶海棠等。

六、埋条繁殖

埋条繁殖是将剪下的一年生健壮的发育枝或徒长枝全部横埋于土中,促使其生根发芽的一种繁殖方法,实际上就是枝条脱离母体的压条法。

(一)埋条方法

埋条时间多在春季,方法有以下几种。

1. 平埋法

在春季选择土质疏松的沙质壤土,筑好苗床,将土耙碎,耙平,在做好的苗床上,按一定行距开沟,沟深3~4 cm,宽6 cm左右,将枝条平放沟内。放条时要根据种条的粗细、长短、芽的情况等搭配得当,并使多数芽向上或位于枝条两侧。为了防止缺苗断垄,在枝条多的情况下,做好双排放,并尽可能地使有芽和无芽的地方交错开,以免发芽的短缺现象,造成出苗不均。然后用细土埋好,覆土1 cm即可,切不可太厚,以免影响幼芽出土。

埋好后苗床应始终保持湿润,如图5—2—18所示。

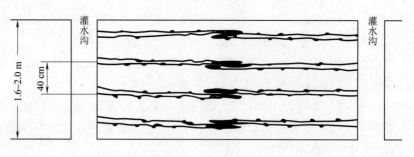

图5—2—18 平埋法

平埋埋条法的特点,在于枝条横埋,全株接触土壤,枝的下侧均有发芽机会,同时一处发根之后,有带动全条其他部分发根的可能。这一埋条法的要点在于覆土浅而均匀,土壤保持湿润。凡扦插繁殖成活困难的杨树,如山杨、胡杨、响叶杨均可采用此法。

2. 点埋法(间隔埋条法)

在整好的圃地上按一定行距开一深3 cm左右的沟,种条平放沟内,然后每隔40 cm,横跨条行堆—长20 cm、宽8 cm、高10 cm左右的长圆形土堆。两堆之间枝条上应有2~3个芽,利用外面较高的温度发芽生长,土堆处生根。土堆埋好后要踩实,以防灌水时土堆塌陷。点埋法出苗快且整齐,株距比平埋法规则,有利于定苗,且保水性能也比平埋法好。但点埋法操作效率低,较费工,如图5—2—19所示。

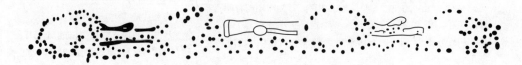

图5—2—19　点埋法

(二)埋条后的管理

埋条后应立即灌水,以后要保持土壤湿润。一般在生根前每隔5~6 d灌一次水。在埋条生根发芽之前,要经常检查覆土情况,扒除厚土,掩埋露出的枝条。

(1)培土与间苗。埋入的枝条一般在基部较易生根,而中部以上生根较少但易发芽长枝,因而容易造成根上无苗、苗下无根的偏根现象。因此,当幼苗长至10~15 cm高时,结合中耕除草,于幼苗基部培土,促使幼苗新茎基部发生新根。待苗高长至30 cm时,即进行间苗,一般分两次进行,第一次间去过密苗或病虫害的弱苗,第二次按计划产苗量定苗。

(2)追肥及培垄。当幼苗长至40 cm时,即可在苗行间追肥。结合培垄,将肥料埋入土中,以后每隔20 d追施人粪尿一次,一直持续到雨季到来之前。这样前期促进苗木快长,后期停止追肥,使其组织充实,枝条充分木质化,可安全越冬。

(3)修剪除蘖及抚育管理。当幼苗长至40 cm时,腋芽开始大量萌发,为使苗木加快生长,应该及时除蘖。一般除蘖高度1.2~1.5 m,不可太高,以防干茎细弱。

另外,中耕除草、病虫害防治等抚育工作也要跟上。

铁路绿化造林常见树种繁殖与培育方法予以列表,见附录四。

第三节　圃地管理与培育大苗

一、圃地管理

(一)苗木生长发育过程的特点和育苗技术要求

为了使苗木抚育管理措施与苗木生长发育相适应,必须了解苗木年生长规律与外界环境的关系,特别是苗木在不同时期对外界环境的要求,才能采取相应的措施,适合苗木生长的需要。

1. 一年生播种苗的年生长

一年生播种苗年生长,可分为出苗期、幼苗期、速生期和苗木硬化期等四个时期,各期起止时间,生长特点和育苗技术要求见表5—3—1。

表 5—3—1　一年生播种苗,年生长特点和育苗技术要求简表

期　别	起　止　时　间	生　长　特　点	育　苗　技　术　要　求
出苗期	从播种到地上部出现真叶,地下部出现侧根时为止。春播需 3～7 周,夏播需 1～2 周,秋播则需几个月	(1)子叶虽然出土但未出现真叶,地下部只有主根 (2)地上部生长缓慢,而根生长快 (3)靠种子内部贮存物质不能自制营养物质 (4)需要适当水分,供体内物质转化活动 (5)种子萌发需适当温度和空气	(1)做好种子催芽工作 (2)下种要均匀,覆土厚度适当 (3)土壤供水条件适宜 (4)创造提高土温条件 (5)北方春灌次数宜少,防止土壤板结 (6)适时播种,早播为佳、出苗时防止高温危害
幼苗期	从幼苗地上部位出现真叶,地下部分生出侧根起至幼苗高生长,大幅度上升为止。春播需 5～7 周,夏播需 3～5 周	(1)阔叶树种地上部出现真叶,针叶树大部脱掉种皮或生长点出现真叶 (2)地下部出侧根 (3)能自制营养物质 (4)高生长缓慢,根系生长快,生出较多侧根	(1)保苗,促进根系生长 (2)防止气温过高或过低损害苗木 (3)保持苗床土壤湿润 (4)适当施用稀薄氮、磷肥 (5)进行间苗或定苗,防治病虫害
速生期	从苗木高生长大幅度上升时开始至高生长大幅度下降时为止。从 6 月中旬开始到 9 月初结束,持续 70～90 d	(1)地上部和根系生长量最大,高生长显著加快 (2)子叶面积和数量都迅速增加 (3)直径增长快,地上部和根系生长量是全年最高时期 (4)主要根系分布在数厘米至 20 cm 范围内 (5)苗木高生长高峰和根系生长高峰交错进行 (6)高生长明显下降或停滞	(1)需要肥水较多,适时进行施肥和灌溉 (2)需要光照,针叶树种应在速生前期定苗 (3)注意土壤管理和病虫害防治 (4)生长后期停止施用氮肥和灌溉
苗木硬化期	自苗木高生长大幅度下降起至根系生长结束时止。此期一般持续 1～2 个月	(1)高生长量急剧下降,不久即结束,继而出现冬芽 (2)体内含水量降低,营养物质转入贮藏状态 (3)苗木逐步达到充分木质化 (4)对低温、干旱抵抗力提高 (5)落叶树种进入休眠期	(1)防止徒长 (2)提高苗木对低温、干旱的抵抗力 (3)停止一切促使木高生长的措施 (4)通过截根控制苗木吸收水分 (5)促进苗木木质化和多产生吸收根

2. 留床苗的年生长

留床苗又称留圃苗,根据苗木高生长(延长生长)可分为前期生长类型和全期生长类型两种。

(1)前期生长。苗木生长期短,大部树种在 5～6 月结束高生长,此类苗木如在早秋,由于气温较高、水分充足、施用氮肥较多,会出现第二次生长。所长秋梢不能充分木质化、抵抗干旱低温能力差。

(2)全期生长。苗木高生长期,持续在全生长季节进行,其高生长期,北方树种在 3～6 个月以上,南方树种在 7～8 个月。

留床苗年生长起讫时期、生长特点和育苗技术要求,见表 5—3—2。

表5—3—2　留床苗年生长特点和育苗技术要求简表

期别	起讫时间	生长特点	育苗技术要求
生长初期	从冬芽膨胀起至高生长大幅度上升为止	(1)前期生长类型,苗木生长期持续时间很短约1~3周 (2)全期生长型苗木生长初期持续时间1~2月以上	(1)及时进行追肥、灌溉、松土 (2)对前期生长型施肥,应在初生长前半期进行并给予充分光照
速生期	从苗木高生长大幅度开始至高生长大幅度下降为止	(1)苗木生长特点与播种苗速生期相同,地上地下部分生长量都大 (2)前期生长型,速生持续时间北方树种一般为8~6周,较短树种只有十余天。南方树种可长达两个月 (3)全期生长型,速生期生长与一年生播种苗相似	(1)苗木对环境要求与播种苗相同,育苗技术要点可参照播种苗 (2)第一次追肥应在速生初期进行 (3)全期生长型,苗木在生长后期勿施氮肥
硬化期	自高生长大幅度下降至根系停止生长为止	(1)前期生长型 ①苗木高生长速度大幅度下降后高生长很快停止 ②叶子很快生长,叶面积加大数量增加 ③逐渐出现冬芽,幼嫩枝逐渐木质化 ④直径和根系连续生长并出现1~2次高峰 ⑤不断充实冬芽和积累营养物质 ⑥后期苗木体内含水量低,干物质增加,充分硬化提高抗逆性 (2)全期生长型,硬化期生长特性与播种同	(1)前期生长型。本期的直径和根系生长期较长,为促进直径和根系生长,在硬化期前期可施速效性氮肥和钾肥,但氮肥用量要少。施肥时期宜在直径生长高峰之前,以免造成二次生长,降低抗逆性 (2)全期生长型。苗木生长期的育苗技术要求,可参照播种苗硬化期办理

(二)苗木的抚育管理措施

1. 灌溉和排水

(1)灌溉

种子的萌发和苗木的生长都需要水分,因此灌溉是培养壮苗的重要措施。苗木是否需要灌溉,灌溉量多少,应根据树种的生物学特性、苗木生长发育情况、土壤和气候条件来确定。

苗木的幼苗期,根系大多分布在近地面10 cm的土壤中,此时期土壤应保持湿润。苗木速生期,生长迅速,需水量大,且气温升高,苗木根系已分布到20~30 cm的土层中,故灌溉量要大,宜采取少次多量一次灌透的方法。在苗木生长后期,要停止灌溉,以促进苗木充分木质化。

天气干旱土壤缺水时,应增加灌溉次数。沙土保水力差,可采取量少多次的灌溉方法。灌溉的时间应尽量在傍晚或夜间进行,以减少水分的蒸发,同时避免土温急剧变化,影响苗木生长。

(2)排水

苗木生长固然需要水分,然而土壤水分过多也不利于苗木生长。因此灌溉过度,害处极大,尤其对南方土质黏重、雨量充沛的地区,不仅破坏土壤的结构,降低土温,造成土壤通气不良,减弱土壤微生物的活动,而且还流失土壤中大量肥分,所以必须做到合理灌溉,不能过量灌溉。在育苗工作中排水与灌水同样重要,不可忽视。排水主要是排除大雨或暴雨造成的苗区积水。排水工作要注意苗圃必须建立完好的排水系统,在排水不畅的地块应增加田间排水沟,并使沟沟相连,雨季之前应整修、清理排水沟,使水流畅通,雨季应有专人负责排水,及时疏通圃内积水,做到雨后田间外水不流进,内水不积存。此外,苗圃灌溉的尾水也要及时排除。

2. 中耕除草

由于降雨和灌溉等原因,常造成苗床土壤板结,从而加速了土壤水分的蒸发,减弱了土壤的渗透性,造成土壤通气不良,影响苗木的生长发育。中耕的目的是要消除这层板结的表层土壤,改善土壤的通气性,保持土壤水分,提高土壤中有效养分的利用率,以利苗木生长。在盐碱地还能防止盐碱上升。因此,人们常称中耕为"无水灌溉"。

中耕除草是两项不同的作业,一般都结合进行。当土壤板结,天气干旱或灌溉后施肥前,即使不需要除草,也要及时进行中耕。中耕除草的次数,应根据气候、土壤、苗木生长和杂草滋生情况而定。气候干燥,苗根较浅,土壤含水量少,土质紧密,杂草生长快,则中耕除草次数要多,一般在播种后,需要长期才能发芽出土而又无覆盖物的苗床,在幼苗出土前就要进行浅度中耕除草。在幼苗生长期间每隔 10~15 d 一次,速生期每隔 15~30 d 一次,中耕除草 5~6 次,灌溉条件差的要进行 7~8 次,硬枝扦插的苗床一般进行 4~6 次。大苗区 3~4 次。干旱地区可适当增加次数。

中耕除草的深度,要掌握小苗浅,大苗深,先浅后深逐步加深的原则灵活应用。以除草为主的,松土深度在幼苗期以 2~4 cm 左右为宜,速生期可逐渐加深到 6~12 cm。一般情况下针叶树松土可稍浅,阔叶树可稍深。除草工作要掌握"除早、除小、除了"的原则。除草要抢在杂草萌发之时,消灭在杂草幼苗期,做到斩草除根。除草工作要全面细致,做到"不带苗,不伤苗,不压苗"。苗木生长后期,为促进苗木木质化,可停止中耕,但除草工作还要抓紧,防止秋草结子落地。

3. 追肥

苗期的追肥实质上是对种肥和基肥施用量不足、苗床肥效不足的一种补充。此时的追肥常以充分腐熟的人粪尿、硫酸铵、过磷酸钙、尿素等速效肥为主。在苗木的生长初期,常以氮、磷肥为主;在苗木速生期,可氮、磷、钾肥结合施用;苗木生长后期,为促使苗木生长成熟,可注意增施磷、钾肥,停施氮肥。

(1)追肥原则

追肥应根据天气、土壤条件与苗木生长状况等情况进行。

天气炎热多雨时,为避免养肥流失,追肥应少施、勤施,少量多次。天气较冷、气温较低时,可用经过充分腐熟后的有机肥作追肥。气温较常年偏高时,对苗期春季进行第一次追肥的时间可适当提前。

根据土壤条件追肥。是偏碱性或偏酸性土壤,都易发生缺磷症状,因而对于苗木追肥,磷肥的施用量要适当增加。对砂质土壤的苗木追肥时,施用量要适当减少,而对黏质土壤苗追肥时,追肥的量可适当增加。在沙土苗床上追施与其他土质相同类型、性质的肥料时,应分多次追施肥料;而在黏土苗床上可减少追肥次数,加大每次追施的用量。

苗木的种类品种不同、生长发育阶段不同,对各种营养元素的需求量也不同。针叶类树种苗木比阔叶类树种苗木对氮的需求量大,而对钾的需求量小;花灌木类苗木比一般树种对磷的需求量大。一般来说,针叶类树种苗木对氮:磷:钾的需求比为 6.4:1.5:2.1;而阔叶树种苗木对氮:磷:钾的需求比为 5:1.5:3.3。

（2）追肥方法

追肥的方法有土壤追肥和根外追肥。对土壤实施追肥时，可采用浇施、沟施和撒施的方法进行，追肥的肥料一般是已充分腐熟的人粪尿或其他速效肥。

根外追肥可及时补充苗木需要的磷肥、钾肥与微肥（微量元素）。苗木根外追肥时，可将速效肥配成一定浓度的水溶液，在早晨、傍晚或阴天，用喷雾器等设备进行喷施。通常微量元素根外追施的浓度为 0.1%~0.2%，化肥追施浓度为 0.2%~0.5%。

4. 遮阴

遮阴可使日光不直接照射地面，因而降低育苗地的地表温度，减少苗木的蒸腾作用和土壤水分的蒸发，以及防止日灼危害和土壤板结。在一定程度上也可防止幼苗的霜冻害。遮阴一般采用黑色遮阴网、苇帘、竹帘等作为材料，搭设遮阴棚。一般以上方遮阳的阴棚较好，透光均匀，通风良好。上方遮阳又分为水平式和倾斜式两种。水平式阴棚南北两侧等高，倾斜式阴棚则南低北高。具体高度要根据苗木生长的高度而定，一般距床面 40~50 cm。

遮阳透光率和遮阳时间的长短，对苗木品质有明显的影响。为了保证苗木品质，透光率宜大，一般透光率为 1/2~1/3；遮阴的时间宜短，具体时间因树种或地区的气候条件而异，原则上气温较高、会使苗木受害时开始，到苗木不易受日灼危害时即止，多为从幼苗期开始遮阳。北方在雨季或稍早停止遮阳，南方有的地方遮阳可持续到秋季。一天中，为了调节光照，可在每天 10 时开始遮阳，至 16 时以后撤去遮阳棚。阴雨天不必遮阴。

遮阴并非苗木抚育管理不可缺少的措施。国内对红松、樟子松、油松、杉木、水杉、池杉等针叶树播种苗和水杉，池杉等扦插苗，采取全光育苗都已成功。但进行全光育苗应相应采取细致整地，施足基肥，精选良种，催芽早播，定时定量喷灌，及时间拔和中耕除草等措施，促使苗木迅速生长，发育健壮，提高苗木质量，增强对不良环境的抵抗力。

此外，对有些移植成活困难的苗木，移植后采取适当遮阴，对提高苗木成活率效果良好。

5. 间苗和补苗

间苗的原则为"去密留稀、去弱留强、去病留优"。

间苗的次数，阔叶树一般间苗 1~2 次，针叶树间苗 2~3 次。

间苗的时间宜早，特别是阔叶树种的幼苗，因其生长较快，间拔工作宁早勿迟。间拔一般在苗木出齐后 10~15 d 进行，需要进行二次间苗的，第二次间苗（也就是定苗）时间，一般在第一次间苗以后 7~15 d。

间苗主要是拔除生长纤细，发育不良或受病虫危害的劣质苗，以及丛生在一起密度过大的幼苗。定苗时，苗床数量应比单位面积产苗量指标略高一些，以留有余地。

间苗宜在阴天或雨后进行，间苗必须在头天灌溉使苗床湿润。间苗一般用手、剪刀或种刀进行，操作时要防止带动邻近的幼苗并防止土壤透风，最好在间苗以后在床面撒些细土或浇水一次。

对苗床上缺苗部分，要利用雨天、阴天或傍晚进行补苗，这项工作可结合间苗工作同时进行，为避免损伤用于补植的幼苗根系，起苗前要适当补水，待水分下渗，至适合起苗时，用锋利的小铲子，将苗床密集的健壮小苗连土轻轻掘出，立即移植至缺苗的苗床上。

补栽幼苗时，其栽植的深浅应适宜，不宜过深，也不宜太浅，最好与幼苗起苗前的深度一致。经过补植的幼苗应立即浇水,并采取适当的遮阴措施,要适当追肥,促使其与留床苗发育一致。

6. 修剪

修剪的目的是为苗木生长创造有利于通风和透光条件,保持平衡生长,改进衰弱的树势,防止病虫害的蔓延。

修剪应修除双主枝、竞争枝、重叠枝、病腐枝、生长过密和受机械损伤的枝条,以及由根部萌发的蘖枝。

苗木修剪分冬季休眠期修剪和春、夏生长期修剪。而以休眠期修剪为主,生长期修剪为辅。北方地区应避免在严寒时期修剪。生长期修剪一般在5~7月间,在苗木第一次生长终了后进行。修剪要适度,过度修剪反而会影响苗木的生长。修剪的剪口要平滑,不留树杈。为了减少修剪工作量,部分树木可在春季发芽放叶之前进行摘芽。

7. 防冻(寒)等

苗木冬季在原地越冬常出现死亡现象,分析其原因有以下几个方面:一是生理干旱,一般主要是在早春死亡,在早春因干旱风的吹袭,使苗木地上部分失水太多,而地下又因土壤冻结,根系吸不上水分,苗木体内失去水分平衡而死亡;二是地裂伤根,因冬季严寒,地冻开裂拉断苗木根系,或被风吹干而致死;三是冻死,因严寒使苗木细胞原生质脱水结冻,损伤了细胞组织,失去了生理功能而死亡。常用的防寒措施有以下几种。

(1)增加苗木的抗寒能力。适时早播,延长生长季,在生长季后期多施磷、钾肥,减少灌水,促使苗木生长健壮,枝条充分木质化,提高抗寒能力;也可进行夏秋苗木摘心等措施,促进苗木停止生长,使组织充实,抗寒能力增加。

(2)埋土防寒。分全埋土和培土两种情况。全埋土防寒适用于规格较小且茎干有弹性的苗木。在土壤封冻前顺行向将小苗放倒并固定,先用无纺布或秸秆等覆盖,从两侧培土将苗木盖严,培土厚度为当地冻土层厚度,厚度30~50 cm。如土壤干燥,应提前1周进行灌水。培土防寒适于较大规格或茎秆不易弯曲的苗木,在土壤封冻前向苗木根际四周培土,培土高30~50 cm。

埋土的时间不宜太早,应在土壤将开始结冻前进行。早埋,苗木易腐烂。翌春撤土的时间要特别注意,早撤仍有遭受生理干旱之虞,晚撤容易捂坏苗木造成苗木腐烂。以在起苗前或苗木开始生长之前,分两次撤出覆土较好。撤土后要立即进行一次充分的灌溉,以满足早春苗木所需水分,防止苗木在早春发生生理干旱。

(3)涂白防寒。土壤封冻前,对生长在圃地的2~3年生苗木进行树干涂白,可抗风保温、降低树木地上部分吸收辐射热,减少树干的水分蒸腾量,缩小昼夜温差,促使苗木安全越冬。

涂白防寒应在土壤封冻前或翌年早春进行。涂白剂随用随配,配方为石灰10 kg,硫磺10 kg,水40 kg。即,石灰:硫磺:水 = 1:1:4。用涂白剂刷枝干,原则是涂刷冬季树冠遮挡不住的主干,分枝点低的涂刷主干至分枝点,分枝点高的涂刷自地面1~1.5 m的主干。涂刷均匀,不留空隙。

(4)灌封冻水防寒。在土壤封冻前,沿行向全园漫灌大水,水渗透深度达30~50 cm。树木浇灌冻水有三个作用:一是可以增加土壤湿度,使苗木在过冬前吸足水分,可增加抗风、抗干旱能力,减少抽条的可能性;二是增加土壤的热容量,地温最低时灌水的地块地温相对较高,可以保护根系不受冻害;三是早春气温回暖时,灌封冻水的地块地温相对较低,园林苗木生长发育推迟,防止倒春寒造成冻害。应掌握浇灌冻水的时机,过早、过晚效果都不好,灌水后立刻封冻最好,冻水量要大。

(5)设覆盖物防寒。

①缠绕包扎树干。乔木类用草绳缠绕树干或保温材料包裹树干,从苗木的根茎起直到主干上第一分枝点止。

②包裹树体。对于树体紧凑的乔灌木类,先用草绳等将树冠拢起,缩小冠幅,用草帘等保温材料包裹树体。

③搭设框架覆盖。对于密集、矮小的苗木,可在苗木栽植范围的四周搭设框架,外围覆盖草帘,无纺布等保温材料。

(6)设风障防寒。目的是营造局部背风向阳的小环境,降低风速,增加局部环境温度、湿度,防止冬、春季干风直吹树干造成失水。风障应架在苗区冬季的主风方向,材料可用玉米秸、高粱秸,现在大多使用聚丙烯彩条编织布,但成本高。架设高度以保护对象高度进行设计,有效控制距离为风障高的10倍。设支柱、纤绳,保持其牢固性。防寒障在春季起苗前3~5 d分次撤除,不宜撤得过早,以免遭受霜冻。

(7)假植防寒。多用于幼苗期抗寒性较差的以下树种,如悬铃木、紫薇、紫荆、大叶黄杨、雪松小苗等。结合翌年春季移植,入冬前掘苗、分级入沟、入窖进行假植。这种方法安全可靠,又为翌年春季施工提前做好准备。

在严寒地区假植苗木时,为防止苗木抽条失水,可将苗木全部埋入土中。

(8)喷布蒸腾抑制剂防寒。一般选在冬末、春初阶段应用,这个时期应用可有效预防生理干旱的发生。利用喷雾器喷布原粉(液)的200倍稀释液,高脂膜可附着枝、叶表面10 d左右,可连续喷二三次。遇雨雪天气过后应重喷。新移植的、抗寒性较差的常绿树雪松、龙柏,冬季容易抽条的法国梧桐、金叶女贞等落叶树可用此法。

8. 轮作与套种

(1)轮作。轮作是在同一块育苗地上轮换种植不同树种的苗木或其他作物(如牧草、绿肥作物和农作物),按一定顺序轮换种植的方法,称为轮作,又称为换茬。而在同一块育苗地连年培育同一种苗木的方法,称为连作。

轮作方法就是某一种苗木与其他植物或苗木相互轮换栽培的具体安排。目前常用的轮作方法有3种。

①树种与树种轮作。在育苗树种较多的苗圃,将没有共同病虫害的,对土壤肥力要求不同的乔灌木树种进行轮作。

a. 豆科与非豆科树种轮作,利用豆科树种的根瘤菌固定空气中的氮素以增加地力。如油松、白皮松与合欢、皂荚轮作,不仅生长发育好,并可减少松类猝倒病。

b. 深根性树种与浅根性树种轮作,如油松在刺槐等茬地上育苗生长良好。

c. 针叶树种与阔叶树种轮作,如杉木、马尾松在白榆、国槐茬地上培育生长良好。

d. 不同针叶树种之间的轮作,如红松、樟子松、落叶松和云杉之间的轮作。

e. 播种区、移植区、无性繁殖区和大苗区之间的轮换安排。

②苗木和农作物轮作。苗圃适当地种植农作物和绿肥作物等,对增加土壤有机质、培肥

土壤,具有一定的作用。同时,也有利于开展多种经营。目前生产上多采取苗木与豆类及其他粮谷作物进行轮作。阔叶树种与豆类轮作比较适宜。如东北地区常用大豆—黄波罗—水曲柳—大豆轮作。南方地区常用水稻与马尾松轮作。效果均较好。但是,对于某些针叶树种苗木如落叶松、樟子松、云杉等,则不宜与大豆轮作,这样易引起镰刀菌、丝核菌的侵染而遭受松苗立枯病和金龟子等地下害虫的危害。

③苗木与绿肥植物(牧草)轮作。为恢复土壤肥力,增加土壤有机质,促进团粒结构形成,协调土壤中的水、肥、气、热状况,为苗木生长发育创造良好的环境条件。因此,选用绿肥植物或牧草(如草木樨、苜蓿和田菁等)。进行轮作的效果显著,具备轮作的各项优点。尤其在改良土壤和提高土壤肥力的作用方面最为明显,是其他轮作方法所不及的。虽然减少了育苗的面积,但是生产的牧草是理想的饲料,生产的绿肥是农业和林业的良好肥料。由于改善了土壤肥,提高了苗木质量和单位面积的产量,比苗木与苗木轮作的效果好。

(2)套种。套种就是利用苗木的大小、高矮和生态习性等不同,相互种植在一起的方法。苗木与苗木套种在一起可以解决地少苗多、土地紧张的问题,可以更经济地利用肥沃土地,提高单位面积产苗量和经济效益。目前主要是利用苗木的高矮和大小进行套种,套种要注意的问题是:套种苗木相对要小,株行距较大,高低搭配,阳性与阴性树种搭配,深根系与浅根系套种;相互之间不能成为病虫害的中间寄主;生态习性尽可能不同,以便更能充分利用阳光、水分和空间。

9. 病虫害防治

防治苗木病虫害是苗圃一项重要工作,要贯彻"预防为主,综合防治"的方针,搞好虫情调查和预测预报工作,本着"治早、治小、治了"的原则,及时防治。

二、苗木移植

苗圃所培育的大苗,通常需要经过多年数次的移植与逐步整形修剪等各种抚育管理措施,才能培育出大量符合规格要求的多种类型的大规格绿化苗木。

(一)苗木的移植(换床)

移植是将苗木从原有的育苗地起出,按照一定的株行距栽植到新的育苗地继续培育的方法,也称为换床(垄)。

1. 移植苗床的要求

苗木根系的长度,常随耕作层的深度而增加。移植是要求发展根系,同时移植苗的留床时间较长,因此,必须深耕细作。除整地深度要求达到 40 cm 左右外,并且要施足基肥。

2. 苗木移植的主要方式

在大苗生产过程中,主要工作之一是苗木的移植,移栽方式主要有移圃培育和留圃培育两种。

(1)移圃培育。将较小的苗木从原圃地转移至另外的新圃地,即移圃培育。苗木移到新的圃地与苗床以后,与原圃地比较,植株间通常有较大的株行距与较小的密度。

(2)留圃培育。留圃培育即在适宜时间内,将苗圃中密度较大处的苗木按一定的株行距移至别处苗床,对留下的、未移动的苗木继续培育至能满足需求的规格大苗。在间移苗圃中密处苗木时,可有意识地对留圃苗木进行截根。

3. 移植季节

移植的最佳时间是在苗木的休眠期,即从秋季10月(北方)至翌春4月。也可在生长期移植。如果条件许可,一年四季均可进行移植。

苗木移植季节因各地气候不同而异。北方一般以春季移植为主,在苗木萌动之前进行。南方则春、秋两季都能移植,多数树种在苗木进入休眠期以后,在秋季就能移植。云南地区一般都在雨季移植苗木。以树种而言,落叶树对气候较为敏感,必须在休眠期内移植。其中,阔叶树的移植应早于针叶树,常绿树一般宜在春季苗木萌动前移植,但其中常绿阔叶树也可以在春季苗木萌动以后,剪去部分叶片,或在梅雨季进行移植。南方还可以在秋季寒露至霜降节前后移植,尤以秋季移植效果较好。移植的具体时间最好选阴天,清晨或傍晚进行,雨天或土壤过湿时,都不宜移苗。

4. 移植的密度和深度

移植密度是指单位面积(或单位长度)上移植苗木的株数。移植苗的密度和深度,应根据苗木的生长速度、树冠大小、根系发育的特性、土壤肥力、质量指标和苗木的培育年限以及抚育机具等来确定。常绿树的移植密度,以培育后期生长,枝叶不相互挤压为度。观赏树苗以培养树形为主,应以稀植为好。一般情况下,针叶树类移植密度比阔叶类的大;速生树类的移植密度较小,慢生树类移植密度较大;树冠开展、侧根发达、培育年限长的苗木树种移植密度较小;机械化程度较高的苗圃,苗木移植时的密度通常较小。总之,应根据具体情况区别对待,选择适宜的株行距,生产上采用的株距为 5 cm、10 cm、20 cm、30 cm、50 cm,行距为 10 cm、20 cm、40 cm、60 cm、100 cm。

移植的深度要适当,一般移植深度以不超过原土痕 2~3 cm 为宜。

5. 修剪

移植苗的修剪主要是修短主根和受机械损伤的根系,以促使须根的发生。对侧根保留的幅度,根据苗木大小而定,一般为 18~25 cm,地上部亦应作相应的修剪,修去基部的侧枝和针叶树的双顶枝等。

6. 移植技术和方法

为了使移植苗木生长均匀,减少苗木分化现象,提高苗木出圃率,移植前应进行苗木分级,将不同规格的苗木分级分区移植。

移植方法,主要采取穴植、沟植法和窄缝栽植法。

①穴植法。适于移植根系发达的树种。即按预定的株行距定出栽植点,用移植铲或锹挖穴栽植,栽植时要扶正踩实。植穴的直径和深度要大于苗木根系,适用于大苗移植。

②沟植法。是按预定的行距开沟,将苗木按一定株距垂直放入沟内,再培土扶正踏实。此方法适于移植小苗。栽植深度一般比原苗木土印略深,以免灌水后土壤下沉而露出苗根。

③窄缝栽植法(或称缝植)。适于垄作移植育苗,对于一些主根细长、侧根不太发达的针叶树种小苗适于窄缝栽植。人工移植时,一人持移植锹或铲在横垄面上开缝,另一人两手各持一株苗木根茎处,分别栽入窄缝内,然后提起锹,踩实,使苗木根系与土壤密接。

苗木移栽时,一定要做好苗木根系保湿。栽苗时,苗根要舒展,切忌打辫窝根。栽苗深度略比原来苗木地径(土痕)深 2 cm 左右,以免灌水后土壤下沉,使苗根上部露出地面,同时为了避免春季表土干燥影响根系生长也应栽植深些。但也不宜过深,避免造成苗木"下窖"。

7. 移植苗的抚育管理

苗木移植后及时除草松土、追肥、灌溉及防治病虫害。

截干的苗木,待萌条长出后,选留一条健壮直立的萌条作为主干,摘除多余的萌条,以促进主干向上生长。

移植苗的各项抚育管理措施与一般苗木相似,无需特殊管理。

三、培育大苗

(一)大苗的一般规格

培育行道树和园林绿化的大苗,在苗圃中要培育 3~5 年或 10 年以上,阔叶树种,如杨、柳、榆、刺槐、糖槭、臭椿、国槐、紫椴、悬铃木、黄檗、核桃楸以及裸子植物银杏等,都要求有通直的主干,一般干高 2.5~3.5 m,苗高 5~6 m,胸径 5~6 cm,并且具有发育匀称的苗冠及发达的根系,无病虫害。对于常绿针叶树种如油松、马尾松、日本黑松、白皮松、华山松、红松、樟子松、赤松等,则要求苗干端直,苗高 3~5 m,苗冠分枝匀称,树势挺拔,而云杉、冷杉、侧柏、桧柏、杜松、龙柏、雪松等,则要求培育成高 1.5 m 以上,冠形呈良好的塔形或圆锥形,树势优美的大苗。

(二)大苗的移植培养技术

1. 移植的密度和苗期管理

一般阔叶树大苗在苗圃培育 2~4 年移植一次即可,其株行距在开始时可稍大些,株距一般为 0.4~0.6 m,行距为 0.5~1.0 m。松、柏类常绿树生长较慢,而以阳性树种居多,需移植 2~3 次。一般株距为 0.5~1.0 m,行距 1~2 m,以求光照均匀,背阴面的也能生长良好。

移植大苗要在经过细致整地的苗床上挖穴栽植,栽种时必须遵照技术操作规程的规定,切忌窝根。移植以后要平整床面,及时进行灌溉和扶直苗木。

大苗往往需要逐株抚育管理,特别是在移植区培育时间较长的,更应加强管理。为了培育根盘较小和根系发达的大苗,追肥、灌溉时最好集中在苗木出圃时带根标准范围内进行,同时要经常注意防治病虫危害。

2. 大苗的修剪整形

修剪整形是培育大苗具有一定干形和苗冠的有效措施,一些速生阔叶树种,如泡桐、苦楝、悬铃木、刺槐、国槐,在自然生长条件下,往往主干低矮,侧枝粗大,不能形成高大、通直圆满的干形。此外,各种针阔叶乔灌木树种,随其自然生长,一般也不能形成园林绿化要求的冠形。所以从苗期开始,就应采取人工修剪和整形措施,以培育出符合园林绿化要求规格的大苗。

(1)修剪技术

①疏枝。疏枝是除去大苗基部和树冠过多过密的枝条。该种修剪方法可作用于一年生枝条,也可作用于多年生枝条,通过疏剪可以修除密生的枝条,包括直立的、交叉的、徒长的、病虫枝、折损枝、枯枝等,可维持均衡的树形,进一步改善树冠内的通风透光条件,使植株的苗冠生长比较理想。

②短截。短截俗称"打头",又称剪短,即将枝条的先端部分剪去。一年生枝条剪短后,促使剪口下发生较多的侧芽,其中壮芽发育成较粗壮的长枝。

根据剪去枝条的长短与程度,短截可分轻度短剪,即剪去枝条的 1/4~1/3;中度短剪,即剪去枝条的 1/3~1/2；重度短剪，即剪去枝条的 2/3~3/4。

③缩剪。又称为回缩修剪，即把多年生枝条或大型枝组剪去一部分。回缩的对象主要是一些衰老枝、下垂枝、钓鱼枝等。钓鱼枝是指仅枝条的顶端有少数几片叶的枝条。

④撑枝与吊枝、拿枝与扭梢。撑枝与吊枝、拿枝与扭梢常用于改变枝条的分枝角度，调节枝条的生长势。

a. 撑枝与吊枝。撑枝即用适当大小的石块、棍杈等材料把枝条撑起或撑开，从而改变枝条生长角度；吊枝即在枝条的适宜处吊一重物（如石块等），以改变枝条的生长角度。

用此方法时，被撑或吊的枝条一定是已木质化的枝条或多年生枝条。

b. 拿枝与扭梢。拿枝即把枝条从基部往上捋，捋的过程中可听到轻微的"噼啪"声；扭梢即双手呈麻花状扭动枝条基部，直至听到轻微的"噼啪"声即可。

拿枝与扭梢的对象为未完全木质化的枝条。

⑤抹芽。又称摘芽，凡生长过密或着生位置不当的芽，当其尚未萌发成枝条时即行摘除，称为抹芽。

⑥除萌。除萌是在芽萌发后长成 3~5 cm 的新梢时，用手将新梢折断或剪断，也就是早期的疏枝。

⑦摘心。摘心就是将新梢的先端生长点摘去，使其暂时停止生长，也就是早期对新梢进行短截。

上述修剪方法中，休眠期修剪常用的修剪方法有疏剪、短截与缩剪等；生长期修剪时常用的修剪方法有撑枝与吊枝、拿枝与扭梢、抹芽、除蘖、摘心等。

(2) 大苗整形修剪的主要任务

大苗整形修剪的具体任务是促根、养干、养冠等。

①促根。促根可采取多次移苗，如果不能易地移植，可每隔 2~3 年对其断根一次以促根，在促根养根过程中，对苗木加强施肥、灌水、除草等养护管理。

②养干。干性强的树种，可自然形成通直的树干，而干性弱的树种，为使大多数植株都有通直的树干，生产上可采取密植法、修剪养干法、截干法等。

a. 密植法。即增大苗木栽植密度的方法。这种方法主要利用了树木枝叶的向光性，促使密植的植株快速生长，抑制侧枝的生长发育，从而使植株的顶端优势与干性比较明显，达到养干的目的。

b. 修剪养干。这种方法主要利用了除萌、抹芽和疏剪等修剪方法，抹除或疏去一定干高以下（即整形带以下）的芽或枝。适用于萌芽力强、生长快、干性强、顶端优势明显的树种。要培养主干粗为 2~3.5 cm、高为 2~3.5 m 的苗木。常需 2~4 年才能完成。

c. 截干法。凡是萌芽力强的树种都可用截干法来改善苗木干形。苗木移植后的当年或翌年的春季，如苗木树干不直或长势不旺，主干不明显或地上部中心干遭到损伤时，可在春季苗木发芽前将距地面高约 3 cm 处的地上部全部截掉，后用 3~5 cm 厚细土覆盖剪口，不久后从剪口处附近萌发出数根枝条。当这些枝条生长至 15~25 cm 以上时，从中选留生长通直而健壮的枝条作为该植株未来主干，余者全部剪截。

截杆法适用于潜伏芽寿命长，萌芽力强，枝条的年生长量小，干性弱，用一般的修剪方法培养 2~3 年后，其干性仍达不到要求的树木。

d. 养冠。主要目的是促使植株树冠生长均匀,避免偏冠和畸形等树冠出现。

对干性较强、有明显中心干或中心主轴的常绿针叶树和杨树类等树木,通过养冠可培养成有中心主干的分层树形,利用枝条的顶端优势和垂直优势,保护和促进中心主枝的生长,适当控制侧枝的生长。

对干性较弱、无中心干或中心干不明显的树种,可将其树冠培养成自然形或开心形。按预定分枝点的高度短截主枝(主干),促使侧枝生长。次年在整形带选留分布均匀、角度适宜的主枝3~5个,并对其进行短截,其他多余侧枝一律剪掉以后逐年对侧枝进行修剪,最后养成理想的完美冠形。

对短主干的树种,如榆叶梅、紫薇等大型灌木,可养成丰满圆形的冠丛。在预定的分枝点处将主干短截,选留分布均匀,角度适宜的3~5个侧枝,其他多余的枝条一律剪掉,以后逐年修剪以养成理想冠形。

对无主干的灌木树种,可自植株基部处选留生长健壮的5~7个主枝,其他多余的枝条一律剪掉。使选留下的5~7个主枝均衡生长,从而养成丰满的冠形。

(3)整形修剪时需注意的问题

①剪口与剪口芽。修剪时,剪口应离剪口芽顶端约0.5~1 cm。若为扩张树冠,剪口芽应留外芽;若为填补树冠内膛空缺,剪口芽则应留内芽。若为改变枝条方向,剪口芽的朝向应是树冠内枝条稀少处或树形要求之处。若为控制枝条生长,剪口芽则应留弱芽,反之则应留壮芽。剪口的形状可以是平剪口或斜剪口。

②剪口的保护。若枝条伤口面积较大,为防止日晒雨淋与病菌入侵,可先用锋利的刀削平伤口,然后用硫酸铜等溶液对伤口消毒,再于伤口处涂保护剂。

③上树修剪时一定要注意安全,以防止事故发生。

④修剪前,操作用具应准备齐全。

⑤修剪后,对剪下的枝条应及时处理。

(三)各类大苗的整形修剪技术

1. 乔木类大苗的整形修剪

乔木类可用作行道树或孤植树,要求有高而直的树干,完整、紧凑、匀称的树冠,适合整成有中心干的疏散分层形树形。对树干高度的要求一般在2.0 m以上。

(1)阔叶类乔木大苗的整形修剪

广玉兰、红楠、银杏、梨、柿等阔叶类乔木,顶端优势强,较喜光。生产上常把这类植物整成疏散分层形(图5—3—1)。

疏散分层形树形整形修剪步骤(图5—3—2)所示。

第一步,为促进植株的主干生长,用除萌、抹梢、疏剪等方法,逐年疏去自主干1.8~2 m高度以下抽发的侧枝和萌蘖枝。

第二步,对自主干1.8~2 m高度以上抽发的侧枝应尽可能留下,任其自然生长,形成未来树冠的基枝。但当树冠中出现竞争枝时,应对竞争枝用疏枝、短剪、拉枝等方法对其进行处理,避免双干或多干现象出

图5—3—1 疏散分层形树形示意

现,影响树冠形状。

第三步,为改善树冠内部的通风透光条件,对树冠中过密枝、重叠枝等应用疏剪等方法予以删除。

第四步,视相应植物的生长特点与生长要求,按上述方法处理树体的第2层或第3层。注意每层的层间距约为15~30 cm;为避免树冠枝条相互交叉与重叠,同层骨干枝的延伸方向应相同,相邻层间骨干枝的延伸方向相反。

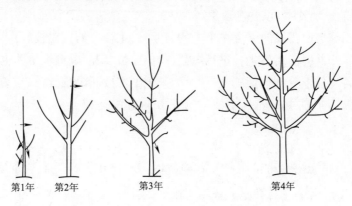

图5—3—2 疏散分层形树形整形修剪步骤

(2)松柏类乔木大苗的整形修剪

松柏类乔木树种枝条的顶端优势明显,大多可按植株枝条的自然生长方式培养树体树形。

为保持松树类苗木主干延长枝的顶端优势,在其生长4、5年后,从树冠基部开始,由下至上,每年都可疏去一轮或一圈枝条,直到预定的高度。

黑松和油松每年都会抽生一轮主枝,时间一长将削弱主干的生长势。为保持黑松和油松树种主干的生长势,对定干高度以上的每层或每轮只需选留生长与分布都较均匀的3、4个枝条即可,其余的则全部抹去。

白皮松和华山松易从树干基部萌发徒长枝。可采用抹梢、疏剪等方法及时剔除;柏类幼苗易抽发徒长枝,也应利用疏剪等方法及时处理。

2. 小乔木类大苗的整形修剪

小乔木类树木在园林绿化中多起观赏作用,对这类植物进行整形修剪的目的与任务是调节好树体的营养生长与生殖生长。

小乔木类植物通常较喜光,中心主干不明显。生产上对小乔木类植物的整形方式有杯状形、开心形、自然开心形等。

(1)杯状形树形的整形修剪

生产上常把樱花、梅花、桃花、紫薇、榆叶梅等小乔木树种整成杯状形树形。具有杯状形树形法的植株,树干不高;主枝数量一般为3、4个;主枝在主干上呈放射状杯状形排列着生,主枝相互着生时虽有间隔,但待主枝长粗后,相互间看似近于轮生;树冠中心开阔,通风透光条件好(图5—3—3)。

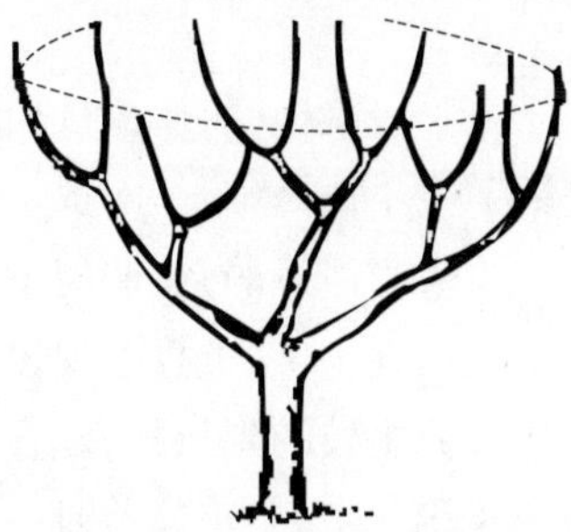

图5—3—3 杯状形树形示意

杯状形树形修剪步骤：

第一步，一年生苗移植后，主干留1.0 m左右剪去顶梢(定干)，剪口芽留壮芽。

第二步，随着树体上枝梢的继续生长于新梢的抽发，在整形带内选留主枝。树体上选留的主枝数量通常为3、4个，其余抹去，在距地面30～40 cm处选留第1个主枝；在与第1主枝相距20～30 cm处继续选留第2个主枝。后以大致相同的距离选留第3个主枝(剪口芽处抽发的枝条长为第3个主枝)。选留的3～4个主枝相互分布要均匀；彼此间的距离为20～30 cm，枝条间不能出现轮生、重叠等现象。

第三步，夏季修剪时需及时除去主干上的萌蘖枝，主枝上的直立枝。

第四步，冬季修剪时需对各主枝进行短截，剪口芽留壮芽，以继续培养主枝延长枝。

第五步，在各主枝上分别选留副主枝时，为避免副主枝间出现交叉、重叠现象，影响树形与树体的通风透光，应注意每轮副主枝的延伸方向应该是相同的。

(2)开心形树形的整形修剪

桃、樱花、榆叶梅等树种也可整成开心形树形。具有开心形树形的植株，树干不高；主枝数量一般为3、4个；主枝在主干上呈放射状杯状形排列着生，主枝相互着生时虽有间隔，但待主枝长粗后，相互间看似近于轮生；树冠中心开阔，通风透光条件好(图5—3—4)。

图5—3—4 开心形树形示意

开心形树形的整形修剪步骤如图5—3—5所示。

第一步，一年生苗移植后，留50～60 cm左右剪去顶梢。

第二步，随着树体上枝梢的继续生长与新梢的抽发，在整形带内选留主枝。

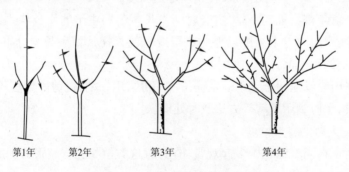

第1年　　第2年　　第3年　　第4年

图5—3—5 开心形树形的整形步骤

一般来说，树体上选留的主枝数量为3、4个，其余的抹去，在距离地面25～30 cm处选留第1个主枝，然后依次选留第2、第3主枝。

应当注意的是，选留下的3、4个主枝分布要均匀；主枝相互间的着生距离为10～15 cm，不能出现轮生、重叠等现象。为增强第1主枝和第2主枝的生长势，可选斜向上生长的枝条代替原主枝的延长枝，并在适宜的时候进行短截。

第三步，冬季修剪时，可用短剪的方法处理主枝。短剪的程度与原则为强枝轻度短剪，一般短剪去枝条的1/3～2/5；弱枝中度短剪，可剪去枝条的1/2～2/3。

第四步，当主枝的延长枝生长量过大、延伸过长时，要及时用回缩的方法对其进行处理，或选择适宜的枝条代替原延伸枝。对选定的枝条也要根据全树枝条的生长情况,用短剪或缩剪的方法对其进行适当的短截和回缩。

第五步,整形修剪过程中,需注意主枝与侧枝的从属关系。一般来说,侧枝的长度与粗度不宜超过所属主枝的长度与粗度。

3. 灌木类苗木的整形修剪

为了把灌木类大苗的树形培养得丰满、均匀,对这类树木应从小苗起开始摘心,促使其从树干基部处抽发大量枝条而形成理想的灌丛。

第一步,结合对此类小苗进行的第 1 次移植,用截干法对地上部离地面 5 cm 处,留 3~5 个芽进行重剪,促其多抽发新枝。

第二步,以后每年只需剪去树丛中的病虫枯枝、过密枝、创伤枝等,并视情况适当疏截徒长枝。

第四步,对分枝力弱的灌木树种,为促其多抽发枝条,培育出树形美观的灌木丛,每次移植时都需在适当处进行重剪。

(三)大苗移植技术

大苗修剪技术的主要目的是最大限度地保持大苗移植与圃前的树形,尽可能减少树冠内各枝干伤口,控制树体的水分蒸腾,维持树体的水分平衡,提高大苗移植与出圃的成活率。

大苗生产过程中,与修剪技术配套措施如下。

1. 起苗时,挖好土球,防腐促根

在大苗起苗移植、出圃过程中,为减少可能从伤口处引起生理失水现象的发生,维持根系良好的吸收功能,应挖好土球,尽量少伤根系;对起苗时所形成的根系伤口,可施用杀菌防腐剂和促根激素,以促进不定根的发生,尽快恢复根系正常的生理功能。

防止根系腐烂的防腐剂有多菌灵、百菌清、甲基托布津等广谱杀菌防腐剂。使用时可参看使用说明,兑水后调成相应浓度,在土球外侧进行喷洒。对伤口直径超过 2 cm 的根系切口,还需要伤口保护剂进行涂抹、封闭。

除了对挖起的土球喷洒 1~2 次防腐杀菌剂外,生产上还常用萘乙酸(NAA)、吲哚丁酸(IBA)、生根粉(ABT)等植物生长调节剂喷洒土球以促根。萘乙酸的使用浓度为 0.005%~0.01%,吲哚丁酸的使用浓度为 0.01%~0.02%。

2. 改良大苗移植圃地土壤,增加移植圃地土壤的透气性

大苗出圃至移植之前应做好移植地的土壤改良工作。为增加移植圃地和移植穴土壤的透气性,回填土壤之前,可把用纱网缝制而成的直径在 12~15 cm、长度 1 m 袋内填充珍珠岩,两头用绳子扎紧的透气袋垂直放在移植穴与土球四周。每穴可放 3~4 个透气袋。

注意,放置的透气袋一定要高出地面 5 cm,回填土壤时不能把透气袋埋在土壤中。

已有公司研制出了用塑料做成的直径为 10 cm 的透气管,并在透气管中安置了灌溉系统。大苗移植时利用这样的透气管,即可增加土壤的透气性,又能对土壤实施灌水和施肥。

3. 大苗移植初期滴注营养液

为提高免修剪大苗的成活率,平衡树体含水量,可在大苗移植初期对大苗滴注营养液,在大苗骨干枝的树皮上扎一小孔,把树体需要的营养物质与生长刺激物质,通过此小孔以给树体打吊针的方式进行补充。树体的这种非根系吸收活动对大苗树势的及时恢复与树体的

成活均有较好影响。

上海、南京、成都等地均已有相关公司专门生产大苗滴注用设备与相应营养液。

4. 使用蒸腾抑制剂

（1）蒸腾抑制剂的类型

目前生产上使用的蒸腾抑制剂有很多，常用的有代谢型抑制剂、成膜型蒸腾抑制剂、反射性蒸腾抑制剂。

①代谢型蒸腾抑制剂又称为气孔型蒸腾抑制剂，主要作用于叶片的气孔与保卫细胞。将代谢型的蒸腾抑制剂喷到树冠上后，可使叶片上的气孔与保卫细胞关闭或开度减少，从而增加了水分蒸腾阻力，降低水分的蒸腾量。

阿特拉津等解偶联剂 -2,4 二硝基苯酚（DNP）、脱落酸（ABA）等都属于代谢型蒸腾抑制剂。喷施一次 DNP，能使树体连续 12 d 的蒸腾得到有效控制与降低；若喷施一次低浓度甲草胺（0.002%），则可使树体 20 d 以上的蒸腾得到较好控制。

②成膜型蒸腾抑制剂一般为有机高分子化合物。将这种抑制剂喷布于叶片表面后，能在叶表形成很薄的膜，从而阻止水分子向大气中扩散，降低树体的水分蒸腾量。

丁二烯酸、十六烷乳剂、氯乙烯二十二醇等都属于成膜型蒸腾抑制剂。将丁二烯酸喷布于欧洲白桦、小叶椴、挪威槭、钻天杨等树体的树冠上，8~12 d 内可使叶片的蒸腾强度下降 30%~70%。

③反射性蒸腾抑制剂是利用反光物质反射部分光能，从而达到降低叶片温度与蒸腾强度的目的。

高岭土是这种类型中的一种，因其价格低廉，目前生产上使用较多。在作物与树体上喷施浓度为 6% 的高岭土，能使叶片表面温度下降 1℃~2.5℃，叶片蒸腾强度明显降低。

（2）蒸腾抑制剂的使用方法

①不管使用任何蒸腾抑制剂，每次使用前都应进行浓度与药害试验。

②使用蒸腾抑制剂时，喷施一定要均匀，每片叶片都要喷到。

③由于叶片的气孔与茸毛主要集中着生、分布在叶背上，所以叶片的正反面，特别是叶片背面都要喷到，且喷施的量要适当。

④喷施蒸腾抑制剂后，要注意对树体进行遮阴降温。由于目前使用的抗蒸腾剂主要以成膜型为主，其在抑制叶片蒸腾的同时，必然提高叶片温度，所以高温季节使用蒸腾抑制剂时一定要慎重。

第四节 苗木出圃

苗木出圃就是将在苗圃中培育至一定规格的苗木，从生长地挖起，用于绿化栽植。出圃的过程包括调查、起苗、分级、统计、假植、包装、运输和检疫等。

一、苗木出圃前的调查

（一）调查目的

通过苗木调查，了解各类苗木的数量和质量，以便做出苗木的供应计划和生产计划，并可通过调查,进一步掌握各种苗木的生长发育状况,科学地总结育苗经验,为今后的生产提供科学依据。

(二)调查的内容

苗木的数量、年龄、胸径或地径、苗高、冠幅、枝下高、苗木受病虫危害、机械损伤程度及干形状况。

(三)调查时间

苗木调查,应在苗木的高、径生长停止以后进行,落叶树种要在落叶前进行。因此,调查的时间多在秋季树木停止生长以后进行。

(四)调查方法

1. 计数法

对于珍贵树种的大苗和针叶树树苗,为了数据准确,常按垄或畦逐株点数,在逐株、逐行地清点苗木数量的同时,需用皮尺等测量工具测量苗木的胸径、地径、分枝点高、冠幅等各项质量指标,并详细记录于表5—4—1中,以掌握苗木的数量和质量。有些苗圃还对准备出圃的苗木,进行逐株清点、测量,并在树上做上规格标志,为出圃工作带来了方便。

表5—4—1　苗木调查统计表

作业区	树种	苗龄	苗木质量指标				株数	面积(m^2)	备注
			苗高(m)	主干高(m)	胸径/地径(cm)	冠幅(m)			

调查记录人:　　　　　　　　　　　　　　　调查日期:　年　月　日

2. 标准地调查

适用于床式育苗(包括播种、扦插、移植、留床等)的小苗。在调查区内随机抽取$1 m^2$的标准地若干,在标准地上逐株测量苗高、地径、冠幅等质量指标,并计算出每平方米苗木的平均数量和质量,并将详细资料记录在表5—4—1中,进而推算出全生产区苗木的产量和质量。

3. 标准行调查

标准行法适用于移植区、部分大苗区以及扦插苗区等。在要调查的苗木生产区中,每隔一定的行数(如5的倍数),选一行或一垄作为标准行(垄),再在标准行上选出有代表性的一定长度的地段,在选定的地段上进行苗木质量指标和数量的调查,然后计算出调查地段苗行的总长度和单位长度的产苗量,并以此推算出单位面积(亩或公顷)的产量和质量,并将详细资料记录在表5—4—1中,进而推算出全生产区的产苗量和质量。用这一方法调查,必须是株行距相同,才比较准确。

4. 对角线调查

在树种、育苗方式、苗木种类、苗龄均相同的一块育苗地拉两条对角线,在与对角线相交的每米长度范围内进行调查,并将详细资料记录在表5—4—1中,此法适于垄式或床式育苗。

选择标准地(行)时,必须有代表性调查所占育苗总数百分比,见表5—4—2。

表5—4—2 调查苗本百分比表

顺序	作 业 项 目	生长整齐	生长不整齐
1	播种区	2%	4%
2	插条区、移植区、留床区及其他无性繁殖区	5%~10%	10%~20%
3	一般大苗区	20%	40%
4	准备出圃大苗区,行道树胸径6cm以上,高4m以上,整形冠1m以上	每木调查	每木调查

需要说明的是,选标准行或标准地,一定要从数量和质量上选有代表性的地段进行苗木调查,否则调查结果不能代表整个生产区的情况。

二、苗木出圃的质量要求

苗木是园林绿化建设的物质基础,是绿化景观效果的关键所在。因此,必须把好出圃苗木的质量关,确保出圃苗木为优质壮苗,在绿化中充分发挥其观赏价值、绿化效果和生态功能,满足各层次绿化的需要。对出圃苗木应制定相关的质量标准。

(一)苗木出圃的质量指标及要求

1. 质量指标

凡能反映苗木质量优劣的形态指标和生理指标统称为苗木质量指标。在生产上一般选用便于测量的形态指标,如苗高、苗重、地际直径、根系、茎根比和高径比等来鉴别苗木的优劣。

2. 质量要求

(1)出圃苗木应是生长健壮,树形、骨架基础良好的苗木。

(2)根系发育良好,有较多的侧根和须根。主根短而直,起苗时不受机械损伤。根系的大小根据苗龄、规格而定。

(3)苗木的茎根比小、高径比适宜、重量大。茎根比是指苗木地上部分鲜重与根系鲜重之比。茎根比大的苗木,根系少,根系与地上部分比例失调,苗木质量差;茎根比小的苗木,根系多,质量好。但茎根比过小的苗木,地上部分生长小而弱,质量也不好。

高径比是苗高与地际直径之比,反映了苗木高度与苗粗之间的关系。高径比适宜的苗木,生长匀称,质量好。高径比过大或过小,表明苗木过于细高或过于粗矮,都不好。另外,苗木的全株重量能比较全面地反映苗木质量。同一种苗木,在相同的条件下栽培,重量大的苗木一般生长健壮,根系发达,品质优良。

(4)苗木无病虫害和机械损伤。

(5)对于萌芽力弱的针叶树种,要有饱满的顶芽,且顶芽无二次生长现象。

评定苗木质量的优劣,要根据苗木的质量指标进行全面分析。国外根据苗木的含水量、苗木根系的再生能力、苗木的抗逆性等生理指标来评定苗木质量的优劣。

(二) 出圃苗木的规格要求

出圃苗木的规格，需根据绿化任务的不同要求来确定，如用做行道树的苗木，规格要求较大，而一般绿地用苗规格要求可小些。目前苗木的出圃规格，国家还没有统一标准，但各地方根据不同的绿化要求和实际情况制定了相应苗木标准。现介绍北京市园林局对园林苗木的规格标准，可供参考(表5—4—3)。

游龙式的龙柏，各个侧枝顶部必须向同一个方向扭曲。

树状月季要具有1 m以上的枝下高，4~5个分布均匀的枝条。

表5—4—3 苗木出圃规格标准

苗木类别		代表树种	出圃苗木的最低标准	备　注
大中型落叶乔木		毛白杨、槐、元宝枫、合欢	树形良好，干直立，胸径要在3 cm以上(行道树4 cm以上)，分枝点在2~2.2 m以上	干径每增加0.5 cm应提高一个规格级
常绿乔木		香樟、桂花、广玉兰	树形良好，主枝顶芽苗壮，保持各种树形特有的冠形，苗下部枝叶无脱落现象。苗高1.5 m以上，胸径5 cm以上	干径每增加0.5 cm应提高一个规格级
有主干的果树、单干式的灌木和小型落叶乔木		苹果、柿树、苹果、榆叶梅、碧桃、紫叶李、西府海棠、垂丝海棠	树冠丰满，枝条分布匀称，根际直径在2.5 cm以上	根际直径每提高0.5 cm，应提高一个规格级
多干式灌木	大型灌木类	丁香、黄刺玫、珍珠梅、金银木	根际分枝处有3个以上分布均匀的主枝，出圃高度要在80 cm以上	高度每增加30 cm提高一个规格级
	中型灌木类	紫荆、紫薇、木香、棣棠	根际分枝处有3个以上分布均匀的主枝，出圃高度要求在50 cm以上	高度每增加20 cm增高一个规格级
	小型灌木类	月季、小檗、郁李	根际分枝处有3个以上分布均匀的主枝，出圃高度要在30 cm以上	高度每增加10 cm提高一个规格级
绿篱苗木		侧柏、小叶黄杨	苗木树势旺盛，基部枝叶丰满，全株成丛。冠丛直径20 cm以上、高50 cm以上	苗木高度每增加20 cm提高一个规格级
攀缘类苗木		地锦、葡萄、凌霄	生长旺盛，根系发达，枝蔓发育充实，腋芽饱满，每株苗木必须带2~3个主蔓	苗木以苗龄确定出圃规格，每增加一年提高一级
人工造型苗木		龙柏球、黄杨球、罗汉松	出圃规格各异，可按不同要求和不同使用目的而定，但是球体必须完整、丰满	

三、起　苗

起苗又叫掘苗、挖苗，是把已达出圃规格或需移植扩大株行距的苗木从苗圃地上挖起来。起苗作业质量的好坏，直接影响苗木的产量、林木的生长发育、植树造林成活率、苗圃的经济效益以及绿化效果，必须十分重视。

起苗前要组织好人力以及起苗、运输、包装的物资和工具，并准备好假植的场地。

(一) 起苗季节

落叶树种起苗时期原则上应在苗木秋季落叶后至春季萌芽前的休眠期进行。有些树种也可在雨季进行。常绿树种的起苗,北方大都在雨季或春季进行,南方则在秋季天气转凉后的10月份或春季转暖后的3～4月及梅雨季节进行。

1. 秋季

早春发芽较早的树种,如落叶松、水杉等,应在秋季起苗。过于严寒的北方地区,苗木在苗圃内不能安全越冬,需将苗木挖起以保护假植越冬的幼苗,也应在秋季起苗。

秋季起苗应在苗木地上部分停止生长,叶片基本脱落,地上封冻前进行。此时根系仍在缓慢生长,起苗后及时栽植,有利于根系伤口愈合,而且有利于劳力调配,减轻春季劳力紧张的矛盾。

2. 春季

春季起苗主要用于不宜冬季假植的常绿树或假植不便的大规格的苗木。春季起苗一定要在树液开始流动前进行,最好随起随栽,时间多在雨水和春分之间,或可迟至梅雨季节。

3. 雨季起苗

我国西南、南方和东北地区适于雨季造林的树种,常在雨季起苗,随起随栽,以保成活。多用于常绿树种,如侧柏、樟子松、油松等。

4. 冬季起苗

适于南方,北方冬季起苗是指大苗破冻土、带土球进行起苗。这种方法一般在特殊情况下采用,而且费工费力,但可利用冬闲。

(二)起苗方法

起苗方法因树种和苗木大小而异,有带土和不带土两种。一般落叶树均不带土,而常绿阔叶树和针叶树大苗,一般都带土起苗。

1. 人工起苗

人工起苗一般分为裸根起苗和带土球起苗两种方法。

(1)裸根起苗

绝大多数落叶树种和容易成活的针叶树小苗均可裸根起苗。

起小苗时,沿苗行方向距苗行20 cm左右处挖一条沟,在沟壁下侧挖出斜槽,根据根系要求的深度切断苗根,再于第二行与第一行间插入铁锹,切断侧根,把苗木推在沟中即可取苗(图5—4—1)。取苗时注意把根系全部切断再拣苗,不可硬拔,免伤侧根和须根。

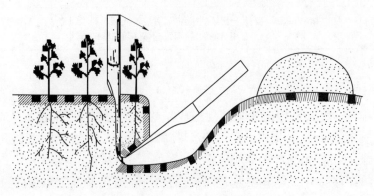

图5—4—1 人工裸根起苗方法

大苗裸根起苗时,宜单株挖掘,带根系的幅度应为其根茎粗的5～6倍,在稍大于规定的根系的幅度范围外挖沟,切断接合部侧根。再于另一侧向内深挖,将主根切断,注意不要使根系劈裂,然后将苗木轻轻放倒,再打碎根部泥土,尽量保留须根。苗木起后,应注意苗木保湿,防止失水,如果不立即栽植,要及时进行假植。针叶树种小苗及细须根多的阔叶树种小苗,起后应立即打浆,用湿草帘包起,以防风干。

(2)带土球起苗

一般常绿树、名贵树种和较大的花灌木常采用带土球起苗。土球的大小,因苗木大小、根系分布情况、树种成活难易、土壤质地等条件而异。一般土球直径约为根际直径的 8~10 倍,土球高度约为其直径的 2/3,应包括大部分根系在内,灌木的土球大小以其冠幅的 1/4~1/2 为标准。

起苗时先用草绳将树冠捆好,再将苗干周围无根生长的表面浮土铲去,然后在规定带土球大小的外围挖一条操作沟,沟深同土球高度,沟壁垂直。达到所需深度后,就向内斜削,将土球表面及周围修平,使土球上大下小呈坛子形。起掘时,遇到细根用铁锹斩断,3 cm 以上粗根用枝剪剪断或用锯子锯断。土球修好后,用锹从土球底部斜着向内切断主根,使土球与地底分开,最后用蒲包、稻草、草绳等将土球包扎好。常用的土球打包方式有桔子包、古钱包和五角包(图5—4—2)。

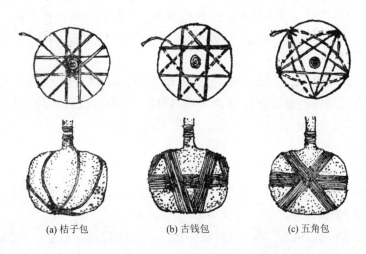

(a) 桔子包　　　(b) 古钱包　　　(c) 五角包

图 5—4—2　带土球苗木的包装方法

(3)断根缩土球起苗

大苗或多年未移植过的苗木,根系延伸范围广,吸收根群距苗干较远,掘取土球时带不到大量须根,影响苗木移植成活率,必须采用断根缩土球方法,促发须根。其方法是在起苗前 1~2 年,在树干周围按冠幅大小挖掘围沟,截断根系,再回填肥沃的泥土,促发新根。起苗时,在围沟外起土球包扎。

2. 机械起苗

用机械起苗,可以提高工作效率,减轻劳动强度,而且起苗的质量也较好。现在,很多规模大的苗圃都采用起苗犁,但该法只限于裸根起苗。南方各局因圃地面积小,裸根苗一般用人工起苗。北方和东北各局则采用机械起苗,用拖拉机牵引起苗犁。用这种方法起苗效率高、质量好。

3. 起苗注意事项

起苗时要少伤根系、避免风吹日晒。撅起的苗木应立即加以修剪,剪去过密枝、发育不充实枝、病虫枝和根系的受伤部分。常绿树种为减少蒸腾失水,对苗冠作必要的修剪,但不能破坏原有的树形结构。起苗前若圃地干旱,应在起苗前 2~3 d 灌水。为提高栽植成活率,应随起随运随栽,当天不能栽植的要立即进行假植,以防苗木失水风干。针叶树在起苗过程中应特别注意保护好顶芽和根系的完整,防止苗木失水。

四、分级与统计

(一)苗木分级

苗木分级又称选苗。分级的目的是使造林苗和绿化苗符合出圃规格,栽植后生长整齐,发育良好,通常将苗木分为合格苗、不合格苗和废苗三类。合格苗就是符合出圃规格的苗,又可分为Ⅰ级苗和Ⅱ级苗两种。不合格苗是指未能达到造林和绿化规格要求,但可经过留床或移植继续培育的苗。废苗是受病虫危害或机械损伤的苗,或是没有培养价值的等外苗。观赏苗则要求苗茎粗壮,根系发达,苗干通直,已充分木质化,无徒长现象,无病虫害,并且有一定高度和树冠的苗木。

苗木分级主要根据苗高和地径两个指标来确定。对绝大多数树种来说,地径是苗木分级的主要依据。此外,有时还增加一些其他有关指标,如针叶树有无正常的顶芽,也列为评定的指标。

苗木的分级工作最好在遮阴避风处进行,并做到随起苗、随分级,随假植或随出圃,以免失水过多,影响其成活率。分级时应对苗木适当修根,一般剪去过长的主根和根系受伤部分。对常绿阔叶树可剪去部分枝叶,以减少蒸腾。

(二)苗木统计

出圃苗木的统计,一般结合分级进行。大苗以株为单位逐株清点;小苗可分株清点,为了提高工作效率,小苗也可以采用称重法,即称一定重量的苗木,再折算出该重量苗木的株数,最后推算出苗木的总株数。

统计后将苗木分为 50 或 100 株捆成一捆,准备包装、假植或运输,统计表格式见表5—4—4。

表5—4—4 年苗木产量质量综合统计表

_____铁路局_____林场(所)

苗木种类	树种	繁殖方法	苗龄	育苗面积 (hm²)	总产苗量 (株)	合格苗								不合格苗			
						合计(株)	占总数(%)	一级苗				二级苗					
								苗高(厘米以上)	地径(厘米以上)	小计(株)	占总数(%)	苗高(厘米以上)	地径(厘米以上)	小计(株)	占总数(%)	苗高(厘米以上)	地径(厘米以上)	小计(株)	占总数(%)

场(所)长: 技术人员: 制表 年 月 日

五、假植与贮藏

(一)假植

假植即将苗木根系用湿润的土壤进行埋植。假植的主要目的是防止苗木根部失水,确保苗木质量。根据假植的时间长短,分为长期假植和临时假植。

1. 临时假植

起苗后不能将苗木及时运出苗圃,或苗木运到目的地不能及时栽植的,需进行临时假植。

苗圃地可在掘苗区的一侧,施工地可在附近土层湿润处,在不影响作业的情况下,掘临时假植沟,一般苗木沟深20~30 cm,宽20~30 cm。将分级打捆的苗木直立或倾斜放入沟中,只是假植方向要求不那么严格。码成5捆或10捆一排,不捆的苗木可50株或100株一排,然后用挖第二排沟的土埋好第一排苗木的根系,同时挖好第二排沟,再按埋第一排苗木的方法埋好第二排苗木,依此类推,将苗木全部假植完。此种方法时间不宜太长,一般5~10 d。

2. 长期假植(又称越冬假植)

入冬前将苗木全部埋入假植沟内使之安全越冬的方法即为越冬假植。

长期假植贮存苗木,在入冬前(一般在10月下旬至11月上旬),选地势高燥、排水良好、交通方便且背风的地方把假植沟挖好。若土壤湿度过大,则应提前挖好,以减少沟内湿度;若土壤过于干旱,则可在挖沟后灌水,以增加土壤湿度。沟的方向应与当地主风方向相垂直,迎风面的沟壁挖成45°的斜坡,背风面的沟壁挖成垂直。沟的规格依假植苗木的大小而定,一般小苗沟深为30~40 cm,中苗沟深为50~60 cm,大苗沟深为70~80 cm,沟宽100~150 cm。沟的长度依假植苗木的数量而定。将分级好的苗木,按品种、规格分别排列于斜壁上,用细碎湿土覆盖苗木的根部。覆土时,要摇动苗木根部,使土壤填满孔隙,覆土厚度为苗高的1/3~1/2。第一排埋好后码放第二排,依此类推。土地封冻前当气温降至0℃~5℃时,即可用土将苗木全部埋严,苗梢上部再覆土10 cm左右。当气温降至0℃以下时,再二次覆土20 cm左右,即可越冬。

在寒冷地区,易受冻害的苗木(如木槿等),为使苗木安全越冬,可用深80 cm的深沟假植。封沟时,首先在苗梢上覆10 cm厚的土,然后在土上加一层10 cm左右厚的稻草或树叶,最后再覆15~20 cm厚的土,这样即可得到更为理想的保温效果。

在风沙危害大的地区,可在假植沟的迎风面设置风障,进行防风。

在南方冬季温暖且无大风的地区,为了少占用地,可将苗木直立假植,两侧培土。大量假植时,为了便于春季起苗和运苗,假植沟之间应留有道路。

苗木入沟假植时,不能带有树叶,以免发热苗木霉烂。假植期间要经常检查,发现土下沉时要及时培土。春季解冻前要清除积雪,以防雪化浸苗。早春苗木不能及时栽种时,要用秸秆等材料覆盖遮阴,降低温度,推迟苗木发芽。

(二)低温储藏

苗木储藏的目的是为了达到更安全越冬,推迟苗木的萌发期,延长栽植时间,可采用低温储藏的方法。低温储藏的条件如下。

1. 温度

温度控制在0℃~3℃,最高不要超过4℃。在此温度下,苗木处于休眠状态,而腐烂菌不易繁殖。

2. 湿度

空气相对湿度控制在85%~90%左右。

3. 储藏设施

可利用冷藏库、冷藏室、冰窖、地窖等进行储藏。

只要能控制好上述条件,储藏苗木就能得到良好效果。例如,在温度为0.5℃~1.1℃,空气相对湿度为97%~100%的条件下,储藏苗木达半年以上,仍不影响成活率。

对用假植沟假植易发生烂根现象的苗木,如核桃、青桐、木香等,可采用地窖储藏。在排水良好的地方挖窖,上面加盖,在窖顶中央或两侧留通风口,在一端设出入口。当窖内温度约3℃时将苗木入窖。可将苗木在窖内平放,根部向窖壁,一层苗木一层湿沙,也可按临时假植的方法,将苗木分排用沙土埋严苗根,苗干可不用埋,均可得到良好的储藏效果。切忌苗木带叶储藏和沙子过湿,以防苗木霉烂。

六、包装与运输

(一)包装前苗木防止失水处理

常用苗木沾根剂、保水剂处理根系,保持苗木水分平衡。也可通过喷施蒸腾抑制剂处理苗木,减少水分丧失。

1. 泥浆沾根

俗称打浆,将苗木根系沾上泥浆,使根系形成温润的保护层,能有效地保持苗木水分。

2. 沾根剂沾根

苗木沾根剂是一种新型的高分子材料,吸水性能是自身的数百倍。高吸水树脂有多种型号,用于苗木沾根的类型为白色颗粒,无毒无味,具有很高的保水性,加入土壤还有改良土壤结构的作用。常用1份保水剂加400~600倍重量的水,搅拌即成胶冻状,用于苗木沾根价格便宜,用量少,是既理想又经济的苗木保水处理方法,值得推广。

3. HRC苗木根系保护剂

HRC苗木根系保护剂是在吸水剂的基础上,加入营养元素和植物生长激素等成分研制而成。HRC为浅灰色粉末,吸水量为自身的70倍以上,加适量水后呈胶冻状,用于苗木沾根,提高栽植成活率,效果明显。

(二)包装材料及方法

如果苗木需长距离运输,为防止苗根失水干燥,影响栽植成活率和日后的生长势,要将苗木加以细致包装。

1. 包装材料

生产上常用的包装材料有聚乙烯袋、聚乙烯编织袋、草包、麻袋、纸袋、纸箱、蒲包等,除聚乙烯袋之外,其他材料保水性能差,而聚乙烯透气性能差。美国有商品化苗木包装材料销售,是在牛皮纸内涂一层蜡层,既有良好的保水作用,透气性也较好。苗木保鲜袋是目前较为理想的苗木包装材料,由三层性能各异的薄膜复合而成,外层为高反射层,光反射率达50%以上;中层为遮光层,能吸收外层透过的光线达98%;内层为保鲜层,能缓释出抑制病菌生长的物质,防止病害发生。这种苗木保鲜袋还可重复多次使用。

2. 包装方法

进行苗木包装时,先将湿润物放在包装材料上,然后将苗木根对根放在湿润物上,并在根间加些湿润物,如苔藓、湿麦秆等。苗木放至适当的重量(20 kg 左右),将苗木卷成捆,用绳子捆住,但不宜太紧。最后在外面附上标签,其上注明树种、苗龄、数量、等级和苗圃名称等。

若短距离运输,苗木可散装在筐篓中,首先在筐底放一层湿润物,再将苗木根对根分层放在湿润物上,并在根间稍放些湿润物,苗木装满后,最后再放一层湿润物即可,也可在车上放一层湿润物,上面放一层苗木,分层放置。

(三)运输

大量苗木外运途中,要注意检查苗木的温度和湿度。一般带叶苗木宜在 5 ℃ ~ 10 ℃ 条件下运输,最好采用冷藏车厢,也可采取加冰降温的办法。休眠苗木,对短期运输途中的温度要求,上限不超出 15 ℃,下限不低于 0 ℃。若发现温度过高,要把包装打开通风降温。若发现湿度不够,则要适当喷水。运到目的地后,或及时栽植,或进行假植。若苗木失水过多,但尚未失去生机的,可将苗木水浸一昼夜再进行假植。

七、检疫和消毒

苗木检疫是为了防止危害苗木的各类病虫害、杂草随同苗木在销售和交流的过程中传播蔓延。因此,苗木在流通过程中,应进行检疫。运往外地的苗木,应按国家和地区的规定对重点病虫害进行检疫,如发现本地区和国家规定的检疫对象,应停止调运并进行彻底消毒,不使本地区的病虫害扩散到其他地区。检疫对象是指国家规定的普遍或尚不普遍流行的危险性病虫及杂草。

引进苗木的地区,还应将本地区没有的严重病虫害列入检疫对象。如发现本地区或国家规定的检疫对象,应立即进行消毒或销毁,以免扩散引起后患。

常用的苗木消毒方法如下:

(1)石硫合剂消毒。用波美 4° ~ 5° 石硫合剂水溶液浸苗木 10 ~ 20 min,再用清水冲洗根部一次。

(2)波尔多液消毒。用 1∶1∶100 式波尔多液浸苗木 10 ~ 20 min。但对李属植物要慎重应用,尤其是早春萌芽季节更应慎重,以防药害。

(3)硫酸铜水溶液消毒。用 0.1% ~ 1.0% 的硫酸铜溶液处理苗木根系 5 min,然后再将其浸在清水中洗净。此药主要用于休眠期苗木根系的消毒,不宜用作全株苗木消毒。

(4)高锰酸钾溶液消毒。用 0.05% ~ 0.1% 的高锰酸钾溶液浸泡苗木 15 ~ 20 min,再用清水冲洗。

八、建立育苗技术档案

建立育苗技术档案,旨在观察、记录育苗生产活动情况,及时准确地掌握各种苗木的生长规律,总结育苗技术经验,了解土地、劳力、机具、材料等使用情况,并为建立健全育苗计划管理,劳动组织,编制生产财务计划,确定生产定额,各种规章制度,以及实行科学管理提供可靠的依据。

技术档案的主要内容有育苗技术措施台账见表5—4—5,苗圃土地利用台账见表5—4—6,苗圃作业日记台账见表5—4—7,年育苗技术措施台账见表5—4—8。

为了充分发挥技术档案的作用,要求指定专人负责观测记录,实事求是,认真负责,坚持不懈,每月、每季、每年进行一次整理,分析和总结,并按时间先后装订成册,妥善保管。

表5—4—5 年苗木生长发育记录台账

树 种		苗龄			繁殖方法			移植次数		
开始出苗					大量出苗					
芽膨大					芽展开					
顶芽形成					芽变色					
开始落叶					完全落叶					
项 目	生长量									
	月/日	月/日	月/日	月/日	月/日	月/日	月/日	月/日	月/日	月/日
苗高										
地径										
根系										

出圃	级别	分级标准		单产	总产量
	一级	高度			
		地径			
		根系			
		冠幅			
	二级	高度			
		地径			
		根系			
		冠幅			
	三级	高度			
		地径			
		根系			
		冠幅			
	等外苗				
	其他				
备注				合计	

育苗年度: 　　　　　　　　　　　　　　　　　　　　　　　　　填表人:

表5—4—6 苗圃土地利用台账

作业区号:　　　　　　面积:

年度	树种	育苗方法	作业方式	整改土地	除草作业	灌溉作业	施肥作业	病虫情况	苗木质量	备注

表 5—4—7 苗圃作业档案

作业区号： 面积： 年 月 日

树种	作业区号	育苗方式	作业方式	人工	机具		作业量			物料使用量			工作质量	备注
					名称	数量	名称	单位	数量	名称	单位	数量		
总计														
记事														

表 5—4—8 年育苗技术措施台账

树种： 苗龄： 育苗年度： 填表人：

育苗面积：		种(条)来源：		繁殖方法：		
种条品质：			种条的贮藏方法：			
种子消毒催芽方法：				前茬：		
整 地		耕地日期：	耕地深度：		作畦时间：	
土壤消毒		时间：	种类：	用量：	方法：	
施 肥		基肥：	时间：	种类：	用量：	方法：
		追肥：	时间：	种类：	用量：	方法：
育 苗		实生苗：	播种量：	播种时间：	播种方法：	覆土厚度：
		扦插苗：	扦插密度：	扦插时间：	扦插方法：	成活率：
		嫁接苗：	砧木及来源：	嫁接时间：	嫁接方法：	成活率：
		移植苗：	移植苗龄：	移植时间：	移植方法：	成活率：
覆 盖		覆盖物：		覆盖起止时间：		
遮 阴		遮阴物：		遮阴起止时间：		
间 苗		时间：	留苗密度：	时间：	留苗密度：	
灌 水		时间：		次数：		
中 耕		时间：		次数：	深度：	
病虫害防治	名称	发生时间	防治时间	药剂名称	浓度	方法
	病害					
	虫害					
		日期	面积	单产量	合格苗率	起苗与包装
	实生苗					
	扦插苗					
	嫁接苗					
新技术应用情况						
存在问题和改进意见						

第五节 设施育苗

树木新品种的引进和野生资源的开发利用,丰富了园林植物的品种资源。但是,在生产实践中,常因新品种的资源偏少,扩繁技术跟不上等原因,致使一些新优园林植物品种的快速、大量应用受到限制。随着科学技术的发展,现在不少苗圃运用了容器育苗、塑料大棚育苗、无土栽培等先进扩繁技术,为园林绿化提供了充足的苗木资源。

一、容器育苗

利用各种容器装入培养基质,在适宜的环境条件下培育苗木,称容器育苗。所得的苗为容器苗。目前容器育苗已经被广泛应用于蔬菜、花卉、苗木等的栽培。

(一)容器育苗的优缺点

容器苗具有发育良好的根系,生长迅速,育苗周期短,栽植后没有缓苗期,移栽成活率可达85%以上,但单位面积产苗量低,成本高,营养土的配制和处理等操作技术比一般育苗复杂。

(二)育苗容器

育苗容器一般应具备下列条件:有利于苗木生长,制作材料来源广,加工容易,成本低廉,操作使用方便,保水性能好,浇水、搬运不易破碎等。

育苗容器主要有塑料袋、塑料薄膜筒、纸筒、营养砖、营养钵、蜂窝杯等。制作容器的材料有软塑料、硬塑料、纸浆、合成纤维、稻草、泥炭、黏土、特制的纸、厚纸板、单板、竹蔑等。容器有单个的,也有组合式的。有的容器与苗木一起栽入土中,有的则不能。有一次性使用的容器,也有多次可使用的容器。我国绝大多数采用塑料袋单体容器杯和蜂窝连体纸杯容器、无纺布容器。

育苗容器根据容器壁的有无和材料的种类,基本上分为有壁容器、无壁容器两个类型。

1. 有壁容器

(1)一次性容器。容器虽有壁,但易于腐烂,填入培养土育苗,移栽时不需将苗木取出,连同容器一同栽植即可。如蜂窝纸杯如图5—5—1(a)所示,也可用废旧报纸等做成纸杯进行育苗。

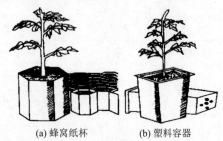

(a) 蜂窝纸杯　　(b) 塑料容器

图5—5—1　有壁容器育苗

(2)重复使用容器。容器有外壁,其选用的材料不易腐烂,栽植时必须从容器中取出苗木,用完整的苗木根系进行栽植。容器可以重复利用,如各种塑料制成的容器如图5—5—1(b)所示。

2. 无壁容器

其本身既是育苗容器又是培养基质。如稻草—泥浆营养杯(用稻草和泥浆或加入部分腐熟的有机肥做成);黏土营养杯(用含腐殖质的山林土、黄土和腐熟的有机肥制成);泥炭营养杯(用泥炭土加一定量的纸浆为黏合剂制成)等。这种容器常称营养钵或营养砖,栽植时苗与容器同移同栽(图5—5—2)。

容器的形状有圆形、方形、六角形等,要求既要适于苗木的生长,又便于排列集约生产。容器的大小对幼苗的生长发育,尤其对根的生长有一定的影响。各地所使用的规格也不一致,一般幼苗培育所用的培养容器多在高 8~20 cm,直径 5~15 cm 范围内,可依苗木生长的不同而变化。

(三)育苗基质

1. 基质应具备的条件

基质是苗木培育的物质基础,是至关重要的育苗因素。容器育苗基质应具备的条件如下。

图 5—5—2　无壁容器
育苗(营养钵)

(1)成本低廉,易于在当地获取。

(2)具有种子发芽和幼苗生长所需要的各种营养物质,有机质含量在 10% 以上。有适当的阳离子交换能力。土壤酸碱性可以根据树种的要求调节。

(3)经多次浇水,不易出现板结现象。

(4)具有较强的保水力和空隙度,保水性能好,通气好,排水好。

(5)结构应充实致密,重量轻,便于搬运。

(6)不带病虫和杂草种子。

2. 常见育苗基质

育苗时,根据培育的树种不同,将各种基质成分或原料按照适当的比例混合成所需的基质。按基质的成分、质地和单位面积的重量,育苗基质可分为以下几种。

(1)重型基质

质地紧密,单位面积的重量较重的基质,以各种营养土为主要成分,常见的有红心土、黄心土、河沙、菌根土等。

(2)轻型基质

质地疏松,单位面积的重量较轻的基质,以各种有机质或其他轻体材料为主要成分,常见的原料有以下几种。

①农林废弃物类。各种秸秆,如麦秸、麻秸、棉秸、玉米秸、葵花秸、茅草茎等;各种种子或果实外壳,如花生壳、水稻壳、棉花外壳、玉米壳、蓖麻壳、核桃壳等;其他废弃物,如林木枯枝落叶、修剪的枝条、木屑、竹屑、树皮等。

②工矿企业膨化的轻体废料。如珍珠岩、蛭石、泥炭、火烧土、煤渣、硅藻土、火山灰、酚醛泡沫、炉渣、燃烧后的稻壳灰等。

③工业固体生物质废料类。如食品厂、棉纺厂、棉麻厂废料、造纸厂废料、木材加工厂废料,食用菌废渣,经发酵的农家肥等。

(3)半轻型基质

介于重型基质和轻型基质之间的基质,由营养土和各种有机质按一定比例配制而成。目前在苗木培育中轻型基质和半轻型基质的应用越来越广泛。

3. 常用纯无土基质配方

现生产上常用的纯无土基质配方,一般是在上述材料的 1~2 种中掺加其他一些调节基质保水、通气性、容积比重等基质性能的物质配制而成。以下是当前国内外几个常见纯无土基质配方。

(1) 国外常见的几个纯无土基质配方

①泥炭土∶蛭石按1∶1或3∶1混合。

②泥炭土∶沙子∶壤土按1∶1∶1混合。

③泥炭土∶珍珠岩按1∶1混合。

(2) 国内常见的几个基质配方

①黄心土38% + 松树土30% + 火烧土30% + 过磷酸钙2%。

②黄心土50% + 蜂窝煤灰30% + 菌杯土18% + 磷肥2%。

③泥炭土50% + 森林腐殖质土30% + 火土18% + 磷肥2%。

④黄心土68% + 火土30% + 磷肥2%。

4. 育苗基质的处理

(1) 调节基质的酸碱度。一般情况下,针叶树育苗基质pH值为5.0~6.0,阔叶树为6.0~7.0。在育苗过程中,由于施肥、灌水等措施,基质的pH值还会发生变化,需进一步调整。调整基质pH值的常用方法是偏酸的育苗基质可用NaOH调整;偏碱的可用磷酸或过磷酸钙水溶液调整。

(2) 接种菌根。菌根接种一般采用把含有菌根的土壤加入容器育苗基质的办法。一般在种子发芽后一个月左右接种为宜。具有天然菌根的树种有松类、云杉、冷杉、落叶松、桉树、水青冈、栎类、核桃、刺槐、榆树、桤木等。

(3) 基质消毒。基质消毒一般有两种方法:一是采用高温消毒和蒸汽消毒;二是化学药剂熏蒸消毒。生产上常用甲醛对基质进行化学熏蒸消毒。

用甲醛对基质实行化学熏蒸时,基质必须是潮湿的。$1\ m^3$ 育苗基质需准备0.15%的甲醛药液40~80 L,药液与基质充分拌匀,用不透气的材料(如薄膜等)密闭覆盖48 h以上后,打开覆盖物,摊晒10~15 d,使残留药剂挥发消失,装填入容器。

(四) 容器育苗技术

1. 育苗地的选择

容器育苗切忌选在地势低洼、排水不良、雨季积水和风口处;对土壤肥力和质地要求不高、肥力差的土地也可进行容器育苗,但应避免选用有病虫害的土地;要有充足的水源和电源,便于育苗机械化操作。

2. 基质装填与容器排列

装填时,基质不宜过满,灌水后的土面一般要低于容器边口1~2 cm,防止灌水后水流出容器。

在容器的排列上,要依苗木枝叶伸展的具体情况而定,以既利于苗木生长及操作管理,又节省土地为原则,但要防止形成细弱苗。

3. 播种与覆盖

容器装填培养基后,应按品字形排列成行,摆放容器的地方最好与地面隔开,置于用木材、竹材、塑料或铁制成的框架上。进行播种育苗所用的种子必须是经过检验和精选的优良种子,播种前应对种子进行催芽和消毒。每个容器播2~3粒种子,播在容器中央,并使种子间有一定的间距,播后覆细土或珍珠岩,覆土厚度为种子直径的1~3倍,最深不超过1 cm。微粒种子以不见种子为度,覆土后要立即浇水。

播种后必须覆盖,覆盖材料宜选择草帘或塑料薄膜等,覆盖草帘宜在出苗后及时撤掉。上午10时~下午4时进行覆盖以保湿和防止太阳直晒;下午7时~翌日早上7时覆盖以提高地温。

4. 浇水与追肥

浇水要适时适量,播种后第一次浇水要充分,出苗期要多次、适量、勤浇,保持培养基达到一定的干燥程度后再浇水。生长后期要控制浇水,促进茎的增粗生长和苗木木质化,增加抗逆性,以减少重量,便于搬运,但干旱地区在出圃前要浇水。

灌水方法上最好采用滴灌或喷灌。目前,国外大型的盆栽育苗场经常用滴灌,或间用喷灌。尤其是施肥和灌溉同时并举时,更要使用滴灌以减少肥料的流失。

容器苗追肥一般采用浇施、喷施。将含有一定比例氮、磷、钾养分的混合肥料,用1:200~1:300的浓度配成水溶液,进行喷施,严禁干施化肥,追肥后要及时用清水冲洗幼苗叶面。根外追氮肥浓度为0.1%~0.2%。速生期以前每隔1个月追肥1次;速生期每隔1~1.5个月追肥1次;速生后期即8月中下旬追施1次磷肥后停止追肥。

5. 间苗

种壳脱落,幼苗出齐后1周左右,间除过多的苗木,最后每个容器中保留1株苗。

6. 病虫害防治

容器育苗一般很少发生虫害,但要注意防治病害,特别是灰霉。要及时通风,降低空气湿度,并适当使用杀菌剂,或在种子萌发后,将容器苗从温室移到阴棚内。

(五) 控根容器育苗技术

控根容器育苗技术是一种以调控植物根系生长为核心的新型快速育苗技术。控根容器快速育苗技术能促使苗木根系健壮发育、数量增加,缩短育苗周期、减少移栽工序、提高移植成活率,特别对大苗移植和恶劣条件下树木栽植具有明显的优势。

该技术主要由控根快速育苗容器、复合栽培基质和控根栽培与管理技术三部分组成,三者是相互联系、相互依赖,缺一不可。育苗容器是技术的核心部分,侧壁和底盘可以拆开,侧壁外面凸起的顶端开有小孔,内壁表面涂有一层特殊的薄膜,这种设计利用空气自然修剪的原理调整苗木的根系生长,试验表明总根量较常规育苗提高30倍左右,育苗周期缩短50%左右,苗木移栽成活率高达90%以上。复合栽培基质是以有机废弃物,如动物粪便、秸秆、刨花、玉米芯、城市生活垃圾等为原料,经特殊微生物发酵工艺制造,根据原料和使用对象配加保水、生根、缓释肥料以及微量元素复合而成。控根栽培与管理技术主要包括种子处理、幼苗培育、水热调控技术、移植技术等。针对不同品种、不同地域条件采用相应的技术。

控根快速育苗容器有三个特点。

1. 增根作用

控根快速育苗容器内壁有一层特殊薄膜,且容器四周凹凸相间、外部突出顶端开有气孔,当种苗根系向外向下生长时,接触到空气(围边上的小孔)或内壁的任何部位,根尖则停止生长,实施"空气修剪"和抑制根生长。接着在根尖后部萌发3个或3个以上新根继续向外向下生长,当接触到空气(围边上的小孔)或内壁的任何部位时,又停止生长并又在根尖后部长出3个新根。这样,根的数量以3的级数递增,增加了短而粗的侧根数量,根的总量较常规的大田育苗提高30倍左右。

2. 控根作用

一般的大田育苗,主根过长,侧根发育较弱。常规容器育苗方法由于主根发育,根的缠绕现象非常普遍。控根技术可以限制主根发育,使侧根形状短而粗,发育数量大,不会形成缠绕的盘根。

3. 促长作用

控根快速育苗技术可以用来培育大龄苗木、缩短生长期,并且具有气剪的所有优点,可以节约时间、人力和物力。由于控根育苗的形状与所用栽培基质的双重作用,根系在控根育苗容器生长发育过程中,通过"空气修剪",短而粗的侧根密布四周,可以储存大量的养分,满足苗木在定植初期的生长需求,为苗木的成活和迅速生长提供了良好的条件。育苗周期较常规方法缩短50%左右,管理程序简便,栽植后成活率高。

(六)双层容器育苗技术

20世纪90年代以来,美国和加拿大等发达国家开始研究和推广双层容器栽培方法,将栽有苗木的容器种植在埋在地下的容器中。双层容器栽培技术集基质栽培、滴灌施肥技术和覆盖保护于一体,解决了普通容器育苗的根系冻害、热害和水肥管理的问题。

双层容器栽培的容器有两个,支持容器套在栽培容器的外面,埋在土壤中。有了外界土壤的保护,栽培基质的温度变化比单容器栽培慢一些,因而双层容器栽培的苗木比单容器栽培对恶劣的环境有更强的抵抗能力。能够避免冬季苗木根系冻害、枯梢,夏季根部热害的发生。

双层容器栽培系统是采用无土基质栽培,人为创造苗木生长的最优环境,水分、养分及通气条件良好,苗木生长旺盛,同时冬季可采用覆盖措施,苗木提早发芽,生长期加长,缩短生产周期,出圃率提高,苗木质量得以保证,还不受土壤条件的限制。研究结果表明,双层容器栽培苗木生长率比普通苗圃的生长率高30%～40%,生产周期缩短,出圃率提高;而且移植成活率高,无缓苗期,绿化见效快。

双层容器育苗产品可参与国际市场竞争。普通苗圃生产是在土壤中栽培,因任何国家都不允许携带土壤的植物材料进口,苗木的出口受到限制。普通苗圃生产对于土壤传播的病虫害难以控制,产品难以参与国际市场竞争。由于双层容器栽培是采用无土基质,病虫害易于控制。

双层容器育苗系统是一个崭新的现代化苗圃生产系统,具有一次性投入大、管理技术水平要求高、效益大的特点,是我国苗圃业未来的发展方向,特别是为我国开发利用盐渍土和其他土地资源提供一条新的途径。

二、塑料大棚育苗

塑料大棚又称塑料温室,是用塑料薄膜或塑料板为覆盖材料建成的温室,具有结构简单、耐固性能良好、成本较低、建造容易、拆除方便等条件,适合我国北方、西北和东北等寒冷和高纬度地区使用。

(一)塑料大棚的建造

1. 大棚的种类

生产上常见的塑料大棚主要有两大类,单栋塑料大棚与连栋塑料大棚。

（1）单栋塑料大棚

单栋塑料大棚又分单屋面塑料大棚（图5—5—3）与拱园式单栋塑料大棚（图5—5—4）。单栋塑料大棚的建造较为简便，常以单体形式设计，跨度一般在8~12 m。

图5—5—3　单屋面塑料大棚

图5—5—4　拱园式单栋塑料大棚

①单屋面塑料大棚。一般坐北朝南，南低北高；北侧、东侧与西侧砌有墙体。具有保温和防风性能良好的特点，但建造起来比较费时费工。

②拱园式单栋塑料大棚。该种形式的大棚因屋面呈拱园形，日光可从不同的角度射入棚内，所以大棚内光照条件较好。结构简便；具有良好的抗风、抗雪等性能。要使其连起来形成连栋塑料大棚也较容易。

（2）连栋塑料大棚

连栋塑料大棚就是把2个或2个以上的单栋塑料大棚连成一体。连栋塑料大棚有拱园连栋塑料大棚（图5—5—5）与斜屋面连栋塑料大棚（图5—5—6）。

图5—5—5　拱园连栋塑料大棚

图5—5—6　斜屋面连栋塑料大棚

连栋塑料大棚的面积和空间较大，方便生产规模的扩大，单位面积生产成本的降低；便于机械化操作、自动化控制和集中管理；大棚内的温度和湿度不会出现急剧变化的现象。连栋塑料大棚中的每个单栋大棚跨度一般在5~10 m。

塑料大棚的地址应选择苗地位置适中，避风向阳处，地势平坦，具有良好的排水、灌溉条件，运输方便的地方。大棚的大小，以有利于育苗生产为原则，一般脊高2~3 m，两侧边桩高1.2~1.8 m，宽5~15 m，长30~50 m，面积适中，大棚的方向一般情况下长边以南北方向为宜。

2. 大棚的建造

建造大棚时,立柱要埋设牢固,骨架互相连接,以形成坚固的整体。骨架表面与塑料薄膜接触的地方不要留有棱角,以免磨损薄膜。一般选用透光性好、保温性强的塑料薄膜。在加温的条件下选用聚氯乙烯塑料薄膜,保温效果比聚乙稀薄膜要好。用有空气间隔的双层薄膜覆盖,热量损失少,保温效果更好。薄膜厚度以 0.1~0.15 mm、幅宽 1.4~2 m 为宜。覆盖薄膜时,薄膜上部每距 0.5~1 m,横向、纵向各拉尼龙绳或铁线一条,使薄膜固定,以增强抗风能力。

大棚两端开门,顶部和侧面每隔一定距离开天窗、侧窗,可以自由开、闭,以调节棚内温度和通气。

(二)塑料大棚育苗技术

塑料大棚的小气候是通过人为调节控制的,所以一些主要育苗技术与露地育苗有所不同。

1. 棚内育苗地的区划

大棚育苗地的区划内容包括主、副道,排、灌水渠和苗床配置等。主道应沿着大棚长边设置,并与大棚两端的门相通。副道与主道相垂直,数量视具体情况确定。主、副道的宽度以 50 cm 为宜。排、灌水渠可与道路相结合。棚内一般采取苗床育苗,高床育苗床面高出地面 15 cm,低床(畦)育苗,床面应比步道低于 15 cm。苗床的方向与主道垂直,床宽 1 m,床长依大棚的宽度而定,通常 5~10 m。如设喷灌设备,管道布设应便于各项育苗作业为宜。

2. 播种

因塑料大棚具有增温作用,可较露地育苗适当提早播种,在无加温设置的条件下可在 3 月下旬或 4 月上旬左右播种针阔叶树种子和各种花灌木种子,可提早播种 20 d。

播种前种子经过精选、消毒、催芽处理,待有 1/3 种子裂嘴露白时立即适量播种,播种后覆土、镇压,厚度大约为种子直径大小的 2 倍,中小粒种子大约 1 cm,银杏、京桃、榆叶梅约 2 cm。以覆沙壤土(或沙)为宜。播种前苗床浇透底水的情况下,播种后适量少浇水,使种子与土壤密切接触,保持表层土壤湿润,以利于种子发芽出土整齐。

3. 苗期管理

大棚育苗与露地育苗不同,除一般苗木生长抚育管理外,大棚内的温度、湿度、光照等管理很重要,成为大棚育苗成败的关键。

(1)温度管理

苗木生长期间,通过棚内加温设施,可将温度控制于适合植物生长的最适温 25 ℃~28 ℃。早春 4 月下旬,5 月上旬以前,气温较低,温度管理的重点是增温、保温。一般大棚内增温的方法是尽量吸收太阳辐射热能,并创造条件使热能散失减少到最低限度。具体方法是注意大棚密闭,尽量少开门窗,减少通风换气。有条件时可以在傍晚于大棚顶部覆盖草帘保温。5 月中旬以后,天气逐渐转暖,棚内温度也随之升高,当棚内气温升高到 30 ℃以上时,就要采取降温措施。降温的主要方法是浇水、灌水降温;打开门窗通风加大换气量,通过内外换气及水分蒸发降温。当棚内气温达到 35 ℃以上时,除打开天窗、边窗和门以外,还需揭开两边的薄膜放底风,控制棚内温度,在 6~8 月期间,除温度较低的阴雨天。一般均可将门窗打开、周边薄膜卷起,通风降温,白天保持 30 ℃,夜间 15 ℃。夏末秋初如苗木不出圃,可折起薄膜,使苗木经受晚秋露地锻炼,增强越冬能力。

也可以采用大棚顶部覆盖苇帘遮光,或用专用的塑料幕网遮阴,防止阳光直射,也可采用棚顶部喷水,棚内喷雾,水帘降温等措施调节降温,同时还可以防止苗木受灼伤。

(2)水肥管理

播种前苗床浇透底水,播种后保持表层土壤适度湿润。幼苗出齐后应少量勤浇,每日1~2次,苗木速生期要适当增加浇水量,减少浇水次数,每隔1~2 d浇一次水。但浇水不宜过多,以免温度高、湿度大而感染立枯病。

浇水可降低棚内温度,当中午地温上升时浇水可降低地面温度4℃左右。降温浇水主要喷洒在主、副道上,适量少浇苗床,主要采用喷雾提高棚内的空气湿度,达到降温目的。

生长前期追施氮、磷肥,后期追施磷、钾肥。一般在苗木速生期追施硫酸铵1~2次,每次10 m^2 苗床追施硫酸铵0.1~0.2 kg,追施磷肥时每次10 m^2 苗床追过磷酸钙0.5 kg。通常将肥料稀释成肥液均匀喷施在苗床上,然后及时用清水冲洗苗木茎叶,以防灼伤。

(3)通风换气、调节温度、湿度

大棚内温度升高,可开开天窗通风,同时排除湿气,增加棚内空气中二氧化碳,增强苗木抗病能力。苗木出土后,地温和气温不断升高时开始开窗通风。当棚外气温低于10℃时,白天打开门窗,适量通风换气,晚间关闭。棚外气温达20℃~25℃时,晚上打开门,早晨太阳出来后再打开部分边窗和天窗。当气温升高到30℃时,要卷起大棚周边薄膜至1m高,门窗全部打开。当气温降到20℃左右时,放下卷起的周围薄膜,关闭部分窗口。6月以后周围薄膜卷起放底风,打开全部窗口,以利通风降温。在阴雨天可只开门和部分边窗、天窗,大风天要关闭门窗。通风换气要先小后大。晴天多通风,阴天少通风。

在幼苗初期,通风位置最好在背风处。开天窗时要注意防止太阳光直射地面灼伤苗木。苗木生长期中,通风量加大,通风位置排气口在背风面,进风口在迎风面,这样通风换气效果良好。

(4)棚内 CO_2 气肥施用

生产上一般在日出后半小时至日落时,补充 CO_2 气肥。阴雨天与低温天气一般不施用 CO_2 气肥。在天气晴好、气温适宜的情况下,可在适当的时间段打开大棚的门窗,以增加棚内 CO_2 气体的浓度。若由于天气原因不宜开启大棚的门窗,可采取以下措施加以补充。

①在大棚内大量施用、堆埋未发酵的有机肥,以有效地补充棚内的 CO_2 气体。

②使瓶装的液体或固体 CO_2 流经相应阀门和通气管道,可将 CO_2 均匀地喷施到大棚内。

③在大棚内结合二氧化碳施肥器或发生器,可通过燃烧焦炭或木炭等补充棚内的 CO_2 气体。

(5)除草

除草时坚持"除早、除小、除了"的原则。做到容器、床面和步道上均无杂草。可进行人工除草,在基质湿润时将杂草连根拔除,防止苗根松动,也可以采取土壤处理和茎叶处理进行化学除草。常用土壤处理剂有乙氧氟草醚、扑草净、乙草胺、盖杰等;茎叶处理剂有草甘膦、高效盖草能等。

(6)病虫害防治

大棚内育苗地经过土壤消毒,病虫害和地下害虫危害不太严重,但由于棚内温度高、湿度大,主要是预防松苗立枯病。一般在幼苗出齐"去冒"后,每 5~6 d 喷施 1 次 0.5%~1.0% 波尔多液,连续喷施 5~6 次,或喷洒多菌灵 500 倍液每周 1 次,连续 3~4 次。一旦发现虫害,可用 50% 辛硫磷乳油制成毒土杀虫或用毒饵诱杀。

(7) 适量间苗

幼苗出齐后,结合松土适量间苗。间苗与定苗应尽量早,间密补稀,间除密集的簇生苗、过密的双株苗,间苗后要及时浇 1 次透水。但对针叶树种幼苗,幼苗适于密生,如果密度不是太大,可不间苗。如一定间苗,可在幼苗出齐后结合定苗同时进行,不留"伤心苗"。

(8) 撤棚和炼苗

随着苗木的生长,当棚内外条件相近似,可撤除大棚薄膜而炼苗。撤棚前要加大棚内通风量,在白天放风的同时,晚上也适时放风,直到四周薄膜全部掀起,分期分批撤掉薄膜。这样可使大棚苗木逐渐适应外界环境条件,不致因为突然改变环境条件而影响苗木生长,甚至造成苗木死亡。

生产实践证明,由于塑料大棚方便人为控制温度和湿度等环境条件,有利于种子萌发、扦插的插穗生根;提早了扦插与播种时间;延长了苗木生长期,明显提高了苗木产量与质量,成苗率高。为今后加快培育优质的各类苗木创造了多、快、好、省的途径。

三、全光喷雾嫩枝扦插育苗技术

全光喷雾嫩枝扦插是在不加任何遮阴措施的全日照条件下,采用现代化自动间歇喷雾技术,利用排水透气良好的插床与半木质化的幼嫩枝段,高效率、规模化生产扦插苗的方法。这种方法是当前国内外广泛采用的苗木生产新技术之一,属于非组织培养的植物苗木快速生产技术,是今后苗木生产现代化的主要发展方向。

当前,林业、园林绿化与果树苗木都可利用全光喷雾嫩枝扦插技术生产。

(一) 全光喷雾嫩枝扦插的优点

(1) 全光喷雾嫩枝扦插技术容易掌握,可实现扦插至插穗生根过程中的水分自动化管理,能间歇定时喷雾,是一种先进的现代化苗木生产方法。

(2) 生根迅速,苗木生长快,苗木生产周期短。

(3) 克服了扦插后生根难的问题。用嫩枝做插穗进行扦插,插后枝条的光合作用、蒸腾作用及其他各种代谢活动活跃,内源生长素含量相对较高,容易生根。

(4) 可实现专业化、工厂化、良种化和规模化的苗木生产。

(5) 为生产珍贵稀有植物种苗、推广优良品种和自动化生产扦插苗提供了新思路、新方法、新技术。

(二) 全光喷雾设备

我国广泛采用的自动喷雾设备有电子叶喷雾设备、双长悬臂喷雾设备、微喷管道系统 3 种,都由自动控制器和机械喷雾两部分组成。

(1) 电子叶喷雾设备。电子叶喷雾设备主要包括进水管、贮水槽、自动抽水机、压力水桶、电磁阀、控制继电器、输水管道和喷水器等。使用时,将电子叶安装在插床上,根据电子叶上有无水膜,自动调控喷头的工作状态,实现插床水分的自动调节。电子叶喷雾设备实质上是模拟插穗叶片对水分的生理需求而进行的自控间歇喷雾,对插穗的生根非常有利。

(2)双长悬臂喷雾设备。这是我国自行设计的对称式双长臂自压水式扫描喷雾设备,采用新颖实用的低压折射式喷头和旋转扫描喷雾技术,喷雾时不需要高位水压,160 m² 喷雾面积内的水压为 0.4 kg/cm² 即可。

(3)微喷管道系统。该系统主要由水源水分控制仪、管网和喷水器等组成。采用微喷管道系统进行扦插育苗,具有技术先进、节水、省工、高效、安装使用方便、不受地形影响、喷雾面积可调控等优点。

(三)全光喷雾条件下的插床

全光喷雾条件下的插床应建立在地势平坦、排水良好、四周无遮光物体的地方。插床所用的基质用河沙、蛭石、珍珠岩、炉渣、锯末、炭化稻壳、泥炭等,几种基质混用有时比单独使用一种效果好,如国外多用的一种基质配方泥炭土∶珍珠岩∶沙为 1∶1∶1,用于多种树种的扦插均获得较为理想的效果。插床类型有架空苗床和沙床。

1. 架空苗床

架空苗床的优点是可利用空气对容器底部根系进行断根;增加容器之间的透气性;减少基质的含水量;苗床的增温设施易于安装,苗床温度容易控制。

架空苗床的建造。先用一层或两层砖铺平地面,在铺平的地面上用砖砌成 3、4 层砖高的砖垛。砖垛之间的间距,可根据所使用育苗盘的大小尺寸确定。注意砖垛的高度应一致,在砖垛上摆放育苗托盘,架空苗床,苗床上安装自动喷雾设备。一般来说,每 4 个苗床可共用 1 个水池。

2. 沙床

沙床的特点是能使多余的水分自由排除,但其散热快,保温性能差。在早春、晚秋和冬季利用沙床实施扦插育苗时,应选择使用保温性能好的基质、增设加温设施或在沙床上添加覆盖物以保温。

沙床的建造。沿床的四周用砖砌成高 40 cm 的砖墙,砖墙的底层应留多处排水孔;床内最下层可铺小石子,中层铺炉渣,上层铺纯净的粗河沙;床上安装自动间歇喷雾装置(自动间歇喷雾装置工作喷水 1 次,可使沙床基质内的空气更换 1 次)。

(四)全光喷雾嫩枝扦插技术

在植物生长季节,从采穗圃或生长健壮的母树上,剪取当年萌发的带有数枚叶片的嫩枝作插穗,一般针叶树和大部分常绿阔叶树剪穗时带顶梢,落叶阔叶树剪穗时可以将穗条剪成几个插穗,不需带顶梢。插穗的长短也因不同树种而不同,一般长度在 6~10 cm。

不留顶梢插穗的剪取,一般先去掉幼嫩的顶梢,然后根据叶片的大小和节间的长短,将穗材剪切成几个一定规格的插穗,其中上切口在节上方 0.5~1.0 cm 处,下切口在节的下方,除去下部的叶片,保留上部的叶片。

对于带顶梢的穗材只需将穗条剪成一定长度,去掉下部的叶片即可,剪切插穗最好选用锋利的小刀,切口为平切、斜切和双面斜切均可。

将插穗插在自然全光照的弥雾插床上,扦插前一般应对插穗进行杀菌处理和促进插穗生根的生长素处理。

扦插时期与树种和当地气候条件有关,在我国南方地区温暖湿润的条件下,可以春、夏、秋三季扦插。而北方地区的园林树木枝条只在春季、夏季生长一次,所以多在夏季扦插。一一般在5~7月间扦插阔叶树种,针叶树种4~5月扦插为佳。

扦插的具体时间,应选在阴天、早晨或傍晚,有临时照明条件可在晚间扦插,随采、随剪、随扦插为好。

全光喷雾扦插的密度一般以插穗叶片相接但不重叠为宜,通常的扦插密度为400~1000株/m²。插后,晴天需不间断地喷雾,阴天可时喷时停,雨天和晚上可完全停止喷雾。根据扦插苗生长发育情况,结合喷雾,可施用药剂防治病虫,追施尿素、磷酸二氢钾等。

当插穗叶芽萌动并长出1、2张叶片,手轻提插穗感觉有重量时,表示根系发育已较完全。此时可移苗上盆,或移植于大田内继续培育。移植前1周可停止喷雾,并对幼苗适当遮阳;移植过程中,操作要精细,不能损伤幼根,力求做到边掘、边栽、边遮阳;移植后及时浇透水;之后的1个月每天可叶面喷雾2、3次;1月后逐步撤去遮阳物。

全光喷雾嫩枝扦插可保持叶面不萎焉、不腐烂,基质不过湿,能使许多难生根的树木在该条件下顺利生根。如扦插、喷雾和移栽各环节配合较好,可使桂花等难生根类植物的嫩枝扦插成活率达90%以上。全光喷雾嫩枝扦插的成本较高,在效益好的地区和单位运用较多。

四、地膜覆盖育苗技术

我国应用厚塑料薄膜覆盖地面的栽培技术研究较早,但利用0.015~0.018 mm的超薄膜覆盖栽培技术,还是最近3~5年发展起来的,目前已遍及全国各地,广泛应用于农业生产。园林育苗地膜覆盖应用时间较短,起步较晚,而且应用得也不够普遍,树种也比较单一。但从各地的生产实践结果来看,苗木的产量和质量都有明显地提高,经济效益也十分显著,收到良好的效果。

(一)地膜覆盖育苗的效果

出苗率高,出苗早、快、齐;苗高和地径生长显著增加;促进苗木根系生长发育;提高苗木的产量和质量,出圃率高;育苗技术简单,操作方便,成本低经济效益显著提高。

(二)地膜覆盖育苗技术

地膜覆盖育苗是利用一层0.015~0.018 mm超薄膜,覆盖林业和园林育苗地(苗床或垄面),人工改善环境和生态因子的综合技术措施。

1. 选好育苗地

应选择土层深厚、土质疏松、肥沃、酸碱度适中(pH值为6.5~7.5)的沙壤土、轻壤土或壤土较为适宜。不宜选择黏重低洼地、土质瘠薄风沙地和盐碱地育苗。

2. 细致整地

育苗地覆盖地膜后,一般在整个苗木生育期或生长前期,不再进行中耕、除草等作业。所以,对覆盖地膜的育苗地,必须适时进行深耕(25~30 cm)、细耙、整平。注意整地质量,切忌有草根、土块,要清除前茬苗木(或作物)的残株、残根。否则,不仅会影响铺膜质量,而且阻碍土壤水分的移动和苗木根系的生长。

3. 施足底肥

地膜覆盖区育苗地必须适时施入经过充分腐熟、倒细均匀的有机肥料作底肥,一般每亩应施入优质粪肥0.5~0.75万 kg。最好采取分层施肥,即秋翻地时先撒施一半肥料,在做床(畦)或做垄时再施入另一半粪肥,使苗木根系在整个生育期都能够吸收利用土壤中养分。

此外,还应结合做床(畦)或做垄施底肥的同时每亩施入过磷酸钙 40~50 kg,氯化钾或硫酸钾 10~15 kg,施入尿素 25~30 kg。如有条件可施用磷酸氢二钾等复合肥料,提高肥效。

4. 灌透底水

一般在播种或扦插、埋根前 7~10 d 灌水,要细流慢灌、灌透、灌匀,垄作可每隔一垄灌一垄,长垄短灌(20~40 m),这样进行沟灌可避免跑水,达到灌足、灌匀的目的。

5. 做床(畦)、垄

做床(畦)或做垄时打碎土块,拣净草根、石块,床(畦)或垄面要求平整,表土细碎、疏松。

高床床面比步道高出 10~15 cm,床面宽 70~80 cm(依苗木种类和地膜幅度宽窄而定),步道宽 0.5 m,床长 10 m。

低床(畦)床面低于地面 10~15 cm,床(畦)面宽 70 cm,床(畦)埂宽 0.3 m,床长 5~10 m。

高垄垄面高出地面 10~15 cm,垄底宽 70 cm,垄面宽 30 cm。

各地采用的床(畦)或垄的规格各有不同特点,可结合当地具体情况灵活掌握。

6. 催芽播种或催芽埋根、扦插

播种前要进行选种、消毒和催芽处理。要适时早播,要抢墒播种。采取点播和条播。大粒种子(如银杏、京桃、核桃、板栗等)采取点播;中、小粒种子(如松、柏、云杉、冷杉、桦树、椴树等)采取条播为宜。覆土(沙)要厚薄适度(相当于种粒直径的 1~2 倍)。最后用磙子镇压,使种子与土壤密切接触。

泡桐育苗要选择优良种根,剪取长 15 cm、粗 1~1.5 cm 以上。种根要进行催根催芽处理,待种根微露白芽时,按一定株距在床(畦)或垄面上挖穴直埋,使种根上端与床(畦)或垄面平,微埋于土内。然后再覆土 2 cm 左右拍实。

杨、柳扦插苗要选择优良种条,剪取长 15 cm,粗 1.5 cm,每个插穗上保留 3 个饱满芽为好。插穗剪取后捆成 50~100 根一捆立即进行混沙埋藏催根。春季扦插宜早,大垄单行直插,插穗上端与垄面平,略埋入表土。扦插后用犁扶垄,整平垄面,以备铺膜。

7. 铺膜(扣膜)

铺膜质量的好坏是影响地膜覆盖效果的关键。因此,要注意铺膜质量。多选用国产 0.015 mm 厚,幅宽 95 cm、100 cm、110 cm 的聚乙烯透明薄膜进行地膜覆盖。

铺膜时要使薄膜面与床或垄面贴紧,低床(畦)要与床(畦)土埂贴紧(与床面保持一定距离)。要选择无风或微风天,顺风铺膜,膜要拉紧、铺平、贴严,床(畦)或垄的两侧(头)薄膜应埋在床(畦)或垄肩部下 2/3~3/4 处,要压紧、压严、踩实,这样便于灌水时水分渗透和防止薄膜被风刮起而透风跑墒。

8. 破膜放苗

地膜覆盖后,由于地温高、湿度适宜,种子、种根或插穗会很快发芽。因此,要经常注意观察,当发现萌发的幼苗露出土时,要及时破膜放苗,防止嫩芽触到地膜而产生日灼和影响幼苗生长。在露芽处用小刀将地膜按"+"形划破,开口宜小不宜大,将幼苗引出膜外,然后及时将开口破孔用土盖好、封严。

播种小粒种子的低床(畦),在幼苗出齐后,生长到一定高度时,当顶梢触膜前,为避免灼伤幼苗顶芽,选择阴天和晴天傍晚或早晨揭膜放风1~2次后,再全部揭膜,以便于苗期田间管理。

9. 苗期田间管理

在苗木生长速生期,根据苗木长势对水、肥的需要,也可结合灌水适量追施氮肥,如施尿素或腐熟的人粪尿。同时,进行抹芽、修枝、打杈和病虫害防治等苗期田间管理。

有的地区,根据当地的气象资料,在6月下旬气温和地温基本相一致,且进入多雨季节,膜内外的土壤含水量差异不大时揭去地膜,以便于田间管理。苗期田间管理与一般苗木相同,无须特殊管理。

五、无土栽培

无土栽培又称水培或营养液栽培,是指不用土壤,将苗木栽培在营养液或基质中,由营养液代替土壤给苗木提供水分和营养物质,使苗木生长并完成整个生命周期的生产方式。无土栽培通过人工创造优良的根系环境条件,取代根系的土壤环境,最大限度地满足根系对水、肥、气等条件要求。

(一)无土栽培的特点

无土栽培优点为产量高、品质好;节省养分和水分;清洁卫生,病虫害少;节省劳力,低劳动强度;不受土地限制,适用范围广泛。

但是,无土栽培也存在一些缺点,一是开始时投资较大,耗能较多,生产苗木成本较高;二是有些病虫害传播较快;三是技术要求较严,营养液的配制也较为复杂。

(二)无土栽培的基质

用于固定栽培植物的基础物质,称为栽培基质。无土栽培基质的种类,一般为固体物质。根据基质的性质和组合可分为无机基质,如沙、砾、蛭石、珍珠岩、岩棉、鹅卵石、陶粒、炉渣、泡沫塑料等;有机基质,如泥炭、锯末、碳化稻壳等;由两种以上混合配制而成的混合基质,如蛭石+草灰、沙子+草炭等,在生产中多数是有机基质和无机基质的混合基质。

(三)无土栽培场地和植物种类的选择

选择无土栽培场地时,首先场地要东、南、西三面能见到阳光;其次场地要平整,有进水和排水条件,并能控制培养室内的温度。从理论上讲,无土栽培适用于所有的植物,但实际上不是所有的植物都适合无土栽培。一般用根与整个植物体重量的比值,来判定植物是否适于无土栽培,比值在1/8~1/4的植物最适宜无土栽培,如香石竹、月季、菊花、百合等。

(四)无土栽培营养液

营养液是指根据不同植物对各种养分和肥料的需求特点,将各种无机元素按一定数量和比例人工配制的满足植物生长所需营养的溶液。营养液是无土栽培技术的核心,同时也是最困难的问题。要明确使用营养液,关键是要选好肥料和配方,保持养分平衡。使用营养液时要掌握以下原则:营养液必须含有各种植物生长所需的营养元素;营养液的总盐浓度和酸碱反应符合植物生长发育的需要;含各营养元素的化合物性质稳定,且利于根系吸收的状态存在。

1. 营养液的配制

在配制营养液时,要先看清各种药剂的商标和说明,仔细核对其化学名称和分子式,了解其纯度是否含结晶水等,然后根据选定的配方,准确称出所需的肥料加以溶解。

溶解无机盐类时,可先用50 ℃的少量温水将其分别溶化,然后按配方开列的顺序逐个倒入装有相当于所定容量75%的水中,边倒边搅拌,最后用水定容到所需的量。

在配制营养液时,还要添加少量微量元素,常用微量元素肥料有硫酸亚铁、硼酸、硫酸铜、柠檬酸铁、硫酸锌、硫酸锰等。在选择微量元素肥料时,要注意营养液 pH 值的影响,因为其中的某些元素,如铁,在碱性环境中易生成沉淀,不能被植物吸收。

2. 营养液的浓度及酸度

营养液中大量元素浓度,一般不超过 2/1 000 ~ 3/1 000,其营养液的总浓度不能超过 4/1 000,浓度过高有害生长。不同植物要求浓度也不同,例如杜鹃所用营养液浓度一般不超过 1/1 000;而蔷薇类则营养液浓度为 2/1 000 ~ 5/1 000。

营养液的酸度以微酸为好,一般情况下 pH 值为 5.5 ~ 6.5。不同的植物对营养液酸碱度的反应及需求不同,如凤梨类、马蹄莲、仙客来等 pH 值为 5 生长最好;而菊花、蔷薇类则要求 pH 值为 6.5 ~ 7。

3. 营养液用水的要求

配制营养液所用的水,一般可用作饮用的水均可。含酸的或其他工业废水不能用来配制营养液;硬水也不适宜,因硬水含有过高的 Ca^{2+}、Mg^{2+} 离子,会影响营养液的浓度;城市中多用自来水,其中含有较多的碳酸盐和氯化物,妨碍根系对铁的吸收,可以用乙二胺四乙酸二钠进行调节,使铁成为 Fe^{2+},便于苗木吸收利用。

4. 无土栽培常用肥料

常用肥料有钾化合物、磷化合物、钙化合物、镁化合物、硫化合物、微量元素等几大类型,包括植物生长所需的12种元素,即大量元素氮、磷、钾、钙、镁、硫;微量元素铁、锰、铜、锌、硼、钼。

(五)无土栽培的主要形式

在生产中最常用的是水培和基质培。

1. 水培技术

水培是无土栽培中最早的栽培方式,在欧美及日本被广泛应用。水培植物的根系生长于营养液中而不是生长于基质中,其设施必须满足四个基本条件:能装住营养液,不致漏掉;能锚定植株,并使根系浸润到营养液中;根系和营养液处于黑暗中;根系能获得足够的氧。

(1)水培的优缺点

与其他育苗形式相比,水培育苗有以下两个优点是不受环境限制:在大小范围内均可进行;水培育苗产量高、质量好、生长快。

(2)水培的缺点

水培要求有一定的设备,比普通育苗成本高,但随着技术的不断发展和改进,可逐步降低育苗成本。

(3)水培育苗的设备

①场地。水培对场地没有严格要求,只要能满足光照、空气及充足的水源条件,人为提

供矿质营养和基质的地方即可。

②容器。水培用容器的大小,可依生产规模和要求而定,任何大小的木箱、花盆、水桶等容器都可用于水培;种植用水培糟宽最好不超过1.5 m,以便于操作,长度可不限。水培槽大体可分为水平水培槽(图5—5—7)和流动水培槽(图5—5—8)两种。

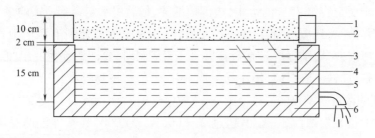

图 5—5—7 水平式水培槽
1—框架;2—苗床(基质);3—栅栏;4—空气层;5—营养液;6—防水槽

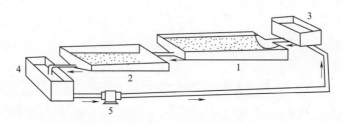

图 5—5—8 流动式水培槽
1、2—苗床(蛭石、砂砾等);3—扬液槽;4—集液槽;5—扬水泵

(4)水培的播种与扦插

①播种。利用水培进行播种,小粒种子可以直接撒在苗床上,不需要覆盖,大粒种子需插入苗床内。为了更好地保持湿度,在播小粒种子之前用稀释的营养液(水:营养液 = 1:1),预先浇透苗床。一般水培播种苗都比土壤中的播种苗生长好,为提高苗床的育苗效益,对所使用的种子应加以精选,以保证出苗及质量。

②扦插。水培扦插所选用的插条,多为当年生半木质化枝条,经很多试验比较,其育苗效果均很好。每天换水则发根率达75%,如不换水则发根率只有5%。

进行水培扦插育苗,配合生长素处理能够获得更好效果。由于不同基质都有其固有的特性,因此,不同基质对水培扦插生根也有一定的影响。

2. 基质培技术

在一定的容器内,植物通过基质固定根系,并通过基质吸收营养液和氧气的栽培方式,称为基质培。根据基质培的性质,基质栽培可分为无机基质和有机基质栽培两大类。无机基质栽培包括沙、石砾、蛭石、珍珠岩、岩棉等基质的栽培,这些基质资源多,应用范围广;有机质栽培包括以泥炭、锯末、炭化稻壳等为基质的栽培,这些基质为有机质,使用前需进行必要的处理,以保持稳定的理化性状。

进行基质栽培时,设备投资较低,便于就地取材进行生产。当前无土基质栽培中,以无机基质栽培技术的发展最快,使用范围较广;而有机质由于来源的限制,其栽培应用受到一定的限制。在我国以沙、蛭石、岩棉、泥炭和灰渣等为基质进行栽培育苗较多,西欧和日本则以岩棉栽培占多数。

(1)木屑培法

木屑往往和谷壳混合使用,质地较轻,效果很好。正是用轻质材料种植盆栽花卉的好材料。

选用稍粗的木屑混以 25% 的谷壳,可以得到较好的保水性和通气性的基质。生产上多用木屑 70%,谷壳 20%,饼肥 5%,加水至含水量为 60%~65% 后混合堆积,堆积时间高温期 90 d,低温期 120 d,堆积过程中翻动数次,使上下内外均匀腐熟。

(2)蛭石培法

蛭石是由黑云母和金云母风化而成的次生矿物质,其化学成分为水化的硅酸铝镁铁,疏松的多孔体。能吸收 500~650 L/m^3 的水,因此可作为栽培植物的固定基质。常用蛭石有 4 个级别:1 号的颗粒直径为 5~8 mm,2 号的颗粒直径为 2~3 mm,3 号的颗粒直径为 1~2 mm,4 号的颗粒直径为 0.75~1 mm;最常用的是 2 号蛭石。膨胀蛭石在吸水后不能挤压,否则会破坏其多孔结构。生产上常把它与珍珠岩或泥炭混合使用。

(3)岩棉培法

岩棉是 60% 的辉绿石、20% 的石灰石和 20% 的焦炭的混合制品。新的岩棉块 pH 值都大于 7,使用前必须用水先浸泡。在生产上,一般将岩棉切成不同规格的方块,把植株种于方块中,放在装有营养液的盘或槽上,随着植株的不断生长,原有岩棉块将容纳不下逐渐生长的根系,应把它套入较大的岩棉块中进一步培养,以满足花卉不断生长的需要。营养液的供应也可采用滴灌方式。

六、组织培养育苗

(一)植物组织培养的概念

植物组织培养,是利用植物体离体的器官(根、茎、叶、花、果实、种子等)、组织(形成层、花药组织、胚乳、皮层等)或细胞(体细胞和生殖细胞)以及原生质体等,在无菌和适宜的人工培养基及光、温等条件下进行人工培养,使其增殖、生长、发育而形成完整的植株。培养的离体材料称为外植体,植物组织培养根据外植体的不同,可分为胚胎培养、器官培养、组织培养(含愈伤组织)、细胞培养、原生质体培养和细胞杂交等。

(二)植物组织培养的特点

植物组织培养不仅保持了常规培养繁殖方法的全部优点,还具有以下特点:繁殖速度快;增殖倍数高;繁殖材料需要量少;遗传性高度一致,同时具有优良表型的良种壮苗;不受季节和环境限制;空间利用率高,利于实现工厂化育苗,大规模批量生产所需苗木;能获得无病原菌和无病毒的苗木无性系,这是其他营养繁殖方法所不能达到的。

(三)组织培养的基本条件

1. 实验室

组织培养因其在无菌条件下进行,需有一定的实验室条件。

(1)化学实验室。用于存放各类化学药品,配制培养基等,需有药品柜、玻璃器皿柜、试验台、冰箱、其他(天平、水浴锅、酸度计、水池)等物品。

(2)洗涤消毒室。用于器皿的洗刷、消毒、干燥等,配有高压灭菌锅、烘箱、木架、水池等。

(3)无菌操作室。用于植物材料的消毒、接种、转移、原生质体制备等。要求室内封闭,保持无菌,并具有超净工作台、紫外灯、解剖镜、低速离心机等物品。

(4)培养室。供培养物生长的场所,主要有培养架、控温、控光设备等。

2. 常用药品

组培所需药品主要用于培养基的配制,也有部分用于外植体消毒。

(1)消毒药品:主要有次氯酸钠(钙)、过氧化氢、漂白精片、溴水、硝酸银等。

(2)无机盐类:包括大量元素和微量元素两类。大量元素主要有 N、P、K、Ca、S、Mg 等。主要的无机盐有 KNO_3、$MgSO_4 \cdot 7H_2O$、NH_4NO_3、KH_2PO_4、$CaCl_2 \cdot 2H_2O$、B 等,主要的盐有 $Fe_2(SO_4)_3$、$FeSO_4 \cdot 7H_2O$、Na_2HPO_4、$NaNO_3$、Na_2SO_4、$CuSO_4$、$Na_2MoO_4 \cdot 2H_2O$、$CaCl_2 \cdot 6H_2O$、H_3BO_3 等。

(3)有机化合物:主要有蔗糖、维生素类、氨基酸等。

(4)植物生长调节剂:用于组织培养的主要有生长素、细胞分裂素及赤霉素三大类。

①生长素类:IAA(吲哚乙酸)、NAA(萘乙酸)、2,4-D(2,4-二氯苯氧乙酸)和 IBA(吲哚丁酸)。

②细胞分裂素类:KT(激动素)、BA(6-苄基腺嘌呤)、ZT(玉米素)等。

③赤霉素:以赤霉酸 GA_3 运用最广泛。

(5)有机附加物:包括人工合成和天然的有机物,常用的有酵母提取物、椰乳、果汁等及相应的植物组织提取液。此外,琼脂在组培中作为凝固剂,是外植体的支持体,常用浓度为 0.5%~1%。

(6)水:培养基用水原则上使用蒸馏水、去离子水等。

(四)组织培养方法和程序

1. 外植体的选取

(1)外植体的选取

一般常用快速繁殖的材料有鳞茎、球茎、茎段、茎尖、花柄、叶柄、叶尖、叶片等,它们的生理状态对培养时器官的分化有很大影响。一般来说,发育年幼的实生苗比发育年龄老的成年树容易分化,顶芽比腋芽容易分化,萌动的芽比休眠的芽容易分化,采用大树基部的萌蘖有利于芽的诱导和分化。此外可以用未成熟的种子、子房、胚珠及成熟的种子为材料,剥去种皮经过胚胎培养,打破休眠得到试管苗后,再进行快速繁殖。

在快速繁殖上,最常用的外植体是茎尖,通常切块约 0.5 cm,太小产生愈伤组织的能力较弱,太大则在培养器皿中占有空间太多。此外,如果为培养无病毒苗而采用的外植体则通常仅取茎尖分生组织部分,其长度常在 0.1 mm 以下。

(2)外植体的处理与消毒

将外植体用自来水冲洗干净,冲洗时间最好在 30 min 以上。擦干后,在超净台上,将离体材料浸在饱和漂白粉上清液中,作表面灭菌 15~30 min。灭菌时间快到时,即倾去灭菌溶液,用无菌水刷洗多次,然后用无菌布吸干外植体外部的水分,最后再无菌的条件下分割接种。

2. 外植体的接种与初代培养

接种就是把表面消毒的植物材料经切割分离后,转移到培养基上的过程。将切割好的外植体接种到培养基内以后,其初代培养就已开始。

3. 继代培养和生根培养

(1)继代培养。按照无菌操作过程,先对工作台进行灭菌。进行无菌操作时,用镊子从培养容器中取出无菌苗,置于无菌滤纸上,用镊子切去无菌苗底部一小段,再将无菌苗接入继代培养基中进行培养。

(2)生根培养。其操作与继代培养操作相似。工作台灭菌后,用镊子将无菌苗从培养容器中取出,置于无菌滤纸上,切去底部和培养基接触过的部位,再将无菌苗接入生根培养基中进行培养。

(3)培养条件。植物组织培养受温度、光照、培养基的pH值等各种环境条件的影响,因此需要严格控制培养室的条件。由于植物的种类、所取植物材料部位等不同,所要求的环境条件也有差异。一般培养室的温度多保持在(25 ± 2) ℃的恒温条件,低于15 ℃使培养物的生长停顿,高于35 ℃时亦对生长不利;光照强度为2 000 lx,光照时间为10~12 h。组培中培养基的pH值通常为5.5~6.5,pH值小于4.0或大于7.0对生长都不利。培养不同的植物,选用不同的培养基,所要求的pH值不同。

污染和褐变的防止也是植物组织培养能否获得成功的因素。

4. 炼苗与移栽

生根或形成根原基的试管苗从无菌、光、温、湿稳定环境中进入自然环境,从异养过渡到自养过程,必须经过驯化锻炼过程即所谓炼苗。

组培苗一般长至高5~8 cm,有3~5条根后即可移栽出培养瓶。一般在出瓶前打开或半打开培养容器盖子,于室内自然光照下放1~2 d,然后取出苗,用自来水将根系上的培养基冲洗干净,再栽入已准备好的基质中。基质常用泥炭、珍珠岩、蛭石、砻糠灰等或适当加部分园土,使用前最好用高温或药物消毒。移栽前期要适当遮阴,加强水分管理,保持较高的空气湿度(相对湿度90%左右)。但注意基质不宜过湿积水,以防烂苗。此外,温度对成活率影响也很大,以15 ℃~25 ℃最适宜,夏季温度过高,小苗水少易萎蔫,水多又易腐烂,管理较困难,成活率下降,刚刚移植的小苗在1~5 d内以散射光为最好,炼苗4~6周,新梢开始生长后,小苗即可转入正常管理。

另外,每隔两天需要进行叶面施肥和用杀菌剂灭菌消毒,叶面施肥可采用1/10的MS培养液,杀菌剂可用多菌灵等。

第六节 盆花培育

温室花卉栽培有温室盆栽和温室地栽两种栽培方式,前者应用普遍,多数原产热带、亚热带及南方温暖地区的花卉,在北方寒冷地区栽培多采用此方式生产。后者主要用于大规模切花生产;节日花卉的促成栽培;以及需要在温室中地栽观赏的花卉。本节主要介绍温室盆花的培育。

一、培养土的要求与配制

（一）培养土的要求

盆栽花卉种类很多，习性各异，对栽培土壤的要求不同。为适合各类花卉对土壤的不同要求，需配制多种多样的培养土。

温室盆栽，盆土容积有限，花卉的根系局限于花盆中，因此要求培养土必须含有足够的营养成分，具有良好的物理性质。一般盆栽花卉要求的培养土，一要疏松，空气流通，以满足根系呼吸的需要；二要水分渗透性能良好，不会积水；三要能固持水分和养分，不断供应花卉生长发育的需要；四要培养土的酸碱度适应栽培花卉的生态要求；五不允许有害微生物和其他有害物质的滋生和混入。

在培养土中应含有丰富的腐殖质，这是维持土壤良好结构的重要条件。培养土中含有丰富的腐殖质则排水良好，土质松软，空气流通；干燥时土面不开裂，潮湿时不紧密成团，灌水后不板结；腐殖质本身又能吸收大量水分，可以保持盆土较长时间的湿润状态，不易干燥。因此，腐殖质是培养土中重要的组成部分。

常见的温室用土种类有堆肥土、腐叶土和泥炭土。另外，蛭石、珍珠岩亦可作栽培基质。

（二）培养土的配制

温室花卉的种类不同，其适宜的培养土亦不同，即使同一种花卉，不同的生长发育阶段，对培养土的质地和肥沃程度要求也不相同。例如播种和弱小的幼苗移植，必须用疏松的土壤，不加肥分或只有微量的肥分。大苗及成长的植株，则要求较致密的土质和较多的肥分。花卉盆栽的培养土、因单一的土类很难满足栽培花卉多方面的习性要求，故多为数种土类配制而成。例如一般播种用的培养土的配制比例为腐叶土5:园土3:河沙2。

温室木本花卉所用的培养土，在播种苗及扦插苗培育期间要求较多的腐殖质，大致的比例为腐叶土4:园土4:河沙2。植株成长后，腐叶土的量应减少。

各地区培养土的配制多有不同，华东常用腐叶土；但上海多用砻糠灰、草木灰、塘泥及黄泥等配制。虽然各有不同的应用习惯，但配制出来的培养土都要符合花卉的生长发育需要。

二、盆花的繁殖

（一）播种繁殖

（1）苗床播种 根据种子大小可以采用撒播、条播或点播。大粒种子播后适当覆土，细小种子只需轻压，不覆土，播后喷水，盖草保湿或用薄膜覆盖。

（2）穴盘播种 大规模育苗，采用育苗穴盘，以72号方形穴盘最为常用，育苗穴盘适合与各种类型播种机配套使用。同时，因幼苗带土块，根部不受伤，恢复生长快。

（3）特殊种子播种

①细粒种子。如蒲包花（每克种子2.4万粒），播种用土必须严格消毒，播后不需覆土。

②硬粒种子。如孔雀椰子需52~108 d发芽，按常规播种发芽期较长，因此播种前需进行浸种、搓伤种皮等处理，以缩短发芽期。

③水生种子。如荷花，采收的种子应贮藏于水中，干燥的种子发芽率则明显降低，种子必

须播在不漏水的盆钵中,用塘泥作基质,播后随幼苗逐渐长大而加深水面,并保持较高的水温。

④兰科花卉种子。其胚发育不完全或缺乏胚乳,在常规条件下种子发芽十分困难,可在 MS 培养基上播种。

⑤捕蝇草等食虫植物种子。播种基质下层用泥炭,上层用水苔,水苔应剪碎均匀撒入,保持高温多湿环境,发芽率较高。

(二)扦插繁殖

1. 叶插

叶插常在生长期进行,根据叶片的完整程度又分全叶插和片叶插两种。片叶插可用于虎尾兰等;全叶插常用于蟆叶秋海棠、豆瓣绿等植物。对过大或过长的叶片可适当剪短或沿叶缘剪除一部分,使叶片容易固定,减少叶片水分蒸发,利于叶柄生根。

2. 茎插

茎插最常见的扦插方法有叶芽扦插、硬枝扦插、嫩枝扦插、肉质茎扦插和草质茎扦插。

3. 根插

根插前将根挖出,剪成 5~10 cm 长,斜插或水平插于沙床中,促其长出不定根和不定芽,根部愈粗,其再生能力愈强,芍药、牡丹等常利用根插繁殖。

(三)嫁接繁殖

1. 芽接

(1)T 字形芽接 在接穗上切下一个上平下圆的盾形芽片(在枝条离皮季节不带木质部),再将砧木的树皮切一个 T 字形切口,然后将芽片插入砧木的切口里,把切口扎好,将芽尖和叶柄露出。5~7 d 后如果芽片愈合,不失水,且叶柄一触即落,表明嫁接成活,如果芽片干枯,叶柄失水变褐,表明没有嫁接成活,可以补接。

(2)带木质部芽接 对一些砧木或在接穗不离皮的季节,或接穗皮薄的植物类型,芽片可以稍带木质部进行嫁接。在月季繁殖中广泛使用,砧木常用容易扦插繁殖的各种蔷薇。

2. 靠接

接穗不脱离母株,把有根的砧木、接穗各削去枝干一部分,使形成层对齐,削面密接愈合。这在盆栽白兰花中最为常用,砧木用紫玉兰和黄兰,靠接后 60~70 d 即能愈合,与母株割离后成苗。

3. 切接

将砧木从地表往上 4~8 cm 处剪成水平状,并从一侧纵向切下 2 cm,稍带木质部,露出形成层,切面要平直。将一定长度的接穗先斜切一刀,切口约 0.5 cm,再从接穗另一侧 2.5 cm 处慢慢切下,接在砧木上,然后用塑料薄膜绑缚。切接在盆栽山茶、月季、垂榕中应用较多。

4. 劈接

将砧木平剪,再从砧木中心垂直纵切 2.5 cm,接穗 2~4 芽,切口基部呈楔形,削成的接穗恰好插入,使砧木和接穗的形成层对齐。如砧木和接穗粗细不一时,也可对准一侧的形成层。在盆栽花卉中应用比较广泛,如大立菊、比利时杜鹃等。大立菊用青蒿作砧木,比利时杜鹃用毛鹃作砧木。劈接成活率高,接穗生长快,开花早。

5. 仙人掌类植物的嫁接

(1)平接 将砧木顶部和接穗基部分别削平,使接穗的基部平放于砧木的顶部,对准中心柱,并用棉线将接穗与砧木绑扎紧,待愈合成活后松绑,绝大部分仙人掌植物均可采用。砧木常用量天尺和虎刺,从5月至10月均可嫁接,嫁接愈合快,成活率高。

(2)嵌接常用于茎节扁平的附生类仙人掌植物如蟹爪兰。先将砧木离盆口20 cm处削平,然后把砧木顶端部和接穗分别切成V字形,将接穗轻轻嵌进砧木,用仙人掌的长刺或消毒的竹刺固定。砧木以量天尺和梨果仙人掌为宜。

(3)斜接适用于指状仙人掌,将砧木和接穗分别切成60°的切面,然后把接穗切面贴向砧木的斜面,用仙人掌长刺固定。

(四)压条繁殖

普通压条法将近地面的一二年生枝条或萌蘖枝条下弯埋入土中,深度为15~20 cm,使枝条的顶端露出地面,并将埋入地下的部分刻伤或环状剥皮,待生根后与母株切离。常用于常春藤、石榴等的繁殖。

波状压条法将枝条作波状弯曲,弯曲处用刀割伤,埋入土中,使位于地下的部分生根。

高空压条法适用于基部不易产生萌蘖、枝条位置较高或枝条不易弯曲的植物,如山茶花、桂花、月季等。将繁殖用的枝条基部进行环状剥皮或刻伤,然后用塑料薄膜套在刻伤处,塑料薄膜内填入水苔或腐叶土,保持湿润,待环剥或刻伤处生根后剪下栽植。也可以在树上挂一个塑料花盆,将枝条刻伤后埋入土中,待成活后剪断即成为一棵植株。普通压条、波状压条以春天进行为好,而高空压条以晚春进行为宜。

(五)分生繁殖

分株繁殖是指从丛生状或萌蘖性强的灌木地颈附近或从具有吸芽、匍匐茎的宿根植物上分出单株,独立成苗,如牡丹、腊梅、菊花、大花君子兰、春兰、大花葱兰等。

分球繁殖是将球根花卉的地下或地上发生变态的营养器官从母体分离成为独立植株。如美人蕉、碗莲、小苍兰、风信子、百合、花叶芋、大丽菊等。

分生繁殖一般在植物生长较慢或休眠期时进行。

(六)组织培养繁殖

植物组织培养是利用植物离体器官、组织或细胞,如根、茎、叶、种子、胚珠、花药、花粉等,在无菌和适宜的人工培养基及光照、温度等条件下,形成完整植株的繁殖技术。组织培养繁殖技术要求较高,需要严格的条件,设备成本较高。

三、盆花栽培管理技术

在温室花卉栽培中,适宜的温室,为温室花卉栽培提供了良好的物质环境条件。但是要取得良好的栽培效果,还必须掌握全面精细的栽培管理技术。即根据各种温室花卉的生态习性,采用相应的栽培管理技术措施,创造最适宜的环境条件,取得优异的栽培效果,达到质优、成本低、栽培期短、供应期长、产量高的生产要求。

(一)上盆

上盆是指将苗床中繁殖的幼苗,栽植到花盆中的操作。具体做法是按幼苗的大小选用相适应规格的花盆,用一块碎盆片盖于盆底的排水孔上,将凹面向下,盆底可用由培养土筛出的粗粒或碎盆片、砂粒、碎砖块等填入一层排水物,上面再填入一层培养土,以待植苗。用左手拿苗放于盆口中央深浅适当位置,填培养土于苗根的四周,用手指压紧,土面与盆口应有适当距离,栽植完毕后,用喷壶充分灌水,暂置阴处数日缓苗。待苗恢复生长后,逐渐放于光照充足处。

(二)换盆

换盆是将植株由小盆换到大盆内栽植。换盆是为了改善植株的营养状况。当盆内布满苗木根系,有白色须根从盆底伸出时,即需要换盆。换盆时,要选择口径适宜的盆,换盆要由小到大逐次进行,不可一次换入过大的盆。否则,不能正确掌握盆土的干湿度,植株生长不良,影响开花。一、二年生花卉从幼苗到开花要换2~3次盆,最后定植;宿根花卉大多数一年换一次盆。不同种类的花卉换盆的时间有所区别,宿根花卉与木本花卉常在早春开始生长前或秋季停止生长后进行换盆。

(三)转盆

在单屋面温室及不等式温室中,光线多自南面一方射入,因此,在温室中放置的盆花,如时间过久,由于趋光生长,则植株偏向光线投入的方向,向南倾斜。这样偏斜的程度和速度,又与植物生长的速度有很大的关系。生长快的盆花,偏斜的速度和程度就大一些。因此,为了防止植物偏向一方生长,破坏匀称圆整的株形,应在相隔一定日数后,转换花盆的方向,使植株均匀地生长。双屋面南北向延长的温室中,光线自四方射入,盆花无偏向一方的缺点,不用转盆。

(四)倒盆

倒盆有两种情况。一是盆花经过一定时期的生长,株幅增大从而造成株间拥挤,为了加大盆间距离,使之通风透光良好,盆花苗壮生长,必须进行倒盆。如不及时倒盆,会导致病虫危害和引起徒长。二是在温室中,由于盆花放置的部位不同,光照、通风、温度等环境因子的影响也不同,盆花生长情况各异。为了使各盆花生长均匀一致,要经常进行倒盆,将生长旺盛的植株移到条件较差的温室部位,而将较差部位的盆花,移到条件较好的部位,以调整其生长。通常倒盆常与转盆同时进行。

(五)松盆土

松盆土可以使因不断浇水而板结的土面疏松,空气流通,使植株生长良好,同时可以除去土面的青苔和杂草。青苔的形成影响盆土空气流通,不利于植物生长,而土面为青苔覆盖,难于确定盆土的湿润程度,不便浇水。松盆土后还对浇水和施肥有利,松盆土通常用竹片或小铁耙进行。

(六)施肥

植物生长发育需要各种各样的营养元素,这些营养元素主要由栽培介质提供。由于盆栽花卉长期生长于盆钵之中,根系受盆土的限制,所吸收的营养元素不能满足植物生长发育的需要,所以需要施肥,以补充盆土肥料的不足。合理的施肥可以促进盆栽植物的生长发育,延长花期,增加花果颜色,提高观赏价值。

1. 盆花常用的肥料

盆花常用的肥料主要有有机肥料和无机肥料。

有机肥料如饼肥、厩肥、油渣、人粪尿、骨粉、兽蹄片和羊角以及动植物残体等。这类肥料营养元素齐全,肥效持久,且有改良土壤之效。有机肥料使用前应充分发酵,以免烧伤花木。其中,饼肥是盆栽花卉的重要肥料,常用做追肥,有液施与干施之分。

无机肥料以化肥为主,如硫酸铵、尿素、过磷酸钙、硫酸亚铁、硝酸钾等。这类肥料能迅速溶解于水,植物能够很快地吸收,但营养元素单纯,肥效不易持久。

2. 盆花的施肥方法

盆花的施肥方法主要是施基肥、追肥和根外追肥等。

基肥多以固体形式拌入培养土中,或以块状形式垫于盆底,然后再将花木植入盆中。如兽蹄片及羊角做基肥,要放置于盆底,不可直接与根系接触,以免伤根。

追肥常以液体状态施入,如豆饼水、兽蹄片水、矾肥水等。如果是有机肥料,使用前必须先使之发酵腐熟,然后再稀释使用。不经过腐熟发酵的新鲜肥料,不但容易传染病虫害,而且会在使用后发酵烧伤植物。追肥所用肥料的种类、浓度、次数因花卉种类及其发育阶段而有所不同。幼苗期需氮肥较多,肥料浓度要低,次数要多;成苗后,磷、钾肥逐渐增加。观叶花卉要多施氮肥,使叶子嫩绿;观花果的花卉磷、钾肥要偏多些,使植株早熟、早开花、早结果,同时也使花果颜色更加鲜艳。喜酸性土的花卉,即使用酸性土培养,日久之后酸值也会发生变化。特别是长期用偏碱性或中性水浇灌者,变化更快。对这些植物应选用酸性肥料做追肥用,或用0.25%的硫酸亚铁做肥料施用。追肥要在晴天进行,追肥前先松土,待盆土稍微干燥后再追肥,施肥后立即用清水喷洒叶面,以免残留肥液污染叶面。

根外追肥是把肥料稀释后喷洒在叶面上,由叶片直接吸收利用的一种施肥方法。尿素、磷酸二氢钾、过磷酸钙、硼酸肥料、镁肥等均可用做根外追肥。植物叶片背面分布有大量的气孔,是吸收肥料的主要通道,所以根外追肥时肥液应喷洒在叶片的背面。尿素含氮量高,中性,植物吸收快,特别适宜根外追肥。如在根外追肥时混以微量元素或混入其他杀虫、杀菌药剂,则可起到双重效果,其浓度以0.5%以下较为安全,幼苗追肥浓度可适当降低,次数以15 d 1次为宜。

(七)浇水

花卉生长的好坏,在一定程度上决定于浇水的适宜与否,其关键环节是如何综合自然气象因子、温室花卉的种类、生长发育状况、生长发育阶段、温室的具体环境条件、花盆大小和培养土成分等各项因素,科学地确定浇水次数、浇水时间和浇水量。

1. 花卉的种类不同,浇水量不同

蕨类植物、兰科植物、秋海棠类植物生长期要求丰富的水分,多浆植物要求较少水分。每一种花卉又有不同的需水量,同为蕨类植物,肾蕨在光线不强的室内,保持土壤湿润即可;而铁线蕨属的一些种,为满足其对丰富水分的要求,常将花盆放置水盘中或栽植于小型喷泉之上。

2. 花卉的不同生长时期对水分的需要也不相同

当花卉进入休眠期时,浇水量应依花卉种类的不同而减少或停止。从休眠期进入生长期,浇水量逐渐增加。生长旺盛时期,浇水量要充足。开花前浇水量应予适当控制,盛花期适当增多,结实期又需要适当减少浇水量。

幼苗期,如四季秋海棠、大岩桐等一些苗很小的花卉,必须用细孔喷壶喷水,或用盆浸法来湿润。

3. 花卉在不同季节中,对水分的要求差异很大

现就一般花卉在不同季节中对水分的要求说明如下。

(1)春季:天气渐暖,花卉在将出温室之前,应浇透水一次。

(2)夏季：大多数花卉种类在夏季已放置在阴棚下，但因天气炎热，蒸发量和植物蒸腾量仍很大，一般温室花卉宜每天早晚各浇水1次。夏季雨水较多，有时连日阴雨，应注意盆内勿积雨水，可在雨前将花盆向一侧倾倒，雨后要及时扶正恢复原来位置。雨季要观察天气情况来决定浇水的多少和浇水的次数。

(3)秋季：秋季天气转凉，放置露地的盆花，其浇水量可减至每2~3 d浇水一次。

(4)冬季：盆花移入温室，浇水次数依花卉种类及温室温度而定，低温温室的盆花每4~5 d浇水一次；中温及高温温室的盆花一般1~2 d浇水一次；在日光充足而温度较高之处，浇水要多些。

另外，花盆的大小及植株大小不同，浇水量也不相同。盆小或植株较大，盆土干燥较快，浇水次数应多些；反之宜少浇。

总之，浇水的原则是盆土见干才浇水，浇水就应浇透，要避免多次浇水不足，只湿及表层盆土，而形成"腰截水"，使下部根系缺乏水分，影响植株的正常生长。

(八)整形与修剪

为了调整植株生长势，促进生长开花，造成姿态优美、生长健壮的株形，增加观赏价值，对某些盆栽花卉要进行整形修剪。整形是对盆栽花卉全株外形和骨架的整理，既有美化造型的意义，又能达到调节生长发育的目的。修剪是对植株的局部或某一器官的具体修理措施。整形与修剪必须配合进行，才能收到良好效果。

1. 整形

通过整形可使植株枝条分布匀称，固定茎干，改善通风透光条件，有利于花卉生长发育；也可以通过整姿、造型，增加观赏价值。整形所用材料有竹片、细竹竿、铅丝、棕线等。盆栽花卉的姿态造型是以人的意志结合植物的生物学特性和生长状况而定，一般分为下列几种形式。

(1)单干式。从幼苗开始即将侧枝剪除，只留主干，使顶端开花1朵，此种形式常用于大丽花及菊花的标本菊整形。这种方法为充分表现品种特性，将所有的侧蕾全部摘除，使养分集中于顶花。

(2)多干式。留主枝数个，使其开出较多的花，如大丽菊留2~4个主枝，菊花留3个、5个、9个主枝，金橘留3~5个主枝，其余的侧枝全部剪去。

(3)丛生式。生长期间多次摘心，促使发生多数枝条，全株低矮丛生状，开出多数花朵。适于此种整形的花卉有矮牵牛、一串红、波斯菊、金鱼草、美女樱、百日草、半边莲等。

(4)悬崖式。这一形式特点是全株枝条向一方伸展下垂，多用于小菊类品种的整形。

(5)攀缘式。多用于一些蔓生性花卉，如牵牛、茑萝、风船葛、月光花、旱金莲、旋花等，使枝条蔓生于一定形式的支架上，如圆锥形、圆柱形、棚架及篱垣等形式。

(6)匍匐式。利利枝条自然匍匐的特性，使其覆盖盆面，如蔓锦葵、旱金莲、旋花等。

2. 修剪

修剪方法包括短截、修枝、剪根、摘心、摘叶、除芽、去蕾、疏花、疏果、折梢及扭伤、曲枝等。修剪时间有生长期修剪和休眠期修剪。生长期修剪即在花卉生长季节进行，通常以摘心、摘叶、除芽、去蕾、疏花、疏果等为主，调整花卉植株的生长势，剪除徒长枝、病枝、枯枝等，根据其生长情况和栽培要求适时进行修剪。休眠期修剪在入冬后至春季芽萌动前进行，多用于木本花卉或宿根花卉，常以短截、修枝、剪根等为主。如在当年生枝条上开花的月季、紫薇、一品红、扶桑、金橘、木芙蓉等都可在休眠期进行重剪,促使其多萌发新梢、多开花、多结果。但对春季开花的梅花、碧桃、迎春、连翘、丁香等,花芽大都是在头年生的枝条上形成的,因此休眠期不能重剪,否则会剪掉花枝影响开花。

(1)短截。从枝条近基部剪断的方法叫短截,其目的是刺激剪口下的腋芽萌发,从而长出更多的侧枝,使株形丰满圆浑,也可增加着花部位。

(2)修枝。剪除病枝、枯枝、重叠枝及开花后之残枝等。剪口要平滑,利于伤口迅速愈合。

(3)剪根。盆栽花卉上盆、换盆时应将损伤根、衰老根、死根、拳卷根适当进行修剪,促使萌发更多的须根,以利生长发育。一些花卉因徒长而不能开花结果者,可将一部分根切断,抑制枝叶徒长,促使开花结果。

(4)摘心。摘除枝梢顶芽,以促使枝条组织发育充实,调节生长,增加侧芽发生,增加开花枝数和朵数;或使植株矮化,株形圆满,开花整齐。摘心也可用于控制花期,如一串红、大丽花等。

(5)摘叶。摘叶一般在生长季节摘去部分生长过密的叶片,以改善植株通风透光条件,有利于花卉的生长与开花。如天竺葵的叶片较大,老叶过密或遮住顶梢时都会影响开花,应予摘除;茉莉花在春天萌芽时,如不去除老叶,会影响新芽及时萌发,进而影响开花时间。此外,植株基部的黄叶、老叶、残缺不全叶、病叶都应及时摘除,以保持植株整洁美观。

(6)除芽、去蕾。除去过多的腋芽,限制枝条的增加,促进主芽生长,常用于大丽花、香石竹、菊花等。去蕾是去除不必要的花蕾,促进留下的花蕾发育、开花。如摘除侧蕾,可促使顶蕾发育,形成大而美丽的花朵;如摘除生长强势的顶蕾,可调整全株花蕾发育,使众多花朵同时开放。此法常用于菊花、大丽花、佛手等。

(7)疏花、疏果。盆栽观果花卉,在开花、幼果期疏去部分过多、过密、过小的花或果,可使留下的果正常发育,果实充实,提高观赏价值。

(8)折梢及扭伤。折梢或扭伤可抑制新梢的徒长,促进花芽的形成,有利于开花、结果。

(9)曲枝。为使枝条生长均衡,可将生长势强的枝条向侧方压曲或卷曲,将弱枝扶之直立。

四、盆花出室与入室

北方栽培的盆花,许多原产热带或温带,性喜温暖,因此,到了初冬时分,需要分期分批移入温室越冬养护,即入室管理。在晚春时节因温室内气温过高,又需要移到室外栽培养护,即出室管理。温室内的气温、光照、湿度等气候因子与外界有着明显的差别,这种差别在温室花卉移进移出的过程中会造成花卉在生长过程中的不适应,进而影响花卉的正常生长发育。如果在花卉出室与入室时,采取一定措施,进行精细管理,就可克服这些弊端,从而促进花卉的正常生长发育。

(一)盆花入室注意事项

1. 入室时间

在秋季晚霜即将来临,夜间最低温小于5℃,要及时入室。

2. 入室顺序

入室时高温温室花卉最早入房,如变叶木、筒凤梨、热带兰等;然后进行中温温室花卉的入房,如仙客来、香石竹、天竺葵等;最后进行的是低温温室花卉的入室,如报春花类、茶花、瓜叶菊、倒挂金钟、一叶兰等。

3. 入室卫生清理及病虫害防治

花卉在入室后,因温室内外的气候差别,会造成花卉的抗性降低,容易感染病虫害,需要加强病虫害防治工作。要将温室内彻底打扫干净,不留任何腐枝烂叶,打扫完后就要及时喷药杀菌消毒。常用的杀菌剂有50%甲基托布津可湿性粉剂500～1 000倍液。另外在入室后用30%百菌清高效复合烟剂进行熏烟消毒,效果也较好。入室一周内较高的气温也易造成温室白粉虱和蚜虫的大发生,应根据当时具体情况及时喷1遍40%的氧化乐果500～1 000倍液或者5%的溴氰菊酯800～1 000倍液。

4. 温度适应性锻炼

在温室盆花出入室的过程中,温度是决定花卉能否顺利过度的主要气候因子,因而需要对温室花卉进行温度的适应性锻炼。入房时温室的通风窗应全部开放,当外界气温逐步降低时,才增加关闭通风窗的数量,直至全部关闭。

5. 水分管理

温室内外的空气湿度差别较大,入室前1 d则不要浇水,入室1 d后才浇水,以免增加温室内的空气湿度,造成病害的流行。

6. 肥料管理

入室后应土施一些磷、钾元素含量偏高的复合肥并用0.5%的磷酸二氢钾进行叶面喷肥,能提高叶片的光合效率,增强抗性。

7. 入室摆放

入室后放置的位置要考虑到各种花卉的习性,把喜光的花卉放到光线充足的温室前部和中部,尽可能接近玻璃窗面和屋面;耐阴的和对光线要求不严格的花卉放在温室的后部或半阴处。在进行盆花排列时,要使植株互不遮光或少遮光,应把矮的植株放在前面,高的放在后面。走道南侧最后一排植株的阴影,可投射在走道上,以不影响走道另一侧的花卉为原则。温室各部位的温度不一致,近侧窗处温度变化大,温室中部较稳定。近热源处温度高,近门处因为门常开闭,温度变化亦较大。因此应把喜温花卉放在近热源处,把比较耐寒的强健花卉放在近门及近侧窗部位。有些花卉放在潮湿处容易徒长,应放在干燥、通风良好的部位,在花盆下面放一倒置的花盆,有助于通风。

(二) 盆花出室注意事项

1. 出室时间

北方多数地区,室内越冬的花卉出室时间以清明至立夏之间为宜。

出室时低温温室花卉较早出房,4～5 d后进行中温温室花卉的出房,最后进行的是高温温室花卉的出房,与入室时顺序正好相反。

2. 出室卫生清理及病虫害防治

盆花出室和入室同样需要加强病虫害防治工作,需要将外面阴棚下彻底打扫干净,打扫完后要及时喷药杀菌消毒。

3. 温度适应性锻炼

在出室的过程中,应提前15～20 d开窗通风降温处理。开始应开少量窗户,白天开,夜间关闭。随后逐渐增加开窗户的数量与通风的时间,直至温室内通风窗全开,昼夜不关。

4. 水分管理

在出室前,应浇透水;移出后应立即浇水1遍,并对阴棚、花架喷水,以增加空气湿度。

5. 肥料管理

温室花卉出房时应结合换盆,及时更换营养土,增施基肥,剪除一些老根、枯根、病根。基肥的施入应以腐熟好的鸡粪、油渣为主,适量加入一些氮素含量偏高的复合肥。

6. 盆花摆放

温室盆花出室后一般放于阴棚内养护,上面覆盖透光率为50%~70%的遮阳网效果较好。一些原产热带的仙人掌类植物可不必出房,耐阴的花卉可放于阴棚的中间,而一些偏阳的花卉放于阴棚的南部边缘位置。

五、花期调控技术

根据植物开花习性与生长发育规律,人为地改变花卉生长环境条件并采取某些特殊技术措施,使之提早或推迟开花,这种技术措施称之为花期调控。其中,开花期比自然花期提前者称为促成栽培,比自然花期延迟者称为抑制栽培。

(一)植株的选择

在选择植物时,应选择进入成熟期,生长苗壮、花芽分化较多而无病虫害,对光周期及温度变化敏感的花卉,以及自然花期与预定花期越接近的种类或品种。

(二)催延花期技术

催延花期的主要方法有温度处理、光照处理、栽培措施处理、化学药剂处理等。

1. 温度处理

(1)增温处理

促成栽培多数花卉在冬季给予适当加温后就能提早开花,如温室花卉中的瓜叶菊、大岩桐等。春季开花的木本及露地草本花卉加温后也能提早开花,如牡丹、落叶杜鹃、金盏菊等。牡丹及杜鹃在入冬前早已形成花芽,但处于休眠状态,移入温室并给予20℃~25℃的温度,并经常喷雾,使空气相对湿度保持在80%以上,就能提早开花。自开始加温到开花时的天数,因植物种类、温度的高低以及养护管理方法等而有不同。温度稍高,湿度适宜的要快些;温度偏低,湿度不够的时间要长些。一般来说,垂丝海棠加温后10~15 d就能开花,牡丹要30~35 d,杜鹃要40~50 d。因此,进行花期控制,首先要加强温室管理,做好温度控制,并计算每种花卉自加温到开花大致需要的天数,然后按其需要分期移入室内进行加温处理,以期按时开花。

延长花期有些花卉在适宜的温度下,有不断生长、连续开花的习性。但在秋冬季节气温降低时,就要停止生长、停止开花。如能在其未停止生长前,及时加温,保持适宜的温度,就能不停地生长,继续不断地开花。例如,非洲菊、茉莉花、大丽花、美人蕉、硬骨凌霄等花卉,在秋季温度下降之前,及时加温、施肥、修剪等,就能在深秋、初冬季节继续开花。否则,一旦气温降低影响生长后,再增加温度到适宜生长的温度,也难以开花。

(2)降低温度

①延长休眠期,推迟开花。

耐寒花木在早春气温上升之前,趁其还在休眠状态时,将其移入冷室中,使之继续休眠而推迟开花。冷室温度一般以1℃~3℃为宜,不耐寒的花卉可略高些。冷室内每天应给予几小时的弱光照射。花卉以晚花品种为主,送冷室前施足肥料,经常检查土壤干湿情况,干时及时浇水。花卉在冷室中处理的时间,应根据计划开花日期、出冷室解除休眠后培养至开花时所需要的天数、当地的气候条件等综合考虑确定。出冷室初期,放在避风、遮阴、凉爽的地方,精心管理。几天后,可逐渐增加光照,并予喷水、施肥等,使之按时开花。

②减缓生长,延迟开花。

一些含苞待放或初开的花卉(如菊花、天竺葵、八仙花、瓜叶菊、唐菖蒲、现代月季、水仙等),移至温度较低的地方,能够降低花卉本身的新陈代谢,从而达到延缓开花的目的。处理温度因花卉种类、品种、需要延迟开花的天数而有所不同,一般2℃~5℃的低温适用于多种花卉。要求春节期间开花的蝴蝶兰常用此法进行花期控制,开花株在低温室(18℃~25℃)处理1个半月后可形成花芽,花芽形成后夜间温度保持在18℃~20℃,再经3~4个月便可开花。花芽分化率与每日低温处理的时间长短有关,每天低温处理18 h的植株,花芽率可达100%,每日低温处理的时间越短,花芽率越低。当花梗长到10~15 cm时,可结束低温处理,否则会延迟开花。

③降温避暑,适宜生长。

降温避暑,使不耐高温的花卉开花。有些植物在适宜的温度下,能不断地生长,不停地开花。但是一遇酷暑,就停止生长,进入休眠状态,不再开花。如仙客来、倒挂金钟等,在适宜开花的环境条件下花期很长。如果在6~9月高温季节,降低温度使之适宜生长,就会不断地开花。

④提前通过春化阶段,提早开花。

有些花卉生长期结束后,需经过一段低温处理,完成春化阶段以后才能开花。如牡丹需提早到元旦开花,先要给予1周0~-5℃的低温处理,再放在较低的温室中过渡,然后再加温催花。如果需要提早到国庆节开花,则上盆后要给予0~2℃的低温处理2周。由于此时气温比较高,出冷室后要放在比较凉爽的地方催花。

2. 光照处理

许多植物的花芽分化、花芽发育、开花时期都受到光照时间的影响。长日照性的花卉在日照短的季节,人为地补充光照能提早开花,如长期给予短日照处理,则抑制开花。短日照性花卉,在日照长的季节,人为地遮光进行短日照处理,也能促进开花;相反,若长期给予长日照处理,则抑制开花。在北方温带地区,日照时数最短的是冬至日,日照时数最长的是夏至日。人为地控制日照时间,可以调节花期。光暗颠倒,也会改变开花时间。

春天开花的花卉多为长日照植物,秋天开花的花卉多为短日照植物。

(1)短日照处理

在长日照季节,用黑布、黑色塑料薄膜等对短日照植物遮光一定时数,使它有一个较长的暗期,就能促其开花。如一品红、菊花等,自下午5点至第二天上午8点进行遮光,使其处于黑暗中,一品红40多天就能现蕾开花,菊花50~70 d也能开花。遮光处理前,植株应长到一定高度,若过早进行处理,因营养生长不充分,株矮,则开花少、花形小。同时,停施氮肥,增施磷肥、钾肥,可使组织充实,处理效果好。

(2)长日照处理

在冬季短日照季节,对长日照植物补充光照,或者是在夜间给予短时期的光照,可使其提前开花。由于冬季温度较低,所以长光照处理还必须配合适宜的温度条件。长光照和适宜温度缺一不可,一般情况下都在温室内进行处理。此外,长光照也用于阻止短日照花卉的开花,如一品红在冬季开花修剪后,常常不抽枝就接着孕蕾,影响植物生长与观赏价值。此时用长日照处理,可使其抽生长枝,然后在自然短日照下开花。菊花在自然情况下,9月大部分都开始孕蕾。为了延迟开花,可用长日照处理,阻止其形成花蕾而使之继续营养生长。在停止夜间光照后,如果当时仍是短日照季节,它就会在自然条件下孕蕾开花。据介绍,9月上旬对菊花开始用电灯光照处理,10月10日停止,12月中旬开花;11月10日停止,则1月上旬到2月上旬开花。

(3)光暗颠倒,改变夜间开花习性

昙花一般夜间开花,不便欣赏。如果在花蕾长6~10 cm时,白天遮去阳光,晚上照射灯光,则能改变其夜间开花习性,使其在白天开花,并可延长开花时间。

3. 栽培措施处理

(1)调整播种期

春季播种的一年生草本花卉,可自3月中旬至7月上旬陆续在露地播种,其营养生长与开花均在高温条件下进行,如欲使提早或推迟花期则宜利用温室繁殖。一般情况下播种后经45~90 d即可开始开花,可根据不同花卉的生长规律,计算其在不同季节气候条件下,自播种到开花所需时间,分批分期播种。例如,一串红的生育期较长,春季晚霜后播种,可于9~10月开花;2~3月在温室育苗,可于8~9月开花;8月播种,入冬后假植、上盆,可于次年4~5月开花。

二年生花卉需在低温下形成花芽和开花。在温度适宜的季节或冬季在温室保护下,可调节播种期在不同时期开花。如紫罗兰,12月播种,5月开花;2~5月播种,则6~8月开花;7月播种,则2~3月开花。

(2)调整扦插期

可根据不同花卉自扦插至开花所需气候条件及时间长短及当时的气候条件确定扦插日期。如欲使一串红、藿香蓟等花卉于4月下旬至5月上旬开花,可于11月下旬至1月上旬在温室内扦插,室内日温保持25 ℃,夜温20 ℃即可。如欲使其于9月下旬到10月上旬开花,则可于5月中旬至6月中旬扦插,而美女樱、孔雀草于6月下旬至7月上旬扦插,亦可于9月下旬至10月上旬开花。

(3)调整栽植期

有些球根花卉可根据其开花习性,分别栽植,亦可同时开花,如欲使9月下旬至10月上旬开花,葱兰可于3月下旬栽植,大丽花、荷花可于5月上旬栽植,唐菖蒲、晚香玉可于7月中旬栽植,美人蕉可于7月下旬重新换盆栽植。

(4)修剪与摘心

一些木本开花植物,当营养生长达到一定程度时,只要环境因子适当,即可多次开花,可利用修剪的办法,使之萌发新枝不断开花,如月季、广东象牙红等。

广东象牙红一年可开3~4次花,在欲开花期前35 d左右进行修剪即可。将当年生枝条自基部修剪,使自多年生主干萌生新枝,及时加强养护管理,每个剪口可留2~3个枝条,其他萌芽全部剪除,则所留枝条生长健壮,顶芽即可分化为花芽而开花。月季一般修剪后45 d左右即可开花。

其他宿根花卉,如一支黄花、菊花等亦可用修剪的办法使之二次或多次开花。摘心一般用于易分枝的草本花卉,如一串红、藿香蓟等,摘心后因季节不同,开花有迟有早。一般摘心后 25~35 d 即可开花。

(5)剥蕾

剥蕾也是常用的措施之一,剥除侧蕾则可使养分集中,促进主蕾开花,反之如剥除主蕾,则可利用侧蕾推迟开花。大丽花、菊花常用此法控制花期。

(6)干旱处理

梅花、榆叶梅等落叶盆栽花卉,于高温期顶芽停止生长,进入夏季休眠或半休眠状态时进行花芽分化,此期可以进行干旱处理,使盆中水分控制到最低限度,特别在多雨的年份,常常营养生长过于旺盛,应进行干旱处理,强迫停止营养生长,则有利于花芽分化,柑橘类亦可用干旱处理的方法,使叶片呈卷曲状,可促进花芽分化。

(7)控制水肥

充足的氮肥和水分可以促进营养生长而延迟花期,增施磷、钾肥有助于抑制营养生长而促进花芽分化。在植株进行一定营养生长后,增施磷、钾肥,有促进开花的作用。如蝴蝶兰、大花蕙兰、红掌、观赏凤梨等。

4. 化学药剂处理

在花卉栽培上,为打破休眠、促进茎叶生长、促进花芽分化和开花,常应用一些药剂进行处理,即化学促控。其优点是用量小,成本低,操作简便,缺点是应用效果不太稳定,需不断试验以确定使用浓度、时期和次数。目前常用药剂有赤霉素、乙醚、萘乙酸(NAA)、秋水仙素、吲哚乙酸(IAA)、乙炔、马来酰肼(MH)、脱落酸(ABA)等。生长调节剂的作用,一方面是促进花芽分化,另一方面是促进花数的增加和提早花期。

(1)解除休眠

用浓度为 200~4 000 mg/kg 的赤霉素对八仙花、杜鹃、樱花、牡丹等处理,有解除休眠的作用。如用 500~1 000 mg/kg 浓度的赤霉素稀释液滴在牡丹的花芽上,4~7 d 就开始萌动。对桔梗、红花吊钟柳进行处理,也能使其抽薹、开花。

(2)加速茎叶生长,促进开花

用赤霉素处理菊花、紫罗兰、金鱼草、报春花、四季报春、仙客来、山茶花、含笑、君子兰等花卉,均有明显的效果。如菊花于现蕾前以 100~400 mg/kg 浓度处理,仙客来于现蕾时以 5~10 mg/kg 浓度处理,山茶花用 500~1 000 mg/kg 浓度处理等都能加速花梗的生长,促进开花。但要严格掌握处理时间和药液浓度,否则易造成花梗徒长,叶色淡绿,株形破坏,进而推迟花期或降低观赏价值。

(3)促进花芽分化

赤霉素有代替低温的作用,对一些需要低温春化的花卉,如紫罗兰、秋菊等均有效果。从 9 月下旬起,用浓度为 50~100 mg/kg 的赤霉素处理 2~3 次,即可开花,但叶数比对照减少。将乙烯利、碳化钙或乙炔气的饱和水溶液注入凤梨科植物筒状的叶丛内,也能促进花芽分化。

(4)延迟开花

用吲哚乙酸(IAA)、萘乙酸(NAA)等处理,有抑制开花激素形成的作用。如 8 月中旬在秋菊尚未进行花芽分化之前,以 50 mg/kg 浓度的萘乙酸(NAA)处理,3 d 1 次,共进行 50 d,可延迟开花 10~14 d。用 5~10 mg/kg 浓度的萘乙酸处理凤梨科植物老人须,有促进开花的明显效果。

(5) 促进发芽

用2-氯化醇处理唐菖蒲球茎,用乙醚气处理小苍兰球茎,用三氯一碳烷处理郁金香球茎均可以促进发芽,提早开花。

(6) 加速早熟

观赏用的果实有鲜艳的色彩能够提高观赏价值。乙烯利对果实有催熟、增加着色作用。如用200~900 mg/kg 乙烯利在凤梨接近自然成熟时喷洒果面,能获得良好的催熟效果。

花期控制措施种类繁多,有起主导作用的,有起辅助作用的;有同时使用的,也有先后使用的。必须按照植物生长发育规律及各种有关因子,并利用外界条件综合进行,科学判断并加以选择,使植物的生长发育达到按时开花的要求,在开花时还要给予适合开花的条件,才能使之正常开花。

(三) 花期调控中常见问题

在花期控制中,由于花卉植物种类繁多,影响因素复杂,出现的问题也较多,但归结起来主要有哑蕾现象、花期提前或延迟、花色变劣等。

1. 哑蕾现象

在花期控制过程中,生产者常常遇到植株生长的花蕾无法开放的哑蕾现象。造成哑蕾现象的原因有多方面,如花卉的种类、品种、土壤干旱、肥料不足、持续高温等。容易因缺水而导致哑蕾的花卉有倒挂金钟、蟹爪兰等。在很多情况下,植株哑蕾是由于在短期内遭受干旱的植株浇水过多所致。所以,在给缺水的植株浇水时,最好先进行喷水来缓解植株的缺水状态,然后再正常浇水。由于高温而导致花蕾无法正常开放的花卉有郁金香、喇叭水仙、中国水仙等。

2. 花期提前或延迟

花期控制的目的是为了使花卉在预期的时间内开花,如果不能按时开花,出现花期提前或延后,这对生产经营和使用都会造成巨大的损失。

(1) 花期提前

为了避免过早开花,在整个生产管理过程中除了严格按照管理程序外,在预定开花前的3周左右应根据花蕾的生长情况及时进行处理,可以通过停止追肥、进行遮光、降低环境温度等措施来延缓花朵的开放。

(2) 花期延后

生产中防止花期延后主要以施肥、光照和温度管理为主。采用较多的方法是喷施磷酸二氢钾,增加光照,对于促进花蕾迅速膨大、正常开花较有效。对于绝大多数花卉,提高环境温度能有效地提前开花,但对于喜凉爽环境的地中海气候型花卉来说,环境温度过高反而使花期延迟。

由于植物的花期早晚不是单一因素的作用,因此在管理上应考虑诸多因素进行综合管理。

(3) 花色变劣

在花期控制中,已经开花的花卉往往会发生变色现象,原因主要有养分不足、光照或温度的影响等。例如,一品红在种植后期将温度降到13 ℃~15 ℃可以使苞片着色更好。现在有许多一品红品种,即使一些苞片未发育完全,苞片很容易出现褪色现象。因此,一品红出圃时一定要求苞片已充分展开并着色,花已开始开放。成熟后的一品红应尽量放在冷凉的环境中,温度不要低于12 ℃;温度低,会使苞片颜色发蓝或变白。

第七节 化学除草

一、苗圃的杂草及其危害

苗圃中水肥条件较好,在为苗木生长提供保证的同时,也为杂草的繁殖创造了条件。杂草的滋生会大量夺取苗木生长所需的养分、水分和光照,影响园林苗木的生长发育。同时杂草也是许多病原菌、害虫的栖息地,是翌年发生病虫害的初侵染源。

1. 一两年生杂草

有一些杂草在春、夏季发芽出苗,到夏、秋季开花结实后死亡,整个生命周期在当年完成。这类杂草都是种子繁殖,幼苗不能越冬。它们种类繁多,是苗圃中主要杂草。常见的有藜、稗、狗尾草、反枝苋、野燕麦等。两年生杂草在秋季或冬季发芽,种子一般在翌年春季或早夏植物死亡时成熟,种子常常在土壤中保持休眠状态越夏,如繁缕、问荆、龙葵、马唐、益母草等。

2. 多年生杂草

可持续生存两年以上,一生中能多次开花结实的杂草。主要特点是在开花结实后地上部死亡,依靠地下器官越冬,翌年春季从地下营养器官又长出新株。既能种子繁殖,又能利用地下营养器官进行繁殖,而后者是主要的繁殖方式。如田旋花、车前、狗牙根、芦苇、白茅等。

3. 寄生杂草

寄生杂草指那些自己不能进行或不能独立进行光合作用制造养分的杂草,必须寄生在别的植物上,依靠特殊的吸收器官吸取寄主养分而生活,如菟丝子、当列、百蕊草等。

圃地常见杂草见表5—7—1。

表5—7—1 苗圃常见杂草

科名	名称	别名	生长习性	分布区域			
				东北	华北	西北	南方
禾本科	马唐草	蔓根草	一年生草本,生于旷野、田边、果园、苗圃等湿地上	√	√	√	√
	狗尾草	谷莠子	一年生草本,生于路旁、田埂、果园、苗圃等湿地上	√	√	√	√
	大画眉草		一年生簇生草本,生于路旁、田边、苗圃等处	√	√	√	√
	牛劲草	蟋蟀草	一年生草本,生于路旁、田边、苗圃、果园向阳的湿地上	√	√	√	√
	看麦娘		两年生或一年生草本,丛生于肥沃的湿地上,冬季休闲田里生长最盛	√	√		
	白茅		多年生草本,草地、山坡、果园、苗圃、田埂等处普遍生长			√	√
	狗牙根	绊根草	多年生蔓生草本到处可见,自节生根匍匐地面,喜生于湿地,蔓延快			√	
	早熟禾		一年生或两年生草本,生于路旁、田埂、菜地、苗圃中湿地生长尤盛	√	√	√	√

续上表

科名	名称	别名	生长习性	分布区域			
				东北	华北	西北	南方
禾本科	狼尾草		多年生簇生草本,生于路旁、堤岸、田埂、苗圃、果园边上,根入土深,不易拔除		√		√
	稗	稗子、稗草	一年生草本,普遍生于原野湿地、稻田内,根系强大,分蘖多	√	√	√	√
	芦苇	苇子	多年生,粗壮,簇生草本,高2~5 m,有粗壮匍匐根茎长于湿地	√	√	√	√
菊科	黄花蒿		两年生或一年生草本,生长在村落、旷野、路旁、苗圃、田埂上	√	√	√	√
	青蒿		两年生或一年生草本,多生于沙地、河岸、苗圃、田埂上,全株无毛,揉之有臭气	√	√		√
	苍耳	苍耳子	一年生草本,多见于旷地路旁、畦畔。瘦果借钩刺散布种子	√	√	√	√
	刺儿菜	茨菜	多年生直立草本,有匍匐茎,在滨湖的路边、旱地常成片生长				
	苣荬菜	苦菜	多年生草本,见于路旁、草地及田埂边,具匍匐茎	√	√	√	√
	蒲公英		多年生有乳汁的草木,普遍生于旷野、路旁、苗圃等光线充足的地方	√	√	√	√
	苦苣菜	滇苦菜	一年生或两年生草本,茎叶含白乳汁,为果田、苗圃、路旁荒地生长的杂草	√	√	√	√
莎草科	香附子	回头青、韭菜草、沙草	多年生草本,生于河岸、堤边、旱地、菜地、苗圃。地下具纺锤形块茎,蔓延极快		√		√
	牛毛草	牛毛毡	多年生短小草本,生于稻田、菜地、苗圃中,有时密接丛生,遮盖地面如同地毯具丝状,匍匐茎向下生根	√	√		√
	三棱草	荆三棱、三方草	一年生簇生草本,普遍生于浅水中湿地、菜地、苗圃中	√			√
蓼科	萹蓄		一年生草本,在菜园、田埂、路旁、苗圃、旱地普遍生长	√			
	春蓼		一年生草本,生于沟边、池畔、水田边、低湿地	√			
	羊蹄	洋铁叶	多年生草本,生于沟边、路旁、田埂、苗圃等湿地		√		√
苋科	刺苋		一年生草本,多生于原野荒地、果园、苗圃、菜地等	√	√		√
	喜旱莲子草	水花生、空心菜	一年生草本,分布于潮湿地,茎有分枝,匍匐地面				√
玄参科	婆婆纳		一年生或二年生草本,原野随处可见,园圃湿地,生长尤盛,早春开花,入夏枯死				√
	水苦荬		二年生肉质草本,多生于苗圃、水边湿地,茎下部略呈匍匐状常自节上生根		√		√
大戟科	铁苋菜	铁刚头、血苋菜	一年生草本,多生于郊野路旁、田边、苗圃较湿润地上		√		√
	泽漆		一年生或两年生有毒草本,生于河堤、旷野、田埂、苗圃地内	√	√		√
	荠菜		一年生或两年生草本,普遍见于田野,耕地上生长尤盛,秋季萌发,春季开花、结实,繁殖力强	√	√		√

续上表

科 名	名 称	别 名	生 长 习 性	分布区域			
				东北	华北	西北	南方
旋花科	田旋花	小旋花、打碗花	多年生蔓生性草本,多见于园圃旱地低湿处,地下有根状茎,繁殖力强		√		
石竹科	繁缕		两年生草本,普遍生于果园、苗圃、田埂、耕地路旁等处	√	√		√
车草前科	车前草	平车前、车轮菜	多年生低矮草本,普遍生于原野、路旁、园圃中	√	√	√	√
马苋齿科	马齿苋	马齿菜、豆瓣菜	一年生草本,普遍生于园圃、田埂、菜地中,全体肥厚肉质茎,茎部分枝、下部匍匐地面	√	√		√
木贼科	问荆	木贼	多年生草本,生于堤埂园边砂土中,匍匐茎横走土中,自节生出不定根	√	√		
蒺藜科	蒺藜	刺蒺藜	一年生草本,常生于旱地,园圃中,茎蔓延地面		√	√	√
大麻科	葎草	拉山秧、拉山蔓	多年生蔓性草本,遍生于路旁及用地,茎长且生倒刺		√	√	√
葡萄科	乌蔹莓	老鸦藤	多年生草本,攀缘植物,生山野旱地,地下茎横生土中,随处萌发新苗		√		√
藜科	藜	灰灰菜、灰苋	一年生草本,生于原野及园圃地,旱地内普遍生长	√	√	√	√

二、除草剂的分类

(一)按化学结构分类

1. 无机除草剂

这类除草剂除草效果差,易对苗木造成毒害,已经很少应用,已逐渐被人工合成的有机除草剂所代替,如硼酸钠、亚砷酸钠等。

2. 有机除草剂

这类除草剂是由能消灭或抑制杂草的有机化合物配置而成的,主要以有机合成原料如苯、醇、脂肪酸、有机胺等制成。与无机除草剂相比除草效率更高,生产上已广泛使用。

(二)按作用方式分类

1. 选择性除草剂

这类除草剂是只杀灭杂草不杀伤栽培苗木,对苗木具有"挑选"和"鉴别"的能力,如捕草净、敌稗、茅草枯、草甘膦等。

2. 灭生性除草剂

这类除草剂的特点是草苗不分对一切植物均有杀灭作用,用量足够的条件下杀死所有的植物,对杂草和栽种的苗木没有"挑选"能力。主要在栽植苗木前或出苗前以及休闲地、田边、道路、防火线、林地等使用,如百草枯、敌草隆等。

(三)按除草剂在植物体内的移动性分类

1. 触杀型除草剂

不能在植物体内传导,只能杀死植物直接接触到药液的部位,如除草醚、五氯酚钠、敌稗等。触杀型除草剂有时不能起到斩草除根作用。

2. 传导型（内吸型）除草剂

进入植物体后能通过根、茎、叶到达植物的各个部位，破坏杂草正常的新陈代谢，杀死整株植物。传导型除草剂一般发挥药效较慢，但可以起到"斩草除根"的作用。利用传导型除草剂，不应急于见效，也不宜用量过大。如西玛津、捕草净、阿特拉津、敌草隆等。

有些除草剂（如除草醚）是兼具传导与触杀作用，既是传导型除草剂，又是触杀型除草剂。

三、化学除草剂的选择性

除草剂的选择性是指苗木与杂草之间对除草剂的抗性（或敏感性）差异。有的除草剂本身具有一定的选择性，有的除草剂虽然选择性不强，但可以利用它们的某些特性或苗木与杂草之间的差异来达到选择性除草的目的。

（一）时差选择

利用某些除草剂见效快和持效期短的特点，杂草与苗木发芽、出土的差异，在苗木播种以前施药，杀死杂草，待药剂生效后，再进行播种或移植。

（二）位差选择

利用某些除草剂在土壤中移动能力较差的特点，杂草和苗木地上、地下部分位置的差异，将除草剂施于土壤表面，形成一个浅的药层，利用苗木和杂草种子发芽深度或根部深浅的不同，来达到选择性除草的目的。

（三）植物形态解剖上的差异

(1) 生长点位置。禾本科杂草，生长点包在叶鞘内，而双子叶杂草生长点都裸露在外面。施药时前者得到保护，而后者直接受害。

(2) 植物叶片形状和生长角度不同。双子叶杂草叶片宽大。叶面平展和茎形成的夹角大，有的几乎与茎垂直，喷药时叶面很易黏住药物，受药量大，中毒重易被杀死；而禾本科杂草，叶片狭长、直立，和茎几乎平行，药液喷到叶面很难黏住，受药面小，受害轻，就不易致死。

(3) 叶表面组织的差异。莎草科杂草叶面覆有蜡质层，禾本科杂草叶表面有硅质层和茸毛，这些附属物使药液不易黏住叶子表面，所以较难防除。有些杂草叶面表皮细胞没有这些附属结构，易黏住药物，易受药害，容易防除。还有在除草剂中加入黏着剂，扩散剂等助剂后，便能使药液进入杂草的表皮组织的数量增加，从而提高了杀草作用。

四、除草剂的应用技术

（一）除草剂的主要剂型

除草剂由于加工形式的不同，可以制成各种应用的剂型。

1. 水溶剂

水溶剂是一种可以直接溶解于水的固态或液态除草剂，可用于喷雾，也可以混拌细土撒施，如五氯酚钠盐，二甲四氯等。注意喷施时必须用软水溶解稀释，以防产生沉淀，硬水配制时应先加入碳酸钠或碳酸氢钠软化。

2. 可湿性粉剂

可湿性粉剂由除草剂原粉、惰性填料和湿润剂按比例均匀混合而成的粉剂。使用时,用水配成悬浊液喷洒或喷雾,主要是配成毒土撒施。扑草净为50%的可湿性粉剂。

3. 乳油

乳油是一种油状除草剂,不溶于水,是由除草剂原药、有机溶剂和乳化剂融合而成。当乳油进入水后,成为乳状悬浮液,这种剂型用于茎、叶喷雾,如敌稗的20%乳油,草枯醚等。

4. 颗粒剂

颗粒剂是颗粒状的除草剂。在施入土壤中吸水(湿)膨胀,药剂从颗粒中慢慢释放出来,被杂草吸收而发挥杀伤作用。这类除草剂用于土壤处理,特别是水田撒施,比其他剂型安全简便。

5. 油剂

油剂由除草剂原药,加适当有机溶剂(油剂)制成,使用时不兑水,适于超低量喷雾。

6. 粉剂

粉剂由除草剂原粉和惰性粉一起混合而成,可用喷粉器喷撒,也可做成毒土施撒。

(二)除草剂的施用方法

除草剂剂型不同,施用方式也不同,通常有茎叶处理和土壤处理两种方式。苗圃育苗化学除草剂的施药方法主要分为喷雾法和毒土法两种。茎叶处理是将药剂施在茎叶上,通过触杀或渗入植物体内传导杀死杂草。常用方法有喷雾法和涂抹法。土壤处理是将除草剂施入土壤中,由根系吸收杀死杂草。常用方法有毒土法,也可用喷雾法。

1. 喷雾法

利用喷雾器将药液均匀喷洒在育苗地上,生产中多用喷雾法,有的采用低容量和超低量喷雾法。适于喷雾的除草剂剂型有可湿性粉剂、乳油及水溶剂等。喷雾法可分为土壤处理和茎叶处理。

(1)土壤处理。播种前混土处理,即在播种前把除草剂喷施于表土,再用钉齿耙、圆盘耙等交叉耙两次,耙深 $5\sim10~cm$,把药剂均匀地分散到 $3\sim5~cm$ 的土层内。这种方法可用选择性除草剂,也可用选择性稍差的除草剂,但要注意掌握土壤位差选择性。

(2)茎叶处理。苗木生长期采用茎叶处理时,要求除草剂具有一定的选择性。对于选择性差的除草剂,可采用定向喷雾或采用遮幅保护装置达到安全施药的目的。茎叶处理一般要求喷洒的雾滴直径在 $150\sim200~\mu m$,露滴细小均匀,以增加对杂草叶面的附着。

喷雾药液的配制,为了配制的药量准确,应当定容器、定药量、定水量,这样可避免出错。一般先准确称取用药量,加入少量水稀释调匀,过滤除去残渣,然后再加入所需水量混拌稀释均匀,即配成药液。水量一般以每亩 $36\sim50~kg$ 为宜。药液要现用现配制,不宜久存,以免失效。茎叶处理时,雾滴应细而均匀。土壤处理时,雾滴可粗些,所需用的药液量常较茎叶处理的多些。

2. 毒土法

毒土法是将药剂与细土混合制成的毒土,均匀撒施的方法,适于毒土法的除草剂型有粉剂、可湿性粉剂和乳油等。

毒土的配制,先取土过筛,以通过 $10\sim20$ 目筛筛过的细土为好,土不宜过干或过湿,以手握成团、手张开土团散落即可。土量以能撒施均匀为准,一般每亩20~25 kg,药剂如是粉剂,可直接拌土,如用乳油可先加入少量水稀释,用喷雾器喷洒在细土上混拌均匀。如果药剂的用量较少,可先与少量细土混拌均匀后,再与全部细土混合。毒土要随用随配制,不宜存放。撒施毒土时,细土配制的毒土可用喷粉器喷洒或用手工撒施。无风晴天喷洒效果好,苗期采取定向喷洒比较安全。撒施毒土要用量适宜,撒施均匀一致。

3. 涂抹法

涂抹法适用于水溶剂、乳剂和可湿性粉剂。先用少量水将除草剂溶解、乳化或调成糊状,再加水配成一定浓度的药液,用刷子将药液涂于欲毒杀的植物,一般用来灭杀苗圃的大草、灌木和伐根的萌芽等。

目前,还试用一种薄膜除草法,即用含有除草剂的薄膜覆盖育苗地防除杂草。如采用捕草净杀草膜,将薄膜覆盖于苗床(垄)面上,按一定的株距在其上面打孔,苗木可自孔眼中长出,周围的杂草幼芽触及药膜后而被杀死。可以在大粒点播京桃、银杏育苗地进行试验,取得经验后加以推广应用。

(三) 确定合理的用药量

除草剂的用药量大小直接影响杀草效果,要严格按照说明书准确称量施用。合理的用药量因苗木种类和年龄、杂草的种类和大小、环境条件等而异。一般掌握的原则有以下几个方面。

1. 根据苗木种类、苗龄确定用药量

大多数苗木对除草剂具有一定的抗药性,一般情况下针叶树苗木比阔叶树苗木抗性较强;针叶树常绿树种苗木(如油松、樟子松、侧柏等)又较落叶树种苗木(如落叶松)抗性强。同一树种,一年生以上留床、换床苗较当年生播种苗抗性强。扦插苗的抗性也较强。因此,确定用药量时,阔叶树种苗木选用药量下限;落叶针叶树苗选用药量中限;针叶树种常绿苗木可选用药量上限。同一树种,当年播种苗选用药量下限;二年生以上留床苗和换床苗选用药量上限;扦插苗可选用药量中限或上限。幼苗期用量要小,随着苗木的长大适当增加用量。

2. 根据施药时期确定用药量

播种前土壤处理选用药量上限;播种后出苗前(或称播后芽前)土壤处理选用药量中限或上限。播种苗的苗期处理,一般第1次幼苗出齐后开始施药,此时幼苗抗性较弱,可选用药量的下限;第2次施药约间隔20~30 d,此时苗木长大,生长较健壮,抗药性增强,可选用药量中限;第3次施药时,苗木粗壮,抗药性强,可选用药量上限。留、换床苗苗期处理,因苗木较大,根系发达,抗药性很强,施药量可增大些,可选用药量上限。扦插苗在扦插后放叶前,抗性较强,也可选用药量上限。

3. 根据杂草种类和大小确定用药量

对1年生杂草,如灰菜、稗草、马唐、马齿苋等容易杀死的杂草,可选用药量下限或中限;对多年生深根性杂草,如白蒿、苣荬菜、问荆等不易杀死的杂草,选用药量上限。

4. 根据环境条件确定用药量

据观测,当圃地温度较高(20 ℃以上)、湿度较大(床面经常保持湿润,土壤湿度60%左右)、沙壤土则除草剂能够充分发挥药效。因此,宜选用药量下限。反之,可用药量上限。

此外,除颗粒剂型的除草剂可以直接施用外,其他粉剂、乳剂型的除草剂在应用时要配成药液使用,故使用前必须了解药液的纯度,因为除草剂的杀草作用只是其有效成分,一般施药量,系指有效成分而言,故在计算除草剂施用量时,要予以注意。

【例1】 每公顷土地施用 80% 乙草胺用量为 1 kg,现在本单位只有浓度为 50% 的乙草胺,因此每公顷用量按下式计算应为 1.6 kg。

$$1 \times 80\% = x \times 50\%$$
$$x = 1 \times 80\% \div 50\% = 1.6 \text{ (kg)}$$

【例2】 按规定每公顷应施纯扑草净 0.1 kg,但所购产品工厂标明为 50% 可湿性粉剂,则实际上每公顷用量应为

$$0.1 = x \times 50\%$$
$$x = 0.1 \div 50\% = 0.2 \text{ (kg)}$$

(四)影响除草剂效果的环境因素

林业育苗化学除草的效果与温度、土壤湿度、光照和天气情况密切相关,有的直接影响到药效的发挥。同一种除草剂,施用相同的药量,在不同的环境因子影响下,其杀草效果有很大差异。

1. 温度

一般情况下,气温越高,除草剂的杀草效果越强,杂草中毒反应的速度越快,但也不是越高越好,气温过高,喷出的雾状液很快被蒸发,降低药效,如氟乐灵等。气温过低时使用除草剂,容易发生药害。正确的施药时间应为:高温季节,晴而无风的上午 11 点~下午 4 点;低温季节,上午 10 点~下午 3 点。

2. 土壤温度

在较湿润的土壤条件下除草剂能充分发挥药效。在土壤湿润条件下杂草生长旺盛,组织柔嫩,角质层薄,除草剂易于渗入,杂草抗药性较弱。因此,药效显著,见效也快。但土壤湿度过大,则苗木生长细弱,根系发育不良。因此,施用除草剂前后,应适当浇水,保持床面湿润,土壤湿度以 60% 左右为宜,可以明显提高杀草效果。

3. 光照

光对某些除草剂的影响十分明显,如除草醚、百草枯等光活化性除草剂,在光的作用下才起杀草作用。西玛津、敌草隆、扑草净等是光合作用抑制剂,也需在有光的条件下才能抑制杂草光合作用,发挥除草效果。氟乐灵等本身易挥发,见光易挥发,使用时及时与表层土混拌,或施药后覆盖一层表土(2 cm)。

喷药应选在无风的晴天,大风会影响药剂均匀落在杂草上而降低药效,有时还会使附近敏感的苗木产生药害。另外,早晚有露水时会使药剂稀释而降低药效,降雨会将叶面上的药剂冲走流失而降低药效。因此,在阴雨天或即将下雨时都不宜喷施药剂。

特别应注意的是,每种化学除草剂都有其特定的使用对象,不能将某种苗木的除草剂用在另一种苗木上。每种除草剂都有其操作规程,包括用药量、用药时间、使用方法、注意事项等。大量使用除草剂时,最好先做小型除草试验,在取得经验后再大量推广。

对使用化学除草剂的器械,用后必须洗净,可用 2%~3% 的热碱水或 0.2% 的硫酸亚铁溶液反复清洗。

(五)除草剂的混用

目前市场上出售的除草剂大多化学组成单一,杀草范围有限,如果彼此不发生抵消作用,2种或2种以上可以混合使用,其除草效果可高出5%~15%,还有省工、省药、提高安全系数,扩大杀草范围等优点。另外除草剂还可与杀虫剂、杀菌剂及化肥混合使用。混用时,一般应考虑以下几个方面。

1. 混施原则

(1)残效期长的与残效期短的相结合。
(2)在土壤中移动性大的与移动性小的相结合。
(3)内吸型与触杀型相结合。
(4)速效的与缓效的相结合。
(5)对双子叶杂草杀伤力强的与单子叶杀伤力强的相结合。
(6)除草与杀菌、杀虫、施肥相结合。

2. 除草剂混施时注意事项

(1)遇碱性物质分解的药剂不能与碱性物质混用。
(2)混合后发生化学反应的药剂不能混用。
(3)混合后出现絮状凝结、沉淀或乳剂破坏现象的药剂不能混用。
(4)最好先进行试验,取得经验后再混用。

3. 混施用量

一般来说,2种除草剂混用药量为各自单独用量的1/2,3种除草剂混用药量为各自单独用量的1/3。但这不是绝对的,混施时必须依照杀草对象、植物情况、药剂特点及环境条件灵活掌握。

(六)掌握适宜的用药时期

育苗化学除草的主要目的是除草保苗。因此,施用除草剂应选择在苗木抗药性强,杂草抗药性弱的时期进行。试验结果表明,对于多数树种新播种苗床,第一次用药时间在播种后出苗前(或称播后芽前)是最适宜的用药时期。

对于播种苗的苗期处理,一般在苗木出齐后开始第二次施药比较适宜,两次施药的间隔期应根据药剂残效期的长短而定,除传导型除草剂残效期较长,可适当延长施药间隔期外,一般不宜超过25~30 d。

对于留床、换床苗的苗期处理,一般在早春杂草萌发或刚出土时施药较为适宜。这时留、换床苗正处于恢复生长前期,对苗木生长影响不大。

五、除草剂在土壤中的残留

土壤处理或叶面喷雾,都有相当数量的除草剂进入土壤,在土壤内保留一定数量称为残留量。这些除草剂在土壤中残留时间的长短,关系到除草剂持效期的长短。如果除草剂在土壤中的残效期过长,残留量过大,则会毒化土壤,影响后茬苗木的生长和安全。除草剂进入土壤后大致发生以下几种情况。

1. 挥发

有些除草剂暴露于空气中就会变成蒸汽挥发掉,如氨基甲酸酯除草剂。正是由于该类除草剂的挥发性,它在土壤中的残留时间较短,并可能对周围的敏感植物造成伤害。控制挥发的措施主要是在施药后立即混土,以增加吸附。

2. 淋溶

淋溶主要是指由雨水或者灌溉引起的除草剂向土层的垂直渗漏。易发生淋溶现象的除草剂药效较短,如茅草枯。但如果土壤的黏性较强,除草剂就能被土壤牢固吸附,也就不易被淋洗掉。另外,由于长期的淋溶现象,在土壤的下层积累大量的除草剂,就会造成土壤或者地下水的污染。

3. 降解

除草剂降解是指化学除草剂在环境中从复杂结构分解为简单结构,甚至会降低或失去毒性的作用。

(1)微生物的降解。土壤中的真菌、细菌和放线菌能改变和破坏除草剂的分子结构,使其丧失活性。

(2)化学降解。该类降解主要是酸催化的水解反应,影响的主要是三氮苯与磺酰脲类除草剂在土壤中的分解,在土壤的pH值大于6.8时,酸催化水解反应几乎停止。

(3)光分解。实际上是由于除草剂对紫外线引起的钝化作用的敏感性不同而引起的。芳氧类、胺酰类、氨基甲酸酯类、酚类等绝大多数除草剂都存在光分解的途径,只是降解的程度依除草剂的种类不同而有所差别。

六、常用除草剂简介

林用除草剂品种繁多,其理化性质、作用机制、应用范围及防除对象各不相同。目前应用较广、效果较好的几种林用除草剂见表5—7—2。

表5—7—2 常用的除草剂简介

名称	制剂	主要性质	适用范围	主要防治的杂草	使用方法
绿麦隆	25%可湿性粉剂	选择性内吸型除草剂,有一定触杀作用,药效期为60~90 d	针叶树红松、樟子松及水曲柳播种地除草	看麦娘、早熟禾、野燕麦、繁缕、猪殃殃、藜、婆婆纳等一年生禾本科杂草和某些双子叶杂草	每亩用25%可湿性粉剂0.3~0.4 kg,加水30~40 kg,地面均匀喷雾
除草醚	25%可湿性粉剂	选择性触杀型除草药,有内吸性,药效期20~30 d	针叶树类、杨、柳插条、白蜡属、桉树属	马唐、狗尾草、牛筋草、马齿苋、苋菜、灰菜、藜、稗草等	每亩用25%可湿性粉剂0.5~0.75 kg,加水30~40 kg,在播种后出苗前土壤表面均匀喷雾
草甘膦	10%水剂	内吸传导型广谱灭生性除草剂,药效期20~30 d,只能用于茎叶处理	幼林抚育和果园除草	茅草、狗牙根、芦苇、刺儿菜、蛇莓、莎草、水蓼、车前草、小飞篷等一年生、二年生和多年生的禾本科杂草、莎草科杂草和部分阔叶杂草及灌木。一年生杂草施药后3~5 d开始反应,半月后全株死亡;多年生杂草施药后3~7 d地上部分逐渐枯黄,继而变褐、倒伏,地下部分腐烂	每亩使用10%水剂400~1 000 mL。一般在杂草生长旺盛期,每亩加水30~40 kg

续上表

名　称	制　剂	主要性质	适用范围	主要防治的杂草	使用方法
扑草净	50%可湿性粉剂	选择性除草剂，主要被根吸收，沿木质部运输到叶片内，逐渐干枯死亡，残效期为20～30 d	种子播种苗圃和移植圃	防除一年生禾本科杂草及阔叶杂草，如马唐、早熟禾、狗尾草、画眉草、牛筋草、稗草、蒿、藜、马齿苋、鸭舌草、牛毛毡等。对刚萌发的杂草防除最好	每亩用50%可湿性粉剂0.1 kg，加水30～40 kg，均匀喷于土表
敌稗	20%乳油	触杀型除草剂		旱稗、马唐、千金子、看麦娘、野苋菜、红蓼等	每亩用20%乳油500～750 mL，加水50 kg喷于茎叶
苯达松	25%、48%水剂	触杀型选择性苗后除草剂。中毒植物表现叶枯萎、变黄，10～15 d死亡	禾本科草坪、幼林、果园	繁缕、荠菜、酸模叶蓼、泽漆、萤蔺、异型莎草、碎米莎草、苘麻、鬼针草、苍耳、马齿苋、鸭跖草、藜、婆婆纳、牛毛毡等，主要防治莎草科的杂草及一些阔叶杂草，对禾本科杂草无效	每亩使用48%液剂150～200 mL，加水30～40 kg，对杂草茎叶喷雾
二甲四氯钠	20%水剂	高度选择性内吸传导性茎叶处理的除草剂，药效期短3～7 d	甘蔗、玉米等禾谷类作物，针、阔叶树播前或播后芽前，喷雾法处理茎叶	防治日本草、胜红蓟、香附子，主要防除一年生及多年生双子叶杂草，对莎草科某些单子叶杂草也有防除效果	每亩用药28～56 g，苗期禁用
高效氟吡甲禾灵（盖阜宁、盖草能）	10.8%乳油	苗后选择性除草剂，具有内吸传导性。从施药到杂草死亡，一般需要6～10 d。药效期较长，一次施药基本控制全生育期的禾本科杂草危害	适合林业苗圃和花圃化学除草，对苗木无害	稗草、马唐、狗尾草、牛筋草、野燕麦、看麦娘、芦苇、虎尾草、白茅、千金子等一年生和多年生禾本科杂草。与杂草旺盛期防效最佳，高于30 cm大草防除效果差	每亩用有效量5～8 g，兑水40 kg
精吡氟禾草灵（氟草除）	15%乳油	内吸传导型茎叶处理除草剂，受害植物一般10～15 d后死亡，残效期为1～2个月	林业苗圃和花圃使用	稗草、马唐、狗尾草、牛筋草、千金子、画眉、早熟禾、看麦娘、芦苇、狗牙根、双穗雀稗等一年生禾本科杂草、多年生禾本科杂草	每亩用有效量5～10 g，兑水40 kg
精噁唑禾草灵（骠马）	7.5%水剂、10%乳油	选择性、内吸传导型的芽后茎叶处理剂。杂草吸收药剂后2～3 d后停止生长，一般10～30 d全部死亡	常用林业苗圃和花圃防除禾本科杂草禾本科冷季型草坪防禾本科杂草	防除马唐、稗草、狗尾草、牛筋草等禾本科杂草，但对早熟禾和阔叶杂草无效	每亩用有效量2.5～5 g，兑水40 kg
稀禾定（拿捕净）	12.5%、25%乳油	内吸传导型选择性茎叶除草剂，处理后3 d停止生长，7 d退绿，14 d后枯死。持效期为一个月	杨、柳树、沙棘、桉树、茶树、油茶、落叶松、樟子松、红松、白皮松、华山松、油松、马尾松、云杉、冷杉、月季等苗圃，安全用于阔叶树和松树苗圃	防除稗草、马唐、狗尾草、狗牙根、看麦娘、牛筋草等禾本科杂草，对阔叶杂草无效	每亩用有效量为：一年生杂草2～3叶期为15～20 g；4～5叶期为20～27 g；多年生杂草4～7叶期40～80 g，兑水40 kg喷雾作茎叶处理，施药时每亩加0.2～0.3升柴油

续上表

名称	制剂	主要性质	适用范围	主要防治的杂草	使用方法
三氯吡氧乙酸（盖灌能）	48%乳油	内吸传导型除草剂。很快被茎叶吸收并传到全株，造成叶片、茎和根畸形逐渐死亡	幼林抚育，防非目的树种，禾本科草坪防阔叶杂草。防非目的树种可作茎叶喷洒，茎部注射及根部处理	槭树、山杨、柳、桦、蒙古栎、枫树、苦木诸、杉木、大叶楼、野葛藤、炮烙莓、盐肤木、苎麻、紫茎泽兰、加拿大一枝黄花。在禾本科草坪中的阔叶杂草都能防除	每亩用有效量130~200g，兑水40 kg
乙氧氟草醚（果尔）	23.5%、24%乳油	选择性触杀型土壤处理兼有苗后早期茎叶处理作用的除草剂	针叶树苗圃	防除一年生禾本科杂草有：稗草、狗尾草、马唐、千金子、画眉草、牛筋草、早熟禾等；防除一年生阔叶杂草有马齿苋、红蓼、苋、通泉草、反枝苋、野胡萝卜、酢浆草、小旋花、一年蓬、地肤、葎草、车前、萹蓄、蒲公英、藜、龙葵、苍耳、苘麻、繁缕、看麦娘、一年生苦苣菜等	每亩用有效量10~15g，兑水40 kg，于播后苗前进行土壤处理，苗后40 d以上可进行喷雾处理，可防除一年生阔叶杂草，萌动前进行土壤喷雾处理
乙草胺	20%、40%可湿性粉剂	选择性芽前土壤处理剂	针叶树播种圃、移植圃和草坪	稗草、马唐、狗尾草、牛筋草、马齿苋、牛繁缕、早熟禾等等一年生禾本科杂草及部分阔叶杂草，对多年生杂草无效	每亩用有效量50~75g，对水40 kg，于播种出苗前使用，暖季型草坪生长期杂草萌芽时使用，喷雾做土壤处理
丁草胺	50%乳油	选择性内吸传导型芽前除草剂、选择性内吸传导型芽前除草剂	针叶树苗圃，移植圃和成坪草坪	对一年生禾本科、莎草科杂草有效，对马齿苋、蓼等阔叶杂草有效，对藜、苋、牛繁缕、鲤肠有抑制作用	每亩用有效量90~150g，水40 kg于播后苗前，移植圃、成坪草坪为杂草萌芽期使用
氟乐灵	38%、48%乳油	选择性内吸传导型，主要被禾本科植物的幼芽和阔叶植物的下胚轴吸收，子叶和幼根也能吸收，但苗后茎叶不能吸收。残效期3~6个月	苗木移栽前或移栽后使用	防除一年生禾本科杂草和一些小粒种子的阔叶杂草，如稗草、马唐、狗尾草、牛筋草、千金子、早熟禾、看麦娘、雀麦、野燕麦、苋、藜、地肤、繁缕、马齿苋等。本剂对已出土的大草无效	每亩用有效量50~100g，对水40 kg，于杂草尚未出土前喷雾做土壤处理，施药后立即混土，深度为5~7 cm
环嗪酮（森泰）	25%水可溶剂、5%颗粒剂	内吸传导型除草剂，药剂通过植物的根部和茎叶吸收。主要是抑制光合作用，使代谢紊乱导致死亡	广泛应用于造林地清理，幼林抚育、开设防火道和耕地除草	狗尾草、蚊子草、去马芹、羊胡子草、芦苇、山蒿、蕨、铁线莲、婆婆纳、刺儿菜、蓼、忍冬、珍珠梅、榛、刺五加、山杨、桦、柞、椴、胡枝子、乌饭树、杜鹃、构树、盐肤木、荆条、木槿等	本剂施药方法简便，点、洒、喷、涂均可

育苗生产上应用化学除草还不够普遍，而且多局限于常绿针叶树种育苗，对于阔叶树苗，由于除草剂对阔叶树种苗木比较敏感，容易产生药害，至今在生产上应用很少。因此，园林树种育苗上应用化学除草，尤其是花灌木育苗应用化学除草尚有待今后进一步深入研究探讨。在田间试验研究的基础上，通过生产实践，不断总结经验，加以大面积推广应用。

第六章　林木病虫害防治

病虫害是病害和虫害的并称,常对林木造成不良影响,重视和加强林木病虫害的防治工作也是铁路林业生产上主要任务之一。本章简要介绍林木病害的症状、病源、昆虫生物学、农药的使用方法等基础知识,从保护生态的角度重点介绍了林木病虫害综合防治、调查与预报预测的具体方法。

第一节　林木病虫害基础知识

一、林木病害的症状

林木在发育过程中,如果外界环境条件不适宜或者遭受其他生物(真菌、细菌、病毒等)的侵染,就会使自身的正常代谢过程受到干扰,生理机能和组织结构发生一系列的变化和破坏,以致在形态上产生反常,使生长发育受到影响,严重时会引起整个植株的死亡,这种现象称为林木病害。

林木发病后,在外部形态上所表现出来的不正常特征,称为病害的症状。对于某些生物病原引起的病害来说,病害症状包括病状和病症。

发病植物在外部形态上发生的病变特征称为病状,病原物在寄主植物发病部位产生的繁殖体和营养体等结构称为病症,即病症是病原物在感病植物上所表现出来的特征。如大叶黄杨褐斑病,在叶片上形成的近圆形、灰褐色的病斑是病状,后期在病斑上由病原菌长出的小黑点是病症。

所有的植物病害都有病状,但并非都有病症。病症只在由真菌、细菌、寄生性种子植物和藻类所引起的病害上表现较明显,病毒、植原体和类病毒等引起的病害无病症,非侵染性病害也无病症,线虫多数在植物体内寄生,一般体外也无病症。植物病害一般先表现病状,病状易被发现,而病症常要在病害发展过程中的某一阶段才能显现。

(一)病状的主要类型

1. 变色

植物病部细胞内的叶绿素形成受到抑制或被破坏,其他色素形成过多,从而表现出不正常的颜色。常见的有黄化、花叶、斑驳、碎锦、白化、红化、褪绿等。

(1)黄化。叶绿素含量减少,整株或局部叶片均匀褪绿,进一步发展导致白化。一般由病毒、植原体或生理原因引起。如香石竹斑驳病毒病、栀子黄化病、翠菊黄化病。

(2)花叶。整株或局部叶片颜色深浅不匀,浓绿和黄绿互相间杂,有时出现红、紫斑块,界限明显。一般由病毒引起,山茶花叶病如图6—1—1所示。

图6—1—1 山茶花叶病

(3)斑驳。与花叶相似,但界限不明显。

(4)碎锦。花瓣上的变色,如郁金香碎色病。

2. 坏死

植物病部细胞和组织死亡,但不解体称为坏死。常表现为斑点、溃疡、枯梢、疮痂、叶枯、立枯和猝倒等。斑点是最常见的病状,主要发生在茎、叶、果实等器官上,可根据颜色和形状进行分类。

(1)斑点。多发生在叶片和果实上,形状和颜色不一,病斑后期有的出现霉点或小黑点。一般由真菌、细菌等引起,如月季黑斑病、凤尾兰叶斑病等。

(2)溃疡。枝干皮层、果实等部位局部组织坏死,形成凹陷病斑,病斑周围常为木栓化愈伤组织所包围,后期病部常开裂,并在坏死的皮层上出现黑色的小颗粒或小型的盘状物。一般由真菌、细菌或日灼等引起,如槐树溃疡病、杨树溃疡病。

(3)枯梢。枝条从顶端向下枯死,甚至扩展到主干上。一般由真菌、细菌或生理原因引起,如马尾松枯梢病。

(4)疮痂。发生在叶片、果实和枝条上。斑点表面粗糙,有的局部细胞增生而稍微突起,形成木栓化的组织。多由真菌引起,如大叶黄杨疮痂病。

3. 腐烂

病部组织的细胞坏死并解体,原生质被破坏以致组织溃烂称为腐烂。腐烂一般由真菌或细菌引起,多发生于根、干、花、果上。多汁幼嫩的组织常为湿腐,如羽衣甘蓝软腐病;含水较少、较硬的组织常发生干腐,如三棱掌腐烂病。

4. 萎蔫

萎蔫是指植物茎部或根部的维管束组织受害后,大量菌体或病原分泌的毒素堵塞或破坏导管,使水分运输受阻而引起植物凋萎枯死。包括枯萎、黄萎、青枯,如菊花枯萎病。

5. 畸形

植物受病原物侵染后,引起局部器官的细胞数目增多,生长过度或受抑制而畸形。常见的有丛枝、肿瘤、徒长、矮缩,也包括叶片变小、皱缩、肿胀或形成毛毡,枝条带化,果实变形等。一般由真菌、螨类或其他原因引起,如叶畸形与果畸形。

(1)肿瘤。枝干和根上的局部细胞增生,形成各种不同形状和大小的瘤状物。一般由真菌、细菌、线虫、寄生性种子植物或生理原因引起,如樱花根癌病、根瘤线虫病等。

(2)丛枝。顶芽生长受抑,侧芽、腋芽迅速生长,或不定芽大量发生,发育成小枝,小枝上的顶芽又受抑制,其侧芽又发育成小枝,这样多次重复发展,叶片变小,节间变短,枝叶密集丛生。由真菌、植原体或生理原因引起,如,竹丛枝病、泡桐丛枝病等。

6. 流脂或流胶

病部有树脂或胶质自树皮渗出,常称之为流脂病或流胶病。流脂和流胶的原因比较复杂,一般由真菌、细菌或生理原因引起,也可能是它们综合作用的结果。

(二)病症的主要类型

根据病症的形态分为霉状物、粉状物、锈状物、粒状物、索状物、脓状物等。

1. 霉状物

植物发病部位出现各种颜色的霉状物。有霜霉(葡萄、月季霜霉病)、灰霉(月季、仙客来灰霉病)、烟煤(山茶烟煤病)等。

2. 粉状物

植物发病部位出现各种颜色的粉状物,有白粉(如月季、黄栌白粉病)、黑粉。

3. 锈状物

发生在枝、干、叶、花、果等部位。病部产生锈黄色粉状物,或内含黄粉的疱状物或毛状物。由锈菌引起。如玫瑰锈病、海棠锈病。

4. 粒状物

粒状物是很多病原真菌繁殖器官的表现,褐色或黑色,不同病害粒点病症的形状、大小、突出表面的程度、密度或分散、数量的多寡都是不尽相同的。

5. 脓状物

细菌性病害常从病部溢出灰白色、蜜黄色的液滴,干后结成菌膜或小块状物。如天竺葵叶斑病、栀子花叶斑病。

6. 菌核与菌索

病部先产生白色绒毛状物,后期聚结成大小、形状不一的菌核,颜色逐渐变深,质地变硬。菌索是由菌丝形成的,呈绳索状。如根腐病、禾草白绢病等。

(三)植物病害症状的变化

(1)典型症状:一种植物在特定条件下发生一种病害后只出现一种症状。

(2)潜伏侵染:有些病原物侵染寄主植物后不表现明显症状的现象。

(3)症状潜隐:有些病害的症状在一定的条件下可以消失的现象。

二、林木病害的病原

引起植物发病的直接原因称为病原。病原通常分为非侵染性与侵染性两大类,亦称非生物性病原与生物性病原。

(一)非侵染性病原

非侵染性病原是指不适宜于植物生长发育的环境条件。如温度过高引起灼伤,低温引起冻害,土壤水分不足引起枯萎,排水不良、积水造成根系腐烂甚至植株枯死,营养元素不足引起缺素症,还有空气和土壤中的有害化学物质及农药使用不当所造成的植株生长不良、组织坏死甚至整株死亡等现象。这类由非生物因子引起的病害,不能互相传染,没有侵染过程,称为非侵染性病害或非传染性病害,也称生理病害。

1. 引起植物非侵染性病害的原因

植物在生长发育过程中,要求一定的环境条件。当环境条件不适宜,而且超出其适应范围时,植物生理活动就会失调,表现失绿、矮化,甚至死亡。引起植物非侵染性病害的原因多种多样,常见的有以下几种。

(1)营养失调

植物的生长发育需要多种营养物质,如氮、磷、钾、铁、镁、硼、锌、钙、锰、硫等,土壤中缺乏这些物质会影响植物正常的生理机能,引起植物缺素症。常通过改良土壤和补充所缺乏营养元素治疗。有些元素如硼、铜、钙、银、汞含量过多,对植物也会产生毒害作用,影响植物生长发育。

(2)土壤水分失调

土壤干旱,植物常发生萎蔫现象,生长发育受到抑制,甚至死亡。土壤水分过多,往往发生水涝现象,常使根部窒息,引起根部腐烂。根系受到损害后,便引起地上部分叶片发黄,花色变浅,花的香味减退及落叶、落花,茎干生长受阻,严重时植株死亡。一般草本花卉易受涝害,植物在幼苗期对水涝较敏感。

出现水分失调现象时,要根据实际情况,适时适量灌水,注意及时排水。浇灌时尽量采用滴灌或沟灌,避免喷淋和大水漫灌。

(3)温度不适宜

高温常使花木的茎干、叶、果受到灼伤,夏季苗圃中土表温度过高,常使幼苗的根茎部发生日灼伤,日灼常发生在树干的南面或西南面。低温也会危害植物,霜冻是常见的冻害。晚秋的早霜常使花木未木质化的枝梢等受到冻害,春天的晚霜易使幼芽、新叶和新梢冻死,花脱落;而冬季的反常低温对一些常绿观赏植物及落叶花灌木等未充分木质化的组织造成冻害。露地栽培的花木受霜冻后,常自叶尖或叶缘产生水渍状斑,严重时全叶坏死,解冻后叶片变软下垂。

预防苗木的灼伤可采取适时的遮阴和灌溉以降低土壤温度,树干涂白是保护树木免受日灼伤和冻害的有效措施。

(4)光照不适宜

不同植物对光照时间长短和强度大小的反应不同,应根据植物的习性加以养护。喜光植物,宜种植在向阳避风处。耐阴植物忌阳光直射,应给予良好的遮阴条件。当植物正在旺盛生长时,光强度的突然改变和养分供应不足能引起落叶;此外,植株种植过密,光照不足,通风不良等会引致叶部、茎干部病害的发生。

(5)通风不良

无论是露地栽培还是温室栽培,植株栽植密度或花盆摆放密度都应合理,适宜的株行距有利于通风、透气、透光,改善环境条件,提高植物生长势,并造成不利于病菌生长的条件,减少病害的发生。若过密,不但温室不通风,湿度较高,叶缘易积水,还会使植株叶片相互摩擦出现伤口,尤其在昼夜温差大时,易在花瓣上凝结露水,诱发霜霉病和灰霉病的发生。

(6)土壤酸碱度不适宜

许多植物对土壤酸碱度要求严格,若酸碱度不适宜易表现各种缺素症,并诱发一些侵染性病害的发生。如我国南方多为酸性土壤,易缺磷、缺锌;北方多为石灰性土壤,易发生缺铁性黄化病。

为使土壤保持适宜的酸碱度,确保植物健壮生长,灌溉用水也应加以注意。盆栽花卉如用自来水浇灌,最好在容器中存放几天后再用。

(7)有毒物质的影响

空气、土壤中的有毒物质,可使花木受害。在工矿区,由于空气中含有过量的二氧化硫、氯化氢和氟化物等有害气体及各种烟尘,常使花木遭受烟害,引起叶缘、叶尖枯死,叶脉间组织变褐,严重时叶片脱落,甚至使植物死亡。

农药、化肥、植物生长调节剂等使用不当,浓度过大或条件不适宜,可使花木发生不同程度的药害或灼伤,叶片常产生斑点或枯焦脱落,特别是花卉柔嫩多汁部分最易受害。为防止有毒物质对花木的毒害,应合理使用农药和化肥,在城镇工矿区应注意选择抗烟性较强的花卉和树木进行绿化。

2. 植物非侵染性病害的诊断和防治

(1)非侵染性病害的特点

①病株在田间的分布具有规律性,一般比较均匀,往往是大面积成片发生,没有从点到面扩展的过程。

②症状具有特异性。常表现全株发病;株间不相互传染;病株只表现病状,无病症。

③病害发生与环境条件栽培管理措施有关,因此,若用化学方法消除致病因素或采取挽救措施,可使病态植株恢复正常。

(2)非侵染性病害诊断

首先要研究排除侵染性病原,然后再分别检查发病的症状(部位、特征、危害程度),分析发病因素(发病时间、气候条件、地形、土壤、肥料、水分等)。

在检查是否为侵染性病害时,必须用显微镜检查有没有病原生物,或用电镜结合生物鉴定,确定是否有病毒感染,也可以用组织化学方法进行分析。

现场调查和观察时,不仅要观察病害的症状特点,还要了解病害发生的时间、范围、有无病史、气候条件以及土壤、地形、施肥、施药、灌水等因素,进行综合分析,找出病害发生的原因。

(3)非侵染性病害的防治

首先要确定病害的种类和发病因素,然后针对病因进行防治。如为营养缺乏症,即可采取增施所缺乏的元素,改善土质或进行根外施肥,以满足植物对营养元素的需要;大气污染引起的植物病害,首先要了解引起病害的污染物,采取消除污染源的措施,对局部枝条的危害可采用修枝或移植到其他地区,同时选育抗污染品种。土壤水分过多则要进行排涝,在干旱地区及干旱气候下,应加强土壤保水措施,及时灌溉。

(二)侵染性病原

侵染性病原主要包括真菌、细菌、病毒、线虫、植原体、寄生性种子植物、寄生藻类和螨类等,通常简称为病原物,病原真菌、细菌称为病原菌。这类由生物因子引起的植物病害都能相互传染,有侵染过程,称为侵染性病害或传染性(寄生性)病害。在林木病害中,侵染性病害远比非侵染性病害占的比例大,尤以真菌病害种类最多。

1. 真菌

绝大多数庭园植物病害属真菌所致,真菌既能寄生在植物体上,也能在死体上腐生,其孢子能借风、雨、虫来传播,不断再侵染而使病害蔓延,常见的有白粉病、黑斑病、锈病、炭疽病、立枯病。

2. 细菌

细菌是比真菌更细小的一种生物,在植物种子、风干植物组织中的细菌,生活能力很强,能从气孔、水孔窝腺和各种伤口侵入植物体内,可借助流水、雨水、昆虫、种菌、土壤以及病株残体等传播。常见的有软腐病。

3. 病毒

病毒是一种比细菌更微小的寄生物,只能以电子显微镜才能看到其形态,主要通过刺吸式口器的昆虫,如蚜虫、飞虱、叶蝉和嫁接、机械损伤等方面造成的微小伤口侵染而致病,可在植物体、病株残体、土壤和昆虫体内,越冬常见的有大丽花病毒病、牡丹花病毒病等。

4. 线虫

线虫是一种较微小的寄生物,要用显微镜才能看到,能刺穿植物,大多寄生在植物根部,被害植物根部长出许多瘤状的结节。

5. 寄生性种子植物

寄生性种子植物是指寄生在其他种子植物茎或枝上过寄生生活的少数种子植物。全世界寄生生活的种子植物有 1 700 多种,常见的有菟丝子科、桑寄生科等。

三、林木病害的发生与发展

病原物的侵染过程为具有致病能力的病原生物,通过一定的方式传播到寄主植物感病点上,与之发生接触,随即侵入寄主体内吸取营养,建立寄生关系,并在感病组织内进一步扩展,从而使寄主的生理活动、组织器官以及外部形态遭到破坏,最终导致病害发生而表现症状。这种病原和寄主相互作用而引起植物受害的过程,称为侵染过程。

为了深入了解病原生物与寄主的相互关系,通常把侵染过程划分为接触期、侵入期、潜育期和发病期四个阶段。实际上,这四个阶段是一个连续进行的病害发生过程。

(一)接触期

从病原物同寄主接触到开始萌发入侵植株称接触期。接触期的长短因病原物的种类不同而有差异。病毒接触和侵入是同时完成的,细菌从接触到侵入几乎也是同时完成的,都没有明显的接触期。病原物同寄主植物接触并不一定都能导致侵染的发生,但是病原物同寄主植物感病部位接触是导致侵染的先决条件,阻止病原物同寄主植物感病部位接触可以防止或减少病害的发生。

(二)侵入期

从病原物开始萌发侵入寄主,到与寄主建立寄生关系为止的一段时间,称为侵入期。在侵入期内,病原物能否侵入寄主,怎样侵入寄主,都是十分复杂的问题,而且与病害防治也有密切的关系。病原物的侵入途径一般有以下三种。

1. 直接侵入

直接侵入是指病原生物能够直接穿透寄主植物的蜡层、角质层、表皮及皮层细胞等保护组织而侵入寄主的现象。大多数锈菌的担孢子都能钻透角质层而侵入。苗木立枯病菌可以从未木质化的表皮组织穿透侵入。寄生性种子植物以胚根直接穿透枝干皮层,少数植物线虫从表皮直接侵入。

虽然一些病原物具有直接侵入的习性,但是要穿过角质化的表皮细胞总是相当困难的,大多数只能侵入寄主植物的幼嫩部分。

2. 自然孔侵入

植物体表的自然孔主要有气孔、皮孔、水孔、蜜腺等,绝大多数细菌和真菌都可以通过自然孔侵入。

3. 伤口侵入

伤口的种类很多,如虫伤、碰伤、剪伤、锯伤、冻伤等都是病原生物侵入寄主的门户。寄生性较弱的细菌多从伤口侵入,许多兼生真菌及内寄生植物线虫也从植物的伤口侵入。

病原物能否侵入寄主,建立寄生关系,这与病原物的种类、寄主的抗病性和环境条件有密切关系。环境条件中,影响最大的因素是湿度,大多数真菌孢子萌发都离不开水分,甚至必须在水滴中才能萌发。因此南方的梅雨季节和北方的雨季,植物病害发生普遍而严重;少雨干旱季节发病轻或不发病,因此雨露、浓雾是孢子萌发侵入的良好条件。适宜的温度可以促进真菌孢子的萌发,此外光照、营养物质对病原物的侵入也有一定影响。

(三) 潜育期(扩展期)

从病原物侵入与寄主建立寄生关系开始,直到表现明显症状为止,称为病害的潜育期。潜育期是病原物在寄主植物体内生长、蔓延、扩展和获得营养物质、水分的时期。病原物在植物体内扩展,有的是局限在侵入点附近,称为局部性(或点发性)侵染;有的则从侵入点向各个部位发展,甚至扩展到全株,称为系统性(或散发性)侵染。一般系统性侵染的潜育期较长,局部性侵染的潜育期较短。潜育期的长短与病原物的生物学特性、寄主的生长情况、抗病性以及环境条件都有关系。有的长达两年以上,有的仅为几天甚至几小时。如病毒病害的潜育期一般为 3~27 个月,常见的叶斑病潜育期一般为 7~15 d,幼苗立枯病潜育期只有几小时。在一定范围内,潜育期的长短受环境的影响,特别是温度的影响最大。如葡萄霜霉病的潜育期,在 23 ℃时是 4 d,在 12 ℃时是 13 d,在 29 ℃时是 8 d。温度对潜育期的影响,主要是由于病原物的发育都有其最适宜的温度,温度过高、过低,都会限制其发育,从而影响潜育期的长短。湿度对潜育期的影响较小因为此时病原物已经侵入寄主体内,所以不受外界湿度的干扰。但是如果植物组织中的湿度高,尤其是细胞间充水时,则有利于病原物在组织内的发育和扩展,潜育期相应就短。

值得注意的是,有些病原物侵入寄主植物后,经过一定程度的发展,由于寄主抗病性强,病原物只能在寄主体内潜伏而不表现症状,但是当寄主抗病性减弱时,可继续扩展并出现症状,这种现象称为潜伏侵染。

(四) 发病期

从寄主开始表现症状而发病到症状停止为止这一段时期,称发病期。植物病害症状出现后,严重性不断增加。在发病期中,真菌性病害随着症状的发展,在受害部位产生大量无性孢子,提供了再侵染的病原体来源。至于适应休眠的有性孢子,大多在寄主组织衰老和死亡后产生。细菌性病害在显现症状后,病部出现菌脓,含有大量的细菌个体,其作用相当于真菌孢子。病毒在植物体内增殖和运转,在体外不表现病症。

在病原生物繁殖体的形成过程中,强烈地受到环境的影响。特别是较高的湿度和适当的温度,有利于新繁殖体的产生,有利于病害的流行。

通过病害侵染过程的分析可以看出,任何病原物与寄主相互作用的每个阶段,都具有一定的特异性,并要求有相应条件的配合。很明显病害侵染的规律性不仅为预测预报某一植物病害的流行情况提供了可能;同时,也有助于抓住侵染过程中的薄弱环节,及时有效地进行防治。应该指出的是,侵染程序四个阶段的划分完全是人为的,其目的是为了便于分析研究问题,而实际上,侵染过程是连续的,不能机械地看待。

四、昆虫生物学

害虫的危害是造成林木损失的主要因素之一,认识、研究昆虫,掌握害虫发生和消长规律,对于防治害虫,保护林木获得优质高产,具有重要意义。

(一)昆虫的生殖方式

昆虫多数是雌雄异体进行两性生殖的动物,但也有少数是雌雄同体的。昆虫常见的生殖方式有两性生殖、孤雌生殖、多胚生殖、卵胎生等。多数昆虫以两性生殖方式繁殖后代,如蝗虫、苍蝇等。

孤雌生殖是指昆虫不需要经过雌雄虫交配或卵不经过受精而产生新个体的生殖方式,这种生殖方式既可以卵生也可以胎生,如家蚕、蜜蜂属于卵生,蚜虫则为胎生。多胚生殖是指由一个卵产生两个或多个胚胎,从而产生多个新个体的生殖方式,这是某些寄生蜂所特有的生殖方式,如小蜂、茧蜂。该种生殖方式中受精的卵发育为雌虫,未受精的卵则发育为雄虫。卵胎生是指卵在母体内孵化,由母体直接产出幼虫或若虫的生殖方式。昆虫的多种生殖方式,是对各种自然环境适应的结果。一旦条件适宜,有些有害昆虫在短期内可大量繁殖(如蚜虫),往往造成严重危害。

(二)昆虫的发育与变态

1. 昆虫的发育

昆虫的个体发育分为胚胎发育和胚后发育两个阶段。胚胎发育是昆虫卵的发育,是卵受精开始至孵化为止的阶段,此阶段中受精卵进行一系列的减数分裂逐渐发育成幼虫(若虫)的雏形,在胚内完成;胚后发育是指卵孵化后到成虫性成熟为止的阶段。昆虫的种类不同,其胚后发育时间也不相同,有几天的(蝇类),也有几年的(天牛)。

2. 昆虫的变态

昆虫胚后发育过程中要经过一系列的变态。昆虫从卵发育到成虫的过程中,在外部形态和内部构造上都有显著的变化,这种变化现象叫变态。不同昆虫受不同环境条件的长期影响,其变态类型也不相同。

(1)完全变态。完全变态昆虫的个体发育要经历卵、幼虫、蛹、成虫四个虫态,幼虫与成虫的外表和生活习性都不同,幼虫变为成虫的过程中,口器、触角、足等都要经过重新分化,需经历"蛹"这个特殊阶段来完成剧烈的体形变化,如蝶蛾类、甲虫、蝇等,如图6—1—2(a)所示。

(2)不完全变态。不完全变态昆虫的个体发育只经历卵、若虫、成虫3个虫态,若虫、成虫形态上的差别不大,只是翅、性器官等的发育程度有些不同,成虫的特征随着若虫的生长发育逐步显现,如蝗虫、蝉、蚜虫等,如图6—1—2(b)所示。

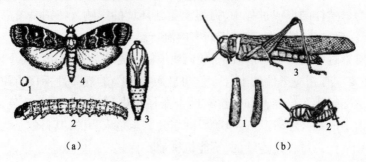

图6—1—2 昆虫的变态

(三)昆虫各虫期生命活动的特点

1.完全变态昆虫的生长发育时期

(1)卵期

昆虫发育的第一阶段,指从卵产下到孵化为幼虫所经历的时间。昆虫卵期的长短因种类和环境不同而异,识别害虫的卵,摸清其产卵规律,对提高防治效果有重要的指导意义。

昆虫的卵外面包有一层卵壳,卵壳表面有各种刻纹,有保护作用。不同昆虫卵的形状、大小、颜色、构造各不相同,昆虫的产卵方式和产卵场所也有很大差别。有的卵散生,有的产成卵块,有的卵块上还盖有茸毛、鳞片等保护物,有的还有特殊的卵囊、卵鞘等。害虫的卵一般产在植物体的表面或组织中,也有产在土中、地面或粪便等腐烂物中的。卵壳具有亲脂性、拒水性,所以使用杀虫剂效果不好,要采用杀卵剂。

(2)幼虫期

昆虫个体发育的第二阶段,昆虫从卵孵化到幼虫化蛹之前的整个发育阶段,称为幼虫期。幼虫期是昆虫的生长时期,此时期大量取食并快速生长发育,同时积累足够的营养供蛹期和成虫期的需要,因此害虫的幼虫对植物的危害最严重。

蜕皮是幼虫的生长方式。在正常情况下,幼虫生长到一定程度就要蜕一次皮,生长进程(即所谓虫龄)可以用蜕皮次数作为指标。从卵孵化而来的幼虫为1龄幼虫,以后每蜕一次皮即增加一龄,即虫龄=蜕皮次数+1。相邻两次脱皮之间所经过的时期称为龄期。初孵幼虫外表皮尚未形成,蜡层正在产生,自我保护能力差,极易受到不良环境条件影响,易被农药杀死,因此在防治害虫时应抓住这个有利时期。

(3)蛹期

老熟幼虫蜕皮变成蛹以后至蛹羽化为成虫之间的时期。蛹是完全变态昆虫幼虫到成虫的过渡阶段,由于蛹不能活动,因而幼虫在化蛹之前以各种方式保护自己,有的要寻找隐蔽的场所,有的要做成茧或做成土室,也有在植物茎中或卷叶团中化蛹的。在植物茎中化蛹的,预先留好羽化孔,如天牛。

(4)成虫期

成虫期是指昆虫从羽化到死亡所经历的时间,这是昆虫个体发育的最后一个阶段,其主要任务是繁殖后代。

羽化是指蛹发育完成,蜕去蛹壳变为成虫的过程。有些昆虫刚刚羽化后生殖腺就成熟进行交配产卵,这类成虫不再取食,一般寿命很短,产卵结束后就死亡,如很多蛾类;也有些昆虫羽化后生殖腺尚未成熟,还要进行取食,然后才能进行繁殖,如蝗虫、蜻类、蝉类等,这类昆虫的成虫期也可造成危害。

2. 不完全变态昆虫的生长发育时期

不完全变态昆虫的生长发育没有幼虫和蛹,卵期与成虫之间的虫态是若虫,若虫与成虫形态相似,但触角短、翅也未长成。若虫期(不完全变态昆虫卵孵化以后至羽化为成虫之间的时期)的昆虫,大量取食用于生长、蜕皮,对植物危害很大,应及早防治。

(四)昆虫的世代和年生活史

1. 世代和世代重叠

昆虫自卵或幼体产下到成虫性成熟为止的个体发育周期为一个世代,简称一代。昆虫种类不同,其世代的长短和一年内完成的世代数也不同。有些昆虫一年只能发生一代,叫一代性昆虫;有些昆虫一年可发生多代,叫多代性昆虫。有些昆虫需一年以上才能完成一个世代,叫多年性昆虫。多代性昆虫常会出现世代重叠的现象,即一年发生多代的昆虫,由于成虫发生期长和产卵先后不一,形成的后代个体生长发育不整齐,同一时期内,出现前后世代间首尾重叠、混合发生、代界不明显的现象。昆虫的世代计算是以卵为起点的,按先后出现的次序称为第一世代、第二世代等。凡是上一年产卵而第二年才出现的幼虫、蛹、成虫,都不能叫第一代,而是上一年的最后一代,称越冬代。越冬代成虫产的卵为第一代卵,发育成第一代幼虫,第一代蛹,第一代成虫。第一代成虫产的卵为第二代卵,以后以此类推。

2. 昆虫的年生活史

昆虫的年生活史是指昆虫在一年里发生经历的情况,基本内容包括每年发生的代数、越冬虫态、越冬场所、每世代各虫态发生的时期和历期(发生早的个体出现时为发生始期,大量个体出现时为发生盛期,少数发生晚的个体出现时为发生末期)。掌握害虫各代各虫态出现的始期、盛期、末期在害虫测报和防治上是非常重要的,同时还应了解害虫在当地的分布情况、寄主植物、影响其发生发展的环境因素以及与防治有关的一些习性等。

五、昆虫的习性

(一)昆虫的行为

昆虫的行为就是对刺激的反应,是昆虫在长期演化过程中被固定下来的适应性,昆虫的行为一种是由感觉器官接受外界刺激而引起的,另一种是由于内部的生理机能激发而引起的。

(二)昆虫的主要习性

1. 假死性

假死性是指由外界刺激引起的昆虫较简单的神经活动。当虫体受到触动时,足、翅、触角等肌肉突然收缩,从停留的地方掉下来,状似死亡,因此在防治有假死性的害虫时可震枝捕杀。

2. 趋性

趋性是指昆虫对某种外界刺激(光、温度、化学物质、水等)产生的趋向或避开的反应。昆虫的趋性有正负之分,昆虫常见的趋性如下。

(1)趋光性。昆虫通过视觉器官对光刺激所产生的反应。不同的昆虫,对光照强度和光的性质反应不同。一般在白天活动的昆虫对强光有正趋性,夜间往往静止不动,而夜间活动的昆虫对弱光有正趋性,昼伏夜出。通常所谓的正趋光性就是指多在夜间活动,对弱光有正趋性的昆虫的趋性。据此可进行黑光灯诱杀害虫或调查害虫的消长情况。

(2)趋化性。昆虫通过嗅觉器官对化学物质的刺激所产生的反应。这种反应在昆虫觅食、求偶、避敌、寻找产卵场所等方面表现明显。如很多蛾类对糖醋液有正趋性,据此可用糖醋液诱杀昆虫;还可以利用性诱剂诱杀害虫,同时也可以利用趋化性调查害虫的消长情况。

此外昆虫还有趋色(如趋黄)性,据此可以利用黄色黏虫板诱杀小型害虫,如蚜虫、白粉虱等;昆虫还有趋声性,据此可以模拟昆虫的声音诱杀害虫,如模拟蝼蛄的叫声诱杀蝼蛄。也可以利用昆虫的负趋性趋避害虫,如樟脑丸、避蚊油的应用。

3. 食性

食性是指昆虫对于食物的选择所具有的不同的嗜好程度。昆虫在漫长的进化过程中,形成了各自的取食习性,植食性昆虫以活的植物体为食料,这类昆虫往往对植物造成危害。肉食性昆虫以活的动物体为食料,这类昆虫中有多种益虫。

4. 群集性

同种昆虫的大量个体高密度地聚集在一起的现象,称为群集性。按群集性质又可细分为以下两种。

(1)暂时性群集。指昆虫在某个虫态和某段时间内群集在一起,经过一段时期后便分散。例如初孵刺蛾的幼虫常群集以后再分散,斜纹夜蛾的幼虫在3龄前常群集以后再分散。瓢虫和蜡象等在越冬期间,常大量群集在砖石下或建筑物下的隐蔽处越冬,越冬结束后又分散活动。防治上要抓住群集时的有利时间,以提高防治效果。

(2)长期性群集。这类昆虫一生中大部分时间聚集在一起,一旦群集,一般不再分散,如群居型蝗虫等。

5. 迁飞性

指昆虫从某地到另一地区大范围的移动。如蚜虫常以有翅型向周围其他地区扩散,因此防治上要注意将具有迁飞性的害虫消灭于转移迁飞之前。

第二节 农药知识

一、农药的概念

广义的农药是指用于预防、消灭或者控制危害农林业的病、虫、杂草和其他有害生物,以及有目的地调节植物、昆虫生长的化学合成或者来源于生物、其他天然物质的一种物质或者几种物质的混合物及其制剂。农药是保护植物免受病、虫、杂草等危害的药剂,是有毒的化学药品。在林业生产中,农药的主要用途如下。

(1)防治仓储林木种子的害虫和林木生长过程中发生的害虫。

（2）防治林木病害。

（3）控制林地、苗圃杂草。

（4）控制和刺激林木的生长发育。

二、农药的使用方法

农药的品种繁多，加工剂型多种多样，防治对象的寄生部位、取食方式、环境条件也不尽相同，因此农药的使用方法也多种多样。

1. 喷雾

喷雾是指借助于喷雾器械将药液均匀地喷布于防治对象及保护的寄主植物上，是目前生产中应用最广的一种方法。用喷雾器可以喷出均匀的雾点，由于药液易于附着在林木上，药剂持久毒性（残效期）较长，杀虫防病效果较好。

凡是能溶于水的药剂，如乳油、乳粉、可湿性粉剂和可溶性的药剂等，都可采用喷雾法。当它加入一定量的水混合调剂后，即能成均匀的乳状液、悬浮液或溶液等。在进行喷雾时，要求均匀周到，使目标物上均匀地覆盖一层雾滴，并且不形成水流从叶子上滴下为宜。喷雾时最好不要选择中午，以免发生药害和人体中毒现象。

2. 喷粉

喷粉是指利用喷粉器械产生的风力，将粉剂均匀地喷布在目标植物上的施药方法。喷粉或撒粉是农药使用中比较简易的方法，把药粉喷到或撒到树木上，使害虫均匀接触药粉。为了节约药剂用量，在大面积使用时，要撒布均匀，避免产生药害。

喷粉的优点是，方便易行，工作效率高，不受水源限制，粉剂药害较小。缺点是药粉易被风吹及雨水冲掉，因而药剂附着在林木上较少，药剂持久毒性短（残效期短），防治效果也就差些；单位面积上耗药量大，在经济上不如液用喷雾法节省。适于喷粉的剂型为粉剂，此法最适用于干旱缺水地区使用。

3. 土壤处理法

土壤处理法是指将药粉用细土、细矿炉灰等混合均匀，撒施于地面，然后进行耧耙翻耕等，主要用于防治地下害虫或某一时期在地面活动的昆虫。

4. 拌种、浸种或浸苗

（1）拌种

拌种是指在播种前用一定量的药粉或药液与种子搅拌均匀，用以防治种子传染的病害和地下害虫。拌种用的药量，一般为种子质量的 0.2%～0.5%。

此法比较简单，只要把干的种子和定量的药粉，一起装在播种箱内，均匀拌和，使每粒种子上，都均匀地沾着一层药粉。在播种后，药剂就能够逐渐发挥防御病菌或害虫的危害效力。拌药的种子必须是干燥的，含水量应在 13% 以下，种子潮湿易发生药害。拌过的种子一般需要闷上 24 h 后，才能播种，以达到发挥药剂拌种的效果。

（2）浸种或浸苗

浸种或浸苗是将种子或幼苗浸泡在一定浓度的药液里，用以消灭种子或幼苗所携带的病菌或虫体。浸种法一般分两种，一种是用药剂溶液浸种，另一种是用温水浸种。不论是药剂浸种还是温水浸种，都要经过一定的浸种时间，然后晾干再进行播种。

药剂浸种,一般又分为两种操作方法。一种是把种子放在有药液的大缸里,把种子淹没在药液内,每隔一定时间翻动一次,浸泡一定时间后,取出种子稍闷一下,晾干再播种。另一种方法是,把需要浸泡的种子,摊在砖地或硬灰地上,厚度大约 10 cm,然后把稀释好的浸种液喷在种子上,在喷洒药液时和喷洒后,都要不断地进行均匀翻动,使种子全部浸润,再闷 24 h,晾干即可。

温水浸种是将种子浸在一定温度的热水里,以达到烫死病菌或病虫卵的目的。

5. 毒饵、毒谷

毒饵、毒谷是利用害虫喜食的饵料与农药混合制成,引诱害虫前来取食,产生胃毒作用将害虫毒杀而死。常用的毒饵料有麦麸、米糠、豆饼、花生饼、玉米芯、菜叶等。饵料与敌百虫、辛硫磷等胃毒剂混合均匀,撒布在害虫活动的场所,主要用于防治蝼蛄、地老虎、蟋蟀等地下害虫。毒谷是用谷子、高粱、玉米等谷物作饵料,煮至半熟有一定香味时,取出晒干,拌上胃毒剂,若喷上一些糖或醋效果就更好,然后与种子同播或撒施于地面。

6. 熏蒸

熏蒸是指利用有毒气体来杀死温室、仓库害虫或病菌的方法。一般应在密闭条件下进行,主要用于蛀干害虫和种苗上的害虫。

7. 涂抹

涂抹是指利用内吸性杀虫剂在植物幼嫩部分或刮去老皮,露出韧皮部涂上稀释液,使药液随植物体运输到各个部位,此法又称内吸涂环法。

8. 毒笔

毒笔是指以触杀性强的拟除虫菊酯类农药为主剂,与石膏、滑石粉等加工制成的粉笔状毒笔。用于防治具有上树、下树习性的幼虫,药效可持续 20 d 左右。毒笔的简单制法,用 2.5% 的溴氰菊酯乳油按 1∶99 比例与柴油混合,然后将粉笔在此油液中浸渍,晾干即可。

9. 毒土法

毒土法是指将药剂与细湿土均匀地混合在一起,制成含有农药的毒土,以沟施、穴施或撒施的方法使用。目前,毒土法施药主要用于防治地下害虫和水稻田除草,配制毒土时所用的细土可以干拌或湿拌,混拌时要均匀,不能直接用手混拌。

10. 根区撒施

根区撒施是指将内吸性药剂埋于植物根系周围,通过根系吸收运输到树体全身,当害虫取食时使其中毒死亡。

11. 烟雾法

烟雾剂不需要喷洒器械,对于比较密闭的林区,是一种比较好的药剂。烟雾法在较大程度上,受风力和气候的影响,在树木不成林或不密闭的情况下,使用上有一定局限性。烟雾剂防治虫害,对于山高路远、缺乏水源、劳力不足的山区、林区有实际意义。

12. 注射法、打孔法

用注射机或兽用注射器将内吸性药剂注入树干内部,使其在树体内传导运输而杀死害虫。打孔法是指用木钻、铁钎等利器在树干基部向下打一个 45°的孔,深约 5 cm,然后将 5~10 mL 的药液注入孔内,再用泥封口,药剂浓度一般稀释 2~5 倍。对于一些树势衰弱的古树名木,也可用注射法给树体挂吊瓶,注入营养物质,以增强树势。

总之,农药的使用方法很多,在使用农药时可根据药剂的性能及害虫的特点灵活运用。

三、农药的稀释与计算

农药的配制计算是植保工作者必须掌握的一项技能,除少数农药制剂可以直接使用外,大多数商品农药在使用前都要经过稀释配制,才能用于防治病虫害。

(一)药剂浓度表示法

常见的浓度表示法有以下三种。

1. 百分比浓度

百分比浓度是 100 份药液或药粉中含纯药的份数,用% 表示。

2. 百万分比浓度

有些溶液的浓度极稀,用百分比浓度表示不方便,于是人们就用百万分比浓度来表示,ppm 就是百万分比的符号,单位可换算成 mg/kg、mg/L 或 μL/L 表示。溶质的质量占全部溶液质量的百万分比来表示的溶液浓度,就是 ppm 浓度。例如,某溶液的浓度为 3 ppm,就是说该溶液的浓度是百万分之三,或者说 1 百万份质量的该溶液中,有 3 份质量的溶质。

ppm 浓度可以换算为百分比浓度。例如,上述 3 ppm 的溶液,换算为百分比浓度为:

$$\frac{3}{1\,000\,000} \times 100\% = 0.000\,3\%$$

百分比浓度换算为百万分浓度:百万分浓度(mg/kg) = 10 000 × 百分比浓度(不带%)。

3. 倍数法(稀释倍数)

即药液或药粉中稀释液的量为商品农药量(多称为原药量)的倍数,一般按质量计算。实际应用中,稀释 100 倍以内的,加入稀释剂的量要扣除原药剂所占的 1 份;稀释 100 倍以上的,一般不扣除原药所占的 1 份。例如,用一些药剂乳油稀释 50 倍,应取 49 份水加入 1 份原药中;稀释 500 倍,将 1 份原药加入 500 份水中即可。

(二)农药的稀释计算

农药稀释的计算是依据一定量农药在稀释前后有效成分量不变的原理。

1. 按农药的有效成分的计算法

通用公式:原药剂浓度×原药剂质量 = 稀释药剂浓度×稀释药剂质量。

(1)求原药用量:原药剂重量 = 稀释药剂质量×稀释药剂浓度/原药剂浓度。

【例】 要配制1%氧化乐果药液 1 000 mL,求需要用 40% 氧化乐果乳油多少?

解:40% 氧化乐果乳油用量 = 1 000 × 1%/40% = 25(mL)

(2)求稀释剂用量(稀释 100 倍以上):稀释剂质量 = 原药剂质量×原药剂浓度/稀释药剂浓度。

【例】 20% 的灭幼脲 0.5 g,稀释成 10 ppm 的药液,求加水量?(注意:计算时原药浓度单位必须与稀释药剂浓度单位一致)

解:20% = 200 000(ppm)

加水量 = 0.5 × 200 000/10 = 10 000(g) = 10(kg)

2. 按倍数法计算(此法不考虑农药的有效成分)

通用公式:稀释倍数 = 稀释药剂质量/原药剂质量。

(1)求原药用量:原药剂质量=稀释药剂质量/稀释倍数。

【例】 2 t 的打药车,使用 500 倍的生物农药 Bt 乳剂防治槐尺蠖需用多少千克 Bt 乳剂。

解:Bt 乳剂用量 = 1 000 × 2/500 = 4(kg)

(2)求稀释剂用量(稀释 100 倍以上):稀释剂质量=原药剂质量×稀释倍数。

【例】 欲将 80% 敌敌畏乳油 10 mL 加水稀释成 1 500 倍液,求稀释剂用量。

解:稀释剂用量 = 10 × 1 500 = 15 000(mL) = 15(L)

(三)农药的稀释方法

正确、合理、科学的农药稀释方法是节约资金、防止浪费、保证药效的一个重要条件。现对常用剂型农药的稀释方法介绍如下。

1. 可湿性粉剂的稀释方法

通常采取两步配制法,即先用少量水配制成较浓稠的母液,进行充分搅拌,然后再倒入药水桶中进行最后稀释。这是因为可湿性粉剂如果质量不好,粉粒往往团聚在一起形成较大的团粒,如直接倒入药水桶中配制,则粉粒团尚未充分分散便立即沉入水底,这时再进行搅拌就比较困难。采用两步配制法需要注意的问题是,第一次稀释时所用的水量要含于所需用的总量中,否则将会影响预期配制的药液浓度。

2. 液体农药的稀释方法

要根据药液稀释量的多少及药剂活性的大小而定。用液量少的可直接进行稀释,即在准备好的配药容器内放入一定量的清水,然后将称好(或量好)的药剂慢慢地倒入水中,用小木棍轻轻搅拌均匀,最后加水定容至欲配药液的量,便可供喷雾使用。如果在大面积防治中需配制较多的药液量时,需采用两步配制法,其具体做法是先用少量的水将农药稀释成母液,再将配制好的母液按稀释比例倒入准备好的清水中,搅拌均匀为止。

3. 颗粒剂农药的稀释方法

颗粒剂农药的有效成分含量较低,大多在 5% 以下;所以,颗粒剂可借助于填充料稀释后再使用。采用干燥均匀的小土粒或同性质化学肥料作填充料,使用时只要将颗粒剂与填充料充分搅拌均匀即可;但在选用化学肥料作填充料时,一定要注意农药和化肥的酸碱性,避免混合后引起农药分解失效。

四、合理和安全使用农药

1. 合理使用农药

农药的种类很多,其性质各不相同,防治的对象也不同。滥用农药会造成许多不良的后果,如病虫产生耐药性、大量杀伤天敌、破坏生态平衡、污染环境、引起人畜中毒等。

(1)对症下药。选用适宜的农药,做到对症下药,才能达到防治的目的。如防治对象的种类、为害特征等。

(2)适时用药。害虫在不同的生长发育阶段,其生活习性、对药剂的敏感程度及耐药性往往有很大的差别,要抓薄弱环节及早防治,如低龄幼虫期。

(3)注意用药量及用药的次数。浓度高会产生药害等副作用,次数多则会增加防治的成本。

(4)选择适当的剂型和施用方法。农药的剂型与药效是相关的。

(5)合理混用和轮换使用。两种或两种以上药剂合理混用,可兼治几种病虫,提高防治效果,节省时间和劳力。但混用不当,适得其反,如乐果不能与波尔多液混用,大多数农药不能与碱性农药混用。长期单纯使用一种农药,害虫、病菌易产生抗性,应尽可能轮换使用。同时注意随用随混,已混农药不宜久置,以免失效或发生不良反应。

2. 安全使用农药

(1)在使用、运输、储存农药时,必须严格遵守各项有关规定。农药使用前一定要仔细阅读使用说明书,严格遵守使用配比浓度。

(2)孕妇、高血压、妇女月经期或哺乳期及对药物过敏者,不应参加打药工作。

(3)参加打药及配药人员,要做好一切安全防护措施,如穿戴好工作服、手套、口罩、风镜等劳保用品。

(4)在施药时要注意天气的变化,刮风、下雨、高温炎热的中午不宜打药。大多数有机磷药剂在低温下效果不好,夏季中午施用又易产生药害。

(5)在施药操作中,不要吃食物、饮水、吸烟及打闹,中途休息时要在上风处。如有不适或头痛目眩时,应立即离开现场休息,症状严重时及时去医院检查治疗,避免发生中毒事故。

(6)注意桃、李等核果类植物不能使用波尔多液。梅花、樱花、杏、榆叶梅、馒头柳等植物使用氧化乐果易产生药害,应严格掌握使用的浓度。

(7)操作完毕必须用肥皂洗净手脸,工作服要按时清洗,打药车等施药用具要及时用清水清洗干净。药剂的包装物用完一律回收,集中处理,不得随意乱丢或移作他用。

(8)单位负责人,尤其生产管理负责人、采购员、打药人员必须及时了解国家农林部门有关农药禁用规定,在城市园林病虫害防治过程中,禁用残留期长、污染严重、对人有剧毒的化学农药。

第三节 林木病虫害的综合防治

长期以来人们一直在寻找一种理想的防治病虫害的方法。20世纪40年代,由于人工合成了有机杀虫剂,随后又合成了杀菌剂等,其使用方便、价格便宜、效果明显,化学防治成为防治病虫害的主要手段。但是经过长期大量使用后,产生的副作用越来越明显,不仅污染环境,并且诱发病虫害产生抗药性以及大量杀伤有益生物。人们终于从历史的经验认识到依赖单一方法解决病虫害的防治问题是不科学不完善的。

1989年12月国务院颁布《森林病虫害防治条例》中提出了"预防为主,综合治理"的防治方针。铁路林业部门防治林木病虫害要从生产全局和生态总体出发,预防为主,以植物检疫为基础,以栽培方法为手段,合理运用生物、物理、化学等手段将病虫害控制在不成灾状态。

一、病虫害综合治理

为了最大限度地减少防治有害生物对环境产生的不利影响,联合国粮农组织有害生物综合治理专家组提出了"有害生物综合治理"(简称IPM)的防治策略,并成为控制植物有害生物的一种管理方法。

(一)病虫害综合治理的含义

植物病虫害的防治方法很多,各种方法均有其优点和局限性,单靠其中一种方法往往不能达到预期目的,有的还会引起不良反应。IPM 是病虫害综合治理的一种方案,能控制病虫的发生,避免相互矛盾,尽量发挥有机的调和作用,保持经济允许水平之下的防治体系。

(二)病害虫综合治理的原则

1. 生态原则

病虫害综合治理从植物生态系统的总体出发,根据病虫和环境之间的相互关系,通过全面分析各个生态因子之间的相互关系,全面考虑生态平衡及防治效果之间的关系,综合解决病虫危害问题。

2. 控制原则

在综合治理过程中,要充分发挥自然控制因素(如气候、天敌等)的作用,预防病虫的发生,将病虫害的危害控制在经济损失水平之下,不要求完全彻底地消灭病虫。

3. 综合原则

在实施综合治理时,要协调运用多种防治措施,做到以植物检疫为前提、以栽培技术防治为基础、以生物防治为主导、以化学防治为重点、以物理机械防治为辅助,以便有效地控制病虫的危害。

4. 客观原则

在进行病虫害综合治理时,要考虑当时、当地的客观条件,采取切实可行的防治措施,如喷雾、喷粉、熏烟等,避免盲目操作所造成的不良影响。

5. 效益原则

进行综合治理,目标是实现"三大效益",即经济效益、生态效益和社会效益。

进行病虫害综合治理的目标是以最少的人力、物力投入,控制病虫的危害,获得最大的经济效益;所采用措施必须有利于维护生态平衡,避免破坏生态平衡及造成环境污染;所采用的防治措施必须符合社会公德及伦理道德,避免对人、畜的健康造成损害。

二、林木病虫害防治方法

(一)植物检疫

植物检疫又称法规防治,指由根据国家颁布法令和条例,设立专门机构,对植物及其产品在调拨、运输及贸易前,采取一系列的管理和控制措施,以防止危险性病、虫、杂草在地区间或国家间传播蔓延,确保农林业生产的正常进行。

植物检疫是贯彻"预防为主,综合防治"植保方针的一项重要措施。我国除制定了国内植物检疫法规外,还与有关国家签订了国际植物检疫协定。

植物检疫是防治病虫害的法律措施,有许多危险性病虫害,常随果实、种子、苗木的调运而远距离传播。为了杜绝病虫害在地区间传播流行,必须实行检疫。《森林法》规定,各级林业主管部门负责规定林木种苗的检疫对象,划定疫区和保护区,对林木种苗进行检疫,以防止危险性的病虫害传播和病虫害分布区域的扩大。

在各地查明病虫危害情况、分布地区和传播方式的基础上,将人为传播的局部地区发生的对林业生产危害严重的危险性病虫害,确定为检疫对象。再根据林木能够传带检疫对象的情况,提出应受检疫植物种类及产品,如种子、苗木、接穗、插条等。

对局部发生检疫对象的地区,划为疫区,采取检疫、消毒和消灭措施,严防检疫对象传出。对于普遍发生检疫对象的地区,除加强防治外,应将其未发生的地区划为保护区,防止传入。大面积造林地区或新引种基地,都应列为保护区,严格防止危险性病虫入内。对怀疑地区要调查清楚,采取相应措施。

(二)营林防治

营林防治也称栽培防治,是指根据植物、病虫和环境三者的相互关系,通过改进栽培技术措施,有目的地创造有利于植物生长发育而不利于病虫害发生的环境条件,从而控制病虫害发生危害的防治方法。

在病虫害综合防治体系中,改进营林技术措施占据重要的地位,是经济有效、长远控制病害或虫害的预防措施,是贯彻"预防为主、综合防治"方针的基础。

通过改进营林技术措施,可以改良林木生长环境,促进树木健壮生长,增强其抗病、抗虫能力,达到抑制病虫害的发生或减轻危害的目的,其内容包括选用抗病品种、改进育苗和造林技术、采取相应管理措施等。

营林防治也和其他防治措施一样,应用时有一定的局限性,防治措施有明显的地域性和季节性,对某种害虫或病害有效的措施对其他病虫害不一定有效;不能作为应急措施,一旦病虫害大爆发时,这种防治就显得无能为力。

营林防治贯穿于生产的始终,要因时、因物、因地制宜,与各种生产活动协调配合。

1. 选用抗病虫品种

国内外的经验表明,选育和利用抗性品种来防治植物病虫害,是最经济有效的措施,也是一项提高植物自身抗性的治本措施。

在选用种苗时,尽量选用无虫害、生长健壮的种苗,以减少病虫危害。如果选用的种苗中带有某些病虫,要用药剂预先进行处理,然后再种。当前世界上已经培育出多种抗病虫新品种,如菊花、香石竹、金鱼草等抗锈病品种,抗紫菀萎蔫病的翠菊品种,抗菊花叶线虫病的菊花品种等。

植物对病虫害的抗性有避害、耐害和抗害等方面,其机制是多方面的,除了形态结构、物候等因素外,主要是由品种自身的生理生化特性决定的。选育抗病虫良种的方法除一般常规育种外,辐射育种、化学诱变、遗传工程等生物新技术为选育更多的抗病虫品种提供了新途径。

2. 育苗、造林技术

(1)建立无病虫种苗基地

种子、苗木和其他繁殖材料是病虫借以传播的重要途径。对于以种苗为传播来源的病虫,培育无病虫种苗是减轻田间受害的重要措施。从事种苗繁殖的经营者,种苗繁殖田应做到土净、水净、肥净、种净,即各个环节都不携带防治对象。

一般应选择土质疏松、排水透气性好、腐殖质多的地段作为苗圃地。在栽植前进行深耕改土,耕翻后经过曝晒、土壤消毒后,可杀灭部分病虫害。由于土壤中病菌的积累,要注意长期栽培蔬菜、瓜薯的农田不宜做苗圃。

(2)适地适树良种壮苗

造林要适地适树,选用抗病虫树种并做到良种壮苗,尽可能营造针阔混交林和异龄林,促进林木健壮生长,提高其抗性。

3. 有关管理措施

主要是利用林业耕作技术,控制病虫繁殖和蔓延,直接或间接地收到消灭病虫的效果。土地实行轮作,深耕整地,冬季灌溉消灭越冬幼虫(卵),改变播种期,选育抗病虫品种,消灭杂草,控制病源物积累繁殖、侵染。还包括封山育林,合理整枝,保护林下灌木和草类,栽植固氮植物,及时采伐利用等。采用这些有效的管理措施,不仅治本,而且经济简单易行。

(1) 精细整地,合理施肥

冬耕深翻可改良土壤结构,促进植物生长,同时还可以破坏病虫的生存环境,把土壤深层的地下害虫翻到地表,为鸟兽所食或提高自然死亡率,也可以把地表层的病菌、害虫等翻入土层深处。

施肥要合理,要以有机肥料为主,适当配合化学肥料。有机肥料施用时必须要充分腐熟,否则易招引地下害虫产卵或在土内发酵时烧伤根皮,易招致根部病害侵袭。另外,施肥还要考虑不同植物及不同生育期的需求进行。生育后期少施氮肥,以防植物徒长,易受冻害或滋生蚜虫。

(2) 适当调整播种或定植期

病虫害的危害与植物的生育期关系密切。在防治实践上,通过适当调整播种或定植期,把植物最易受害期与病虫害危害盛期错开,可以避免或减轻某些病虫的危害,即达到避害效果。

(3) 合理轮作,科学配置

一般情况下,病菌和害虫都有一定的寄主范围。若植物长期连作,土壤中的病原物、虫卵逐年积累,加重病虫害的发生。将某些常发病虫的寄主植物与非寄主植物进行一定年限的轮作,切断病虫的食物链,既可以减轻病虫害的发生危害,也可以合理利用地力。如杨树育苗不宜重茬,宜与刺槐、松杉等轮作。

造林或绿化时,必须充分考虑植物生长习性,进行合理配置。从防治病虫害的角度讲,应避免将有共同病虫害的植物搭配在一起。如苹(梨)—桧锈病是一种转主寄生病害,若将苹果、梨等与桧柏、龙柏等树种近距离栽植易加重苹(梨)—桧锈病的发生和危害。

(4) 合理灌溉

灌水的方法、浇水量、时间等都影响病虫害的发生。喷灌和"滋水"等方式容易引发叶部病害的传播蔓延,最好采用滴灌、沿盆钵边缘浇水的方法。浇水量也要适中,过少易引发干旱,造成植物萎蔫、落叶;过多则易造成土壤积水,湿度过大有利于病菌的繁殖,因此要做好及时排水工作。浇水时间一般在晴天上午为宜。

(5) 中耕除草,清洁林地

杂草、枯枝落叶等是病菌和害虫越冬潜伏的场所,及时进行中耕除草、清洁林地可以降低病虫基数,减轻危害。此外,中耕除草还可以减轻植物与杂草争肥、水矛盾,改良土壤,改善植物生长状况,增强植物抗病虫的能力。

(6) 整形修剪

结合树木、花卉的养护管理,合理进行整形修剪,剪除平行枝、过密枝、病虫枝等,可以有效地改善树冠内通风透光条件,使之有利于植物生长而不利于病虫滋生,减轻病虫害的发生。

4. 采收及采后管理

病虫害不仅发生在植物生长时期,植物采收后也会遭到病虫的侵害。植物采收要做到适时、适法,特别是要避免机械损伤,以减少病菌从伤口侵入植株的机会。采后管理中,首先选择无伤口、病虫害的植株进行储藏,并要对储藏场所进行消毒;其次要保持合适的温度、湿度。

(三)物理防治

利用各种物理因子(如,声、光、电、色、热、湿等)及机械设备来防治植物病虫害的方法,称为物理机械防治,其内容既包括简单古老的人工捕杀,也包括一些高新技术的应用。

物理机械防治简单易行,可直接杀死害虫、病菌;如红外线、黑光灯、热气烘温、热水浸烫、清水冲洗、高频电流等能直接或间接杀死很多害虫,甚至包括一些隐蔽为害的害虫。方法简单,节省农药,成本低、收效大,没有化学防治所产生的副作用,但是,物理机械防治要耗费较多的劳力,其中有些方法耗资昂贵,有些方法也能杀伤天敌。物理机械防治适于小面积集体经营的果园、苗圃使用。

1. 利用生活习性防治病虫

(1)捕杀法

利用人工或各种简单的器械捕捉或直接消灭害虫的方法称捕杀法。人工捕杀适合于具有假死性、群集性或其他目标明显易于捕捉的害虫。如多数金龟甲的成虫具有假死性,可在清晨或傍晚将其振落捕杀;榆黄叶甲的幼虫老熟时群集于树皮缝、树洞等处化蛹,此时可人工捕杀;结合冬季修剪,可剪除黄刺蛾的茧、天幕毛虫的卵环等。在生长季节也可结合日常管理人工捏杀卷叶蛾虫苞、摘除虫卵、捕捉天牛成虫、用铁丝钩捕杀树干中的天牛幼虫等。

(2)诱杀法

利用害虫的趋性或其他习性,人为设置器械或诱物来诱杀害虫的方法称为诱杀法。

①灯光诱杀:指利用害虫的趋光性进行诱杀的方法。普通黑光管灯、频射管灯、双光汞灯、节能黑光灯和纳米汞灯等黑光灯可诱集约700多种昆虫,尤其对夜蛾类、螟蛾类、毒蛾类、枯叶蛾类、天蛾类、尺蛾类、灯蛾类、刺蛾类、卷叶蛾类、金龟甲类、蝼蛄类、叶蝉类等诱集力更强。其中以频振式杀虫灯与纳米汞灯在当今生产中应用最为广泛,二者具有诱虫效率高、选择性能强且杀虫方式(灯外配以高压电网杀)更绿色环保的特点。灯光诱杀已经成为害虫综合防治中的重要组成部分。

灯光诱杀害虫一般在闷热,无风、无雨、无雾、无月光之夜诱杀量最多。因此,诱集应根据对象,掌握开灯、关灯时间。

②食物诱杀:指利用害虫的趋化性进行诱杀的方法。

a. 毒饵诱杀:许多昆虫的成虫由于取食、交尾、产卵等原因,对一些挥发性的气味有着强烈的嗜好,表现出正趋性反应。利用害虫的这种趋性,在所嗜好的食物中掺入适当的毒剂,制成各种毒饵诱杀害虫,效果极好。例如,可以用麦麸、谷糠或豆饼等作饵料,加入3%的10%吡虫啉混合而成的毒饵诱杀蝼蛄;可以用糖、醋、酒、水、10%吡虫啉混合液,比例为9:3:1:10:1,诱杀地老虎、黏虫等毒饵。

b. 饵木诱杀:利用许多蛀干性害虫如天牛、小蠹虫等喜欢在喜食树种和新伐倒木上产卵的习性,在害虫产卵繁殖期,于林间适当地点设置一些新伐木段,待害虫产卵时或产卵以后集中杀死成虫或卵。在早春双条杉天牛成虫羽化飞出期,在侧柏、桧柏地周围放置长约 50 cm 的新鲜柏树木段,每 667 m² 放置 2~3 段,应绑成一捆,引诱成虫产卵,每日打开一次杀灭成虫。据调查,每米木段上可诱虫 100 余头。

  c. 植物诱杀:利用害虫对某些植物有特殊的嗜食习性,人为种植此种植物诱集捕杀害虫的方法。如在苗圃周围种植蓖麻使金龟甲误食后麻醉,可以集中捕杀;种植一串红、茄子、黄瓜等叶背多毛植物可诱杀温室白粉虱。

  ③潜所诱杀:利用某些害虫的越冬、化蛹或白天隐蔽的习性,人工设置类似的环境,诱集害虫进入,而后杀死。如在树干上束稻草,诱集美国白蛾幼虫化蛹;傍晚在苗圃的步道上堆集新鲜杂草,诱集地老虎幼虫。

  ④利用颜色诱虫或驱虫:如利用蚜虫、温室白粉虱、潜蝇等有趋黄性,将涂有虫胶的黄板挂设在一定高度,可以有效诱杀趋黄性害虫;蓟马对蓝色板反射光特别敏感,可在温室内挂设一些蓝色板诱杀蓟马;另外银灰色有避蚜作用,在苗床可以覆盖银灰色反光膜避蚜,在苗区可以挂设条状银灰色反光膜避蚜。

  (3)阻隔法

  人为设置各种障碍,以切断病虫害的侵害途径,这种方法称为阻隔法,也叫障碍物法。如对果树的果实套袋,可以阻止蛀果害虫产卵为害;在树干上涂白,可以减轻树木因冻害和日灼而发生的损伤,并能遮盖伤口,避免病菌侵入,减少天牛产卵机会等。目前生产上常用的阻隔法如下。

  ①涂毒环、涂胶环:对有上树、下树习性的幼虫可在树干上涂毒环或涂胶环,阻隔和触杀幼虫。胶环的配方通常有以下两种:蓖麻油 10 份,松香 10 份,硬脂酸 1 份;豆油 5 份,松香 10 份,黄醋 1 份。

  ②挖障碍沟:对不能迁飞只能靠爬行扩散的害虫,为阻止其迁移危害,可在未受害区周围挖沟,害虫坠落沟中后予以消灭。对紫色根腐病和白腐病等借助菌索蔓延传播的根部病害,在受害植株周围挖沟能阻隔病菌菌索蔓延。挖沟规格是宽 30 cm、深 40 cm,沟壁要光滑垂直。

  ③设障碍物:有的害虫雌成虫无翅,只能爬到树上产卵。对于这类害虫,可在其上树前在树干基部设置障碍物阻止其上树产卵。如在树干上绑塑料布或在干基周围培土堆,制成光滑的陡面。

  山东枣产区总结出人工防治枣尺蠖的经验,即"一涂、二挖、三绑、四撒、五堆",可有效地控制枣尺蠖上树。

  ④土壤覆盖薄膜:许多叶部病害的病原物是在病残体上越冬的,花木栽培地早春覆膜可以对病原物的传播起到机械阻隔作用,从而大幅度减少叶部病害的发生。

  2. 热力处理法防治病虫

  害虫和病菌对高温的忍耐力都较差,因此可以通过提高温度来杀死病菌或害虫,这种方法称为热力处理法或高温处理法,常用的方法如下。

  (1)种苗的热处理:种苗热处理的关键是温度和时间的控制,一般对休眠器官处理比较安全,对某些染病植株作热处理时都要事先进行实验。常用的方法有热水浸种和浸苗,如唐菖蒲球茎在55℃水中浸泡30 min,可以防治镰刀菌干腐病;用80℃热水浸刺槐种子30 min后捞出,可杀死种内小蜂幼虫,不影响种子发芽率;带病苗木可用40℃~50℃温水处理0.5~3 h。

(2)土壤的热处理:现代温室土壤热处理是使用热蒸汽(90℃~100℃),处理时间为30 min。蒸汽处理可大幅度减少香石竹镰刀菌枯萎病、菊花枯萎病的发生,在发达国家,蒸汽热处理已成为常规管理。当夏季花搬出温室后,将门窗全部关闭,土壤上覆膜能较彻底地杀灭温室中的病原物。

3. 利用某些高新技术防治害虫

利用高频电流在物质内部产生的高温,可以杀死隐蔽为害的害虫,如储粮害虫、木材害虫等。

应用放射能防治害虫有两个方面:一是直接杀死害虫;二是应用放射能对昆虫生殖腺的生理效应造成雄性不育,然后把不育雄虫释放到田间,使其与自然界雌虫交配,造成大量不能孵化的卵,以降低虫口密度。通过若干代连续处理,就能将害虫的虫口密度压到相当低的程度。美国在利用放射不育法防治棉红铃虫方面已经在一定范围内获得成功。

利用激光防治害虫是新近发展起来的。据国外报道,用波450~500 nm的激光可杀死螨类和蚊虫。根据害虫表皮色素选择适当的激光波长,可以选择性地杀死害虫和避免对天敌的杀伤。

近年来,国外亦有人应用远红外线烘烤防治竹蠹等钻蛀害虫。

(四)生物防治

生物防治的传统概念是利用有益生物来防治虫害或病害。近年来由于科学技术的发展和学科间的交叉、渗透,其领域不断扩大,当今广义的生物防治是指利用某些生物或生物的代谢产物来达到控制虫害或病害的目的。

生物防治是发挥自然控制因素作用的重要组成部分,是一项很有发展前途的防治措施。生物防治对人、畜、植物安全,对环境没有或极少污染,害虫不产生抗性,有时对某些害虫可以达到长期抑制作用,而且天敌资源丰富,使用成本较低,便于利用。生物防治的缺点也是显而易见的,如作用比较缓慢,不如化学防治见效迅速;多数天敌对害虫的寄生或捕食有选择性,范围较窄;天敌对多种害虫同时并发时难以奏效;天敌的规模化人工饲养技术难度较大;能够用于大量释放的天敌昆虫种类不多,而且防治效果常受气候条件影响。因此,必须与其他防治方法相结合,才能充分发挥其应有的作用。

生物防治,就是利用各种生物及生物制品,来防治病虫害的一种方法。随着科学技术的不断发展,化学农药在林业上的广泛应用,对防治病虫害促进林业生产,起了重要作用。但长期使用化学农药,使很多害虫产生了抗药性,同时污染环境,产生不良后果。因此,发展和采用生物防治是非常必要的。

生物防治主要包括以虫治虫、以菌治虫、以其他有益动物治虫、以激素治虫、以菌防病等。

1. 以虫治虫

利用天敌昆虫防治害虫的方法,称为以虫治虫。如赤眼蜂寄生槐尺蠖的卵、螳螂捕食杨扇舟蛾的幼虫等。

（1）天敌昆虫的种类

天敌昆虫依其生活习性不同，可分为捕食性和寄生性两大类。

①捕食性天敌昆虫：专以其他昆虫或小动物为食的昆虫，称为捕食性天敌昆虫。分属18个目近200个科，其中用于生物防治且效果较好的常见种类有螳螂、瓢虫、蚂蚁、食蚜蝇（虻）、草蛉、猎蝽、步甲等。这类天敌昆虫一般比被捕食的虫体大，捕食后即咬食虫体或刺吸其体液，在自然界中抑制害虫的作用十分明显。

目前研究最多的是瓢虫，其种类很多，绝大多数是益虫，主要吃蚜虫、介壳虫、红蜘蛛等。在我国应用成功较早的有大红瓢虫和澳洲瓢虫，用以防治柑桔上的吹棉蚧壳虫。这些瓢虫冬季成堆的在洞中越冬，可以捕捉释放。

②寄生性天敌昆虫：一些昆虫种类，在某个时期或终身寄生在其他昆虫的体内或体外，以其体液和组织为食来维持生存，最终导致寄主昆虫死亡，这类昆虫称为寄生性天敌昆虫。分属于5个目近90个科，大多数均属于双翅目和膜翅目，即寄生蝇和寄生蜂。这类昆虫一般比寄主体小，数量比寄主多，在一个寄主上可育出一个或多个个体。

在寄生性天敌方面，有平腹小蜂防治荔枝椿象，啮小蜂防治三化螟。黑卵蜂防治多种害虫等，目前研究和应用最广的是赤眼蜂防治多种鳞翅目害虫。从广东到黑龙江都有赤眼蜂，大致有5~6种，能够大量饲养、释放、消灭害虫卵。赤眼蜂的寄生范围很广，已经应用在松毛虫、杨树天社蛾、苹果小卷叶蛾、褐卷叶蛾、梨小食心虫、柑桔小卷叶蛾、刺娥等，效果很好。

（2）利用天敌昆虫防治害虫的主要途径

①当地自然天敌昆虫的保护和利用。

自然界天敌昆虫的种类和数量很多，但常受到不良环境条件和人为因素的影响而不能充分发挥对害虫的控制作用。因此，必须通过改善或创造有利于自然天敌昆虫发生的环境条件，以促其繁殖发展。保护利用天敌的基本措施，一是保证天敌安全越冬，很多天敌昆虫在严寒来临时会大量死亡，若施以安全措施，则可以增多早春天敌数量，如束草诱集、引进室内蛰伏等。二是必要时补充寄主，使其及时寄生繁殖，这具有保护和增殖两方面的意义。三是注意处理害虫的方法，因为在获得的害虫体内通常有天敌寄生，因此应妥善处理。如采用"卵寄生保护器""蛹寄生昆虫保护笼"或其他形式的保护器来保护天敌昆虫。四是合理使用农药，避免杀伤天敌昆虫。

②人工大量繁殖释放天敌昆虫。

在自然条件下，天敌的发展总是以害虫的发展为前提的，在害虫发生初期由于天敌数量少，对害虫的控制力低，再加上受化学防治的影响，园林内天敌数量减少，因此需要采用人工大量繁殖的方法，繁殖一定数量的天敌，在害虫发生初期释放到野外，可以取得较显著的防治效果。目前已繁殖利用成功的有赤眼蜂、异色瓢虫、黑缘红瓢虫、草蛉、蜀蝽、平腹小蜂、管氏肿腿蜂等。这些已在生产实践中加以应用，特别在公园、风景区应用较多。

③移植和引进外地天敌昆虫。

从国外或外地引进有效灭敌昆虫来防治本地害虫。这在生防史上是一种经典的方法。早在1888年，美国即从澳大利亚引进澳洲瓢虫控制了美国柑橘产区的吹绵蚧。我国1978年从英国引进的丽蚜小蜂，在北京等地试验，控制温室白粉虱的效果明显。

移植和引进外地天敌昆虫防治本地昆虫的成功实例虽然不少，但其成功率并不太高，一般在20%左右。在天敌昆虫引移过程中,要特别注意引移对象的一般生物学特性,选择好引移对象的虫态、时间和方法,应特别注意两地生态条件的差异。此外,在引移对象天敌时,还要注意做好检疫工作,以免将危险性病虫害同时带入。

2. 以菌治虫

利用昆虫病原微生物及其代谢产物使害虫得病而死的方法,称为以菌治虫。昆虫病原微生物的种类很多,主要包括细菌、真菌和病毒三大类。以菌治虫在公园、风景区中具有较高的推广应用价值。

(1) 真菌

昆虫病原真菌约有750种,但研究较多且应用价值较大的主要是接合菌中的虫霉属、半知菌中的白僵菌属、绿僵菌属及拟青霉属。病原真菌以其孢子或菌丝通过昆虫体壁进入虫体内,以虫体各种组织和体液为营养,大量繁殖,随后虫体上长出菌丝,产生孢子,随风和水进行再侵染。感病昆虫常表现为食欲锐减,虫体萎缩,死后虫体僵硬,体表布满菌丝。

主要有白僵菌农药。害虫接触农药后,孢子发芽菌丝经过皮肤长入虫体内,害虫死后身体变硬,温度适宜时,害虫体上长满白色孢子,可以继续传播感染。目前大面积主要用在防治松毛虫,榆兰金花虫、蚜虫、蚧蟥,茶小卷叶蛾,潜叶蛾等均有效。

白僵菌种可采取分离法,其方法是先制作马铃薯、葡萄糖、琼脂等营养基、配方,马铃薯200 g、葡萄糖200 g、琼脂20 g、水1 000 mL。把马铃薯去皮切成小块,放入1 000 mL水中煮沸半小时,用纱布过滤,加琼脂和葡萄糖,待溶化再过滤一次,趁热分装试管,口上塞好棉塞,包扎牛皮纸,放入高压灭菌锅内,用1 kg/cm² 气压灭菌40 min(或用蒸笼灭菌),取出放置,使溶液成斜面备用;从林间采回感染白僵菌的松毛虫尸体,在消毒的接种箱内,尸体表面经火焰消毒,刮去表皮菌丝体及杂物,用接种针挑取里层菌丝,接种到培养基上。在24 ℃~28 ℃下培养,待菌丝出现后,用接种针挑取菌丝体,移植到另外一试管中培养,这样反复几次即得纯菌种。我国东北地区大面积利用白僵菌防治玉米螟幼虫已获得成功。

(2) 细菌

昆虫病原细菌已知的约有90多个种和变种,多属于芽孢杆菌等。病原细菌主要通过消化道进入昆虫体内,导致其发生败血症或由于细菌产生的毒素而使昆虫死亡。被细菌感染的昆虫死后体躯软化、变色、组织溃烂,有恶臭味,通称软化病。

害虫把喷布的病菌吃进胃肠后,由于病菌的毒性及病菌的继续繁殖,使害虫病死。目前我国生产和应用较广的细菌主要有:苏云金芽孢杆菌、杀螟杆菌和青虫菌等。在治松毛虫,尺蠖、刺蛾、舟形毛虫、天幕毛虫、蓑蛾等有效,这类制剂无公害,可与多种农药混合使用。

(3) 病毒

昆虫病毒病在昆虫中很普遍,利用病毒来防治害虫,其主要特点是专化性强,在自然情况下,往往只寄生一种害虫,不存在污染与公害问题。昆虫感染病毒后,虫体多卧于或悬挂于叶或植株表面,后期流出大量液体,但无臭味,体表无菌丝。

在已知的昆虫病毒中,防治应用较广的有核型多角病毒(NPV)、质型多角病毒(CPV)、颗粒体病毒(GV)三类。这些病毒主要感染鳞翅目、双翅目、膜翅目、鞘翅目等幼虫。如上海使用大蓑蛾核型多角病毒防治大蓑蛾效果很好。

3. 以菌防病

利用生物之间的对抗来抑制或灭杀病害,某些微生物在生长发育过程中能分泌一些抗菌物质,抑制其他微生物的生长,这种现象称为拮抗作用。利用微生物间的拮抗作用防治植物病害是生物防治的重要途径之一。以菌防病多用于土传病害,如利用哈氏木霉菌防治茉莉花白绢病,有很好的防治效果。在我国生产上应用比较广泛的抗菌素主要有内疗素、放线菌酮和农用链霉素等。

4. 以其他有益动物治虫

所谓其他有益动物包括鸟类、爬行类、两栖类及蜘蛛和捕食螨等。

鸟类是多种林业害虫的捕食者。据调查,我国现有1 100多种鸟,其中食虫鸟约占半数,对抑制害虫的发生起到了一定作用。目前在城市风景区、森林公园等保护益鸟的主要做法是严禁打鸟、人工悬挂鸟巢招引鸟类定居以及人工驯化等。

两栖类中的蛙类和蟾蜍是鳞翅目害虫、象甲、蝼蛄、蛴螬等害虫的捕食者,自古以来就受到人们的保护。

蜘蛛和捕食螨同属于节肢动物门、蛛形纲,它们全部以昆虫和其他小动物为食,是城市风景区、森林公园、果园、农田等的重要天敌类群。近十几年来,对它们的研究利用已取得较快进展。如植绥螨科和长须螨科中有的种类已能人工饲养繁殖并释放于温室和田间,对防治叶螨有良好效果。

5. 以激素治虫

利用昆虫激素来影响它的生长发育,用干扰行为,达到防治害虫的目的。昆虫激素可分为外激素和内激素两种,两者都可用于杀虫。

(1) 外激素

外激素又称信息激素,已经发现的有性外激素、结集外激素、追踪外激素及告警外激素等。目前研究应用最多的是雌性外激素。某些昆虫的雌性外激素已能人工合成,在害虫的预测预报和防治方面起到了非常重要的作用。我国现已能人工合成的有马尾松毛虫、白杨透翅蛾、桃小食心虫、梨小食心虫、苹小卷叶蛾等雌性外激素。

昆虫外激素的应用有以下几个方面。

①诱杀法:利用性诱器诱集田间雄蛾,配以毒液等方法将其杀死。

②应用于害虫的预测预报:可利用性信息素测报诱捕器进行,掌握害虫发生期、发生量及分布区。

③迷向法(亦称干扰法):成虫发生期,在田间喷洒过量的人工合成性引诱剂,使其弥漫在大气中,使雄蛾无法辨认雌蛾,同时也使雄蛾的化感器过分激动而变得疲劳,失去反应能力,从而干扰其正常的交配而降低下一代虫口密度。

④引诱绝育法:将性诱剂与绝育剂配合,用性诱剂把雄蛾诱来,使其接触绝育剂后仍返回原地,这种绝育后的雄蛾与雌蛾交配后就会产下不正常的卵,起到灭绝后代的作用。

(2) 内激素

昆虫内激素是分泌在体内的一类激素,主要包括脑激素、保幼激素和蜕皮激素,它们共同控制昆虫的生长发育。在害虫防治上,如果人为地改变昆虫内激素的量,可阻碍害虫正常的生长与变态,造成畸形甚至死亡。

(五)化学防治

化学防治就是利用各种有毒的化学药剂来防治病虫草害等有害生物的一种方法。其优点是快速高效、使用方法简便,不受地域限制和季节限制,便于大面积机械化防治等。但使用不当容易引起人、畜中毒;环境污染;杀伤天敌,引起次要害虫再猖獗;长期使用同一种农药,可使某些病虫产生不同程度的抗药性等。

1. 化学防治的含义

运用化学药剂(农药等)对危害植物及其产品的有害生物进行防除的方法,称为化学防治。化学防治法是目前消灭林业病虫害各种防治方法中,应用最广泛的一种。

化学防治是病虫害综合治理体系中的重要组成部分,具有作用快、防效高,使用简单、经济,不受地域限制,便于机械化生产使用等优点。特别是在病虫害大量发生时,化学防治的作用将是非常巨大的、不可替代的。但是,如不科学、合理地使用农药,则会出现污染环境,导致人畜中毒,使病虫产生耐药性以及破坏整个生态系统等严重后果。因此,科学地进行植物病虫害化学防治,是最大限度地发挥农药的有益作用,克服现存弊端,发展现代化林业不可忽视的一个重要环节。

2. 防治方法

利用淋灌、喷雾、撒粉、熏蒸或放烟、涂敷等方法,直接将农药施到病菌害虫上,抑制病源与害虫的生长、繁殖。药剂要与病菌和害虫充分接触,才能使它们迅速发生中毒死亡。

3. 化学防治的进展

随着近代农药工业的发展,植物病虫害的化学防治已呈现十分光明的前景。化学防治的发展主要表现在农药的加工剂型、施药技术与施药机械的发展创新等方面。

在农药加工剂型方面,近年来国内外农药制剂发展已出现三个显著特点。一是向高效能方向发展,如超低容量剂就是适应高工效的超低容量喷洒技术而发展起来的新剂型;二是向有利于环境保护方向发展,如缓释剂及控制农药释放技术的应用;三是剂型向更加多样化、更具针对性的方向发展。

在施药技术方面,如根部埋施颗粒剂技术、茎部施药技术(如注射、涂抹)、种子包衣技术、静电喷雾技术、热雾技术、风送喷雾技术、控制雾滴漂移技术等先进技术,能够较好地解决药效与环境污染问题。

以上分别介绍了防治植物病虫害的各种方法和措施,应该看到,每种方法都有其优点也有其局限性和不足之处,要采用各种方法和多项措施协调运用的综合措施,才能把病害的危害控制在最低限度。

三、林木病虫害的调查

为了掌握林内各种树木的害虫、病害的种类、发生面积、发生地点、为害情况及与其他因子(气象因子、天敌中的鸟、寄生蜂、寄生蝇、寄生菌及其他捕食动物等)之间的关系,可以通过调查获得这些资料。如果将这些数字记载在林木档案中的害虫、病害专用栏内,每年或定期进行详细调查,逐年积累,就可以看出林木害虫、病害的种类和数量的变动情况。如果害虫虫口及病害的病情指数上升,就要考虑进行防治,同时,还要进行详细调查,以确定防治时间、药剂和器械、防治面积等。防治后,还需要进行调查,以了解防治效果。同时,将这些资料也记入林业技术档案中,对指导林业生产,对本地区开展病虫害的预测、预报活动,都有很大的实践作用。

(一)调查内容

调查内容是根据不同的目的来确定的,如仅是某一种食叶害虫虫口数量发生较大的变化,为确定是否要进行防治,只要调查此虫虫口密度,寄主被害程度,天敌寄生情况,发生面积及为害轻、中、重各占的比例,各种虫情发生所在的地点就可以了,在此基础上制定防治计划。

如果要建立害虫及病害的技术档案,就要了解林分概况与害虫、病害之间的关系,调查内容就要丰富得多。如林木树种的组成、林龄、立地条件(坡向、坡度、土质等)、林木疏密度、林地卫生情况(风倒木、枯立木等)、地被物、害虫及病害的种类、树木被害程度等,均要分别列成表格,逐一记载。

(二)调查方法

由于林地面积较大,立地条件复杂,树木高大,以及时间及人力限制,不可能也没有必要对所要了解的对象一一调查。只要通过抽样调查数据用生物统计方法进行处理、归纳、分析,就可以从样本的总体情况得到接近要了解对象的总体情况。一般调查方法分为两种,即踏查和详细调查,亦有将两种方法结合起来调查的。踏查仅仅是了解全林、某一个林区或林班的总概况,一般比较粗放;详细调查是要较深入地了解某一个具体问题,是在踏查的基础上,有目的、有计划的专门性的调查。

踏查顾名思义就是走走查查、边走边查。在调查之前要查阅害虫、病害技术档案,访问护林人员或熟悉调查地区情况的有关人员,再选定踏查路线。一般常走路线为林中小道,也可以另选路线。调查时在路线上或深入路线两侧 10~50 m 范围内观察。总之,走的面愈大,了解的情况就愈全面。调查内容有林分概况(树种组成、林龄及立地条件),卫生情况(风倒木、风折木、枯立木及火烧迹地),害虫、病害名称(不知名者,可以采集标本,记载标本号及形态、症状特点描述),为害部位(叶、干、枝、梢、根、花、果、种子),为害面积,树木被害程度(以食叶害虫为例,一般分为 3 级,即树冠 1/3 以下被害,属轻微被害,可以用 1 个"+"表示;树冠 1/3~2/3 被害,属中等被害,"++";树冠 2/3 以上被害,属严重被害,"+++"。病害亦有分 4 级的,加一个"0"级),被害率,目测被害株占总株数的百分率(简称虫株率),还要注意被害树木分布状态。单株被害称零星分布;3~10 株树成团被害的称簇状分布;0.25 hm² 以内面积上树木被害称块状分布;0.25 hm² 以上面积上树木被害称片状分布(表6—3—1)。

表6—3—1 害虫病害踏查记载表

局　　　段　　　所(林场)

调查地点	林分概况	面积(亩)	卫生情况	病虫名称	为害部位	被害率%	危害情况和面积(亩)			备注
							轻	中	重	

调查人:　　　　　　　　　　　　　　　　　　　　　　　　　　调查日期:

详细调查是根据某一具体的调查目的和调查对象，拟定一个详细的计划和规定具体的方法所进行的调查。一般是在调查面积内，进行分级抽样的方法。先在将被调查的林区内，按林班、自然区域或林分状况，划分若干大区，再在每一同类林分中，设立样地。样地面积根据被调查面积和不同的调查对象而定，一般样地总面积为被调查的总面积的 0.1% ~ 0.5%。样地的设立根据地形采取随机或机械取样法，常用的有五点法、棋盘式法、单、双对角线法，Z字形法及平行线法。在样地内，再选定样木（标准木）10~20 株，在整株样木上，还可以按树冠的南北面、上中下选定样枝，再进行统计记载。

1. 食叶害虫调查

一般选择两个时期，即害虫不活动期（卵、蛹、越冬虫期）和害虫活动期（主要是幼虫期）。按上述取样方法，在 10 hm^2 被调查的面积内，取 $20 \text{ m} \times 25 \text{ m}(0.05 \text{ hm}^2)$ 到 $25 \text{ m} \times 40 \text{ m}(0.1 \text{ hm}^2)$ 大小样地 1 块，观察记载林内各林分因子（见踏查部分），逐株调查有无害虫存在，统计害虫相对密度（有虫株率）。在样地中，再选 1 行或隔几行选 1 行，逐株或每隔几株选 1 株（如确定隔 3 株选 1 株，就不应见其中某 1 株不如自己的意，而任意改选隔 4 株或隔 5 株，此现象称为随机）样树，共选 10~20 株。统计样树上的所有害虫，如树木太高，另选样株统计。调查记载表见表 6—3—2。

表 6—3—2　食叶害虫调查记载表

局　　　段　　　所(林场)　　　调查人：

样地号：		样地面积：		地形		坡向		坡度		
郁闭度：		样地内树木数量：		有虫树数量：		虫株率：				
调查日期	样　树		虫态	害 虫 数 量						备注
	号	树龄		共计	健康		被寄生		死亡	
					数量	%	数量	%	数量	%
合计										

在幼虫为害期调查时幼虫个体较大或在幼树上，就统计整株样树上的所有幼虫。如树木高大，可以选择样枝统计；也可以在地面铺上塑料薄膜，振落或用烟剂熏落幼虫，进行统计；对部分害虫的排粪量研究比较详细的，也可以在树冠下地面铺上塑料薄膜，收集 1 昼夜 1 m^2 面积上的害虫虫粪，再折算害虫的数量。对较小的害虫，可用大小一致的捕虫网，以一定的次数在树冠上扫捕，统计入网幼虫数进行比较；对蚜虫、蚧虫调查，可以统计虫口数，也可统计这些害虫占据叶面积的比例。不管什么调查方法，前后调查时，所用的标准、条件应力求一致，以便于进行比较。

2. 蛀干害虫的调查

调查方法、内容同上，选择样地面积要比调查食叶害虫样地面积大些。每 10 hm^2 被调查面积内，设 $50 \text{ m} \times 50 \text{ m}$ 或更大些的样地，每树调查有无害虫；再选一行或隔几行选一行，逐株或每隔几株选样树 1 株，共选 100 株以上。分别统计记载健康树、生长不良但尚未被害的衰弱树、已被害的虫害树、严重被害的枯萎树及风倒树、风折树。再从虫害树中选择 3~5 株样树，经伐倒后，测量树高、胸径（可以算出材积量）、树龄（查年轮）、标出南北方位，再从树基到树梢剥去10 cm宽的树皮,调查害虫种类及在树干上垂直分布位置,并沿树南北方位,于上、中、下各取20 cm×50 cm或10 cm×100 cm的样方,统计害虫种类、虫态、数量。

小蠹虫要分别统计穴数、母坑道数,幼虫、蛹、新成虫数。天牛、象虫、吉丁虫,要分别统计幼虫、蛹及成虫数,侵入孔、羽化孔数。统计害虫时,要统计天敌的种类及数量等。最后统计每平方米及每株被害树上虫口数、平均虫口数,分别记入记载表,见表6—3—3。

表6—3—3 树干害虫调查记载表

局　　段　　所(林场)　　　　调查人:

样地号:		样地面积:		地形:		坡向:			坡度:	
郁闭度:		样地内树木数量:		有虫树数量:		虫株率:				
调查日期	样　树		样树树势	害 虫 种 类						备注
	号	树龄		天牛		象虫		小蠹	…	
				虫态	数	虫态	数	虫态	数	虫态	数	
合计										

3. 枝梢害虫调查

枝梢害虫调查主要是指幼嫩枝梢害虫,如杉梢小卷蛾、松梢螟等害虫。调查时所用方法、内容及样地大小同蛀干害虫。在样地内选100~200株样树,统计健康树,虫害树。在虫害树中选出5%~10%的样树,调查害虫种类、虫态、主梢是否被害、侧梢总数、被害数,统计出株虫口数及平均虫口数,记载表见表6—3—4。

表6—3—4 枝梢害虫调查记载表

局　　段　　所(林场)　　　　调查人:

样地号:		样地面积:		地形:		坡向:		坡度:	
郁闭度:		样地内树木数量:		有虫树数量:		虫株率:			
调查日期	样　树			被 害 情 况					备注
	号	树龄	树高	虫名	主梢	侧梢			
						总数	虫害梢	虫害梢率(%)	
合计									

4. 地下害虫调查

地下害虫调查是了解育苗的圃地或需造林的宜林地上的害虫情况的调查。调查先踏查地面苗木或地被物,再挖样坑测看。样坑选择因地形变化而异,多采用棋盘式法。样坑大小,苗圃地多0.25 m×0.25 m~0.5 m×0.5 m;宜林地多为0.5 m×0.5 m~1 m×1 m。样坑数量,苗圃地每亩5~15个;宜林地5 hm²以下,为5~10个;6~10 hm²,10~15个;11~50 hm²,15~25个。样坑挖掘深度,根据土壤概况、调查害虫种类及季节而定,一般为30 cm;若调查害虫在土壤中垂直分布,就需要分层挖掘,分层记载,即0~5、6~10、11~20、21~30、31~

45、46~60 cm等六个层次。调查中需记载害虫种类及害虫数量,统计每亩及每公顷面积及各种害虫虫口数,分布均匀度,记载表见表6—3—5。

表6—3—5 地下害虫调查记载表

局　　段　　所(林场)　　调查人:

被调查面积地被物:　土壤概况:											
调查日期	样　坑		害 虫 种 类								备注
	号	长宽高	蝼蛄		金龟子		地老虎		…		
			虫期	数	虫期	数	虫期	数	虫期	数	
合计											

5. 调查数据简单处理

林木害虫调查后,要求知道林木害虫种类、虫株率或防治后的效果(害虫死亡率),害虫为害后损失系数、生长量或产量损失百分率以及单位面积内生长量或产量的实际损失量等。

$$虫株率 = \frac{虫害株数}{调查总株数} \times 100$$

$$损失系数 = \frac{健康株产量 - 虫害株产量}{健康株产量}$$

$$损失百分数 = 损失系数 \times 虫株率$$

用损失百分率乘上调查总株数就是实际损失量。

6. 病害调查

林木病害调查与害虫调查一样,采用踏查与详细调查方法,详细调查所用指标有发病率与病情指数,发病率计算与虫株率一样,不能表示病害严重程度,病情指数能较准确地表示病害普遍与严重程度,记载表见表6—3—6。

表6—3—6 林木病害调查记载表

局　　段　　所(林场)　　调查人:

样地号:　郁闭度:				样地面积:　样地内树木数量:					地形:　有虫树数量:	坡向:　虫株率:	坡度:
样　树				各 级 病 害 株					病 情 指 数	备注	
号	树龄	高	胸径	1	2	3	4	5			
合计											

病情指数统计是在调查前先了解调查对象的病症发生部位,如杉木炭疽病是在去年秋梢上和当年新梢上,并拟订病害等级;一般分为4级或5级,第1级为健康树,其代表值为0。目前很多病害的危害程度分级标准没有确定,有些虽定也多不统一,需再调查时,采集病样,由轻到重自己确定,再经验证修改,成为适用的分级标准。本书介绍几种病害的分级标准,

供参考(表6—3—7)。病情指数计算公式：

$$病情指数 = \frac{(病害等级代表值 \times 本等级株数)之和}{各级株数之和 \times 最重一级代表值}$$

表6—3—7 几种病害的分级标准

等级病害	Ⅰ 0	Ⅱ 1	Ⅲ 2	Ⅳ 3	Ⅴ 4
林木炭疽病	个别梢上、个别叶片有病斑或不发病	去年秋梢受害在25%以下或当年新梢受害10%以下	去年秋梢受害在26%~50%或当年新梢受害11%~20%	去年秋梢受害在51%~75%或当年新梢受害21%~30%	
林木细菌性叶枯病	不发病或个别叶片有少病斑	当年新梢叶片受害在25%以下	当年新梢叶片受害在26%~50%	当年新梢叶片受害在51%~75%	当年新梢叶片受害在75%以上新梢出现枯死现象
松苗叶枯病	无病或几乎无病	针叶发病在25%以下	针叶发病在25%~50%	针叶发病在51%~75%	针叶发病在75%以上
枝梢病害（如桑细菌病等）	无病	被害枝梢未枯死病斑下延不超过15 cm	被害枝梢未枯死病斑下延超过15 cm以上	被害枝梢未枯死在3 cm以内	被害枝梢未枯死在3 cm以上
油桐枯萎病	无病	1~2个枝上有叶子枯萎	50%以下树冠枝叶枯萎	51%~75%树冠枝叶枯萎尚有1~2个枝条存活	全株枯萎死亡
杨树烂皮病	健康	病斑大小占病部树干周长比例的1/5以下	病斑的大小占病部树干周长比例的1/5~2/5	病斑的大小占病部树干周长比例的2/5~3/5	病斑的大小占病部树干周长比例的3/5以上或濒死木

四、林木虫害的预测预报

在地形复杂、面积辽阔的森林内,预知某种害虫不同虫期的出现时间和可能的数量,对于掌握正确的防治时机,充分做好人力物力的准备,确保森林茁壮生长,具有重大意义。

(一)虫害发生期的预测

1. 物候法

物候法就是利用害虫某些虫期的出现与较易观察的自然现象之间互相联系。例如在湖南,马尾松毛虫越冬后,幼虫出蛰为害与桃花盛开季节相符,苹果蠹蛾只在苹果花期产卵。植物的这些发育期,就是这些害虫出现期的标志。各个地区各种害虫都能利用物候法,找出某一害虫某一虫期有规律性的联系。

2. 积温法

积温法是对有效积温法则的具体运用。因此知道了昆虫某一虫期的有效积温 K 和该虫期的发育起点温度 C,就可以根据近期气温的实测值或预测值,计算完成该虫期所需要的时

间。其计算公式:$N(T-C)=K$,所以

$$N=\frac{K}{T-C}$$

式中　N——某一害虫某一虫期的天数；

　　　K——某一虫期有效积温；

　　　T——该虫期出现的旬平均温度；

　　　C——该虫期发育起点温度。

例如,国槐尺蠖幼虫的发育起点温度为 10.5 ℃,幼虫期积温常数为 198 日度,在旬平均温度为 25 ℃时,则在一龄幼虫出现后的 13～14 d,就会出现该虫的蛹。

计算过程为

$$N=\frac{198}{25-10.5}=13.6(d)$$

利用有效积温法则,还可以测某种昆虫发生的代数。

$$世代数(N)=\frac{K_1(某地全年有效积温总和)}{K_2(某虫完成一个世代的积温)}$$

例如:粘虫全世代的发育起点温度为 9.6 ℃,在北京全年高于 9.6 ℃的积温总和为 2 286.4 日度,粘虫完成一世代所需积温为 685.2 日度,因此,粘虫在北京可能出现的代数:

$$N=\frac{2\,286.4}{685.2}=3.34,即 3～4 个世代。$$

利用积温公式还可以计算培养天敌的培养温度。

因为 $N=\frac{K}{T-C}=13.6$,所以 $T=\frac{K}{N}+C$

例如:需要在 15 d 后散放松毛虫赤眼蜂,赤眼蜂的发育起点温度为 10.34 ℃和全世代积温日期 161.36 日度,那么培养温度为

$$T=\frac{161.36}{15}+10.34=21.1(℃)$$

3. 诱集法

利用昆虫的趋性,可以测知害虫的出现时期。对某些具有趋光性的害虫,在害虫可能发生的季节,在林间设置黑光灯,根据是否诱到害虫及其数量多少,来确定害虫是出现时期。

4. 利用害虫某种形态特征进行预测

许多虫害,在其生长发育过程中的某一阶段,有一些显著地形态变化。这些变化预示着某一发育阶段的到来,因此也可以利用这些特性来进行预测。例如,青脊竹蝗卵内若虫为黄色,体液透明,复眼显著时,预示卵将于 25～30 d 后孵化,而当卵内若虫背出现褐斑,足明显时,大致 15 d 左右就可孵化。国槐尺蠖幼虫体背出现紫红色时,预示幼虫已老熟,3～5 d 内将大量化蛹。

(二)害虫发生的预测

1. 根据环境条件预测

气候是影响害虫数量变动的主要环境因子,尤其是温度、湿度对害虫生长发育影响较大,将害虫发生地区历年的气候条件,特别是害虫大发生前的气候状况与当年相比较,如情

况相似,则预示害虫有大发生的可能;另外,一年中气候突然发生变化,产生反常现象,也会影响害虫数量的变化。如早春气温转暖,松毛虫越冬幼虫已开始活动,又突然出现低温在0℃以下,持续2~3 d,会使幼虫大量死亡。又如春季松毛虫越冬幼虫活动最盛时,以及在秋末越冬前幼虫活动期,如气温比较温暖,阴雨天较多,林中相对湿度大,则病菌容易大量滋生,害虫常因染病而大量死亡。再如在松毛虫第一代和第二代的卵孵化期,如出现高温干旱,也会大量降低卵的孵化率和初龄幼虫的存活率,因而虫口大减。除了气候条件以外,害虫的食料与天敌因子对数量的变动也会影响。食料丰富则有利于害虫的增长,反之,食料不足而引起虫害大量死亡。

2. 根据林中害虫基数预测

调查林中害虫,虫口密度是预测害虫的发生的简单方法。林中虫口密度较大,下一代发生的虫数可能较多。调查的时间可在害虫越冬期间,越冬后开始活动时或各虫态盛期进行。调查的方法通常是在不同类型的林分里,选有代表性的地段,设立标准地,其面积2~5亩,在标准地内,随机取样选100株树,分别检查树上和树冠下杂木、杂草上的活虫数,算出株被害率和每株平均虫口密度。以推测害虫大发生的趋势。

(三)害虫迁移扩散的预测

根据林木被害的程度以及害虫虫口密度的大小来决定,在虫口密度较大和被害严重的林分,由于食料缺乏,害虫向未受害或受害轻微的林分迁移。迁移的方向常以成虫羽化期的风向和林木的分布情况而定。在迁移的过程中,高山、深谷、河流及农田等能起一定的阻碍作用。

五、外来入侵生物防治技术措施

生物入侵是指某种生物从外地自然传入或人为引种侵入到另一个新环境后成为野生状态,并对本地生态系统造成一定危害的现象。

从生态系统的角度考虑,生物入侵是指在某个生态系统中原来没有这个物种,通过人为有意或者无意地从其他生态系统中引入到这个生态系统中,就叫外来物种。但是,一旦这种外来物种在当地快速繁殖,形成对当地生态或者经济的破坏,这种物种可以称为外来入侵种。

在外来种中,一部分物种是因为其用途,被人类有意地将其从一个地方引进到另外一个地方,这些物种被称为引入种,如加州蜜李、美国樱桃等。这些物种大多需要在人为照管下才能生存,对环境并没有危害。然而,在外来物种(包括引入物种)中,也有一些在移入后逸散到环境中成为野生状态。若新环境没有天敌的控制,加上旺盛的繁殖力和强大的竞争力,外来种就会变成入侵者,排挤环境中的原生种,破坏当地生态平衡,甚至造成对人类经济的危害性影响。此类外来种则通称为入侵种,如红火蚁、布袋莲、松材线虫等。

随着全球经济一体化步伐的加快,我国的生物入侵现象不容乐观,入侵的生物种类和造成的损失都呈上升趋势。

(一)生物入侵的危害

生物入侵造成的后果是相当严重的,入侵种可以改变群落或生态系统基本的生态学特征,导致局部或区域性的生物多样性减少,对农林业生态系统的生产和自然生态系统的结构

及功能构成威胁,或损害人体健康等。主要表现在四个方面:

1. 破坏生态环境

生物入侵后会在当地适应并生存,由于缺少天敌或者生存条件优越等因素而大量繁殖进而影响当地的物种,对生态系统造成不可逆转的破坏。典型的例子就是"紫茎泽兰",是一种恶性杂草,生长的地方别的植物就无法生长,原因在于它霸占空间营养且生长极快,我国云南的一些地区就深受其害。

2. 生物多样性消失

入侵物种破坏了复杂的生态系统,使濒危动植物受到侵害,导致生物多样性消失。外来物种如果生存和繁殖能力强,则会压制和排挤本地物种,形成优势种群;外来物种中的动植物与本地种杂交,改变了当地的遗传多样性与完整性。如水葫芦,最初是作为观赏植物和饲料来引进的,但是引进后却发现其生长速度非常快,疯长成灾,严重破坏水系生态系统的结构和功能,达到了难以控制的地步,导致当地部分水生动植物的死亡。

3. 危害经济发展

生物入侵备受各国政府关注的首要原因是其造成的巨大经济损失。生物入侵导致生态灾害频繁爆发,对农林业造成严重损害,危害经济发展。据统计,我国每年用于防治松干蚧、松材线虫病、湿地松粉蚧的费用也达数亿元以上。

4. 威胁人类健康

外来入侵物种还对人们的生命安全构成潜在或直接的危害。例如引起人花粉过敏的豚草和三裂叶豚草,同时豚草也会导致"枯草热"症。广东珠海地区都受到火红蚁的入侵,人被咬到后容易出现皮肤溃烂;而疯牛病,口蹄疫更是给人们带来了沉痛的灾难。

(二)外来入侵生物的预防和控制技术

研究表明,生物入侵最容易发生在那些受到人类干扰的,遭到一定破坏的生态系统,而且,生物入侵不是一个国家的问题,而是全球的问题。中国已成为遭受外来生物入侵最严重的国家之一,加强对生物入侵的检测和防治势在必行。

入侵我国的外来物种有400多种,其中危害较大的有100余种,其中昆虫、线虫、真菌和植物有70余种,如白蚁、蔗扁蛾、藿香蓟、美国白蛾、松材线虫、五叶地锦、加拿大一枝黄花等。在对待外来物种的入侵时,应该是重防而不是重治。面对已入侵成功的那些外来物种,也要分情况而治之。

(1)风险分析和植物检疫:在引入前对外来物种进行充分的、科学的评估和预测,对危险性病虫草进行检疫,阻止其进入和传播,是减轻生物入侵问题的重要措施。

(2)农业防除:农业防除的措施有轮作、施用腐熟的厩肥、合理密植、深耕等,多种措施综合运用。

(3)人工防除:人工防除适宜于那些刚刚传入、定居,还没有大面积扩散的入侵物种。

(4)机械防除:在地形、环境适宜的地点,利用各种机械对外来入侵生物进行集中清除的措施。

(5)生物防除:生物防除方法的基本原理是依据有害生物与天敌的生态平衡理论,在有害生物的传入地通过引入原产地的天敌因子重新建立有害生物与天敌之间的相互调节、相互制约机制,恢复和保持这种生态平衡。

(6)替代控制:用有经济或生态价值的本地植物取代外来入侵植物。需要充分研究本地土生植物的生物生态学特性及其与入侵植物的竞争力,掌握繁殖、栽培这些植物的技术要点。

(7)化学防除:即选用合适的化学药剂,采用科学的方法防治入侵病虫草。

第四节　常见植物病虫害的识别

一、常见主要林木病害识别

(一)松苗叶枯病

(1)为害树种:马尾松、短叶松、黑松、赤松。

(2)分布区域:东北、北方、南方。

(3)症状(图6—4—1):病害在苗木基部发生逐渐蔓延,针叶枯萎下落,针叶全部蔓延枯死,病叶一段一段褪色色呈黄斑转深褐色,并在深褐色斑段长出黑色霉点。

图6—4—1　松苗叶枯病症状

(4)发病原因:

①此病7月开始发生,8月发病盛期,10月逐渐停止,发病成块发生;

②病叶在苗床过冬,下年产生孢子,借风力传播,不断侵染为害;

③土质差,肥力不足,翻耕过浅或生长过弱;

④发病圃地连续育苗或苗木受干旱易发病。

(二)红松落针病

(1)为害树种:马尾松、红松、樟子松、油松、云杉。

(2)分布区域:东北、北方、南方、西北。

(3)症状(图6—4—2):病初生淡绿色斑,后变鲜黄色斑点,发展成段,逐渐松针变黄脱落,冬天或次年春生椭圆形大黑点,为囊盘,病重时树冠顶部松针变鲜黄色。

(4)发病原因:病菌在地面病针叶里过冬,3~4月借风传播,由气孔侵入松针,6~7月出现症状,性孢子不侵染,因此一年发生一次。

图 6—4—2　红松落针病症状

（三）柳杉苗赤枯病

（1）为害树种：柳杉。

（2）分布区域：南方。

（3）症状（图 6—4—3）：病害发生时，病枝叶变赤褐色和变灰褐色，蔓延上枝叶，使苗株枯死。

（4）发病原因：

①病害 5 月开始发生，梅雨季最为严重，10 月以后渐趋停止；

②病菌随被害枝叶落于土中过冬，下年借风雨传播为害；

③台风高温多湿是诱发病害的重要条件；

④氮肥过多，苗木生长过密，也易感染。

（四）苗木白粉病

（1）为害树种：各种阔叶苗木。

（2）分布区域：东北、西北、北方、南方。

（3）症状（图 6—4—4）：病菌主要为害叶、新梢、幼芽，发病期叶面出现黄斑，随后斑上出现白粉，黄斑扩大，白粉越来越多，有时嫩叶感病地方生长停滞，叶片扭转变形，病叶枯黄，提早脱落，嫩梢受害易受冻害。

（4）发病原因：

①低洼潮湿，苗木过密，通风透光差；

②氮肥施量过多，苗木生长幼嫩易发病；

③温暖干燥气候有时发病。

图 6—4—3　柳杉苗赤枯病症状

图 6—4—4　苗木白粉病症状

(五)苗木茎腐病

(1)为害树种:马尾松、油松、金钱松、柳杉、水杉、香榧、银杏、杜仲、山核桃、檫树、乌桕。

(2)分布区域:东北、西北、北方、南方。

(3)症状(图6—4—5):苗木的茎基部发生黑褐色病斑,很快延及茎一圈,皮层臃肿皱缩,后腐烂碎裂,皮层内和木质部上有许多煤灰样的小核。

图6—4—5　苗木茎腐病症状

1—初期病苗(苗叶萎垂,失去光泽;茎基肿胀发黑);2—后期病苗;3—后期病苗茎基部放大:示核菌

(4)发病原因:雨季之后开始发病,夏季土温增高,发病严重,苗木茎基部受日灼或机械损伤,病菌从伤口侵入;低洼积水、苗木生长不良也易发病。

(六)杨树腐烂病(烂皮病)

(1)为害树种:杨柳、板栗、接骨木、桑等。

(2)分布区域:东北、西北、南方、北方。

(3)症状(图6—4—6):发病初期树皮上出现褐色水浸状病斑、病斑干缩后下陷并表示出多数针头状突起,在阴雨天从中挤出红色丝状物,发病后期出现小黑点。

图6—4—6　杨树腐烂病症状

(4)发病原因:病由真菌所引起,病菌在树皮内越冬,借风雨、昆虫传播,主要从伤口侵入,5、6月间扩展迅速,7月以后病势渐缓和。

(七)杨叶锈病

(1)为害树种:各种杨类。

(2)分布区域:东北、西北、北方。

(3)症状(图6—4—7):6、7月份病叶背面散生橙黄色小锈斑,即为夏孢子堆,严重时可布满全叶,8月初在病叶表面上开始出现黄褐色粉状,即为冬孢子堆。

图6—4—7 杨树叶锈病的症状

(4)发病原因:真菌引起病害,多湿年份幼苗和幼树被害较重,9月份,即可引起树叶早落。病菌在落叶里过冬,春季传播,夏季多次重复浸染,8月末在叶正面再生铁锈斑。

(八)黑星病

(1)为害树种:杨、梨树。

(2)分布区域:东北、北方、西北、南方。

(3)症状(图6—4—8):病斑初期在叶背呈小黑点,后渐呈圆形,扩大密集时可连成不定形的大斑,能引起早期落叶。

图6—4—8 黑星病的症状

(4)发病原因:由真菌引起的病害。病菌在落叶上越冬,第二年产生孢子侵染,7~8月多雨季节发病较重,苗木生长势衰弱时,此病易发生。

二、常见害虫形态及习性

（一）马尾松毛虫

（1）为害树种：马尾松、落叶松、油松、赤松、樟子松、马尾松。

（2）分布区域：东北、北方、南方。

（3）形态：成虫为大型蛾，有灰白、黄棕、黑棕等色，前翅较宽，翅部中室处有白斑，幼虫烟黑色、灰黑色，胸部背面有两条深蓝色的毒毛带，如图6—4—9所示。

图6—4—9　马尾松毛虫形态

（4）习性：东北每年1代，北方2~8代，南方4~5代。幼虫在落叶层树皮缝中越冬，4~5月上树吃针叶。

（二）松梢螟

（1）为害树种：马尾松、油松、赤松、黑松、黄山松、樟子松。

（2）分布区域：东北、西北、北方、南方。

（3）形态：成虫为小型蛾，前翅暗褐色，近中央处有个小白点，白点与翅基间有两灰白横线，白点与外缘间有一条灰白色波状横线，后翅淡灰色，老熟幼虫暗绿色，如图6—4—10所示。

图6—4—10　松梢螟的形态

（4）习性：东北1年1代，北方、南方1年2代。幼虫在枝梢内越冬，5~6月蛀食枝梢，常受风折断或发生枯梢。

（三）白杨透翅蛾

（1）为害树种：加拿大杨、青杨、北京杨。

（2）分布区域：东北、北方。

(3)形态:成虫黑褐色,头顶黄色,头、胸间黄色,腹部背面有五条黄色横带。幼虫头部淡褐色,体黄白色,如图6—4—11所示。

图6—4—11　白杨透翅蛾的形态

(4)习性:1年1代,幼虫从叶腋和伤口钻入枝条内为害,虫孔处冒出木屑,被害部枝条膨大成瘤状。幼虫在枝条里越冬。

(四)乌桕毒蛾

(1)为害树种:乌桕、油桐、栎、樟。

(2)分布区域:南方。

(3)形态:成虫触角羽状,全身密生橙色绒毛,前翅尖臀角各有一黄斑,翅尖斑内有两个黑点,幼虫黄褐色,体侧及背上具黑疣突,上有白色毒毛,如图6—4—12所示。

(4)习性:1年2代,以幼虫越冬,来年4月为害,三龄前群聚叶背或吐丝裹几片树叶,隐居其中,食叶肉,三龄后早晚分散取食全叶。

图6—4—12　乌桕毒蛾的形态

(五)天幕毛虫

(1)为害树种:柞、杨、柳、榆、桦、榛、花楸、山楂等。

(2)分布区域:东北、北方。

(3)形态:成虫前翅红褐色、卵灰白色圆筒形,卵环排列像"顶针"。幼虫暗蓝色,体背面有橙黑、白等的纵条纹,蛹呈黄褐色,茧淡黄色椭圆形,如图6—4—13所示。

图 6—4—13　天幕毛虫形态
A—成虫；B—雄成虫；C—幼虫；D—茧；E—蛹；F—卵块及孵化的幼虫

（4）习性：1 年 1 代，以卵越冬，4 月孵化幼虫，在枝杈上吐丝结网成群，夜晚外出取食，幼虫近熟分散，食量最大。

（六）小吉丁虫

（1）为害树种：花曲柳、水曲柳、榆。

（2）分布区域：东北、北方。

（3）形态：成虫体狭长 8～12 mm，鞘翅呈绿色，卵黄褐色，椭圆形。幼虫乳白色，前胸膨大，褐色尾刺，蛹乳白色，如图 6—4—14 所示。

（4）习性：2 年 1 代，幼虫在皮层内越冬，翌年 4 月开始活动蛀食为害，坑道扁平弯曲，充塞褐色砂粒状木屑和虫粪。老熟幼虫在树干内过冬。成虫取食叶片，雌成虫产卵于向阳面树干粗皮裂缝内，孵出幼虫蛀入皮层。

图 6—4—14　小吉丁虫形态

（七）小地老虎

（1）为害树种：落叶松、红松、黑松、樟子松、水曲柳等幼苗。

（2）分布区域：东北、北方、西北、南方。

（3）形态：成虫前翅中部暗褐色，基部和端部黄褐色，肾状线纹外侧有一楔形斑，亚外缘线上有两条黑色线上纹；幼虫暗褐色或灰绿色，满布大小颗粒；臂板有两条深色纵线，如图6—4—15所示。

（4）习性：东北、西北、北方1年2~3代，南方4代，以蛹或老熟幼虫在土中越冬。雌蛾产卵于幼苗或杂草上，幼虫三龄前昼夜啃食苗木嫩叶，三龄后昼伏夜出咬食苗茎。

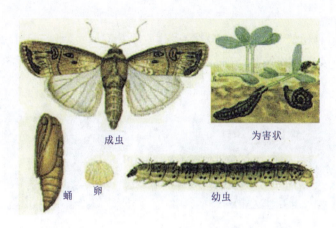

图6—4—15　小地老虎的形态

（八）非洲蝼蛄

（1）为害树种：在苗圃内为害各种幼苗。

（2）分布区域：东北、西北、北方、南方。

（3）形态（图6—4—16）：成虫体淡黄褐色，前翅短，后翅较长，前足为开掘足。卵椭圆形，初产乳白色，孵前为暗紫色。若虫初孵淡白色逐变淡褐色。

图6—4—16　非洲骷髅的形态

1—松苗被害状；2—成虫；3—土室中的卵；4—若虫

（4）习性：1年1代，成虫和幼虫在土中越冬。春暖开始活动，产卵于腐殖质较多的土壤内。若虫分散取食，昼伏夜出，危害幼苗根部。

(九)黑翅大白蚁

(1)为害树种:松、杉、桉、柏、栎类、板栗、油茶、乌桕、樟。

(2)分布区域:南方。

(3)形态(图6—4—17):成虫棕褐色,前胸背板前缘凹陷。足淡黄色、翅暗褐色;蚁后棕褐色,腹部极度肥大,乳白至淡黄色;兵蚁头橙黄色,上颚发达,黑褐色,端部向内弯;工蚁头淡黄色近圆形。

(4)习性:老熟有翅蚁成群出巢、作移殖飞翔后即散落地面,雌雄配对蜕翅寻适当处所交尾,钻入土下1.5~4.5尺深筑巢产卵。营土居生活,咬食幼苗、根部用泥筑隧道沿树干通往枝梢使树枯死。

图6—4—17 黑翅大白蚁形态

(十)松线材虫

(1)为害树种:黑松、赤松、马尾松。

(2)分布区域:江苏、安徽、山东、浙江、广东、湖北、湖南、台湾、香港等。

(3)形态(图6—4—18):雌雄虫都呈蠕虫形,虫体细长,长1 mm左右。唇区高,缢缩显著。口针细长,其基部微增厚。雌虫尾亚圆锥形,末端宽圆,少数有微小的尾尖突。雄虫交合刺大,弓状,成对,喙突显著,交合刺远端膨大如盘。病材中的幼虫虫体前部和成虫相似,但其后部则因肠内积聚大量颗状内含物,以至呈暗色并接结构模糊。幼虫尾亚圆锥形。

(4)习性:松材线虫病多发生在高温干旱的气候条件下。幼虫共4龄。在温度30℃时,线虫3~4 d就可以完成一个世代。松材线虫生长繁殖的最适宜温度为20℃,低于10℃时不能发育,28℃以上时繁殖会受到抑制,在33℃以上则不能繁殖。线虫类昆虫能在6个月内使松树死亡,是使松林大片被毁的重要害虫。

图6—4—18 松线材虫形态

(十一)吹绵蚧

(1)为害树种:佛手、海桐、金桔、无花果、扶桑、石榴、蔷薇、桂花、黄杨、香橼、柠檬、玉兰、茶花、月季、牡丹、米仔兰。

(2)分布区域:东北、华北、西北、华中、华东、华南、西南等。

(3)形态(图6—4—19):雌成虫椭圆形或长椭圆形,橘红色或暗红色。体表面生有黑色短毛,背面被有白色蜡粉并向上隆起,而以背中央向上隆起较高,腹面则平坦。眼发达,具硬化的眼座,黑褐色。

(4)习性:雌成虫、若虫多群集于叶背、枝梢及果梗上为害,使叶、枝枯萎,其排泄物繁殖霉菌污染叶片影响生长。

(十二)蚜虫

(1)为害树种:木槿、石榴、梅、碧桃、月季、蔷薇、榆叶梅、樱花、海棠。

(2)分布区域:长江以北、西北、南方。

(3)形态(图6—4—20):多态昆虫,同种有无翅和有翅,有翅个体有单眼,无翅个体无单眼。具翅个体2对翅,前翅大,后翅小,前翅近前缘有1条由纵脉合并而成的粗脉,端部有翅痣。第6腹节背侧有1对腹管,腹部末端有1个尾片。

(a)菊花上的蚜虫

(b)月季上的蚜虫

图6—4—19 吹绵蚧形态　　　图6—4—20 花卉上的蚜虫

(4)习性:成蚜、若蚜群聚在叶片、嫩茎、顶芽、花蕾上,吸取汁液,引起畸形、皱缩、卷曲、萎蔫,同时排泄蜜露,诱发烟煤病。

(十三)军配虫

(1)为害树种:西府海棠、月季、杜鹃、樱花、贴梗海棠等。

(2)分布区域:东北、华北、华中、华东、西北等。

(3)形态(图6—4—21):卵呈长椭圆形,长0.6 mm,稍弯,初淡绿后淡黄色。若虫暗褐色的若虫身体扁平。体缘具黄褐色的刺状突起。成虫扁平,暗褐色。头小、复眼暗黑,触角丝状,翅上布满网状纹,虫体胸腹面黑褐色,有白粉。腹部金黄色,有黑色斑纹。足为黄褐色。

(4)习性:成虫、若虫为害叶片,并分泌黏液、粪便,叶背呈锈状斑,引起早期落叶。

图6—4—21　杜鹃上的军配虫

(十四)叶蝉

(1)为害树种:木芙蓉、锦葵、大丽花、秋菊、佛手柑、美人蕉、梅、月季、樱花、猕猴桃、芍药。

(2)分布区域:东北、陕西、甘肃、河南、江西、湖南、广东、四川、贵州等。

(3)形态(图6—4—22):成虫体长4.6~4.8 mm,外形似蝉。黄绿色或黄白色,可行走,跳跃。头部宽于前胸背板,复、眼大而斜置;喙甚长端部膨大而扁平,雄虫呈红色而雌虫呈黑褐色。

(4)习性:成虫、若虫刺吸汁液或刺伤枝条,被害叶呈淡白色斑点或斑块,刺伤枝条表皮,造成枝枯。

(十五)刺蛾

(1)为害树种:贴梗海棠、樱花、蔷薇、梅花、珍珠梅、桂花、紫薇等。

(2)分布区域:陕西、东北、河北、山东、安徽、江苏、上海、浙江、湖北、湖南、江西、福建、台湾、广东、广西、四川、云南、贵州、山西等。

(3)形态(图6—4—23):成虫体暗灰褐色,腹面及足色深,前翅灰褐稍带紫色,翅暗灰褐色。卵扁椭圆形,长1.1 mm,初淡黄绿,后呈灰褐色。幼虫体扁椭圆形,背稍隆似龟背,绿色或黄绿色,背线白色、边缘蓝色。

(4)习性:幼虫咬食叶片,呈残缺不全,严重时,整枝整株叶片被食光。

图6—4—22 叶蝉

图6—4—23 金龟子

(十六)卷叶蛾

(1)为害树种:贴梗海棠、榆叶梅、海棠、樱花、桂花、栎、樟、柑桔、柿、梨、桃等。

(2)分布区域:江苏、安徽、湖北、四川、广东、广西、云南、湖南、江西等。

(3)形态(图6—4—24):成虫雌体长10 mm,翅展23~30 mm,体浅棕色。触角丝状。前翅近长方形,浅棕色,翅尖深褐色,翅面散生很多深褐色细纹,后翅肉黄色,扇形,前缘、外缘色稍深或大部分茶褐色。雄成虫体长8 mm,翅展19~23 mm,前翅黄褐色,基部中央、翅尖浓褐色,前缘中央具一黑褐色圆形斑,前缘基部具一浓褐色近椭圆形突出,部分向后反折,盖在肩角处。后翅浅灰褐色。卵长0.8~0.85 mm,扁平椭圆形,浅黄色。

(4)习性:幼虫吐丝卷叶,咬食叶子和嫩芽。

图6—4—24 卷叶蛾

第七章 林业作业安全

作业安全是安全生产的主要组成部分,包括人身安全和设备实施的安全。本章系统论述了与林业生产有关的安全管理基础内容,结合铁路林业作业项目,分类介绍了具体防范措施,并以图文方式简述各种林业机械设备操作及安全技术要点。

第一节 安全管理基础知识

安全管理是管理者为实现安全目标,对安全生产经营活动进行计划、组织、指挥、协调和控制等一系列职能的总称。铁路林业安全管理是通过运用现代安全管理的原理、方法和手段,分析和研究各种不安全因素,从技术上、组织上和管理上采取有力的措施,消除各种不安全因素,防止林业事故的发生。

一、安全管理基本原则

1. 管生产同时管安全

安全与生产虽有时会出现矛盾,但从安全生产管理的目标、目的来说,表现出高度的一致和完全的统一。铁路林业部门,应明确业务范围内的安全管理责任。一切与生产有关的机构、人员,都必须参与安全管理并在管理中承担责任。

2. 安全管理的目的性

安全管理的内容是对生产中的人、物、环境因素状态的管理,通过有效的控制人的不安全行为和物的不安全状态,消除或避免事故,达到保护行车及劳动者安全的目的。《铁路安全管理条例》也明确指出为了加强铁路安全管理,保障铁路运输安全和畅通,保护人身安全和财产安全这一目标。

3. 必须贯彻预防为主的方针

这是安全管理必须具备的鲜明态度,《铁路安全管理条例》也指出铁路安全管理坚持安全第一、预防为主、综合治理的方针。在林业生产活动中,应经常检查,及时发现不安全因素,采取措施,明确责任,尽快地消除安全隐患。

4. 坚持"四全"动态管理

安全管理涉及生产活动的方方面面,从开工到竣工交付的全部生产过程,全部的生产时间,一切变化着的生产因素,因此,林业生产活动中必须坚持全员、全过程、全方位、全天候的动态安全管理。

5. 重在控制原则

事故的发生,是由于生产因素(人的不安全行为与物的不安全状态等)直接导致或两种以上因素互为交叉、重叠与影响的结果,为了达到安全管理的目的,对生产因素状态的控制,就显得更直接,更为突出,应作为安全管理的重点。

6. 在管理中发展、提高

生产安全客观上是不断变化的,要求相对应的管理过程也必须不断适应变化的要求和特点,做到动态管控,以消除新的不安全因素。铁路林业安全管理必须不断结合铁路沿线林业管理特点,探索新规律,总结新办法,摸索新路径,不断创新管理模式。通过循环往复,不断提升安全管理水平。

二、安全管理主要内容

(一)遵守贯彻国家法律法规及规章

安全管理必须贯彻落实国家法律法规,必须遵守法律和其他有关安全生产的法律、法规。有关部门依照有关法律、行政法规的规定,在各自的职责范围内对有关行业、领域的安全生产工作实施监督管理,加强安全生产管理,建立、健全安全生产责任制和安全生产规章制度,改善安全生产条件,从而推进安全生产标准化建设,提高安全生产水平,确保安全生产。

涉及铁路林业的相关法律法规、规章主要有《中华人民共和国森林法》《中华人民共和国铁路法》《中华人民共和国森林法实施条例》《铁路安全管理条例》《铁路技术管理规程》《铁路营业线施工安全管理办法》等。

1.《中华人民共和国森林法》

第三十五条　采伐林木的单位或者个人,必须按照采伐许可证规定的面积、株数、树种、期限完成更新造林任务,更新造林的面积和株数不得少于采伐的面积和株数。

第三十九条　盗伐森林或者其他林木的,依法赔偿损失;由林业主管部门责令补种盗伐株数十倍的树木,没收盗伐的林木或者变卖所得,并处盗伐林木价值三倍以上十倍以下的罚款。

滥伐森林或者其他林木,由林业主管部门责令补种滥伐株数五倍的树木,并处滥伐林木价值二倍以上五倍以下的罚款。

拒不补种树木或者补种不符合国家有关规定的,由林业主管部门代为补种,所需费用由违法者支付。

盗伐、滥伐森林或者其他林木,构成犯罪的,依法追究刑事责任。

第四十三条　在林区非法收购明知是盗伐、滥伐的林木的,由林业主管部门责令停止违法行为,没收违法收购的盗伐、滥伐的林木或者变卖所得,可以并处违法收购林木的价款一倍以上三倍以下的罚款;构成犯罪的,依法追究刑事责任。

第四十四条　违反本法规定,进行开垦、采石、采砂、采土、采种、采脂和其他活动,致使森林、林木受到毁坏的,依法赔偿损失;由林业主管部门责令停止违法行为,补种毁坏株数一倍以上三倍以下的树木,可以处毁坏林木价值一倍以上五倍以下的罚款。

违反本法规定,在幼林地和特种用途林内砍柴、放牧致使森林、林木受到毁坏的,依法赔偿损失;由林业主管部门责令停止违法行为,补种毁坏株数一倍以上三倍以下的树木。拒不补种树木或者补种不符合国家有关规定的,由林业主管部门代为补种,所需费用由违法者支付。

2.《中华人民共和国森林法实施条例》

第三十八条　盗伐森林或者其他林木,以立木材积计算不足 $0.5\ m^3$ 或者幼树不足 20 株的,由县级以上人民政府林业主管部门责令补种盗伐株数10倍的树木,没收盗伐的林木或者变卖所得,并处盗伐林木价值3~5倍的罚款。

盗伐森林或者其他林木,以立木材积计算$0.5 m^3$以上或者幼树20株以上的,由县级以上人民政府林业主管部门责令补种盗伐株数10倍的树木,没收盗伐的林木或者变卖所得,并处盗伐林木价值5~10倍的罚款。

第四十三条 未经县级以上人民政府林业主管部门审核同意,擅自改变林地用途的,由县级以上人民政府林业主管部门责令限期恢复原状,并处非法改变用途林地每平方米10元至30元的罚款。临时占用林地,逾期不归还的,依照前款规定处罚。

3.《中华人民共和国铁路法》(1991年5月1日实施)

第四十六条(摘录) 在铁路弯道内侧、平交道口和人行过道附近,不得修建妨碍行车瞭望的建筑物和种植妨碍行车瞭望的树木。修建妨碍行车瞭望的建筑物的,由县级以上地方人民政府责令限期拆除。种植妨碍行车瞭望的树木的,由县级以上地方人民政府责令有关单位或者个人限期迁移或者修剪、砍伐。违反前三款的规定,给铁路运输企业造成损失的单位或者个人,应当赔偿损失。

第五十二条 禁止在铁路线路两侧20 m以内或者铁路防护林地内放牧。对在铁路线路两侧20 m以内或者铁路防护林地内放牧的,铁路职工有权制止。

4.《铁路安全管理条例》(2014年1月1日实施)

第二十七条(摘录) 铁路线路两侧应当设立铁路线路安全保护区。铁路线路安全保护区的范围,从铁路线路路堤坡脚、路堑坡顶或者铁路桥梁(含铁路、道路两用桥,下同)外侧起向外的距离分别为:①城市市区高速铁路为10 m,其他铁路为8 m;②城市郊区居民居住区高速铁路为12 m,其他铁路为10 m;③村镇居民居住区高速铁路为15 m,其他铁路为12 m;④其他地区高速铁路为20 m,其他铁路为15 m。

第二十九条(摘录) 禁止在铁路线路安全保护区内烧荒、放养牲畜、种植影响铁路线路安全和行车瞭望的树木等植物。

第五十一条 禁止毁坏铁路线路、站台等设施设备和铁路路基、护坡、排水沟、防护林木、护坡草坪、铁路线路封闭网及其他铁路防护设施。

5.《铁路技术管理规程》

(1)普速部分

第24条 铁路局应根据历年降雨、洪水规律和当年的气候趋势预测,发布防洪命令,制定防洪预案,汛期前进行防洪检查处理,组织有关部门对沿线危树、危石进行检查,完成防洪工程和预抢工程,储备足够的抢险料具及机具,组织抢修队伍并进行训练,依靠当地政府建立群众性的防洪组织。一旦发生灾害,积极组织抢修,尽快修复,争取不中断行车或减少中断行车时间。设备修复后,须达到规定标准。

第37条(摘录) 路基宜优先采用有利于环保的植物(以灌木为主)保护,并结合混凝土、土工合成材料等其他防护措施进行防护,但不得影响列车司机瞭望,倒树不应侵入限界和接触网安全距离。

第142条(摘录) 架空线线路下面,地下光缆和电缆线路上面,禁止植树。架空线线路附近的树枝与线条的距离,在市内不小于1 000 mm,在市区外不小于2 000 mm。地下光缆和电缆线路与树木平行的距离,在市内不少于750 mm,在市区外不少于2 000 mm。

第339条(摘录) 当洪水漫到路肩时,列车应按规定限速运行;遇有落石、倒树等障碍物危及行车安全时,司机应立即停车,排除障碍物并确认安全无误后,方可继续运行。

第410条(摘录) 在规定的信号显示距离内,不得种植影响信号显示的树木。对影响信号显示的树木,其处理办法由铁路局规定。

(2)高速部分

第38条(摘录) 路基宜优先采用有利于环保的植物(以灌木为主)保护,植物选择应根据当地条件、种植目的及经济适用性等确定,以优良的乡土植物为主。

(二)组织机构(安全生产委员会)的成立及分工

伴随着高新技术的发展,铁路安全问题呈现与之前不一样的局面,铁路安全问题更加复杂,涉及林业施工的各类安全问题,也需要多个部门共同协作,才能有效保护铁路安全。所以在原有铁路安全机制上,我们也应该建立新的应对机制组织机构——安全生产委员会(简称安委会)。

(三)制定落实各级安全责任制

安全生产岗位责任制是根据安全生产方针和安全生产法,对安全生产经营和施工中的各级领导、各职能部门、有关工程技术人员和生产工人在生产中应负的安全责任加以明确规定的制度,明确各级职工在各项生产经营活动中应负的安全责任。

安全生产责任制应当明确各岗位的责任人员、责任范围和考核标准等内容,并应当建立相应的机制,加强对安全生产责任制落实情况的监督考核,保证安全生产责任制的落实。

(四)主要林业生产安全操作规程

安全操作规程是针对生产、管理过程中的危险、危害性,根据作业环节及关键部位的不同特点,制定安全生产操作程序,约束操作者的行为,达到保护职工在生产过程中的安全和健康。林业生产必须严格按照规范操作规程作业。

林业主要安全操作规程包括铁路林业生产中的圃地苗木抚育、线路造林工程、危树处理等项目中的各个环节;同时,涉及生产活动中的油锯、绿篱机、打药机等机械设备,以及大型机械安全使用。

(五)安全教育及培训

铁路林业及安全、教育等部门应组织制定并实施本单位安全生产教育和培训计划,如实记录安全生产教育和培训情况。相关部门应当教育和督促从业人员严格执行本单位的安全生产规章制度和安全操作规程。

(六)安全生产监督检查

铁路各安全生产监督管理部门应对铁路安全生产工作实施综合监督管理。林业部门和安全部门应对区域内安全生产工作实施综合监督管理,在各自的职责范围内对有关行业、领域的安全生产工作实施监督管理;各级主管部门依照铁路法规的相关规定,在各自的职责范围内对有关行业、领域的安全生产工作实施监督管理。

(七)安全技术措施计划(安全生产资料投入)

安全技术措施计划是为了保护职工在生产过程中的安全和健康,在本年度或一定时期内根据需要而确定的改善劳动条件的项目和措施,包括以改善企业劳动条件、防止工伤事故和职业病为目的的一切技术措施。

(八)奖励和处罚

安全生产是铁路生存和发展的前提和基础,只有意识到它的重要性,建立健全激励和惩罚措施,制定安全生产奖励和惩罚制度,做到权责分明,才能保障铁路营运和各项工作顺利进行。

林业生产和施工应制定安全控制目标,一般林业事故应有控制指标。目标与安全责任制挂钩。层层分解,逐级负责,充分调动各级组织和全体员工保安全的积极性。制定考核标准和奖惩办法,把目标值分解为若干具体要求来考核、奖惩。同时,可以根据林业生产特色,针对林业施工和作业条件需要,制定文明施工方案和文明工地目标,制定安全创优、优秀车间等评比表彰办法。

第二节　林业主要作业安全

铁路林业安全生产管理存在点多、线长、面宽,涉及大量其他的相关行业的问题,且林业生产的作业环境较为恶劣,不可预测因素较多,情况复杂,管理困难。必须有针对性地制定各类林业安全生产管理规章制度、安全作业规程和事故应急预案,落实安全防范措施,并对各级管理人员和员工进行经常性的教育、培训和演练,构筑科学合理、快速反应、有效救援、处置得当的林业安全生产事故应急管理体系,一旦发生林业安全生产事故,能进行有效的应急救援和及时处置,避免和减少人员伤亡或经济损失。

一、危树处理或林木采伐

1. 树上作业

(1)在供电、通信线路附近作业,应特别注意安全,必要时请供电、通信部门配合施工。

(2)必须由身体灵便的健康人员从事树上作业,作业前必须有防护人员在场。

(3)上树前应确认枝干不腐朽,无蛇、蜂及野兽后再行攀登。上大树应使用上树工具,并做到戴安全帽、系安全带(绳)、穿软底或胶底防滑鞋,以防溜滑;上衣应穿紧身工作服,裤角应裹紧,以防止在攀爬中刮碰。

(4)树上操作时,随身工具要有套袋或用绳拴牢,防止掉落。

(5)树上作业时,要站在应力较强的枝干上,不得双脚登在直径10 cm以下的枝丫上。砍伐大树枝时,应面向外,不可面向树干,以防人随树枝跌落。安全带(绳)在使用时,应避免平行拴挂,切忌低挂高用。

(6)树上作业时,树下不可有人员逗留。负责收集种子和搬运的人员要戴好安全帽。严禁上下垂直进行高处交叉作业。拾取有毒、有刺的果实时,要戴上手套或用工具收集。

(7)截干、修枝时,要防止枝干倒落在轨道、供电线路和其他易损坏的设备上,严防发生影响行车、通信等事故。

(8)在对行道树修剪或伐除时,要有专人维护现场,拉警戒线,防止锯落的大枝砸伤行人与车辆。

(9)冰冻、雨、雪、雾天及五级以上大风时,停止树上作业。

(10)树冠伸入河流、深水池塘、山涧上空的树木不得攀登。

2. 树下作业

(1)在供电、通信线路附近作业,应特别注意安全,必要时请供电、通信部门配合施工。

(2)作业前必须有防护人员在场,要有专人维护现场,拉警界线,防止锯落的大枝砸伤行人与车辆。

(3)施工前确认无蛇、蜂及野兽后再行施工。做到戴安全帽、穿软底或胶底防滑鞋。

(4)修剪时先剪下口,后剪上口,以防夹锯,重的或大的树枝可以分段切割。

(5)如果树枝的直径超过10 cm,首先进行预切割,在所需切口处20~30 cm的地方进行卸负荷切口和切断切口,然后用枝锯在此处切断。

(6)树下负责收集种子和搬运的人员要戴好安全帽。拾取有毒、有刺的果实时,要戴上手套或用工具收集。

(7)修剪枝条时,树下不可有人员逗留。

(8)截干、修枝时,要防止枝干倒落在轨道、供电线路和其他易损坏的设备上,严防发生影响行车、通信等事故。

(9)在对行道树修剪或伐除时,要有专人维护现场,拉警界线,防止锯落的大枝砸伤行人与车辆。

(10)冰冻、雨、雪、雾天及五级以上大风时,停止树下作业。

3. 采伐

(1)采伐树木,要指派工作认真负责、有实践经验的正式职工负责组织施工。

(2)要组织工作人员学习伐木、造材、集材、运材、贮木等作业的安全技术,严格执行安全技术作业标准。

(3)对胸径20 cm以上树木做每木调查时,应确定和标明倒树方向,以确保砍伐安全。

(4)伐树前要了解树上有无腐朽枝,有无蛇、蜂及野兽,并确定安全措施。

(5)伐树前,必须将周围有碍砍伐作业的草丛和藤条清除,并选好安全躲避的退路。

(6)采伐时,先在倒向面开铡口。铡口深度应达到地径的1/3。采伐大径级树木,如树冠偏重过大,先砍去树冠,然后用大绳拴住树干,拉向倒树方向,再行砍伐。

(7)伐除高大及偏冠树木应先适当截掉枝丫,再伐主干,必要时进行绳索牵引控制树倒方向,杜绝伐倒木侵入限界。

(8)在铁路沿线、通信和输电设备、建筑物附近伐树时,应准备拉绳或绝缘钩杆,要严格控制方向,根据情况分层截去树头、树干,并不得倒向道心和损坏通信、输电设备。非倒向不可的,应事先与有关部门取得联系,要确保安全。

(9)一方伐木时,与其他伐木、打枝、造材、集材人员要加强联系,保持一定的安全作业距离。树木伐倒后,如发生树倒挂在其他立木树冠不能落地;或伐断树根后,树冠被四周立木支住不倒等难以处理的情况时,要立即报告工地负责人,迅速研究处理。在清除倒树压弯的树木时,要站在翘起的方向的侧面进行,避免树木翘起伤人。

(10)使用油锯伐木、制材时,油锯要放稳后才能发动,不能从正在转动和工作的油锯上跨越。锯木时,油锯要配助手,使用推杆控制树木倒向。锯时要平稳,不准猛放猛抽。转移工作地点时,应把油门放至最低位置,锯条停止转动。遇到锯链出槽、折断和脱落时,应立即停止作业,待故障排除后继续工作。油箱不能注油过多,并严禁吸烟和弄火。如汽油溅到机壳上,要将油脂擦净后才能发动。

(11)每个伐木组的组间距离:幼林不得近于20 m,成林不得近于40 m,每伐一株未完全倒地,不准去伐另一株。

(12)伐区四周应设立警戒标牌,伐木将倒时,伐木人员必须高喊树倒方向,以引起附近工作人员的注意。

(13)雨、雪、雾天、冰冻及五级以上大风时,禁止伐木。

4. 集材

(1)集材前对所用工具、绳索要仔细检查,发现有腐朽、折裂、损坏、松脱等现象,要及时修理或更换。

(2)抬木时,要有人喊号指挥,动作一致。掐钩要挂牢,遇有厚皮和木材外层腐朽的,先把厚皮和腐朽部分砍掉再挂钩。

(3)楞场应选择地势平坦、宽广、无积水、运输方便的地方,并将场内所有的立木、倒木、伐根、灌木、大石头等障碍物全部清除。归楞时,为取运方便,要有计划地按树种、材种分别排好楞头。每楞间要保持3 m以上的通道,以便于卸材和装车。楞头要堆码整齐牢固。踩的高度保持在3.5 m以下,以防踩塌伤人。

(4)对集材道的险要路段如坡道、弯道,应设警告标志。集运较大木材,安全员或工班长应事前交代安全注意事项,并指派专人负责指挥。

(5)四周应设立栅栏,设立防火牌,备有消防设备。

(6)较大的贮木场,应设巡狩人员昼夜巡视。

(7)在大风、大雨、大雪天应停止集材作业。

5. 装卸和运输木材作业标准

(1)使用汽车、拖拉机运材时,不使用有故障的车辆及不合格的拖车(爬犁)。

(2)经常检查跳板搭设是否安全,车立柱是否牢靠。作业场地除工作人员外,其他人员不要逗留。

(3)装车时,要大头朝前,装载整齐,捆绑牢固,保持重量均衡,做到"四稳""三准"。"四稳"是装车稳、支腿稳、起吊稳、落绳稳,"三准"是放楞准、捆木准、落绳准。

(4)装车时,车辆要停在平稳的地方。木材装车的高度、宽度不要超过规定限界,载重量不能超过规定负荷量,装卸不可偏重。挂钩、立柱、横梁、勾销和捆绑必须牢固,经安全员检查妥当后,司机才能开车上路。

(5)运材司机和助手要注意前后瞭望和道路地形变化,开车要稳,遵守交通规则;过无人看守道口要遵守"一停、二看、三确认、四通过"规则。

(6)北方必须在结冻前修好集运材的道路,以确保运输安全。

(7)集运木材的汽车、拖拉机相互距离应保持在50 m以上,爬犁应保持在30 m以上。

二、林木管护、绿化工程及其他作业安全重点注意事项

(1)工长、班长出工点名时,要对作业中安全注意事项进行交底,并检查工具及防护用品是否齐备完好。

(2)在重点部位、作业点、危险区通道口,据情况设置安全标志,设立警示牌。必要时在施工区域内设置隔离带。

(3)在25°以上坡面作业时,应使用安全工具,高路堑、路堤坡面或超过45°的山坡上施工时,一定要系好安全绳方可作业,以防跌落。上、下方工作人员不得在同一垂直面上同时操作,坡顶及坡脚不许行人通过或逗留。

(4)作业人员要保持适当距离,避免互相碰撞。

(5)树枝搭挂到电力线,特别是高压线,不能直接用手或金属器具去拉,应使用干燥竹、木钩、绝缘杆等绝缘工具去排除。

(6)多人乘车严禁抢上抢下,携带工具要采取防护措施,防止碰伤人。

(7)注意防暑、防寒,要防止食物中毒。对不了解性质的野果、菌类不要随便食用。

(8)野外作业,应集体备用蛇药及其他急救药品。

(9)工具使用安全注意事项:

①使用锄头、刀、斧等工具时,应先检查是否牢固,在工作中应互相保持一定的距离,以防碰伤或脱落伤人。

②对已破损、变形、有故障的工具要及时修理,报废的工具及时更新。

③施工作业放置工具时,不能乱堆乱放,要注意位置、朝向,摆放整齐,确保周围人身设备安全。

④不能将工具放在其他有危害的机器设备上。

⑤工具施工完毕后及时清理、保养,存放入库。

三、施药作业

1. 农药安全贮存和保管

使用农药必须建立健全岗位职责和工作制度,建立农药购买、入库、出库登记制度,确保农药保管使用安全。农药使用原则上施行零库存制度,病虫害集中防治期间,每批农药短期存放点一般设在可落锁的临时库房。

(1)库房保管人员要求

①保管农药实行专人负责制。

②保管人员应具有初中以上文化程度、责任心强、身体健康、有经验的林业职工担任。

③保管人员必须经过专业培训,掌握农药基本知识和安全知识。

(2)库房(临时)要求

①库房应与食堂、生活用房、水源分开,不得与其他生产资料、备品混放。库房应具备地面平滑、不渗漏、结构完整、干燥、明亮、通风良好等条件;禁止用地下室、燃料库作为农药库房使用。

②农药库房内应配备消防器材(包括灭火器、水桶、锹、叉等)和急救药箱。

③库房内不设暖气。

(3)存放要求

①存放农药应有完整无损的包装和标志,包装破损或无标志的农药应及时处理。

②库房内农药堆放要合理,离开电源,避免阳光直接照射,垛码稳固,并留出运送工具所

必需的过道。

③不同种类的农药应分开存放,易燃、易爆的药剂,须单独储藏,严加管理。

④不同包装农药应分类存放,垛码不宜过高,应有防渗防潮垫。

⑤库房中禁止存放对农药品质有影响的物质,如硫酸、盐酸、硝酸等。

(4)管理要求

①严格执行农药购买、入库、出库登记制度。

②农药购买由专人负责,按照实际需求量购进,随买随用;购买时应查看生产企业农药登记、农药生产许可证(或生产批准文件)、农药产品标准证,注意农药的品名、有效成分含量、出厂日期、使用说明等,对于鉴别不清和质量失效的农药,不得购买。

③农药存放由专人管理,定期检查存放的农药;定期维护库房内通风、照明、消防等设施和防护用具,使其处于良好状态;定期清扫库房,保持整洁。

④农药使用由专人领取,建立健全领料、退料制度,确保账实相符。如发现差错,要立即追查。

2. 施药作业人身安全注意事项

(1)严禁使用国家明令禁止使用的农药。

(2)施药人员应身体健康、皮肤无裂口、无外伤、无皮肤病,对工作认真负责,具有一定的实际操作经验。

(3)配药人员要根据药剂性能,穿工作服并进行四肢及面部防护,严格按标准规定的剂量稀释药液或药粉,不得任意增减稀释浓度。施用硫磺、石油乳剂时要掌握好温度,以防起火。

(4)调剂农药时要注意用量,随用随配。配药点应选择远离饮用水源、办公区、人畜集聚地,严禁用手拌药,严防农药丢失或被人、畜、家禽误食。

(5)施用农药前,检查工具是否完好,如有漏水、漏气、堵塞等情况,应进行修理或更换,禁止用嘴吹吸喷头和滤网。

(6)施用农药时,必须按规定着装防护或用品,并在施药区四周设立防护标志或派人警戒,在一定时间内不许无关人员逗留,禁止畜、家禽入内,以防中毒。

(7)操作中不得吸烟、喝水、吃东西,不得用手擦脸、眼。操作完毕要用水清洗用具,及时更换工作服,彻底清洗身体暴露部分。

(8)每天作业不超6 h,连续工作2~3 d就要轮换一次。如有头痛、头晕、恶心、呕吐等现象,应立即送往医疗单位抢救治疗。

(9)为提高药效,最好选晴天和无风天气施用农药;降雨、降雪、大风天气及烈日下时不宜喷洒农药;有微风时,操作人员应站在上风头,以免中毒。

(10)用药物熏蒸苗木时,注意检查作业室有无漏气处,并禁止行人接近。

(11)在城市街道、机关庭院、住宅区以及车站和线路两侧的绿化树木中,施药时严禁使用剧毒农药,以防人畜中毒。凡受农药毒死的牲畜、家禽、鸟、鱼等,不能食用。

(12)用药工作结束后,要及时将施药器具清洁干净,清洗药械的污水应选择安全地点妥善处理,如有剩余药剂,连同剩余药剂一起交回仓库保管,不得私自携带。

3. 农药的中毒症状及急救

(1)一旦发生中毒事件,应立即拨打120电话等待救援,送医院由医务人员为其救治。

(2)在场人员应立即使中毒者脱离中毒环境,并记录中毒农药的名称、剂型、浓度等数据,收存小量样品,以便医务人员争取时间进行抢救。

(3)迅速脱去被污染的衣服,用微温的肥皂水、稀释碱水反复冲洗接触农药部位的皮肤10 min以上(敌百虫中毒时,不能使用碱性液体,要用大量清水进行冲洗)。

(4)昏迷病人出现频繁呕吐时,救护者要将他的头放低,使其口部偏向一侧,以防止呕吐物阻塞呼吸道引起窒息。

(5)中毒者如果呼吸、心跳停止时,应立即实施长时间的心肺复苏法或人工呼吸法抢救,并尽快送至医院,同时向医务人员提供中毒农药的名称、剂型、浓度等。

四、施肥作业

1. 防火防爆

(1)制定防火制度,禁止在肥料仓库内吸烟,肥料不可长期曝晒,不要与易燃物如汽油、柴油、酒精、硫磺、木炭、稻草等存放在一起。

(2)硝酸铵类化肥,具有易燃易爆性,特别是在高温、震动、猛击等情况下,容易引起爆炸起火。因此,在包装、贮存和使用过程中,要单独贮藏,严加注意。

(3)对受潮结块的硝酸盐化肥,不能猛烈撞击,应轻轻压碎,或用水溶解后使用。用完后的麻袋、布袋要洗净放好,不要乱扔乱放,以免干燥、高温自燃起火。

2. 防止人身中毒

(1)对有毒的化肥,如石灰氮,在运输、贮存和使用的过程中,工作人员要戴口罩、手套。

(2)施肥作业人员在做好个人清洁后方可接触食物。

(3)化肥应按不同性质分类存放,勿将其与种子、果实、农产品等一起贮存;应贴上标签防止混杂和相互起化学反应;随时检查包装,以防破裂,造成肥效损失或其他意外。

3. 防腐蚀

(1)化肥一般都具有腐蚀性,特别是强酸性和强碱性的化肥,腐蚀性更大。使用时,如玷污衣服应更换清洗。

(2)氨水不能用铁器、铜器盛装,也不能用木桶长期装用。

(3)过磷酸钙不能用布袋、纸袋、铁器等贮存,应放在瓦缸或塑料袋内。

(4)化肥不要与农具、喷雾器、铁桶、麻袋等长期存放在一起,以防腐蚀损坏。

五、作业中安全揭示标志简介

安全揭示标志是铁路上或施工中特定的表达安全信息含义的标志,以形象而醒目的颜色和信息语言向人们提供表达禁止、警告、指令、提示等安全信息,包括安全色和安全标志两个部分。

1. 安全色

安全色是传递安全信息含义的颜色,施工常用蓝色、黄色、红色等。

(1)蓝色:表示指令,要求人们必须遵守的规定。

(2)黄色:表示提醒人们的注意,警告人们应注意的器件、设备及环境等。

(3)红色:表示禁止、停止、危险的含义。

2. 安全标志

安全标志由几何图形和图形符号构成,林业上常用安全标志分类有警告标志,禁止标志,指令标志。

(1)指令标志的基本形状是圆形边框。

(2)警告标志的基本形状是正三角形边框。

(3)禁止标志的基本形状是带斜杠的圆边框。

3. 主要安全揭示标志

(1)现场防护措施指令警示标志如图7—2—1所示。

图7—2—1 现场防护措施指令警示标志

(2)现场提醒警告警示标志,如图7—2—2所示。

图7—2—2 现场提醒警告警示标志

(3)现场禁止禁行标志如图7—2—3所示。

图7—2—3 现场禁止禁行标志

第三节 林业机械安全

林业机械从广义上讲,包括营林机械、园林机械、木材采运机械、木材加工机械和人造板设备等;从狭义上讲,指营林机械、园林机械、木材采运机械。林业机械安全,应该从基本知识入手,结合各种通用机械设备操作要点和易发生的机械事故,掌握使用过程中的安全要求、注意事项以及防止机械事故的基本措施。

一、林业机械分类

营林机械是森林培育过程中所使用机械设备的总称。

园林机械是园林绿化建设、养护、管理等作业所使用的专用机械设备。

木材生产机械又称木材采运机械,是立木伐倒、打枝、造材、集材、运输、贮存等工序所使用的机械。

各类林业机械主要设备见表7—3—1。

表7—3—1 各类林业机械主要设备

名 称	分 类	主 要 设 备
林业机械	营林机械	(1)种苗机械:上树机、采种机、球果采集器、种子分选机、裹种机、种子干燥机、球果烘干机、油茶吸果机、去翅机、脱粒机、剥壳机、清选机等 (2)育苗机械:苗圃整地机、播种机、栽植机、松土除草机、施肥机、喷灌机、切根起苗机、喷药机、容器苗生产设备等 (3)林地清理及整地机械:如灌木铲除机、伐根清理机、枝丫清理机、圆盘耙、整地机、挖坑机、旋耕机等 (4)造林机械:如植苗器、切条机、插条机、植树机、深植机、植树钻孔机、直播机、树木移植机、喷播机等 (5)抚育机械:如幼林除草松土机、抚育施肥机、施肥器、幼林松土机等 (6)森林土壤改良设备:如牵引式林地排水沟渠修筑机械、悬挂式林用排水沟渠养护机等 (7)森林保护机械:风力灭火机、森林灭火车、风力喷水灭火机、点火器、飞机灭火装置、林用喷粉机、林用烟雾机、树干注射器、树干注射机等
	木材采运机械	(1)伐木、打枝、造材机械:油锯、割灌机、联合采伐机等 (2)集材、运输机械:集材机、运输机、集运机、林用架空索道、运材挂车、集材捆木索、林用绞盘机、木材液压起重臂、木材装载机等 (3)伐区剩余物利用机械:原木剥皮机、削片机、木材筛选机、枝丫收集粉碎机等

续上表

名 称	分 类	主 要 设 备
林业机械	园林机械	(1)绿化园艺种植机械:草籽播种机等 (2)园林排灌溉设备:滴灌机械、微灌设备、喷灌机等 (3)园林液体或粉末喷射机械:喷粉机、喷雾机、喷烟机等 (4)园林植物保护和管理机械:微耕机、施肥机械等 (5)草坪机械:草坪割草机、草坪修边机、草坪梳草机、草坪打孔通气机、草坪起草机等 (6)高尔夫球场管护机械:果岭覆沙机、果岭滚压机等 (7)庭院用微型设备:劈柴机、微型打桩机、抛雪机等 (8)灌木管护设备:绿篱机、风力清扫机、风力收集粉碎机等 (9)乔木管护设备:杆式动力绿篱修剪机、杆式动力修枝锯等

二、林业机械安全技术

(一)林业机械安全管理

1. 建立机械设备管理制度和维修保养制度

(1)机械设备安排专人管理,建立档案,建立机械登记、维修、大修、折旧、摊销台账,管理好机械设备及机械设备费用开支。

(2)建立机械保管制度及机械维护保养制度。定期检查维修保养,保证机械正常运转,库房专人管理,责任明确。

(3)提高机械使用效率和效益,爱护机械设备,管好机械零部件、防护工具及附属设备,执行保养规程,作好机械设备运转记录。

2. 实行技术培训制度

建立培训制度,对林业机械操作人员要进行严格培训,对操作特种机械设备人员还应颁发操作证,实行持证上岗。

3. 严格遵守安全技术措施

(1)安装调试时,应由安装单位进行调试,并进行技术交底,使用单位检查验收合格后方可接收。凡须对机械进行更新、大修时,使用部门应及时报告上级主管部门。

(2)使用林业机械时,应严格按照使用说明书进行操作,遵守安全规定。

(3)提前测试机械设备技术性能、安全性能,确认完全符合要求的方可投入使用。

4. 合理组织施工,落实安全检查

(1)合理安排施工计划,提高机械设备使用效率。

(2)明确机械设备安全检查内容,严禁违章作业和机械带病作业。

(3)针对检查中的问题,落实整改措施,及时消除事故隐患,确保安全生产。

(二)机械设备保养与修理

1. 保养与修理原则

机械保养必须贯彻"养修并重,预防为主"的原则,做到定期保养,使机械设备始终保持良好状态。

2. 例行保养

由操作人员每日工作前、工作中、工作后进行的保养又称日常保养,主要内容有保持机械清洁,检查运转状态,紧固易松脱的螺栓,调整各部位不正常的间隙,按规定进行润滑,采取措施防止机械腐蚀等。

3. 定期保养

当机械设备运转到其规定的保养定额工时时,停机由专业人员进行保养。

4. 修理

(1)修理包括零星小修、中修、大修。

(2)零星小修是临时安排的修理,一般与保养相结合。

(3)大修和中修应列入修理计划,合理上报,及时进行维修、更换、修复或更新。

(三)机械设备操作

1. 操作人员安全要求

(1)作业前操作者应穿工作服、戴工作帽或安全帽及手套等防护工具,需戴防尘眼镜或面部防护罩的要按照规定佩戴。

(2)各类机械操作人员,必须严格按机械技术说明书操作,严禁酒后操作林业机械。

(3)机械操作中要集中精力,不得谈笑打闹或做其他事,短时间离开应停机或停电,不得委托其他不熟悉机械的人员或无证人员代替工作。

(4)操作前检查机械防护装置是否齐全、灵敏可靠,机械设备的接地接零要牢固可靠,应设漏电、断电保护器,要求绝缘良好,确保机械及人身安全。

(5)操作人员不得违规操作机械设备和超负荷工作。

(6)安全员应及时检查操作人员是否按操作规程作业,检查机械的运转情况,发现操作不当、违章操作及机械损坏等情况应及时制止并处理。

(7)机械使用完毕后,应及时清理入库,在机器长时间不用时,应把油箱里的汽油倒干净。

2. 常用林业机械(汽油机类型)主要安全操作要点

(1)操作前准备

使用前应将燃油箱油料按照规定比例加足。

启动时,冷车应将阻风门打开,热车可不用阻风门,同时手动油泵压 5 次以上。

启动后,如果化油器调节适当,机器在怠速位置不能转动或运行,空负荷时应将油门扳至怠速或小油门位置,防止发生飞车现象。

(2)操作

操作时应注意安全,不允许打闹,操作中注意安全距离。

作业中需检修机具和清理杂物时,应在机械放稳的情况下停机进行。

机械锯头、刀具及钻头等部分严禁指向在场人员,短距离移动时,严禁人员接近动力部分。

机器在运行中移动转身时,要看好周围情况,不得突然移动或转身。

进行调整时,应切断机器动力。

需要长时间等待、长距离运输或转移地块作业时应停机。

当机器发出异常响声,应立即停机检修。

停机时,将油门控制手柄推至慢速位置,运转 2 min 后再推至停止位置,让发动机熄火,切忌突然停机。

3. 机动工具安全注意事项

(1)各种机动车辆按行业要求标准及规则执行,长途驾驶机动车辆应配备助手。

(2)寒冷地区冬季使用汽车、拖拉机露天停放时,必须将水箱和罐体残水排净。

(3)对一切机具易于触及发生危险的部件周围,必须设置防护装置,移动电动工具必须加装漏电保护装置。一切电力开关,应设在加锁的保安箱内,并有专人负责,不许其他人员随意搬弄。

(4)使用电、气焊时,应配备绝缘工具并保持绝缘。

(5)机具使用不得超出其适用范围,注意安全距离,以防止发生意外事故。

(6)工具运行中,禁止进行检修作业,禁止对给油处给油。

(7)使用电压在220~380 V的电动工具,必须绝缘良好,并有接地或接零线装置。所有插销、开关和电缆要经常保持完好,不漏电,电动机需要移动时,应先拉闸停电。

(8)机具使用完毕后要认真清除污物、木屑,及时维护保养,保持良好状态,电动工具使用完毕后及时切断电源。

4. 大型机械(树木移植机、钩机等)注意事项

(1)机械操作人员必须持证上岗。严格按相应机械操作安全技术作业。

(2)作业内容不能超过的机具和装运车辆的承受能力。

(3)工作中必须服从地面施工负责人指挥,互相密切配合,机械周围危险区域不准留人。

(4)运输过程中,押运人员注意路途中的电线路,车上可以携带绝缘竹竿,以备途中使用。

(三)各种机械设备简介及操作安全注意事项

1. 割灌机

割灌机主要用于切割场地中的杂草和小灌木,为翻耕、整地作业做好前期准备工作,也能为建园后提供割杂草服务的一种林业机械,机具形式有侧挂式、背负式,如图7—3—1、图7—3—2所示。

图7—3—1 侧挂式割灌机

图7—3—2 背负式割灌机

操作时必须更换成锋利刀片,不用生锈、损坏刀片。发动前需确认刀片远离地面,没有与其他物品接触。切割8 cm以下灌木时,可采用单向进锯直接伐倒的方式;切割8 cm以上灌木时可采用双向进锯,即先锯下口,后锯上口,在用锯时严禁冲切,否则由于惯性作用会伤人或损坏机件。安装了锯片或刀盘的割灌机起动后或作业时,除操作者外,其他人必须离机3 m以外。必须以双手操作机器,禁止单手作业。

2. 植树挖坑机

植树挖坑机主要是用于小树挖坑与追肥工作的一种林业机械,按其作业方式不同,可分为手提式、手抬式、拖拉机悬挂式等类型,如图7—3—3～图7—3—5所示。

图7—3—3 手提式挖坑机

图7—3—4 手抬式挖坑机

图7—3—5 拖拉机悬挂式挖坑机

使用前检查选配适用的钻头是否安装牢固,悬挂式挖坑机安装在拖拉机上时,使用前应先将拖拉机动力输出轴与挖坑机连接好,并检查传动部件、工作部件和减速机件工作是否运转正常,若试运转工作正常,方可投入作业。

工作前应先将挖坑机钻头升高,工作中严禁急剧降下挖坑机钻头。

3. 手持式起苗机

手持式起苗机又称为挖根机,主要用于苗圃、园林工程、高山取苗等苗木移栽过程中带土球的挖取、装桶或淘汰林木的采伐更新,如图7—3—6所示。挖根机的导板和链条是合金材质的,有超强切割能力,很轻易地切入各种系列土石中,并锯断泥土石中的树根及夹杂的石块。

切割过程中,遇到金属或石块等较硬物体时,注意保护导板和链条,应绕过这些物体,必要时要用风镐或扬镐等其他设备辅助。

图7—3—6 手持式起苗机

4. 微耕机

微耕机是以小型柴油机或汽油机为动力进行整地的机械设备,综合了小型耕作机械的精华,具有技术先进、油耗低、生产率高、重量轻、操作灵活、转运方便、易于维修等特点,配上相应机具可进行抽水、发电、喷药等作业,还可牵引拖挂车进行短途运输,如图7—3—7～图7—3—9所示。

图7—3—7 手推式微耕机

图7—3—8 履带式微耕机

图7—3—9 自行式微耕机

作业过程中,中间换人、与人交谈、清除杂草缠绕刀架时,一定要确认在空挡上机器不前进或熄火情况下进行。

微耕机在装上刀架时不要在水泥路、石板地上行走,在作业时应尽量避免与大石块等硬物碰撞,以免损伤刀片。发现发动机或行走箱、压箱有异常声响时要立即停机检查,彻底排除故障后才能恢复工作。

操作者过田埂、水沟时,应扶机缓慢通过,严禁高速冲过田埂、水沟。

每次作业完成后,应注意清除微耕机上的泥土、杂草、油污等附着物,同时检查紧固螺栓,并加盖防尘罩,防止日晒、雨淋生锈。

5. 机械播种机

机械播种机是一种可种植草坪,也可种植其他植物种子的机械设备。种类多种多样,有半人力牵引和拖拉机牵引类型,操作时铧犁或(小铧犁)挖沟,漏斗箱撒种,覆土铧覆土,压滚镇压,如图7—3—10、图7—3—11所示。

图7—3—10　牵引式播种机

图7—3—11　半人力牵引式微耕机

做好播种前各项准备。在播种时要把握好播种、转弯、作业等事项,播种机械在作业时要尽量避免停车,必须停车时,为了防止"断条"现象,应将播种机升起,后退一段距离,再进行播种。下降播种机时,要在缓慢行进中进行。

播种拌有农药的种子时,播种人员要戴好手套、口罩、风镜等防护工具。剩余种子要及时妥善处理,不得随处乱倒或乱丢,以免污染环境和对人畜造成危害。

使用后把播种机清洗干净,给链条等部件涂黄油防生锈。

6. 草坪修剪机

草坪修剪机又称除草机、剪草机、割草机,是一种用于修剪草坪的机械工具,铁路上常用的式样有甩绳式、滚刀式、后推行式,如图7—3—12～图7—3—14所示。

图7—3—12　甩绳式割草机

图7—3—13　滚刀式割草机

图7—3—14　后推行式割草机

操作前检查刀片安装螺母是否松动,并拧紧螺母;检查刀片是否有裂纹、缺口、弯曲和磨损,如需要应及时进行更换。

检查刀盘护罩是否松动,并拧紧护罩安全螺栓;检查护罩是否损坏,注意及时维修、更换。

机器使用前必须清理草坪上的石头、树桩等物体,使用时离不可移动障碍物最近距离不能小于1 m。根据草的高度和茂盛情况,掌握机器的推行速度。

7. 油锯及高枝油锯

油锯又称"汽油链锯"或"汽油动力锯",是用以伐木和造材的一种动力机械。动力部分为汽油发动机,携带方便,操作简易,如图7—3—15所示。油锯多用于从事大树修剪、大料取木、事故抢险等。

高枝油锯:高位树枝修枝锯的简称,是园林绿化中修剪树木常用的园林机械之一,是单人操作难度大、危险性强的一种机械,如图7—3—16所示。高枝油锯主要用来修剪一些比较高的枝丫,所以相较于其他油锯,高枝油锯的使用危险性更高。

图7—3—15 油锯

图7—3—16 高枝油锯

使用前应调整好锯链的松紧度,不可过松也不可过紧。

修剪较大枝条时先剪下口,后剪上口,以防夹锯。

切割时应先剪切下面的树枝,重的或大的树枝要分段切割。

操作时右手握紧操作手柄,左手在把手上自然握住,手臂尽量伸直。机器与地面构成的角度不能超过60°,但角度也不能过低,否则也不易操作。

如果树枝的直径超过10 cm,首先进行预切割,在所需切口处20～30 cm的地方进行卸负荷切口和切断切口,然后用油锯在此处切断。

当油锯的锯齿变得不锋利的时候,可以用专用锉刀对锯齿链切齿进行休整,以保证锯齿的锋利程度。这时候要注意的是在用锉刀挫的时候,要沿着切齿的方向挫,不可反着来,同时锉刀和油锯锯链链条的角度也不宜过大,呈30°为宜。

当油锯使用结束后,必须对油锯进行一番保养,这样下次再使用油锯时才能保证工作效率。

8. 绿篱修剪机

绿篱修剪机是一种对灌木进行修剪整形、控制高度、美化造型的机械,铁路上常用的是往复式,如图7—3—17、图7—3—18所示。

作业前,要先到作业现场察看地形、绿篱的性状、障碍物的位置、周围的危险程度等,并清除可以移动的障碍物。

绿篱机用于修剪树篱、灌木,切勿挪作他用。

图7—3—17　往复式绿篱机(双刃)　　　图7—3—18　往复式绿篱机(单刃)

操作时要握住手把,不要使机器的其他部位靠近自己的脚或将其抬高至腰部以上的位置。

操作时不要让刀片碰到钢丝、桩柱和其他硬物,以免损坏。

停止作业时,要先将汽油机关闭;走路携带时要让刀片朝下。

9. 机动喷雾器

机动喷雾器是一种利用高压泵和喷头将药液雾化喷洒出去的林业植保机械,按其操作、携带和运载方式,可分为背负式、手推式、担架式等,如图7—3—19～图7—3—21所示。铁路林业常用的为小型动力喷雾器。

图7—3—19　背负式喷雾器　　图7—3—20　手推式机动喷雾器　　图7—3—21　担架式机动喷雾器

检查各部件安装是否正确、牢固,机器起动后,应进行清水试喷,检查喷枪、各接头处有无渗漏现象,若有故障应及时排除,再投入正式作业。

操作者应按预定速度和路线进行正常喷药作业,严禁停留在一处喷洒,以防引起药害。

喷药时喷雾器运行要注意匀速,不可忽快忽慢,防止漏喷重喷。行走路线应根据风向而定,走向与风向垂直或成不小于45°的夹角,操作者在上风向,喷洒部件在下风向。

施药时要注意采用侧向喷洒,即喷药人员前进时,手提喷管向一侧喷洒,一个喷幅接一个喷幅,边喷洒边向上风方向转移,使喷幅之间相连接区段的雾滴沉积有一定程度的重叠。

操作人员喷药时不要离园林植物太近,应使药液扩散成雾状均匀地喷洒在植物上。

操作时严禁吸烟进食,以防中毒。操作者如发现头痛头晕、恶习吐呕等中毒现象,应立即停止作业,就医治疗。

10. 喷灌机

喷灌机是将具有一定压力的水,通过专用机具设备由喷头喷射到空中,供给植物和花卉苗木等植物对水分的需求的机械,按移动方式不同可分为人工移动式(包括手抬式、手推车式等)、机械移动式(包括拖车式等),如图7—3—22~图7—3—24所示。

图7—3—22 手推拖拉机机组式喷灌　　图7—3—23 手抬式喷灌　　图7—3—24 喷灌车

喷灌作业中应保持安全距离,接高压供水管路时注意安全防护,喷灌的水柱尽量不要洒在马路上,如果附近有高压电路,喷灌时保持安全距离。

11. 大型树木移植机

大型树木移植机是一种采用通用装载机(或拖拉机、卡车)为母机,在其上装有操纵四扇能张合的匙状大铲,充分利用原有的动力,进行树木移植的机械,与传统的大树移植相比,使原分步进行的众多环节、机具和吊、运连成一体;使挖穴、起树、吊运、栽等,成为随挖、随运、随栽的流水作业,如图7—3—25~图7—3—27所示。

图7—3—25 树木移植机　　图7—3—26 树木移植机移植过程　　图7—3—27 已起挖树木

机械操作人员必须持证上岗,严格按机械操作安全技术规程作业;起挖栽植的树木的重量、高度,不能超过机具和装运车辆的承载能力;作业中必须服从地面施工负责人指挥,机械周围危险区域无滞留人员;装车时树根一般在车头部位,树冠在车尾部位;运输苗木过程中,押运人员应注意路途中的电线路,车上可以携带绝缘竹竿,以备途中使用。

第八章 园林绿化

沿线站区和单位庭院绿化是生态文明建设的重要组成部分,是改善职工工作环境、建设和谐社会的有效途径之一。本章从园林绿化的设计、施工和管护三个方面,全面介绍了各个环节的步骤和方法,以及为拓宽城市绿化空间而实施的屋顶绿化、墙面绿化和棚架绿化的设计、施工和管护技术。

第一节 园林规划与设计

一、园林构成要素和应用

园林规划是指综合确定、安排园林建设项目的性质、规模、发展方向、主要内容、基础设施、空间综合布局、建设分期和投资估算的活动。园林设计就是为了满足一定目的和用途,在规划的原则下,围绕园林地形,利用植物、山水、建筑等园林要素创造出具有独立风格、有生机、有力度和内涵的园林环境;或者说设计就是对园林空间进行组合,创造出一种新的园林环境。园林景观是通过对园林构成要素,包括地形、建筑及小品、植物、园路、水体及园林设施等的设计和建设来实现的。

(一)园林地形

1. 地形形态

地形泛指陆地表面各种各样的形态,从大的范围可分为山地、高原、平原、丘陵和盆地五种类型,根据景观的大小可延伸为山地、江河、森林、高山、盆地、丘陵、峡谷、高原、平原、土球、台地、斜坡、平地等复杂多样的类型。其中,起伏较小的地形称为"微地形",凸起的称为"凸地形",凹陷的称为"凹地形"。

2. 园林地形的功能与造景作用

(1)骨架作用。园林设计中的其他要素都在其地形上来完成,所以地形在园林设计中是不可或缺的要素,是其他要素的依托基础和底界面,也是构成整个景观的骨架。

(2)空间作用。利用地形不同的组合方式来创造外部空间,使空间被分隔成不同性质和不同功用的单元形态。

(3)造景作用。不同的地形能创造不同园林的景观形式,如地形起伏多变创造自然式园林,开阔平坦的地形创造规则式园林。

(4)改善小气候。地形的凹凸变化对于气候有一定的影响。

(5)审美和情感作用。可利用地形的形态变化来满足人的审美和情感需求。

3. 园林地形的处理原则

地形的处理在园林设计中占有主要的地位,也是最为基础的,即地形的处理好坏直接关系到园林设计的成功与否。

(1)功能性原则。地形的塑造首先要满足各功能设施的需要。如建筑等应多设置在高地平坦地形;水体应根据水景的不同类型来选择用地,如叠水应选择高地形,池沼则需要凹地形;植物配置时要增加空间纵深感,植物就应种在高地上,否则效果反之。

(2)经济性原则。必须遵循经济性原则,就地取材改造地形,尽量做到土方平衡,减少外运内送土方量及挖湖堆山,以最少的投入获得最大景观效果。

(3)因地制宜原则。地形设计的一个重要原则是因地制宜,巧妙利用原有的地形进行规划设计。设计者要充分利用原有的丘陵、山地、湖泊、林地等自然景观,结合基地调查和分析的结果,然后再根据需要加以改造,合理安排各种坡度要求的内容,使之与基地地形条件相吻合。

(4)美学原则。地形的营造在满足功能的前提下,也应考虑景观的审美感受,通过一定的形式美法则来表现其观赏性,陶冶人们的情操和满足人们的审美情趣。另外,地形处理必须与园林建筑景观相协调,以淡化人工建筑与环境的界限,使建筑、地形、水体与绿化景观融为一体。

(二)园林植物

1. 园林植物的功能

园林设计中的唯一具有生命的要素就是植物,这也是区别其他要素的最大特征,这些不仅体现在植物的连年生长,还体现在季节的更替和季相的变化等。因此,植物是景观中一个鲜活的要素,设计者把它发挥到极致,景观也就被赋予了生命的活力。

(1)生态功能。植物在改善城市气候、调节气温、吸附粉尘、降音减噪、保护土壤和涵养水源等方面都显示出极为重要的作用,植物又是创造舒适环境最有活力而又最经济的手段。

(2)组景功能。在满足生态功能的基础上,植物发挥最大的作用就是组景。在空间上植物种类的搭配错落有致,增加了景观三维空间的丰富多彩性,达到春季繁花似锦,夏季绿树成荫,秋季硕果累累,冬季银装素裹的艺术效果。植物材料可作为主景和背景。主景可以是孤植,也可以丛植,但无论怎样种植,都要注重其作为主体景观的姿态;作为背景材料时,应根据它所衬托的景观材质、尺度、形式、质感、图案和色彩等决定背景材料的种类、高度和株行距,以保证前后景之间既有整体感又有一定的对比和衬托,从而达到和谐统一。另外,用植物陪衬其他造景题材,如石头、水景、建筑等,能产生生机盎然的画面效果。

(3)"引"和"障"。引导和屏障视线,是利用植物材料创造一定的视线条件来增强空间感,提高视觉空间序列质量。"引"和"障"的构景方式可分为借景、对景、漏景、夹景、障景及框景等,起到"佳则收之,俗则屏之"的作用。

(4)其他作用。植物材料除了具有上述的一些作用外,还具有柔化建筑其生硬的线条、丰富景观的艺术特性,并作为建筑空间向景观空间过渡的一种形式。要充分利用植物的"可塑性",形成规则和不规则、或高或低变化丰富的各种形状,表现各种不同的景观趣味,同时还增加了生态性,满足了城市居民追求现代生活绿色品质的现实需要。对于临近城市园路的街角、路侧以及与生活区或与商业区联系密切的开放公共空间地域,用植物材料作为主要设计元素最为适合。

2. 园林植物的分类

园林植物是园林树木及花卉的总称。按照通常园林应用的分类方法,园林植物一般分为乔木、灌木、草本及藤本。在实际应用中,综合了植物的生长类型、应用法则,把园林植物作为景观材料分成乔木、灌木、草本、花卉、藤本、水生植物和草坪七种类型。

3. 园林植物的种植形式

园林植物总体布局形式通常分为规则式、自然式和混合式。规则式园林植物布局中,多采用对植、列植、篱植、花坛等规则式配置方式;在自然式园林植物布局中,多采用孤植、丛植、群植、林植、草地等自然式配置方式;在混合式园林植物布局中,可根据实际情况分别采用规则式或自然式配置方式。需要特别注意的是,配置方式需同园林环境相协调,通常在主出入口两侧、主干道两旁、中心广场四周以及园林主体建筑附近采用规则式配置方式,在草坪、水体旁、山丘上等环境中采用自然式配置方式。

(1) 孤植

孤植是指单独栽种一种植物的配置方式,此树又称孤植树。单独种植的植物往往具有较好的独立观赏性,能够很好地展现自身形态。孤植并非只种植一株植物,有时也可以两三株紧密栽植形成一个整体,但必须保证是同一树种。一般树下不配置灌木。

(2) 对植

对植是指两株相同或品种相同的植物,按照一定的轴线关系,以完全对称或相对均衡的位置进行种植的一种植物配置方式。该方式主要用于出入口及建筑、园路、广场两侧,起到一种强调作用,若成列对植则可增强空间的透视纵深感。有时还可在空间构图中作为主景的烘托配景使用。

(3) 列植

列植是将乔灌木等按一定的株距、行距,成行或成列栽植的一种植物配置方式,是规则式种植的一种基本形式,多运用于规则式种植环境中。若种植行列较少,在每一成行内株距可以有所变化,但在面积广阔大范围种植的树林中一般列距较为固定。列植广泛用于园路两侧、较规则的建筑和广场中心或周围、围墙旁、水池等处。在与园路配合时,还有夹景的效果,可以增加空间的透视感,形成规整、气势宏大的园路景观。

(4) 丛植

丛植是指三株及其以上的同种或异种的乔木和灌木混合栽种的一种种植类型。丛植所形成的种植类型也叫树丛,这是自然式园林中较具艺术性的一种种植类型,既可以以群体的形式展现组合美、整体美,也可以以单株的形式展现个体美。对于群体美感的表现,应注重处理树木株间、种间的关系;而鉴于单株观赏这一性质,在挑选植物树种之时也有着同孤植类似的要求,也应在树姿、色彩、芳香等各方面有较高的观赏价值。

树丛在功能上可作为主景或配景使用,也可作背景或隔离、庇荫之用。在组成方式上分为单纯树丛和混交树丛两种类型。单纯树丛是指采用单一的植物品种配置方式。如在园路旁或水体旁配置树冠开阔的树木或具有其他特征的树木品种用以游人遮阴休憩和观赏,而在小品景观旁采用乔灌木混交树丛形式,以此丰富景观。在配置方式上有较多的树木组合方式,应当注意一些具体的方法和原则。

① 两株丛植。因所植树木数量较少,首先应注意树种的选择,两株植物最好选用姿态、

高低、大小上有明显差异的同种树木。在相对关系上应遵变化统一原则,既有对比,又相协调;且种植间距应合理适当,若间距过大,就脱离了树丛的概念,变成两株孤植树了。

②三株丛植。树种选择也以选择同种为宜,或是选择在外观形态上较为接近的异种。在配置方式上,可将三株植物组合为不等边三角形,同时注意高低关系和疏密关系,一般情况下,体态较大或较小的树木靠的较近,体态中等的树木则稍稍远离。

③四株丛植。在树种选择上宜选用姿态不同、大小各异的同种或不超过两种的异种四株植物,将其排列成不等边三角形或分比例组织高低疏密排列成不等边四角形。

④五株、六株及其以上丛植。选择姿态不同、大小各异的同一树种或是不超过两个种类的树种,其中可以以三株或四株合成一个大组,且保证最大株应在其内,剩余的作为一组。无论采用的是以上何种植物配置方式,都应当注意一定的方法。如,植株个体之间既要协调一致,同时也应存在差异;树木整体的平面构图疏密有致、立面构图参差错落;植物四周要留有一定的植物生长空间,同时也可以为游人创造一个舒适的观赏视距。

(5) 群植

群植是以二三十株同种或异种的乔木或乔灌木混合搭配组成较大面积树木群体的种植方式。这是园林立体栽植的重要种植类型,群植所形成的相应的种植类型称为树群。树群较树丛植株数量多、栽植面积大,主要表现的是植物群体美,因此在树种选择上没有像对单株植物要求那样严格。对于树群的规模来讲也并非越大越好,一般长度应不大于60 m、长宽比不大于3∶1这个数值。

群植的用途较为广泛,首先能够分隔空间,起到隔离的作用或是形成不完全背景;其次也可以同孤植、丛植树木一样成为园林局部空间的主景;再次,由于树群树木较多,整体的树冠组织较为严密,因此又有良好的庇荫效果。

在组成方式上,树群可以分为单纯树群和混交树群两类。单纯树群是指以由同种类型的树木组成。混交树群则由大小乔、灌木和各种花卉混合而成。混交树群有从高到低的乔木层、亚乔木层、大灌木层、小灌木层及草本层这五个科学的分层,同时也极为注意生态要求。

(6) 林植

林植是指在园林中成片、成块的栽植乔灌木,以构成林地和森林景观的种植形式。林植所形成的种植类型称为树林,也叫风景林,是园林中植株最多的一种栽植形式,以组合植物景观体现群体植物的壮观之景。林植可按林木密度的不同分为密林和疏林两种。

①密林。一般因林木密度较高而较少透入日光,因此林下土壤较为潮湿。密林又有纯林和混交林之分。

②疏林。疏林内所植林木密度较低,有时林木三五成群,疏密相间得当、前后错落有致,常与草地结合起来营造疏林草地,采用自然式配置方式将树丛、孤植树等疏散分布于草地之上。

(7) 篱植

篱植是用乔木或灌木以相同且较近的株、行距,单行或双行的形式密植而成的篱垣,又称绿篱、绿墙或植篱。

篱植可根据功能要求和观赏特性的不同,划分为常绿篱、落叶篱、彩叶篱、花篱、果篱、刺篱、蔓篱和编篱;也可根据植篱的不同高度,按160 cm、120 cm、50 cm三档分为绿墙、高绿篱、中绿篱、矮绿篱。

(8) 花坛

花坛是在低矮的、有一定几何形轮廓的栽植床内,以栽植花卉植物为主,构成具有艳丽色彩或图案的设施。花坛欣赏的不是个体花卉的线条美,而是群体的造型美、色彩美。花坛是园林中装饰性极强的一种造园元素,常作为主景或配景使用,在园林中,常用作出入口装饰广场的构图中心、建筑的陪衬、道路两旁或转角以及树坛边缘的点缀。

根据花坛的组合方式,可分为以下四类。

①独立花坛

作为园林局部构图主体,布置在各种广场中央的花坛。其外形轮廓一般为几何图形,如,三角形、正方形、长方形、多角形、半圆形、圆形、椭圆形等。长宽比大于3∶1的花坛,称为带状独立花坛。

依据景观内容的不同,独立花坛又可分为三种形式,即盛花花坛、模纹花坛和混合花坛。

a. 盛花花坛:是以观花草本植物花朵盛开时的群体色彩美为表现主题的花坛。盛花花坛以色彩设计为主,图案设计处于从属地位。选用草花植物必须是开花繁茂,并以花朵盛开时几乎不见叶为佳。同时,选用植物还必须花期集中一致,植株高矮也比较整齐,生长势强,花朵色彩明快。盛花花坛可用一种花卉,也可用几种不同色彩的花卉。几种花卉合用时,要求色彩搭配协调,株型相近,花期也基本一致。

常用花卉有一两年生草花如一串红、福禄考、矮牵牛、金盏菊、孔雀草、万寿菊、雏菊、三色堇、石竹、美女樱、千日红、百日草、滨菊等和球根、宿根花卉如风信子、郁金香、球根鸢尾、小菊、地被菊、满天星、四季海棠等。

b. 模纹花坛:又称毛毡花坛、镶嵌花坛、图案式花坛等,是采用不同色彩的观叶或花叶兼美的草本植物以及常绿小灌木等种植组成,以精美图案纹样为表现主题的花坛。模纹花坛有平面模纹花坛和立体模纹花坛两种。选用植物要求植株矮小、萌蘖性强、枝密叶细、耐修剪等。常用植物有五色苋、白草、小叶红、白花紫露草、雪叶莲等。

c. 混合花坛:与模纹花坛相结合的一种花坛形式,其特点是兼有华丽的色彩和精美的图案纹样,观赏价值较高。

②花坛群

由多个个体花坛组成的一个不可分割的园林构图整体。个体花坛间为草坪或铺装地,并且个体花坛间的组合有一定的规则,表现为单面对称和多面对称,其构图中心可以是独立花坛,还可以是其他园林景观小品,如水池、喷泉、纪念碑、园林雕塑等。在较大规模的铺装花坛群内,还可以设置坐凳、花架等供游人休息之用。花坛群常布置在较大面积的建筑广场中心、大型公共建筑前或规则式园林的构图中心。

③带状花坛

又称花带,设计宽度在1 m以上,长宽比大于3∶1的长条形花坛。带状花坛可作为连续空间景观构图的主体景观来运用,具有较好的环境装饰美化效果和视觉导向作用。如较宽阔的道路中央或两则、规则式草坪边缘、建筑广场边缘、建筑物墙基等处均可设计带状花坛。

④立体花坛

在塑造平面花卉景观展现其色彩美、图案美之时,也注重立面的花卉配置造型和组合方式,为游人创造一个三维的立体观赏模式。

花带的形式,按栽种方式可分为规则式和自然式两种。规则式花带,花卉的株距相等,成行成列;自然式花带,株距不等,成片成块种植时能显出自然美。

(9)花境

花境是指在与带状花坛有着相似规则式轮廓的种植床内,采用自然式种植方式配置植物的一种花卉类种植模式。按观赏方式划分,花境有单面观赏和双面观赏两种。单面观赏花境是指将植物配置处理成斜面,同时辅以背景以供游人观赏,但只为单面观赏,其种植床宽度一般为 3~5 m,双面观赏花境是指将植物配置处理成锥形,无须设置背景,供游人作双面观赏,其种植床宽度一般为 4~8 m。

花境在园林中的安排设置,既可单独使用也可同其他设施元素结合使用。单独使用时,可安置在建筑物与园路的连接处或是较为开阔的园路中央,有建筑物作背景时设置单面观赏花境,安置在园路中央时宜作双面观赏花境。结合使用时,可以同修剪规整的常绿绿篱结合,一方面绿篱可作花境的背景之用,另一方面花境也能够丰富绿篱的基部;同装饰性围墙、挡土墙结合,因存在背景的缘故可设单面观赏花境;同花架、游廊结合,两者具有高度相似的狭长带状形态,因此便能够创造更加紧密和协调的景观。

花境在园林造景中,既可作为主景,也可作为配景。它主要表现观赏植物花卉自身特有的色彩美、造型美,以及由观赏植物整体组合而产生的群体美。

在花境内部的植物配置方式上,则是以自然式花丛为基本单元,采用自然式种植方式。

(10)花丛

花丛是指数量从三株到十几株的花卉采取自然式方式配置而成的一种种植类型。常布置于不规则的园路两旁和树林边缘,也可作局部点缀草坪之用。

在花丛花卉的选择上,可以是同一品种,也可以是多种品种的混合,但应保证同一花丛内花卉品种要有所限制、不宜过多,另外在形态、色彩、大小上也要有所变化;在组合配置方式上,以不同品种的规律性块状平面组合为宜,且不可单株不规则的乱植于花丛内。较常用的花丛花卉品种如萱草、芍药、郁金香等。

(11)草坪

草坪是指由绿色禾本科多年生草本植物组成并时常修整的绿地。按照草本植物的不同组合种类,可将草坪划分为单纯草坪、混合草坪以及辅以少量开花植物装饰的缀花草坪。

草坪在进行具体规划设计时应当从整体环境出发,鉴于草坪自身的设计因素较少,所以,重点考虑的是关于其内所种植草种的属性。一方面是草种的选择,另一方面是如何保护所选草种的正常生长,即关系到草坪的地形处理问题。

①草种选择。首先,应当适应当地的环境气候,根据气候特征和草坪种植位置而选择不同的草种类型。北方多选用耐寒冷、喜湿凉,但抗热性较差的冷季型草种,如早熟禾、高羊茅、黑麦草,南方地区多选用耐高温、喜温润,但抗寒性较差的暖季型草种,如结缕草、天鹅绒草、马尼拉草等。林木底层选择耐阴的阴性草种,湖畔旁边选用耐湿性草种等。其次,应当根据使用功能不同的观赏草坪、游息草坪和体育草坪这三类具体选择不同的草种类型。草形优美、色泽鲜亮、耐干旱、耐修剪应是所选草种共同的优势属性,而对于游息草坪和体育草坪来讲还要特别注意选择易生长、易修复、耐践踏的草种类型。

②地形处理。首先,满足园林草坪艺术构图的地形美因素,适当的设置起伏地形可以使葱绿的草坪富于节奏上的变化,致使其在阳光的照射下产生绿色系中各种明暗的差异,从而成为一道立体景观。其次,考虑草坪设置的最小坡度应满足地面的排水要求,可以允许在满足艺术需求时适当的存在起伏变化,但要注意不应设置成跌宕起伏的形式,最好在草坪地形中只有一个制高点存在。第三,即是对于水土流失方面的要求,其最大坡度一般设置约30°,便可达到保持水土的作用。

4. 园林植物配置的一般原则

植物造景在生态原则和植物群落原则的指导下,注意选择色彩、形态、风韵、季相变化等方面有特色的树种进行绿化,景观与生态环境融于一体;或以园林景观反映生态主题,使城市园林既发挥了生态效益,又表现出城市园林的景观作用。

(1)生态化。植物系统是一个种类丰富、关系复杂的生态系统。植物因自身生态习性的差别,在其生长发育的过程中,对光照、水分、土壤、温度、湿度等周边环境因素都有着不同的要求。在进行植物配置时,应当着重注意创造适宜的植物生长环境,只有满足各方面的生态要求,才能使植物呈现出绚烂的勃勃生机。

(2)垂直化。垂直绿化可分为围墙绿化、阳台绿化、屋顶花园绿化、悬挂绿化、攀爬绿化等,主要是利用藤本攀缘植物向建筑物垂直面或棚架攀附生长的一种绿化方式。栽植方式多种多样,可以沿建筑栽植,也可以用花盆、花池、木箱进行种植。

(3)乡土化。每个地方的植物都是经过对该地区生态因子长期适应的结果,这些植物就是地带性植物,也就是业内常说的乡土树种。乡土植物是外来树种所无法比拟的,对当地来说是最适宜生长的,也是体现当地特色的主要因素,能形成较稳定的具有地方特色的植物景观,而且管理方便,费用低,理所当然成为城市绿化的主要来源。

(4)适地适树。植物不仅具有美化环境的功能,而且不同的植物具有不同的作用和习性,如防风、固沙、防火、杀菌、降噪、吸收有害气体等。因此,在植物种植设计时,要根据场地的性质来选择相应的植物。

(5)生物多样化。生物多样化指的是植物种类的多样性,有观花、观叶、观果和观干等。植物种类多,动物、微生物的种类也会多起来,就会形成一个相对稳定的生物群落,这个群落抵御外界因子影响的能力就随时间推移逐渐增强。

(6)层次化。层次化是指植物种植要有层次、有错落、有联系,要考虑植物的色彩、密度、质感、高度、形态等。乔木、灌木、藤本、地被、花卉、草坪配置有序,常绿、落叶植物合理搭配,不同花期的种类分层配置,不同的叶色、花色,不同高度的植物搭配,使色彩和层次更加丰富。此外,还要注意协调主体植物与次要植物,通过升高或降低、孤植与群植等方式来突出主体植物,而次要植物主要是发挥对主体植物的陪衬作用,平面布置上要注意植物配置的疏密关系和轮廓线,立面布置上要注意林冠线的营造,同时在空间中形成一定的透视线。

(7)经济化。园林植物景观在满足生态、观赏等要求的同时还应该考虑经济要求,结合生产及销售选择具有经济价值的观赏植物,充分发挥园林植物配置的综合效益,特别是增加经济收益。

(三)园林建筑及小品

园林建筑与小品作为园林的环境构成要素之一,是园林设计中必不可少的一部分。它形式多种多样,具有实用与观赏功能,若使用得法,会起到画龙点睛作用。因此,园林建筑及小品在设计时,应全方位的考虑周围环境与特征、文化传统、空间和城市景观等因素。

1. 园林建筑类型

不同的建筑在园林中起到的作用不同,有的是被观赏的对象,有的是观景的视点或场所,有的是休憩及活动的空间,所以应根据不同的功能需求来选择适合的建筑类型和构造材料。常见的有亭、台、楼、阁、榭、廊、厅堂、舫、轩、桥、塔等建筑物。

2. 园林小品分类

园林小品分为供休息的、装饰性、照明、展示性和服务性小品。不仅具有实际性,还有装饰性,造型的外观、色彩、质地都能起到装点景观作用。

(1)雕塑。雕塑主要是点景的作用,丰富景观,同时也有引导、分隔空间和突出主题的作用。体量小巧的雕塑,不能形成主景,但可形成某景点的趣味中心;体量大的雕塑往往成为景区的主景,起到点题作用。

雕塑按内容可分为纪念性雕塑、主题性雕塑、装饰性雕塑和陈列性雕塑,按形式分为圆雕、凸雕、浮雕、透雕等。使用材料有永久性材料,如金属、石、水泥、玻璃钢等;非永久性材料,如石膏、泥、木等。雕塑多以人物或动物为主题,也有植物、山石形体的。另外,在现代城市景观中,利用先进高科技材质设计的抽象雕塑也成为一个亮点,成为提升整个景观文化品质和审美层次的重要设计内容之一。

(2)花架。花架是一种综合价值较高的园林建筑小品,可以单独成为一种景观,作点状布置时,其功效同亭子;作长线布置时,又如同长廊一样发挥建筑空间的脉络作用,用以增加空间深度。另外,它还可以为植物的生长提供攀爬的空间,创造一处小品与植物相结合的美景,同时为游人提供一个休闲纳凉的优良场所。

表现形式有单柱双边悬挑花架、单柱单边悬挑花架、双柱花架等。结构类型有木花架、钢混凝土现浇花架、仿木预制成品花架、竹花架、仿竹花架、钢花架、不锈钢花架等。

(3)桌、椅、凳。为人们提供交谈、休憩、娱乐、观赏的空间,常常布置在湖边池畔、林荫树下、草坪及铺装边上、路旁等地方。造型设计要美观、形式多样、构造简单、制作方便,设计时还应充分考虑其位置、大小、色彩、质地,应与整个环境协调统一,形成独具特色的园林小品。材质选用木材,质感好,冬暖夏凉,石材耐久性很好;混凝土材料价格低廉,可以做成仿石、仿树墩凳桌;金属材料、陶瓷也常用。椅凳还常兼作花坛绿地挡墙,以及兼作树木保护设施。

(4)标识牌。标识牌是信息服务设施中的重要组成部分,设置标牌的目的是引导人们尽快到达目的地,同时标牌也是体现文化氛围的窗口。标牌应具有其特殊的艺术表现形式,并要表现对人的亲和、关爱。

(5)小卖部、书报亭。小卖部、书报亭等是为了方便和满足居民一般的生活用品和文化需求。一般都采用比较简易或比较时尚的小型构筑物,组成一个小型空间,构成具有空间使用功能的小品景观。构建形式和色彩运用丰富多彩,应根据小区具体的环境状况来确定其构建形式与色彩。

(6)垃圾箱。既是必不可少的卫生设施,又是园林空间环境的点缀。造型要求独特巧妙,并要方便丢垃圾和收垃圾,其形式有固定型、移动型、依托型等。

(7)照明灯具。园林照明不仅具有照明功能,同时本身还具有观赏性,可以成为园林景观饰景的一部分,其造型的色彩、质感、外观应与整个景观环境相协调,烘托园林环境氛围。如在水池、雕塑、建筑等景观使用中,能改善环境效果,强化夜间景观视觉魅力,创造点、线、面状的光环境,极富形式美感。

灯的设计要根据不同绿地在具体环境中所处的地位、规模的大小及其具体的形式来对待每处具体的灯光环境设计,并考虑人们的视点变化。如园林植物应选取适宜的灯具,尽量选用对植物光合作用较小的光源照射。

(8)景墙。景墙是建筑与园林小品中体量较大、极具震撼力的一类,往往给游人一种稳重、庄严、震慑的感觉,能使游人流连忘返。

(9)其他园林小品。园林小品,如饮水器、洗手池、健身器械、售票厅、厕所、布告板、阅报栏、音响、烟灰缸等。这类小品设施具有体量小、占地少、分布面广、造型别致、容易识别等特点,是生活中不可缺少的设施。

3. 园林小品的设计要点

(1)立意新颖,内涵丰富。园林小品不仅要有形式美,还要有深刻的内涵。要根据自然景观和人文风情,进行景点中小品的设计构思。

(2)造型新颖,突出特色。园林小品具有浓厚的工艺美术特点,所以一定要突出特色,以充分体现其艺术价值。无论哪类园林小品,都应体现时代精神,体现当时的发展特征和人们的生活方式。既不能滞后历史,也不能跨越时代。

(3)融入自然,天人合一。作为装饰小品,应将人工与自然融为一体,不破坏原有风貌。通过对自然景物的取舍,使造型简练的小品获得景象丰满充实,如在自然风景中、在古巨树之下,设以自然山石修筑成的山石桌椅,体现自然之趣。

(4)体谅精巧,布局合理。园林小品在体量上力求精巧,不可喧宾夺主,失去分寸。选择合理的位置和布局,做到巧而得体,精而合宜。

(5)符合功能技术要求。园林小品绝大多数具有实用功能,因此除满足艺术造型美观的要求外,还应符合实用功能和技术要求。如园林坐凳,应符合游人休憩的尺度要求。

(6)装饰点缀园林空间。充分利用园林小品的灵活性、多样性以丰富园林空间;把需要突出表现的景物强化起来,把影响景物的角落巧妙地转化为欣赏的对象;两种明显差异的素材巧妙地结合起来,相互烘托,显出双方的特点。

(7)突出地域民族风情。园林小品应充分考虑地域特征和社会文化特征。园林小品的形式,应与当地自然景观和人文景观相协调,尤其是在旅游城市,建设新的园林景观时,更应充分注意到这一点。

(四)园林绿化的水体应用

在设计地形时,山水应该同时考虑,山水相依,彼此更可以表露出各自的特点,同时还有一定的交互效应,山得水活,水依山转,相得益彰。

1. 水体在园林中的景观效应和功能

(1)静态水体效应。静态水体是指水不流动、相对平静时状态的水体,通常可以在湖泊、池塘或是流动缓慢的河流中见到。这种状态的水具有宁静、平和的特征,给人以舒适、安详的景观视觉。静态水体还能反映出周围物像的倒影,丰富景观层次,扩大了景观的视觉空间。

（2）动态水体效应。动态水体常见于天然河流、溪水、瀑布和喷泉中。流动的水可以使环境呈现出活跃的气氛和充满生机的景象，对人们有景观视觉焦点的作用。水体以急流跌落，其动态效果是溢漫、水花、水雾，给人以活跃的气氛和充满生机的视觉效果。

（3）水声效应。动态水体在流动时或撞击水体边际物体是可产生声响，每一种性质的声音，在景观设计中都有一定的作用。如溪流的飞溅声，湖水的拍岸声，瀑布和喷泉的跌落声，惊涛拍岸，雨打芭蕉等，其效果都有增补空间动态与完善水体景观的作用。同时，水的声响也能直接影响人们的情感，可使人们激动、兴奋、思绪万千。

（4）水体的光效应。平静的水面犹如一面镜子。水面反射的粼粼波光可以引发观者有发现般的激动和快乐。由于湖泊水的成分、深度及水中的溶解物不同，水体对光线产生不同的吸收和散射作用，使水体产生不同的颜色。在纯水中蓝光易散射，所以，纯水多呈浅蓝色；当湖水悬浮物质或池底铺装颜色增多时，水体多呈蓝绿色、绿色或呈黄褐色等。

（5）水体小气候效应。由于水体热容量、导热率、热交换和水分交换方式不同于陆地，使水域附近的气温变化和缓、湿度增加，小气候变得更加宜人，更加适合某些植物生长。

2. 水体的主要类型

（1）按水体的形式分

①规则式水体。此类水体的外形轮廓为有规律的直线或曲线闭合而成几何形，大多采用圆形、方形、矩形、椭圆形、梅花形、半圆形或其他组合类型，线条轮廓简单，多以水池的形式出现。

②自然式水体。自然式水体的外形轮廓由无规律的曲线组合，园林中自然式水体主要是进行对原有水体的改造，或者进行人工再造而形成，是通过对自然界存在的各种水体形式进行高度概括、提炼，用艺术形式表现出来，如溪、涧、河流、池塘、潭、瀑布、泉等。

③混合式水体。混合式水体是规则式水体与自然式水体有机结合的一种水体类型，富有变化，具有比规则式水体更灵活自由，又比自然式水体易于与建筑空间环境更协调的优点。

（2）按水体的形体分

①静水。湖、池、沼、潭、井。

②动水。河、溪、渠、瀑布、喷泉、涌泉、水阶、水梯等。

（五）园路及铺装

1. 园路的作用

园路主要是满足交通功能的需求，同时尽可能为游人提供一定的路边景观。具体说来，可将其功能细化为以下几点。

（1）划分功能区域。园路是园林规划设计必不可少的要素，既可以将全园划分为众多功能不同的区域，又可以将被分割的各个区域连接为一个整体。各个区域可以因园路而被明显的区分开来，在各自的区域内开展活动；也可以在本区域内观赏到其他景区的景观，使整个园区和谐而统一。

（2）组织交通。组织交通也是园路最初承载的功能。园路承担着人流、车流的集散和疏导工作，而更多的是游人的疏导、各种所需物品的交通运输以及日常事务的管理工作等。

（3）指引游人游览。园路最人性化的功能便是起到引导游人的作用，不仅可以引导游人的视线和游览路线。良好的引导作用能够使游人更加透彻的理解设计师的设计意图，如处于何种位置观赏景观以达到最佳效果，从而产生游人与设计人员的共鸣，最大限度地发挥园路功能。

(4) 构造景观。园路本身就是一种极具观赏性的艺术景观，特别对于游憩小道这种趣味性较强的园路，自身看似随意，但造型曲折优美的曲线无疑增加了园景的层次，在规则式的景观和园路面前增加了一丝动感和柔情，也成为跳跃的元素。倘若可以同周边的建筑、小品、植物、水体有机结合起来，便可以创造出一幅优于自然形态的秀美画卷。

(5) 其他相关功能。园路可以为相关配套设施提供帮助，如排水系统、水力系统、电力系统、照明系统等的规划布置，可以沿园路路线进行规划安排。

2. 园路类型

(1) 按照材料划分

①整体路面。指单用一种材料铺设而成的路面，常用材料包括水泥混凝土和沥青混凝土。

②块料路面。指采用块状材料铺设而成的路面，常用块状材料有预制混凝土块、天然块石、带有花纹和图案的大块方砖。

③碎料路面。指路面由各种不规则的卵石、碎石、瓦片等进行规则式排列，或将其排列成各种图案和纹样。

④简易路面。因路面具有临时性，所以常用一些较简单、易成形的材料铺垫而成。

(2) 按照结构划分

①路堑型。通常将低于天然地面的铺设轨道和挖方路基称为路堑，此园路形式利于排水。

②路堤型。高于天然地面，用土或石填筑的填方路基称为路堤。

③特殊式。如台阶、汀步、步石、蹬道、攀梯等特殊的园路形式。

3. 园路规划设计原则

(1) 经济性原则。在进行园路规划时要本着经济性原则，在保证路基稳定的前提下，充分利用现有的地形地貌，减少土方用量，合理布局园林园路，降低工程造价，在满足其功能性的同时考虑园路的趣味性创造。

(2) 安全性原则。安全性原则是园路规划设计的最基本原则，包括众多园路设计时的具体处理方式，如两条园路间的夹角问题、交叉路口的园路条数以及安全视距、主次园路的车流及人流分析等，这些对于安全都起着举足轻重的作用，因此应当本着基本的安全数据并结合基本情况合理地进行园路设置。

(3) 以人为本原则。园路规划中的以人为本原则是指强调公众的参与性，这点主要在进行园路规划时通过周边设置一些园林小品从而给游人带来一定的愉悦感，使得游人在行进的途中可以欣赏沿途的风景而不至于孤立于环境之中。

(4) 与整体风格相协调。园路规划同整体风格相协调，主要是指园路的流线设计和铺装设计同园林的主题性质和布局方式相协调。如规则式布局的园林园路主要以直线形为主，在铺装材料上也多选择预制材料，而自然式布局的园林一般设置曲线形的园路，以卵石等铺装地面，使整个环境看起来更加贴近自然。

4. 铺装形式与要素的表达

园路通过铺装形式来体现其环境艺术功能。铺装材料有砾石、天然石头、鹅卵石、冰裂石、青石板、大理石、花岗石、砖块、水泥、混凝土、柏油、沥青、草皮、木材、塑胶等。它们根据环境的不同,可以表现出风格各异的形式,从而造就了变化丰富、形式多样的铺装,给人以美的享受。

(1) 色彩。色彩是心灵表现的一种手段,它能把人们的情感强烈地贯入人的心灵。彩色路面的应用,能把"情绪"赋予风景。因此在铺装设计中有意识地利用色彩变化,可以丰富和加强空间的气氛。另外,在铺装上要选取具有地域特性的色彩,这样可充分表现出地方特色的园林景观。

(2) 纹样。相同质地的材料通过不同的色彩、不同的尺度或者不同质地的材料都可组成各式图案,而给人的感受也不相同。在铺装设计中,纹样起着装饰路面的作用,以它多种多样的图案纹样来增加园林景观特色。铺装的纹样因场所的不同而各有变化,要根据不同场地的功能需求对地面进行铺装设计。

(3) 质感。质感是由于人通过视觉和触觉而感受到的材料质感。铺装的美,在很大程度上要依靠材料质感的美来体现。

(4) 尺度。铺装图案的尺度对园林景观空间也产生一定的影响,形体较大、较开展则会使空间产生种宽敞的尺度感,而较小、紧缩的形状,则使空间具有压缩感和紧凑感。

(5) 形状。铺装的形状要素是通过平面构成要素中的点、线和面得以表现的。在单纯的铺装上,分散布置跳跃的点形图案,能够丰富视觉效果。线的运用比点效果更强,直线带来安定感,曲线具有流动感,折线和波浪线则具有起伏的动感。园林景观中还常用一种仿自然纹理的不规则图形,如乱石纹、冰裂纹等,使人联想到荒野、乡间,具有自然、朴素感。

二、园林绿地规划设计原则

(一) 园林规划设计的依据

1. 科学依据

园林设计关系到科学技术方面的问题很多,有水利、土方工程技术方面的,有建筑科学技术方面的,有园林植物、甚至还有动物方面的生物科学问题。所以,园林设计的首要问题是要有科学依据。

2. 社会需要

园林为广大人民群众的精神与物质文明建设服务。所以,园林设计者要体察广大人民群众的心态,了解他们对开展活动的要求,创造出能满足不同年龄、不同兴趣爱好、不同文化层次游人的需要,面向大众,面向人民。

3. 功能要求

根据广大群众的审美要求、活动规律、功能要求等方面的内容,创造出景色优美、环境卫生、情趣健康、舒适方便的园林空间,满足游人的游览、休息和开展健身娱乐活动的功能要求。

4. 经济条件

园林设计应当在有限的投资条件下,发挥最佳设计技能,节省开支,创造出最理想的作品。

(二)园林规划设计的原则

1. 适用性

所谓适用,一是要因地制宜,具有一定的科学性;二是园林的功能要适合于服务对象。适用的观点带有一定的永恒性和长久性。

2. 经济性

正确选址,因地制宜,巧于因借,本身就减少了大量投资,也解决了部分经济问题。

3. 艺术性

在适用、经济的前提下,尽可能地做到美观,满足园林布局、造景的艺术要求。

三、园林设计构景手法

园林设计是通过人工手段,利用环境条件和构成园林的各种要素,再通过不同构景手法造作所需要的景观。园林构景贵在层次,以有限空间,造无限风景,从而使景观达到理想的艺术效果。园林构景中常运用多种手法来表现景观,以求得渐入佳境、小中见大、步移景异的艺术效果,主要有借景、障景、框景、透景、添景、对景、夹景、隔景、漏景、移景等手法。

1. 借景

借景意味着园林景象的外延,是将园内风景视线所及的园外景色有意识地组织到园内来,成为园景的一部分,可取得事半功倍的园林景观效果。

2. 障景

障景又称抑景,它多用在园林入口处或空间序列的转折引导处。障景常采用"欲露先藏、欲扬先抑"的艺术手法,以达到"山重水复疑无路,柳暗花明又一村"的艺术效果。常用材料有假山、影壁、屏风、树丛或树群等。

3. 框景

框景如同一幅画,用类似画框的门框、窗、洞、廊柱或乔木树冠抱合而成的空间作为构图前景,将要突出的景框在"镜框"中,把景包围起来,使人的视线高度集中于画面的主景上,从而使游人产生景在画中的错觉,将现实风景误以为是画在纸上的图画,达到自然美升华为艺术美的效果。

4. 透景

美好的景物被高于游人视线的地物所遮挡,须开辟透景线,这种处理手法叫透景。透景线两侧的景物,做透景的配置布景,以提高透景的艺术效果。如竹林中的幽径。

5. 添景

添景是当观赏点与风景点之间没有中景时,常采用乔木、花卉作为中间、近处的一种过渡景。添景是为了园景完美,往往在景物疏朗之处,增添一些景色,以丰富园景的层次,园景也因这些装饰而生动起来。缺少这个过渡,整个风景就会显得呆板而又缺乏观赏性和感染力。

6. 对景

对景是指从甲观赏点观赏乙观赏点,从乙观赏点观赏甲观赏点的互相观赏、互相衬托的构景手法,即我把你作为景,你也把我作为景。园内的建筑物如厅、堂、楼、阁等既是观赏点,又是被观赏对象,因此,往往互为对景,形成错综复杂的交叉对象。所以,园林中重要建筑物的方位确定后,在其视线所及具备透景线的情况下,即可形成对景。

7. 夹景

夹景是一种带有控制性的构景方式,通过树丛或岩石或建筑所形成的狭长空间的尽端所夹的景象。夹景手法的运用是通过植物或建筑来限定和诱导游人的视线,使游人的视域高度集中,从而达到突出主要景物的效果。另外,对视域的限定,也可以起到摒弃周边杂乱景色的作用。如园路两侧植物密植,形成绿色走廊,走廊的尽头设置景观,就形成夹景效果。

8. 隔景

隔景是利用山石、粉墙、林木、构筑物、地形、花窗、洞、长廊、疏林、花架等将景物分隔,以使园景虚虚实实,景色丰富多彩,空间"小中见大"。隔景分实隔、虚隔和虚实相隔。

9. 漏景

漏景是将被隔的景物透漏呈现在人眼前,给人若隐若现、含蓄雅致的感觉。漏窗能使空间互相穿插渗透,达到增加风景和扩大空间的效果。园林的围墙上、廊一侧或两侧的墙上,常常设以漏窗,或雕以带有民族特色的各种几何图形,或雕以葡萄、石榴、老梅、荷花、修竹等植物,或雕以鹿、鹤、兔等动物,透过漏窗的窗隙,可见园外的美景。

10. 移景

移景是仿建的一种园林构景手法,是将其他地方优美的景致移在园林中仿造。如承德避暑山庄的芝径云堤是仿效杭州西子湖的苏堤构筑,殿春簃是苏州网师园内的一处景点。移景手段的运用,促进了中外及我国南北造园艺术的交流和发展。

总之,园林设计的构景手法多种多样,不能生搬硬套,墨守成规,须悉心把握,融会贯通,处理恰当,才能设计出好的园林作品。

四、园林绿地布局

园林绿地规划,首先要明确绿地的性质、功能、规模、要求,调查、研究当地的自然环境条件、林木立地条件、工程技术条件以及传统风格、生活习惯、投资情况、园林养护技术条件等。然后,根据用地具体情况,考虑四季朝夕,因时制宜,因地制宜,选用其他造园要素,以土地、园林植物为主,宜林则林,宜丛则丛,宜亭则亭,宜榭则榭,高处堆山,低处凿水,力求布局得体,风格相宜。以最少投资,取得园林最大效益。

1. 立意

立意是园林设计的总意图,即设计思想。古今中外的园林无不体现设计者或造园者的思想,中国古代山水画论以及诗词的创作都讲究"意在笔先",园林的创造也是一样。

2. 选点布局

(1) 选点(相地)。有两种情况,一是选地建园,二是就地建园。前者是选择适合建园的地点,用于建设园林。后者在已确定有建园地点进行庭园绿化。铁路站、段庭园绿化大部分属于后者。

(2) 布局。园林绿地的布局,应充分掌握原有自然风貌的特点,组织剪裁或作适当改造,进行建筑、园路、场地、池沼、山石,植物安排。庭园多为利用园林植物以人工造景为主,以园林小品起点景作用,辅以园路或铺装地坪与山石。洼地可挖填建池,以用自然水源为佳。务必扬长避短，发挥最大的作用。

3. 布局的一般原则

（1）根据庭园绿地的性质，功能，确定绿地的设施与布局形式。

（2）不同功能的区域、不同景点与景区要各得其所。安静区与活动频繁区，既有分隔，又有联系。使各景点各有特色，不致杂乱，如有的景区为主景区，有的为配景区，每区有其各自的主景。

（3）庭园应有特征，应突出主题，在统一中求变化，同时规划布局忌平铺直叙，在突出主景时，要注意次要景色的陪衬烘托，处理好与次要区景的协调过渡关系。

（4）因地制宜，巧于因借。"景到随机，得景随形"，洼地开湖，土岗堆山，灵活利用地形。

（5）充分估计工程与施工投资的可能性。

4. 布局的形式

（1）规则式园林，又称整形式（整齐式）、建筑式、图案式或几何式。

（2）自然式园林，又称风景式，或不规则式、山水派园林。

（3）混合式园林。严格说来绝对的规则式园林和绝对的自然式园林，在现实中很难做到，只能说以自然式或规则式为主的园林。

站、段等单位庭园绿化以混合式为宜。

五、园林绿化工程预算编制

1. 预算的作用

为签订施工合同，控制造价，拨付工程款的依据；施工单位进行施工的劳力安排、购备材料等的依据；检查工程进度，分析工程成本的依据；实行工程总包的依据。

2. 编制预算

依据当地市政工程预算定额中有关园林附属工程定额及园林绿化工程定额进行计算，该预算涵盖了施工图中所有设计项目的工程费用，包括土方地形工程总造价，建筑小品工程总造价，道路、广场总造价，绿化工程造价，水、电安装工程总造价等。

六、铁路站区、生产厂区绿化设计

铁路站区、站段庭院、生产厂区的绿化，设计时应根据其不同的功能要求和环境条件区别对待，本着经济实用、以人为本的原则，在严格执行《林规》的前提下，运用园林绿地构图的基本规律，因地制宜地选择绿化组成要素与布局形式，进行总体规划及技术设计。

（一）站区绿化设计

1. 站区绿化的意义

车站是城市的大门，是铁路面向广大人民群众的服务窗口，是铁路绿色通道建设、绿化造林任务的侧重点。运用园林造景的手法，利用千姿百态色彩艳丽的园林植物，通过季相变化，为广大旅客和铁路职工，创造一个绿树环蔽，空气清新，景色宜人，舒适清静的优美环境。既可为城市绿化增添街景，又能为旅行中的旅客提供一个短暂欣赏和游憩的绿地。将其与线路绿化林点线相连，丰富了沿线景观。乘坐列车的旅客在车上间隔一定时间，从车厢内感受绿化的季相与色彩的变化，以减少旅途中的疲劳。

2. 站区绿化的范围

上、下行进站信号机之间的铁路可绿化用地,为站区绿化范围。

3. 站区绿化的原则

站区所有路用土地在不妨碍信号瞭望、通信电力线路和地下管道、电缆的正常使用以及旅客乘降集散的情况下,站区绿化要"因地制宜,实现四季常青、有花有草、茂密成园、保护环境,逐步达到园林化"。努力增加林木的最大覆盖率,充分发挥绿化效益。

站区绿化应以植物造景为主。所有绿地,种植池的土壤应适宜植物生长。绿地地形应符合设计要求,种植池一般应高出原来地面 10~30 cm,以利排水,增加地形层次。

站区选用的树种以当地的乡土乔灌木树种为主,要有一定数量的常绿树种。常绿树的比例南方应大于北方。对当地城市已确定的市花市树,应成为站区绿化的主调树种,以显示某一城市的绿化特色。

选用适当的园林建筑小品,如亭、花架、花坛与座凳组合的花池、园墙、雕塑、园灯等,以起画龙点睛的作用。

4. 站区绿化分区

根据建筑物、行车设备、运输生产布局和绿化功能要求,站区绿化可分为四个区。

(1)广场区:包括站房前和两侧。

(2)站台区:包括站内广场及各站台。

(3)两线间:包括站区内两线之间所有可绿化的区域。

(4)其他区域:包括防护网(墙)、边缘与暂时闲置地区。

5. 站区绿化要点

(1)站外广场区

①站房前。站房前的绿地,一般由当地市政负责绿化,作为铁路的绿化、车务等相关部门要从安全的角度提出意见和建议。

②站房前两侧。站房前两侧系指站房两侧与路轨平行、与市区交界、属于铁路用地范围以内的绿化,应与城市行道树相协调,与车站四周绿化相衔接。

(2)站台区

第一站台是站内主要建筑所在地,是站内布局的中心与视线的焦点,又是行包、旅客流线集中之地。中小型车站,在站房前一般用地较宽,两翼较狭。宽处形成站内广场,狭处为第一站台;一般较大的车站,站房长度占整个第一站台的 80% 以上,或在两头较狭站台内侧保留与站房前同样宽度,这样的站台统称为站内广场。

①站内广场及第一站台绿化。站内广场的站房前绿地,由于车站业务工作及行包流线的影响,被分割成独立的块状平面。绿化平面构图时,应尽量距站房前远些。有利于站内交通和室内采光;站房前的绿化,与站前广场的站房前绿化相似。

如果站内广场面积相对较大,可选用园林建筑小品及其他园林构成要素,起到画龙点睛作用,丰富站台景色,使园林植物相得益彰。

②站台区绿地。站台区绿地除车站职工外,主要欣赏者为旅客。旅客欣赏绿地的特点是时间短暂,以观为主,游为副。动观为主,静观为副。旅客动观的观赏路线是以车站组织旅客进出站的路线为主,或是旅客在列车内循着站台边线移动的瞭望视线。旅客静观,主要

在站台候车或下车休息时与列车停站时,从车窗中的瞭望视点。因此应在旅客上下车所经的观赏路线中选最佳视点并与站台边线成一定的夹角位置上布置景物,以便增加层次和景深。

适当选用园林建筑小品及其他园林要素,丰富站台区景物的体量和质感,或成丛种植花感强、着色率高的观花树木,增加站台区的色彩,加深旅客对车站环境的第一印象。

雨棚下,候车大厅,进出口门庭,软座候车室与贵宾室用大花缸或盆花盆景有计划的成套培养观花观叶小乔木及灌木,在预定位置轮流替换,可增加站台绿化气氛,是长期以来行之有效的办法。

第一站台是站内广场的延伸,站内广场绿化是主景,而第一站台绿化是烘托主景的配景。站台狭长,要在不影响信号显示的前提下,结合站线林带的绿化,栽植能控制树冠的乔木、小乔木与灌木,在站内形成背景。

第一站台绿化不仅要根据站台宽度,同时要应用站台下铁路用地,统一考虑,才能配植花期不同的乔灌木以达到四季交替、交换花期、丰富站台色彩的效果。

(3) 两线间

两条运行线路之间相对较宽可绿化的区域,是两线间林带。

由于两线间地下管网相对较多,在设计与施工时要引起高度重视。两线间绿地植物配置设计应以姿态优美的小乔木或大灌木为绿化骨架,乔、灌、地被互相结合,形成具有一定面积的立体种植,采用"大色块"布置手法,使设计群落具有亮丽的观赏效果。

(4) 其他区域

①车站的边缘地区,是站区绿化的基础,根据车站用地的宽度,配置林带或片林。车站四周边界,可结合整地开沟,在边沟内侧栽 1~2 行灌木,或栽一行高篱,起分界与围篱作用。围篱内安排防护林带,以防风降低噪声为主。宽度根据车站用地决定,不强求统一。常绿与落叶乔木采取行带混交。

②车站边缘林带与站线林带之间的暂时空闲土地应全部安排栽植片林,片林可采取块状混交法,或有计划的培育绿化大苗,由于用地宽度不一,或因有碍信号显示,车站边缘林带,可与站线林带相连;或与片林相接;或成为车站其他建筑物的绿化部分;也可与车站其他单位的绿化连成一片,因之其林型结构,可根据需要加以变更。在不能栽植树木的地点,可采取垂直绿化。力求使站区全面绿化。

(二) 工区车间绿化设计

工区车间绿化的主要目的是改善职工劳动生产条件,提高产品质量,保障安全生产。

1. 工区车间绿地的规划原则

(1) 要充分考虑安全生产,满足生产和环境保护要求。工区车间绿地应根据工程性质、规模、生产和使用特点、环境条件对绿化的不同功能要求进行设计。在设计中不能因绿化而影响生产流程和交通运输线路,影响安全生产。

(2) 应有合适的绿地面积提高绿地率。工区车间绿地面积的大小,直接影响到绿化的功能、企业景观。要通过多种途径积极扩大绿地面积,坚持多层次绿化,充分利用地面、墙面、屋面、棚架、水面等形成全方位的绿化空间,增加绿地面积,提高绿地率。

(3) 应创造特色,服务于生产和职工。工区车间因其生产工艺流程的要求,以及防水、防爆、采光等要求,形成特有的建(构)筑物的外形及色彩,适当配以树木花草,可使工区车间环境形成有特色、更丰满的工业景观。

(4)绿化应统一规划、合理布局,采取点、线、面相结合并与主体建筑相协调,形成系统的绿地空间。"点"的绿化主要是厂前区绿地和游憩性的游园。"线"的绿化指厂内的道路、铁路、河流的绿化以及防护林带等。"面"的绿化是车间、仓库、堆场等生产性的建筑、场地周围的绿化。工区车间绿化中点线面三者要形成系统,成为一个较稳定的绿地景观空间。

2. 生产区绿化

生产区是生产的场所,污染重、管线多、空间小,绿化条件较差,但生产区占地面积大,发展绿地潜力很大,绿地对环境保护的作用更突出。

(1)生产区四周绿化规划。从总体来看,生产区四周绿化应考虑以下七个方面的影响:

①生产车间职工生产劳动的特点与要求。

②生产车间出入口要重点处理。

③考虑生产车间职工对园林绿化布局形式与观赏植物的喜好。

④注意树种选择,特别是有污染的车间附近。

⑤注意车间对采光、通风的要求。

⑥考虑四季景观。

⑦满足生产运输、安全、维修等方面的要求,处理好植物与各种管线的相互影响。

(2)周围绿化规划。

①有污染车间周围的绿化。要了解污染物的成分和污染程度,选择必要的抗性树种,配置中掌握"近疏远密"原则。有严重污染的车间周围绿化,不宜设置成休息绿地。在产生强烈噪声的车间周围,应选择枝叶茂密、树冠矮、分枝点低的常绿乔灌木,多层密植形成隔声带,以减轻噪声对周围环境的影响。在多粉尘的车间周围,应密植滞尘、抗尘能力强,叶面粗糙,有黏液分泌的树种。在高温生产车间,采用色彩清爽的树种为宜,保持良好的遮阴和通风,并可设置水池、座椅等小品供职工休息,调节神经,消除疲劳。

②无污染车间周围的绿化。绿化布置较为自由,各个车间应体现各自不同的特点,考虑职工工余休息的需求,在用地条件允许的情况下,可设计成游园的形式,配置合适的休憩小品。一般性生产车间还要考虑通风、采光、防风、隔热、防噪声等要求,如生产车间的南向应种植落叶大乔木,以利于炎夏遮阴,冬季有温暖的阳光;东西向应种植冠大荫浓的落叶乔木,以防止夏季东西日晒;北向应种植常绿、落叶乔木和灌木混交林,遮挡冬季的寒风和尘土。生产车间周围种植的乔木应注意一定的安全距离。

③对于有特殊要求的车间周围的绿化。根据不同的要求做不同的处理。要求洁净程度较高的车间,植物应选择无飞絮、无飞毛、不易生病虫害、落叶整齐、枝叶繁茂、生长健壮、吸附空气中粉尘能力强的树种。同时,注意低矮的地被和草品的应用,固土并减少扬尘。对有防水、防爆要求的车间周围绿化应以防火隔离为主,选择植物枝叶水分含量大、不易燃烧或燃烧无明火的少油脂树种,如珊瑚树、女贞、泡桐等。对于深井、储水池、冷却塔、污水处理等处的绿化,最外层可种植一些无飞毛、无翅果的落叶阔叶树;种植常绿树要离设施 200 cm 以

外,以减少落叶落入水中,200 cm 以内可种植耐阴湿的地被及花卉等以利检修。在生产工艺车间周围应该有优美的环境,使职工精神愉快,并使设计人员思维活跃、构思丰富,创造出设计方案。

3. 仓库堆场区绿地规划设计要点

①充分考虑交通运输条件和所储存物品的搬运要求,满足使用上的要求,方便装卸运输。

②应选择病虫害少、树干通直、分枝点高的树种。

③要注意防火要求,选择防火树种。仓库的绿化以稀疏种植乔木为主,树的间距以 700～1 000 cm 为宜,仓库周围留出必要的空地(500～700 cm)以保证消防通道的宽度和净空高度。

④露天堆场的绿化配置不能影响堆场的操作。

4. 小游园规划设计要点

工区车间小游园的布置一般选择在职工休息易于到达、无环境污染的区域。布置形式因功能要求不同而不同。当人流、车流较大,并有停车的功能时,常布置成广场形式,绿地配置多为大乔木,点缀在广场四周及中央,以遮阴为主;当人流、车流较小时,又无停车的功能时,常布置成小游园形式,设置凳椅、亭廊、花架、水池、花坛,种植乔木、灌木、花卉、草地,以供职工在工余后做短时间的休息。

5. 道路绿地规划设计要点

工区车间较宽的主干道两侧宜选用冠大荫浓、生长快、耐修剪的乔木做行道树,或植以常绿乔木,配以修剪整齐的花灌木及宿根花卉、草坪,形成明快开朗的景观。较窄的主干道可在道路一侧栽植行道树,东西向的道路可在南侧栽植落叶乔木,以利夏季遮阴,南北向的道路可在两侧栽植落叶乔木。次干道、人行小道的两旁,宜种植四季有花、叶色富于变化的花灌木。

第二节　绿化工程施工

一、施工前准备

(一)了解施工概况,确定施工步骤

不论园林工程大小,施工负责人首先应根据工程规划平面图及说明书作全面了解。

了解工程设计意图、位置,与工程相邻空间的关系,以便在施工过程中发现问题,提出解决问题的可行意见;根据施工图纸,全面了解工程范围,工程项目和数量,以便提出可行的施工计划,和技术措施。编制施工预算,准备施工工具、材料,进行合理的劳动组合。

提出施工期限,包括工程总进度和各单项工程进度,以便相互衔接或交叉进行。但植树工程必须保证成活为前提,安排在栽植最适宜季节进行。其他工程则应围绕这一前提进行合理安排。

了解工程材料来源及渠道。特别是绿化用苗,除应了解来源地点外,还应掌握规格、质量,以保证供应。对大苗或大树必须注意观赏面,同时进行编号,以便栽植时对号定位。另外,应了解机具、设备、运输车辆的供应情况。

（二）技术交底与踏勘现场

工程主管单位（或使用单位）应会同设计部门或有关设计人员，向施工单位进行交底。交底内容包括设计意图、工程项目、注意事项，了解测定标高的水准基点、定点依据以及需要说明的有关问题，并由设计、施工双方，共同到现场进行踏勘，核对设计图纸。弄清地上地下情况，搞好施工中与使用单位或发包单位的配合问题，施工部门提出的有关问题，由设计部门予以解答。

（三）编制工程概算及施工预算

工程预算应根据当地省建设厅、发展和改革委员会公布的有关建设工程预算定额及材料标准，计算直接费、施工管理费及其他费用，计算工程造价，以供工程主管单位与施工单位签订施工合同之用。

（1）已由施工单位在设计时，对工程进行了概算、预算二道手续，并经工程主管部门认可的，即可作为签订合同的依据。

（2）施工与设计单位未根据工程主管部门的要求编制工程预算的，可由施工单位编制双方认可后，签订施工合同。

施工预算，是施工单位各执行班组，根据工程预算所分工程项目，编制的以直接费为主的执行预算。在确定施工组织的前提下，要求按施工现场的实际情况编制，包括劳动工日、工费计算、材料费、其他直接费、间接费。

施工预算应对照工程预算进行分析，并以施工预算为依据，作为控制成本、考核工作的指标之一。

（四）编制施工组织计划

1. 确定施工程序，组织施工班组

根据工程大小，项目多少、技术要求难度、工期长短、有无同时施工工程等综合情况考虑，成立施工组织，确定专人负责，并从以下几个方面考虑。

（1）组织领导。每一工地必须临时指定人员，全面负责行政事务；负责施工单位与工程主管部门的联系；协调各施工班组间的工程进度与相互衔接；安排施工班组的生活，办理工程验收与变更手续；参加工程验收；保管仓库，管理材料，收发工具；配合施工科室、调度、施工班组，掌握工程总进度；记载工地日记。

（2）确定施工程序，安排具体进度计划。

工程项目比较复杂，较理想的施工程序：清理场地→土方工程（整理地形）→安装给排水管→修建园林建筑或园林小品→种植树木→铺设道路、广场→布置花坛→铺栽草坪→施工后场地清理。

在很多情况下，不可能完全按照上述程序施工，但必须合理安排前、后工程项目，不致相互影响。

（3）项目分组。根据工地现场情况，把工程项目分成 2~3 组，并绘制施工现场布置图，划清区域进行分组。施工班组可按下列情况组合。

①绿化工程组。主要包括土方地形、植物配置、花坛、花台、叠石、驳岸、园路、铺装拼花地坪、独立假山、小型水池、喷泉、壁泉、大型落地盆景、带花窗的园墙、景墙，无亭的各式园林小桥，园林中的桌、凳、椅、园灯、宣传栏、标牌、栏杆、梁壳、箱等。

绿化组主要由普工、绿化工、假山工、泥工(包括抹灰工、混凝土工、砌砖工、钢筋工)等工种组成。

②园林建筑工程组。工程包括土方、花架、大型水池、亭、榭、室内外地坪、大型园桥等工程。人员由泥工、木工、石工等组成。本组工程项目，多为单项工程，技术要求较高，管理单纯。可抽调骨干技术工人，用大部分临时工组成临时施工队伍，工程完成后，可以解散。

③机动工程组。包括电焊、喷沙、电线路安装、园灯、喷泉、喷咀管道安装，给水管道安装，古漆、油漆、木雕、石雕、雕塑、水泥塑等工程；主要由电焊工，电工、木雕工、堆塑工、砖瓦工、细木工、油漆工、古漆工、磨石工、细石工、石工等工种组成。本组大部为配合工程，由于工程量不大，所有工种，可临时聘请专门技术工人施工，以保证技术质量，以免工作量不大时窝工。

根据以上分组，土方工程，容易交叉，应在工地负责人的协调下，做好挖填土方平衡工作，应为土方中转预留一定的空地，并在施工布置图上注明。在工程进行中应将适宜栽植用的肥沃土壤贮存起来，供绿化栽植工程需要之用。

2. 制定技术措施和要求，培训技术骨干

根据不同工程，结合现场的具体情况，按照技术操作规程，制定技术措施和质量安全要求。对参加施工的所有技术工人的施工技术，应全面掌并进行重点培训。

(五)施工现场的准备

1. 清理现场

在绿化工程地界之内，如有妨碍施工的违章建筑等，应一律拆除或迁移。对现有树木要慎重处理，对于生长衰老的树木和病虫害严重的树木应予砍伐；凡能结合绿化设计可以保留的应尽量保留，实在无法保留的要进行移植利用。

2. 地形塑造

地形塑造是指在绿化施工用地范围内，根据绿化设计的要求塑造出一定起伏的地形。地形塑造应做好土方的合理调度，要先挖后填，缺多少补多少。在地形塑造的同时，要注意绿地的排水问题。绿地的排水往往是依靠地面的坡度，以地表径流的方式排到路旁的下水道或排水明沟。因此，要根据本地排水的大趋势，将绿地地块适当加高，在整理成一定的坡度，使其与本地的排水趋势一致的同时，还要做好绿地与四周的道路、广场的标高合理地衔接，做到排水流畅。

3. 整理地面

地形塑造完成之后，还要在绿化地块上整理地面。原为农田地的一般土质较好土层较厚，只要略加平整即可。如果在有建筑遗弃物、工程遗址、矿渣、化学遗弃物等地修建绿地的，需要彻底清除渣土，按要求换上好土并达到应有的厚度并深翻。应防止重型机械进入现场碾压土壤，对符合质量要求的绿化地表土应尽量利用和复原，为绿化创造良好的生长环境。在确保地下没有其他障碍物时，最好结合施足有机肥，应用深(旋)耕机对种植地面进行1~2次的全面拌和、翻耕、耙碎、整平。

4. 其他

设置项目部，组建施工组织机构。要做到"三通一平"，即通电、通水、通道路和场地平整，施工地面达到设计要求；另外，还要搭建临时工棚，安排好施工人员的生活。

二、种植工程施工

(一)种植工程的概念

种植工程是指按照园林设计或一定的计划完成某项工程的全部或局部植树任务而言。包括栽植、定植、移植、补植。栽植应包括撅起、搬运和种植三个基本环节。

(二)植树施工原则

1. 必须符合园林绿地规划设计要求

严格按照设计要求进行施工,不能随意更改设计内容。如果发现设计与现场实际不符,应及时向设计人员提出,如需更改,必须征求设计人员的同意,决不可自行其是。在施工中,不可忽视施工建造过程中的再创造,在遵从设计原则的基础上,不断提高,以取得最佳效果。

2. 必须符合园林树木的生活习性

园林树木除了有共同的生理特征外,各种树种都有其自身的习性。不同的树种,对环境条件的要求和适应能力有很大的差异。面对不同生活习性的树种,施工人员必须了解各自的特性,以采取相应的技术措施,保证植树成活,降低成本,高质量完成植树工程。

3. 在最适宜的植树季节施工

我国幅员辽阔,不同地区的树木最适宜种植的时期也不相同。同一地区,不同树种由于其生长习性不同,以及施工当年的气候变化适宜种植期也有差异。从移植树木成活的基本原理看,如何确保移植苗木根部完整、尽量缩短移植时间、尽快回复树体水分代谢的平衡,是移植成活的关键。因此,必须要合理地安排好施工时间,尽量把移植树木的时间控制好、衔接好,一定要安排在最适宜的植树季节进行这项工作。

4. "三随"与种植顺序

"三随"就是在植树工程中,要做到随起、随运、随栽,环环相扣,一气呵成。在植树时期内,合理安排不同树种的栽植顺序也是十分重要。原则上,发芽早的树种要早栽植,发芽晚的可适当晚一些;落叶树春季栽植宜早,而常绿树栽植可适当晚一些。

5. 先绿化后景观

绿化和景观作为园林工程的重要组成部分,两者相辅相成,缺一不可。新建园林工程施工,应尽量先做绿化基础,栽好树木花草后,再着手景观工程及其装饰部分的施工,以保证景观设施、园林小品、道路铺装等装饰部分交付时清洁靓丽。

(三)移栽定植时期

站段庭园绿化栽植定植时期与造林基本相同,主要在春秋季节进行,但在冬季土壤基本不结冻的华南、华中和华东长江流域等地区,可以冬栽。

(四)栽植工程的施工工序

1. 定点放线

施工图纸,是确定定点放线及水准基点的依据。如不具备上述条件,需和设计单位研究,选定一些固定的地上物,作为定点放线的依据。

单纯的植树工程,不论面积大小,均在已建成的建筑物、园路、水池及所构成的空间进行,因此,只要种植设计图(含建筑物、园路等平面)正确,即可按图定点放线。

植树工程定点放线,在自然式树木栽植方式中,主要是定出孤立树、树丛、树群、片林、花境等的栽植点及范围,在规则式种植方式中,是定行道树、列植、对植、绿篱等的栽植点与位置。

定点放线的方法有三种。

(1)经纬仪或平板仪定点。范围较大,测量基点准确的绿地,不论采用何种布局,均可用经纬仪或平板仪定点。即依据基点,将孤植、对植、行道树、花坛等位置及树丛、树群、树林的范围线,按设计,依次定出,并钉木桩标明,桩上应写清树种、株数。

(2)方格(网格法)定点。适用范围较大,地势较平坦的绿地,先在核对准确的设计平面图上,根据基点作等距方格导线,一般边长(10~20)m×(10~20)m,定点放样时,先把方格放到地面上,方格的交点要打好桩。编上号,然后根据设计图将需要定在现场的某点,确定与方格的纵横坐标的距离,即可在施工现场中按坐标和距离定出某点。关于线条,要先定好转折处的几个点,在现场依据图纸顺序徒手定线,或先用草绳定线,修正正确后,再用其他标记定在地面。

(3)交会法。适用于范围较小,现场内建筑物或其他标记与设计图相符的绿地。以建筑物的两个固定位置为依据,根据设计图上该两点的距离相交会,定出植树位置。位置确定后必须做明标志。孤立树可钉木桩,写明树种、刨坑(挖穴)规格、坑(穴)号。树丛要先在设计图上,根据范围线定数个点,然后按距离相交会法定点连成范围线,并用白灰线划清范围。线圈内钉上木桩,写明树种、数量、坑(穴)号,然后用目测的方法定出单株小点,并用白灰点标明。用目测定单株时必须注意以下几点。

①树种、数量要符合设计图;

②树种要根据树丛位置注意层次,要形成有高低起伏的倾斜林冠线;

③树丛内注意配置自然,切忌呆板;避免平均分布,距离相等;邻近的几棵不要定机械的几何图形或一条直线。

2. 刨坑(挖穴)

刨坑(挖穴)的质量,对栽植以后的生长有很大的影响。除按设计确定位置外,应根据土球大小与土质情况来确定坑(穴)直径大小(一般应比规定的根系或土球直径大20~30cm);根据树种根系类别,确定坑(穴)的深浅。坑(穴)或沟槽口径上下一致,以免植树时根系不能舒展或填土不实。刨坑的操作分手工操作和机械操作两种。

3. 掘苗(起苗)、包装、运苗与假植

庭园绿化用苗的掘苗(起苗)、包装、运苗与假植方法与造林苗基本相同,由于树种较多,规格不一,质量要求也相对较高。

4. 栽植树木的修剪

参见圃地管理及大苗培育,培育大苗中的修剪整形要求进行。

5. 栽植

(1)散苗

将树苗按规定(设计图或定点木桩)敞放于定植穴(坑)边,称为散苗。

①要爱护苗木,轻拿轻放,不得损伤树根、树皮、枝干或土球。

②散苗速度应与栽苗速度相适应;边散边栽,散毕栽完,尽量减少树根暴露时间。

③假植沟内剩余苗木露出的根系,应随时用土埋严。

④用作行道树、绿篱的苗木应事先量好高度,将苗木进一步分级,然后散苗。以保证邻近苗木规格基本一致。其中,行道树相邻的同种苗木,其规格差别要求:高度不得超过50 cm;干径不得超过 1 cm。

⑤对常绿树,树形最好的一面,应朝向主要的观赏点。

⑥对有特殊要求的苗木,应按规定对号入座,不要搞错。

⑦散苗后,要及时用设计图纸详细核对,发现错误立即纠正,以保证植树位置的正确。

(2)栽苗

散苗后将苗木放入坑内扶直,分层填土。提苗至适合程度,踩实(黏土可不踩,以灌水固定)的过程称为栽苗。栽苗的注意事项和要求如下。

①平面位置和高程必须符合设计要求。

②树身上下应垂直。如果树干有弯曲,其弯向应朝当地主风方向。行列式栽植必须保持横平竖直,左右相差最多不超过树干的一半。

③栽植深度。裸根乔木苗,应较原根径土痕深 5~10 cm;灌木应与原土痕齐;带土球苗木比土球顶部深 2~3 cm。

④行列式植树,应事先栽好"标杆树",方法是每隔 20 株左右,用皮尺量好位置,先栽好一株,然后以这些标杆树为瞄准依据,全面开展定植工作。

⑤灌木堰筑完后,将捆拢树冠的草绳解开取下,使枝条舒展。

(五)栽植后的养护管理

1. 立支柱

较大苗木为了防止被风吹倒,应立支柱支撑;多风地区尤应注意,沿海多台风地区,往往需埋水泥制柱以固定高大乔木。

单支柱。用固定的木棍或竹竿,斜立于下风方向,深埋入土 30 cm。支柱与树干之间用棕绳隔开,并将两面捆紧。

双支柱。用两根木棍在树干两侧,垂直钉入土中。支柱顶部捆一横档;先用棕绳将树干与横档隔开以防擦伤树皮,然后用棕绳将树干与横档捆紧。

行道树用的支柱,应注意不影响交通,一般不用斜支法,常用双支柱、三脚撑或定型四脚撑。

2. 开堰灌水

水是保证树木成活的关键。大苗栽植后应立即灌水,干旱季节栽后必须经一定间隔连灌三次水。这对冬春比较干旱的西南、西北、华北等地区的春植树木,尤为重要。

(1)开堰。苗木栽好后,先用土在原树坑的外缘培起高约 1.5 cm 左右圆形地堰,并用铁锹等将土堰拍打牢固,以防漏水。栽植密度较大的树丛,可开成片土堰。

(2)灌水。苗木栽好后,没有按带土球大苗栽植法灌水的,在无雨天气 24 h 之内,必须灌上第一遍水,水要浇透。使土壤充分吸收水分,有利土壤与根系紧密结合,以利成活。北方干旱地区缺雨季节,苗木栽植后 10 d 内,必须连灌三遍水。苗木栽植后,每株每次灌水量因地区、季节、天气状况而不同。

3. 扶直封堰

（1）扶直。浇第一遍水渗入后的次日，应检查树苗是否有歪倒现象，发现后应及时扶直，并用细土将堰内缝隙填严，将苗木固定好。

（2）中耕。水分渗透后，应将土堰内的土表锄松，以减少水分蒸发，有利保墒。每次浇水后都应中耕一次。

（3）封堰。浇第三遍水并待水分渗入后，用细土将灌水堰内填平，使封堰土堆稍高地面。土中如果含有砖石杂质等物，应挑拣出来，以免影响下次开堰。华北、西北等地区秋季植树，应在树干基部堆成30 cm高的土堆，以保持土壤水分，保护树根，防止风吹摇动而影响成活。

（六）非适宜季节的栽植法

在当地适宜季节植树，成活率最有保证。但有时由于有特殊任务或其他工程的影响等客观原因，只能在非适宜季节植树。为此，必须采取措施突破季节限制，并保证有较高的成活率，按期完成植树工程任务。

1. 常绿针叶树（松、柏等）的栽植法

事先于适宜栽植的季节（一般在春季）时，将树苗带土球掘好，提前送到工地的假植地区，装入大于土球的筐内；直径超过1 m，规格过大的土球，应装入木桶或木箱，其四周培土固定，待有条件施工时立即定植。

如事先没有掘苗、装筐准备时，可配合其他减少损苗的措施，直接撅苗运栽。如果栽植时树木正在萌发2次梢或为旺盛生长期，则不宜移植。直接栽植时应加快速度，事先做好一切必要的准备工作，有利随撅、随运、随栽、环环扣紧，以缩短施工期限。栽后应及时多次灌水，并经常进行叶面喷水，有条件的最好还应配合遮阴防晒，入冬还要采取一些防寒措施，方可保证成活。

2. 落叶树的移植

（1）预掘。于早春树木休眠期间，预先将苗木带土球掘好，规格可以参照同等干径粗度的常绿树，或稍大一些。草绳、蒲包等包装物应适当加密加厚。

（2）做假土球。如只能选用苗圃已在秋季裸根撅起的苗木时，应人工另造土球，称"假土球"或"做假坨"。方法是在地上挖一圆形底穴（坑），将事先准备好的蒲包平铺于穴（坑）内，然后将树根放置蒲包内，保持树根舒展，填入细土，分层夯实（注意不可砸伤树根），直至与地面齐平，即可做成椭圆形土球，用草绳在树干基部封口，然后将假坨挖出，捆草绳打包。

（3）装筐。筐可用紫穗槐条、荆条或竹丝编成，其径股要密，纬股紧靠。筐的大小较土球直径都要多出20～30 cm。装筐前先在筐底垫土，然后将土球放于筐的正中，填土夯实，直至距筐沿还有10 cm高时为止，并沿边培土拍实，作为灌水之堰。大规格苗木，最好装木箱或木桶。

（4）假植。假植地点应选择在地势高燥、排水良好、水源充足、交通方便，距施工现场较近又不影响施工的地方。选好地址后，先按树种、品种、规格做出假植分区，每区内株距以当年生新枝互不接触为最低限度，每双行间应留出车辆通行的宽度（6～8 m）。先挖好假植穴（坑），深度为筐高的1/3，直径以能放入筐为准，放好筐后填土至筐的1/2左右处拍实，最后在筐沿培好灌水堰。

三、大树移植

移植胸径在 20 cm 以上的落叶和阔叶常绿乔木,或移植株高 6 m 以上或地茎在 15 cm 以上的针叶常绿乔木,均应属于大树移植。在特、一、二等车站以及主要工厂、局级机关等地,采用移植大树进行绿化,可以加速达到预期效果。另外,移植大树是对大树缺株补移的一种措施,可以保持原有的观瞻效果。

四、园路铺装

园路铺装是指在园林工程中采用天然或人工铺地材料,如砂石、混凝土、沥青、木材、瓦片、青砖等,按一定的形式或规律铺设于地面上,又称铺地。园林铺装不仅包括路面铺装,还包括广场、庭院、停车场等场地的铺装。园林的铺装有别于一般纯属于交通的道路铺装,它虽然也要保证人流疏导,但不以捷径为原则,并且其交通功能从属于游览需求。因此,园林铺装的色彩更为丰富。同时大多数园林道路承载负荷较低,在材料的选择上也更多样化。

(一)园路铺装概述

1. 铺装结构

铺装一般由路面、地基和附属工程三部分组成。

(1)路面

园路铺装结构形式是多种多样的,在园林中,无论是园路、庭院还是场地,其地面结构比城市地面要简单,典型的地面结构,如图 8—2—1 所示。

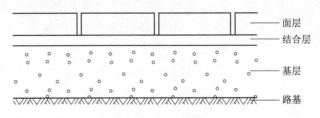

图 8—2—1　园路结构

①面层。面层是铺地最上面的一层,要求其坚固、平稳、耐磨耗,具有一定的粗糙度、少尘性、便于清扫。

②基层。一般在土基之上,起承重作用。一般用碎(砾)石、灰土和各种工业废渣等构成。

③结合层。在采用块料铺筑面层时,在面层和基层之间,为了结合和找平而设置的一层。一般用 3～5 cm 的粗沙、水泥砂浆和石灰砂浆即可。

④垫层。在路基排水不良或有冻胀、翻浆的路段上,为了排水、隔温、防冻的需要,用煤渣土、石灰土等构成。在园林中可以用加强基层的方法,而不另设此层。

(2)路基

路基是地面的基础,能够为铺地提供一个平整的基面,承受地面传下来的荷载,也是保证地面强度和稳定性的重要条件之一。一般砂土或黏性土开挖后用蛙式夯实 3 遍,如无特殊要求,可直接作为路基,对于未压实的下层填土,经历雨季被水浸润后能使其自身沉陷稳定。

(3)附属工程

①道牙、边条、槽块

安置在铺地的两侧或四周,使铺地与周围在高程上起衔接作用,并能保护地面,便于排水。道牙一般分为立道牙(侧石)和平道牙(砾石)两种形式。园林中道牙可做成多种式样,如用砖、瓦、大卵石等嵌成各种花纹以装饰路缘。

边条具有与道牙相同的功能,所不同者,仅用于较轻的荷载处,且在尺度上较小,特别适用于限定步行道、草坪或铺砌地面的边界。槽块一般紧靠道牙设置,且地面应稍高于槽块,以便将地面水迅速、充分排除。

②明渠及雨水井

明渠是园林中常用的排除雨水的渠道。多设置在园路的两侧,园林中它常成为道路的拓宽。明渠在园林中常用铁箅子、混凝土预制铺装,有时还用缝形铺装。另需注意的是步行道、广场上的U形边沟,应选择较细的排水口,以保障行人安全。

雨水井是收集路面水的构筑物,在园林中常用砖块砌成,并多为矩形。

雨水口是园林铺装中具有功能要求的一个部分。经常因为有碍观赏而被刻意用一些小品等加以遮挡掩饰,但如果将其精心装饰,便可以作为铺装的点缀而成景。如一花砖地面孔盖收口—改往常传统的铁箅子形式,将铺装纹样直接延伸到雨水盖上,既美观统一,又改变了美丽的铺装地纹与突兀的铁箅子不协调的现象。

③树池和格栅

在有铺装的地面上栽种树木时,树木的周围保留一块铺装的土地,通常叫做树池,设置树池和格栅,对于树木尤其是对于大树、古树、名贵树木的生长是非常有必要的。常见树池的形状有方形、圆形、多角形或不规则形等,树池的直径根据需要可大可小,形式可分为平树池和高树池两大类。

格栅是设在树池之上的箅子,其作用是覆盖树池之上,以保护池内的土壤不被践踏。格栅多用铸铁箅子,也可用钢筋混凝土或木条制成。格栅纹样要美观,花格缝隙大小要适度,以防止人脚误入。

④步石与汀石

步石是置于地上的石块,多在草坪、林间、岸边或庭院等较小的空间使用,它可由天然的大小石块或整形的人工石块布置而成,易于自然环境相协调。汀石是设置在水中的步石,一般可在浅滩、溪、涧中设置。

2. 铺装材料

园林铺装材料除沥青外,还有一些材料被广为使用,如水泥、大理石、花岗岩等天然石材,木材,陶瓷材料,丙烯树脂、环氧树脂等高分子材料。

(1)沥青:可铺成各种曲线形式的整体路面。

(2)混凝土:吸收热量较低,可适用各种曲线形式,坚固耐久的表面可获得多种饰面、大量的颜色和不同的质地。

(3)砖:表面有防滑性,不易产生眩光,颜色范围广,比例好,易维修,但难清洗,易风化。砖铺的路面主要有普通黏土砖路面和灰渣砖砌块路面。

(4)花砖:主要有釉面砖、陶瓷砖、透水性花砖,这些铺装材料色泽丰富、装饰性强,式样与造型的自由度大,容易营造出欢快、华丽的气氛。

(5)天然石:主要有小料石、花岗石、天然块石、大理石、铺路石等材料;其中花岗石坚固耐久,坚硬密度能支持重量级的交通,但难加工;而铺路石板坚固耐久,但颜色和图案较难满足艺术上的要求。

(6)砂砾:主要有现浇无缝环氧沥青塑料,机械碎石或砾石、石灰岩、圆卵石、铺路砾石等铺装材料。

(7)砂土:用砂土铺装的路面常用在自然的园路上。

(8)土:主要有黏土路面和改善土的路面,质地较松软。

(9)木:主要有经过防腐处理的木砖、木条、木屑等铺装材料。这种材料的铺装与周围的环境以及游人均有较强的亲和力。

(10)草:主要有嵌草铺装和草坪铺装。嵌草铺装即缝间带草的砌砖,草种要选用耐践踏、排水性好的品种。因其稳定性强,能承受轻载的车辆,多用于停车场和广场的局部;还有使用在建筑的天井中。

(11)合成树脂:主要有人工草坪路面、弹性橡胶路面、合成树脂路面等材料。

(二)园路铺装施工

1. 施工准备

施工前准备工作必须综合现场施工情况,考虑流水作业,做到有条不紊。否则,在开工后造成人力、物力的浪费,甚至造成施工停歇。

施工准备的基本内容,一般包括技术准备、物资准备、施工组织准备、施工现场准备和协调工作准备等,有的必须在开工前完成,有得则可贯穿施工过程中进行。

2. 园路铺装施工程序

(1)放线。路面设计的中线,在地面上每 20～50 m 放一中心桩,在弯道的曲线上应在曲头、曲中和曲尾各放一中心桩,并在各中心桩上写明桩号,再以中心桩为准,根据路面宽度定边桩,最后放出路面的平曲线。

(2)准备路槽。按设计路面的宽度,每侧放出 20 cm 挖槽,路槽的深度应等于路面的厚度,槽底应有 2%～3% 的横坡度。路槽做好后,在槽底上洒水,使其潮湿,然后用蛙式跳夯夯 2～3 遍,路槽平整度允许误差不大于 2 cm。

(3)铺筑基层。根据设计要求准备铺筑材料,在铺筑时应注意,对于灰土基层,一般实厚 15 cm,虚铺厚度由于土壤情况不同而为 21～24 cm。对于炉灰土虚铺厚度为压实厚度的 160%,即压实 15 cm,虚铺厚度为 24 cm。

(4)结合层的铺筑。一般用 M7.5 水泥、白灰、砂混合砂浆或 1:3 白灰砂浆。砂浆摊铺宽应大于铺装面 5～10 cm 左右,已拌好的砂浆应当日用完。也可以用 3～5 cm 的粗砂均匀摊铺而成。

(5)面层的铺筑。面层铺筑时铺砖应轻轻放平,用橡胶锤敲打稳定,不得损伤砖的边角;如发现结合层不平时应拿起铺砖重新用砂浆找平,严禁向砖底填塞砂浆或支垫碎砖块等。采用橡胶带做伸缩缝时,应将橡胶带平正直顺紧靠方砖,铺好砖后应沿线检查平整度,发现方砖有移动现象时应立即修整,最后用干砂掺入十分之一水泥(按体积)拌和均匀将砖缝灌注饱满,并在砖面泼水,使砂灰混合料下沉填实。

铺卵石路一般分预制和现浇两种,现场浇筑方法是先垫1∶2水泥砂浆厚3 cm,再铺水泥素浆2 cm,即用备好的卵石一个个插入素浆内,用抹子压实,卵石要扁圆、长、尖、大小搭配,面层均匀高低一致(可用一块1 m×1 m的平板盖在卵石上轻轻敲打,以便面层平整)。根据设计要求,将各色石子插出各种花卉、鸟、兽,然后洒透清水将石子表面水泥刷掉,第二天再按水重掺入30%草酸液体洗刷表面,则石子颜色鲜明。

铺砖的养护期不得少于3 d,在此期间内应严禁行人、车辆等的走动和碰撞。

五、草坪建植

(一)草坪草的类型

用于建设人工草坪的植物,大多是质地纤细、株枝低矮,具有扩散生长的根茎型和匍匐型多年生草本植物,耐修剪并具有较高的观赏价值,被称为草坪草。按照气候条件和地域分布,草坪草可分为以下两类。

1. 暖季(地)型草坪草

暖季(地)型草坪草最适宜生长温度是46 ℃~35 ℃,当温度在10 ℃以下则出现休眠状态。暖季(地)型草耐低修剪,有较深的根系,抗旱、耐热和耐磨损。常见的暖季(地)型草种有狗牙根属(天堂草、百慕大等)、结缕草属(日本结缕草、中华结缕草、细叶结缕草、沟叶结缕草等)以及假俭草、地毯草、钝叶草等。

2. 冷季(地)型草坪草

冷季(地)型草坪草主要分布在寒温带、温带及暖温带地区,最适宜生长温度在15 ℃~25 ℃。

冷季(地)型草种的主要特征是耐寒冷,喜湿润冷凉气候,抗热性差。常见冷季(地)型草种有早熟禾属(草地早熟禾、林地早熟禾等)、羊茅属(苇状羊茅、细叶羊茅等)、翦股颖属(匍匐翦股颖、细弱翦股颖等)黑麦草属(多年生黑麦草、一年生黑麦草等)。

不同草种具有不同的特性,在建植草坪时,可以利用它的主要特性(表8—2—1)来发挥其在草坪中的作用。例如,黑麦草成坪速度快,可作为先锋草种,而细羊茅就较适合作为观赏成坪的草种。为了利用各种草坪植物的特性互补,在草坪建植中往往用两种以上的草坪植物混合组成混合草坪,以此来延长草坪的绿色观赏期,提高草坪的使用效率和功能。

表8—2—1 主要的冷季型草种特性评分

特 征	种 类				
	匍匐翦股颖	草地早熟禾	高羊茅	细羊茅	黑麦草
播种成坪速度	1	1	3	3	5
草坪密度	5	4	3	5	3
草坪质地	4	3	1	5	2
耐寒性	5	5	3	4	2
耐旱性	4	3	4	4	3
耐热性	4	4	4	3	1
耐践踏性	2	4	4	2	5
耐剪性	5	3	2	4	2

(二)草坪建植前的场地准备

1. 场地清理

场地和栽植泥土中的砖石、垃圾和杂草等,会影响草坪的生长,影响草坪的纯净度,也会破坏剪草机,打孔机等作业机械,还会给草坪带来病害和虫害。所以对场地必须进行清理,清理后的杂物含量应低于10%,为草坪草的生长提供良好的环境。

2. 草坪排灌系统的设置

草坪的排灌水系统是在草坪建植前必须首先要考虑和解决好的问题。草坪排灌水主要包括排水、喷灌水两个方面,二者缺一不可。

(1)草坪的地表排水法

①自然排水。这种排水方法比较简单,一般采用的方法是:在整地时,有意使场地中心稍高,四周边缘及外围逐步向外倾斜,通常形成 0.2%～0.3% 的排水坡度,最大不宜超过 0.5%。如果是临近路边或建筑物的草坪,则应从屋基处向外倾斜,以利草坪向外排水。

②排水渠。大面积的草坪场地,特别是建在坡度较大、暴雨较多的地区,设排水渠是非常必要的。一般渠深 1.2 m,渠边斜度 2:1,以便于调节较大的水量或持续时间较长的水流。

③排水沟。草坪场地有一定的自然坡度,地表水迅速地向四周排出。为使流速较大的水流不冲坏四周地表或路面,应该挖排水沟,沟的宽度与深度应根据草坪面积和水量而定。

④排水沙槽。排水沙槽主要是促使水下渗,减轻土壤板结,改良土壤结构,延长草坪寿命。沙槽的设置方法:挖宽 10 cm、深 30～40 cm 的沟,沟间距 100 cm,并能与地下排水系统连接。将细沙或中沙添满沟后,用碾滚压实。

(2)草坪的喷灌系统

目前的喷灌系统比较先进的设施有移动式、半固定式和固定式三种。

①移动式喷灌。这种系统的动力水泵和干管、支管是可移动的,使用时要求喷灌区有天然水源(池塘、小溪等)。这种喷灌方式不需要埋设管道,所以投资少,机动性大,使用方便灵活。

②固定式喷灌。这种系统有固定的水泵,用自来水浇灌,干管和支管均埋于地下,喷头可固定于竖管上,也可临时安装。还有一种比较先进的地埋式喷头,不用时可藏于窨井里,具有操作方便的特点,但投资相对较大。

③半固定式喷灌。其泵站和干管固定,而支管可移动,优点介于上述两种喷灌方式之间,适宜大面积草坪使用。

3. 土壤的改良与消毒

(1)种植土壤的改良

为了尽可能创造肥沃的土壤表层,新建草坪在建植前应对土壤全面耕翻一次,深度一般不低于 30 cm。翻地时应打碎土块,土粒直径应小于 1 cm。

在整地时,对质地不良的表土要进行改良。如表层土壤黏重,应混入 50%～70% 含有沙质的沙砾土或粗沙,并施以充足的基肥。应以有机肥为主,每亩用量 2 500～3 000 kg。肥料应腐熟、粉碎,撒匀后翻入土中。也可按每平方米施入 5～10 g 硫酸铵、30 g 过磷酸钙、15 g 硫酸钾混合而成的肥料。改良后的土壤应达到园林栽植土壤的草坪土质量标准。

(2)种植土壤的消毒

为了消灭土壤中的病原菌以及地下害虫,除了在施用有机肥时注意不要用未腐熟的有机肥外,还可根据具体条件选用消毒剂对土壤进行消毒。常用的消毒剂有硫酸亚铁溶液,也可用福尔马林进行消毒。施用时要注意,不可在用药后马上翻盖或翻入土里,应有一段时间的挥发阶段,以免产生药害。以上两种药剂不仅能消灭土壤中的病原菌,同时对防治立枯病具有良好效果。

4. 平整、滚压、浇水

当翻耕完成后,就要开始进行场地平整,主要包括粗平和细平两项工作。粗平是按地形进行平整,可整成高低自然起伏的自然式。粗平之后细平之前,应对坪床灌一次透水或碾压两遍,使土壤充分沉降,以确保完成平整后的坪面不会发生变化。细平是指局部平整,把大土块敲碎,将地面低洼之处填土耙平,使整个场地平坦均匀,为建植草坪做好最后的准备。

(三)草坪建植方法

1. 播种法

以种子繁殖建植草坪,是国内外普遍采用的建坪手段。

(1)播种前的种子处理

一般色泽正常的新鲜草籽,即可直接播种。但对一些发芽困难的则必须于播种前进行催芽处理。常用的方法如下:

①冷水浸种法。用草种体积3倍的水浸泡草种,浸种的水温和浸种的时间要根据草种颗粒的大小、种皮的厚薄而定。如结缕草的种子比草地早熟禾的种子浸泡的温度要高,浸种时间要长。浸种后,捞出晾干,随即播种。

②堆放催芽法。此法简单易行,特别是对冷季型草种,如草地早熟禾、黑麦草、紫羊茅、翦股颖等草籽,催芽效果好。具体方法是将草籽掺入到10~20倍的河沙中,然后堆放室外进行全日照,为了防止水分蒸发可在沙堆上覆盖一层塑料地膜,堆放1~2 d后即可播种。

③化学药物催芽法。如结缕草种子用0.5%的氢氧化钠浸泡24 h,用清水清洗后再播种,发芽率明显提高。

(2)播种期

草坪草种的播种期选择,主要考虑发芽的适宜温度以及能否安全越冬。

①春播。春播播种后草种发芽早、扎根深,草苗生长健壮,形成草坪快,同时能增强草苗抗病、抗旱的能力。春播最适合暖季型草坪草,如狗牙根、结缕草、假俭草等。

②秋播。秋播是在秋末冬初土壤尚未冻结之前播种,特别是在有杂草的土地上,秋播的效果更好,此时多数杂草已进入休眠状态,有利于草坪草生长。秋播特别适合于冷季型草坪草。

(3)播种量

播种量是指决定草坪合理密度的基础,它直接影响草坪的质量。只有适量的播种量,才能形成优质草坪。

(4)播种方法

有人工播种和机械喷播两种。播后立即覆盖,以免种子干燥或被风吹走。覆盖可使用细土、塑料薄膜、无纺布等材料。

(5)播后管理

播种后,要充分保持土壤湿度,可根据天气情况每天或隔天喷水,幼苗长至3~6 cm时可停止喷水。

2. 匍匐茎建植法

匍匐茎建植法是一种典型的无性繁殖方法。草坪中有不少品种具有匍匐茎,如匍匐翦股颖、天堂草、狗牙根、马尼拉草等。可以把匍匐茎切成 3~5 cm 长短的草段,每段保留 1~3 个节,均匀地撒铺在整平的场地上,覆盖一层薄薄的沙土,并压紧耙平,使草段不露出土面,然后经常浇水,养护 30 d 左右,即能形成草坪。

采用匍匐茎建植草坪,一般在 6~10 月最为适宜。此法具有技术简单、易于操作、成本低、成坪快等优点。

3. 分栽法

将母本草坪切成 10 cm×10 cm 大小的方块,或切成 5 cm×15 cm 大小的细长条草块,以 20 cm×30 cm 或 30 cm×30 cm 株行距进行分栽,栽好后滚压、浇水。一般选在每年 3~9 月进行较好。

4. 草块铺设法

将选好的优良草坪,切成规格一致的正方形(多以 30 cm×30 cm),厚度不小于 2 cm,杂草率 5% 以下。无匍匐茎的草种(如高羊茅等一些冷季型草种),可采用无缝铺栽;有匍匐茎的草种(暖季型草种),可采用有缝铺栽,草块间留 3~4 cm 缝隙。将草块按一定顺序一块接一块铺设,边铺边镇压。铺栽以后立即浇水,要求浇透,2~3 d 后进行滚压,以促进整块草坪的平整。实践证明,最适宜的铺草块时间是春末夏初或秋季。此法成坪快,栽后管理容易,但成本高、易老化。

5. 草坪建植新技术

随着科技与绿化工程的进一步结合,草坪建植中越来越多地运用到一些新的技术和工艺。

(1)地毯式草坪的铺设。将事先培养好的优良草坪,按照待铺地形的变化进行随意裁剪,一般是以长条带状从产地铲起,卷成草坪卷,成捆地运出铺种。铲草皮和铺草方法与铺草块法相同。

(2)植生带铺设。由工厂生产的植生带铺设草坪是近年发展起来的新方法。由草种、肥料和无纺布合成,可直接在斜坡、陡坡上铺设。优点是重量轻、运输方便、出苗齐、成坪快,还能减少杂草,但成本较高。

(3)液压喷播技术。利用装有空气压缩机的喷浆机组,通过较强的压力将混合有草籽、肥料、保湿剂、颜料,以及适量的松软有机物和水等制成的绿色泥浆液,直接均匀地喷送至已经平整的场地或陡坡上,可以快速、便捷地建植草坪。在斜坡、陡坡上采用液压喷播技术建植草坪,不仅能固土护坡,避免水土流失,而且施工方便,省时省工,是铁路路基、水库边坡等大面积铺种草坪的好方法。

(4)植草与镶嵌相结合技术。根据地形、环境和园林绿化的特殊需要,尤其在坡度较大的斜坡上或园林步道、停车场、小面积广场上,应用植草与镶嵌相结合的技术更能获得良好绿地效果。停车场的镶嵌草坪具体施工顺序:先夯实地坪,其上铺设用碎石混含河沙做成的疏水层(疏水层厚度:人行道 5 cm,普通车道 15 cm,消防车道 20 cm),在疏水层上铺置沙、土混合的培养土,随后铺上植草砖或植草格,内填培养土(可由堆肥、沙及园土混合配置而成),播上适宜的草种或栽上草丛。经过铺设后的地面,近看是停车场,远看是草坪,对保护、改善和美化环境起到一定的积极作用。

6. 草坪追播

草坪的追播，是使暖季型草坪，如矮生百慕大、马尼拉草等，保持一年四季常绿的景观效果，而于其中追播冷季型草种如多年生黑麦草的方法。

追播前应做好草坪修剪、打孔通气、施表层沙土等坪床准备工作。追播用的草种一般选用多年生黑麦草较多，因其建植快、耐践踏，与一年生早熟禾形成生长竞争，从而提高了草坪追播的成功率。

播种期是追播工作成功的关键，当12 cm的土温为22 ℃时，是最理想的播种时间，这一时间通常是在狗牙根草停止生长之后、冻结温度到来之前。更明确的时间是在平均第一次霜冻日期开始前2~3周。为保证出苗率，追播时应加大播种量，一般25 g/m^2。

草坪追播后，为保持床坪湿润，可采用无纺布覆盖，出苗后揭去无纺布，以保证幼苗正常生长。

六、花坛的施工

（一）平面花坛的施工

平面花坛指平面观赏其图案或花色的栽植。花坛本身呈简单的几何形状，除边界高出地面外一般不修饰成具体的形体。这种花坛，在庭园中较为常见。

1. 定点放线

根据设计图纸，把花坛的几何形状，边界高程，在工地上正确打点放样。

2. 砌筑边界

花坛应高出所在地地面，四周应筑边界，以固定土壤。边界断面形状，高宽尺寸、使用材料与装修等均根据设计要求施工。

3. 整地

栽培花卉的土壤，必须深厚、肥沃、疏松。一般要保持40~50 cm深，因此在筑好边界以后，一定要将花坛面积以内土壤平整。翻地深度，包括边界升高的高度，至少要深挖10~15 cm，挑出草根、石块及其他夹杂物，然后加上好土，使种植层保持一定深度，如栽植深根性花木，还要加深10~15 cm。根据需要，施加适量的肥性平和、肥效长久、经充分腐熟的有机肥料作底肥。

平面花坛的表面，不一定呈水平状；花坛用地应处理成一定的坡度。为便于观赏和有利排水，可根据花坛所在位置，决定坡的形状。若从四面观赏，可处理成尖顶状、台阶状、圆丘状等形式；如果只单面观赏，则可处理成一面坡的形式。

4. 栽植

（1）定点、放线

栽花前，在整好耙细的地面上准确的按照设计图及花卉品种找出花卉栽植位置和范围的轮廓线。放线方法可灵活多样。现简单介绍两种常用的放线方法。

①图案简单的规划式花坛，根据设计图纸，直接用皮尺量好实际距离，并用灰点、灰线做出明显标记，如果花坛面积较大，可用方格法放线。

②模纹花坛，一般用五色草为主，再配置一些其他花木，作为布置模纹花坛的材料。模纹及图案，要求线条准确无误，故对放线要求极为严格。可以用较粗的铅丝，按设计图纸的式样，编好图案轮廓模型，检查无误后，在花坛地面上轻轻压出清楚的线条痕迹。有些模纹

花坛的图案,是互相连续和重复布置的,为保证图案的准确性,可以用较厚的纸板,按设计图剪好图案模型,在地面上连续描画出来。放线方法多种多样,可以根据具体情况灵活采用。此外放线要考虑先后顺序,避免踩乱已放好的线条。

(2)起苗

①裸根苗。应随栽随起,尽量保持根系完整。

②带土球苗。如果花圃土地干燥,应事先灌水。起苗时要保持土球完整,根系丰满,如果土壤过于松散,可用手轻轻捏实。起出后最好于阴凉处囤放 1~2 d,再运苗栽植。这样可以保证土壤不松散,又可以缓缓苗,有利于成活。

③盆育花苗。栽时最好将盆退去,但应保证盆土不散。也可以连盆栽入花坛。

(3)花苗栽入花坛的基本方式方法

一般花坛,如果小花苗具有一定的观赏价值的,可以将小苗直接定植,但应保持合理的株行距,甚至还可以直接在花坛内播花籽。出苗后及时间苗管理。这种方法既省人力、物力,而且也有利于花卉的生长。

花丛式花坛,一般应事先在花圃内育苗。待花苗基本长成后,于适当时期,选择符合要求的花苗,分别栽入花坛内。这种方法比较复杂,费用较大,但可及时发挥效果。

宿根花卉和一部分盆花,也可以按上述方法处理。

栽植方法是栽花前几天,花坛内应充分灌水渗透,待土壤干湿合适后再栽。运来之花苗应存放在荫凉处。带土球的花苗,应保持土球完整;裸根花苗在栽前可将须根剪断一些,以促使速生新根。栽植穴(坑)要挖大一些,保证苗根舒展。栽入后用手压实土壤,并随手将余土搂平。栽好后及时灌水。

用五色草栽植模纹花坛时,应根据圃地记录,应将不同品种的五色草区别开,因红草和绿草,春季差别很小,要到秋季才能分出各自的颜色,应特别注意不要弄乱。为使图案线条明显,一般都用白草镶作轮廓线。白草性喜干燥,耐寒性也比较强,所以在栽植白草的地方,最好垫高一些,以免积水受涝。模纹花坛应经常修剪整齐,以提高观赏效果。

(4)栽植顺序

①单个的独立花坛,应由中心向外的顺序退栽。

②一面坡式的花坛,应由上向下栽。

③高低不同品种的花苗混栽者,应先栽高的,后栽低矮的。

④宿根、球根花卉与一两年生花卉混栽者,应先栽宿根花卉,后栽一两年草花。

⑤模纹式花坛,应先栽好图案的各条轮廓线,然后再栽内部填充部分。

⑥大型花坛,可以分区、分块栽植。

(5)栽植距离

花苗的栽植间距,要以植株的高低、分蘖的多少、冠丛的大小而定,以栽后不露地面为原则;也就是说其距离以相邻的两株花苗冠丛半径之和来决定。当然,栽植尚未长成的小苗应留出适当的空间。

模纹式花坛,植株间距应适当小些。规则式花坛,花卉植株间最好按三角形栽植排列。

(6)栽植深度

栽植的深度,对花苗的生长发育有很大的影响,栽植过深,花苗根系生长不良,甚至会腐烂死亡;栽植过浅,则不耐干旱,而且容易倒伏。一般栽植深度,以所埋之土刚好与根茎处相齐为最好。球根类花卉的栽植深度,应更加严格掌握,一般复土厚度应为球根高度的 1~2 倍。

(二)立体花坛的施工

所谓立体花坛,是用砖、木作结构,将花坛的外形布置成花瓶、花篮及鸟、兽等形状。有些除栽有花卉外,配置一些有故事内容的工艺美术品(如"天女散花"等)所构成的花坛,也属于立体花坛。

1. 结构造型

立体花坛,一般应有一个特定的外形。为使外形固定,必须有坚固的结构。外形结构的制作法可以根据花坛设计图,先用砖堆砌出大体相似的外形,外边包泥,并用蒲包将泥土固定,也可先将要制作的形象,用木棍作中柱,固定在地上,再用竹条或铅丝编制外形,外边用蒲包垫好,中心填土夯实。所用土壤中最好加一些碎稻草,为减少土方对四周压力,可在中柱四周砌砖,并间隔放置木板。外形作好后,一定要用蒲包等材料包严,防止漏土。

2. 栽花

立体花坛的主体植物材料,一般用五色草布置。所栽植的小草由蒲包的缝隙中插进去,插入之前,先用铁钎子钻一小孔,插入时注意苗根要舒展,然后用土填严,并用手压实。栽植的顺序一般应由下部开始,顺序向上栽植。栽植密度应稍大一些,为克服植株(茎的背性所引起的)向上弯曲生长现象,应及时修剪,并经常整理外形。

花瓶式的瓶口或花篮式的篮口,可以布置一些开放的鲜花。立体花坛基座四周,应布置草花或布置成模纹式花坛。立体花坛布置好后,每天都应喷水,一般喷 2 次,天气炎热干旱时应多喷几次。所喷之水要求水点要细,避免冲刷。

第三节 立体绿化

随着城市现代化建设的发展和城市规模的不断扩大,城市建筑密度越来越大,城市人口与日俱增,车辆持续增多,城市中(尤其是在老城区)可用于园林绿化的土地越来越少,很难再依靠传统的平面(地面)绿化来增加城市绿化总量和绿化覆盖率。在城市绿化中进行垂直绿化是拓宽城市绿化空间,提高城市绿化水平,改善城市生态环境的有效途径。

一、屋顶绿化

屋顶绿化是指植物栽植于与地面隔开的平屋顶区域的一种绿化形式。屋顶花园是在屋顶绿化的基础上,把地面花园的形式移于平屋顶上,为人们提供观光、休息、纳凉的场所,两者皆为立体绿化的范畴,在城市尤有用武之地。

(一)屋顶绿化的作用

(1)改善城市环境和气候,缓解城市的"热岛效应"。

(2)绿化植物可以滞留空气中的尘埃,具有滞尘、杀菌和吸收低浓度污染物及增加空气中负离子的作用,具有很强的空气净化能力和清新能力,达到净化空气的效果。

(3)缓解暴雨所造成的积水、洪涝及其他各种地质灾害以及缓和酸雨的危害。研究结果表明,花园式屋顶绿化可截留雨水64.6%,简单式屋顶绿化可截留雨水21.5%,种植屋面平均可截留雨水43.1%。

(4)为鸟类、昆虫等创造适宜的生长环境,有利于生物多样性保护。

(5)屋顶种植蔬菜、果树,具有一定的经济效益。

(6)改善周围环境,起到视线遮挡,保护私密性的作用。

屋顶绿化具有很好的生态效益,即可改善城市的生态环境和增加城市整体美感,提高市民的生活和工作环境质量,达到与环境协调、共存、发展的目的;同时还可提高国土资源的利用率。

(二)屋顶绿化的荷载

在屋顶进行绿化或者建造花园,受到多方面因素的影响和制约,其中首先要考虑的因素之一就是,建筑物的屋顶能否承受屋顶花园各项工程设施的荷重。屋顶荷载是决定建筑屋顶是否能够实施绿化或者建造花园的重要指标。

1. 屋顶绿化荷载原因

(1)屋面本身荷载

屋面本身的荷载包括屋面楼板、找平层、找坡层、防水层、保温层、面层等不含绿化部分的所有荷载,也就是普通建筑屋面的荷载。屋面分为上人屋面和不上人屋面,屋顶绿化通常在上人屋面中布置和实施。一般不建议在不上人屋面中设置屋顶绿化。

(2)种植土荷载

不同植物生存和生长所需土层的最小厚度是不相同的,而植物本身又有深根性和浅根性之分,对种植土深度也有不同要求,屋顶绿化种植土的荷载,应先根据植物品种确定种植土的厚度,再按人工种植土的不同配比,算出屋顶种植土每平方米的荷载。

为了使植物旺盛生长并尽量减轻屋顶上的附加荷载,种植土最好选用人工配置的新型基质,其既满足植物生长发育所必需的各类元素,又比陆地耕种土的密度小。

因此,基质层宜选用质量轻、通透性好、持水量大、酸碱度适宜、清洁无毒的轻质配方土壤。

(3)植物荷载

植物本身的荷载和根系的荷载统称为植物荷载,虽然和其他部分相比植物的荷载所占比例较小,但也是屋顶绿化荷载的一个重要组成部分。在计算植物的荷载时要特别考虑到树木一个长期生长变化的重量。在植物的生长过程中,荷载随着植物的生长而增加。

(4)园林水体荷载

在屋顶花园通常会建设一些小型的水池及喷泉等水景工程。这些工程的荷载应根据水池积水深度以及水池建设材料来确定。首先根据水池设计的水深来确定水的荷载,可采用每平方米的荷载计算。水的深度为10 cm时,分布荷载为100 kg/m^2,每加深10 cm,其荷载随之递增100 kg/m^2。水池若采用砖石或水泥混凝土建造,则要根据设计的厚度以及贴面材料的品种和容重进行分别计算,然后再与水的重量一同折算成每平方米的荷载。为减轻水池的荷载,可以选用轻型玻璃钢材质。

(5)园路的荷载

屋顶上的园林小路一般蜿蜒曲折,各种布置高低错落,在荷载取值上均要转化成每平方米的等效均布荷载、线荷载或集中荷载,根据建筑的不同结构部位进行结构设计,常选用防腐木、轻质砖等材料。

（6）其他材料的荷载

屋顶绿化还常常有坐凳、灯饰等，每种不同的材料密度不同，但是计算方法几乎相同，即材料的体积×密度。

（7）屋顶绿化的总荷载

屋顶绿化的荷载主要包括各个构造层次的荷载，不同的构造层次，不同的材料种类，其荷载均不相同。

2. 减轻屋顶荷载的方法

屋顶荷载的减轻，一方面要借助于层顶结构选型，减轻结构自重和结构自防水问题；另一方面就是减轻屋顶所需"绿化材料"的自重，包括将排水层的碎石改成轻质的材料等，当然上述两方面若能结合起来考虑，使屋顶建筑的功能与绿化的效果完全一致，既能隔热保温，又能减缓柔性防漏材料的老化，那就一举两得了。

（1）减轻种植基质重量，采用轻基质如木屑、蛭石、珍珠岩等。

（2）植被材料尽量选用一些中、小型花、灌木以及地被植物、草坪等，少用大乔木。

（3）可少设置园林小品及选用轻质材料如轻型混凝土、竹、木、铝材、玻璃钢等制作小品（如凉亭、棚架、假山石及灯饰）等。

（4）用塑料材料制作排灌系统及种植池。

（5）采用预制的植物生长板，生长板采用泡沫塑料、白泥炭或岩棉材料制成，上面挖有种植孔。

（6）合理布置承重，把较重的物件，如亭台、假山、水池、花架等安排在建筑物主梁、柱、承重墙等主要承重构件上，以利用荷载传递，提高安全系数。

（7）减轻防水层重量，如选用较轻的三元乙丙防水布等荷重较小的防水材料。

（8）减轻过滤层重量，尽量选用轻质材料，如用玻璃纤维布作过滤层比粗沙要轻。

（三）屋顶绿化的建造

屋顶绿化可以按照人能不能上去分为简单式屋顶绿化和花园式屋顶绿化。

1. 简单式屋顶绿化

简式轻型的绿化以草坪为主，配置多种地被植物和花灌木等植物，讲求景观色彩。对于建筑受屋面本身荷载或其他因素的限制，不能进行花园式屋顶绿化时，可进行简单式屋顶绿化，主要通过绿化发挥屋顶绿化的生态作用。简单式屋顶绿化的建筑静荷载要大于$100\,kg/m^2$，建议性指标参见表8—3—1。

表8—3—1　屋顶绿化建议性指标

花园式屋顶绿化	绿化屋顶面积占屋顶总面积	≥60%
	绿化种植面积占绿化屋顶面积	≥85%
	铺装园路面积占绿化屋顶面积	≤12%
	园林小品面积占绿化屋顶面积	≤3%
简单式屋顶绿化	绿化屋顶面积占屋顶总面积	≥80%
	绿化种植面积占绿化屋顶面积	≥90%

简单式屋顶绿化的建造时施工的屋顶要设置独立的出入口和安全通道,必要时设置专门的疏散楼梯。绿化前要根据屋顶的承重情况,准确核算各项绿化组成的重量。按照施工防水的要求,做好防水层的工作。根据屋顶情况,屋顶四周砌好围挡,高度在 15 cm 左右,在围挡底部每隔一段距离留一个排水孔用于排水。

种植区构造层由下至上分别由防水层、隔根层、排蓄水层、隔离过滤层、基质层组成。

(1) 铺设隔根层

绿化施工前先将屋顶表面清扫干净,在防水层的上方铺设隔根层,紧贴围挡展开隔根层,铺平,隔根层一般使用高密度聚乙烯,用于阻止植物根系向下发展,避免穿透建筑防水层,造成屋面渗漏。两个隔根层的搭接宽度在 10 cm 以上,防止根部从两个搭接缝之间穿过。

(2) 铺设排蓄水层和过滤层

将排蓄水层和过滤层铺在隔根层上方,两个隔根层要对齐,两个过滤层之间的搭接部分要达到 10 cm 以上,防止水土从缝隙处流失。

排蓄水层用于改善基质的通气状况,迅速排出多余水分,并可以储存少量的水分。

过滤层一般采用既能透水又能过滤的聚酯纤维无纺布等材料,用于阻止基质进入防水层。

(3) 铺设基质层

使用的基质为黄土和草炭土,按照 3∶2 的比例搅拌均匀。把基质倒在过滤层上面,厚度在 5~8 cm,基质要搂平压实。基质铺完后,就可以铺设草块了。

(4) 种植植物

如果只是铺设草块,首先要把草块铺在基质层上方,两个草块之间采用对接的方法,注意纹理的统一。草块铺完后,及时浇水。在一周之内,都要保持土壤的湿润,促使草块尽快地恢复生长。

2. 花园式屋顶绿化

花园式复合型绿化,通常采用国际上通行的新技术,铺设阻根防水层、蓄排水层、轻型营养基质,选用耐干旱、绿期长、浅根系、生长缓慢的植物种类,乔灌花草、山石水、亭廊榭合理布置,其间可点缀园林小品,就像地上的花园一样。

花园式屋顶绿化只能在具有足够荷载和良好防水性能的上人屋顶上建造,其实际上是将地面花园建到建筑屋顶上,植物造景,水池,假山石,廊架等均可在屋顶上建造,一般花园式屋顶绿化在宾馆、酒店、大型商办楼、新办学校、建设住宅屋顶上运用比较多。按照景观、生态、休闲功能需要,配置以绿色植物、花坛、草坪、道路、亭廊、水池、座椅、健身设施等,供人们休憩,进行娱乐活动。

花园式屋顶绿化建筑静荷载应大于等于 250 kg/m^2。乔木、园亭、花架、山石等较重的物体应设计在建筑承重墙、柱、梁的位置。

花园式屋顶绿化以植物造景为主,应采用乔、灌、草结合的复层植物配置方式,产生较好的生态效益和景观效果。

花园式屋顶绿化建造方法如下。

花园式屋顶绿化应设置独立出入口和安全通道,必要时应设置专门的疏散楼梯。为防止高空物体坠落和保证游人安全,还应在屋顶周边设置高度在80cm以上的防护围栏。同时要注重植物和设施的固定安全。

(1)种植区构造层

种植区构造层由上至下分别由植被层、基质层、隔离过滤层、排(蓄)水层、隔根层、分离滑动层等组成。构造剖面如图8—3—1所示。

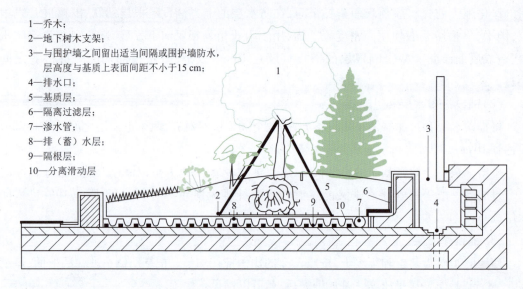

1—乔木;
2—地下树木支架;
3—与围护墙之间留出适当间隔或围护墙防水,层高度与基质上表面间距不小于15cm;
4—排水口;
5—基质层;
6—隔离过滤层;
7—渗水管;
8—排(蓄)水层;
9—隔根层;
10—分离滑动层

图8—3—1 屋顶绿化种植区构造层剖面示意

①植被层

通过移栽、铺设植生带和播种等形式种植的各种植物,包括小型乔木、灌木、草坪、地被植物、攀援植物等。屋顶绿化植物种植方法如图8—3—2、图8—3—3所示。

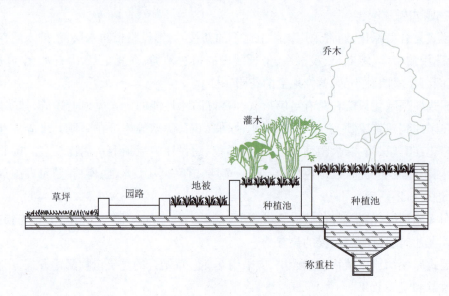

图8—3—2 屋顶绿化植物种植池处理方法示意

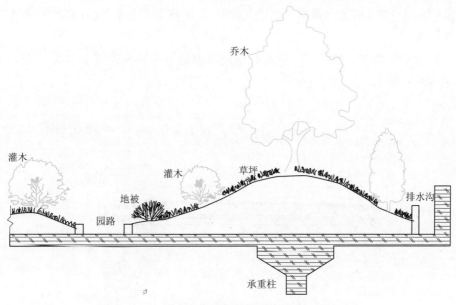

图 8—3—3　屋顶绿化植物种植微地形处理方法示意

②基质层

是指满足植物生长条件,具有一定的渗透性能、蓄水能力和空间稳定性的轻质材料层。

基质主要包括改良土和超轻量基质两种类型。改良土由田园土、排水材料、轻质骨料和肥料混合而成;超轻量基质由表面覆盖层、栽植育成层和排水保水层三部分组成。屋顶绿化基质荷重应根据湿容重进行核算,不应超过 1 300 kg/m²。常用的基质类型和配制比例参见表 8—3—2,可在建筑荷载和基质荷重允许的范围内,根据实际酌情配比。

表 8—3—2　常用基质类型和配制比例参考

基质类型	主要配比材料	配制比例	湿容重(kg/m²)
改良土	田园土,轻质骨料	1:1	1 200
	腐叶土,蛭石,沙土	7:2:1	780~1 000
	田园土,草炭(蛭石和肥)	4:3:1	1 100~1 300
	田园土,草炭,松针土,珍珠岩	1:1:1:1	780~1 100
	田园土,草炭,松针土	3:4:3	780~950
	轻沙壤土,腐殖土,珍珠岩,蛭石	2.5:5:2:0.5	1 100
	轻沙壤土,腐殖土,蛭石	5:3:2	1 100~1 300
超轻量基质	无机介质		450~650

注:基质湿容重一般为干容重的 1.2~1.5 倍。

③隔离过滤层

隔离过滤层一般采用既能透水又能过滤的聚酯纤维无纺布等材料,用于阻止基质进入排水层,造成水土流失和建筑屋顶排水系统的堵塞。

隔离过滤层铺设在基质层下,搭接缝的有效宽度应达到 10~20 cm,并向建筑侧墙面延伸至基质表层下方 5 cm 处。

④排(蓄)水层

一般包括排(蓄)水板、陶砾(荷载允许时使用)和排水管(屋顶排水坡度较大时使用)等不同的排(蓄)水形式,用于改善基质的通气状况,迅速排出多余水分,有效缓解瞬时压力,并可蓄存少量水分。

排(蓄)水层铺设在过滤层下。应向建筑侧墙面延伸至基质表层下方 5 cm 处。铺设方法如图 8—3—4 所示。

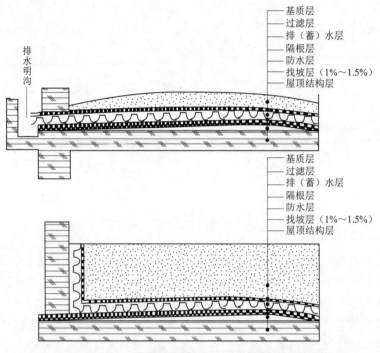

图 8—3—4　屋顶绿化排(蓄)水板铺设方法示意
注:挡土墙可砌筑在排(蓄)水板上方,多余水分可通过(蓄)水板排至四周明沟。

施工时应根据排水口设置排水观察井,并定期检查屋顶排水系统的通畅情况。及时清理枯枝落叶,防止排水口堵塞造成壅水倒流。

⑤隔根层

一般有合金、橡胶、PE(聚乙烯)和 HDPE(高密度聚乙烯)等材料类型,用于防止植物根系穿透防水层。

隔根层铺设在排(蓄)水层下,搭接宽度不小于 100 cm,并向建筑侧墙面延伸 15~20 cm。

⑥分离滑动层

一般采用玻纤布或无纺布等材料,用于防止隔根层与防水层材料之间产生粘连现象。

柔性防水层表面应设置分离滑动层;刚性防水层或有刚性保护层的柔性防水层表面,分离滑动层可省略不铺。

分离滑动层铺设在隔根层下。搭接缝的有效宽度应达到 10~20 cm,并向建筑侧墙面延伸 15~20 cm。

⑦屋面防水层

屋顶绿化防水做法应符合屋面防水技术规程的要求,达到二级建筑防水标准。绿化施工前应进行防水检测并及时补漏,必要时做二次防水处理。宜优先选择耐植物根系穿刺的防水材料。铺设防水材料应向建筑侧墙面延伸,应高于基质表面 15 cm 以上。

(2)园林小品

为提供游憩设施和丰富屋顶绿化景观,必要时可根据屋顶荷载和使用要求,适当设置园亭、花架等园林小品。园林小品设计要与周围环境和建筑物本体风格相协调,适当控制尺度。材料选择应质轻、牢固、安全,并注意选择好建筑承重位置。园林小品与屋顶楼板的衔接和防水处理,应在建筑结构设计时统一考虑,或单独重新做防水处理。

①水池。屋顶绿化原则上不提倡设置水池,必要时应根据屋顶面积和荷载要求,确定水池的大小和水深。水池的荷重可根据水池面积、池壁的重量和高度进行核算。池壁重量可根据使用材料的密度计算。

②景石。景石应优先选择塑石等人工轻质材料。采用天然石材要准确计算其荷重,并应根据建筑层面荷载情况,布置在楼体承重柱、梁之上。

③园路铺装。设计手法应简洁大方,与周围环境相协调,追求自然朴素的艺术效果。材料选择以轻型、生态、环保、防滑材质为宜。

④照明系统。花园式屋顶绿化可根据使用功能和要求,适当设置夜间照明系统。简单式屋顶绿化原则上不设置夜间照明系统。屋顶照明系统应采取特殊的防水、防漏电措施。

⑤植物防风固定技术。种植高于 2 m 的植物应采用防风固定技术。植物的防风固定方法主要包括地上支撑法和地下固定法,如图 8—3—5、图 8—3—6 所示。

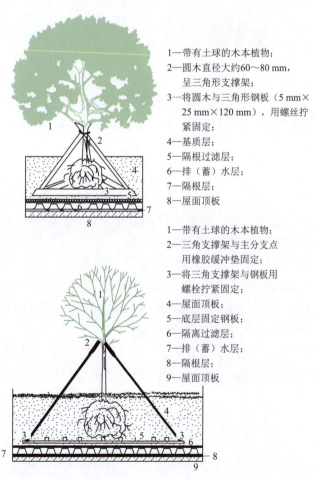

图 8—3—5 植物地上支撑法示意

1—带有土球的树木；
2—钢板、φ-3螺栓固定；
3—扁铁网固定土球；
4—固定弹簧绳；
5—固定钢架（依土球大小而定）

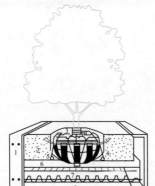

1—种植池；
2—基质层；
3—钢丝牵索（用螺栓拧紧固定）；
4—弹性绳索；
5—螺栓与底层钢丝网固定；
6—隔离过滤层；
7—排（蓄）水层；
8—隔根层

图 8—3—6　植物地下支撑法示意

(四)屋顶绿化的维护

1. 浇水

灌溉间隔一般控制在 10~15 d，屋顶绿化浇水明显多于地面绿化。简单式屋顶绿化一般基质较薄，应根据植物种类和季节不同，适当增加灌溉次数。人工浇水以喷淋方式均匀浇灌。应根据屋顶绿化环境状况，适当提前浇灌解冻水。小气候条件好的屋顶绿化，冬季应适当补水以满足植物生长需要。

2. 施肥

应采取控制水肥的方法或生长抑制技术，防止植物生长过旺而加大建筑荷载和维护成本。植物生长较差时，可在植物生长期内按照 30~50 g/m^2 的比例，每年施 1~2 次长效氮、磷、钾复合肥。观花植物应适当补充含磷的肥料。

3. 修剪

根据植物的生长特性，进行定期整形修剪和除草，并及时清理落叶。一般维持较小的形体。

4. 病虫害防治

应采用对环境无污染或污染较小的防治措施，如人工及物理防治、生物防治、环保型农药防治等措施。

5. 防风防寒

应根据植物抗风性和耐寒性的不同，采取搭风障、支防寒罩和包裹树干等措施进行防风防寒处理。使用材料应具备耐火、坚固、美观的特点。

6. 灌溉设施

宜选择滴灌、微喷、渗灌等灌溉系统。有条件的情况下,应建立屋顶雨水和空调冷凝水的收集回灌系统。

二、墙面绿化

墙面绿化是立体绿化中的一部分,是立体绿化中占地面积最小、绿化面积最大的一种形式,是其他任何形式都不及的。墙面绿化,是泛指用攀援植物或其他植物装饰建筑物墙面或各种围墙的一种立体绿化形式,达到美化的目的。

（一）墙面绿化技术

根据墙面绿化形式的不同,可把新式的墙面绿化技术总结为如下七种类型。

1. 模块式墙面绿化

模块式墙面绿化是利用模块化构件种植植物实现墙面绿化的形式(图8—3—7)。绿化模块是由种植构件(盒)、种植基质和植物三部分组成。植物生长须具备养分、水和空气三要素,作为容器的种植构件,需满足植物生长的必备条件,固定植物的根系、蓄水、排水、空气循环以及和建筑之间的悬挂固定等要求。施工方法是将预先栽培养护好的植物根据方块形、菱形、圆形等几何单体植物模块构件,通过合理的搭接或绑缚固定在不锈钢等骨架上,形成各种形状构图和景观效果。种植形式为在模块中预先栽培,植物则按设计的。

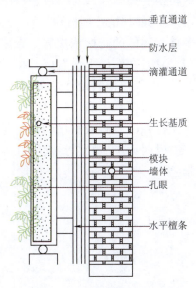

图8—3—7 模块式墙面绿化示意

植物图案要求预先栽培养护数月。该类型的特点是绿化植物寿命较长,适用于大面积高难度的墙面绿化,墙面景观营造效果好,适宜浇灌和微灌。常用的植物如佛甲草、垂盆草等景天科植物及部分蕨类植物,如井栏边草、剑叶凤尾蕨、肾蕨、波斯顿蕨等,可作为常绿色调的植物金叶假连翘、红叶石楠、金叶女贞、六道木及景天科的红叶品种,花叶或红叶的络石及苋草科莲子草属及苋草科莲子草属部分植物等,可作为彩色调的植物;巴西鸢尾、蔓马缨丹、炮仗竹等,可作为开花的植物,以耐旱植物为主,包括草本、蕨类及灌木类。

2. 铺贴式墙面绿化

铺贴式墙面绿化又叫墙面种植,与常规的墙面贴植不同,是在墙面直接铺贴生长基质与植物组成的栽培平面系统(图8—3—8),或者是采用喷播技术在墙面形成一个种植系统。施工方法是直接铺贴生长基质与植物组成的栽培系统或喷播。喷播技术是主要利用特制喷混机械将土壤、肥料、强吸水性树脂、植物种子、黏合剂、保水剂等混合后加水喷射到岩面或建筑表面上的技术,喷播技术在边坡绿化中应用比较广泛和成熟,也可用于墙面绿化。在日本、新加坡、德国等地,已经有将混有植物纤维的吸水混凝土直接用于楼房的墙面。目前,主要是用陶瓷材料烧制或用塑料等其他材料制成的空心砖砌墙,砖上留有植生孔,砖体内装有土壤、树胶、肥料和草籽等混合物,还可在砖体内设置微灌系统,利用植物趋光性原理,砖体内花草从砖面植生孔生长出来从而覆盖墙面。种植形式为混合喷播或铺贴前预先种植。铺贴式墙面绿化的特点是:可以自由设计或组合墙体上的植物图案;直接附加在墙面,无须另做钢架;可浇灌和微灌;系统总厚度薄,只需10~15 cm,且具防水阻根功能,有利于保护建筑物,延长其寿命;易施工,效果好等。常用的植物以草本植物为主,如天门冬、麦、冬玉龙草、垂盆草、黑麦草、葱兰、酢浆草、红花酢浆草、马蹄金、匍匐剪股颖、细叶结缕草、巴西鸢尾及部分景天科植物、蕨类植物等。

3. 攀爬或垂吊式墙面绿化

攀爬或垂吊式墙面绿化是在墙面种植攀爬或垂吊的藤本植物的形式(图8—3—9)。目前,利用墙面栽植槽栽植植物很普遍,特别是一些坡壁应用得较多。与常规的上爬下垂的垂枝型和辅助材料型不同,墙面栽植槽类型多样,施工方法一种是最常见的建造方式,即从墙壁筑梁后挑出种植槽,按设计图案布置,种植各种植物。另一种是沿墙面的垂直方向建筑组合式花槽,把包含底槽托架和多单元连体的花槽依次固定在墙上,槽内装栽培基质,或沿墙面的水平方向镶嵌栽植板形成栽植槽,在墙面上设置好栽植槽后,选植灌木、花草或者蔓生性强的攀援植物等。种植形式为空中种植槽栽植。这类绿化形式的特点是简便易行、变化灵活、造价较低、透光透气性好,能利用雨水浇灌,绿化植物存活时间较长,管理成本低。常用的植物包括灌木、花草或者蔓生性强的攀爬或垂吊的植物,如红皱藤、珊瑚藤、龙吐珠、炮仗花、紫藤、常春藤、铁线蕨、天冬、巴西鸢尾、马缨丹、炮竹红等,还可组合栽植,并灵活搭配出五彩缤纷、主题突出的宜人景色。

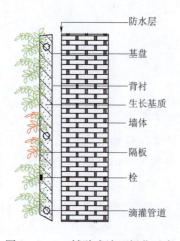

图8—3—8 铺贴式墙面绿化示意

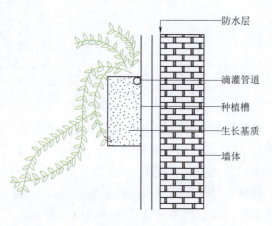

图8—3—9 攀爬或垂吊式墙面绿化示意

4. 摆花式墙面绿化

摆花式墙面绿化是在不锈钢、钢筋混凝土或其他材料等做成的垂直面架中安装盆花或直接在建筑墙面上安装人工基盘实现墙面绿化的形式(图8—3—10)。与模块化绿化相似,是一种"微缩"模块式,安装拆卸方便。人工基盘种类较多,共同点就是在人工支架的基础上,装上各种各样的栽培基质基盘,基盘有卡盆式、包囊式、箱式、嵌入式等不同种类。种植形式一般为盆栽摆设。这类绿化形式特点是适用于临时墙面绿化或立柱式花坛造景,一般使用滴灌或雾喷,通常是在人工基盘接入微灌设施以减轻管护压力。选用的植物包括木本草本时花及蕨类植物,如炮竹红、矮牵牛、非洲凤仙花、三色堇、羽衣甘蓝、一串红、金盏菊、万寿菊、五星花、百日菊、千日红、铁线蕨、银脉凤尾蕨、井栏边草、肾蕨等。

5. 布袋式墙面绿化

布袋式墙面绿化是在铺贴式墙面绿化系统基础上发展起来的一种更为简易的工艺系统(图8—3—11)。施工方法是首先在做好防水处理的墙面上直接铺设软性植物生长载体,如毛毡、椰丝纤维、无纺布等,在纤维布袋内种植植物,然后在这些载体上缝制内装植物及生长基质的布袋,也可在布袋基质内混入植物种子实现墙面绿化。在坡壁上应用得较多,通常是将混合装载生长基质与植物种子的布袋沿坡壁垒砌,花草从布袋生长出来从而覆盖坡壁墙面。种植形式是布袋内种子混播。这类绿化形式的特点是施工简便、造价较低、透光透气性好,能充分利用雨水浇灌,适宜在大面积的边坡治理及水土保持壁面上应用。通常选用禾本科草本植物,偶有采用花灌木,如中华结缕草、高羊茅、狗牙根、吊竹梅、彩叶草、巴西鸢尾、马缨丹、炮竹红、白山毛豆、双荚槐等。

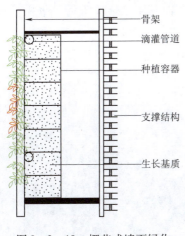

图8—3—10 摆花式墙面绿化

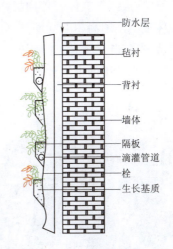

图8—3—11 布袋式墙面绿化

6. V形板槽式墙面绿化

V形板槽式墙面绿化是在摆花式墙面绿化、攀爬或垂吊式墙面绿化的基础上衍生而成的墙面绿化类型。最大的区别是固定的V形板槽代替了墙面栽植槽、人工基盘(或花盆)。施工方法是在墙面上按合适的距离安装V形板槽,在板槽内填装轻质的种植基质,再在基质上种植各种植物(图8—3—12)。种植形式为空中板槽内栽植。这类绿化形式的特点是施工简便灵活、造价低、适宜种植的植物种类多,兼备摆花式、攀爬及垂吊式墙面绿化的优点。适用的植物种类较多,可组合栽植灌木、花草或蔓生性强的攀爬或垂吊的植物,既可渗透浇灌,也可微灌。

7. 墙面贴植

墙面贴植技术主要是选择易造型的乔灌木通过垂直面固定、修剪、整形等方法让其枝条沿垂直面生长的方法。乔灌木的墙面贴植在国外有的叫"树墙",也有的称为"树棚",使用的植物主要有银杏、海棠、紫荆、紫薇、木槿、石榴、火棘、冬青、罗汉松、山茶花等。乔灌木的使用丰富了垂直绿化的植物种类,增加了多样的景观效果。在选择植物时,首先要选择合适的外形,乔灌木的枝条要适宜平铺垂直面,要尽量减少树冠空档扩大平铺面积;其次要注意色彩搭配和整体造型美;最好要考虑光照条件和植物习性。

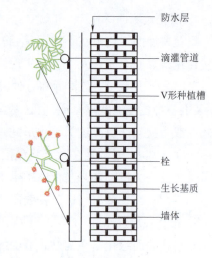

图 8—3—12 V形板槽式墙面绿化示意

以上七种不同类型的墙面绿化可以满足建筑结构、气候环境、植物材料、功能需求、投资规模等不同建设条件要求,使墙面绿化更有针对性,这样不仅使墙面绿化在更大范围发挥生态效应,也能营造更为绚丽多姿的景观,让城市环境更优美。

(二) 墙面绿化实例

在2010年上海世博会中近240个场馆中,80%以上做了屋顶绿化、立体绿化和室内绿化,其中法国馆内高达20多米、环绕整个室内空间硕大悬空的绿柱,让所有进入馆内的游客为之震撼。绿柱在成型的立体容器内植入多样的绿色植物,表现了法国人追求无限绿色空间的理念,也体现了法国高超的绿墙技术。绿色植物选用了适应上海气候条件的众多植物种类,如瓜子黄杨、细叶针茅草、玉簪等(图8—3—13)。阿尔萨斯馆采用种植槽式,但植物选择上有所不同,它采用的植物种类比较丰富,有美女樱、金边蔓长春、中华景天、"胭脂红"景天等(图8—3—14)。

图 8—3—13 上海世博会法国馆

图 8—3—14 上海世博会阿尔萨斯馆

加拿大馆外墙是将种植槽固定在墙面的龙骨架上做的绿化,方法是先将种植槽内装入基质,然后用一层遮阴网覆盖,遮阴网外再用网格状的塑料条固定,植物材料选用的是金边大叶黄杨和海桐,以提前扦插的方式植入种植槽。这种种植方式,植物材料长势基本一致,景观效果好,且安装方便快捷。但是遮阴网对土坡的固定能力不足,且没有配备灌溉设备,人工补水时,容易造成种植土流失(图8—3—15)。

图8—3—15　上海世博会加拿大馆

三、棚架绿化

花架、棚架绿化是现代城市利用街头绿地,改变居民区及公共地带,进行立体绿化的重要形式。

(一)花架、棚架绿化的概念与功能

花架、棚架绿化是各种攀援植物在一定空间范围内,借助于各种形式、各种构件在棚架、花架上生长,并组成景观的一种立体绿化形式。花架是以绿化材料做顶的廊,又是供攀援植物攀爬的棚架,可以供人们休息、乘凉、坐赏周围风景的场所。现在的花架,有两方面作用。一方面供人歇足休息、欣赏风景,另一方面为攀援植物生长创造生物学条件。棚架和花架的区别仅在于平面覆盖范围的大小,棚架在开间和进深两个方向的尺度比较大,形成较大范围的覆盖,其选材及做法和花架无太大区别,有时很难区分。

花架、棚架绿化的实际应用价值与其他绿化形式有所不同,因为花架棚架不仅为观赏和经济的攀缘物生长提供了便利条件,也为人们夏日消暑乘凉提供了场所;从园林建筑设计的角度讲,还具有组织空间、划分景区、增加风景深度、点缀景观的功能,利用一些观花的藤本植物可以形成美丽的花架,供人们游憩欣赏;花架可以作景框使用,将最佳景色收入画面。花架也可以遮挡陋景,用花架的墙体或基础把园内既不美又不能拆除的构筑物如车棚、人防工事的顶盖等隐蔽起来。作为一种园林中的建筑与小品,花架有别于其他建筑绿化形式,由绿色植物的枝叶、花朵、果实自由攀缘和悬挂点缀所形成的空间具有通透感,置身其下感觉凉爽惬意。花架棚架的设计与绿化布置往往可以成为园林中的一个景点。

(二)花架、棚架绿化的结构

花架、棚架的一般构造形式如下。

1. 嵌入式棚架

如图8—3—16所示,跨于两墙之间构造,是最简单的棚架组合形式,在墙体和建筑物之间铺设横梁,形成类似露天亭台或者过道。

2. 顶置式棚架

如图8—3—17所示,支撑在两墙之间或者支撑在两墙顶上,这种花架的形式经常用来活跃一片呆板墙面的气氛,或对墙面某个出口或者特定的窗口做一特征性处理。

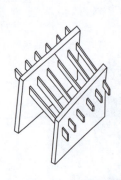 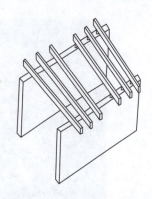

图8—3—16 嵌入式棚架　　　图8—3—17 顶置式棚架

3. 独立结构花架

这种花架由支柱和顶梁组成,其构造可以分为木质藤架和金属藤架。独立的木柱和梁组成的框架,可以采用标准的构件,对于小庭院或者园林空间比较宝贵的是有利的,其关键的构造是柱与地面的连接,由于木头的使用年限少,所以要采取一定的保护措施;独立金属组成的框架具有比木框架更高的强度,可以采用焊接方法将各种构件连接在一起。这种花架可以应用在园林中的公共区域,如图8—3—18所示。

图8—3—18 独立结构花架

(三)花架、棚架的类型

棚架作为园林上常用的建筑类型,种类与造型多种多样,根据构成棚架材料的不同,可以分为六种。

1. 竹木结构

由竹竿和各种木材搭建的最原始简便的棚架。搭建方法通常采用掉头或者竹篾,再用绳索绑扎。这类棚架有观赏型和经济型之分,造型亲切自然、古朴轻巧,且施工方便、造价低廉;缺点是经不起风吹日晒雨淋,而且极易受柱腐朽倒塌,使用年限不长,如图8—3—19所示。

图8—3—19 竹木结构

2. 绳索结构

藤本植物生长受季节性影响,且要依附于一定建筑物搭攀成形的活动式棚架。用棉线、蜡线、铁丝、塑料绳、棕绳、麻绳、电线、链条等绳索材料,配以几根竹竿或从窗或门的四周插入地下牵拉或结成网格状。这种棚架结构简单、灵活,可在一定的场地、空间内自由造型与制作;攀援植物缠绕生长后,可遮挡夏日暴晒,在生长期间可任意改变方向。

3. 钢筋混凝土结构

用钢筋混凝土预制件搭制的棚架。质地牢固耐用,做工精巧,造型多变,构件的外形断面除可模拟毛竹和动物造型等,也可定形浇制生产或按照具体建筑的配套要求进行构思。这是当前应用比较广泛的一种棚架结构形式。

4. 砖石结构

如图8—3—20所示,砖石结构以自然的块石、红石板、石柱和砖砾垒砌而成。这种结构自然粗犷,敦实耐用,给人以稳重感;但塑造费工费时,造型显得笨重。常见于公共绿地、山野及庙宇间。

5. 金属结构

如图8—3—21所示,金属结构是在工地用角铁、扁铁、钢筋、白铁管等材料搭建成的棚架。这种棚架质地牢固,经久耐用,造型美观精巧,且占地面积小;但油漆保养要较之其他结构费工费时。常见于街头绿地、公园以及空间狭小的居民庭院内。

图8—3—20 砖石结构

图8—3—21 金属结构

6. 混合结构

如图8—3—22所示,混合结构是一种用材不成规范的棚架。制作时棚架既可以采用钢筋混凝土与竹木混杂建造,也可用钢筋混凝土与绳索等构件混杂建造。这种棚架取材方便,造型不拘一格。但由于用材不一致,质地、色泽上极易出现差异,使里面不易处理。

图8—3—22 混合结构

(四) 花架、棚架绿化的造型

在城市园林建筑中,棚架的造型最为丰富,可以采用各种类型的花架、棚架。常见的花架、棚架造型有以下几种。

1. 几何式(图8—3—23)

运用简易几何形图案搭建,可分为规则和不规则两种类型。规则类型还可以分为各种类型,如三角形棚架、四角跳蹲棚架、圆攒尖顶棚架、六角攒尖棚铁架、八角攒尖棚架、长方形棚架、菱形棚架、正方形棚架等;另外也可以选用一些不规则的图案来设计花架造型。

2. 半棚架式(图8—3—24)

半棚架式主要采用半边列柱、半边墙垣的棚架形式。为避免棚架设计上的单调感,在沿墙一列可凿槽建花池、开设景窗,或把墙垣剔空做成各种造型的月洞门,使之封而不闭,设置可以在半棚架的横梁上再叠加小枋,让攀援植物遮盖开敞的空间,达到遮阴的绿化效果。

图8—3—23　几何式花架　　　　图8—3—24　半棚架式花架

3. 阶梯式

阶梯式结构近似坡式棚架,但较注重艺术性和观赏价值,是一种利用路面、过道高低起伏之势搭建成阶梯状的空中棚架形式。常见于我国北方的高等院校和园林建筑中,特别是在一些地形有起伏的环境条件下,常布置成这种形式。

4. 跳蹲式(图8—3—25)

棚架的石枋或木横梁的一端镶嵌在屋檐下墙垣里的一种棚架形式。这种棚架结合建筑进行布置,使棚架的绿化与建筑的绿化美化相结合。这种棚架在应用时要注意建筑的遮光问题。

5. 跨越式(图8—3—26)

这是一种常见的棚架形式,其结构类似桥梁。一般用砖石、钢筋混凝土、竹木、金属等搭制,也有用几种材料混合搭制而成;可以在棚架下种上葡萄、丝瓜、扁豆、薯蓣等植物,既绿化了环境又获得一定的经济效益;或缠绕爬藤植物形成绿叶密织的阴棚,并配以紫藤等攀缘开花植物。

6. 单柱式(图8—3—27)

造型类似园林小亭,只要在地上一根石柱或铁杆,上面缀以小枋即可。为避免形式单调,小枋可做成伞形、蘑菇形、放射形、扇形、喇叭形和圆形,也可做成T字形或V字形。

图8—3—25 跳踞式花架

图8—3—26 跨越式花架

图8—3—27 单柱式花架

除以上介绍的各种形式外，还有单挑式、平顶式、坡式、雨篷式、井字形、之字形和各种动物造型。棚架要根据不同的要求进行合理选择，也可以根据要求自己设计更合适的棚架类型。

（五）棚架绿化的植物配置

棚架配置植物时要尽可能考虑以下几点因素。

1. 棚架功能与植物配置

棚架种类繁多，形式多样，但就其功能而言，只有经济型和观赏型之分，生产型和药用型则又是经济型的两个分支。

观赏型棚架无论在构造上还是在植物配置上，都有别于经济型棚架。适宜观赏型棚架种植的藤本有百余种，常用的有紫藤、木香、凌霄、藤本月季、藤三七、蔷薇、猕猴桃、金银花、葡萄、毛叶子花（三角花）、蝙蝠葛、铁线莲、牵牛盛、茑萝等开花观果植物。

为经济效益和观赏效果兼收，可选种观赏南瓜、扁豆、丝瓜、葫芦、苦瓜、红花菜豆等攀援植物配伍。但这些攀援植物到了冬季，枯萎的茎叶会影响观瞻，要及时清除。

经济型棚架不追求造型美，也不讲究色彩的配置，只强调结构的牢度，以经济要求配置植物。如生产类棚架通常栽种丝瓜、扁豆、葡萄、猕猴桃等经济效益高的攀援植物，药用类的棚架则宜栽种葫芦、茑萝、薯蓣、鸡血藤、三叶木通、鹰爪枫、千金藤、使君子等具有药用价值的攀援植物。

2. 植物攀援方式与植物配置

攀援植物可分为缠绕藤本、攀援藤本、钩刺藤本和攀附藤本四类。啤酒花、金银花、紫藤、油麻藤、木通、扁豆、牵牛花、茑萝、何首乌等,是依靠茎的本身螺旋状扭转向上生长的;藤本月季、木香、枸杞、野蔷薇、十姐妹等,则是依靠茎上的倒钩刺这个附属器官帮助生长的;爬山虎依靠吸盘,常春藤、络石、凌霄、石血、南五味子等依靠气生不定根攀附棚架。所以,在构筑棚架前就得事先考虑到植物的攀援方式,选择相宜的棚架构件,或者根据已有棚架的结构形式,选择攀援方式相宜的植物。

3. 棚架结构与植物配置

看架栽藤植蔓,是实施棚架绿化的一种手法。通常情况下,绳索结构、金属结构、竹木结构的棚架,适宜栽种牵牛花、啤酒花、红花菜、茑萝、扁豆、丝瓜、月光花、葫芦、香豌豆、观赏南瓜等缠绕茎发达的草本攀援植物。当然,攀援力较强的葡萄、油麻藤、猕猴桃、常春藤、藤本月季、硬骨凌霄、金银花等中小型木本攀援植物,也适宜在这些棚架上攀援生长,只是牵引比较费工费时。而笨重粗犷的砖石结构棚架、造型多变的钢筋混凝土结构棚架,因承受力大,栽种木质的紫藤、凌霄、称猴桃、葡萄、木香、南蛇藤、地锦、蛇葡萄、油渣果等爬藤植物甚相宜。对于一些要借助于绳索牵引而上的木质藤蔓小苗,可采用绳索牵引或与木质爬藤植物混栽的方法,使之互相缠绕攀援向上。

混合结构的棚架,其植物配置无须考虑以上因素,草本的或木本的爬藤植物均相宜。

4. 植物生长习性与植物配置

我国有丰富的藤本蔓生植物资源,有的栖身于阴暗潮湿之地,有的生长在烈日之下,经过自然进化,以自己特有的生长习性分为喜阴植物或喜阳植物。因此,在为棚架配置植物前,要了解立地的光照条件和土壤酸碱度。如巷道式棚架,由于其所处的空间窄小,光线照明必然受到影响,就应当选择耐阴喜湿的藤本植物。如门廊式棚架一般设在宽敞且光线明亮处,自然要选择喜阳开花的藤本植物了。

(六)棚架植物栽植及施工方法

1. 棚架植物的栽植技术

在植物材料选择、具体栽种等方面,棚架植物的栽植应当按下述方法处理。

(1)植物材料处理

用于棚架栽种的植物材料,若是藤本植物,如紫藤、常绿油麻藤等,最好选一根独藤长 5 m 以上的;如果是如木香、蔷薇之类的攀缘类灌木,因其多为丛生状,要剪掉多数的丛生枝条,只留 1~2 根最长的茎干,以集中养分供应,使今后能够较快地成长,较快地使枝叶盖满棚架。

(2)种植槽、穴准备

在花架边栽植藤本植物或攀缘灌木,种植穴应当确定在花架柱子的外侧。穴深 40~60 cm,直径 40~80 cm,穴底应垫一层基肥并覆盖一层壤土,然后才栽种植物。不挖种植穴,而在花架边沿用砖砌槽填土,作为植物的种植槽,也是花架植物栽植的一种常见方式。种植槽净宽度在 35~100 cm,深度不限,但槽项与槽外地坪之间的高度应控制在 30~70 cm 为好。种植槽内所填的土壤,一定要是肥沃的栽培土。

(3)栽植

花架植物的具体栽种方法与一般树木基本相同。但是,在根部栽种施工完成之后,还要用竹竿搭在花架柱子旁,把植物的藤蔓牵引到花架顶上。若花架顶上的檩条比较稀疏,还应在檩条之间均匀地放一些竹竿,增加承托面积,以方便植物枝条生长,铺展开来。特别是对缠绕性的藤本植物如紫藤、金银花、常绿油麻藤等更需如此,不然以后新生的藤条相互缠绕一起,难以展开。

2. 花架、棚架绿化的施工方法

花架、棚架绿化的施工方法,主要依照这些植物不同的攀缘方式,确立不同的施工方法。因大部分攀缘植物对土壤等条件的要求不十分严格,其栽植方法和其他树木的栽植方法没有大的区别。但攀缘植物类型不同,其攀缘方式不同这就要求在施工时对引导向上生长的方法也不同。

(1)缠绕藤本

这类植物靠茎干本身螺旋状缠绕上升,如紫藤、金银花、五味子、猕猴桃、三叶木通等。此类攀缘植物在种植前要挖较大的栽植坑,埋入足量的腐殖质土,特别是栽植猕猴桃、紫藤时要注意这个问题。同时,需搭好支架和引导架,藤蔓才能沿着支架向上攀缘生长。

(2)攀缘藤本

此类植物借助于感应器管,如变态的叶、柄、卷须、枝条等攀着它物生长,如葡萄、常春油麻藤等。此类攀缘植物必须搭好攀缘架或引导架,才能向上生长。攀缘架依附攀缘对象不同可以有不同的形式:如电杆,可用细铁丝和细钢筋饶电杆扎成圆柱状;如棚架,可以做成简易引导架,在引导植物到达棚架顶部后即可拆除引导架。

(3)钩刺藤本

这类植物靠钩刺附属器官帮助向上攀缘生长,如木香、藤本月季等。这类植物必须搭好攀缘架或引导架和引导绳,在种植后1~2年,要经常人为帮助缠绕向上生长。

(4)攀附藤本

这类植物茎上生长很多细小的不定根或吸盘,紧贴墙面或物体向上攀登生长,如薜荔、爬墙虎、凌霄等。此类植物不需要搭攀缘架或引导架,但在光滑的墙面上适当地搭引导架有助于向上攀登。在装饰有瓷砖的墙面上绿化,应在靠近墙角处挖一约 30 cm × 30 cm 的小坑或做成花箱,把植物栽种其中。需要注意的是,种植这类植物不要离墙壁太远,以免人们通过时踩坏。

根据攀缘植物不同类型、生长习性和形态特征,有意识地进行立架搭棚,可以很快地收到显著的绿化效果,再经过人工修剪,艺术造型,更能成为多种多样的绿色美景。

(七)棚架植物的管理与花架、棚架的维护

1. 植物的管理

在花架、棚架绿化中,为了长期保持良好的效果,需要定期对植物和花架、棚架本身进行维护和管理。

(1)植物的固定与牵引

在花架、棚架的绿化装饰中,植物在生长初期攀缘能力较弱,需要采取人工的措施帮助植物攀缘或者缠绕。

(2) 植物的栽培养护

由于花架、棚架绿化所采用的都是藤本植物,这些植物对生长环境的适宜性都比较强,对环境条件要求不是很严格,所以绿化后的管理措施一般不需要很精细。但在现代园林中,花架、藤架一般设置在公共场所,周围的铺装比较多,由于路面反射等原因使环境温度较高,植物的生长环境包括水分和养分条件都比较差,加之人们在花架、棚架下活动较多,这都会影响植物的生长,所以花架、棚架的绿化也需要一定的水肥管理,才能使植物获得较好的营养状况。

由于植物的生长是没有方向的,如果任其发展可能会影响整个花架、棚架的视觉效果和人们的使用功能,因此需要对植物进行定期修剪整形。

2. 花架、棚架的维护

花架、棚架一般位于室外,受到各种自然因素和人为因素的影响,花架、棚架容易被破坏,加上植物本身的生长,也会影响花架、棚架的整体效果。所以要对花架、棚架进行定期维护,注意保护花架、棚架的结构,检查油漆是否脱落。对结构不稳定的花架、棚架要采取措施固定,油漆脱落的要及时补刷,以免发生安全问题,影响视觉效果。

第四节　站区庭院树木养护管理

园林树木的养护管理,在站区庭院绿化中,占有极其重要的地位。人们形容树木的种植与养护管理,二者之间是"三分种植,七分养护"。严格说来,养护包括两方面的内容,一是对植株个体的"养护",根据不同园林树木的生长需要和某些特定的要求,及时对树木采取如施肥、灌水、中耕除草、修剪、防治病虫害、控制生长、移植、间伐、更新等园艺技术措施,人为调节园林植物的生长发育,形成最佳的园林景观。另一方面是对生长环境的"管理",如看管围护、绿地的清扫保洁等工作。

一、园林绿地分级管理的标准与养护管理工作月历

1. 园林绿地分级管理的标准

为了加强城市绿地的养护管理,提高养护质量,我国各大中城市都制订了城市园林绿地养护管理条例,并确定了检查评比的方法。这些条例、规定,无疑将对城市园林绿地的养护管理,起到极好的指导和促进作用。

2. 园林树木养护管理工作月历

城市园林树木养护管理工作,应当按照不同树木的生物学特性、生长规律和当地的气候条件而进行。因我国地域广阔,各地气候相差悬殊较大,各地季节变化也比较明显,因此养护工作应根据本地具体情况而定。

工作月历是当地园林部门制定的每月对园林植物进行养护管理的主要内容,具有重要的指导意义,但因全国各地气候差异很大,不同地方的管理措施不同。

二、中耕除草

1. 中耕

树木根区由于灌溉、降雨,或人为践踏,以致土壤紧实板结,影响通气、蓄水,有碍树木生

长;或杂草丛生,蔓藤绕树与树木争肥争水。这些,不仅影响树木生长,而且有碍观瞻。因此,在树木(特别是新栽树木)根区进行中耕除草,改善树木的生长条件,促进发育生长,是站段庭园管理中的主要内容之一。

2. 除草

中耕除草往往是结合进行的,但有时虽无杂草,仍需中耕。面积较大,草荒严重的,可用化学除草剂除草。由于绿地园林植物品种较多,应注意选择除草剂种类,以免发生药害。中耕除草一般在树木生长期进行,新栽树木全年进行2~5次,成长大树1~2次,必要时还应安排一次冬耕。

3. 切边

花坛、树坛或树盘,可结合中耕或深翻,用铁锹将其边缘切齐,称切边。切边使树坛或花坛中央略高于四周,除能增加树坛或花坛的美观外,还能改善树坛或花坛的排水和透气性。切边的边坡角一般成45°,深度应为10~15 cm。

三、灌溉与排水

(一)灌溉

1. 灌溉的含义

树木或其他园林植物,在栽培后应浇足"定根水"。在成活生长期,所需要的水分主要是由根部从土壤中吸收的。当土壤含水量不能满足树根的一定吸收量时,或在地上部分的水量消耗过大的情况下,都应设法人工供水。这种人工补充水分供应的措施,叫灌溉。

2. 灌水的相关要求

(1)灌水期限。树木定植成活以后,一般乔、灌木需要连续灌水数年,华北等旱地约需3~5年(灌木5年);江南沿海多雨地区可酌减。土质不好,因缺水生长不良及干旱年份,应延长灌水期,直到树木根系扎深,不灌水也能正常生长为止。

(2)每年灌水次数。每年灌水次数因树木类别、当地气候和土壤特点而异。名贵树、果木,每年应多次灌水;一般树木应争取每年在必要时灌水一次。我国长江以北地区,每年灌水次数较多,如北京,一般年份,全年灌水6次。时间应安排在3月、4月、5月、6月、9月、11月各一次。西北旱地,每年灌水次数,应更多些。

(3)灌水量。灌水量也因树种、植株大小、生长状况、气候、土壤等条件不同而异。在进行灌溉时应灌饱灌足,切忌表土打湿而底土仍然干燥。

(4)质量要求。

①灌水堰一般应开在树冠垂直投影范围,不要开得太深,以免伤根;堰壁培土要结实,以免被水冲塌;堰底地面平坦,保证渗水均匀。对树冠特别宽大或窄小的树种,及四周有铺装的情况下,开堰规格则应灵活掌握。

②水量足,灌得匀,是最基本的质量要求。若发现堰陷漏水现象应及时用土填严,再补灌一次。

③待水全部渗入土表面稍干后,应及时封堰(盖细土)或中耕。

(二)排水

水分太多,对树木生长不利。轻则生长不良,重则腐烂致死。所以地势低洼处,在雨季期间要做好防涝工作,平时也要防止积水。这是极为重要的树木养护工作项目。

不同树种、同种不同年龄的树木,对水涝的抵抗能力不同。杨柳类等抗涝能力强,臭椿、桃等耐涝力弱,稍有积水就有受害的表现。一般不耐涝的乔灌木,在积水中泡 3~5 d 树叶就会发生变黄脱落的现象,甚至死亡。此外,幼龄苗和老年树也很不抗涝,所以要特别注意防范。常用的排涝方法有地表径流法、明沟排水、暗沟排水三种。

四、施 肥

树木定植后,主要靠根系从土壤中吸收水分与无机养料,以供正常生长的需要。由于土壤中所含的营养元素(如氮、磷、钾以及一些微量元素)是有限的,而且树根伸展有一定范围,经长期吸收,土壤养分减低,不能满足树木继续生长的需要。影响正常生长发育,甚至衰弱死亡。所以,栽培树木,在定植后的一生中,都要不断给予养分的补充,提高土壤肥力,以满足其生长的需要。

(一)基肥

以有机肥为主,可供较长时期吸收利用的肥料,如粪肥、厩肥、堆肥、饼肥等。经过发酵腐熟后,按一定比例,与细土均匀混合埋施于树的根部,使其逐渐分解,供树吸收之用。一般基肥的肥效较长,对多数园林树木,可以根据需要,隔几年施一次。基肥以秋施为好。因此时所伤之根容易愈合并促发新根,有利提高贮藏营养水平。当人力不足时,也可于冻前施。冬季温暖地方,习惯于冬春施。

树根有较强的趋肥性,为使树根向深、广处发展,故施基肥要适当深一些,不得浅于 40 cm,范围随树龄而异。幼青年至壮龄树,常施于树冠投影外缘部位,衰老树以施在树冠投影范围内为宜。

施肥的常用方法有穴施、环施、放射状沟施、孔施四种。最好轮流采用,以便相互取长补短,使树木吸收更多的养分。

(二)追肥

在树木生长季节,根据树木生长的需要加施速效肥料,称追肥。园林树木施追肥,因城市环境卫生等原因,一般都用化肥或菌肥,不宜用粪水等;若用,应于夜间开沟施埋。施追肥可以采用根施法、根外追肥两种方法。

(三)施肥次数

根据树木需要与可能条件(肥源、劳力),一般新栽树木 1~3 年内施 1~3 次基肥,有必要追肥 1~2 次;江南地区在 5 月中旬至 8 月下旬习惯追施人粪尿。观花树木,应在花期前、后各追施一次,至于结合生产的果木等,则应按气候变化,适时多次施以不同的肥料。

(四)施肥时的注意事项

(1)有机肥料要充分发酵、腐熟。

(2)施肥后(尤其是追化肥),必须及时适量灌水,使肥料渗入。否则,会造成土壤溶液浓度过大,对树根不利。

(3)根外追肥,最好于傍晚喷施。

(4)城市绿地施肥不同于农村,在选择确定施肥方法、肥料种类以及施肥量时,都应考虑到市容与卫生方面的问题。

五、园林树木的修剪

在园林绿地中,正确的修剪整形是对园林植物的一项极为重要的养护管理工作,是提高园林绿化管理水平不可缺少的一项技术。修剪整形工作可以调节植物的生长状况,创造和保持合理的冠形结构,形成优美的形态,构成有一定特色的美的园林景观。

修剪,有广义和狭义之分。狭义的修剪是指对树木的某些部位(如,枝、叶、花、果等)加以疏删或短截,以达到调节生长,开花结实的目的。广义的修剪包括整形,整形是用工具和捆扎等手段,使树木长成栽培者所期望的特定形状。习惯上将二者联称为整形修剪。

(一)修剪的目的与作用

(1)美化植物外形,提高观赏效果。

(2)增加园林植物的开花结果量。

(3)改善通风透光条件,减少病虫害的发生。

(4)调节园林植物的生长势。

(5)协调比例,创造最佳园林美化效果。

(6)提高园林植物的栽植成活率。

(7)调节与市政设施的矛盾。

(二)整形修剪的原则与类别

1. 整形修剪的原则

(1)依据不同树种的生态习性。不同的树种其生长习性也不同,因此在整形修剪时必须采用不同的措施进行。

①依据树冠的生长习性进行。

②依据树种的萌芽力和发枝力的习性进行。

③通过整形修剪调整主枝的生长势,应按照树木主枝间生长的规律进行。

④通过整形修剪调整侧枝的生长势,应按照树木侧枝间生长的规律进行。

⑤依据不同树种的花芽和开花习性进行。

⑥依据植株的不同年龄时期进行。

(2)体现园林绿化对树木的要求。同一树种不同的绿化目的,其整形修剪就应当不一样,否则就会适得其反。

(3)依照树木生长地点具体条件。环境条件与树木的生长发育关系密切,因此虽然树种相同、绿化的目的相同,但是由于环境条件不同,整形修剪也有所不同。

2. 整形修剪的类别

(1)自然形修剪

以树木分枝习性,自然生长形成的冠形为基础,进行修剪的叫自然形修剪。自然树形的类别见表8—4—1。

表 8—4—1　自然树形的类别

类　别		树　形	代 表 树 种
针叶乔木	有中央领导枝的	圆柱形 卵圆形 尖塔形 圆锥形 盘伞形	塔柏、杜松 桧柏（壮年期） 雪松、桧柏（幼青年期） 落叶松 油松（老年期）
阔叶乔木	有中央领导枝的	圆柱形 圆锥形 卵圆形 塔　形	美杨、新疆杨 毛白杨 加杨 塔形杨
阔叶乔木	无中央领导枝的	倒卵形 球　形 倒钟形 馒头形 伞　形	刺槐 元宝枫 国槐 馒头柳 盘槐
灌木类	针叶树种	丛生形 偃卧形	翠柏 鹿角桧
	阔叶树种	圆球形 丛生形 拱枝形	黄刺梅 玫瑰 连翘

有的树种如核桃、银杏、悬铃木等。按自然生长,具有中央领导干,幼、青年期树冠呈圆锥形,但可在苗期改变中央领导干的顶端优势（进行定干）,使其长成半圆形。这种根据树木枝芽特性进行适当改造的修剪成杯状形、开心形、中干形、多领导干形、丛球形等,统称为"自然形修剪"。

(2) 造型修剪

为了达到造园的某种特殊目的,不使树木按其自然形态生长,而是人为地将树木修剪成各种特定的形态,称"造型修剪",或"人工形体式修剪"。这在西方园林中应用较多,常将树木剪成各种整齐的几何形体,如正方形、球形、圆锥体等；或不规则的人工体形,如鸟、兽等动物型、亭、门等绿雕塑以及为绿化墙面将四向生长的枝条,整成扁平的垣壁式等。

造型修剪因不合树木生长习性,需经常花费人工来维持,费时费工,非特殊需要,应尽量不用。我国最常见的几何形体修剪是绿篱,绿雕塑的修剪则较少见。

(三) 园林树木修剪的时期与方法

修剪时期分为休眠期修剪与生长期修剪。前者于树液流动前进行。其中有伤流的树应避开伤流期。抗寒力差的,宜早春剪,易流胶的树种,如桃、槭等,不宜在生长季剪。生长季修剪还包括剥芽、摘心、去残花、摘果等。

对于比较粗大的枝干,进行短截或疏枝时,多用锯进行,操作比较困难,必须注意以下几个方面。

(1) 锯口应平齐,不劈不裂,对落叶乔木,为避免锯口劈裂,可先在确定锯口位置稍向枝基处由枝下方,向上锯一切口,切口深度为枝干粗的 1/5~1/3(枝干越成水平方向切口就越应深一些),然后再在锯口从上向下锯断,就可以防止枝条劈裂。也可分二次锯,先确定锯口外侧 15~20 cm 处按上法锯断,再在锯口处施锯。最后修平锯口,涂以保护剂。对常绿针叶树如松等,锯除大枝时应留 1~2 cm 短桩(茬)。

(2) 在建筑及架空线附近,截除大枝时,应先用绳索,将被截大枝捆吊在其他生长牢固的枝干上,待截断后慢慢松绳放下,以免砸伤行人、建筑物和下部保留的枝干。

(3) 基部突然加粗的大枝,锯口不要与着生枝平齐,而应稍向外斜,以免锯口过大。

(4) 欲截去分生两个大枝之一,或截去枝与着生枝粗细相近者,不要一次齐枝基截除,应保留一部分。宜将侧生分枝以上的部位截去,过几年待留用枝增粗后,再将暂留枝段全部截除。

(5) 较大的截口,应抹防腐剂保护,以防水分蒸发或病虫侵朽及滋生。

(6) 抹头更新。对一些无主轴的乔木,如柳、槐、栾树等,如发现树冠已经衰老,病虫严重,或因其他损伤已无法发展,而主干仍很健壮的,可将树冠自分枝点以上全部截除,使之重发新枝,叫"抹头更新"。主枝基部完好,应保留并剥芽,不使萌枝簇生枝顶,出现分权处积水易腐等病害。一般灌木也可用此法,但不适应于萌芽力弱的树种。

(四) 不同栽植类型树木的修剪要点

1. 有中央主干的树种

对于杨树,油松等主轴明显的树种,要尽量保护中央领导枝,当出现竞争枝(双头现象),只选留一个,如果领导枝枯死折断,树高不足 10 m 者,应于中央干上部选一强的侧生嫩枝,扶直,培养成新的中央领导枝。

适时修剪主干下侧生枝,逐步提高分枝点。分枝点的高度应根据不同树种,树龄而定。同一分枝点的高度应大体一致;而林缘分枝点应低留,使呈现丰满的林冠线。

对于一些主干很短,但树已长大,不能再培养成独干的树木,也可以把分生的主枝当做主干培养。逐年提高分枝,呈多干式。

2. 行道树的修剪

为便利车辆交通,行道树的分枝点一般应在 3~4 m 之上。行道树高度与规划设计的应一致,其中上有电线者,为保持适当距离,其分枝点最低不得低于 3 m,主枝应呈斜上生长,下垂枝一定要保持在 3 m 以上。其中,高大乔木的分枝点甚至可提到 4~6 m。同一条街的行道树,分枝点最好整齐一致,至少相邻近树木间的差别不要太大。

行道树倾斜偏冠的,应尽早通过适当重剪倾斜方向枝条以调节生长势,使倾斜度得到一定的纠正,以免受大风影响而倒伏。

行道树通过修剪,应做到叶茂形美遮阴大,侧不堵窗、不扫瓦,上不妨碍触碰架空线,下不妨碍车辆人行。

3. 灌木的修剪

(1) 新植灌木的修剪

灌木一般都裸根栽植,为保证成活,一般应做强修剪。一些带土球移植的珍贵灌木树种(如紫玉兰等)可适当轻剪。移植后的当年,如果开花太多,则会消耗养分,响影成活和生长,故应于开花前尽量疏剪花芽。

①有主干的灌木或小乔木,如花桃、榆叶梅等,修剪时应保留一定高度较短主干,选留方向合适的主枝 3~5 个,其余的应疏去,保留的主枝短截 1/2 左右,较大的主枝上如有侧枝,也应疏去 2/3 左右的弱枝,留下的也应短截,修剪时注意树冠枝条分布均匀,以便形成圆满的冠形。

②无主干的灌木(又称丛木),如玫瑰、黄刺梅、太平花、连翘、金钟花、棣棠等,常自地下发出多数粗细相近的枝条。应选留 4~5 个分布均匀,生长正常的丛生枝。其余的全部疏出,但留的枝条一般短截 1/2 左右,并剪成内膛高,外缘低的圆头型。

(2) 定植灌木的养护修剪

应使丛生大枝均衡生长,使植株保持内高外低,自然丰满的圆球形,对灌丛中央枝上的小枝应疏剪,外边丛生枝及其小枝则应短截,促使多生斜生枝。

定值年代较长的灌木,如果灌丛中老枝过多时,应有计划的分批疏除老枝,培养新枝,使之生长繁茂,永葆青春。但对一些为特殊需要培养成高干的大型灌木,或茎干生花的灌木(多原产热带,如紫荆等),均不在此例。

经常短截突出灌丛外的徒长枝,使灌丛保持整齐均衡。但对一些具拱形枝的树种(如连翘等),所萌生的长枝则例外。

植株上不作留种用的残花、废果,应尽量及早剪去,以免消耗养分。

(3) 观花灌木的修剪时间

在当年生枝条上开花的灌木,如紫薇、绣球、木槿、玫瑰、月季等,其花芽当年分化当年开花,应于休眠期(花前)重剪,有利促发壮条,促使当年分化好花芽并开好花。

在隔年生长枝条上开花的灌木(如夏秋分化型),如梅花、樱花、金银花、迎春、海棠、碧桃等,其花芽在先年夏秋分化,经一定累积的低温期于次年春开花。应在开过花后 1~2 周内适度修剪。结合生产的果木,多在休眠期(花前)修剪。其中,观花兼观果的灌木,如金银木,荚蒾类、枸骨等,应在休眠期轻剪。为使花朵开得大也可在花前适当修剪。

4. 绿篱的修剪　绿篱的修剪主要应防止下部光秃,外表有缺陷,后期过大。

(1) 修剪方法

规则式绿篱定植后,应按规定高度及形状,及时修剪。为促使基干枝叶的生长,最好将主尖截去 1/3 以上,剪口在规定高度 5~10 cm 以下,这样可以保证粗大的剪口不暴露。最后用大平剪和绿篱修剪机,修剪表面枝叶,注意绿篱表面(顶部及两侧)必须剪平。

传统的绿篱,在整形时除了要求总体高度一致外,还要求绿篱的顶面、侧面"三面平整";顶与两侧成直角相交,"棱线挺直"。有的绿篱已出现一些变化,如顶侧直角改成钝角(梯形剖面)或圆角,或将顶面改成圆弧形等,修剪要求也随之有所改变,但总体上还是绿篱的形式。

其他自然式灌木篱应按灌木修剪法,其中萌生能力强的灌木,如紫穗槐,可于秋后全部抹头割除,次年重发。

(2) 修剪时间

华北等地,绿篱养护修剪每年最少一次,其中黄杨等阔叶树种,一般在春季(4~5月)进行,针叶树种多于 8~9 月进行,有条件的可以多剪几次。南方因其生长期较长,每年需修剪

2~4次;一般一至三季度剪2~3次,四季度1次,为迎接节日应在节前10日修剪为宜。

5. 藤本修剪法

因多数藤本离心生长很快,基部易光秃,小苗出圃定植时,宜只留数芽重剪。吸附类(具吸盘、吸附气根者)引蔓附壁后,生长季可多短截下部枝,促使副梢填补基部空缺处。用于棚架,冬季不必下架防寒者,以疏为主,剪除枯、密枝;在当地易枯梢(尚未木质化或生理干旱)者,除应种在背风向阳处外,每年萌芽时应剪除枯梢。钩刺类,习性类似灌木,可按灌木疏除老枝的剪法,蔓枝一般可不剪,视情况缩回更新。

(五)树木修剪的程序

概括起来就是"一知、二看、三剪、四拿、五处理"。

一知:参加修剪工作人员,必须知道操作规程,技术规范以及一些特殊的要求。

二看:修剪前应绕树仔细观察,原有树木的整体形状、主干、主枝、侧枝的分布状况,对剪法做到心中有数。

三剪:一知二看以后,按主枝、侧枝、侧枝延长枝、小枝的系统,因地制宜,根据树种与实际情况及修剪的原则,做到合理修剪。

四拿:修剪后挂在树上的断枝,应随时拿下,集中在一起。

五处理:剪下的枝条应及时集中处理,不可拖放过久。以免影响市(园)容和引起病虫扩大蔓延。

六、低温危害与防寒

有些植物,尤其是原产热带或亚热带的种类,低温(0℃~10℃)时受到的伤害,叫寒害,或称冷害、寒伤。

受0℃以下低温冷冻侵袭,组织发生冰冻所引起的伤害称冻害。我国北方地区,冬季严寒、干燥多风,会使一些不太耐寒的树种,在冬季至早春季节,遭受冻害或"生理干旱"(又称冻旱、冷旱、冬旱),使局部枝条枯干,甚至会全株死亡。为使这些树木安全越冬,必须研究低温危害的原因,并采取必要的防寒措施。

(一)外界条件对树木抗寒性的影响

1. 温度对抗寒性的影响

温度升高,植物的所有生命体活动加强,温度降低,生命体活动进行迟缓。其中,呼吸作用表现得特别明显。呼吸作用降低,表示细胞的生命活动降低。降到一定程度,细胞转入休眠状态,遂即提高了细胞的耐寒能力。

2. 光照对抗寒性的影响

随着光的加强,并加上其他良好条件的共同存在,植物就能比较强烈地合成可塑性物质,合成的多,积累也就多,这些物质的存在是植物具有耐寒力的必要前提。光对植物生长有直接的影响。在强光(特别是直射阳光)和短日照下,植物生长便受到抑制,细胞生长的较细小,细胞壁较厚,而保护组织长成较厚的角质层和木栓层,漫射光或微弱的阳光则相反。因此,直射的强光照与短日照,有利促进植物休眠而提高抗寒能力。

3. 土壤水分对抗寒力的影响

土壤水分过多,尤其秋季土壤水分过多时,枝条不能及时停止生长,抗寒锻炼不够,抗寒力差。适当干旱,适时停长,积累养分,促进休眠,则有利抗寒力的提高。因此,雨季集中在夏秋的冬冷地区,应作好雨季排水,秋季停止或少灌水。

4. 土壤养分对植物抗寒力的影响

植物的抗寒锻炼过程,要求在各种养分有适当比例和供应正常的条件下进行。某种营养元素过量或者贫乏都会影响植物的正常生长和耐寒力的增强。氮素过多,低温到来时,枝条不能及时停长,木质化程度差,植株的抗寒力就差。钾肥充足时,有利组织充实,木质化程度高,抗寒力就增强。

总之,植物的抗寒力与外界条件的关系是相当复杂的。因此要针对受低温危害的器官与部位及原因,来采取必要的防寒措施,才能使植物安全越冬。

(二)低温危害的部位与原因

1. 根系冻害

因植物根系无自然休眠的特点,抗冻能力较差。靠近地表的根常易遭冻害,尤其在冬季少雪,干旱的沙土之地,更易受冻。因此冬春季节要做好根系越冬保护工作。

2. 根茎冻害

由于根茎停止生长最晚而开始活动较早,抗寒力差,同时接近地表,温度变化大,所以根茎易受低温和较大变温的伤害,使皮层受冻(一面或呈环状变褐而后干枯或腐烂),故常用培土防寒。

3. 主干、枝杈冻害

主干冻害,一是向阳面(尤其是西南面)的冬季日灼。因温差大,皮部组织随日晒温度增高而活动,夜间温度剧降而受冻。二是冻裂(又称纵裂、裂干)。由于初冬气温骤降,皮层组织迅速冷缩,木质部产生应力,而将树皮撑开,或细胞间隙结冰,产生张力,造成裂缝,枝杈冻害,主要发生在分杈处向内的一面。表现皮层变色,坏死凹陷,或顺主干垂直下裂,有的因导管破裂春季发生流胶。主要是由于分杈处年轮窄,导管不发达,供养不良,营养积存少,抗寒锻炼差之故。另外分杈处易积雪,化雪后浸润树皮使组织柔软,再经一冻即会受害。故常用主干包草,树杈挂草等法防寒,但城市不宜用。

(三)目前常用的防寒措施

1. 灌冻水

在冬季土壤易冻结的地区,于土地封冻前,灌足一次水,叫"灌冻水"。以"日化夜冻期"浇灌为宜,这样到了封冻以后,树根周围就会形成冻土层,以维持根部一定低温的恒定,不受外界更低冷风侵袭或因气候骤然变化而受害。这是利用水的热容量大(即热起来慢,热后冷却也慢)的原理,以防止树木初春过早活动。

2. 根茎培土

冻水灌完后结合封堰,在树木根茎部培起直径为80～100 cm,高为40～50 cm的土堆,防止冻伤根茎和树根。同时也能减少土壤水分的蒸发。

3. 覆土

在土地封冻以前,可将枝干柔软,树身不高的乔灌木压倒固定,盖一层干树叶(或不盖),覆细土40～50 cm,轻轻拍实。此法不仅可防冻,还能保持枝干湿度,防止枯梢,在当地不耐寒的树苗、藤木多用此法防寒。

4. 扣筐（篓）或扣盆

一些植株较矮小的珍贵花木（如牡丹等），可采用扣筐或扣盆的方法。这种方法不会损伤原来的株形，即用大花盆或大筐将整个植株扣住，外边堆土或抹泥，不留一点缝隙，给植物创造比较温暖，湿润的小气候条件，以保护株体越冬。南方栽培畏寒的乔灌木在冬季前，一般用稻草裹干包叶的方法进行防寒，效果亦佳。

5. 架风障

为减少寒冷、干燥的大风吹袭而造成的树木冻旱伤害，可以在树的上风方向架设风障。架风障的材料常用高粱秆、玉米秆，捆编成篱或用竹篱加芦席等。风障高度要超过树高，常用杉槁、竹竿等支牢或钉以木桩绑住，以防大风吹倒，漏风处再用稻草在外披复好，绑以细棍夹住，或在席外扶泥填缝。

6. 涂白与喷白

用石灰加石硫合剂对枝干涂白，可以减小向阳部外皮因昼夜温差大引起的危害，还可以杀死一些越冬病虫害。对花芽萌动早的树种，进行树身喷白，可延迟开花，以免早霜危害。

7. 春灌

早春土地开始解冻后，及时灌水，经常保持土壤湿润，可以降低土温，延迟花芽萌发与开花，避免晚霜危害，也可防止春风吹袭使树枝干枯梢条。

8. 培月牙形土堆

在冬季土壤冻结，早春干燥多风的大陆性气候地区，有些树种虽耐寒，但易受冻旱出现枯梢。尤其在早春，土壤尚未化冻，根系难以吸水供应，而空气干燥多风，气温回升快，蒸发量大，造成生理干旱而枯梢。针对这种原因，对不便弯压埋土防寒的植株，可于土壤封冻前，在树干北面，培一向南弯曲，高30～40cm的月牙形土堆。早春可挡风，反射和累积热量使穴土提早化冻，根系能提早吸水和生长，即可避免冻旱的发生。

9. 卷干、包草

江南冬季湿冷之地，对不耐寒的树木（尤其是新栽树），要用草绳道道紧接的卷干或用稻草包裹主干和部分主枝来防寒。包草时，不要把草衣去掉，草梢向上，开始半截平铺于地，从干基折草向上，连续包裹，每隔10～15cm横捆一道，逐层向上至分枝点。干矮的可再包部分主枝。此法防寒，应于晚霜后拆除，不宜拖延。

10. 防冻除雪

我国长江流域广大地区，降水量较多，冬季降雪量也大。在下大雪期间或之后，应把树枝上的积雪及时打掉，以免雪压过久过重，使树枝弯垂，难以恢复原状，甚至折断或劈裂。尤其是枝叶茂密的常绿树，如竹类、夹竹桃、千头柏等，更应及时组织人员持竿打雪，防雪压折树枝。对已结冰的枝，不能敲打，可任其不动；如结冰过重，可用竿支撑，待化冻后再拆除支架。

11. 积雪

积雪可以起到保持一定低温，免除过冷大风侵袭。在早春可增湿保墒，降低土温，防止芽的过早萌动而受晚霜危害等作用。

七、草坪的养护管理

草坪种植施工完成后,一般经过1~2周的养护就可长成丰满的草坪。草坪长成后,还要进行经常性的养护管理,才能保证草坪景观长久地持续下去。草坪的养护管理工作主要包括浇水、施肥、修剪、除杂草等环节。

(一)浇水

干旱地区必须经常为草坪补充水分。在施工前就应查明水源和准备适宜的供水设施,最好有喷灌设备。

新植的草坪,除雨季以外,每周浇水2~3次,水量要足,保证渗入地下10 cm以下。夏季天气炎热,不要在中午浇水,以免温差变化太大,影响草坪的正常生长。对以往正常生长的草坪,视当地气候状况,最好于每年开春发芽前,和秋草枯黄停长(北方于土地封冻前)时,各灌一次足水,前者称"春水",后者称"灌冻水",这二次水对草坪的全年生长,安全越冬,有很大作用。在生长季节,如遇天气干旱也要定期灌水。

(二)施肥

草坪植物需要足够的土壤营养条件。城市土壤往往质地很差,应经常补充肥源。有的草坪在种植时未施基肥,则更需施肥,才能保证植物生长茂盛。草坪生长期最需要的是氮肥,其次是磷、钾肥及某些微量元素,要根据情况,确定肥料种类,施肥量和施肥方法。

1. 施堆肥

施堆肥时应事先过筛,粉状施入。

(1)施用时间:从晚秋至早春,整个休眠时期均可施用。

(2)施肥量:每亩1 000~1 500 kg,每隔2~3年施一次。

(3)施肥方法:先将草叶剪去(剪下的草叶仍可做堆肥材料),将肥料均匀的撒施于草坪表面。坑洼处可以用肥料垫平,施肥后喷水压肥。

2. 施化肥

主要在生长季节作追肥用。一般施法为喷施(根外追肥),即将选好的化肥按比例(硫铵1:20,尿素1:50)加水稀释,喷洒于叶面,即可起到施肥的作用,也可以将化肥按规定用量加少量细土混合均匀后撒施于草坪上。追施化肥的次数,应灵活掌握,一般每年2~3次即可。每次施肥后应适量喷水使肥料均匀的渗入土中,水量不能过大过猛,以免造成肥料流失。在剪过的草坪应在一个星期后才可喷施,否则会使剪口枯黄。

(三)修剪(滚草)

1. 修剪目的

(1)修剪可以使草坪平坦、低矮,有的还可以剪成美丽的花纹,增加观赏效果。

(2)促使分蘖,增加草坪的密度。

(3)消灭某些双子叶杂草,保证草坪的纯度。

2. 剪草工具

最好用剪草机修剪,剪草机有人力的、机动的和电动的,可根据需要和条件选用,小面积草坪也可以用镰刀或绿篱剪、割草机修剪,但效果不如剪草机剪的整齐。

3. 修剪次数与剪法

修剪是草坪养护管理中最重要、最基本的工作之一。草坪修剪不仅能控制草坪的高度,使之保持整齐美观的状态,而且能促进禾草生长旺盛。

草坪修剪时间和频率,不仅与草坪的生长发育有关,还与草坪的种类、利用目的有关,一般来说,冷季(地)型草坪草有春、秋两个生长高峰,在这两个高峰期应加强修剪;而暖季(地)型草坪草的生长高峰期只在夏季,故需在夏季加强修剪(表8—4—2)。

表8—4—2 草坪修剪的频率及次数表

草坪草种类	用途	修剪频率(次/月)			修剪频率(次/年)
		4~6月	7~8月	9~10月	
冷季(地)型草	观赏	2~3	1	2~3	15~20
暖季(地)型草		1~2	2~3	1~2	10~20
结缕草	活动休息	1~2	2~3	1~2	10~20
野牛草					

每次修剪时,既不能留草过低,又不能留草过高,修剪高度应根据草坪用途确定,见表8—4—3。同时每次修剪时要遵循1/3原则,即每次草剪掉的部分应小于叶片自然高度的1/3。

表8—4—3 各类草坪的留草高度(cm)

草坪类型	轧草标准(生长高度)	留草高度
观赏草坪	6~8	2~3
游憩活动草坪	8~10	2~3
草坪球场	6~7	2~3
护坡草坪	12	1~3

修剪次数,一般对生长旺盛的草应多剪几次,对生长较弱的草则应少剪。最好是当草坪高度超过10 cm时就应修剪,过高剪后会留下黄茬,修剪高度以留茬4~5 cm为宜。剪草前应先清除草坪中的石块、树枝等杂物,以免损伤剪机,剪草时间最好是在清晨草叶挺直的时候。中午草叶发蔫,很难剪齐。剪草时要按顺序进行,保持草坪的清洁整齐,剪下的草叶要及时清理(可做堆肥用)。北方地区还有在杂草结实前(立秋后的18 d前)修剪一次的习惯。这样更有利于消灭杂草。因农谚有"立秋十八天,寸草都结籽"一说,此时剪除杂草结籽部分,自然可以消灭用种子繁殖的杂草。

(四)除杂草

杂草是草坪的大敌,一经侵入,轻者影响观瞻,重者会造成全部报废,特别是新种植的草坪,除清杂草的工作更为重要。据试验,北京春季点栽的野牛草草坪,及早清除杂草的,到秋季,覆盖率达100%,而对照地仅达5%。

1. 杂草分类与识别

对杂草进行分类是识别的基础,而杂草的识别对杂草的生物、生态学研究,特别是对防除和控制具有重要的意义。

(1) 形态学分类

根据杂草的形态特征,对杂草进行分类,这在杂草的化学防治中有其实际意义。许多除草剂就是由于杂草的形态特征获得选择性的。大致可以分为三大类。

①阔叶草类,包括所有的双子叶植物杂草及部分单子叶植物科杂草。茎圆心或四棱形。叶片宽阔,具网状叶脉,叶有柄。主要有旋覆花、蒲公英、小藜、荠菜、夏至草、打碗花、野胡萝卜、葎草、猪毛菜、狼紫草、车前、一年蓬、山苦荬、蒿类、泥胡菜、独行菜、附地菜、马齿苋、独行菜、刺儿菜、小飞蓬、繁缕、婆婆纳、卷耳、苍耳、小旋花、地锦、扁蓄、酢浆草等。

②禾草类,主要包括禾本科杂草。茎圆或略扁,节和节间区别,节间中空。叶鞘开张,常有叶舌。叶片狭窄而长,平行叶脉,叶无柄。主要有马唐、牛筋草、狗尾草、稗、画眉草、狗牙根、白茅、一年生早熟禾、两耳草、虎尾草等。

③莎草类,茎三棱形或扁三棱形,无节与节间的区别,茎常实心。叶鞘不开张,无叶舌。胚具1子叶,叶片狭窄而长,平行叶脉,叶无柄。主要有香附子、碎米莎草、异型莎草等。

(2) 根据生物学特性的分类

主要根据杂草所具有的不同生活型和生长习性所进行的分类。

①一年生杂草。在一个生长季节完成从出苗、生长及开花结实的生活史。如马齿苋、铁苋菜、鳢肠、马唐、稗、异型莎草、碎米莎草等相当多的种类。

②二年生杂草。在二个生长季节内完成从出苗、生长及开花结实的生活史。通常是冬季出苗,翌年春季或夏初开花结实。如野燕麦、看麦娘、阿拉伯婆婆纳、猪殃殃、播娘蒿等等。

③多年生杂草。一次出苗,可在多个生长季节内生长并开花结实。可以种子以及营养养殖器官养殖,并度过不良气候条件。如苣荬菜、水莎草、刺儿菜等。

2. 草坪主要除草剂种类及应用技术

草坪除草剂是指用以消灭或控制草坪中杂草生长,使其选择性死亡的特殊专用除草剂。既能防除草坪杂草保证草坪美观,又能不伤草坪。高度的选择性,是其与一般除草剂根本的区别。其作用原理一般是通过干扰、打乱植物体内的激素平衡、阻断光合作用的某个链条、抑制其呼吸作用等从而使杂草生理失调,并逐渐死亡。

3. 如何有效预防药害发生

(1) 选用草坪除草剂专用产品,严格按说明书要求使用。

(2) 草坪草在出苗后7 d以前,不要使用任何除草剂,两叶一心前不要使用防除禾本科杂草的除草剂。

(3) 夏季特别在高温高湿情况下,对于砂土(高尔夫球场备草区)、瘠薄土地在草坪出苗20 d前慎用除禾本科除草剂,对于沙壤土、砂土、瘠薄土地不要做芽前封闭除草。

(4) 夏季冷地型草坪草进入热休眠期,病发严重时严禁使用防除禾本科杂草的除草剂;正常健康的草坪最好避开中午高温期使用,此阶段最好是和杀菌剂配合使用。

(5) 草坪草修剪后不能立即喷施除草剂,会造成草坪双向损伤,等伤口愈合一段时间后再使用除草剂,一般来讲最快的安全间隔期是24 h。

(6) 除草剂和有机磷杀虫剂一定要间隔7 d以上使用,严禁同时使用。

总之,应用除草剂消灭草坪中的杂草,需经小面积试验,然后大面积应用。施用除草剂的关键措施是要求洒布均匀。在夏秋高温季节施用,只要进行2~3次化学除草,基本可以控制杂草的蔓延。具体施用时间,应选晴朗无大风天,每天9:00后至下午4:00前为宜。雨季只要24 h内不下雨,就可喷施。除草剂对各种植物均有毒害作用,故应避免与树木花卉接触。在施用和保管过程中还要注意人、畜安全。

(五)刺空、加土与滚压

刺空不仅能促进水分渗透,还能使土壤内部空气流通。草坪经过一年的践踏使用之后,应在秋、冬季使用钉齿滚(带有粗钉的滚筒)在草坪上滚动刺孔。草坪面积不大的可以使用叉土的叉子在草坪上扎洞眼。

早春土壤解冻之后,土壤含水量适中,不干不湿,应抓紧进行滚压。滚压不仅能使松动的禾草根与下层的土壤密切结合起来,而且又能提高草坪场地的平整度。在滚压前应检查一次,必须将低洼不平之处先用堆肥垫平,然后滚压。

耘耙能将枯死的草叶连同幼小的野草拔除。如苔藓之类经耘耙之后不易滋生。耘耙也能使草坪土壤空气疏通透气,保持湿度,促使土壤中养分分解等。如草坪土质黏性,在刺空或耘耙前适当在草坪场地上撒入一些沙子,促使沙粒落下,则有利于改良土壤。

(六)围护

由于我国人口多,草坪少,大家都很欢喜进入,养护管理难度较大。因此,保护草坪,防止践踏,是草坪养护管理中一项极为重要的工作。经常性的践踏,会使草坪生长不良,成片死亡,严重影响覆盖度,外观呈黄斑、虎皮状,影响美观。即使是比较耐践踏的草种,也是不能长期忍受的,应加强管理。人多的地方,非开放期边上应设栏杆,内拉网绳加以围护,新植草坪及不耐踏的草坪(如羊胡子草坪),绝对不准游人进入。

(七)草坪的更新复壮

草本植物生命期限较短,要延长草坪的使用年限,必须采取必要的技术措施,现介绍以下几种更新复壮方法。

1. 带状更新法

野牛草、结缕草等具匍匐茎、分节生根的草,到一定年限后,可每隔50 cm距离挖走50 cm宽一行,并将地面整平,过1~2年就可长满,然后再挖走留下的50 cm,这样循环往复,四年就可全面更新一次。

2. 一次更新法

发现草坪已经衰老,可以全部翻挖出来,重新栽种,只要加强养护管理,很快就能复壮起来。多余的草根,还可以作为草源,扩大草坪面积。

3. 断根法

用特制的钉筒(钉长10 cm左右),来回滚压草坪,将地面扎成小洞,断其老根,洞内施入肥料,促使新根生长,或用滚刀每隔20 cm将草坪切一道缝,划断老根,然后施肥,均可达更新复壮目的。

(八)排水

草坪内不能长时间积水浸泡,雨季一定要注意及时排除积水。在草坪施工的时候就要考虑排水坡度,同时还应随时用细土填平局部低洼处。

(九)草坪追播

草坪养护中为满足景观要求,保持暖季型草坪在冬季可以观赏到绿色,常采用追播技术。

(十)防治病虫害

草坪的病虫害会对草坪构成致命的危害,促使草坪早衰,失去观赏效果和其他功能。良好的肥水管理和合理修剪,能够减少病虫害的发生。所以,一旦受病虫害的侵染,应立即采取相应措施进行防治。

草坪病害可分为侵染性病害和非侵染性病害。要针对不同的病害,施以不同的防治方法。

1. 褐斑病

褐斑病是冷季型草坪最主要的病害之一,是草坪上最为广泛的病害,具有土传习性,寄主范围广,常造成草坪大面积枯死。

(1)病症表现

被侵染的叶片出现水浸状,颜色变暗、变绿,最终干枯、萎蔫,转为浅褐色。在暖湿条件下,草坪出现枯黄斑,有暗绿色至灰褐色的浸润性边缘,由萎蔫的新病株组成,称为"烟状圈",在清晨有露水时或高温高湿条件下,症状比较明显。留茬较高的草坪则出现褐色圆形枯草斑,无"烟状圈"症状。在干燥条件下,枯草斑直径可达 30 cm,枯黄斑中央的病株恢复地快,结果其中央呈绿色,边缘为黄褐色环带,有时病株散生于草坪中,无明显枯黄斑。

(2)防治方法

①加强栽培管理;种植抗病品种;平衡施肥,增施磷、钾肥,避免偏施氮肥;防止漫灌和积水,改善通风透光条件,降低湿度。

②清除枯草层和病残体,减少病源。

③使用杀菌剂农药进行防治。

2. 锈病

(1)表现症状

主要危害草坪草的叶片和叶鞘,以及侵染茎秆和穗部。草坪草染病部位形成黄褐色的菌落,散出铁锈状物质。感染锈病后叶绿素被破坏,光合作用降低,呼吸作用失调,蒸腾作用增强大量失水,叶片变黄枯死。

(2)防治方法

①加强栽培管理;种植抗病品种;生长季节多施磷、钾肥,适量施用氮肥;合理灌水,降低草坪湿度。

②病发后适时剪草,减少菌源数量。

③使用杀菌剂农药进行防治。

3. 白粉病

(1)症状表现

病发初期,草坪草的叶片上出现白色霉点,后逐渐扩大成近圆形、椭圆形霉斑,先是白色,后变成污灰色、灰褐色。霉斑表面着生一层白色粉状物质,主要危害早熟禾、细羊茅、狗牙根等。

(2)防治方法

①加强栽培管理;种植抗病品种;减少氮肥用量或与磷、钾肥配合使用;降低种植密度,减少草坪周围灌、乔木的遮阴,以利于草坪通风透光,降低草坪湿度;适度灌水,避免草坪过旱。

②发病草坪提前修剪,减少再侵染菌源。

③使用杀菌剂农药进行防治。

4. 立枯病

(1)病症表现

发病初期,草坪草出现淡绿色小型病草斑,之后很快变成黄枯色,在干热条件下,染病草坪草枯死形成黄色枯草斑。枯黄斑呈圆形或不规则形，直径 2~30 cm，病斑内的草坪植株几乎全部发生根腐和基腐。染病株的叶片上可能出现叶斑，主要生于老叶和叶鞘上，形状不规则，初期出现水渍状，墨绿色，后变枯黄色至褐色，有红褐色边缘，外缘枯黄色。主要由高温、湿度过高或过低，光照强，氮肥施用过量，枯草层太厚，草坪土壤 pH 值大于 7.5 或小于 5.0，偏碱或过度偏酸而引起。

(2) 防治方法

① 加强栽培管理：选择抗病和耐病的品种建植草坪；科学均衡施肥勿过施氮肥，保证有足够的磷、钾肥；减少灌溉次数，清除枯草层。

② 使用杀菌剂农药进行防治。

5. 腐霉菌病

(1) 症状表现

高温高湿条件下，腐霉菌侵染导致根部、根茎部和茎、叶变褐腐烂，在草坪上出现直径 2~5 cm 的圆形黄褐色枯草斑。在修剪植株较低矮的草坪上枯草斑最初小，但扩大迅速；在修剪植株较高的草坪上枯草斑较大，形状不规则。枯草斑内病株叶片褐色水渍状腐烂，干燥后病叶皱缩，色泽变浅。高温条件下出现成团的棉毛状菌丝体。多数相邻的枯草斑可汇成较大的形状不规则的死草区，且死草区往往分布在草坪最低湿的区段。有时可能会沿草坪修剪机的修剪路线形成长条形的分布。

(2) 防治方法

① 加强栽培管理；选择耐病品种；改变草坪的排水条件，避免雨后积水；合理灌水，减少灌水次数；控制灌水量，减少根层（10~15 cm）土壤含水量，降低草坪小气候的相对湿度；及时清除枯草层，高温季节有露水时不剪草，以避免病菌传播；平衡施肥，增施磷肥和钾肥，提高草坪的抗病性。

② 使用杀菌剂农药进行防治。

草坪植物的虫害相对于草坪病害来讲，对于草坪危害较轻，喷施杀虫剂农药即可进行防治，但是昆虫取食草坪草、污染草地、传播疾病，常使草坪遭受损毁，严重影响草坪的质量，如果防治不及时，会对草坪造成大面积的破坏。按其危害部位的不同，草坪害虫可分为地下害虫和茎叶害虫两大类。常见的害虫主要有蛴螬、象鼻虫、金叶虫、蝼蛄、地老虎、草地螟、粘虫、蝗虫。

总之，草坪病虫害的防治要预防为主，综合防治，了解主要病虫害的发生规律，弄清诱发因素，采取综合防治措施。随着引进草坪草品种的不断增加，使用中不但要了解引入品种的生长习性、适应性，还要对其抗病虫性进行筛选。防治病虫害主要药剂为杀虫剂、杀螨剂和杀菌剂等，使用时应按照使用说明进行，防止产生药害。

八、花坛的养护管理

花坛的艺术效果，取决于设计、品种的选配以及施工的技术水平。但是，是否能保证生长健壮，开花繁茂，色彩艳丽，却在很大程度上取决于日常的养护管理。

(一) 浇水

花苗栽好后，在生长过程中要不断地浇水，以补充土中水分的不足。浇水的时间、次数、灌水量则应根据气候条件及季节的变化灵活掌握。如有条件还应喷水，特别是对模纹式花坛、立体花坛，应经常进行叶面喷水。由于花苗一般都比较娇嫩，所以喷水时要注意以下几方面的问题。

（1）每天浇水时间，一般应安排在上午 10:00 前或下午 2:00～4:00 以后。如果一天只浇一次，则应安排傍晚前后为宜；忌在中午，气温正高、阳光直射的时间浇水，使土温骤降，对花苗生长不利。

（2）每次浇水量要适度，既不能水过地皮湿，底层仍然干，也不能水量过大，土壤经常过湿会造成花根腐烂。

（3）水温要适宜。一般春、秋二季水温不能低于 10 ℃，夏季不能低于 15 ℃。如果水温太低，则应事先晒水，待水温升高后再浇。

（4）浇水时应控制流量，不可太急，避免冲刷土壤。

（二）施肥

草花所需要的肥料，主要依靠整地时所施入的基肥。在定植后的生长过程中，也可根据需要，进行几次追肥。追肥时，千万注意不要污染花、叶。施肥后应及时浇水。

对球根花卉，不可使用未经充分腐熟的有机肥料，否则会造成球根腐烂。

（三）中耕除草

花坛内的杂草与花苗争肥、争水，既妨碍花苗的生长，又影响观瞻，所以，发现杂草就要及时清除，并保持土壤疏松，有利花苗生长。中耕、松土时，不要损伤花根。中耕后的杂草及残花、枯叶要及时清除。

（四）修剪

为控制花苗的植株高度，促使茎部分蘖，保证花丛茂密，健壮以及保持花坛整洁、美观，故应随时清除残花、败叶，经常修剪。一般草花花坛，在开花时期每周剪除残花 2～3 次。模纹花坛，更应经常修剪，保持图案明显、整齐。对花坛中的球根类花卉，开花过后应及时剪去花梗，以便消除枯枝残叶，并可促使子球发育良好。

（五）补植

花坛内如果有缺苗现象，应及时补植，以保持花坛内的花苗完美无缺。补植花苗的品种、色彩、规格都应和花坛内的花苗一致。

（六）立支柱

生长高大以及花朵较大的植株，为防止倒伏、折断，应设立支柱。将花茎轻轻绑在支柱上，支柱的材料可用细竹竿，有些花朵多而大的植株，除立支柱外，还应用铅丝编成花盘将花朵托住。支柱和花盘都不可影响花坛的观瞻，最好涂以绿色。

（七）防治病虫害

花苗生长过程中，要注意及时防治地上和地下的病虫害，由于草花植株娇嫩，所施用的农药，要掌握适当的浓度，避免发生药害。

（八）更换花苗

由于草花观赏期短，为了保持花坛经常性的观赏效果，要经常作好更换花苗的工作。

第九章　铁路沙害防治基础理论

铁路沙害防治是复杂的一项系统工程,是以流体力学为基础,运用物理学、气象学、化学、生态学及土木、岩土工程等知识为载体,解决铁路线路、桥梁、涵洞、隧道、房建及站场等建(构)筑物风沙灾害侵袭难题的一门科学技术。本章主要介绍铁路沙害防治的基础理论和实践经验组成的技术体系。

第一节　国内外沙害铁路简述

铁路沙害防治在国外已经有很长的历史。19世纪俄国在沙漠、戈壁地区修建了铁路,风沙危害的防治也随之展开。后来世界很多国家与地区都修建了沙漠铁路并展开了铁路防沙治沙工作。

一、国外沙害铁路

国外沙漠、戈壁铁路亚洲主要分布在蒙古、哈萨克斯坦、乌兹别克斯坦、土库曼斯坦、沙特、伊拉克、巴基斯坦和印度等,非洲主要分布在埃及、突尼斯、阿尔及利亚、毛里塔尼亚、纳米比亚和南非等,以及澳洲的澳大利亚和美洲的美国等国家,见表9—1—1。

表 9—1—1　国外主要沙漠铁路

洲　名	国　家	沙漠铁路	沙漠戈壁
亚洲	蒙古	二连(中国)—乌兰巴托	蒙古戈壁
	乌兹别克斯坦、哈萨克斯坦	塔什干—阿克纠宾斯克、奇姆肯特—塞米巴金斯克—切利诺格勒	克孜勒库姆沙漠
	乌兹别克斯坦、土库曼斯坦	塔什干—库什卡马雷—克拉斯夭茨克	克孜勒库姆、卡拉库姆
	沙特阿拉伯、伊拉克	雅利得—莘赫兰、巴格达—巴士拉	大内夫得沙漠、鲁卜哈利沙漠
	巴基斯坦、印度	苏库—扎黑丹、卡拉奇—拉瓦尔品第德里—海德拉巴	塔尔沙漠
非洲	埃及、突尼斯、阿尔及利亚和毛里塔尼亚	亚历山大—塞卢姆、突尼斯—托泽尔、奥兰—贝沙尔、阿尔及尔—杰勒法、君士坦丁—图古尔特弗德里克—阿平顿	撒哈拉沙漠
	纳米比亚、南非	温得和克—阿平	卡拉哈里沙漠
澳洲	澳大利亚	奥古斯塔港—艾利斯斯普林斯、奥古斯塔港—南斯、利奥拉—埃斯兰斯、黑德兰港—纽曼	维多利亚大沙漠、大沙漠
北美洲	美国	奥马哈—奥克兰	美国西南部沙漠

世界上通过沙漠地区的第一条铁路干线是沙俄的阿什哈巴德铁路(原外里海铁路)。该线始建于1880年,于1898年全线竣工通车,历时18年。这条铁路在修建初期遇到极其严重的沙埋问题,以至于一度提出了停止修筑,甚至设想修筑隧道以防止流沙掩埋路基。仅列别捷克、法拉布地区,行车需要工人随时清除道床积沙,每年列车因流沙埋道颠覆5次以上,机车脱轨更不计其数。随后该地区采取植物固沙与人工沙障固沙相结合的办法,在紧靠铁路路基处用芦苇和枕木阻挡流沙入侵和防止路基风蚀,沙丘表面用碎石、黏土覆盖和喷洒盐水固沙,并尝试栽种各种植物固定沙漠。由于缺乏科学理论指导,工程实践也处于经验探索阶段,防沙效果并不理想。

20世纪初,在修建西哈萨克斯坦铁路、伏尔加等铁路时均开展了沙害防治工作。十月革命以后,前苏联铁路建设有了快速的发展,中亚、伏尔加河流域和阿塞拜疆等地均有沙漠铁路的建设,在阿拉木图铁路施工期间,铁路防沙已得到普遍推广。为了根治风沙对铁路的危害,俄罗斯地理学会于1912年建立了列别捷克沙漠研究站,是前苏联最大的一个沙漠研究基地。该站从建站到苏联解体的80多年里,在研究铁路沿线植物固沙的原理与措施、卡拉库姆沙漠的自然地理条件、动植物资源、沙漠水分平衡以及荒漠生态系统的结构和功能等方面成绩显著。前苏联的沙漠铁路建设,以及沙害防治工作是世界上最早的,也是卓有成效的。

20世纪30年代,西亚和北非沙漠地区发现了蕴藏量可观的石油天然气。在石油开发中,阿尔及利亚、沙特阿拉伯、阿曼、阿联酋、伊朗等国家分别在撒哈拉沙漠、内夫德沙漠、卢布尔哈利沙漠、胡泽斯坦阿瓦士沙漠地区修建了许多公路,这些公路主要穿行戈壁或固定半固定沙丘区,也有小段穿越沙丘低矮的流沙地段,防沙工程以喷洒原油(重油)和其他化学固沙剂为主。

20世纪60年代,前苏联加快开发卡拉库姆荒漠地区,修筑了长约200 km的查尔朱—马雷公路,铺设了布哈拉—乌拉尔天然气输送管线,为了防治沙害,采用了多种防护措施,还专门成立了涅罗森(一种化学固沙剂)固定流沙的研究中心。近年来,美国和日本先后利用高分子材料固沙,但因成本高难以推广。

二、国内沙害铁路

我国铁路沙害防治及研究工作始于20世纪50年代,我国修建穿越腾格里沙漠南缘的第一条沙漠铁路——包兰铁路的中卫—甘塘段。根据前苏联专家的建议,于1954年元月建立我国第一个沙漠铁路观测站,观测和研究气象数据、沙丘形态特征和风沙活动规律,进行定期的横断面和等高线测量,以取得沙丘移动数据,为修建铁路提供依据。1956年国家建设委员会将包兰线中卫段铁路防沙研究列为国家重点专题,由原铁道部科学研究院主持,铁道第一勘察设计院等单位参加,组成中卫铁路防沙研究工作站,在包兰线中卫沙坡头流沙地带进行修建沙漠铁路防沙固沙的试验研究。1957年沙漠铁路施工时,根据试验成果对铁路进行本体防护和平面防护,本体采用卵石包坡和卵石平台,平面采取高立式栅栏阻沙和麦草方格固沙,取得了初步的防沙效果。包兰铁路沙漠路基的建成,为我国沙漠筑路探索出一条新路,从开始顾虑重重,缺少对策,经过不断试验研究,树立了信心,为后来的治沙实践提供了有益的经验。经过近30年的不断完善,建成了"五带一体"的防护体系,为包兰铁路的安全运营提供保障。

1962年兰新铁路临时建成通车,因经常受到风沙侵袭,造成列车多次脱轨、停运,严重影响铁路运输安全。为此,铁路部门开启了戈壁铁路沙害的防治研究工作。1966年12月乌吉铁路建成通车,该线穿越乌兰布和沙漠,加之施工造成铁路沿线植被破坏加剧了风沙活动,铁路沙害非常严重。

1984年青藏铁路西格段建成通车,开始了伏沙梁、陶力段的防沙治沙研究工作,铁路从柴达木沙漠边缘穿过,距离线路100 m位置处采用片石包坡阻导沙堤,同时还采用了竹片栅栏、盐块挡墙、芦苇方格及盐块方格等工程措施,并首次进行了下导风输沙试验研究。1958年至1961年,干武铁路穿越腾格里沙漠南缘,风沙对铁路的侵袭较为严重,根据当地自然条件,创造性地用以白刺等为主的植物阻沙堤进行铁路防沙试验,取得了成功。1996年开始了南疆铁路库喀段的修建,沿着塔克拉玛干沙漠西北缘穿行,风沙流活动异常强烈,虽然修建了阻固结合的防沙工程体系,但由于对现场风沙流的认识模糊,仍然没有彻底根治沙害,线路经常被沙埋。2001年开始了青藏铁路格拉段的修建,开启了高原铁路沙害的防治及研究工作。

进入21世纪,我国在西北地区的铁路建设加快,先后相继建设了哈罗、喀和、乌准、兰新高铁、临哈、敦格、格库、拉日、拉林等一批穿越风沙地区的铁路线路(表9—1—2),广大科技工作者研发了一批新材料、新型防沙工程措施,在现场试验研究工作中所创造出的许多具体植物防沙、工程防沙、化学防沙、应急防护和沙害预测等试验研究成果,在风沙流对铁路路基、地形地貌响应规律方面做了大量卓有成效的工作,防沙技术日趋成熟,沙漠地区铁路建设技术与水平得到了大幅度提升,取得了明显的生态效益、社会效益和经济效益。

表9—1—2 我国建成或正在建设的主要沙害铁路

序 号	铁路名称	起讫地点	经过沙漠或地区
1	兰新铁路	兰州—阿拉山口	巴丹吉林、古尔班通古特、库姆塔格
2	南疆铁路	吐鲁番—喀什	塔克拉玛干沙漠
3	包兰铁路	包头—兰州	乌兰布和沙漠、腾格里沙漠
4	青藏铁路	西宁—拉萨	柴达木沙漠、青藏高原沱沱河、秀水河河谷等
5	乌吉铁路	乌海西—吉兰泰	乌兰布和沙漠
6	包西铁路	包头—西安	毛乌素沙地
7	集二铁路	集宁—二连浩特	浑善达克沙地
8	京通铁路	北京—通辽	科尔沁沙地
9	集通铁路	集宁—通辽	浑善达克沙地
10	干武铁路	干塘—武威	腾格里沙漠
11	临哈铁路	临河—哈密	乌兰布和、亚马雷克、巴丹吉林等沙漠
12	太中银铁路	太原—中卫—银川	毛乌素沙地南缘
13	乌准铁路	乌鲁木齐—准东	古尔班通古特沙漠
14	哈罗铁路	哈密—罗布泊	库姆塔格沙漠、库鲁克沙漠
15	喀和铁路	喀什—和田	塔克拉玛干沙漠南缘
16	兰新高铁	兰州—乌鲁木齐	巴丹吉林沙漠、库姆塔格沙漠
17	拉日铁路	拉萨—日喀则	拉萨河谷、年楚河谷
18	敦格铁路	敦煌—格尔木	库姆塔格沙漠、柴达木沙漠
19	拉林铁路	拉萨—林芝	雅鲁藏布江河谷
20	库格铁路	库尔勒—格尔木	柴达木盆地、塔里木盆地

续上表

序　号	铁路名称	起讫地点	经过沙漠或地区
21	蒙华铁路	浩勒报吉—吉安	毛乌素沙地
22	奎北铁路	奎屯—北屯	吉尔班通古特沙漠
23	和若铁路	和田—若羌	塔克拉玛干沙漠
24	阿富准铁路	阿勒泰—富蕴—准东	古尔班通古特沙漠

虽然我国铁路防沙工作起步较晚，但发展迅速，以包兰铁路沙坡头风沙治理"五带一体"体系为代表的一批科研成果，达到了国际领先的科学技术水平，标志着我国铁路风沙治理及研究工作走在了世界前列。

第二节　铁路沙害

铁路沙害系指风沙流或流沙在运动过程中对各种铁路设施、设备产生的风蚀、埋压、堵塞、影响列车瞭望和施工作业及由此引发的各种危害。

一、铁路沙害类型

铁路沙害常见的分类方法有两种，一是按风沙危害方式划分，二是按风沙区地貌形态划分。

（一）按风沙危害方式分类

可分为风蚀、堆积和风沙流危害。

1. 风蚀

主要表现为路堤路肩、边坡、路堑边坡、线路上接触网基础及房屋建筑等部位产生风蚀，影响路基、各种设备及建（构）筑物的整体稳定性。

2. 堆积

主要表现为路堑、路堤线路上产生积沙，轻则污染道床，增加钢轨磨耗，重则造成列车颠覆，严重影响线路行车。

3. 风沙流

主要表现为影响列车通视条件，能见度降低，对线路上作业人员的工作环境造成严重污染，影响作业。另外，当风速足够高时，风沙流携沙量较大时，风沙流中的沙荷载将大幅度增加，影响设备及各种建（构）筑物的稳定性。

（二）按风沙区地貌形态分类

可分为沙漠沙害、戈壁沙害、退化草原沙害、河滩、湖岸及海岸沙害。

1. 沙漠沙害

沙漠沙害是指在沙漠地区，沙丘前移，沙粒上道，埋没钢轨，对铁路造成的危害。沙漠地区风的能量较低，沙物质丰富，风沙流饱和，沙害以沙丘移动压埋为主，除了沙丘移动压埋外，沙漠里的建（构）筑物也有风蚀沙害。沙漠沙害具有明显性、长久性、缓慢性等特点。沙丘前移速度相对前两种沙粒前移速度较慢，因此，沙漠沙害发展也相对缓慢。但若沙丘上道,后果相当严重,这种沙害的治理是一个长期持久的过程,工作量大,任务艰巨。

2. 戈壁沙害

戈壁是荒漠的一种类型,是荒漠中以石块或砾石覆盖的广大地区,很少有植物生长,个别地区有极其稀疏的矮小灌木。戈壁地区通常起动风速较高,风的能量也高,风沙流常为不饱和风沙流,风沙流对地面以风蚀为主,而当戈壁地区风速达到一定值时,风沙流由不饱和状态很快转变为饱和状态,途经路基时,风沙流平衡状态遭到破坏,通常会造成线路严重积沙,危及行车安全。戈壁沙害具有隐蔽性、突发性、快速性的特点。

3. 退化草原沙害

退化草原沙害是指沙漠化地区植被惨遭破坏而引起的风沙危害,主要指草场退化,地表沙化,在世界各国都发生过类似事件。退化草原沙害比较复杂,既有风沙流对土地的风蚀,又有风积沙对土地的压埋,具有潜伏性、危险性等特点。这种沙害一般面小,不被人们重视,但当大面积发生时,其危害非常严重。

4. 河滩、湖岸及海岸沙害

河滩、湖岸及海岸沙害是指在风沙地区受季节影响,河、湖水水位下降或海水退潮,露出河床、湖岸及海岸,沙源丰富,在大风的作用下,沿着河道及湖岸、海岸形成风沙流,这种类型沙害具有季节性、突发性的特点,防治难度较大。

二、铁路沙害等级

(一)勘设阶段铁路沙害严重程度分类

按通过区域及风沙流特征分为严重、中等和轻微三类。

1. 严重沙害

(1)线路通过大面积(大于 $10\ km^2$)的高大、密集流动沙丘、风沙流活动频繁的地区。

(2)线路附近有大面积稀疏、低矮流动沙丘,沙丘年前移值大于 $10\ m$。

(3)线路通过大面积的严重沙漠化土地。

(4)风力强大(常年有 10 级以上大风),沙源丰富(包括明沙和暗沙)的山口及戈壁风沙流地带,单位长度($1\ m$)内年输沙量大于 $10\ m^3$。

2. 中等沙害

(1)线路通过大面积半固定沙丘和部分流动沙丘为主的地区,沙丘年前移值为 $5\sim10\ m$。

(2)线路通过沙层疏松深厚的沙地及中等沙漠化土地,风蚀作用显著。

(3)单位长度($1\ m$)内年输沙量为 $5\sim10\ m^3$ 的戈壁风沙流地带。

3. 轻微沙害

(1)线路通过半固定沙丘地区,植被遭到破坏,时有风沙流活动。

(2)线路附近有零星的流动沙丘。

(3)线路通过轻微沙漠化土地。

(4)线路通过单位长度($1\ m$)内年输沙量小于 $5\ m^3$ 的戈壁风沙流地带。

(二)运营阶段铁路积沙危害程度

按铁路积沙危害程度,沙害一般可分为Ⅰ级(严重)沙害、Ⅱ级(中等)沙害、Ⅲ级(轻微)沙害三级,见表9—2—1。

表 9—2—1　沙害等级划分表

沙害等级	沙害特征	造成的危害
Ⅰ级沙害	积沙在扣件至轨面之间及以上	危及行车安全
Ⅱ级沙害	积沙埋没轨枕、扣件	影响养护作业
Ⅲ级沙害	积沙掩埋道床	污染道床引起线路病害

三、铁路沙害成因

地表丰富的沙物质为沙害的形成提供了物质基础,而大风则是其形成的动力因素。在很多地段,人类活动破坏了原有地表层,则是其促进因素。在大风作用下,沙粒以蠕移、跃移、悬移三种形式前进,当受到铁路设施、设备阻挡时,产生风蚀或堆积,从而形成了铁路沙害。

铁路沙害区段一般较为干旱少雨,蒸发量大,植被稀少,地表疏松,风向多变,风力强劲,风速变化范围大(我国新疆地区的百里风区地表瞬时风速可达 17 级)。铁路的修建改变了原始的地形地貌,路堤成为风沙流前进道路上的障碍,路堑使风沙流原有的路径发生改变,施工过程中不合理堆积的弃方,形成新的丰富沙源,这些因素为铁路沙害的形成奠定了基础条件。另外,我国地域辽阔,各地的气候条件不尽相同,铁路沙害成因较为复杂,有其特殊性,风沙流的沙源有本地沙源,也有远方沙源。

四、铁路沙害形式

风沙对铁路的危害巨大,主要有以下几种表现形式:

(一)对行车安全的危害

道床积沙掩埋轨面,车轮上升,爬越钢轨,致使车轮脱离钢轨,造成列车脱线,甚至颠覆。风沙流、沙尘暴等造成能见度降低,影响机车瞭望及线路上施工作业。

(二)对轨道结构的危害

道岔积沙造成尖轨不密贴;道床积沙后,列车通过时产生振动,沙子透过道砟向下渗落,聚集在道床低部,将道砟挤向道床表面,造成拱道;在普通线路区段,积沙造成道床板结,降低了道床弹性,在车轮的长时间冲击下,使接头处下沉,导致低接头现象;由于道床弹性降低,造成列车车轮对钢轨的冲击力加大,导致钢轨垂直磨损加大。积沙掩埋钢轨、扣件等,致使其产生锈蚀、腐蚀,加速失效,缩短了大中修周期,增加了日常养护量。

(三)对建(构)筑物的危害

桥下及涵洞积沙造成桥涵堵塞,影响排洪,导致路基浸泡,甚至在雨季冲毁路堤;路肩风蚀,造成路肩宽度不足,严重时枕木外露甚至架空,危及行车安全。路堑、路堤边坡及路堑堑顶风蚀,造成边坡不稳,甚至塌方,影响行车安全。道床积沙后排水不良,易使线路翻浆或产生冻害,以及风沙流对通信线路的吹蚀磨耗、摇摆拉长而发生碰线、混线或吹倒线柱等,给铁路运输带来了威胁和危害。当风速足够高时,风沙流携沙量较大时,风沙流的动能大幅度增加影响设备及各种建(构)筑物的稳定性。

(四)对其他设备的危害

积沙导致轨道电路故障,产生红光带;造成房屋及电力、通信、信号等设备损坏,造成站场标牌及线路标志不清,造成车体及其他设备磨耗增大等,影响正常运输生产。

第三节　风的特征

通常，人们把空气流动称为风。风是地球大气运动的一种形式，是一个矢量。风是运动的气流，它是沙粒发生运动的动力因素，风沙运动是一种近地表的气流搬运沙子的现象。因此，研究风沙运动的机理，首先要了解风的性质。

一、风的阵发性

空气的水平方向运动称之为风。风是一个向量，既有大小（风速），又有方向（风向，指风的来向）。因此，风的特性取决于风速与风向，自然界的风向和风速并非固定不变，每时每刻都在发生变化的，正是这种特性才使得风具有阵发性。

二、风向、风速的表示方法

（一）风向

空气移来的方向称为风向。地面风向可用十六个方位表示（图9—3—1），从正北开始按顺时针方向，每隔22.5°为一方位角。高空风向用方位度数表示，即以0°（或360°）表示正北，90°表示正东，180°表示正南，270°表示正西。风向常以八个或十六个方位来表示。我国一般采用八个方位来预报风向的，如在方位337.5°~22.5°间吹来的风叫北风，22.5°~67.5°间吹来的风叫东北风等。作大范围的天气预报时，有时也可以听到偏北风、偏西风等名称的，此时是以四个方位来表示风向的，此时315°~45°间吹来的风表示偏北风；45°~135°间吹来的风叫偏东风；135°~225°间吹来的风叫偏南风，225°~315°间吹来的风叫偏西风。南风表示风从南面吹来，一般较暖湿；而北风表示风从北面吹来，一般较干冷。

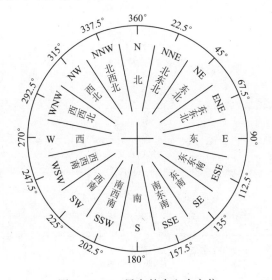

图9—3—1　风向的十六个方位

（二）风速

风速是单位时间内空气质点在水平方向上移动的距离，单位为m/s或km/h，其换算关系为 1 m/s = 3.6 km/h。风速大小也可用风力等级来表示,由于蒲福创立的风级,具有科学、精确、通俗、适用等特点,已为各国气象界及整个科学界认可并采用。蒲福风力等级几经修订补充,现已扩展为18个等级,见表9—3—1。

表9—3—1 蒲福风力等级表

风力级数	名称	海面状况 海浪		海岸船只征象	陆地地面征象	相当于空旷平地上标准高度10 m处的风速		
		一般(m)	最高(m)			海里/h	m/s	km/h
0	静风	—	—	静	静,烟直上	<1	0~0.2	<1
1	软风	0.1	0.1	平常渔船略觉摇动	烟能表示风向,但风向标不能动	1~3	0.3~1.5	1~5
2	轻风	0.2	0.3	渔船张帆时,每小时可随风移行2~3 km	人面感觉有风,树叶微响,风向标能转动	4~6	1.6~3.3	6~11
3	微风	0.6	1.0	渔船渐觉颠簸,每小时可随风移行5~6 km	树叶及微枝摇动不息,旌旗展开	7~10	3.4~5.4	12~19
4	和风	1.0	1.5	渔船满帆时,可使船身倾向一侧	能吹起地面灰尘和纸张,树的小枝摇动	11~16	5.5~7.9	20~28
5	清劲风	2.0	2.5	渔船缩帆(即收去帆之一部)	有叶的小树摇摆,内陆的水面有小波	17~21	8.0~10.7	29~38
6	强风	3.0	4.0	渔船加倍缩帆,捕鱼须注意风险	大树枝摇动,电线呼呼有声,举伞困难	22~27	10.8~13.8	39~49
7	疾风	4.0	5.5	渔船停泊港中,在海者下锚	全树摇动,迎风步行感觉不便	28~33	13.9~17.1	50~61
8	大风	5.5	7.5	进港的渔船皆停留不出	微枝折毁,人行向前感觉阻力甚大	34~40	17.2~20.7	62~74
9	烈风	7.0	10.0	汽船航行困难	建筑物有小损(烟囱顶部及平屋摇动)	41~47	20.8~24.4	75~88
10	狂风	9.0	12.5	汽船航行颇危险	陆上少见,见时可使树木拔起或使建筑物损坏严重	48~55	24.5~28.4	89~102
11	暴风	11.5	16.0	汽船遇之极危险	陆上很少见,有则必有广泛损坏	56~63	28.5~32.6	103~117
12	飓风	14.0	—	海浪滔天	陆上绝少见,摧毁力极大	64~71	32.7~36.9	118~133
13	—	—	—	—	—	72~80	37.0~41.4	134~149

续上表

风力级数	名称	海面状况		海岸船只征象	陆地地面征象	相当于空旷平地上标准高度10m处的风速		
		海浪				海里/h	m/s	km/h
		一般(m)	最高(m)					
14	—	—	—	—	—	81~89	41.5~46.1	150~166
15	—	—	—	—	—	90~99	46.1~50.9	167~183
16	—	—	—	—	—	100~108	51.0~56.0	184~201
17	—	—	—	—	—	109~118	56.1~61.2	202~220

(三)风速、风向的图示方法

为了对风向、风速等关于风的参数一目了然,人们常把风资料画成风玫瑰图,包括风向玫瑰图、风速玫瑰图。风向玫瑰图(图9—3—2),也叫风向频率玫瑰图,是根据某一地区多年平均统计的各个风向的百分数值,并按一定比例绘制,一般多用8个或16个方位表示。风玫瑰图可按多年(5~10年或更长)的平均值作;也可按某月或某季的多年平均值作。山区地形复杂,风向、风速随地形和高度而变,可做出不同地点和高度的风玫瑰图。

玫瑰图上所表示风的吹向,是指从外部吹向地区中心的方向,各方向上按统计数值画出的线段,表示此方向风频率的大小,线段越长表示该风向出现的次数越多。将各个方向上表示风频的线段按风速数值百分比绘制成不同颜色的分线段,即表示出各风向的平均风速,此类统计图称为风速玫瑰图(图9—3—3),静风时,风速为0.0 m/s,风向记 C。

风向玫瑰图中,线段最长者即为当地主导风向。从图中可直观地表示年、季、月等的风向。

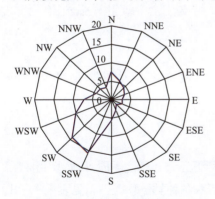

图9—3—2 风向频率玫瑰图

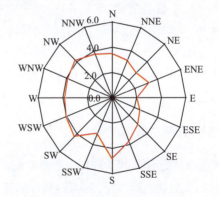

图9—3—3 风速玫瑰图

三、风 压

由于建筑物的阻挡,使四周空气受阻,动压下降,静压升高,侧面和背面产生局部涡流,静压下降和远处受干扰的气流相比,这种静压的升高和降低统称为风压。简言之,风压就是垂直于气流方向的平面所受到的风的压力。风压与风速及物体受风面与风向交角有关。

根据伯努利方程得出的风速与风压关系,风压计算公式如下:

$$w_p = 0.5\rho v^2,$$

式中 w_p——风压(Pa);

ρ——空气密度(kg/m³);

v——基本风速(m/s)。

在标准状态下,气压为101.3 kPa,温度为15 ℃,带入上式中得风压近似计算公式如下:

$$w_p = \frac{v^2}{1\,600}$$

基本风速应采用极值Ⅰ型的概率分布计算,统计样本采用年最大值。基本风压以当地比较空旷平坦的地面上离地10 m高统计所得的50年一遇10 min平均最大风速为标准,基本风压值也可从全国各城市的风压统计表中查取。

第四节 沙化土地及沙丘分类特征

沙化是指在各种气候条件下,由于多种原因形成地表呈现沙(砾)物质为主要特征的土地退化过程。沙化土地指具有沙化特征的退化土地。

一、根据沙地稳定性程度分类

沙地的稳定程度主要取决植被的覆盖度,一般可分为以下几种。

(一)流动沙地

地表植被或其他覆盖物的覆盖度小于15%,风沙活动强烈,地表沙物质流动性强烈的沙地,沙丘形态典型,在风力作用下,容易顺风向移动。

(二)半固定沙地

沙丘地表植被覆盖度在15%~40%,地表常有薄层结皮,风沙活动比较强烈,有局部沙物质流动的沙地,流沙呈斑点状分布,有活动的沙丘。

(三)固定沙地

植物盖度大于40%,沙丘表面有薄层黏土结皮、盐结皮,风沙活动较弱,地表沙物质基本不流动的沙地。

二、根据沙丘形态分类

由于风况条件的不同,风力作用下沙粒堆积而成的沙丘形态也随之不同,其类型主要有新月形沙丘及沙丘链、抛物线形沙丘、金字塔沙丘、蜂窝状沙丘和各种复合型沙丘等,见表9—4—1。

表9—4—1 沙丘形态分类

沙丘形态	沙丘描述	成因
新月形沙丘及沙丘链	在顺风向伸出两个兽角一样的沙翼、看上去像弯月的沙丘,叫新月形沙丘。许多单一的新月形沙丘密集起来,兽角连着兽角,接成一条长链,叫新月形沙丘链。风就在沙丘的迎风坡上层层叠放着次一级的新月形沙丘和沙丘链,像鱼鳞似的,这种沙丘被称为复合新月形沙丘	形成于单风向地区,一般发育在沙漠腹地、沙源丰富的地区
抛物线形沙丘	丘高一般可达几米,翼角延伸长达几十米至几百米。沙丘中部在风的吹蚀下,形成一个明显的风蚀窝,迎风坡平缓,背风坡不断接受落沙,形成向前凸出的陡坡,被植物固定的部分逐渐成为稳定的翼角。如果风蚀作用较强,沙丘的中部移动较快,两翼被不断拉长,可成为发夹形沙丘。如果中间被风吹断,会发展成两个平行的纵向沙垄	抛物线沙丘与新月形沙丘恰好相反,迎风坡凹进,背风坡凸出,两个翼角指向迎风方向伸延,平面轮廓呈抛物线状的横向沙丘

续上表

沙丘形态	沙丘描述	成因
金字塔沙丘	因其平面形态为星状,所以也称其为"星状"沙丘。我国敦煌鸣沙山就是一个金字塔沙丘广泛分布的沙山,因而古称"沙角山"	由三组以上风力差别不大的风塑造形成的沙丘
蜂窝状沙丘	蜂窝状的沙丘是一种固定和半固定的沙丘类型,由中间低洼、四周为沙埂围成的圆形或椭圆形沙窝组成,形态很像蜂窝	在风力大致相等的多种风向风的作用下形成的
各种复合型沙丘	羽毛状沙丘是一种特殊的纵向沙丘,形状像鸟的羽毛形状状。格状沙丘是在两个几乎相互垂直方向的风作用下形成的,由纵横交错的沙丘组成,平面形态呈网格状。还有一种形态像馒头的沙丘,零乱地不规则地分布在沙漠上,那就是穹状沙丘,也叫圆状沙丘	受两种相反方向风的作用,形成顺山坡向上延伸的沙垄,沙垄之间又被一些低矮的沙埂所分割

三、根据沙丘的形成与风向的关系分类

依据风向和沙丘之间的关系,沙丘可大体分为横向沙丘、纵向沙丘和多方向风作用下的沙丘三大基本类型,见表9—4—2。

（一）横向沙丘

横向沙丘是指沙丘形态的走向与起沙风合成风向几乎垂直的沙丘,如新月形沙丘和沙丘链、抛物线形沙丘、复合新月形沙丘及复合型沙丘链等。

（二）纵向沙丘

纵向沙丘是指沙丘形态的走向和起沙风合成风向的夹角小于30°或近似于平行,如新月形沙垄、纵向沙垄和复合纵向沙垄等。

（三）多风向作用下的沙丘

多风向作用下的沙丘其形态本身不与起沙风合成方向或任何一种风向垂直或平行,而是三个以上风向作用下形成的沙丘,如金字塔沙丘、蜂窝状沙丘、格状沙丘等。

表9—4—2 同风向沙丘分类

沙丘类型	代表性沙丘	典型分布区域
横向沙丘	新月形沙丘和沙丘链、抛物线形沙丘、复合新月形沙丘及复合型沙丘链	腾格里沙漠,巴丹吉林沙漠
纵向沙丘	新月形沙垄、纵向沙垄和复合纵向沙垄	塔克拉玛干沙漠,古尔班通古特沙漠
多方向风作用下的沙丘	金字塔沙丘、蜂窝状沙丘	古尔班通古特沙漠、塔克拉玛干沙漠、乌兰布和沙漠、腾格里沙漠、库布齐沙漠

第五节 风沙流特征

风沙流是指含有沙粒的运动气流,其形成必须要具备较丰富的沙物质和一定的风力。风携带各种不同粒径的沙粒,使其发生不同形式和不同距离的位移称风的搬运作用。

一、沙粒运动的基本形式

沙粒运动形式依风力、颗粒大小及沙粒质量的不同而呈现不同,大体可以分为蠕移、跃

移和悬移三种基本形式。

(一)蠕移

沙粒受风力的推动,沿地表滚动或滑动。

(二)跃移

沙粒受风力上扬作用,脱离地表进入到气流中,从气流取得动能加速前进,并在沙粒自身重力的作用下,以跳跃的方式移动。由于空气的密度要远远小于沙粒的密度,沙粒在运动过程中受到的阻力较小,在落到地面时还具有较大的动能,因此,降落的沙粒不但有可能自己再次反弹,还有可能迫使降落点的其他沙粒飞溅起来,发生跃移,形成连锁反应。

(三)悬移

沙粒在一定的时间内悬浮在空中,保持不与地面接触,并随气流的运动而运动。

风沙流的变化特点与近地风的性质和沙物质具有密不可分的关系,风沙运动是一种贴近地表的气流搬运沙子的现象,近地风作为沙粒运动的直接动力来源,其性质就决定了风沙流的一些特性,如风的紊动、风速的垂直分布等。沙物质是风沙流形成和风沙危害的物质基础,沙粒的一些物理特性也使得风沙流的运动变化规律存在着一定的差别,如沙粒的机械组成、形态特征、化学成分及工程物理性质等。

二、风沙流结构及技术指标

(一)风沙流结构

风沙流结构是指气流搬运沙子在搬运层中随高度的分布特征,能直接表征沙粒的运动形式,判断地表的蚀积状况,掌握风成地貌的形态发育及演变规律,在风沙灾害治理工作的理论和实践中占有十分重要的地位。一些学者对风沙流中沙量的垂直分布做了研究,均认为呈指数规律递减。如津格(1953)通过沙丘的级配沙进行风洞试验,确定了床面以上输沙率随高度变化的函数关系,高程 z 携沙率计算公式如下:

$$Q_z = \left(\frac{b}{z+a}\right)^{\frac{1}{n}}$$

式中　Q_z——高程 z 的输沙率(g/(min·cm));

　　　b——随沙粒粒径和剪切力而变化的常数;

　　　n——指数;

　　　a——参考高度。

兹纳门斯基 A.H 对各种粗糙表面的风沙流蚀积规律进行了系统的研究,他将 0~10 cm 高度内的沙子分为 3 层,即:0~1 cm,1~2 cm,2~10 cm,并依据试验总结出每层沙子的分布特点,提出了采用 $S = Q_{\max}/Q$ 的比值作为风沙流结构数,$Q_{\max}$ 指气流中 0~1 cm 层的输沙量,同时利用 S 值判断风蚀的方向性。

风沙流结构随风速、不同地貌形态等随时在发生变化,风速越大,风沙流的携沙高度越高,在沙漠地区,风沙流中的携沙高度较低;在戈壁地区及高原地区,风沙流的携沙高度将变高。

风砾流是风沙流的一种特殊表现形式,是指砾漠大风地区的风沙运动,受地表沙物质的影响,大风所携带的沙粒粒径较大,风沙流在大部分风速范围内基本为不饱和风沙流,风蚀能力较强。由于戈壁砾漠地区和普通沙漠地区的成因、所处的自然环境及下垫面都存在一定的差异,这就使得两种地貌下的风沙运动规律也存在着不同,而沙漠和砾漠地区风沙流基本特征区别见表9—5—1。

表9—5—1 沙漠、砾漠地区风沙流基本特征的对比

比较项目	沙 漠	砾 漠
地表特征	起伏沙丘	碎石、角砾覆盖
地表粗糙度	$z_0 = 0.01$ cm	$z_0 = 0.14$ cm
起动风速(m/s)	5	20
沙源	丰富	相对不足
沙粒粒径	细沙为主	粗沙为主
运动形式	蠕移、跃移、飞扬	跃移为主,飞扬高度高
风沙流含量	0~10 cm 高度内含80%~90%	2 m 以下含74%

(二)风沙流的技术指标

描述风沙流结构的主要技术指标有风速、风向、风沙流密度、输沙率等。风沙流密度是指空气运动速度在大于起动风速情况下,单位体积空气气流中所含沙子的质量(单位为 g/m^3)。输沙率是指气流在单位时间内通过单位宽度所搬运的沙量(单位为 $g/(cm \cdot min)$)。风沙流密度、输沙率与风速、垂直高度、沙源、地貌单元等密切相关。当地貌单元及沙源不变时,风速越大,跃移层垂直位置就越高,风沙流密度就越大,相应的输沙率就越大。输沙率是反应风沙流搬运沙量能力的一项重要指标。输沙率不仅与起动风速的累计值有关,还与起动风速的大小有关,随着风速的增加显现明显的正相关变化,不同风速所对应的输沙率见表9—5—2。

表9—5—2 不同风速下风沙流的输沙率

2 m 高的风速(m/s)	0~10 cm 高程内的输沙率($g/(cm \cdot min)$)	2 m 高的风速(m/s)	0~10 cm 高程内的输沙率($g/(cm \cdot min)$)
4.5	0.37	7.4	2.27
5.5	1.04	13.2	19.44
6.5	1.20	15.0	35.58

三、起动风速与沙粒粒径、含水率的关系

当风力逐渐增大到某一临界值以后,地表沙粒开始脱离静止状态而进入运动状态,这个使沙粒开始运动的临界风速就称为该地沙粒的起动风速。

沙粒的起动风速和沙粒粒径、地表性质及沙粒含水率等多种因素有关。粗糙的地表由于地表摩擦阻力较大,必然会使得起动风速有所增大;而沙粒在湿润的情况下,其黏滞性要强于干燥沙粒,水分会加强沙子的团聚作用。所以,在沙漠地区,当沙粒粒径相同时,沙子中含水率越大,沙粒的起动风速也就越大。在戈壁砾漠地区,起动风速往往很高,根据有关资料,沙粒起动风速达到 25 m/s 以上。通过试验观测,沙粒粒径与起动风速之间的关系见表9—5—3,沙子含水率与起动风速之间的关系见表9—5—4。

表 9—5—3　流沙地区起动风速与粒径关系表

粒　径(mm)	起动风速(m/s)	粒　径(mm)	起动风速(m/s)
0~0.25	4.0	0.50~1.00	6.7
0.25~0.50	5.6	>1.00	7.1

表 9—5—4　沙子含水率与起动风速的关系

沙粒粒径(mm)	不同含水率下沙粒的起动风速(m/s)				
	干燥状态	含　水　率			
		1%	2%	3%	4%
2.0~1.0	9.0	10.8	12.0	—	—
1.0~0.5	6.0	7.0	9.5	12.0	—
0.5~0.25	4.8	5.8	7.5	12.0	—
0.25~0.175	3.8	4.6	6.0	10.5	12.0

四、起动风速与下垫面粗糙度的关系

下垫面粗糙度是指平均风速减到 0 的高度,是衡量地表性质和防沙措施的重要指标,其大小不仅与下垫面组成物质有关,而且随植物的高度和覆盖度而异。表 9—5—5 为库尔干地区不同地貌的粗糙度。

表 9—5—5　库尔干地区不同地貌类型下垫面粗糙度

地貌类型	流沙地	盐碱地	风蚀地	盐壳地	长草平沙地	芦苇地
粗糙度(cm)	0.009	0.112	0.243	0.260	0.350	0.541

不同粗糙度的下垫面,对气流有着不同的阻力。一些风沙防护措施就是通过改变地面粗糙度来达到控制风沙流运动的目的。如设置草方格等,其目的就是增加下垫面粗糙度,减弱近地表风速,以截留气流所携沙粒,使之沉积下来;而一些输导措施,则是减小地表粗糙度,促使风力增加,以加快气流中沙粒的搬运,使之顺利刚过或远离被防护目标。表 9—5—6 为不同防护措施的下垫面粗糙度。

表 9—5—6　不同防护措施的下垫面粗糙度

下垫面类型	下垫面性质简述	粗糙度(cm)
裸露沙地	平缓丘顶。有波长 10~16 cm,波高 0.6~0.8 cm 的沙纹,粒径 0.1~0.25 mm 沙粒占沙粒总量的 80% 左右	0.001
卵石平台	卵石粒径 1~12 cm,一般≥7 cm	0.2
1m×1m 草方格沙障	沙障高出沙面 10 cm 左右,方格大小为 1m×1m	5.8

五、风沙流饱和状态与地表蚀积之间的关系

一定的风力具有一定的输沙能力,所能搬运的沙量称为风沙流的容量,其实际搬运的沙

量称为风沙流的强度,两者比值称为风沙流的饱和度。

由于自然风的脉动和下垫面地形地貌的变化,使得风速在时间尺度上存在一定的湍流变化,大风携沙能力也随之变化。气流在爬坡时,地形的逐渐升高起到了聚风的效应,致使气流流线加密,风速随着高度的升高在逐渐加大,气流的携沙能力也在逐渐加大,风沙流处于不饱和状态,风沙流中的沙粒随时获得补充,造成地表风蚀,简称上坡风沙流。相反的,当携沙气流在下坡时,渐扩的地形起到了扩散气流的作用,随着坡度的下降,流线逐渐扩散,风速降低,气流的输沙能力也随之降低,风沙流往往是处于过饱和状态,气流所携带的沙粒会随着重力逐渐沉降下来,造成地表积沙,简称下坡风沙流。实际上,地表蚀积变化是风速、沙源、地表粗糙度等因素综合作用的结果,而地形地貌因素只是其主要影响因素之一。

当气流所携带的沙粒得不到及时补给时,气流的输沙能力可能要大于实际情况下大风所携带的沙量,此时,风沙流为不饱和风沙流,戈壁地区多为不饱和风沙流。当不饱和风沙流途经地面时,常常对地面造成风蚀,而当风沙流在途经过程中遇到障碍物或地表粗糙度较大地段时,其前进速度会有所降低,大风携沙量也随之下降,最后迫使风沙流进入饱和或过饱和状态,流沙地区的风沙流多为饱和风沙流,这时,沙物质就会脱离运动气流沉降下来,造成地表积沙,形成风积现象。

六、风沙流与线路的关系

(一)风沙流与路基的关系

当风沙流通过路堤时,路堤就成为阻碍气流前进的人为屏障,此时风沙流的强度随路堤边坡坡率、路堤高度的不同而不同。在迎风侧,由于气流受阻,风速由路肩向坡脚逐渐减小,故在路堤迎风侧坡脚形成风积区。风速自路肩面向上至1m左右处达到最大,使得路肩遭受高风速的不饱和风沙流侵蚀而呈圆弧形。风沙流在越过路堤后气流扩散,在背风侧形成涡流区,涡流会对背风侧边坡的上部产生一定的掏蚀作用,随着气流的进一步扩散,风沙流的携沙能力进一步降低,会在背风侧坡脚形成风积区。当路堤较低时,随着时间的推移,两侧堆积区的积沙会逐渐增高,最后掩埋线路。

风沙流对路基的影响还与风向有较大的关系,当风向与路基正交时,风沙流的堆积、吹蚀、掏蚀作用都最强,而风向与路基的交角越小,风沙流对路基的吹蚀、掏蚀作用越弱,但堆积作用较为强烈。

当风沙流通过路堑时,路堑内的风向变化相对比较紊乱。途经堑顶的风沙流因地表形态的变化,风速会发生一定的改变,其携沙能力会有所降低,致使沙粒大量落在背风坡,同时在路堑底部还会产生拉沟风,它会将短路堑内的积沙吹至沟口;同时在拉沟风与堑顶的风沙流之间还存在着涡流区,涡流不仅会吹扬沙粒还会对路堑边坡进行吹蚀,造成线路沙害,鉴于风沙流在路堑内的种种变化特征,在风沙地区宜采用展开式路堑。

(二)风沙流与桥梁的关系

风沙流经过桥梁时,气流速度重新分布,桥梁净空越小,梁底气流速度的增幅越大,梁底越不易积沙;同时,在桥梁两侧气流速度的衰减幅度较大,导致桥梁两侧越容易积沙;而净空高度越高时,梁体对风沙流平衡状态基本没有影响,即风沙流能够顺利通过梁底,不会在桥梁两侧形成积沙。相比T梁,箱梁两侧越不易积沙,同时背风侧的积沙区域距梁体越远。在梁体净空设计不合理的情况下,T梁越容易形成沙害。在风沙地区铁路设计前,建议详细考察当地风沙流特征,合理设计梁底净空,使风沙流能顺利通过梁底,消除桥梁积沙危害。

(三)风沙流与涵洞的关系

风沙流经过涵洞时,容易形成复杂涡旋,积沙容易沉落,尤其是在涵洞的进出口积沙较为严重,但相对而言,大孔径的涵洞要较小孔径的涵洞积沙轻微一些。

对于风沙流与隧道、房建、站场及地形地貌等的关系,比较复杂,还需进一步研究。

第六节 风沙流的观测

风沙流的观测方法是直观了解风沙运动规律,掌握防沙工程设计的基本参数的主要手段。大体分为野外观测和风洞试验两类。

一、野外观测

随着风沙理论物理学的发展,一些基本物理学问题可以在风洞试验室获得解决,但是,自然界中的风和风沙运动十分复杂,而风洞人工模拟的风与自然界的风有很大的差距,野外风沙观测依然是获得风沙运动规律的最直接方法,主要测试风速、风向、风沙流密度及输沙强度等指标。

(一)测风仪器

现场测风方法主要有便携式风速风向仪及固定安装在现场的大风监测系统。便携式风速风向仪的测试仪器主要有以下三种。

1. 机械式轻便三杯风速表(图9—6—1)

图9—6—1 机械便携式轻便三杯风向风速表

机械式轻便三杯风速表是最基础的风速风向观测仪器,靠风杯的机械转动来记录风速,风杯的转速与风速有一个固定的关系。通过几次机械的传输带动风速指针指示风速。指示风速有两种,一种是瞬时风速,因为旷野的风速是脉动的,瞬时风速指针在不停地摆动,很难读出数值,故很少使用;另一种是平均风速,设有计时器,计时完毕,风速指针停止,指示该时段的平均风速。常用的是记录30 s或60 s的平均风速。风向则是依靠连接在上面的风向标带动方向盘转动来指示风向的。

2. 便携式数字风速表(图9—6—2)

便携式数字风速表是机械式轻便三杯风向风速表的改进型,仍然是通过风杯的转动来记录风速,只是把风杯产生的机械能转化为电能,用数字直接显示风速。

3. 超声波风速风向仪(图9—6—3)

超声波风速风向仪是对传统风杯、风向标、螺旋桨风速风向传感器的替代产品,是基于现有的、高度成熟的超声波技术并整合了国外领先的超声波风速风向仪制造工艺研制出的产品,适用于陆地、海洋上严寒、风沙、盐雾等各种恶劣环境。

图9—6—2 便携式数字风速表

图9—6—3 超声波风速风向仪

(二)风沙流观测装置

集沙仪是风沙监测中常用的观测仪器之一,能反映大风所携沙量、携沙高度、输沙率等风沙流关键参数,帮助人们较为直观的认识风沙流结构,了解风沙流运动变化规律。

目前,集沙仪可大体分为两大系列。一是进沙口按水平方向排列的,另一类的进沙口按垂直方向排列的。根据排气方式,可将集沙仪分为被动式和主动式。主动式集沙仪配有抽气装置,以减小集沙仪内的静气压。被动式集沙仪则没有专门的抽气装置。实际应用中,由于被动式集沙仪使用方便、容易制作、价格便宜,而被普遍使用。集沙仪还有固定式和旋转式之分。固定式集沙仪只能收集一个方向的输沙通量,适合于风洞实验。旋转式集沙仪可根据风向调整方向,可收集多个方向的输沙通量,适合于野外观测。集沙仪也有单点式线状之分。线状集沙仪有单路的也有多路的。多路集沙仪可分别收集不同高度的输沙率,对研究风沙流结构非常有用。

集沙仪主要有台阶式集沙仪(图9—6—4)、多角度固定式集沙仪(图9—6—5)、自旋式集沙仪(图9—6—6)、WITSEG集沙仪、旋风分离式集沙仪、垂直点阵集沙仪、强风式集沙仪等,分别有各自的适用区域范围,但几乎都未实现自动化,采样记录等工作都需要人工来实现,这样不仅存在一定的误差,且数据采集的及时性也不能保证,尤其是在自然环境较为恶劣的高原荒漠地区及戈壁强风地区尤为凸显。

图9—6—4 台阶式集沙仪

图9—6—5 多角度固定式集沙仪

针对戈壁强风地区风速高、沙粒磨蚀力强、大风携沙量多等特点,中铁西北科学研究院研发了一种高强度新型自旋式集沙仪(图9—6—6),该仪器是在支架上自上而下地设有若干侧向固定杆,在各侧向固定杆上多个可自动旋转的沙粒收集器,该收集器是由呈L形的集沙筒和位于集沙筒下部呈圆锥形的筒底构成,集沙筒上设置有进沙口、排气孔和尾翼,排气孔的出口与进沙口平行布置,且方向相反,在圆锥形的筒底底部设置排沙口。

图9—6—6 自旋式集沙仪

(三)物理参数观测

常用风沙物理参数主要有风速、风向、风沙流密度、输沙强度等,详见表9—6—1。

表9—6—1 常用风沙物理参数及意义

风沙物理参数	单位	物理意义	观测方法
风速	m/s	指空气相对于地球某一固定地点的运动速率	风速观测仪器有风杯式、热式、毕托管等,测试高度气象上以10 m高度为准,铁路部门目前还没有相关标准
风向	°	指风吹来的方向	一般与风速测试方法相同
风沙流密度	g/m^3	指单位体积运动空气气流中所含沙子的质量	由集沙仪测试所得
输沙强度	$t/(m \cdot a)$	指单位年度内单位宽度范围内通过的沙粒质量	由集沙仪测试所得
携沙量	g/m^2	指某一高度范围内垂直于风向沿竖向单位面积所含沙粒质量	由集沙仪测试所得
携沙高度	m	指运动空气中含沙粒的高度	由集沙仪测试所得
输沙率	$g/(min \cdot m)$	指单位时间内通过单位床面宽度的沙粒质量	由开挖的积沙槽测试所得
起动风速	m/s	指沙粒被风吹动开始移动的临界风速,起动风速取决于沙粒的直径、地表性质(如粗糙度、水分条件)等多种因素,一般干燥流沙的起动风速约为4~7 m/s,而戈壁强风地区的起动风速则约为15~20 m/s	由人工观测所得

二、风洞试验

风洞实验是研究风沙流运动变化规律,评价工程防沙措施效果的一种重要研究手段,其原理是运动的相对性和相似性原理。实验时,常将模型或实物固定在风洞内,使气体流过模型。风沙环境风洞实验依据低速定常一维流的连续性方程和伯努里方程,单因素控制风(风向、风速和湍流强度等)沙(粒配、结构、土壤湿度和模型材料等)、地表(地形坡度、地表糙度等)和模型(比尺、材料等)。然后通过单因子、双因子和多因子实验,由浅入深,由特殊到一般地进行实验研究,最终找出影响风沙运动、风沙危害及风沙防治的规律和方法。

风洞试验的优点在于可以人为控制和模拟各种实验环境参数,如设定恒定的风速、地表粗糙度和建(构)筑物类型等,通过有意识的改变部分参数,得出一些规律性的结论,为实际应用提供一些设计参数及理论支撑。缺点是难以满足全部相似准数相等,存在洞壁和模型支架干扰等,但可通过数据修正方法进行调整。

第十章 工程治沙技术

工程治沙是指采用各种机械工程防止沙害,即通常所称的机械固沙,固定流沙表面,或防止沙源致使风沙危害减轻到最低限度的一系列非植物措施的综合体。在自然条件恶劣地区,工程治沙措施是防沙治沙的主要措施;在自然条件较好地区,工程治沙是植物治沙的前提和必要条件。多年治沙实践表明,工程治沙和生物治沙应相辅相成,缺一不可,二者发挥同等重要作用。机械沙障目前是工程治沙最主要措施之一,其主要作用就是通过改变下垫面的性质,增加地表粗糙度来实现降低风速,减弱风蚀,进而达到防止风沙危害的目的。

第一节 沙障的类型和作用原理

沙障是采用各种材料在沙面上设置机械或植物障碍物,以此控制风沙流动的方向、速度、结构,改变蚀积状况,达到防风阻沙、改变风的作用力及地貌状况等目的的设施。以往的化学固沙材料如沥青乳剂等也应属于人工材料范畴。

一、沙障类型

根据不同的划分方法,沙障有不同的分类结果,且名称很多。随着荒漠化防治技术的发展,沙障的类型日益丰富,现将其进行初步概括,见表10—1—1。

二、沙障的作用原理

沙障根据不同的划分方法有不同的类型,且每种类型沙障的作用原理不同,现以常用沙障的作用原理为例进行介绍。

(一)根据设置方式分类

1. 平铺式沙障

平铺式沙障是固沙型沙障,适用于沙丘较低缓地区(下垫面相对稳定,不易起沙的及铁路线路两侧后继沙源不丰富或后继沙源较远的沙害地段),利用柴、草、卵(碎)石、黏土或沥青乳剂等物质,铺盖或喷洒在沙面上,以此隔绝风与松散沙面的接触,使风沙流经过沙面时,不起吹蚀作用,不增加风沙流的含沙量,达到风虽过而沙不起,就地固定流沙的作用。但对过境风沙流中的沙粒阻截作用不大。

2. 直立式沙障

直立式沙障大多属于积沙型沙障,适用于沙丘较高、较陡地区,是利用柴草、枝条、板条等直插在沙面上,或用黏土等在沙面上堆成土埂,起到降低风速,减少风沙流的输沙量,以阻挡和固、积流沙的作用,如此设置的与沙面垂直的直立式障蔽物,称为直立式沙障。

直立式沙障根据沙障设置的高度不同有高立式、低立式、隐蔽式三种,高出沙面 50~100 cm 的称为高立式沙障,高出沙面 10~50 cm 的称为低立式沙障,也称半隐蔽式沙障,沙障埋设与沙面平或高出沙面 10 cm 以下的称为隐蔽式沙障。也有人根据沙障设置的高度不同分为四种,有高立式、中立式、低立式、隐蔽式,高出沙面 100 cm 的称为高立式沙障,高出沙面 50~100 cm 的称为中立式沙障,低立式、隐蔽式同上。

表 10—1—1 沙障分类依据及类型

依据	类型	依据		类型
设置后能否繁殖	活沙障(生物沙障)、死沙障(机械沙障)	沙障材料	天然材料	黏土、砾石、麦草、芦苇秆、沙柳、黄柳、杨柴、锦鸡儿、小红柳、葵花干、胡麻杆、旱柳、沙拐枣、芨芨草、花棒、柠条、紫穗槐等
障高不同	高立式、低立式、隐蔽式			
透风情况	透风型、紧密型		人工材料	聚乳酸纤维、聚酯纤维、塑料(聚乙烯)、土工编织袋、尼龙网、水泥、沥青毡、高分子乳剂、棕榈垫、无纺布、土工格栅、土壤凝结剂、覆膜沙袋阻沙体、沥青乳剂、聚丙烯酰胺等
防沙原理	固沙型、积沙型、输导型			
设置后形状	格状、带状、其他		半人工材料	煤矸石、废旧枕木、荆笆等
设置方式方法	平铺式、直立式	能否移动		固定 可移动

(二)根据透风情况分类

根据沙障的透风性能,可分为紧密结构、透风结构。

1. 紧密结构

沙障的孔隙度(沙障空隙面积与沙障全部面积之比,用百分数表示)接近于零,风沙流通过时,气流在障前抬升,障后急剧下降,在沙障前后产生强烈涡旋,风速迅速降低,流沙在沙障前后大量堆积(图 10—1—1)。沙源充足时,沙障两侧的沙子越积越高,积沙厚度很快达到与沙障等高,积沙范围等于沙障高度的 2~4 倍,沙障被积沙埋平后,就不再起阻沙作用。这种沙障能形成稳定的沙堆,具有良好的阻沙效果,但易被沙埋,阻沙量小。

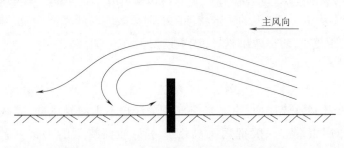

图 10—1—1 紧密结构沙障对风沙流的影响

2. 透风结构

当风沙流通过透风结构沙障时,一部分越过障顶,一部分气流分散成许多紊流穿过沙障间隙,摩擦阻力加大,产生许多漩涡,互相碰撞,消耗了动能,使风速削弱,风沙流的携沙能力减低,沙障前后形成积沙(图10—1—2)。积沙形态随孔隙度大小有所不同,通过试验孔隙度在25%时,障前积沙少,障前积沙约为障高的2倍,障后积沙范围为障高的7~8倍;孔隙度达到50%时,障后积沙范围增加到10~15倍。孔隙度越小,沙障越紧密,积沙范围越窄,延伸距离越短。反之,孔隙度越大,积沙范围延伸地越远,积沙作用也大,防护时间也长。

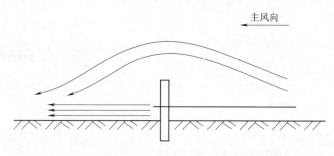

图10—1—2 透风结构沙障对风沙流的影响

(三)根据设置后形状划分

1. 格状沙障

格状沙障多用于防治多方向风力作用下所造成的沙害。半隐蔽格障(麦草方格、HDPE方格)是近地表风沙流边界层防止风沙危害的一种经济适用、功能独特、效果显著的固沙措施。其防沙原理和作用如下。

首先,露出沙面的格状边框全部置于风沙流边界层内,增大了下垫面粗糙度,明显降低了底层风速,进而减弱了输沙强度,使流沙表面得以稳定。

其次,格状沙障对外来风沙流有阻拦作用,对原有沙面有固定作用。在格状内,由于气流的涡旋作用,使格内原始沙面充分蚀积,最后达到平衡状态,形成稳定的凹曲面,对不饱和风沙流具有一种升力效应,而形成沙物质的非堆积搬运条件,是格状沙障作用的关键。格状沙障的风蚀深度与其边长之间保持1:10~1:8的比例关系相对稳定。

2. 带状沙障

带状沙障主要用于防治风向单一的沙害。这种沙障不仅可以增加地表粗糙度,削弱风力,还能截留水分,提高沙层含水量,有利于固沙植物的存活。带状沙障的防风作用主要是通过枝条阻挡或减缓气流而实现的。带状沙障的防风效应与沙障高度及沙障布设的形式有关。行数越多,带距越小,防护效果越好,成本越大。

(四)根据防沙原理分类

1. 固沙型

固沙型沙障处于风沙流层内,主要是全部流动沙丘不再遭受风蚀,或减缓风蚀,因障埂高度小,故积沙作用微弱。一般把露头高度基本与沙面持平的平铺式沙障和露头高度20~30 cm以下的低立式沙障(半隐蔽式沙障)划归为固沙型沙障。

2. 积沙型

积沙型沙障既能固定流动沙丘又能阻截外来的过境流沙,包括阻挡低矮沙丘前移,也称阻沙措施。一般把露头高度75 cm以上的中立式沙障、各种栅栏、防风墙划归为积沙型沙障,其防沙原理是风沙流所通过的路线上,无论遇到任何障碍物的阻挡,风速都会降低,携带的一部分风沙就会沉积在障碍物周围以此减少风沙流的输沙量,从而起到防治风沙危害的作用。另外,高立式沙障多行配置,可以起到降低障间风速的作用,减轻或避免再度起沙,造成障间风蚀。

第二节　沙障的技术设计

沙障的技术设计要符合自然条件的客观规律,明确设置沙障各项技术指标如何运用,掌握沙障技术指标在治沙中所起的作用,使沙障在防沙治沙工作中发挥最大效能。

一、沙障技术指标

沙障设置的技术指标主要有沙障孔隙度、沙障高度、沙障的方向、沙障的配置形式、沙障的间距和规格及选用的材料等。沙障的设置都要根据当地的自然条件、经济条件及劳动状况等因素综合考虑以上指标,选用最合适的沙障类型。

(一)沙障孔隙度

沙障孔隙度常常被用作衡量沙障透风性能的一个重要指标。紧密结构的沙障(孔隙度为5%),障前、障后积沙范围约为障高的2.5倍,积沙的最高点正好处于沙障的位置上,沙障很快被积沙埋没,失去防护作用。孔隙度越小,沙障越紧密,积沙范围越窄,延伸距离越短。反之,孔隙度越大,积沙范围延伸地越远,积沙作用也大,防护时间也长。在沙障其他指标一定的情况下,孔隙度大小应根据风力和沙源具体情况确定。

(二)沙障高度

沙障高度是指障体顶部距沙表面(地面)的垂直距离。根据流沙运动规律及风速特点,沙粒主要在近地面层内运动,戈壁及高原地区沙粒飞跃高度一般较高,沙障高度应根据当地历史最大风速、携沙量、材料类型及防护目的等综合确定。

(三)沙障的方向

沙障的方向也就是障边的走向,一般情况下沙障的设置方向均应与主风向垂直,通常在沙丘的迎风侧设置。等边格状沙障取一个障边走向与主风向垂直,不等边矩形沙障则一般选长边走向与主风向垂直,防护效果较好,沙障在实际设置时障边与主风向的角度要稍大于90°,若沙障与主风向的夹角小于90°,气流易趋于中部而使沙障被掏蚀或沙埋。

(四)沙障的配置形式

沙障的配置形式有很多种,常用的有行列式、网格状、人字状等,在实际运用中要考虑当地的主风向和次风向出现的频率和强弱状况,以及沙丘地貌类型来选择最佳配置形式。

1. 行列式配置

行列式沙障也称带状沙障,主要用于单一风向为主的地区,走向要与主风向垂直,沙障与沙障之间平行排列。在新月形沙丘迎风坡设置时,丘顶要空留一段,并先在沙丘上部按新月形划出设沙障时的最上范围线,然后在迎风坡正面的中部,自最上范围线起,按所需间距向两翼划出设置沙障的线道,并使设置线微呈弧形。在地势相对开阔的荒漠地区,行列式带状沙障常以多行一带的形式设置,在沙障高度一定的情况下,行数越多,带距越小,防护效果越好,但成本也越高。有研究结果表明三行一带的沙障防护效益要好于二行一带的沙障。

2. 网格状配置

如果风向不稳定,除主风向还有明显的侧风向,则在垂直于沙障的方向,每隔几米打上横格沙障形成网格,称为网格状沙障。根据各个风向的大小差异,可采用长方形格、正方形格。

3. 折线状配置

如果风向不稳定,风向与铁路交角不垂直,设置为折线状沙障,防止多风向风沙危害,称为折线状沙障,也称人字状沙障。根据各个风向的大小差异,确定沙障与铁路的交角和短边的长度。折线状沙障可配置为多行式。

(五)沙障的间距

沙障间距主要针对带状沙障而言,即相邻两条沙障之间的距离,沙障的间距要适中。间距过大,容易被风吹垮,起不到应有的防护作用,间距过小,造成人力、材料的浪费。合理的间距,取决于风力的强弱、坡度的大小、沙障的高低。总的原则是风力大、坡度陡、沙障低的条件下,间距易小,反之可以大些。

一般情况下,在坡度4°以下平缓沙地上设置沙障,障间距离为障高的15~20倍;在地势不平坦的沙丘坡面上设障确定间距时,沙障间距的计算公式如下:

$$D = H\cos\alpha$$

式中　D——沙障间距离(m);
　　　H——沙障高度(m);
　　　α——沙面坡度(°)。

(六)沙障的规格

沙障规格指的是对于格状沙障是各边的长度,对于带状沙障是带间距离。格状沙障常用的规格有1 m×1 m、2 m×2 m、3 m×3 m等正方形格状及1 m×2 m、2 m×3 m、2 m×4 m、4 m×8 m等长方形,具体应根据防护目的、自然条件等因素确定。

(七)沙障类型及材料的选用

不同类型的沙障具有不同的作用,在选用沙障类型的时候应根据防护目的、防护区域概况等因素因地制宜确定。高立式沙障用于沙源距被保护区较远区域;麦草方格沙障可明显增大地表粗糙度,消减沙表面风速的作用。

选择沙障材料,主要考虑取材容易、价格低廉,固沙效果良好,对环境污染较小,并与环境景观协调的材料。近年来,一些新型材料在沙障领域的应用,开辟了沙障材料免受区域限制的新渠道。随着"以沙治沙"理念的提出,选用新型人工材料作为外层包装材料,内里填充以就地取材的沙土而形成的沙袋沙障,为铁路沙害防治提供了新途径。沙袋沙障就是以沙袋为基本要素设置沙障,即选取合适的外层包装材料,按照设计要求加工成特定样式,内里填充以就地取材的沙土而形成的沙袋,再根据沙障的防护设置参数铺设而成的一种固沙工程措施。

二、沙障的设置方法

(一)平铺式沙障

因为平铺式沙障的主要目的是隔绝风与松散沙面的接触,所以要求这一隔离层所采用的材料,必须具有黏结性和质地较坚硬的块状体,一般的风力很难将其吹动,黏土、碎(砾、卵)石等可作为平铺式沙障的优质材料。

将黏土或碎(砾、卵)石块均匀的覆盖在沙丘表面,厚度可根据沙害的严重程度采用 5~10 cm 不等。覆盖黏土不要把土块打碎,以此来加大地表粗糙度,避免细土粒被风吹蚀,又可截留一定数量的流沙。碎(砾、卵)石平铺沙障要求各块间要紧密的排匀,不可留较大的空洞,以免掏蚀。

平铺式黏土沙障是一种简单易行的风蚀防护措施,主要适应于同类两侧有危害性较大的单个沙丘或零星沙地,在有黏土产地的地区,可就近挖取黏土用此法把沙丘彻底封固住,消除流沙的危害。虽然固沙效果明显,但由于沙面被黏土覆盖,降雨后水分不易进入沙层,使沙层水分条件恶化,透气不良,对固定后栽植植物不利。

碎(砾、卵)石沙障在流动沙丘危害地区,作为因地制宜就地取材的一种机械固沙措施,是十分理想的,即可做到稳定持久的固沙效益,又有较强的保水性能,对植物的生长发育有积极作用。和黏土沙障一样,受地区条件限制较大,不是任何有沙害地区都可采用。另外碎(砾、卵)石沙障路堤、路堑边坡加固效果更为明显。

(二)低立式沙障

低立式沙障防沙原理主要表现为风沙流所通过的路线上,遇到障碍物的阻挡,风速就会降低,部分流沙就会沉积在障碍物周围。其作用是增加地表粗糙度,增大对气流的阻力,降低地面风速,减少气流中的输沙量。

1. 草方格沙障

草方格沙障是用麦秆、稻草、芦苇等材料,在流沙上设置成方格状,其作用主要是固定地表流沙,为植物生长创造条件。

设置方法按沙障规格在地面放线,将麦草、稻草、芦苇等秸秆均匀横铺在线位上,然后用钝锹(最好是平锹)压在草的中段,用力下踩,把草中段压入沙层中 5~10 cm 左右,使草的两端翘起,再从两侧培土踩实,地上部分保留 10~15 cm。草方格沙障固沙效果与沙障规格有关,包兰线沙坡头和乌吉线试验证实规格 1 m×1 m 效果较好。草方格沙障的高度,根据风沙流特征决定。由于风沙流中 90% 以上输沙量在距地表 0~20 cm,其中,大部分又集中在 0~10 cm 以内,故草方格沙障高度露出地面 10~15 cm 即可。

如果该地区风向单一,除主风向外,没有其他有害风向,则可将方格状沙障设置成与主导风向垂直的平行行列式沙障,行距根据沙丘坡度和风力大小而定,一般为 1~2 m。根据观察其防护作用与方格状沙障相同,可以节约成本。此外戈壁地区地表坚实,风力强劲,不宜设置草方格沙障。

2. 黏土(石、盐块)方格沙障

黏土(石、盐块)方格沙障是一种简单易行的风蚀防护措施,在有黏土(石、盐块)产地的地区,可就近挖取黏土填筑。其原理是对于流动沙丘或表层土壤易风蚀的地块,采用难风蚀的黏土将侵蚀性风沙流与地表土壤或流沙充分隔离,从而使地表免受风沙流的直接吹蚀,达到就地固沙的目的。黏土(石、盐块)方格沙障土埂高20~30cm,采用1m×2m或2m×3m。据测定障内20cm高的风速较障外降低28%~33%,0~50cm沙层含水量有所提高,可增加沙层肥力,为植物固沙创造有利条件。黏土方格沙障,适用固定大面积流沙,而卵石、黏土全面覆盖防护一般适用覆盖零星活动沙丘,厚度以8~10cm为宜。无论何种固沙措施,都存在前缘积沙问题。解决办法一是沙障外缘增设阻沙措施;二是适当增加固沙带宽度,防沙效果较好。

黏土方格沙障还有一定的改良土壤的作用,沙障经过风吹雨淋,慢慢与沙掺和在一起,改变了沙地结构,增加土壤肥力,更有利于植物生长发育。

黏土(石、盐块)方格沙障受地区性限制,有的地方没有黏土(石、盐块)或距离有黏土(石、盐块)较远,就不能采用这种沙障,硬要采用,会造成成本费用高昂的缺点。

3. HDPE网格沙障

HDPE网格沙障是一种新型的阻沙固沙材料,采用环保树脂制成的高强度纤维,并与高效紫外线吸收剂、抗氧剂合理复配,具有较好的耐候性能,符合相关标准要求,对沙漠生态不会造成污染,该产品具有造价低、抗老化、不易燃、寿命长、不受季节限制、可工业化生产和便于施工等优点,已广泛应用在铁路、公路、海防、工矿及文物古迹的风沙防治方面。其规格主要有1m×1m、1.5m×1.5m、2m×2m、3m×3m等,高度一般20~50cm。

(三)高立式沙障

高立式沙障一般选用柴草、树枝、秸秆、黏土、卵石、板条及人工材料(聚乳酸纤维、聚酯纤维、塑料等材料)。

1. 设置方法

(1)高立式树枝、荆笆沙障

高立式沙障一般是先将材料做成70~150cm的长度,在沙丘上划好线,沿线开沟深20~30cm。梢端朝上,基部插入沟底,使之紧密排列,两侧培沙,扶正踏实,培沙要高出沙面10cm左右,使沙障稳固。设置季节以秋末冬初、沙层湿润为好,这时开沟省力,插后障基比较稳固,插后即可在冬春大风来临之际发挥沙障的防护作用。也可以用当地柽柳、沙柳、沙枣、柠条等平茬后的树枝等材料编成荆笆沙障,沙障高度为1.0~1.5m,结构为疏透结构。根据沙害程度布设1~3道。

(2)高立式HDPE网沙障

HDPE网从栅栏发展起来的,一般用聚酰胺、聚丙烯纤维织成网挂起,设置成防沙网沙障,防沙网沙障具有造价低廉、抗老化、防风沙性能,可工业化生产、便于施工等优点。高度一般采用1.2~1.5m。孔隙度太小或太大都不好,太小会造成沙障整体倒伏,太大起不到防风阻沙作用,其最佳孔隙度为40%~45%。设置时以行列式为主,也可设置为折线形。沙障积沙后在原沙障上加高,沙堆越积越高,形成高大的人工阻沙堤,沙堤越高,风沙流移动速度越慢,对线路的危害越小。沙障积沙后就地抬升,反复利用,降低材料的成本。

(3)截沙沟堤

截沙沟堤(图10—2—1)是一种不透风高立式沙障,在线路一侧或两侧距线路适当距离处开挖截沙沟,一般上开口宽4~6m,下底宽1m,深1.5~2m;利用弃土在沟的外侧筑堤,一一般顶宽1 m,高1.5~2 m,边坡1:1.25~1.5。如果是散沙,截沙堤必须全坡面防护,边坡为1:1.75。截沙沟堤可设置一道或多道,适用于沙源较少、地形平坦的风沙流地区。沟内积满流沙后应覆盖,避免形成新的沙源。

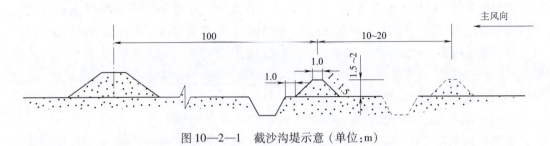

图10—2—1 截沙沟堤示意(单位:m)

(4)轨枕式挡沙墙。

轨枕式挡沙墙(图10—2—2),一般埋深0.7~0.8 m,高度1.5~1.6 m,由废旧轨枕并排埋设而成。透风率可以灵活设置,并且可以废物利用。从现场调查结果来看,防沙效果较好。

图10—2—2 青藏铁路北麓河前沿轨枕式挡沙墙

2. 设置高立式沙障注意事项

(1)高立式沙障距线路不宜太近,以免积沙在线路两侧形成新的沙源。沙障距线路一般迎风侧不小于100 m,背风侧不小于80 m。沙源丰富、高大沙丘地段,迎风侧应增加沙障排数,排间距离一般为20~30 m。

(2)沙障应与主风向垂直或平行铁路线路设置。在多风向地段或主风向与铁路走向夹角小于45°区段,宜采用折线形设置。当积沙达到沙障高度时,可逐渐加高,积沙越积越高,形成高大人工阻沙堤,阻挡风沙对铁路的危害。

(3)高立式沙障要进行养护维修,否则将失去阻沙效果。随着沙障的逐渐增高,沙堤的移动速度减慢,但风沙流活动仍然很强烈,应在沙堤顶部及背风坡设置固沙措施,以增加沙堤稳定性。

三、沙障的组合

防护体系的设置与配置取决于流场特征和风沙活动方式或活动强度—输沙量。常见的配置方式有以下几种。

(一)以固为主、固阻结合,兼备疏导的防护体系

这种防护体系是经过多年防沙治沙实践不断总结,不断改进和完善,逐步发展而成的适用于大面积流沙表面固沙配置措施。前沿阻沙带有效控制沙源,固沙带降低风速有效控制了风的搬运能力;固沙带稳定了沙面,改变了下垫面性质,有效控制了风沙运动的转换条件,或者说创造了植物固沙的条件。如果自然条件较好,也可选用植物作栅栏,以便形成"活沙障"。这种防护体系设置长度范围应与防护对象一致,切忌不合理的分段或分片防护,防护宽度完全取决于当地沙丘的总体移动速度。

(二)以阻为主,阻疏导相结合的防护体系

这种防护体系适用于粗质平沙地、沙砾地。这些地区可能有两种情况,一是沙源较远而且不太丰富;二是沙源较近,但水平分布不均一、零散,诸如沙漠边缘和沙漠腹地的丘间平地零散分布的低矮新月形沙丘地区,总体说,沙源也不太丰富。

这些地区的共同特点是地形起伏不大或无起伏,平坦开阔,风力较强,沙源不太丰富,沙粒较粗,沙粒跃移高度比流沙表面高得多,风沙流结构特征表现为下层不饱和,风沙流以非堆积搬运的形式过境。可在风沙流运动中,一旦遇到地面障碍物,如道路路基、植被等就会遇阻积沙形成危害。因此,就要求在防护对象较远的上风处设置阻沙带控制沙源,在阻沙带与被保护对象间设置平铺沙障输沙导沙。

第三节 其他措施

一、化学固沙措施

化学固沙是指采用有机或无机,天然或人工合成的胶结物质,喷洒到沙面,渗入沙层间,固化后在沙面形成保护壳,隔开气流对松散沙面的直接作用,起到防止地表风蚀,避免沙丘移动作用。化学固沙措施属于工程措施之一,作用与机械沙障一样是治标措施,也是生物治沙的辅助、过渡和补充措施。优点是见效快,缺点是造价高,施工难度大,对过境风沙流没有防治作用。

目前采用的化学固沙原料主要有沥青乳液、沥青化合物等。这些原料稀释后,通过专门的机具喷洒在流沙表面,在表层形成硬壳固定地表流沙。沥青乳液透气透水,喷洒时撒播沙生植物,有利于植物成活和生长。

(一)沥青乳液配制和使用

1. 沥青乳液的配制

所用材料为沥青和乳化剂。沥青为 200 号石油沥青与 30 号石油沥青混合使用。乳化剂为亚硫酸造纸废液。为了增加乳液的稳定性和分散度,一般加入玻璃水或烧碱,一般 10 t 乳液加 0.5 kg 烧碱。

2. 沥青乳液的使用

用量主要取决于当地水文条件和风速,水文条件好,风速小,用量可小,否则应大。每平方米几克至几百克都有。中铁西北科学研究院、呼和浩特铁路局乌海工务段在包兰线试验,每平方米用沥青 0.5 kg,水 5 kg,使用年限 3~5 年,配合植物固沙效果明显。如果喷洒沥青

与植物固沙同时进行,应完成植物固沙后立即喷洒。在降雨与喷水后喷洒沥青效果更好。

(二)沥青化合物配制和使用

1. 沥青化合物的配制

将沥青或黏油、矿物粉和水按规定比例配合,装入灰浆搅拌机中进行强力搅拌即可制成。

2. 沥青化合物的使用

将制成的化合物进行稀释,可采用 $1:1 \sim 1:10$。用泥浆泵喷洒即可,一般 $6 \sim 8 \text{ L/m}^2$,渗入沙层厚度 $10 \sim 30 \text{ mm}$。一次用量不宜太大,可分多次喷洒。

二、输沙措施

输沙措施是利用风沙流对地面侵蚀和堆积的规律,通过人为地减少地面粗糙度,加大近地面气流速度,造成非堆积搬运条件,使风沙流顺利通过路基面,不致造成沙埋的危害。其工程实例主要是修建过沙路面、下导风工程、羽状导沙等,但它们常用于公路沙害的防治,而在铁路沙害防治方面应用则相对较少。铁路沙害防治输沙措施一般采用输沙棚洞,如图10—3—1所示。

图 10—3—1 临策线 1 号明洞

设置这种棚洞时,洞顶应光滑,减少表面粗糙度,保证风沙流顺利通过。另外,要防止洞口两端进沙,洞身应适当延长,在洞口附近设置一些输导工程,使风沙流不致进入洞内。

第十一章 植物治沙技术

植物治沙包括沙漠地区天然植被的管护抚育和更新利用,以及人工种植乔、灌木和草本植物,巩固和扩大沙漠地区植被覆盖度。植树造林则是防治流沙的根本途径,也是保护铁路免受风沙流危害的重点工作。本章主要介绍了植物治沙的特点、造林技术及设计、主要治沙造林植物种特性和节水灌溉技术等。

第一节 植物治沙的特点及作用

一、植物治沙的特点

植物治沙同工程治沙措施比较,具有以下特点。
(1)用植物固定流沙持久、稳定;
(2)沙地植被形成后可以改善周边生态环境;
(3)植物可以改良流沙的理化性质,促进土壤形成过程;
(4)植物可以提供饲料、燃料、木料、肥料和药材等多种产品。

由此可见,植物治沙不仅效果好,而且产生多种生态效益和经济效益,是固沙中的最佳措施,生态环境治理中的必要手段。

二、植物对流沙环境的作用

(一)植物的固沙作用

植物以其茂密的枝叶和聚积枯落物庇护表层沙粒,避免风的直接作用;植物作为沙地上一种具有柔性结构的障碍物,使地面粗糙度增大,降低近地层风速,植物可加速土壤形成过程,提高黏结力。植物能使沙地表层形成"结皮",从而提高了抗风蚀能力。以上三种作用中,降低风速最为明显和重要。植物降低风速作用大小,与覆盖度有关,见表11—1—1。

表11—1—1 不同植被覆盖度对近地层(20 cm)风速的影响

覆盖度(%)	40~50	30~40	10~20	流沙
近地面风速(m/s)	3.1	3.3	3.8	6
风速降低值(%)	48.3	45.0	36.7	0
粗糙度(cm)	3.23	2.49	1.69	0.002 6

植物由于具有降低近地层风速的作用,因此,在固沙的同时,使风沙流中的沙粒下沉堆积,即植物的阻沙作用。植物的阻沙作用与覆盖度有关,当植被覆盖度达到40%~50%时,风沙流中99%以上的沙粒被阻截沉积下来,见表11—1—2。

表 11—1—2 植被覆盖度对输沙量的影响

覆盖度(%)	2 m 处风速(m/s)	输沙量(g/min)	输沙量比值
40~50	7.0	0.018	0.95
30~40	6.9	0.41	21.8
10~20	7.3	0.589	31.3
流沙	7.2	1.888	100

植物的阻沙作用主要决定于近地层枝叶的分布状况,近地层枝叶浓密,控制范围较大的植物,其固沙和阻沙能力较强。在乔、灌、草三类植物中,灌木多在近地层处丛状分枝,固沙和阻沙能力较强,乔木只有主干,固沙和阻沙能力较小。

由于风沙流是一种贴近地表的运动现象,不同植物固沙和阻沙能力的大小,主要决定于近地层枝叶的分布状况,近地层枝叶浓密,控制范围较大的植物,其固沙和阻沙能力较强。在乔、灌、草三类植物中,灌木多在近地层处丛状分枝,固沙和阻沙能力较强,乔木只有主干,固沙和阻沙能力较小。

(二)植物改善小气候和改良土壤作用

流沙上植被形成以后,小气候达到明显改善,在其覆盖下,反射率、风速和蒸发量显著减少,相对湿度提高。植被覆盖度不同,对小气候的影响有明显差别,覆盖度在15%~20%的疏林,对沙地小气候影响不大,覆盖度40%影响较明显。

植物固定流沙以后,大大加速了风沙土的成土过程。植物对风沙土的改良作用主要表现在以下方面。

(1)机械组成发生变化,粉、黏粒含量增加;
(2)物理性质发生变化,比重、容重减少,孔隙度增加;
(3)水分性质发生变化,田间持水量增加,透水性减慢;
(4)有机质含量增加;
(5)N、P、K 三要素含量增加;
(6)土壤微生物数量增加。

第二节 造 林 设 计

一、收集资料及外业调查

(一)气象资料

除对一些气象因子作系统了解外,应特别注意本地区易于造成灾害性因子,如干旱、暴雨、大风、冰雹、霜冻、大雪等对造林及铁路运输的危害程度,作为确定铁路沙害防治措施及造林设计、植物种选择的参考。调查方法主要依靠当地气象站汇集历年的观测资料和访问了解,主要包括气温、蒸发量、湿度、降水、风、日照等。

(二)土壤、水文及植被资料

1. 土壤调查

以土壤种类为单位,了解土壤形成及各项因子,如土层厚度、质地、盐渍化程度,黏土间层级钙积层厚度与分布深度等,并结合地形及植被情况,摸清可利用程度。绘制出土壤种类的分布范围平面图,对各代表性土种还应采集土盒或土袋标本,进行室内分析。

2. 水文调查

了解造林区域或附近有无河流通过,湖泊分布,可利用程度,河流最大洪水期及有无泛滥与其他危害情况,地下水分布、深度、水质及可利用程度。

3. 植被调查

通过植物群丛标准地调查,对植物种及植物群丛的分布规律进行鉴定分析,并根据主要植物种的生态习性、生长情况及形态特征,分析其在立地条件类型上的指示意义。将一些代表性植物种按耐旱、耐贫瘠、耐沙埋、耐风蚀程度进行排队,绘制各群丛类型的分布范围草图,包括植物种类、组成标准地的各种不同植物的百分比、植物覆盖度、植物生长状况、植物根系的水平分布和垂直分布等。

(三)立地条件

立地条件是指固沙植物生长和发育一切环境因子的总和。固沙造林的难易程度,主要取决于沙区立地条件类型,在同一沙区,由于地形部位、水分条件和风沙状况不同,植物生长和发育状况也大不相同。研究和划分立地条件的目的,就是为了保证造林质量,做到适地适树。了解以下环境因子:沙丘类型、起伏程度及移动特征,沙丘地层性质(地貌特征、组成物质及水分情况),沙的颗粒组成及矿物成分,沙丘各部位的含水量及干沙层厚度,地下水的水位、水质及丘间低地的盐渍化程度,植物生长情况及覆盖度。

(四)造林调查

造林调查要对当地成林和幼林调查,了解主要造林树种的生物学特性,总结已有造林和抚育管理经验,提出今后经营管理意见。

二、内业设计

(一)植物种选择

树种选择适当与否,是治沙造林成败的关键。乡土树种由于对本地环境有较强的适应性,因此,选择固沙植物以乡土树种较为稳妥可靠,而且种源也有保证。需要从外地引种,要选择与当地自然条件相近似的树种,并经过中间栽培试验,证明确有引种价值,方可大量选用。固沙植物种应具备以下特点。

(1)耐干旱、耐高温。干旱年生长萎缩,湿润年恢复正常,开花结果;

(2)不怕沙埋和风蚀,沙埋后能生不定根,生长旺盛。风蚀后根部外露可萌生新株;

(3)萌蘖性强,分枝多,冠幅大,能够较快地覆盖地面,起到防风固沙的作用;

(4)生长快、根系发育,主根较深。水平根系扩展,以利吸收水分和养分;

(5)繁殖力强,种源丰富,种子遇雨发芽快,可用人工无性繁殖(插条、亚枝、分根等);

(6)在低湿丘间地和盐渍化沙地栽植的植物,要有耐水湿、耐盐碱的能力。

(二)防护林带宽度、结构、配置

1. 防护林带宽度

既要考虑铁路运输安全,又要经济合理,目前还没有成熟的经验,是一个较为复杂的课题,影响的因素很多,主要应考虑沙丘移动速度和风沙流活动强度。铁路防护林带应采用窄带多带方式,每带宽度一般为 20~30 m。在有条件的情况下,流动沙丘地区迎风侧 300~

500 m,背风侧 200～300 m,半固定沙丘地区迎风侧 200～300 m,背风侧 100～200 m,可以确保列车安全运行。

2. 防护林带结构

按林带透风系数大小划分为紧密结构(透风系数小于 0.35)、稀疏结构(透风系数 0.35～0.6)和通风结构(透风系数大于 0.6)三种防护林带结构类型：

(1)紧密结构林带。林木行数多,带幅较宽,由乔木、亚乔木和灌木构成的具有复层林冠的林带。上下都稠密,中等风速不能透过,气流中的沙粒沉积于林带前缘和林带中,形成大的沙堆,埋压林带。

(2)通风结构林带。林木行数少,带幅窄,由乔木构成的具有单层林冠的林带,由于透风性大,气流穿过林带时,林缘和林带中风蚀现象严重。

(3)稀疏结构林带。林木行数较少,带幅较窄,由乔木、亚乔木和灌木构成的具有复层林冠的林带。其防沙特点介于紧密结构和通风结构之间。通风结构林带不能有效防沙,紧密结构林带林缘和林带中积沙现象严重。因此铁路防护林带多采用稀疏结构林带。

3. 防护林带配置

按其组成分为人工纯林带和人工混交林带。纯林带只有一种主要树种,混交林带有两种或两种以上树种组成的林带。

(1)混交林带优点

①由于不同树种的高低不同,其作用互补,具有较高的防护效能。乔木防风,灌木固沙,枯枝落叶量大,可以有效地改良林地环境；

②由于树种不同,其深根性和浅根性不同,可以充分吸收沙地中的水分和养分,能充分利用林地条件；

③由于豆科植物本身具有根瘤,可以直接固定空气中的氮素,增加沙地肥力,采用豆科树种与其他树种混交,对其他树种生长有利；

④混交林具有复杂的生态系统,有许多相互制约的因子,可增加抵抗病虫害的能力。营造混交林带要注意树种的搭配,搭配的好,起互相促进作用,搭配不好,彼此竞争。

(2)混交林带分类

树种混交一般有条状混交、带状混交和块状混交三种。铁路治沙防护林一般采用带状混交。

①条状混交:每隔一行栽一个树种,无论是乔、灌混交,还是灌木混交,都存在竞争,生长快的树种,必然压制生长慢的树种；

②带状混交:某一树种栽植几行,再换另一树种栽若干行,这样树种之间互不干扰。乔木与灌木之间带间距应适当宽些,以达到植物既能生长,又能得到必要的水分和养分；

③块状混交:以每块沙地为单位,栽植一个树种,相邻另一块沙地栽另一树种。利用多树种组成一条整体林带,就每一部分来说,形成小块纯林。

第三节 造 林 技 术

一、造林整地

(一)整地原则

根据气候、土壤、植被及有无灌溉条件,尽可能减少破坏原生植被或土壤结皮为原则,合理选择整地时间与方式,在风蚀严重地区或无灌溉造林可不整地。

(二)整地时间

一般应随造林随整地,客土造林可提前一年开沟整地。

(三)整地方式

一般分为带状整地、穴状整地、畦状整地。

(1)穴状整地

栽植乔木:穴深 $40\sim60$ cm,直径 $40\sim60$ cm。栽植灌木:穴深 $30\sim40$ cm,直径 $30\sim40$ cm。

(2)带状整地

翻土深度 $20\sim30$ cm,保留间隔带自然植被。

(3)畦状整地

畦埂高 $20\sim30$ cm,宽 $30\sim50$ cm,畦内平整,面积 $200\ m^2$ 以内。

二、造林方法

(一)植苗造林

幼林具有较强的抗逆性,容易迅速成林,在铁路治沙防护林营造中广泛采用。植苗造林要选用生长健壮发育良好的苗木,做到随起苗,随运输,随栽植,如不能及时栽植,必须进行假植,防止暴晒与风干。

1. 苗木

(1)苗木规格:落叶乔木采用胸径 $2\sim4$ cm 的苗木;针叶树采用高度 1 m 以上的苗木;灌木采用 $1\sim2$ 年生苗木。

(2)苗木保护:在起苗、分级、包装、运输、栽植过程中,要保持根系完整,防止苗木损坏、失水,针叶树还要防止顶芽受损及土球破裂。

(3)苗木处理:根据树种及造林需要,可进行剪梢、修枝、截干、修根、苗根浸水、蘸泥浆等处理;也可采用生根粉、菌根剂等处理苗木。

(4)苗木调运:须有"一签两证"(苗木标签、质量检验合格证和检疫合格证)。

2. 植苗技术

挖穴栽植时,穴的大小和深度应大于苗木根系。苗干要竖直,根系要舒展,深浅要适当,填土一半后提苗踩实,再填土踩实,最后覆上虚土。

开沟栽植时,用机械或人工开沟 $1.5\sim2.0$ m,苗木植于沟内,填土踏实。

栽植深度根据立地条件、土壤墒情和树种确定栽植深度,一般应略超过苗木根茎。干旱地区、沙质土壤和能产生不定根的树种可适当深栽。

苗木要分级造林。容器苗造林必须拆除根系不易穿透的容器。

(二)直播造林

出苗多,密度大,从幼苗就适应沙地环境,但是幼苗易遭风蚀、沙埋、干旱而枯死。因此,直播造林应选择抗风蚀、耐沙埋、生长迅速、自然繁殖力强的植物种。种子不能直播在沙面上,覆沙厚度要适当,一般 2 cm 左右。直播造林成苗的关键是水,因此,播种期应选择在雨季来临前,有利于种子发芽,出苗后得到持续性的降水,有利于幼苗成长。

1. 树种

易发芽、生根,并有一定抗旱性的适生乡土树种,均可播种造林,如梭梭、花棒、杨柴、柠条、锦鸡儿、油蒿、籽蒿等。

2. 播种方法

条播、点播、撒播。大粒种子可以直接播种;小粒种子拌沙播种。播后应覆土、镇压。大粒种子覆土3~4 cm,小粒种子覆土1~2 cm。播种时,种子要散布均匀。

3. 播种量

根据立地条件、种子质量和造林密度确定。花棒、杨柴、柠条、锦鸡儿等一般为7~15 kg/hm²,油蒿、籽蒿等一般为5~8 kg/hm²。其计算公式如下:

$$S = N \cdot W / [1000 E \cdot R \cdot F(1 - A)(1 - Q)]$$

式中　S——每公顷的播种量(kg);

　　　N——每公顷的设计出苗株数(株/hm²);

　　　E——种子千粒重(g);

　　　W——种子发芽率(%);

　　　R——种子净度(%);

　　　F——每平方米播区面积上的实际落种粒数与设计数的百分比(%);

　　　A——种子的鼠、鸟、虫害损失率(%);

　　　Q——种子的其他意外损失率(%)。

(三)插干、插条造林

在沙地水分较多的地段造林,杨柳类乔木树种可以插干造林;沙柳、黄柳、柽柳、沙拐枣、杨柴、紫穗槐等可以插条造林。

(1)插干一般采用截根苗干或萌生枝,长度2~3.5 m,干径3 cm以上。埋植深度80~100 cm。

(2)插条造林采用1~2年生健壮萌生条,长度30~80 cm,直径1.5~2 cm。造林时深埋少露。

(四)主要技术措施

1. 必须坚持深栽实踏,多埋少漏

干旱沙区沙丘迎风坡沙层0.4 m才是稳定湿沙层(含水量2%~4%)。群众造林总结有"深栽过了腰,强似拿水浇"的说法。干旱区造林要求栽植深度大于0.5 m,半干旱区应超过0.45 m才可靠,特别是插条、压条造林,必须使苗木"多埋少漏"通常要求埋土60~70 cm,以扩大发根和吸收水分范围,"少漏"可以减少植苗成活发芽阶段的耗水蒸腾。"实踏"是要使根系密切接触土壤,是上下层填土与坑内土壤紧密结合,一方面避免漏风使根系干燥,另一方面有利于土壤毛管水源源不断的上升,为苗木根系所吸收。

2. 掌握好合适的造林密度

根据造林树种不同和立地条件的差异,一般造林密度每亩100~200株。

3. 实行以灌木为主的混交造林

从防沙、固沙作用来看,沙子主要是以风沙流的形式活动,防沙固沙的造林树种,只要有1 m高左右的灌木就能起到作用。提倡混交林可以减弱病虫害的蔓延,改善地上部分的通风透光条件,调剂地下土层水分及养分的充分吸收利用。水分条件较好,风蚀很轻或无风蚀的沙地上,可用短插穗;在干沙层比较厚或有一定风蚀的沙地上,应用长插穗。造林时深埋少露。

三、造林季节

造林季节一般在树木落叶后到次年萌发前春季和秋季进行,对部分树种可选择雨季和冬季造林。

(一)春季造林

从早春解冻开始到苗木萌芽为止,春季气温回升,地温增高,土壤湿润,有利于苗木生根发芽,提高造林成活率。春季造林的优点能避免苗木在发生新芽前越冬,防止枝条干枯。春季造林可栽植杨、柳、榆、槐等阔叶乔木以及松、柏、花灌木等树种,但要有水源条件。

(二)秋季造林

有利于根系的愈合和生长,苗木第二年生长开始早,抗旱和抗病虫害能力强。但冬季风沙大,气温低,苗木干茎经过长时间风沙侵袭和严寒霜冻,容易干枯死亡。

(三)雨季造林

利用雨季播种造林,以及容器苗、带土球苗造林。一般应采取遮阴措施。我国沙漠地区降水多集中在 7~9 月份,这时正值高温期,种子遇连续降雨迅速发芽生长,籽蒿、油蒿、花棒、柠条等都适于直播造林,幼苗木质良好,能正常过冬,不受冻害。

(四)冬季造林

冬季造林适于针叶树带土球造林及梭梭等雪播造林。

四、抚育管理

抚育管理,一般包括幼林抚育和成林抚育两个方面。

(一)幼林抚育

幼林抚育是指从造林后到郁闭前这一时期的抚育管理,主要内容是补植、浇水、松土、除草、病虫害防治等。幼林抚育年限一般 3~4 年,即从造林后一直到幼林郁闭。

1. 松土、除草

在风沙活动强烈的地段,造林后禁止松土除草,但可以割草留茬,茬高不低于 10 cm。

2. 灌溉

有灌溉条件的地段,栽植后立即灌水,其后根据不同树种、降雨情况等适时灌溉。一般每年灌溉 5~8 次,包括春灌、冬灌。

3. 补植

对造林密度、成活率达不到要求的林带,要及时进行补植,补植须采用同品种、同规格的苗木。

(二)成林抚育

是在保持郁闭的状态下,保证林木有适当的营养面积和光照条件,使之能形成良好的树干,又能持续稳定的快速生长,主要措施修枝、间伐和平茬。

1. 修枝

就是砍去林木下部的枝条,对病虫害和枯枝也应全部砍掉,减少林木不必要的养分消耗,改善林分密度状况,促进林木生长。修枝应在晚秋和早春树木处于冬眠期进行。

2. 间伐

就是人为地砍去一部分生长不良的树木,促进保留林木的旺盛生长。一般采取砍弱留强,砍劣留优,砍密留稀、砍小留大的原则,间伐要以抚育为主,抚育与利用小径材相结合。间伐的强度、间隔年限应依树种、疏密度、立地条件确定。

3. 平茬

就是对柠条等灌木实施平茬,能够促进林木的更新复壮,增强萌发力,减少林木蒸腾量,减少沙层耗水量,一般 4~5 年要进行平茬。

4. 更新

就是根据树龄、林木生长情况、病虫害等情况,适时更新树种,保持林木生长旺盛。林木更新应采取隔带或隔行更新的方式,选取与原植树种不同的品种进行。

第四节　主要治沙造林植物种特性及造林技术

一、籽　蒿

籽蒿,又名白沙蒿菊科蒿属半灌木,广泛分布于我国东北、华北、西北的荒漠、半荒漠和干草原地带的流动、半固定、固定沙丘,为固沙先锋植物,其特点为耐旱、耐贫瘠、抗风蚀、喜沙埋、生长迅速、固沙作用强。

(一)形态特征及分布

种子长约 2 mm,种壳球形,枝条灰白色,稀疏,直立,较粗壮,广泛分布于半荒漠的流动沙地上,最东可达陕北干草原地带,常与花棒、沙拐枣、沙米等混生,枝叶茂密,高 0.5~1.5 m。

(二)生物学、生态学特性

浅根性,无明显垂直根系,水平根系发达,5 年生籽蒿根幅为冠幅的 7.5 倍,侧根密布在 10~70 cm 的沙层中;极耐旱,沙土含水率低于 0.45% 时,才开始死亡。

籽蒿 3 月下旬萌发,7 月下旬现花蕾,8 月中旬开花,9 月下旬成熟,种子富含胶质,遇水胶于沙粒上,种子发芽率达 81%。

(三)栽培技术

采用飞播、撒播等播种形式。以雨季最好,一般 6~7 月为宜,过晚不利越冬。

二、油　蒿

油蒿,又名黑沙蒿菊科蒿属半灌木,是陕北、内蒙古、宁夏的主要植物种,又名鄂尔多斯蒿。其特点为耐旱、耐贫瘠、抗风蚀、喜沙埋、生长迅速、固沙作用强。

(一)形态特征及分布

种子长约 1.5 mm,种壳卵形,枝条暗灰色,稍端暗红色,密集、平铺、纤细。广泛分布于半荒漠和干草原半固定、固定沙地,常与柠条、猫头刺、猫耳刺等混生,流沙区不见天然生长。

(二)生物学、生态学特性

浅深根性,根株萌发力强,天然生 12 龄油蒿,高 0.9 m,冠幅 1.7 m,根深 3.5 m,根幅 9.2 m,侧根密布在 0~130 cm 沙层中。油蒿适合生长于十分干旱半固定、固定沙地,成为鄂尔多斯高原优势建群种。抗风蚀、耐沙埋性能不如籽蒿。

油蒿寿命较籽蒿长,可达10余年,发叶甚早,3月上旬萌发,11月中旬落叶,8月上旬开花,9月中旬结实,11月中旬成熟,天然更新良好。

(三)栽培技术

采用飞播、撒播等播种形式。以雨季最好,一般6~7月为宜,过晚不利越冬。

三、柠条

柠条在我国有20多种,在固沙造林中,通常用的有两种,一是柠条,又名毛条、白柠条(内蒙古、青海、陕西),二是小叶锦鸡儿,为豆科的落叶灌木或大灌木,是我国西北、华北、东北西部水土保持和固沙造林的重要树种之一。

(一)形态特征

1. 柠条

落叶大灌木一般高3~4m,最高达6m,分枝稀疏,枝条粗壮通直,有明显主干,沙埋后形成大灌丛。树皮黄绿,幼枝具棱角,附白色柔毛。偶数羽状复叶,小叶长椭圆形,长0.6~0.9 cm,宽0.2 cm,先端渐尖,具刺针。

2. 小叶锦鸡儿

多年生灌木,植株丛生,一般高1~1.5 m,最高达3 m。嫩枝具棱,灰白色,后变绿色,密生柔毛,木质化后黄灰色,偶数羽状复叶,互生,倒卵形或近椭圆形,长3~10 mm,全缘,尖端具刺,幼时两面均有绢毛,刺状托叶。

(二)分布

主要分布于干草原地区的固定和半固定沙丘,是这一地区最稳定的优良固沙植物,在半荒漠流沙上也可成活。

柠条以腾格里沙漠和巴丹吉林沙漠东南部,内蒙古鄂尔多斯和陕西毛乌素沙地、宁夏河东沙地分布较多,常呈块状分布在固定、半固定沙地、剥蚀丘陵低山上,常与沙蒿、沙冬青等混生。近年来引种到青海、新疆等地,生长良好。

小叶锦鸡儿分布很广,东起西伯利亚,西至我国新疆均有生长,我国吉林、辽宁、山东、山西、内蒙古、陕西、宁夏、甘肃、青海、新疆等省区都有分布,以内蒙古西部和陕北比较集中。垂直分布于海拔1 000~2 500 m的沙漠绿洲或黄土丘陵区,海拔3 800 m祁连山也有生长。

(三)生物学、生态学特性

小叶锦鸡儿是极阳性树种,耐寒、耐旱、耐高温,是"三北"造林优良树种之一。

1. 抗逆性强

小叶锦鸡儿是干旱草原、荒漠草原地带的旱生灌丛,在黄土丘陵地区、山坡、沟岔也能生长,在肥力极差、沙层含水率2%~3%的流动沙地、固定和半固定沙丘均能正常生长,即使在降水量100 mm的年份也能正常生长。

在沙面温度62℃,最低气温-35℃的情况下未发现有受害现象。耐风蚀、耐沙埋,在沙丘各部位都可栽植。当植株根系95%风蚀裸露半年,仍能进行微弱的生理活动。只有水分过多或地下水位高的地方,生长不良。

2. 根系发达

小叶锦鸡儿为深根性树种,当年直播,主根长为苗高的3~4倍,四年生垂直根系达

4.1 m,粗度 1.0 mm 以上,主根明显,侧根根系向四周水平方向延伸。纵横交错,固沙能力很强,适应于半荒漠、干草原地区。

3. 寿命长,萌蘖力强

经平茬复壮的小叶锦鸡儿,可活 80 年,能起较长时间的固沙作用,成活 3~4 年的植株,牲畜啃食后,可出新梢。4~5 年可平茬一次,一丛枝条可达 10~30 根以上,最多达 50 余根。成林后可轮牧。萌蘖力强,不怕沙埋,沙子越埋,分枝越多,生长越旺,固沙作用极强。

(四)造林

小叶锦鸡儿和柠条造林,有直播造林和植苗造林两种方法。

1. 直播造林

在干旱、半干旱地区和沙区,雨季播种效果最好,为了促其迅速发芽,播种前可用 30°温水浸水 12~24 h。直播方法有穴播、撒播、条播。

(1)穴播法

穴大小 10 cm 见方,穴深 4~5 cm,将种子均匀播于穴内,每穴播 6~10 粒,覆土 4 cm,稍加镇压,每亩播种量 0.5~1 kg。穴距 1 m×2 m,2 m×2 m,1.5 m×2 m,呈品字形配置。

(2)撒播法

下雨或雨前,将种子均匀地撒在造林地上,赶上羊群或其他畜群在地上踩踏,达到覆土的目的,使种子与湿沙结合,在阴雨季节效果较好,3~4 d 发芽,7 d 左右出土,每亩播种量 1.5~2.5 kg。

(3)条播法

在固定或半固定沙地造林,行距一般 1~2 m,播种深度 3 cm,播种后稍加镇压,每亩播种量 0.5~1 kg。

2. 植苗造林

宜选在早春实施,株行距以 1.5 m×2 m,2 m×2 m 为宜,每亩 170~220 株,植苗坑深 40~50 cm,植苗应将湿沙放入坑内,分层放土,分层踏实,以利保墒。

四、花 棒

花棒别名为细枝岩黄芪、花子柴、牛尾梢等,豆科大灌木,高可达 4~5 m,冠幅 4 m 左右,适于流沙环境,喜适度沙埋,抗风蚀,耐严寒酷热,极耐旱,生长迅速,枝叶茂盛,萌蘖力强,防风固沙作用大,是我国西北固沙造林优良树种之一。

(一)形态特征及分布

枝干:老干紫红色或红褐色,层状剥落,2 年生枝黄褐色,1 年生枝上部淡绿色,幼嫩部分有白色柔毛,下部逐渐由灰白色变为黄褐色,皮纵裂。

叶:奇数羽状复叶,小叶 5~9 个,通常长 1~4 cm。宽 0.2~0.5 cm,窄距圆形或条形,全缘、端尖,两面均具白色柔毛。

花:为总状腋生花序,生于当年枝上,花长 1.5~2 cm,花冠紫红色,罕白色、光滑。花朵桃红,色彩鲜艳,酿蜜香甜。

果:为荚果,密具白色长柔毛,念珠状,有明显的网状肋,具 1~4 个荚节,节尖细,荚节膨大,成熟后易从节间断落,每节含一粒种子,种子近圆形,淡黄色或黄褐色,表面光滑。

主要分布于内蒙古巴丹吉林沙漠,甘、宁、蒙三省区的腾格里沙漠,及甘肃河西走廊沙地,而以巴丹吉林沙漠为其分布中心。在自然分布区内,花棒多生长于流动沙丘、半固定沙丘上,戈壁也可遇见。

(二)生物学、生态学特性

发芽期:6月初播种,播种深不超过5 cm,1~2 d种子发芽,7~10 d左右幼苗出土。

扎根期:幼苗出土后一月左右,根系深向生长为主,高生长缓慢,地上部分仅9.2 cm,而根系长达22 cm,为地上部分的2.4倍。

旺盛生长期:幼苗通过扎根期后,就进入旺盛生长期,开始发育水平根系,高生长加速,每日平均生长量大0.97 cm,并出现根瘤。

生长缓慢及终止期:9月以后苗木生长转慢并准备越冬,平均高50 cm左右,木质化良好,对造林有利。

花棒主、侧根都极发达,一般分布在20~60 cm沙层中,一年生垂直根很发达,最长可达1 m,较粗壮,对成活有利。造林后,主根伸至含水分较多的沙层后,以发展水平根系为主,成年植株根幅可达10多米,最大根幅可达20~30 m,当植株被沙压后,还可形成多层根系网,扩大吸收水分面积,适应生长需水。

花棒抗逆性强,抗热、耐沙埋,具有根瘤,固定空气中的氮供自身需要,耐贫瘠,可在贫瘠的沙地上旺盛生长,有良好的改良土壤效果。

花棒适于全盐量为0.4%以下的低盐地区及pH值7.8~8.2的微碱性沙地上生长,不喜过湿和黏重的土壤。

(三)造林

花棒造林有植苗、直播和扦插,以植苗造林为主,为半荒漠地区优良先锋固沙植物。

1. 植苗造林

造林季节以春季为主,秋季造林要在风蚀较轻的沙丘部位进行,以免强风吹蚀而失败。花棒造林的关键技术是深栽,一般深50 cm左右,把根系栽在湿沙层中。

2. 直播造林

在降水量300 mm以上地区,直播造林已获成功,适宜播种期为5月中旬至6月下旬,穴播、条播均可。

3. 扦插造林

扦插在雨量较多的陕北地区获得成功。结合平茬复壮采条,采条长30~50 cm,沙藏、沙地解冻后取出浸水24 h,然后扦插造林。直插条不露或略高出地面,用1~3年生的枝条扦插后成活较高。

五、杨 柴

杨柴又名蒙古岩黄芪、踏浪、三花子等,为豆科小灌木,高1~2 m。与花棒同属,均为优良治沙树种,与花棒相比,具有两个明显特点:一是根蘖串根性强,常"一株成林";二是扁平,皮粗糙,直播造林种子不易位移,提高了出苗率、保存面积率。

(一)形态特征及分布

幼茎绿色,老茎灰白色,树皮条状纵裂,茎多分枝,各部叶轴上全部有小叶,叶长

10~20 cm,小叶5~21个,互生,阔线状;花紫红色,荚果具1~3节,每节荚果内有种子一粒,荚果扁圆形。

主要分布于内蒙古、陕北、宁夏等省区的乌兰布和沙漠、毛乌素沙地、河东沙地。杨柴多见于半固定、固定沙地,与沙蒿等植物混生。

(二)生物学、生态学特性

抗逆性强,能在极为干旱贫瘠的半固定、固定沙地上生长,喜适度沙压,并能忍受一定的风蚀。根系发达,根蘖性强,串根旺盛。主根一般深1~2 m,侧根极发达,多分布在10~40 cm深土层中;两年生侧根长达2~4 m,成年植株可达10 m以上。杨柴灌丛在风沙堆积条件下,形成巨大杨柴灌丛沙堆,固沙作用极强。

(三)造林

杨柴造林有植苗、分株、直播三种,以分株造林为显著特色。

1. 植苗造林

造林方法与花棒相同,春、秋季均可进行,采用条带状密植造林效果较好,具体做法:开沟造林,够宽50 cm,沟深30 cm,株距6~10 cm,沟间距2~3 m。优点是抗风蚀、可不设沙障,造林保存率高,固沙作用大。

2. 分株造林

由于杨柴根蘖性强,凡根所到之处,都可发生萌蘖。利用这种特性掘取根蘖苗造林。掘苗要带状挖取,在所取植株40 cm范围内切断老根,但要防止拉断根系。分株造林春秋均可进行,造林后必须截干,地上部分保留10 cm左右,成活率可达90%以上。

3. 直播造林

方法与花棒相同。

六、沙拐枣

沙拐枣为蓼科,灌木,为固沙先锋树种,我国西北各省(区)荒漠地带都有分布,种类较多,加上引种和变种约有20余种。沙拐枣具有耐干旱、耐高温,抗盐碱,抗风蚀沙埋,生长迅速,耐贫瘠,适应性强等特性。

(一)形态特征及分布

沙拐枣属植物为多分枝的灌木,主干多不明显,一般高0.5~2 m,最高达3~4 m。老枝皮呈白色、灰白色、灰色;花小,2~4 mm,两性,辐射对称。瘦果直或拳曲,果皮坚硬,几乎木质化。

沙拐枣属植物分布范围较广,约在东经0°~110°,北纬15°~50°,分布在中亚、东南欧及北非的广大干旱荒漠地带,主要分布在新疆、宁夏、甘肃、内蒙古沙漠地区。垂直分布一般在150~1 500 m。

(二)生物学、生态学特性

沙拐枣为旱生喜光的灌木树种,具有耐干旱、耐高温,抗盐碱,抗风蚀沙埋,生长迅速,耐贫瘠,耐沙埋,可形成灌丛沙包,适应性强等特性,积沙后生不定根,根系发达,垂直根深4~5 m,水平根向四周伸展可达20~30 m。沙拐枣茎枝坚硬,木质部发达,韧皮部极度退化。唯叶退化,枝稀疏,防风固沙能力不太强,可与其他固沙植物配合,固沙先锋植物。

（三）造林

沙拐枣以植苗造林把握性较大。直播造林必须在风沙危害较轻的地区或有沙障保护下进行。

植苗造林春秋均可进行，最好采用春季造林。春季造林在沙地解冻 40～50 cm 深时进行，宜早不宜迟，造林后灌水。秋季造林在初霜后至土壤封冻前进行，造林后须立即灌水。沙拐枣在沙丘上造林必须设沙障保护，以 2×5 m 的株行距较为理想，过密影响沙拐枣成活，过稀则降低防风固沙作用。

七、沙　　柳

沙柳属杨柳科柳属。大灌木，一般高 3～4 m，最高达 6 m，抗逆性强，耐寒、耐旱、耐沙埋、耐贫瘠，耐盐碱，不耐风蚀，萌蘖性强，越割越旺，插条极易成活，繁殖容易，生长迅速，枝叶茂密，根系繁大，是防风固沙优良树种。

（一）形态特征及分布

枝干：小枝幼时具绒毛，以后渐变光滑。树皮幼嫩时多为紫红色，幼时绿色，老时灰白色。茎表层角质层较发达。

叶：长 5～8 cm，宽 3～5 mm，萌条上的叶长达 10 cm，边缘有腺点锯齿，互生。

花：花芽较大，前一年夏末秋初形成，并分化完毕，此时可鉴别雄雌。

果：长圆形，果序约 2～4 cm。

主要分布于内蒙古、陕北、宁夏等地，引种至甘肃、新疆等地。

（二）生物学、生态学特性

沙柳主根发育不明显，水平根系极发达，密如蛛网。一丛四年生沙柳，株高 3.5 m，水平根幅达 20 多米，起着极好的固沙作用。主根在 1.4 m 处分枝，长约 2 m 多。沙柳插条，当年水平根长达 1 m 左右，4～5 年生即可 10 m 左右，主根可深入沙层 1～2 m。

种子萌发力强，在水分条件较好的地区，天然更新较好。沙柳高生长主要集中在前 3 年，以后生长变慢。但一经平茬又会重新旺盛生长。

（三）造林

沙柳造林，因种条来源广，生根及萌芽力强，一般不育苗，直接扦插造林。扦插造林，简便易行，成本低，见效快，生产上广为应用。选 2～3 年生插条，随采随插。造林穴宽 20～30 cm，深 50～60 cm，直插使上切口与地平，以抗风蚀。每穴 2～4 根，分置于穴之二角或四角直插，分层填土踏实。一般成活率可达 70% 以上。

在土壤湿润的地方，沙柳亦可天然下种成林，并可移植其野生苗造林。

八、柽　　柳

柽柳又名红柳，柽柳科灌木或小乔木，丛生，在我国分布有十八种，适应性很广，耐盐碱、水湿，耐干旱瘠薄，抗风沙，固沙能力极强，是盐碱地造林优良树种。

（一）形态特征及分布

柽柳一般高 3～5 m，高达 8～12 m。分枝很多，枝条红褐色，紫红色，叶小，互生，鳞片状，无柄，也无托叶，在小枝上排列紧密，覆盖着许多泌盐分的腺点，鳞叶长 0.5～2 mm。花多，数量很小,两性,排列成总状花序或在枝顶成圆锥状花序,花粉红色或紫红色。果为蒴果,具有3~4个果瓣。种子小,多数。

柽柳广泛分布于我国北方各省区,在西北及内蒙古各大沙漠地区、沙漠边缘、河流沿岸和沙漠内部低湿地及盐渍化沙土,以多枝柽柳为最常见,生长也最好,喜生于潮湿的盐渍化沙地、河岸冲积地、沙漠湖盆周围以及潮湿沙丘的丘间低地。

(二)生物学、生态学特性

根系繁大,抗沙埋、风蚀,主、侧根极发达,根蘖性强,沙压时能生长大量不定根,枝叶茂密,沙埋后萌枝生长更旺盛,能形成巨大柽柳沙包,最高可达20 m。积沙达数千立方米,抗风蚀能力也很强,当风蚀露根时,仍能萌发出许多新枝条,顽强生长。

耐水湿盐渍,也耐干旱,柽柳是排盐性盐生植物,靠细胞内积累土壤盐分来保证从盐渍化土壤中取得水分,通过小腺体排出盐液,也是泌盐植物。

耐高温严寒,柽柳为喜光树种,不耐遮阴。在绝对气温47.6 ℃的吐鲁番盆地,仍能正常生长,枝干坚实,能忍耐-40 ℃严寒。

柽柳生长很快,年生长量50~80 cm,4~5年高达2.5~3 m,大量开花结实,成株植株高达4~5 m,树龄可达百年以上。

(三)造林

柽柳宜于地下水高的盐渍化沙地及有灌溉条件的各种土壤上造林,柽柳喜湿,除湿润沙地外,一般需要灌溉,否则不易成活。

通常采用植苗造林方法,也可播种和插枝繁殖,播种必须在地下水位高,灌溉方便的地方进行;扦插造林选取1 cm粗细的一年生萌发条,截成40~50 cm长的插条,以春季插条最好,插后灌水。

九、梭 梭

梭梭属藜科小乔木,大灌木,我国有两种,梭梭柴和白梭梭,别名梭梭树。梭梭是我国西北干旱荒漠地区适应性广、生长迅速、枝条稠密、根系发达、防风固沙能力强的优良树种。

(一)形态特征及分布

梭梭一般高3~8 m,最高达10 m,茎部干径可达70 cm,树皮灰白色,干形扭曲,具节瘤和纵向条状凹陷。当年生嫩枝绿色而光滑,多汁,具关节。叶退化为鳞片状,花小,两性,黄色,单生于2年生短枝的叶腋,具阔卵形苞片,花被膜质。果实扁圆,饼状,顶部凹陷如脐,暗黄褐色。种子横生而小,直径2~3 mm,种皮黑褐色而薄。白梭梭植株较矮小,一般高度为2~5 m,嫩枝纤细,淡绿色,退化叶顶较尖,呈锥形刺,种子较大,灰褐色。

梭梭柴分布在东经60°~111°,北纬36°~48°的广大干旱荒漠地区,我国新疆的准噶尔盆地、塔里木盆地东北部、东天山山间盆地、甘肃的河西走廊以及甘肃、宁夏、内蒙古的腾格里沙漠、巴丹吉林沙漠、乌兰布和沙漠等地均有分布,形成大面积天然梭梭林。

白梭梭仅分布在新疆北部准噶尔盆地沙漠,东至奇台县北面沙漠,约东经90°,西至国境线,海拔1 500 m以下,是我国唯一的天然分布区。

(二)生物学、生态学特性

耐干旱(年降水量24.9~196.3 mm)、风蚀、沙埋、沙割,耐酷暑严寒(新疆梭梭柴适生范围,绝对最高气温为43.1℃,绝对最低气温-47.8℃),耐盐碱,生长迅速,1~3龄高生长一般,5~6龄高生长加速,高达3m以上。根系发达,垂直根深达5m以下,深深扎入地下水层,水平根系也极发达,长达10m以上,枝条茂密,防风固沙能力强的优良树种。

(三)造林

造林方法有植苗和直播两种,以植苗造林为主,造林密度一般株距1~1.5m,行距3m以上。春、秋季造林均可进行,造林地如过于干旱,有灌溉条件,在6~7月间浇一次水。北疆地区冬、春播种均能顺利出苗。冬播宜在降雪之前,使种子覆盖在雪下,一般在11月上旬进行;春播宜在积雪融化末期,一般在3月上中旬,春播宜早,否则会因沙表缺水影响出苗。

梭梭树根寄生的肉苁蓉是名贵中药材。

十、沙　枣

沙枣属胡颓子科亚乔木,沙枣耐盐碱,防风固沙作用大,萌芽力强,枝叶繁茂,生长迅速。

(一)形态特征及分布

沙枣,落叶小乔木,枝干易分杈弯曲,高可达15m左右,胸径可达80~90cm,冠形多成圆卵形、倒卵形,枝条稠密,幼枝披银白色星状鳞斑,老枝光滑,灰褐或栗褐色,多枝刺,老树干暗灰褐色,皮层棕褐色较厚,呈纵裂的粗斜纹;单叶互生,叶形变异大,长4~8cm,宽1~2cm;花两性,单生或2枚、3枚簇生于当年生小枝下部的叶腋,长约1cm,内面黄色,外面银白色,芳香;坚果为肉质花被包围发育成核果状,熟后逐渐脱落,果实的大小、形状、色泽、果味等变异大;果皮有紫红、橙红、黄色、白色等,果肉白色粉质,有甜或酸涩味,品种繁多,形态变化复杂。

沙枣在我国的分布,大致在北纬34°以北的西北各省区和内蒙古及华北的西北部。以西北各省区的半荒漠、荒漠地区为分布中心,生长在河岸及湖滨沙地。

(二)生物学、生态学特性

沙枣喜光,属阳性树,耐干旱、耐盐碱,萌芽力强,生长迅速,枝叶茂密,防风固沙能力强,水平根发达,在疏松的土壤上能发育大量的根瘤菌,提高土壤肥力。沙枣适应盐渍化土壤,全盐量1.3%以下时尚能生长,树龄可达百年左右,10年以前幼林阶段生长迅速,30~40年以后高生长趋于停滞状态。沙枣是我国西北沙漠地区稳定的耐盐乔木树种。

(三)造林

造林方法多采用植苗或插干,造林季节春季或秋季,以春季为好。在地下水位不超过3m的沙荒滩地或丘间低地上造林,可不必灌水,成活率高,生长良好。地下水位高时,必须有灌溉条件方可造林。造林密度根据造林目的及立地条件,一般株行距1m×3m、1.5m×3m、2m×4m。

十一、胡　杨

胡杨别称胡桐、异叶杨,为杨柳科杨属的一种高大乔木。耐盐能力极强,抗风沙干旱,耐水湿,适于荒漠地区极恶劣的环境条件,是西北盐碱地造林的优良树种。

(一)形态特征及分布

胡杨一般树高12~20m,胸径30~40cm,最大植株高达30m,胸径可达1m以上,一般雄树高大,树冠较紧密;雌树较矮小,树冠松散;皮呈灰褐色纵裂;细枝光滑,黄褐色,嫩枝有细毛,一年后脱落。叶形变异大,小苗、幼树萌条或成年树茎部均呈披针形,似柳叶,深绿色,长6~13 cm,宽0.5~2 cm。多为全缘,先端渐尖,茎部楔形,叶脉明显,成羽状,有短柄,长约0.2~1 cm,3~5年后叶呈广卵形、菱形、心状形、三角形。春季生长的叶多为广卵形,叶缘为深锯芽状,掌状脉;夏秋生长的叶多为菱形、三角形,平时一株大树同时有五种叶形。雌雄异株,直立或微倾斜下垂,蒴果穗状,长椭圆形或卵圆形,初生绿色,成熟后呈黄绿色,长7~9 mm;果皮有皱纹及点状突起,开裂为3瓣,种子淡肉红色,椭圆形,长1~1.2 mm,上有白色短毛,茎部着生许多细长白色绒毛。

广泛分布于欧洲、亚洲及北非沙漠地区,在我国主要分布在新疆、甘肃、内蒙古、宁夏、青海等地,以新疆塔里木河、和田河和克里亚河以及内蒙古额济纳河流域等最为集中大面积天然胡杨林。

(二)生物学、生态学特性

胡杨的主要特性,是耐盐碱、水湿、干旱、风沙,成为荒漠地区、风沙前沿唯一天然分布的高大乔木树种。

胡杨耐盐碱能力很强,当土壤可溶盐总量在2%,可以正常生长,2%~5%时生长受到抑制,5%~10%时有死亡现象,分蘖终止。抗碱性更为突出,在40 cm土层内pH值9.5,碳酸根0.034%,重碳酸根0.023 2%,胡杨仍生长正常。

胡杨具有泌盐能力,树干龟裂和机械损伤,常流出树液,凝成白色块状结晶,通称"胡杨碱",含盐量高达56.15%~71.62%。

胡杨幼苗阶段生长缓慢,而根系生长迅速扎入沙地稳定湿润层。胡杨生长与地下水有密切关系,地下水1~3 m,胡杨生长发育旺盛,地下水降至4 m以下,开始生长不良;降至6 m以下就要死亡,足见胡杨生长需地下水补充,抗旱性有一定限度。

胡杨不怕沙埋,主干上能萌生大量不定根而旺盛生长,胡杨根系网发达,萌蘖能力强,往往在大树附近萌发成许多新的植株,形成小片林。

(三)造林

造林方法采用植苗造林。造林前要整地,消灭杂草,盐渍化重的地段,采用开沟造林。株行距多采用2 m×4 m。以春季造林为好。近年来用胡杨做砧木,嫁接新疆杨,取得良好效果,内蒙古和新疆都有成功经验。

十二、樟子松

樟子松又名海拉尔松、西伯利亚赤松、黑河赤松,为松科常绿高大乔木。樟子松是我国三北地区主要优良造林树种之一,树干通直,生长迅速,适应性强,嗜阳光,喜酸性土壤。

(一)形态特征及分布

常绿乔木,树高15~20 m,最高30 m。最大胸径1 m左右。树冠卵形至广卵形,老树皮较厚有纵裂,黑褐色,常鳞片状开裂,树干上部树皮很薄,褐黄色或淡黄色,薄片脱落。轮枝明显,每轮5~12个,多为7~9个,一年生枝条淡黄色,2~3年后变为灰褐色,大枝基部与树干上部皮色相同。叶二针一束,稀有3针,粗硬、稍扁、扭曲,长5~8 cm,树脂道7~11条。冬季叶变为黄绿色,花期5月中旬至6月中旬,属于风媒花,雌花生于新枝尖端,雄花生于新枝下部。一年生小球果下垂,绿色,9月至10月成熟,球果长卵形,黄绿色或灰绿色;第三年春球果开裂,每鳞片上生两枚种子,种子大小不等,扁卵形,黑褐色、灰褐色、黑色不等。

主要分布在我国大兴安岭北部,在呼伦贝尔草原起伏的沙丘生长天然樟子松林,此外,河北、山西大同、陕西榆林、内蒙古、新疆等地引种栽培,生长良好。

(二)生物学、生态学特性

具有耐旱、耐寒、耐贫瘠,抗逆性强,树干通直、生长迅速、适应性强,嗜阳光,喜酸性或微酸性土壤,寿命长等特点,寿命可达150~200年,有的多达250年。主根一般深1~2 m,侧根多分布在距地表10~50 cm沙层内,根系向四周伸展,充分吸收土壤中水分,防风固沙作用显著。pH值超过8,含碳酸氢钠超过0.1%,即有不良影响。

(三)造林

在流动沙丘和半固定沙地栽植樟子松,关键在于如何保护小樟子松不受沙埋、沙割、沙打及风蚀危害。因此,在流动沙丘栽植樟子松,必须事先栽植固沙植物固定流沙,当流沙稳定后再栽植樟子松。

固定沙地栽植樟子松,植树前要整地。春季造林提前一年的雨季或秋季整地,秋季造林要在雨季前整地。

在贫瘠干旱的沙地栽植樟子松苗木,适当进行深植可提高10%~15%的造林成活率。在沙地上栽植樟子松春、夏、秋三个季节均可进行,春季造林成活率较高。栽植密度应因地制宜适当密植,行距宜大,株距宜小。每公顷3 300~5 000株,规格1 m×3 m、1 m×2 m。

第五节 节水灌溉技术

采用先进的灌溉技术,是节约造林成本的关键。节水灌溉技术包括滴灌技术、喷灌技术、渗灌技术等。

一、滴灌技术

滴灌技术是用多级管路,将水从水源输送到植物根部,以固定的小流量向植物灌溉,并根据不同树种需水量的不同,设计滴水量。

(一)滴灌系统组成

滴灌系统由水源系统、过滤系统、管路系统、控制系统、管网系统等组成。

1. 水源系统

水源系统包括水源井、变频泵、水塔、蓄水池、压力罐等,主要功能是保证供水量及需要的压力。

2. 过滤系统

过滤器组位于水源出水口处,通过法兰与水泵连接。过滤器上安装自动空气阀门,保护在开关水泵时过滤器内外压力保持平衡。压力表位于过滤器的最高处,通过开关与过滤器进水口与出水口相连,用于滴灌系统监测和判定过滤器的清洁。

为保证滴灌管线不发生堵塞,应选用技术先进的自动反冲洗过滤器(图11—5—1),该过滤器由砂石分离器与叠片过滤器组合而成。砂石分离器为初级过滤,可过滤掉水中的大部分泥沙。叠片过滤器精度120目,属于二级过滤,进一步对水质进行净化,叠片过滤器的叠片为杂质处理载体,由上下两片紧贴的槽形叠片形成无数道杂质颗粒无法通过的滤网,叠片材料为优质工程塑料,耐磨性高。

图11—5—1　自动反冲洗过滤器

3. 管路系统

滴灌输水管路分主管、支管,主管可采用长距离输水管路,便于集中管理。埋深冻层以下,冬季不需放水,避免水资源浪费。根据地形情况和设计规范,在长距离输水管路设置检查井、排气井、排泥井。

支管采用HDPE管,通过水力计算,选择不同管径。埋于地下0.8 m,避免机动车的碾压损坏。根据地形情况设置排水装置,冬季排水,防止支管冻裂。

4. 控制系统

支管检查井内设置田间控制系统,由调压阀、二级过滤器、自动化控制装置组成。

调压阀用于调节支管出口压力,使之稳定在滴管设计要求的压力数值,此装置为内置连续可调型,工作原理为改变阀门隔膜室的体积来控制阀门的过流断面,从而调节阀门出口压力。

5. 管网系统

滴灌管线由Hexin低密度聚乙烯拉制而成,含有抗紫外线的添加剂,防止暴露在田野管线的老化。滴灌滴头分为内镶式和外镶式两种。通常采用压力补偿式结构,流态指数为0。滴头在生产过程中直接焊于滴灌管的内侧壁上,最大限度地防止机械损伤,每个滴头进水口处都有单独的过滤器,紊流流道,有效防止滴头堵塞。最高工作压力25 m,平坦地段可铺设280 m。

(二)滴灌系统设计

1. 测定水分下渗深度

在滴灌条件下,水分下渗控制深度一般由植物根系的分布特征来决定。为此,分别选择生长正常,能代表该种植物种平均生长状态树种测试,在其基部开挖土壤剖面,测定各植物种的根系分布特征。

2. 确定单次灌溉时间

单次灌溉时间通常采用土壤渗透试验来确定,入渗时间即为单次灌溉时间。

(1)试验方法

①制作N个长×宽×高 = 60 cm×20 cm×80 cm的顶部开口玻璃钢箱;

②分别采集棕钙土、覆沙棕钙土和风沙土土样各两份,配制成原状土;
③第组土样装入玻璃钢箱后,分别进行 $V=3.6\,L/h$ 和 $V=2.2\,L/h$ 的滴灌渗透实验;
④滴灌开始后计时,间隔 0.5 h 在玻璃箱的正面绘制水分下渗前沿迹线。

(2)灌溉时间

对同一滴头流量而言,在入渗开始阶段,湿润峰值在水平方向上的推进速率显著高于垂向速率,并随时间延长二者的差异也越来越小,到后期表现为垂向的推进速率逐渐接近或超过水平方向。

(三)确定灌溉周期

灌溉周期的确定通常以土壤水分的变化为依据,根据一次灌水后利用中子仪对不同土壤、不同植物种根部土壤水分的连续观测确定。

(四)确定灌溉定额

(1)对于棕钙土类型土壤,在 15 d 之内,当水面累积蒸发量达到 110 mm 时,立即进行灌溉。以 15 d 为周期进行灌溉。

(2)对于覆沙棕钙土类型土壤,在 15 d 之内,当水面累积蒸发量达到 110 mm 时,立即进行灌溉,以 15 d 为周期进行灌溉。

(3)对于原生沙土类型土壤,在 10 d 之内,当水面累积蒸发量达到 60 mm 时,立即进行灌溉,以 10 d 为周期进行灌溉。

(4)以上灌溉定额还可根据降水和植物的生长周期情况酌情修正。

二、喷灌技术

喷灌技术是利用一定设备把水喷射到空中形成细小水滴湿润土壤的一种节水灌溉技术。喷灌具有省水、省工的优点,还适宜地面灌溉困难的山区和坡地。

(一)喷灌系统组成

喷灌系统根据设备组成分为管道式喷灌系统和机组式喷灌系统两大类。

管道式喷灌系统是由水源工程、水泵、压力管道系统等组成。根据管道可移动程度分为固定式管道喷灌系统、半固定式管道喷灌系统。

机组式喷灌系统是以喷灌机为主体的喷灌系统。根据工作特点小机组定喷式喷灌系统、平移式喷灌系统和时针式喷灌系统。下面主要介绍管道式喷灌系统。

水源:灌溉时保证所需的水量、水质。

水泵:是用来加压的设备,最常用的是离心泵,也有用潜水泵的,也可以利用自然水头做自压喷灌。

动力:柴油机、拖拉机、电动机和汽油机等。功率大小根据水泵配套而定。

管道系统:要求管道能够承受一定的压力,通过一定的流量。管道分为干管和支管两级,在支管上装竖管,竖管上安装喷头,喷头高出地面一定距离,还可以利用喷灌系统进行施肥。

喷头:把水泵加压后集中水流分散成细小水滴并均匀喷洒在田间。

1. 固定式管道喷灌系统

除喷头外,所有管道在整个灌溉季节甚至全年都是固定的。水泵与动力系统构成固定泵站。干管与支管埋入地下,喷头装在固定的竖管上。这种系统生产效率高,运行管理方便,运营成本低,工程占地少,有利于自动化控制及综合利用,但是,单位面积投资高。适宜于灌水次数频繁的苗圃地以及地面坡度陡、局部地形复杂的地区。

2. 半固定式管道喷灌系统

这种系统的动力、水泵和干管是固定的,支管和喷头是移动的。在干管上装有许多给水栓,一根支管一般有2~10个喷头,接在给水栓上,由干管供水喷灌,灌溉后可移动到下一位置,再接到下一处给水栓上继续喷灌。由于支管和喷头是移动的,降低了喷灌系统的投资,提高了设备的利用率。根据移动支管的方式不同,半固定式管道喷灌系统又分为人工移动支管和机械移动支管。

(二)喷灌系统规划设计

喷灌系统设计要经过反复技术经济比较并考虑管理运用要求,使规划、管理、设计紧密结合。

1. 选择喷灌系统形式

根据地形情况、植物种类、经济与设备条件,考虑各种喷灌形式的优缺点,选择喷灌系统形式。灌水次数频繁的苗圃地以及地面坡度陡的丘陵地区、局部地形复杂的地区选择固定式管道喷灌系统。灌水次数少、地形平坦地区选择半固定式或机组式喷灌系统,提高设备利用率。在有自然水头的地方,尽量选择自压喷灌系统,降低动力设备投资和运行费用。

2. 确定喷洒方式和喷头组合方式

喷头的喷洒方式有圆形和扇形两种。一般管道喷灌系统采用圆形喷洒,用于地边地角的喷头采用扇形喷洒。圆形喷洒允许喷头有较大的间距,喷灌强度低。单喷头移动式机组一般采用扇形喷洒,以便给机组或移动管道流出一条干燥的退路。

喷头组合方式也称布置形式,指喷灌系统中喷头的相对位置。圆形喷洒有正方形、矩形、正三角形和三角形四种组合形式。喷头组合的原则保证喷洒不留空白,并有较高的均匀度。喷头间距过大造成喷洒不均匀,或留下漏喷的空白处。喷头间距过密,喷头、管道用量加大,增加投资且喷灌强度大。因此,科学选择喷头组合间距是喷灌系统规划设计中的一个重要问题。

3. 选择喷头(喷灌机)与工作压力

工作压力是喷灌系统的重要参数,直接决定喷头的射程,关系的设备投资、运行成本、喷灌质量和工程占地等。如果工作压力高,则喷头射程远,固定式管道用量少,运行成本高,喷出的水滴粗,受风影响大,灌溉质量不容易控制。如果采用中、低压,运行成本低,灌溉质量容易得到保证,固定式管道用量多,投资大。因此,选择工作压力,应根据苗圃地规模及植物需求、现有设备条件及喷头型号综合考虑确定。

喷头选择要考虑喷头的水力性能适合喷灌植物和土壤的要求。幼小苗木选择水滴细小的喷头,中等以上苗木选择水滴稍粗的喷头。黏性土选择低喷灌强度的喷头,沙性土选用喷灌强度稍高的喷头。

4. 管道系统布置

管道布置一般遵循以下原则。

(1)管道布置力求管道总长度短、造价低,有利于水锤防护;

(2)管道布置应方便管理,有利于组织轮灌和均匀分散流量;

(3)管道的纵断面力求平顺,减少折点,避免产生负压;

(4)支管上各喷头的工作压力力求一致,或在允许的差值范围内。

5. 轮灌方式确定

支管轮灌方式不同,干管流量变化也不同,合理的轮灌方式可以减少部分干管的直径,降低投资。喷灌系统的工作方式确定以后,干、支管的设计流量随之而定,支管的设计流量等于装在其上各喷头设计流量之和;干管流量与支管的轮灌方式有关。有了干、支管的设计流量,按水力学理论进行管道水力计算,选择适宜的管径,确定泵站的装机容量。

三、渗灌技术

渗灌技术是将微压水通过埋在地表下的透水管管壁微孔(缝)向外渗出,即与土壤毛细管对接,将水分扩散直接变为土壤水,使植物根系吸收利用的先进灌溉技术。

渗灌技术关键设备为渗管,主要有橡塑渗管和 PE 塑料等距出流内镶式滴灌。橡塑渗管生产原料主要是利用废弃橡胶轮胎。对于废物利用,生态环保有重要意义。主要用于果园、草坪、温室大棚、苗圃、市政绿化带、公路、铁路护坡等处所。

(一)渗灌系统组成

渗灌系统由低压水源、首部控制系统、供水管网、渗管及排水设施组成。

(1)低压水源包括变频泵、水塔、蓄水池、压力罐等,主要功能是保证供水量及需要的压力。

(2)首部控制系统包括组合反冲洗过滤器、阀门、液体投加设备、控制计量仪表等,主要功能是除去水中杂质,投加液体肥料、农药、生长剂等计量、控制流量、压力等,实现自动化控制。

(3)渗管是渗灌技术的最主要设备,有橡塑迷网流径渗水管,主要功能是输送水、肥料到植物根部。

橡塑渗管是由 70% 的废橡胶轮胎经特殊处理后磨制的粉末与 30% 的聚乙烯(PE)粉混合,按专门的配方,加入微量添加剂,经特殊工艺加工挤压成管。管壁上有许多细微弯曲通道,通道分布均匀,成迷网状。通道直径平均小于 0.06 mm。由于橡塑材料具有弹性,当水压增加时,通道有微小膨胀。渗管具有较好的抗堵塞性。工作压力低,压力达到 0.04 ~ 0.08 MPa 就可以连续向植物根部供水,且出水均匀度高,植物根系不会堵塞渗水孔,施工方便,使用寿命长达 10 ~ 15 年。

渗管防堵性能:水通过 250 目滤网,可以过滤粒径大于 0.057 mm 的细沙,采用多级过滤可以保证过滤效果。渗管强度:公称外径 $\phi 16$ mm 渗管抗拉强度大于等于 3.0 MPa;扁平压力为 5.0 MPa。

(4)排水设施包括管道、排水阀门等,主要功能冲洗管道和排管道中的余水。

(二)渗灌设备安装注意事项

由于渗管出流通道细微,必须保证水质清洁,要有严格的过滤实施,以防堵塞是保证工程长期正常运行的必备条件。排除渗管中的空气,对保证灌水均匀度很重要,需要有专用的进排气阀。

渗管埋深一般 20 ~ 50 cm,根据植物、土质等因素决定。渗管埋设长度与土壤质地、渗管出水性能、工作压力等因素有关,掌握渗管埋设长度的主要依据是渗管首末流量偏差应小于等于 20%,否则,应缩短渗管埋设长度。渗管应在温暖季节安装,并稍用力伸展。

经过一段时间运行,渗管可能出现流量减少情况,可考虑对渗管进行冲洗。

第十二章 铁路沙害防护体系建设

铁路沙害防护体系建设是由多种相互联系的、具有严密结构的、防护措施的有机结合,包括设置各种工程措施、生物措施。铁路沙害的防治工作贯穿到选线、设计、施工、运营全过程,特别是运营期间,为了确保列车的正常运行,必须采取积极有效的措施。一般情况下,综合运用工程治沙、生物治沙技术,建立生物措施、工程防治措施相结合的综合防治体系。在自然条件恶劣地区,不具备采用生物措施的条件下,工程治沙措施是防沙治沙的主要措施。铁路沙害防护体系建设应坚持"因地制宜,因害设防;生物措施与工程措施相结合;临时措施与长期防护措施相结合;灾害防治与环境美化相结合;工程建设与保护管理相结合。"的原则,本章主要介绍了铁路沙害防护体系建设的主要程序和不同地带沙害防治体系。

第一节 防护体系建设的程序

铁路防护体系建设是根据自然环境、防护需要,由不同防护设施组合而成的统一体,其程序为技术准备、现场调查、方案设计、施工组织、后期管护及效果分析等。

一、技术准备

技术准备主要以资料收集为主,收集沙害治理区域内与沙害治理有关的各类文字、图片等资料,包括如下内容。

(1)线路勘测设计方案、图表;

(2)沙害治理设计任务书及有关要求;

(3)铁路线路平面图、地形图等有关大地测量成果等;

(4)沙害治理区域内林、牧、农业发展规划等资料;

(5)社会经济情况资料。

二、现场调查

在分析所收集的资料的基础上,深入现场进行全面调查,是防沙治沙防护体系建设的基础和依据,通过这项工作,进一步摸清沙害治理区域内的各项自然条件和社会经济情况的特点,以及各类资源的分布状况、数量、可能开发利用的条件,为防护体系设计提供充分依据。

(一)社会经济情况调查

(1)调查铁路沿线沙害治理区段居民点的分布、人口、劳动力、牲畜等数量及机械设备等;

(2)土地利用现状,以及当地各种灾害类型和危害程度;

(3)工矿、交通、电力等布局情况及可利用程度;

(4)当地群众的生产生活水平及对燃料、饲料、油料、木材等需要程度;

(5)对治沙工作认识程度,可能提供的人力、物力条件及当地治沙工作的生产布局、计划及要求等;

(6)在沙区改造与利用方面有哪些成功经验和失败的教训。

(二)自然条件调查

1. 气象调查

除对一般气象因子(气温、降水、蒸发、风速、风向、无霜期)作系统了解外,还应对铁路沿线易于造成灾害性因子的了解,如主导风向、有害风向、大风天数、年均风速、10年历史最大瞬时风速,极端最高温、极端最低温、年均气温、冻结深度、干旱、暴雨、冰雹、霜冻等对铁路、林、农、牧业生产造成的危害程度,作为确定治沙防护体系治沙措施及选择植物种的参考。调查方法主要依靠当地气象部门历年的观察资料和访问了解。

2. 土壤调查

以土壤种类为单位,了解土壤形成及各项因子,如土层厚度、质地、盐渍化程度、黏土间层及钙积层厚度及分布深度等,并结合地形植被情况,摸清可利用的程度。绘出土壤种类的分布范围平面图,对各代表性土种应采集土盒或土袋标本,进行室内分析。

3. 水资源调查

了解沙害区域或附近有无河流通过,湖泊分布,可利用程度,河流最大洪水期及有无泛滥与其他危害情况,地下水的分布、深度、水质及可利用程度。

4. 植物调查

通过植物群丛标准地调查,对植物种及植物群丛的分布规律进行鉴定分析,并根据主要植物种(草本和灌木)的生态习性、生长情况及形态特征,分析其在立地条件类型上的指示意义。利用大量调查资料,分别将一些代表性的植物种按耐旱、耐贫瘠、耐沙埋、风蚀程度进行排队,绘制各群丛类型的分布图。

5. 地貌调查

调查沙害治理区域内的地表特征,如风沙侵蚀作用所形成的风蚀洼地、风蚀残丘或风沙堆积所形成的单个沙丘、新月形沙丘、格状沙丘、纵向沙垄等,同时根据沙丘高度不同加以区分。总之,根据不同的特征地段,采取措施也应区别对待,并在图上分别标注。

6. 地类调查

这项调查以反映现状为前提,分别为林地、草场、耕地、固定沙地(丘)、半固定沙地(丘)、流沙地、盐碱地,以及河流、湖泊、道路、居民点等固定地形地物,均应分别绘制在图上,为防护体系设计提供依据。

7. 固沙植物种适生程度调查

对沙害治理区域内及邻近地区内分布的优良固沙植物种生物生态学调查,研究其生长状况、适应条件,为防护体系设计植物种选择提供科学依据。

8. 病虫兽害调查

结合固沙植物种适生程度调查、土壤调查同时进行,也可向当地居民进行访问了解,查清发生病虫兽害的种类、危害程度、防治措施等。

（三）专项调查

1. 沙害调查

调查内容包括沙害现状、沙害类型、沙害等级、沙害分布、沙源、危害形式（积沙、风蚀）及危害程度进行调查，为防护体系设计提供科学依据。

2. 路基结构调查

主要对既有线路基结构进行调查，调查内容包括路基结构形式（路堤、路堑）、路堤高度、路堑深度及宽度，路基边坡防护措施、危害形式（积沙、风蚀）及危害程度进行调查，为防治体系设计提供科学依据。

三、防护体系设计

沙漠地区自然条件复杂严酷，光热充足，有利于植物生长发育，而干旱缺水，风沙活动、土地贫瘠等因素却不利于植物生长。风沙活动可以依靠工程措施进行解决，干旱缺水则是难以解决的问题。因此，铁路沙害防护体系设计时，应根据不同立地条件和风沙危害的方式、原因，制定不同沙害治理方案。而降水量是采取植物治沙措施主要制约因素之一。多数研究者认为，在年降水量小于100 mm的荒漠地区，如果没有灌溉条件和较高的地下水位，就无法建立人工植被；在年降水量100～250 mm的半荒漠地区，在人工沙障的配合下，只能建立稀疏的植被；在年降水量250～500 mm的干草原地区，固沙造林比较容易，可生长旱生植物和一些中生植物。因此，方案设计应根据降水量和有无灌溉条件来确定沙害治理方案。

（一）降水量≥250 mm（或降水量＜250 mm有灌溉条件）防护体系设计

降水量≥250 mm或降水量＜250 mm有灌溉条件，固沙造林成活率相对较高，有利于植物生长和保存。防护体系设计应以植物治沙为主，建立植物治沙与工程治沙有机结合的防护体系。

1. 植物治沙措施

植物措施是治理沙害的根本途径，不仅能够削弱风速，改变流沙的性质，达到长期固沙的目的，而且能够调节气候，美化环境，具有多方面的效果。植物治沙包括防护林带建设和封沙育草措施。

（1）防护林带

防护林带的设计，应本着"因地制宜，因害设防"的原则，从保障铁路运输安全畅通，保护铁路设施免遭风沙危害出发，贯彻乔、灌、草合理布局的指导思想。

林带配置合理与否，对防护林营造、管理、防护效果，都有较大关系，应全面考虑。林带与风向、地下水位和地形的配置关系，是防护林带配置首先考虑的重要因素，林带与风向所成的交角为垂直角时，防风作用最大。因此，防护林的配置应强调与主风向垂直，构成90°交角，这可能造成与自然地形相矛盾，为此可允许主林带与风向构成不小于60°的交角。

防护林带的防护性能，取决于林带结构，而林带结构又取决于林带宽度、栽植密度、混交方式等因素。这些因素的组合方式不同，构成不同结构的林带类型。为了加速铁路两侧流沙的固定，节约用水，可以采用灌溉造林和非灌溉植物固沙相结合方式，缩小灌溉造林的宽度，在灌溉造林区宽40～60 m的范围外侧按规定的防护带宽度设置沙障固沙并栽植旱生固沙植物。为降低工程造价,扩大林带防护范围,林带采用窄带多带式结构,林带间留自然植被恢复带。

灌溉方式应采用节水灌溉技术,乔木、灌木宜采用滴灌技术,草本植物宜采用喷灌技术。在灌溉条件下,保证了树木对水分的需求,造林成活率高,树木生长快,4~5年即可达到郁闭,加快流沙固定过程。

为保证防护林营造质量,提高成活率和保存率,要认真贯彻执行"适地适树、细致整地,良种壮苗,适当密植,抚育保护"五项造林技术措施。

适地适树就是按照造林立地条件选择适宜的树种,根据树种的生物、生态学特性,依据地况,分别选用适宜的树种,以取得造林的良好效果。为了提供良种壮苗,必须加强林木良种的选、引、育、繁工作,以培育更多的优良品种和类型,满足造林需要,采取良种壮苗,首先应重视乡土树种,因为乡土树种经过长期的自然选择,具有最适应当地环境条件的特性。细致整地是通过人为的方法,疏松、熟化土壤,改善物理性状和结构,调节水、肥、气温之间的平衡关系,增强微生物活动,消灭杂草、病虫害,达到改善土地条件的目的。整地要求在造林前一年的雨季或秋季进行,使土壤能经过秋冬的雨雪,增强土壤风化,蓄积较多的水分,为林木的灌溉、管理创造良好的条件。通过适当密植,调节林木与立地条件之间的矛盾,即土壤营养物质的存储量与林木之间的差异,达到合理利用土地,增加单位面积立木株数,发挥最大防护效益。造林后的抚育管理和保护,是保证成林不可忽视的环节,否则会功亏一篑,这是值得注意的历史教训。

(2)封沙育草措施

封沙育草措施,一是划定封育范围或封育带宽度,封育带宽度按需要而定,铁路防护宽度通常为200~500m,沙源丰富风沙活动强烈地区宽度应大,反之可缩小。二是设置防护设施,防止牲畜侵入。三是在封育范围内,适时播种沙生植物种,增加植被覆盖度。我国铁路穿越风沙区各路段自然条件差异很大,采取的具体封育措施也不相同。在固定、半固定沙地采取适当人工措施,播撒草籽,并有网围栏封沙育林育草,促进植被的恢复。在流动沙区宜配合草方格沙障、HDPE网格沙障、卵石、黏土沙障进行封育保护,同时采用人工促进植被恢复,撒播或飞播沙生植物种,可以起到事半功倍的效果。常用的沙生植物有籽蒿、油蒿、花棒、柠条、沙拐枣、柽柳、杨柴、梭梭等。

2. 工程治沙措施

工程治沙措施在防治前期对植物的恢复和生长起着积极的保障作用,常用的工程措施有固沙措施、阻沙措施等。工程措施应固沙措施与阻沙措施相结合,形成远阻近固稳定的防护体系。

3. 路基本体防护

沙漠地区铁路路基基本要求是保证路基稳定,并避免受到风蚀和沙埋。路基本体防护主要通过以下途径,覆盖路基,降低风速,隔绝风的作用来防止路基受到风蚀。

路基防护线长、点多,用料量大,必须根据当地材料加以选用,通常采用工程防护、植物防护和植物防护与工程防护相结合的措施。

(1)工程防护

路基边坡采用工程防护一般有浆砌片石(或混凝土)骨架、混凝土框架梁、混凝土空心砖、卵(碎)石工程防护。

用卵(碎)石平铺在路基面及边坡上,厚度5~10 cm。为防止卵(碎)石沿边坡下滑,在风口地带和路基高度大于2 m处,先用粒径大于10 cm卵(碎)石砌成方格,然后在方格内平铺厚5~7 cm的碎石。方格成45°斜线,其规格为1 m×1 m或2 m×2 m,视边坡高度和碎石大小而定,格内碎石需平铺密实。路堤的路肩及路堑平台部分,厚度适当加大,一般为10 cm,卵(碎)石坚实耐久,抗风沙能力强,是一种优质防护材料。

(2)植物防护

植物防护宜灌草结合,灌木优先的原则,采用植物防护时,天然土层厚度不宜小于30 cm,边坡土质不适宜植物生长时,应采取土质改良、客土等措施,客土厚度不应小于20 cm,填充于骨(框)架、土工格栅内的种植土应含有植物生长必需的养分和矿物元素,粒径不应大于30 mm。采用植物防护不得影响路基密实和稳定。

采用植物防护时,宜与土工网、土工网垫、浆砌片石(或混凝土)骨架、混凝土框架梁、混凝土空心砖等工程措施相结合。边坡采用穴植容器灌木苗的间距宜为0.3~0.6 m。

我国东部沙区降水较多,草类生长茂盛,可用草皮防护路基,草皮切成厚10~15 cm、宽20 cm、长40 cm含草根的块体,铺于路基表面,平铺或叠铺均可。施工宜在早春或晚秋进行,随挖随铺,以利成活。

(二)降水量小于250 mm无灌溉条件防护体系设计

在半荒漠地带,雨量少而不稳,植物固沙过程比草原地带见效慢,所以这个地区除地下水条件好的和有灌溉条件的地段外,铁路沙害防治应采取植物固沙与工程固沙相结合的措施。工程措施见效快,植物固沙以灌木和草本植物为主。

1. 防护带宽度

路基两侧防护带的宽度主要决定于当地风沙的活动状况及铁路需要保护的年限,防护带过窄,不能防止风沙对铁路的危害;防护带过宽,则投资太大,经济上不合理。多年来实践证明,主风向一侧防护带宽度保持在300 m,背风侧保持在200 m,路基无积沙。因此,降水量小于250 mm无灌溉条件下防护带宽度控制在这个范围,防护铁路就足够了。防护带无论宽窄,外缘总要受到沙丘前移和风沙流袭击,流沙埋压沙障严重,需要控制防护带前缘压沙问题。

2. 工程措施

主要是设置机械沙障,在半荒漠地区的流沙上,因雨量少而不稳定,因此,植物固沙初期必须在机械沙障的保护下,才能成功。方格沙障铺设初期,格间或多或少受到风蚀,一旦形成凹形面,就比较稳定。草方格(HDPE网格)可增加地面粗糙度和降低风速,对防止沙面吹蚀和风沙危害铁路起着重要作用。

3. 植物措施

高大的格状新月形沙丘迎风坡3~20 cm的干沙层之下为湿润沙层,含水率保持在2%~3%,可供植物利用的水分达1.3%~2.3%,每年夏秋季渗透性补给水分,一般来说只能保证耐旱植物生长。沙丘上适宜生长的半灌木有油蒿、籽蒿,灌木有花棒、柠条、黄柳、沙拐枣等。油蒿、籽蒿在沙障内生长茂盛,固沙作用强;花棒属固沙先锋植物,在流沙逐步固定后,便趋向衰亡。因此,在固沙中必须注意用后期固沙植物种加以混交或更替;柠条适应性强,在沙丘上生长稳定,被鉴定为优良的后期固沙植物;黄柳适应在背风坡基部扦插,因积沙形成茂密的灌丛;沙拐枣垂直根扎的很深,为优良固沙植物种。

铁路两侧栽植植物时,密度不易过大。由于密度过大,植物生长所需水分、养分得不到保证,常常有些植物种生长不良或死亡。

在荒漠地带,因降水难以满足灌木和草本植物生长,所以铁路沙害治理应以工程措施为主,在地下水位埋藏不深和有灌溉条件的区段,才能进行植物固沙或营造防护林。

四、施工管理

(一)施工组织设计

治沙工程组织设计是有序进行施工管理的开始和基础,是治沙工程施工单位在组织施工前必须完成的一项技术性工作。

治沙工程施工组织设计,首先要符合治沙工程的设计要求,体现治沙工程的特点,对施工现场具有指导性。在此基础上,要充分考虑施工的具体情况,完成以下四部分内容:一是依据施工条件,拟定合理施工方案,确定施工顺序、施工方法、劳动组织及技术措施等;二是按施工进度搞好材料、机具、劳动力等资源配置;三是根据实际情况布置临时设施、材料堆置及进场设施;四是通过组织设计协调好各方面的关系,统筹安排各个施工环节,做好必要的准备和及时采取措施确保工程顺利进行。施工组织设计包括工程概况、施工方案、施工进度计划和施工现场平面布置图等,简称"一图一表一案"。

(二)图纸会审与技术交底

施工单位应认识到设计图纸会审的重要性,熟悉图纸是掌握设计意图,搞好治沙工程施工的基础工作,通过会审还可以发现设计图纸与施工现场的矛盾,研究解决办法,为顺利施工创造条件。

施工单位必须建立技术交底制度,向作业队交代清楚施工任务、施工工期、技术要求等,避免盲目施工,操作失误,影响质量,延误工期。

(三)质量检查

1. 材料检查

对所有材料进行检查,所购材料必须有合格证书,质量检验证书和厂家名称、生产日期、有效使用日期。苗木检查应根据苗木质量标准检查验收,保证成活率,减少后期补植。

2. 作业检查

对栽植位置、栽植质量进行检查,对林木成活率进行抽查等。植物治沙应从整地、换土、挖穴、苗木采购、品种规格及种植、后期管理等环节入手,把好植树造林的每一道工序,每一个环节,以确保质量。

3. 内业检查

对内业资料的完整性、全面性进行检查,并对有关内业资料进行重点抽查。

在检查中发现问题,及时提出处理意见,需整修的必须制定技术措施,并将具体内容登记入册。

(四)竣工验收

竣工验收是在施工单位完成自检自验并认为符合正式验收条件,申报工程验收之后进行,竣工验收要有建设单位、监理单位、设计、质量监督、施工单位专业技术人员参加。竣工验收大致可分为技术资料审查和工程竣工验收两部分。

1. 技术资料审查的内容

工程项目的开工报告,工程项目的竣工报告,图纸会审及设计交底记录,设计变更通知单,技术变更核定单,工程质量事故调查和处理资料,水准点、定位测量记录,材料、设备、构件的资料合格证书,试验、检验报告,隐蔽工程记录,施工日志,竣工图质量检验评定资料,工程竣工验收有关资料。

2. 工程竣工验收

工程竣工验收在可能检查的范围内要全面检查,对工程数量、质量进行确认,特别对那些重要部位、重要项目要登记造册,作为验收的成果资料。检查的方法有以下几种。

(1)直观检查。直观检查是一种定性、客观的检查方法,采用手摸眼看的方式。需要经验丰富和标准掌握熟练的人员担任。

(2)测量检查。对上述能实测实量的工程部位都应通过实际测量获得真实数据。

(3)点数。对各种设施、器具、配件、栽植苗木都应全部清点、记录,如有遗缺不足的或质量不符合要求的,通知施工单位补齐或更换。

(4)操作。实际操作是对一些水电设备、灌溉设施等进行启动检查。

五、后期管护

(一)建立林木管护制度

治沙工区每日应有专人巡视,驱赶进入防护林带、封育范围内的牲畜,检查治沙设备,防止牲畜啃食树木和践踏治沙设施。

(二)建立林木抚育管理制度

治沙车间按照工务段下达计划组织养护,适时对树木进行灌溉。林木浇水时,滴灌区段应检查滴头是否出水,确保每株树木都应浇透,保证树木正常生长。管道有跑冒滴漏现象,及时整修。

阔叶乔木每年有计划地进行修枝,修枝应在树木休眠期用锋利的工具对其修枝整形。一般幼林树冠应保持树高的三分之二,不影响其防护作用。修剪时要贴近树干、切口平滑,不得劈裂伤皮,修剪较大枝干后要在切口处涂抹防腐剂。

灌木每 4~5 年应平茬一次,确保树木良好生长。平茬应在树木休眠期用锋利的工具或割灌机进行,采取隔行或隔株进行,保证林木的防护效果。

(三)建立病虫害防治制度

治沙班组应对管辖林带树木生长情况每月检查一次,发现死树分析原因,及时采取对策进行防治。发现病虫害及时上报车间、工务段,工务段组织分析、研究,制定措施,及时处理。对于死树的分析、虫害发生的时间、地点,在台账上详细做好记录。

(四)建立林木防火制度

在林带作业时,禁止吸烟、取火,防止引发火灾。进入防火期要加强防火工作,汽车巡视期间必须按规定携带防火器材。发生火灾时要按照段和车间制定的防火预案及治沙防护林灭火措施实施灭火,确保林带安全。

六、总结经验

防护体系建设后,要跟踪观察,总结防护效果和经验教训。工程治沙防护效果主要总结机械沙障积沙和固沙效果,阻沙与固沙措施的配置是否合理,各种工程措施的防护周期及成本;植物治沙防护效果主要总结造林成活率、林木保存率、林木生长情况,树种生物学特性、生长规律及适应性,防护林带阻积沙效果及植被覆盖度,防护林带建设和抚育管理成本。总结线路沙害治理效果及治理过程中的经验教训。

七、技术台账

防沙治沙技术管理工作应朝着科学化、制度化、规范化方向发展,建立健全技术台账,并记录每年动态,技术台账包括以下内容。

(1)防护林带的面积、林木种类、株数、防护林与铁路相对应的里程、自然植被恢复区的面积;

(2)渠道位置、断面尺寸、长度、坡度、铺砌类型;滴灌系统设备及主管、支管、毛管位置、规格、长度;检查井、支管井位置及规格;

(3)治沙用水井数、里程及每口井的口径、深度、柱状地质图、出水量、抽水机型号、扬程、浇灌方式;

(4)扬水站数量,每座扬水站可浇灌面积、配套的机械设备型号;

(5)机械固沙设备与铁路相对应的里程、固沙设备类型、数量;

(6)治沙工区、治沙车间的地点、维修定员、技术状况、管辖里程;

(7)管内沙害分布状况、等级及重点沙害地点的地形图、横断面图;

(8)主要林地设施的平面图。

第二节 干草原地带沙害防护体系

干草原在半干旱气候条件下,以旱生的多年生草本植物占优势组的草原植被称干草原,又称典型草原,主要分布在草甸草原的干燥地区,草层郁闭较差,物种成分单一,并且经常看到旱生灌木与之混生。该草本群落具有明显的旱生结构,并以针茅属和窄叶禾本科的物种为其主要的物种成分。

一、自然特征及分布

干草原区为寒冷、干旱的大陆性气候,常刮旱风,热量充足,降水量为150～400 mm,多集中于夏季,春旱比较严重,冬季少雪;土壤以暗栗钙土和淡栗褐土为主,腐殖质层可深达35 mm,肥力较强。

主要分布包头至盐池一线以东区域(贺兰山以东,白城、康平一线以西,彰武、多伦、商都、横山、景泰以北,国境线以南的广大地区)。

二、防治措施

在干草原地带,线路沙害往往是由破坏植被所造成的,治理措施应以植物固沙为主,辅以工程固沙措施。防护带宽度取决于风沙危害程度,防护重点在迎风侧,一般以多带式组成防护体系。风沙危害由严重、一般到轻微,迎风侧可设 3 带、2 带到 1 带,背风侧设 2 到 1 带。树种选择以灌为主,乔、灌、草结合。立地条件较差地段,建设初期应设置平铺式、半隐蔽式、高立式沙障保护苗木,以后不需再设沙障。

(一)树种选择

干草原地带营造治沙防护林,树种选择与配置应综合考虑气候、土壤、立地条件、灌溉条件等因素。干草原地带春季风大干旱,夏季短促降雨集中,冬季寒冷漫长,造林树种应具有耐干旱、耐高温、耐寒冷、耐风蚀、耐沙埋和喜日光的特性。土壤条件是限制造林树种选择的另一重要因子,土壤瘠薄、钙积层巨厚是该区域的主要特点。因此在选择造林树种时,应选择耐瘠薄、喜钙、根系发达、穿透力强的树种。

通过多年实践,草原地带主要优良树种有小叶锦鸡尔、白榆、黄柳、差巴嘎蒿、胡枝子、樟子松、小叶杨、沙枣等。不同沙丘部位树种的配置一般为小叶锦鸡儿适应丘顶栽植,比其他灌木成活率高,生长稳定;胡枝子耐风蚀,在迎风坡生长,能很快使沙面固定;黄柳喜沙埋,易繁殖,适宜于背风坡扦插,在被沙埋的茎干上发出大量的不定根,扩大其吸收水分、养分的功能,促进地上部分生长发育;丘间地及平沙地栽植白榆、杨树,成活率高,生长快。

(二)治理范围

迎风侧一般 200~300 m,背风侧 100~200 m,并按沙害等级、风沙流强度等情况适当增减。迎风侧一般 200~300 m 处、背风侧 100~200 m 处设置网围栏,实行禁牧,防止人为破坏干扰,充分发挥天然植被的固沙作用。

集二线干旱草原沙害综合治理防护体系如图 12—2—1 所示。

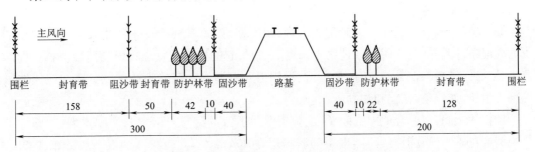

图 12—2—1 集二线干旱草原沙害综合治理防护体系示意(单位:m)

第三节 半荒漠地带沙害防护体系

在草原与荒漠相连接地带,生物气候条件具有草原与荒漠过渡性特征的生态地理区域,即为半荒漠。目前对半荒漠的认识,在地理学和植物学文献中存在有不同之处。沙漠学把草原中自然条件较差的荒漠草原亚带与荒漠中自然条件较好的草原化荒漠亚带合称为半荒漠,或称草原与荒漠的过渡带。

一、自然特征及分布

(一)自然特征

半荒漠气候干燥、降水极少、蒸发强烈,植被缺乏、物理风化强烈、风力作用强劲、其蒸发量超过降水量数倍乃至数十倍的流沙、泥滩、戈壁分布的地区。

(二)我国半荒漠的分布

东界至苏尼特左旗—温都尔庙—百灵庙—包头—杭锦旗—鄂托克旗—盐池一线,向西直到贺兰山西麓及祁连山东北麓,是我国半荒漠集中分布区;北疆准格尔盆地北部(阿尔泰山南麓山前)和南部(天山北麓山前),也有零星分布;此外,在荒漠地带的山地也分布有半荒漠。半荒漠的自然地区属温带干旱区。行政区域包括内蒙古中西部、宁夏北部、甘肃河西走廊东南端和青海北部、东部及新疆北部。

二、防治措施

(一)无灌溉条件防治措施

在半荒漠地带,降水量少且不稳定,植物固沙见效慢,植物固沙初期必须在机械沙障的保护下,才能成功。治理措施应采取植物固沙与工程固沙相结合,工程固沙见效快,植物固沙应以灌木和草本植物为主。

1. 植物种选择

油蒿是半荒漠地区固定和半固定沙丘上天然生长的半灌木,在设置沙障内生长茂盛,固沙作用强,花棒为当地流沙上的先锋植物,在流沙逐步固定后,便趋向衰退,因而在固沙过程中,需要混交和更替部分后期植物种。柠条适应性强,在沙丘上生长稳定,为优良后期固沙植物种;黄柳适于背风坡脚扦插,因沙埋形成茂密的灌木丛;沙拐枣垂直根深达 4 m 以上,生长迅速,为优良的固沙植物种。

2. 固沙植物的配置

固沙植物种确定后,还要做到配置合理,密度适宜,才有利于林木的生长。由于沙丘部位的立地条件差异,对不同固沙植物生长也不一样,有的植物适宜在疏松的落沙坡脚沙埋部分生长,易促进植物根系的发育,如黄柳、沙拐枣及籽蒿等。有的则适于较紧密的迎风坡风蚀部位生长,如柠条、花棒和油蒿等。

植物种之间,也有合理配置问题,试验证明最适宜的配置是灌木与半灌木混交,即柠条与油蒿或花棒与油蒿混交,油蒿根系的密集层在 20 cm 左右,而花棒的根系层分布在 20~80 cm,柠条的根系分布在 40~90 cm,采用不同根系分布深度的植物种混交,就能有效的利用各沙层的水分和养分,有利于植物的生长发育。

在栽植方面密度不宜过密。如果栽植过密,沙层中的水分供应不足,致使植株死亡或生长不良,尤其遇到干旱年份死亡更多;且应带状栽植,带间留一定距离,以扩大植株的营养面积。适宜的密度随植物种而异,花棒 2 m×2 m 或 2 m×4 m,柠条 1 m×2 m 或 2 m×3 m。

3. 工程措施的配置

工程措施的配置应根据当地自然条件和风沙运动特点采取综合措施,相互配合,发挥其最好效果。由于风速和风向的变化,工程防护措施都会遭到不同程度的破坏和沙埋,应做好定期维修养护。在路基两侧形成一个完整的防护工程体系,由近及远分别设置草方格(HDPE)固沙带(在方格内造林)和高立式沙障阻沙带。高立式沙障的目的使风沙流中大部分沙粒在远离线路的无害地带堆积;草方格(HDPE)沙障在于稳定沙面,抑制吹扬,减少沙质地面对过境风沙流的沙源补给,并能阻挡部分风沙流活动。二者相互配合,有效地固定流沙,保证铁路的安全运行。

4. 治理范围

防护带宽度主要取决于当地风沙流活动状况及铁路需要保护的年限。防护带过窄,不能有效防止风沙流对铁路的危害;防护带过宽,投资太多,多年实践证明,主风向一侧防护带宽度300 m,背风向一侧防护带宽度200 m,线路无积沙。因此,只要在这个宽度范围内进行强度经营,就能够保护铁路不积沙。

(二)有灌溉条件防治措施

有灌溉条件半荒漠地带铁路沙害治理,应采取植物治沙与工程治沙措施相结合,防护带宽度取决于风沙危害程度,防护重点在迎风侧,一般以多带式组成防护体系。风沙危害由严重、一般到轻微,迎风侧可设5带、3带到1带,背风侧设3带、2带到1带。树种选择以灌为主,乔、灌、草结合。建设初期应设置平铺式、半隐蔽式、高立式沙障保护苗木,以后根据沙害情况可不再增设沙障。

1. 植物种选择

流沙得到灌溉后,增加了沙地水分,降低了地面温度,改变了流沙的粒度成分和养分条件,生态环境得到了很大改善,原来不适宜生长和生长不良的植物种,在灌溉条件下生长良好。通过多年栽培试验,目前适宜的植物种有油蒿、柠条、花棒、沙拐枣。油蒿是本区固定和半固定沙丘上天然生长的半灌木,在沙障内生长茂盛,固沙作用强;柠条适应性强,在沙丘上生长稳定,为优良的后期固沙植物种;花棒为当地流沙上的先锋植物,在流沙逐步固定后便趋向衰退,在固沙过程中,需要混交和更替后期植物种;沙拐枣垂直根4 m以上,生长迅速,为引进的优良植物种。

2. 固沙植物的配置

固沙树种确定后,还要做到合理配置,密度适宜,才有利于林木生长。在流沙上有灌溉条件造林,最好营造乔、灌带状混交林,乔木配置线路内侧,灌木配置线路外侧,影响阻挡风沙流对线路的危害。由于沙丘部位立地条件不同,对各固沙植物生长也不同。试验证明最适宜的配置方式是灌木与半灌木混交,即柠条与油蒿或花棒与油蒿混交。

为了加速铁路两侧流沙固定,可采用灌溉造林和非灌溉造林相结合的方式,在灌溉区外侧按防护带宽度设置草方格沙障,在非灌溉条件下栽植或播种旱生固沙植物,减少供水范围,节约投资。

3. 治理范围

迎风侧一般300~500 m,背风侧200~300 m,并按沙害等级、风沙流强度等情况适当增减。迎风侧一般300~500 m处、背风侧200~300 m处设置网围栏,实行禁牧,防止人为破坏干扰,充分发挥天然植被的固沙作用。

包兰线沙坡头铁路沙害防治体系如图12—3—1所示。

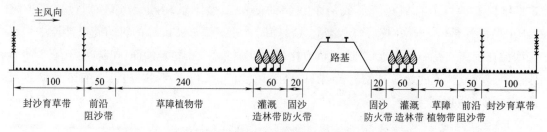

图12—3—1 包兰线沙坡头铁路沙害防治体系示意(单位:m)

第四节 荒漠地带沙害防护体系

荒漠系指气候干燥,降水稀少,蒸发量大,植被贫乏的地方。因此,荒漠是生物气候带的一个类型,也是地带性名词术语,具有特定的地理区域和自然环境,并有相应的土壤和生物类型。

一、自然特征及分布

(一)自然特征

气候干燥,降水量稀少,蒸发量大,光照充足,温差较大,风力强劲;地面物质以砾石和沙粒为主,并在风沙运动作用下形成风蚀、风积地貌形态;成土作用微弱,贫瘠、盐化,以灰漠土、棕漠土、灰棕漠土为主;天然植物稀疏,植株矮小,以旱生、超旱生和沙生、盐生植物为主;地表径流缺乏,多为内陆河。

(二)分布

(1)界线:中国荒漠属于地形荒漠,界线是从内蒙古巴彦淖尔市乌拉特中旗靠近中蒙国境线准索伦(E109°)为东界起点,向南至巴音前达门,穿越狼山、河套平原和库布齐沙漠西段,沿鄂尔多斯西北部的沙日摩林和,再经新召山及都斯图河,通过贺兰山分水岭向西转入中卫、干塘,沿祁连山北麓(或经河西走廊),向南进入青海、经柴达木盆地南部,向西和西北进入新疆,沿塔里木盆地南部向西和西北止于中国国境线。

(2)行政区域:包括内蒙古西部、宁夏西北部、甘肃西北部、青海西北部、新疆5个省区。

(3)荒漠区或带:塔里木盆地荒漠区和东疆、河西走廊西部荒漠区,柴达木盆地荒漠区,准噶尔盆地和伊犁—塔城荒漠区,中部戈壁荒漠区,阿拉善荒漠区。

二、防治措施

(一)无灌溉条件防治措施

荒漠地区大都没有灌溉条件,只能依靠工程措施。工程措施应阻沙与固沙措施相结合,才能有效防止风沙对铁路的危害。阻沙措施有高立式沙障、截沙沟挡沙坝、废旧轨枕墙等,固沙措施有HDPE网、黏土覆盖、砾卵石沙障等。在路基两侧形成一个完整的防护工程体系,根据沙害严重程度,由近及远分别设置HDPE网固沙带和高立式沙障阻沙带。设置不同配置方式。

高立式沙障主害风侧距路基坡脚一般为 100～150 m,次害风侧为 80～100 m 设置。沙障应与主风向垂直或与线路平行,根据风沙流情况,设置 2～3 道高立式沙障。两沙障距离 20～30 m,积沙后在沙障背风侧设置 HDPE 网格沙障、黏土覆盖、砾卵石沙障,固定沙障流沙。

固沙措施 HDPE 网、黏土覆盖、砾卵石沙障,根据风沙流情况,主害风侧宽度一般为 100～150 m,次害风侧为 50～80 m。

临策线"四带一体"防护体系如图 12—4—1 所示。

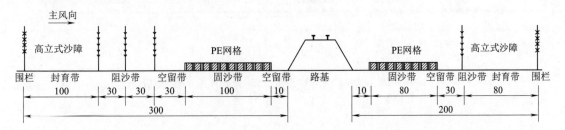

图 12—4—1　临策线"四带一体"防护体系示意(单位:m)

(二)有灌溉条件防治措施

建立灌溉植物防护带的防护带宽度根据沙害严重程度确定,重点保护迎风侧,建立多带式防护林,由沙害严重、一般、轻微,在迎风侧设置 3 带至 1 带,背风侧设 1 带防护林,带宽 30～50 m,带距 20～40 m。树种乔灌结合,结构前紧后松。

1. 植物种选择

灌溉造林可选树种较多,选择适应当地自然环境生长的乡土树种。兰新线玉门段选择二白杨、沙枣和柽柳,又引进了新疆杨、银白杨、合作杨、酸刺、柠条、花棒、梭梭柴等。根据戈壁风沙流的特点,林带配置以堵截风口、切断沙源为目的,因此,阻截外来沙源为主的林带应适当加宽,以降低风速,控制就地起沙的林带酌量减窄。当地以偏西风为主,沙源又集中在上风侧,在线路两侧营造防护林带,重点应放在上风侧,其次才是下风侧,林带宽度本着"因害设防"的原则设置。沙害严重地段,在迎风侧设置 2～3 条防护林带,背风侧设置 1 条林带,林带宽度 30～50 m。一般沙害地段,在迎风侧设置 1～2 条防护林带,背风侧设置 1 条林带,林带宽度 30～50 m。

林带配置为条带(多行式)混交林,外侧以防沙为主,栽植柽柳、梭梭等灌木,内侧以防风栽植二白杨、沙枣等乔木。

2. 造林方法

为促进幼林生长,戈壁造林必须注意立地条件和树种特性,并采取客土造林。常用的方法是提前一年开沟积沙,蓄满后挖穴造林,这样可以提高土壤肥力,并使土壤含水量增加。

3. 灌溉方法

戈壁渗水快,要少灌勤灌,采用节水灌溉方法,根据植物生长需求和降水量、蒸发量确定灌溉周期和浇水量。

4. 林带前缘积沙防护

林带阻止了风沙流对铁路的危害,但林带前缘的大量积沙,严重威胁着林木生长,积沙埋压幼树,林木干枝、枯顶,甚至死亡。为防止林带前缘积沙,采取多种防护措施,一是在林带外侧20 m以外,设置高立式沙障。利用柽柳平茬设置多排阻沙障,效果显著。此外,利用冬季灌溉余水,或引洪漫灌林带前缘土地,促进植被自然繁殖,以固定和阻拦部分流沙。

兰新线玉门段"四带一体"防护体系如图12—4—2所示。

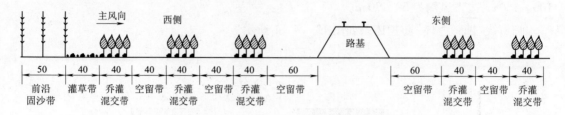

图12—4—2　兰新线玉门段"四带一体"防护体系示意(单位:m)

第十三章 铁路沙害防治工程实例

我国是世界上荒漠化和沙化面积大、分布广、危害重的国家之一,严重的土地荒漠化、沙化威胁着我国生态安全和经济社会的可持续发展,威胁中华民族的生存和发展。我国发生土地荒漠化的潜在面积为 33 170 万 hm^2,占国土总面积的 34.6%。建国以来,我国在西北干旱风沙区相继修筑了包兰、兰新、甘武、乌吉、集二、青藏、临哈等铁路主干线及支线,加上东北地区原有和新建的大郑、平齐、叶赤以及京通等线,目前存在风沙灾害线路的总长度约 15 800 km。为控制沙害,中国做了大量的科学研究与试验工作,尤其是在荒漠地带、戈壁地区、荒漠草原铁路沙害防治方面,取得了令世界瞩目的成效。获得了大量的成果,因此中国也成为世界上交通线路沙害防治水平最高、技术最先进的国家之一,包兰铁路中卫沙坡头段的防沙治沙工程曾经获得国家科技进步一等奖。铁路治沙在国外起步较早,如土库曼阿什哈巴德铁路的植物固沙研究,距今已有 100 年的历史,1902 年~1903 年在西哈萨克斯坦铁路、1904 年~1905 年在伏尔加铁路修筑时均进行过风沙危害的防治工作。20 世纪 60~70 年代,前苏联修建了数条沙漠铁路,铁路防沙工作主要着眼于防沙工程的建设。包兰铁路沙坡头建立了"五带一体"的铁路防沙体系,并从生物措施与工程措施两个方面,综合探索了各种措施的搭配及组合方式,在这个防沙体系中,机械固沙措施主要为草方格沙障。在兰新线玉门地区建立了可灌溉的杨树防风固沙体系(引祁连山雪水),工程措施以阻沙堤为主,不设固沙带。在地处半干旱气候区的京通线奈曼区段,建立了樟子松防护林体系;固沙措施除草方格外,还有平铺式沙障。此外,在乌鲁木齐铁路局管内,还进行了导风、挡风及高大风障的试验。集二线沙害综合治理工程,依托以色列先进的节水灌溉技术结合国内前沿的综合防沙治沙技术及防护林固沙作用原理,构建了干草原、荒漠草原铁路综合防沙体系。总的来看,不论是我国还是其他国家,铁路、公路沙害防治技术都有自己的特色,水平都较高。我国在这方面还走在世界的前列,铁路沙害防治理论体系已经基本形成,铁路沙害防沙体系建设技术也比较成熟。铁路沙害防治工程实例为今后铁路沙害综合治理提供技术借鉴。

第一节 包兰线沙坡头沙害防治工程

一、工程背景

包兰线是新中国建设的第一条沙漠铁路,1958 年 8 月 1 日正式通车,在沙坡头地段穿越腾格里沙漠的东南部长达 55 km。兰州铁路局从 1957 年开始,经过 30 年艰苦工作,在地方政府、林业、科研部门的帮助、配合下,采取"工程措施与生物措施相结合,以生物措施为主;乔木与灌木相结合,以灌木为主;植苗与直播相结合,以植苗为主;造林与管护相结合,以管护为主;水路与旱路相结合,以旱路为主;科研与生产相结合,以生产为主"的治沙措施,于

1986年建成了沙坡头地段的固沙防火带、灌溉造林带、草障植物带、前沿阻沙带、封沙育草带,即"五带一体"的铁路治沙防护体系,累计扎草障5.5万hm,设高立式沙障15.4km,育苗7000多万株,造林5000余万株,造林面积16 912 hm,有效地控制了风沙的活动,保证了包兰铁路在大沙漠中畅通无阻。

该段处于腾格里沙漠东南缘,据1986年气象资料显示,年均气温9.7℃,绝对最高气温38.1℃,绝对最低气温−25.1℃,沙面最高温度74℃。年均降水量185.6 mm,年最高降水量304.2 mm,年最少降水量88.3 mm,年蒸发量3 054 mm,为降雨量的15倍。年均风速2.8 m/s。最大风速20 m/s,年扬沙日122 d,起沙风速6 m/s,主害风向NW,次为SE。地表分布大量格状流动沙丘,植被稀少。主风侧沙丘高于铁路数米至数十米,有可利用黄河水。

二、风沙危害

主要危害是流动沙丘在大风作用下前移,呈舌状、片状堆积,埋压铁路线路。造成列车脱线、停车、慢行,拱道、低接头、钢轨垂直磨损加大,钢轨、轨枕、扣件等加速失效,堵塞桥涵,能见度降低,影响机车瞭望及施工作业。1958年一次七级大风,造成包兰铁路沙坡头段铁道多处埋没,路基积沙厚达511 cm。1959年~1963年间因线路积沙多次造成机车脱轨和停车事故。

三、风沙防治

该段1957年开始治理,进行了全面细致的固沙造林勘测设计,防护宽度北侧5 000 m、南侧500 m,主要是在沙丘迎风侧下部扎设麦草方格,其规格主要是2 m×3 m,部分是1 m×2 m,1 m×1 m,并种植灌木。该设计防护宽度过大,实施困难,后修改为北侧500 m、南侧300 m。经过一年实践,发现2 m×3 m麦草方格规格过大,风蚀严重、固沙效果不良,于是主要采用1 m×2 m、1 m×1 m麦草方格;其后陆续淘汰了1 m×2 m麦草方格,保留了1 m×1 m麦草方格,并将局部扎设改为全面扎设,形成了目前的第三带——草障植物带。

草障植物带的建立对防治铁路沙害起道了一定作用,但其稳定性差、有效期短,不能确保铁路运输安全。为了达到彻底治沙的目的,必须建立一个较完整的治沙防治体系。黄河流经沙坡头,引黄治沙有得天独厚的条件,故提出了"因地制宜,部分地段引水治沙"的设想。1967年,第一期引黄治沙工程破土动工,始建一、二级扬水站,1980年建成了三、四级扬水站。将高大的沙丘夷平,修筑水渠、铺设管路,进行灌溉造林,建成了目前的第二带——灌溉造林带。

在机车运行中,由于风速和车速的综合叠加,蒸汽机车外泄的炉渣余火,经常引起林带和麦草方格火灾。为了防止林带和麦草方格火灾,将铁路两侧起伏不平的沙丘平整,并采用卵石覆盖表层,形成了目前的第一带——卵石防火带。

草障植物带建立后,外缘流动沙丘在大风作用下不断前移,埋压草障植物带。为了确保草障植物带安全,1980年起在其外缘设立荆条笆、树枝、包谷杆、竹子等阻沙栅栏,阻挡流沙,形成了目前的第四带——前沿阻沙带。

为了减少人畜对天然植被的破坏,将前沿阻沙带外侧100 m用刺丝围网等封闭,并栽植或直播沙生植物,形成了目前的第五带—封沙育草带。

以上五带形成了北侧宽度 500 m、南侧宽度 300 m 的综合防护体系,其总面积 6 万余亩。1984 年,沙坡头地段 55 km 的卵石防火带、灌溉造林带、草障植物带、前沿阻沙带、封沙育草带"五带一体"治沙防护体系全面建成,将单一的"旱路固沙"改变为"水旱并举"的综合防护体系。这五带连成一体,有效抵御了风沙对铁路的危害,保证了包兰线的畅通无阻。同时,有效地固定了流沙,改善了当地的生态环境,促进了当地经济发展。

四、防护体系模式

1. 第一带

固沙防火带如图 13—1—1 所示。将线路两侧 10~20 m 范围内的沙丘进行平整,平铺卵石、炉渣或黏土,其厚 10~15 cm,固定线路两侧流沙,并将列车与该体系隔离,防止其产生的各种火源引起林木或沙障失火;在灌溉造林带和草障植物带中,每隔一定距离铺设一道防火隔离带,防止局部失火引起大面积火灾。

2. 第二带

灌溉造林带如图 13—1—2 所示。防火带外侧 40~60 m 范围内,将起伏不平的沙丘按规划设计进行平沙造田,修筑渠道,并扎设麦草方格固定流沙,栽植乔灌混交林带,利用黄河水进行浇灌,3~5 年即可成林。该带防风固沙效果显著,不受大气降水及沙地自然含水量的影响,是稳定可靠的防风固沙林带。

图 13—1—1　防沙隔离带

图 13—1—2　灌溉造林带

3. 第三带

草障植物带如图 13—1—3 所示。线路北侧灌溉造林带外 160~240 m、南侧灌溉造林带外 50~70 m 范围内,以 1 m×1 m 麦草方格沙障将沙丘全面扎设,并栽植或直播耐干旱、耐瘠薄的沙生植物,形成麦草沙障与沙生植物的混合带,起到防风固沙作用。经过几十年演变,目前已形成天然植被与人工植被的混合体,并在沙丘表面形成了厚 0.8 cm 的沙结皮,使流动沙丘逐渐演变成固定沙丘。该带在无灌溉条件下建立,植物在沙丘自然水分的条件下生长发育。

图 13—1—3　草障植物带

4. 第四带

前沿阻沙带如图13—1—4所示。该段年输沙量$6\sim8\ m^3/m$,在无此带的情况下,流沙每年埋压草障植物带数米至数十米,使其受到严重破坏,因此,必须采取阻沙措施。该带处于草障植物带外侧50 m处,其高$1\sim1.2\ m$,设置总长15.4 km,主要是设置各种材料的阻沙栅栏,阻滞流动沙丘的前移,保护内部设施。

图13—1—4　前沿阻沙带

5. 第五带

封沙育草带如图13—1—5所示。为了防止人畜破坏,促进天然植被繁育,在阻沙带外侧100 m范围内及天然植被较好区段,用刺丝围栏进行封育,并栽植沙生植物或撒播草籽,使植被盖度由26.4%提高到73.6%,扩大了防护体系宽度,提高了防护体系效能。

图13—1—5　封沙育草带

"五带一体"的建立,使沙坡头地区的生态环境发生了巨大变化,生态环境逐步由恶性向良性循环发展。1993年5月5日,一场风力达12级的特大沙尘暴以130 km/h袭击了新疆、甘肃、宁夏、内蒙古等省区。沙暴过后,国家林业部组织17名专家深入灾区考察,沙坡头是倍受关注的一个焦点。在考察中,55 km长的沙坡头铁路防护体系保持基本完好,铁路运行正常。

由于小气候条件的改善,昔日人迹罕至的荒漠,如今已成为中卫地区的工业重镇,相继有农牧厂、铁厂、建材厂等十二个厂矿在这里建成,年产值近亿元,促进了中卫市的经济发展。尤其是中卫固沙林场开发建设的果园、日光温室,为沙区农民开发利用沙地起到了科技示范作用,如今,中卫市已大面积发展沙地果园和日光温室,取得了较好的经济效益。

1984年,国家环保局在沙坡头建立了中国第一个具有荒漠生态特征的保护区。1985年,修建了迎水桥到闫地拉图的沙漠公路。1986年,中卫市旅游局在沙坡头正式建成了独具特色的沙漠旅游区。

该体系适用于铁路穿过和紧靠有大面积高大流动沙丘地区,但其各带设置与否及设置宽度则应因地而异,因需而设。

第二节 集二线沙害综合治理工程

集二国际铁路干线南起内蒙古自治区集宁市,北止于锡林郭勒盟二连浩特市,是我国连接蒙古、俄罗斯以及东欧诸国的重要国际运输通道,全长335.6 km。1998年以来,由于干旱加剧,草场超载日益加重,使本来就十分脆弱的生态环境急剧恶化,铁路沙害急剧加重。1998年以前每年因沙害造成的列车停运、慢行不过2~3次,1998年以后迅速增加到10次以上。沙害不仅严重干扰了正常的运输秩序,危及行车安全,对国际客货运输造成不良影响,而且对沿线职工生产生活带来巨大的困难,也给线桥、机车、电务等设备造成严重破坏。据统计,2001年10月至2002年6月间共发生沙害断道301次,沙害造成停车83次,影响行车767.43 h,最严重时沙埋轨面以上高度1.5 m。集二线郭尔本站区线路积沙如图13—2—1所示。

图13—2—1 集二线郭尔本站区线路积沙

2002年春季,呼铁局在集二线K256+400~K257+900路段开展了滴灌造林试验。虽然该段沙害比较严重,由于采用了滴灌技术,造林成活率仍然达到91%,林木长势良好,当年秋季就体现出了防护效果。试验范围为59 km,列部管更新改造项目,要求2002年10月开工,2003年7月竣工完成。2004年,又将试验研究区域延长50多km。到2006年,铁路两侧建立起来了长度91 km的滴灌防护林,有效地控制了铁路沙害,保证了列车的正常运行。

集二线沙害综合治理根据区域自然环境特征、气候条件、立地条件、沙害等级等因素,建立与其相适宜的治理模式。

一、半干旱草原沙害治理模式

该段地处集二线阿贵图—乌兰花间(K89+500~K123),全长33.5 km。年降水量

260 mm 左右。线路两侧有防护林带(1967 年~1974 年间营造),林带下部稀疏,不能完全阻挡风沙危害。对于半干旱草原沙害治理,采取植物治沙为主,工程措施为辅。

治理范围是主风向一侧 100~150 m,次风向一侧 60~100 m。并按沙害情况、土地所有情况适当增减。

治理模式是对线路两侧既有林带进行补植和增加下木。补植树种榆树,下木树种有柠条、沙棘等灌木,由于该区段土壤条件较好,有一定的降水量,采用人工灌溉方式,抚育 3 年。

对线路两侧治理范围进行围栏封育,恢复自然植被。对线路两侧积沙地段设置草方格沙障,在草方格沙障内播种沙生植物种,增加植被盖度。

二、干旱草原沙害综合治理模式

该段地处集二线 K123~K171,即乌兰花至朱日和间线路,全长 48 km。对于干旱草原沙害治理,采取植物治沙与工程措施相结合,建立四带一体防护体系,围栏封育带、高立式沙障阻沙带、防护林带、固沙带,如图 13—2—2 所示。

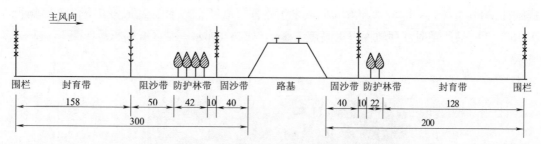

图 13—2—2　集二线干旱草原沙害综合治理防护体系示意(单位:m)

治理范围是主风向一侧 300 m,次风向一侧 200 m。并按沙害等级、风沙流强度等情况适当增减。为了扩大防护范围,在主风向一侧 2 km,次风向一侧 1 km 实行禁牧,使自然植被得到休养生息。对线路两侧 40 m 设置草方格沙障,在草方格沙障内播种沙生植物种,增加植被盖度,以草为主,草、灌乔相结合。

三、半荒漠草原零星沙害综合治理模式

该段地处集二线朱日和至郭尔奔站南站间(K171~K251),全长 80 km。沙害呈零星分布,沙源来自片状沙化及其人类活动区,沙漠化发展迅速,并具有一定的潜伏性,路基伴有间断风蚀。对于半荒漠草原沙害治理,采取植物治沙与工程措施相结合,建立四带一体防护体系。即围栏封育带、高立式沙障阻沙带、防护林带、固沙带,如图 13—2—3 所示。

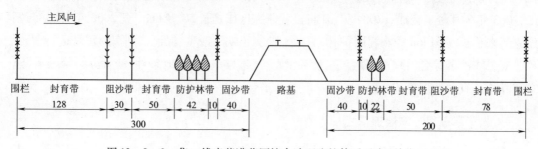

图 13—2—3　集二线半荒漠草原综合治理防护体系示意(单位:m)

治理范围是主风向一侧300 m,次风向一侧200 m。并按沙害等级、风沙流强度等情况适当增减。在主风向一侧(铁路西侧),距路基300 m处设置网围栏,施行禁牧,防止人为破坏干扰,充分发挥天然植被的固沙作用,同时保护阻沙带、防护林带和固沙带。共设置两道高立式沙障,间隔30 m,形成阻沙带,第一道距路基172 m,第二道距路基142 m,其作用是使气流中的大部分沙子沉积下来,减轻风沙对防护林的危害。距路基92 m设置42 m宽的防护林带。

次风向一侧(铁路东侧),距路基200 m处设置网围栏。距路基22 m设置22 m宽的防护林带,距路基40 m至路基设置固沙带。

四、沙漠沙害综合治理模式

该段地处集二线郭尔奔站南至夏拉哈马站间(K251~K263),全长12 km。沙源来自浑善达克沙地(浑善达克名为沙地,但是,赛罕塔拉以北地区的年降水量已经低至200 mm以下,位于荒漠草原带,按照《中国沙漠概论》的标准,应该称为沙漠),沙源丰富,沙害发生迅速,延续时间长,积沙厚度大,极易埋没钢轨,一年四季沙害都有可能发生。治理范围是主风向一侧350 m,次风向一侧200 m。在主风向一侧(铁路西侧),距路基350 m处设置网围栏,施行禁牧。共设置三道高立式沙障,间隔30 m,形成阻沙带,第一道距路基坡脚254 m,第二道距路基坡脚224 m,第三道距路基坡脚194 m。设置双防护林带,每带32 m,间隔是30 m。第一带最外侧距路基坡脚144 m,第二带最外侧距路基坡脚82 m,距路基坡脚40 m设置固沙带,如图13—2—4所示。

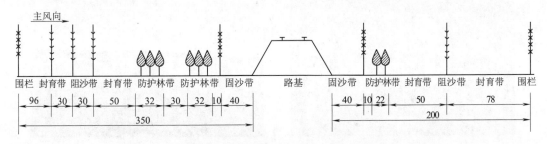

图13—2—4 集二线沙漠沙害综合治理防护体系示意图(单位:m)

次风向一侧(铁路东侧),距路基坡脚200 m处设置网围栏。距路基坡脚50 m设置22 m宽的防护林带,距路基坡脚40 m设置固沙带。

五、荒漠草原沙害综合治理模式

该段地处集二线夏拉哈马站南至国境线间(K263~K335),全长72 km。由于植被盖度小,沙源丰富,沙害发生范围大、具有隐蔽性、突发性、快速性的特点。

治理范围是主风向一侧300 m,次风向一侧200 m。在主风向一侧(铁路西侧),距路基300 m处设置网围栏,施行禁牧。共设置二道高立式沙障,间隔30 m,形成阻沙带,第一道距路基224 m,第二道距路基194 m。设置双防护林带,每带32 m,间隔是30 m。第一带最外侧距路基144 m,第二带最外侧距路基82 m,距路基40 m至路基设置固沙带,如图13—2—5所示。

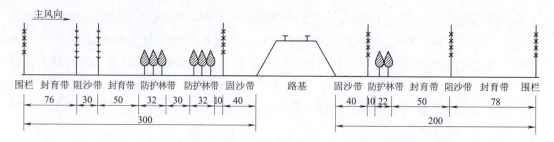

图 13—2—5　集二线荒漠草原沙害综合治理防护体系示意（单位：m）

次风向一侧（铁路东侧），距路基 200 m 处设置网围栏。距路基 22 m 设置 22 m 宽的防护林带，距路基坡脚 40 m 设置固沙带。

集二线沙害综合治理工程，取得了良好的生态效益和经济效益。造林成活率滴灌地段达到了 90% 以上，荆笆高立式沙障和草方格沙障阻沙固沙效果明显有效。封育带、防护林带自然植被恢复显著，生长良好。林带结构科学合理，以灌为主、草灌乔结合窄带多带的林带结构，有效地发挥了自然植被的防护作用（图 13—2—6、图 13—2—7）。治理工程范围内未发生影响行车的沙害，保证了铁路运输畅通和安全，已形成了封育带、阻沙带、固沙带、防护林带组成的"四带一体"的铁路防沙治沙体系。林带错落有致，苍翠欲滴，铁路两侧绿草如茵，站区实现园林化，在集二线上形成了一道绚丽的风景线，为内蒙古自治区生态建设和铁路绿色通道建设作出了贡献。

图 13—2—6　集二线植物治沙效果

图 13—2—7　集二线绿化情况

第三节　青藏铁路红梁河、沱沱河沙害治理

一、红梁河沙害治理

（一）风沙情况

该地段属于山前洪积高平原地区，地表植被覆盖率 20% 左右。主导风向（W）与线路垂直，一年中 12 月到次年 3 月风速最大。沙源可追溯到到楚玛尔河上游的错仁德加湖，从错仁德加湖到红梁河，有一条延绵 48 km 的流动沙丘带，一直延伸到青藏铁路东侧。沙源物质是错仁德加湖南岸及东岸的冲积、洪积物，红梁河的积沙主要来自这一段流动沙丘带，也有少部分沙源物质为山梁南侧的河流冲积平原上的冲积物。铁路积沙最严重处为红梁河大桥南桥头附近 100 m 的地方，每年冬季风沙在桥头堆积形成沙丘，在道心、道砟边坡、路肩形成积沙，

路基坡脚有大量积沙。早期防沙设施曾多次被积沙掩埋,如图 13—3—1、图 13—3—2 所示。

图 13—3—1　防沙设施被掩埋情况

图 13—3—2　红梁河流动沙丘带

（二）治理情况

治理以工程措施为主。2008 年开始在对沙区线路两侧全面清沙的同时,翻新了铁路线路与青藏公路之间的石方格(图 13—3—3,青藏公路在此段与铁路平行且相距较近)。2009 年、2010 年用两年的时间,对青藏公路以西至流动沙梁之间按照 30 m 的防护间距,在原建设时期修建的 3 道混凝土结构挡沙墙基础上,补充设置了 3 道修改型混凝土板式挡沙墙,1 道废旧混凝土枕挡沙墙,间隔使用了 5 道 PE 防沙网,并对移动沙梁前端采用 PE 防沙网设置成 6 m×6 m 的大网格状进行固定(图 13—3—4),阻止沙梁前移。2011 年,该沙区风沙危害情况明显好转,线路附近石方格内天然植被开始恢复,目前风沙危害已基本消除。

图 13—3—3　石方格内植被恢复

图 13—3—4　对移动沙梁进行固定

二、沱沱河沙害治理

（一）沙害情况

沱沱河地段在地貌上属长江源小起伏高山宽谷盆地区,其中有较宽的冲积平原和冲洪积平原,在其边缘地带分布着剥蚀台地和河湖相沉积台地。沱沱河是本段最大河流,主导风向西北偏西(WNW),与铁路基本垂直。沙物质主要来源于冬季枯水期沱沱河河道的河流冲积物和河漫滩现代河流冲积物。在枯水季节,现代河流冲积物在风力吹扬作用下跃上河漫滩陡坎,堆积在河漫滩附近。另外,沱沱河冲积平原上还零星分布有古风成沙丘,这些沙丘大部分已经活化,成为新的沙源。本段积沙严重段在沱沱河特大桥与沱沱河车站之间,尤其在沱沱河桥头及车站西岔区大风季节积沙一度阻塞铁路,经过人工清沙才恢复通行。车站站台、Ⅰ 道积沙严重。桥头沙害及河道沙物质如图 13—3—5～图 13—3—7 所示。

图13—3—5　沱沱河桥头沙埋线路

图13—3—6　桥头河岸积沙情况

图13—3—7　沱沱河风蚀沟道的沙物质

(二)治理情况

治理采取工程措施和生物措施相结合的方式。桥头道床、出站岔区及桥头河岸大量积沙，沙物质主要来源为与线路斜交的沱沱河河道冬季枯水期大量的沉积、冲积物。因此，工程措施主要以"挡、排"措施为主。即在河岸顶部边缘、河岸中部、河岸坡脚河道方向各设置一道PE网挡沙墙，加强挡沙功能，同时改变"风场"方向，让大风携带风沙流从桥下通过。在线路附近，设置50 m宽的石方格，减少就地起沙。车站股道的积沙，沙物质来源为一条与沱沱河相通的沟道，大风季节，从沱沱河上游吹来的大风，携裹大量的细颗粒物质从该沟道通过，并通过沟道的加速，风力加大，沟道风蚀加剧，导致大量风沙流上道污染站场。对这一沟道的治理，则利用夏季有很小的多年冻土冻结层上水流入沱沱河的有利条件，在沟道出口处做了一道片石混凝土拦挡坝进行蓄水。通过蓄水面冬季结冰，减少了沟道的继续风蚀，达到了以水治沙，以水压沙的目的。截至2010年，该沙区风沙危害消除，加上人工种草和自然恢复，该沙区植被盖度达到了40%。现场沙害治理情况如图13—3—8～图13—3—10所示。

图 13—3—8　沱沱和河岸防护情况

图 13—3—9　沱沱河风蚀沟道以水压沙

图 13—3—10　低立式 PE 网防沙沙障

第四节　兰新线玉门段"四带一体"防护体系

兰新线玉门段地处内陆,具有明显的大陆性气候,春季干旱多风,夏季酷暑炎热、冬季干燥寒冷。该线 1956 年建成通车,遭受戈壁风沙流危害严重,多次造成风沙上道,影响行车安全。为此,兰州铁路局采取工程措施与生物措施相结合的防治措施,建立了由前沿阻沙带、灌草带、空留带、乔灌木混交带组成的"四带一体"铁路综合防护体系,保证了行车安全。

一、自然状况

该段地处祁连山北麓冲积—洪积扇形地前缘,年均气温 6.9 ℃~7.8 ℃,极端最高气温

36.7 ℃~38.4 ℃；年均降水 61.9 mm，最多 143.4 mm，年蒸发量 2 148.8～2 946.8 mm，年平均大风日 42 d，最多 71 d，最大风速 28 m/s；主害风为 W，次为 E；地表为砾质戈壁及戈壁。其植物稀少，种群单调，自然条件恶劣，但在局部地段有可利用地表水或地下水。

二、风沙危害

该段沙害主要集中在旺东至黑山湖、卅里井至巩昌河、军垦至二道沟，主要危害是戈壁风沙流在运动过程中风蚀路基，造成边坡缺损、轨枕外露甚至架空，和线路积沙形成各种危害。现场沙害情况如图13—4—1和图13—4—2 所示。

图 13—4—1　沙埋线路

图 13—4—2　工人清沙

三、风沙治理

建设初期，由于线路两侧没有明显流沙，因此未采取防护措施。开通运营以后，由于戈壁风沙流具有较高的能量，受到路堤阻挡时便产生风蚀，局部地段造成路基缺损，枕木架空；有些区段则造成线路积沙。1962 年~1969 年间，发生行车事故 13 次，其中 1966 年 4 月 22 日 53 次旅客列车因积沙超出轨面造成机车脱轨；1966～1980 年间造成停车、慢行等事故 15 次。

为此，兰州铁路局于 1966 年开始采取挖截沙沟、卵石铺面、黏土砂浆抹面及设挡沙墙、阻沙栅栏、疏导风沙等措施治理该处沙害，起到了一定作用，但无法保证行车安全。

1966 年、1971 年、1974 年兰州铁路局相继在军垦至二道沟、卅里井至巩昌河、旺东至黑山湖引水、打井，营造防沙林带。经过 25 年努力，修筑各种渠道 140 km，桥涵、渡槽、蓄水池等 40 余座，打深井 5 眼。架高压线 18.5 km，平田整地 8 400 亩，挖筑截沙沟堤 85 km，设高立式沙障 55 km，营造防沙林带总延长 96 km，形成了阻固结合的综合防护体系（图 13—4—3）。

图 13—4—3　阻固结合综合防沙体系

四、防护体系模式

该体系线路西侧防护宽度为350 m,东侧为180 m。

(一)前沿阻沙带

林带外侧设两道高立式沙障、截沙沟堤及草方格沙障,阻截风沙流,使流沙沉积于此,防护宽度约50 m(图13—4—4)。

图13—4—4 前沿阻沙带

(二)灌草带

栽植各种灌木、撒播草籽,并结合封育形成的灌草混合带,用于进一步阻截通过阻沙带的风沙流,其宽约40 m(图13—4—5)。

(三)乔灌混交带

用于降低风速,净化空气,防止风蚀。其宽一般为40~50 m,西侧三条,东侧两条,风沙较小区段只设二或一条(图13—4—6)。

图13—4—5 灌草带　　　　　　图13—4—6 乔灌混交带

(四)空留带

线路与林带间设60 m空带,林带与林带间设40 m宽的空带,其一可降低耗资,其二为将来发展留有空地。

该体系适用于砾质戈壁、戈壁、平沙地等,常年遭受风沙流侵袭,且有水源的地区。

第五节 兰新线新疆段风沙灾害防治

一、工程概况

兰新线西段(安北至阿拉山口)大风频繁,风口较多,风灾事故频发,主要强风地区(最大风速大于40 m/s)风口包括兰新线百里风区、三十里风口和阿拉山口风口及南疆线前百公里风区(图13—5—1)。上述风口主要受西伯利亚寒流影响,加之特殊的地形地貌,风力强劲,大风频繁。据2002年~2007年铁路沿线测风点2 min平均风速资料统计,兰新线百里风区(小草湖至了墩)大风天数131 d,兰新线三十里风口(头道河至后沟)大风天数121 d,南疆线前百公里(东湖沟至鱼儿沟)大风天数143 d。这些风口中,兰新线百里风区和南疆线前百公里风区列车主要受横风影响,列车倾覆脱线的危险性最大,几乎所有的铁路风灾事故都发生在这里。

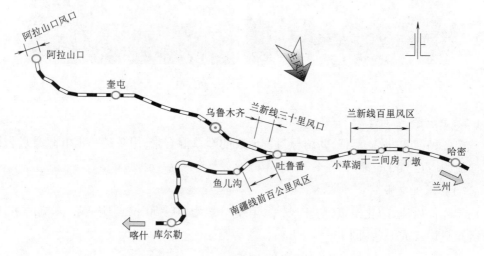

图13—5—1 新疆铁路主要风口分布

在2006年4月9日、10日2 d内,兰新线百里风区和三十里风口出现了约30年一遇的大风,最大风速达46.7 m/s(2 min平均风速),瞬时风速达54.6 m/s(16级),兰新线遭受了严重的沙害,近20 km范围内总延长5.5 km的线路多处被积沙掩埋,沙害严重地段积沙厚度达到1.2 m,大风卷起的砂石将2 000多块机车和列车的车窗玻璃打碎,造成中断行车、客车玻璃大量损毁,旅客列车长时间受阻风区,机车、客车严重受损,特别是T 70次在红层至十三间房区间被迫停车,导致兰新线中断行车16分2秒,损失极为严重,滞留旅客6万人次,直接经济损失达300万元左右,间接经济损失更是难以估算。

2007年2月28日02:05,又在南疆铁路发生了一次极为严重的风沙灾害,由乌鲁木齐开往阿克苏的5807次旅客列车行至南疆线珍珠泉至红山渠间4 500 m处,因大风造成机后9~19位车辆脱轨。3名旅客死亡,2名旅客重伤,32名旅客轻伤,南疆线被迫中断行车。

自乌鲁木齐铁路局建局以来到2002年因为大风问题共造成了30多次列车脱线颠覆事故,造成了重大的经济损失和恶劣的社会影响。

二、技术措施

在兰新线"百里风区"和南疆铁路等多处强风地区使用了多种形式挡风墙,取得了明显效果。挡风墙的类型主要有土堤式、加筋土式、柱板式、直插混凝土枕等几种类型。从截面形状分,土堤式为梯形,其余为矩形;由于直插混凝土枕挡风墙为漏风结构,2006年年底全部用橡胶板或水泥材料封堵,截至2008年有效地降低了线路积沙威胁。

(一)土堤式挡风墙

土堤式挡风墙适用于路堤高度小于或等于3.0m及路堑高度小于3.0m的防风路段,路堑地段需预留侧沟及侧沟平台,路堤段直接在路肩外设土堤式挡风墙,墙高(路肩以上)3.0m,横断面为梯形,顶宽1.0m,两侧边坡为1:1.5(图13—5—2)。内外顶三面均采用C15混凝土板防护,规格为0.5m×0.5m×0.08m。

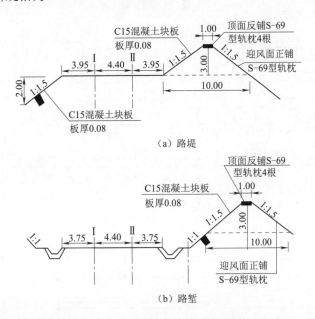

图13—5—2 土堤式挡风墙示意(单位:m)

(二)对拉式挡风墙

对拉式式挡风墙适用于路堤高度大于3.0m的防风路段,路堤迎风侧帮宽2.0m,在路肩外设置对拉式挡风墙,墙高3.0m,宽1.5m(图13—5—3)。挡风墙每隔15.0m设置伸缩缝1道,基础为钢筋混凝土预制块,墙面板用A型预制板对称砌筑,伸缩缝处为B型预制板对称砌筑,两层墙面板之间用带螺帽的钢筋拉杆连接为整体,单层墙面板用钢筋销子连接,两层墙面板内填筑圆砾土,墙顶用C板封闭压顶。螺帽处用M10水泥砂浆包裹,并在迎风侧涂刷热沥青。起始端为M7.5浆砌片石端头墙封端,如图13—5—3(b)所示。每100m设避车洞一处,洞宽2.0m,高度与墙同高。

(三)柱板式挡风墙

柱板式挡风墙适用于车站防风路段,在路肩外设置柱板式挡风墙,墙高3.5m。由C20

钢筋混凝土柱和挡风板两部分组成,L形柱立臂高4.0m,宽0.8m,断面呈"工"字形,挡风墙转角时改变断面"工"字形的方向。L形柱墙趾长1.8m,墙踵长0.3m,宽和厚均为1.0m及0.5m。L形柱间距4.0m,挡风板长3.4m,宽0.5m,厚0.15m,如图13—5—4所示。挡风板与L形柱间用M10水泥砂浆塞缝,并在迎风侧涂刷热沥青。

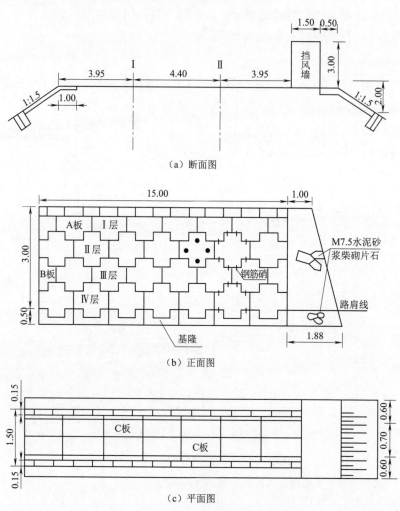

图13—5—3 对拉式挡风墙示意(单位:m)

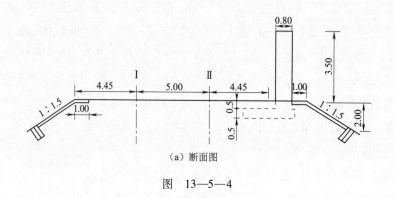

图 13—5—4

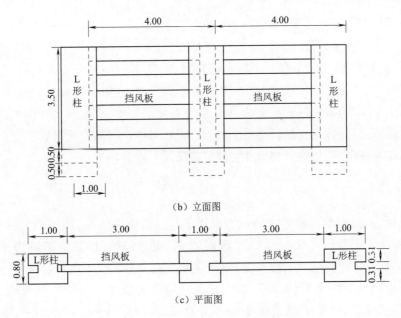

(b) 立面图

(c) 平面图

图13—5—4 L形柱板式挡风墙示意(单位:m)

三、施工技术要点

（一）土堤式挡风墙

路基成型后准确定位放线，分层填筑挡风墙，由于断面较小，顶宽仅1.0 m，只能采用人工配合小型机械施工分层洒水碾压夯实，修整边坡。为保证外形美观，挂线安砌C15防护板，上下错缝，坡面平整度误差控制在2.0 cm内，并每隔20 m设沉降缝一道。为节约成本，迎风侧和顶面利用既有的旧轨枕防护，顶面为四根枕木反铺，迎风侧的枕木正铺，上下两层交错布置，用$\phi 6$钢筋焊接为整体，枕木间的空隙用小于10 cm的道砟填充。

（二）对拉式挡风墙

对拉式挡风墙施工较复杂，精度要求也较高，其工艺流程为定位放线—开挖基槽—精确定位—安砌基座预制板—回填基坑夯实—安装钢筋销子—安砌A、B型板—穿拉杆、带螺帽—回填土夯实—安砌C形板封顶—勾缝—刷沥青—平整场地。

预制构件首先必须满足设计强度标准，墙面板应采用钢模制作，钢筋销子和拉杆预留孔的位置要准确。构件尺寸误差应控制在2 mm以内，脱模后必须达到标准强度后方可搬运。墙面板拼装用M10水泥砂浆砌筑，采用挂线法控制基座、墙面板及C板的平整、平顺，做到横平竖直。基座与墙面板就位后即安装拉杆，人工配合吊车吊装预制块和土方。注意上下面板的插销孔和前后的拉杆孔对齐，拉杆不得混用，自上而下分别为Ⅰ、Ⅱ和Ⅲ、Ⅳ层，Ⅰ、Ⅱ层为$\phi 6$钢筋，Ⅲ、Ⅳ为$\phi 8$钢筋。墙面板的拼装与墙内填土同步进行，即拼装砌筑一层，填土夯实一层。外露于墙面板的垫板、螺帽用水泥砂浆涂抹，注意美观。施工完毕对所有砌缝用水泥砂浆勾缝，对迎风侧涂刷一层热沥青。

（三）柱板式挡风墙

柱板式挡风墙施工工艺流程为定位放线—开挖基坑—精确定位—安装基础模型板—基础钢筋制作—浇筑基础混凝土—L形柱钢筋制作—安装L柱模型板—检查模型板几何尺

寸—浇筑 L 形柱混凝土—吊装挡风板—水泥砂浆勾缝—涂刷热沥青—平整场地。

就地浇筑 L 形柱是柱板式挡风墙施工的重点,因为 L 形柱断面上有 12 个平面,而且每个面都很小,尤其是工字形凹槽仅有 17 cm 宽。针对面多而小的特点,正、背面采用整体钢模,两侧面使用木模,将工字形凹槽部分做成楔形,即将外侧加大 2 cm。整体模型用钢丝绳捆绑起来防止跑模,模板的内侧贴 PVC 板保证外观光滑平整,模板转角处的缝隙使用胶水,拆模后用双层薄膜包裹养护,保证混凝土的强度。L 形柱达到强度后吊装挡风板,安装挡风板时注意正面平整,施工完毕后勾缝并在迎风侧涂刷一层热沥青。

四、防护效果

现场试验表明,兰新线修建的挡风墙取得了明显的防风效果,挡风墙背后风速急剧降低,风向也发生了明显的变化,挡风墙"遮蔽效应"明显,具有很好的防风作用,当风速在 24 m/s 左右时,3 m 高的挡风墙遮蔽范围在 38 m 左右,当风速大于 24 m/s 时,墙体的遮蔽范围会进一步增大。同时,挡风墙后车辆倾覆力矩系数也急剧降低。挡风墙地段与无挡风墙地段对比,客车和棚车倾覆力矩分别减少了 95.8% 和 96.7%,保证了线路的畅通运营。

第六节　临策铁路沙害治理案例

一、临策铁路概况

临策铁路是我国《中长期铁路网规划》临(河)哈(密)线的东段,起至包兰线临河站,终至中蒙边界的策克口岸,全长 768 km,总投资 47.729 亿元,是我国连接蒙古国的一个重要铁路通道,也是我国大规模铁路建设以来内蒙古自治区境内建设里程最长、建设运营条件最为艰苦的一条沙漠戈壁铁路。建设标准为国铁 II 级,预留 I 级条件,设计年运输能力近期为 1950 万 t,远期 2920 万 t。铁路的建成,结束了内蒙古西部广阔地区没有铁路的历史,对促进内蒙古西部地区的经济发展和我国的国防建设具有重要战略意义。

随着额济纳至哈密铁路建成贯通,临策铁路也是新疆第二条与内地连接的铁路通道和最便捷的北部出海通道,更是内蒙古向华北、东北输出优质煤炭等矿产资源的重要运输大动脉。

二、沙害对铁路安全和经营的影响

临策铁路路域环境恶劣,线路穿越乌兰布和沙漠、亚玛雷克沙漠、巴丹吉林沙漠和广袤的岩漠、砾漠(戈壁)分布区,沿途多为固定、半固定沙丘、沙地和戈壁,地表植被稀少并被流沙所覆盖。气候干燥、大风频繁,风沙流遇到路基和轨道的阻挡,沙粒形成堆积,埋没道床和钢轨(图 13—6—1、图 13—6—2),给铁路的正常运行造成严重危害,给养护工作带来极大的困难。

2009 年 12 月 26 日开通以来由于沙害严重,无法组织行车,直到 2010 年 7 月 15 日才正式开行货物列车。2010 年 11 月 24 日呼和浩特至额济纳 4661/4662 次旅客列车开通运营,结束了内蒙古自治区阿拉善盟不通旅客列车的历史。2011 年呼铁局组织开行了呼和浩特至额济纳草原之星旅游专列,促进了内蒙古西部地区的经济发展。由于风沙危害,铁路运输畅通受到严重影响。截至目前,全线沙害地段达456 km,占线路总长度的65%,沙害严重地段线路积沙超过轨面1.5 m,而且沙害的严重程度和区段有发展扩大趋势。2010年4661/4662次旅客列车开通运营36 d,遭遇风沙埋道27 d,累计长度236 km,致使4661/4662次旅客列车被迫从每日开行改为隔日开行。2010年全线货运量仅完成48.2万 t,经营亏损2.794亿元,2011年全线货运量完成139.26万 t,经营亏损4.061亿元,2012年1~4月货运量完成44.52万 t,经营亏损1.317亿元,累计亏损8.172亿元。

图13—6—1 临策线 K418+000 线路积沙

图13—6—2 临策线 K618+000 线路积沙

临策铁路建设过程中,由于受投资和戈壁风沙流对铁路影响的认识不足,设计的工程措施不到位。全线近500 km沙害地段,仅有100 km采取了防治措施,其他地段没有设置,而且这些工程措施基本失效。另外,在建设过程中就地取土修筑路基,铁路两侧土层裸露,生态未作恢复性处理,使铁路沿线十分脆弱的生态环境进一步恶化。

为确保临策线运输畅通和行车安全,呼和浩特铁路局和内蒙古临策铁路有限责任公司成立了治沙领导小组,多次邀请治沙专家研究治理方案,先后投资1.2亿元,采取工程治沙措施进行沙害治理,确保运输畅通和行车安全。同时,内蒙古临策铁路有限责任公司在铁路沿线设置清沙点10处,配备清沙人员150人。但是,这些工程措施治标不治本,属临时性措施,防护周期短,维修工作量大,不能从根本上得到治理。现场清沙情况如图13—6—3~图13—6—6所示。

图13—6—3 机械清除2号隧道口积沙

图13—6—4 铁路局安全评估人员清除线路积沙

图 13—6—5　临策铁路互做布其车站 1 号道岔积沙

图 13—6—6　临策铁路 2 号隧道口积沙

三、沙害现状

临策铁路位于中国西北内陆干旱区,沿线自然环境恶劣。线路穿越的大部分区域通过乌兰布和沙漠、亚玛雷克沙漠、巴丹吉林沙漠和广袤的戈壁分布区,沿线植被稀少,风力强劲、风沙活动剧烈,是我国北方沙漠化强烈发生地区。根据临策铁路沿线自然地理条件,结合铁路沙害发生状况,对全线不同地貌类型区内铁路沙害长度以及等级进行调查统计,临策铁路沙害 453 km,其中,严重沙害 318 km,一般沙害 73 km,轻微沙害 62 km。

由于临策铁路跨越了不同的自然地带,穿越了差异较大的地形地貌,其地质、地貌、水文、植被及气象等因子,人为因素都有明显区别,沙害的成因及其发展过程也大不相同。

(一)沙漠区

临策铁路穿越乌兰布和沙漠、亚玛雷克沙漠、巴丹吉林沙漠边缘,沙源丰富,风沙活动剧烈,沙害的主要表现形式堆状沙埋。沙害的形成主要是流动沙丘受风力作用不断前移,遇路基后沙丘延伸造成路基边坡及路基面积沙,沙害严重时埋没轨道。

(二)巴彦淖尔—阿拉善平原区

该路段地形地貌复杂多样,包括低山丘陵、山间洼地、冲积湖积平原以及风成沙丘,沙物质来源主要是剥蚀碎屑物以及大量风积沙,铁路沙害以沙埋为主。而沙害的主要表现形式为舌状和堆状沙埋。

(三)荒漠草原路段

荒漠草原地带的植被覆盖率一般为 5% ~ 25%,主要生长植物为梭梭、白刺、红砂、盐爪爪、绵刺、霸王、柠条、锦鸡尔、戈壁针矛等植物,沙物质来源主要是风积沙,荒漠草原路段沙害类型主要为舌状沙埋。

(四)戈壁路段

戈壁中路基本身就是一种阻沙屏障,风沙流遇阻后大量沙物质沉积在路基及路基两侧,从而为沙害的发生提供了丰富的沙物质。戈壁路段铁路沙害类型为片状和堆状沙埋。

四、防沙措施

临策铁路沙害治理按照治标与治本相结合,工程措施与生物措施相结合的原则,因地制宜、因害设防,依靠国家、各级地方政府支持,采取"清、阻、固、造(播)、封、禁"相结合的综合治理措施,线路沙害得到了缓解。

（一）工程措施

1. PE 网格沙障

孔隙度为 40%~50% 的 PE 网做沙障防沙挡沙效果较好,PE 网和草方格沙障的造价相当,但 PE 网运输方便,铺设简单,可反复使用,将不同规格 PE 网格状沙障结合使用固沙效果最好。PE 网格沙障的规格一般为 1 m×1 m×0.3 m、1.5 m×1.5 m×0.3 m、3 m×3 m×0.5 m。

2. 高立式沙障

在铁路沿线风沙危害严重地段设置高立式沙障,阻止和延缓风沙前移速度,使沙粒在障碍物前后堆积,避免线路遭受沙埋。高立式沙障距线路不宜过近,以免路基两侧堆积形成新的沙源。按该地区的常年风向和地形设置固定桩,把 PE 网展开成立网,逐个与固定桩连接,立网上下边各设置固定索,固定索与固定桩固定连接,立网上下两边与上下固定索固定连接,PE 网高度为 1.2 m 或 1.5 m,网孔隙率为 30%~45%,固定桩之间相隔 4~6 m。

3. 砾石沙障

在设置路段线路两侧 50~100 m 范围内设置砂夹石覆盖,固定线路两侧积沙,增加地面粗糙度,减少起沙条件。砾石沙障材料可就地翻取砾石,铺设厚度不低于 10 cm。

4. 黏土覆盖

在具有黏土地层路段,在设置 PE 网沙障初期,为了控制积沙,可先在路基两侧采用黏土覆盖措施,输导积沙,为 PE 网格状沙障和高立式沙障的设置提供保障,形成阻、输结合的防沙措施。现场工程治沙效果如图 13—6—7 所示。

图 13—6—7　临策铁路 K215+000 工程治沙效果

（二）生物措施

1. 人工造林

春季植苗造林,雨季点播、撒播造林。不提前整地,随整随栽。主要造林树种选择梭梭、怪柳、小叶锦鸡儿、杨柴等耐旱植物种,行带式栽植。第一水随栽随灌,一定要灌透,每年视土壤墒情补灌 3~4 次。项目区必须配备专人对幼林地进行抚育管理及管护。

2. 人工撒播

撒播植物种应选择选择耐旱、耐沙埋、生长快、根系发达的植物种混合播种,混播比例根据实地植被概况进行选择。撒播的时间 6 月中旬至 7 月上旬,具体时间根据天气状况而定。现场植物生长情况如图 13—6—8 和图 13—6—9 所示。

3. 封沙育林

在铁路沿线植被相对较好的地段封沙育林,设置网围栏全面封禁,防止人畜对植被和其他设施的破坏。对封育植物种分布不均匀地段,采取人工补播或其他人工抚育措施提高植被覆盖度,补植种选择与原生植被一致沙生乡土灌木树种。

图 13—6—8 临策铁路互做布其站人工播种籽蒿

图 13—6—9 临策铁路 K76+000 工程防护后人工播种籽蒿

4. 飞播造林

沿临策铁路选择适合飞播造林地段，进行飞播造林固沙，使流沙得到有效的控制，从根本上遏制流沙蔓延，减轻风沙对临策铁路的危害。树种选择应根据多年飞播造林治沙研究成果及成功经验确定。为提高飞播成效、保持水土和提高抵抗病虫害等综合生态功能，树种配置方式可采用混播，混播比例根据飞播区实地植被概况进行选择，飞播的时间为当地雨季来临之前。

临策铁路采用高立式沙障与低立式网格沙障结合，形成了阻固结合的防护体系，有效地防止风沙危害。

高立式沙障根据沙害严重程度及风向、线路走向设置，重点设置在迎风侧。在低立式网格沙障外侧 20~30 m 开始设置，沙害严重、一般、轻微，在迎风侧设置三带至一带，背风侧设一带，带距 20~30 m。

低立式网格沙障根据沙害严重程度确定，重点在迎风侧设置，由沙害严重、一般、轻微，在迎风侧设置 100~150 m，背风侧设 50~80 m。低立式网格沙障 50~80 m 需留 3~4 m 空带，用作防火、维修用。

第七节　兰新高铁沙害治理案例

一、研究背景

新疆西部山区有三个主要的河谷，是冷空气进入新疆的主要气流通道。冷空气进入新疆时，一般会首先在这些通道产生大风。这些"风道"中，对铁路有影响的主要是阿拉山口风口。随着冷空气东移，由于天山的阻挡，冷空气在北疆地区天山北麓堆积，与天山南部的吐鲁番盆地形成巨大的气压差。当气压差达到一定程度，冷空气沿天山山脉的垭口夺路而出，形成了西北或偏北大风区，较为典型的有"三十里风区"和"百里风区"。同时，由于这些地区特殊的地形地貌（北高南低、植被稀少），气流沿坡直下，流速不断加快，铁路沿线部分地区的沟谷地形造成的"狭管效应"进一步加强了风力。另外，有一支冷空气在天山北麓受阻沿天山东移，在天山、北山（马鬃山）之间的山谷折向西行（气象部门所称的"东灌"），形成了烟墩风口的偏东大风。

兰新高铁线路从兰州经西宁、张掖、嘉峪关、哈密、吐鲁番到乌鲁木齐,沿线经过"安西风口"、"烟墩风区"、"百里风区"、"三十里风区"等多处重大风口,其中尤其以"三十里风区"和"百里风区"风力为最强。兰新高铁主要风口分布如图13—7—1所示。

图13—7—1　新疆铁路沿线强风地区大风成因及主要风口分布

二、沙害现状

当强冷空气入侵北疆之际,在地势差、气压差、气温差叠加的共同作用下,致使兰新高铁沿线大风区具有大风日数多、持续时间长、风力强劲等特点。一般情况下,冬春交替季节和秋冬交替季节,气温变化较大,冷空气活动频繁,大风日数多,风速也较大;冬春交替季节冷空气强度最大,天山南北气压差也最大,所以一年中的最强大风也就主要出现在冬春交替季节。加之戈壁地区地表主要为砾石覆盖,植被覆盖率极低,这就使得当地风沙灾害频发。

三、治理措施

在现场试验研究的基础上,通过综合比较,以安全为前提条件,先期以直插混凝土板挡沙墙为主要措施,金属涂塑网沙障在地形变化较大地段采用,而在一些沙源不太丰富的地段,如果已设置导流堤,防沙设施可适当地减弱;当原材料采集便利的前提下,固沙措施优先采用施工便捷、耐久性好、性价比高的芦苇方格,其次为石方格和沙方格沙障。

当风向与线路交角大于60°,且地表较为平坦时,铁路防沙一般采用外阻内固的防护模式,阻沙措施主要作用是阻挡外来风沙流,固沙措施主要是固定靠近线路侧的地表浮沙,防治就地起沙,形成二次沙源。当不满足上述条件时,每个沙害工点均应单独进行设计。

(一)直插混凝土板挡沙墙

兰新高铁试验段采用的阻沙设施主要为斜插板挡沙墙、插板式挡沙墙、箱式挡沙墙、网状沙障等(性能对比见表13—7—1),根据目前测试数据研究分析,挡沙墙的高度为2.0 m高,透风率为40%较为适宜。实际操作可根据实际情况进行选择组合,现场布置如图13—7—2、图13—7—3和图13—7—4所示。

表13—7—1 烟墩风区阻沙设施性能对比

序号	阻沙设施	优点	缺点	阻沙率(%)
1	插板式挡沙墙	耐久性长,模具制备简单	阻沙效果较差,造价偏高	52.9
2	斜插板式挡沙墙	防沙效果较优,耐久性好	造价偏高,模具制备技术要求高	60.34
3	高立式PE网沙障	施工便捷,造价低廉,风沙防护效果较好	耐久性还有待进一步验证	85.82
4	金属涂塑网沙障	施工简单,造价低廉,耐久性强,防护效果好	材料的抗剪能力还有待提高	85.82

图13—7—2 试验段直插混凝土板挡沙墙

图13—7—3 试验段斜插板式挡沙墙

图13—7—4 百里风区试验段的箱式挡沙墙

(二)金属涂塑网沙障

整体来说,插板式挡沙墙具有模具制备简单,耐久性高等优点,但是其风沙防护效果不太理想,而斜插板挡沙墙和箱式挡沙墙,模具技术要求技术含量高,施工工艺较为复杂,施工速度慢,维修养护较为困难,因此在保证挡沙墙耐久性的前提下,建议考虑施工便捷,性价比更高的金属涂塑网高立式沙障(图13—7—5)。

在百里风区地表沙源不太丰富地段,已设置导流堤的区段,由于导流堤起到了一定的阻沙效果,建议可以弱化阻沙措施。

(a) 现场安装的金属涂塑网沙障

(b) 金属涂塑网高立式沙障立柱

图13—7—5　金属涂塑网沙障

注:(b)图中左立柱按60 m/s风速进行设计,右立柱按40 m/s风速进行设计,用土方进行反压,确保高立式沙障的抗倾覆稳定性。

目前可以用相同结构组成,但性价比更为优异的金属涂塑网沙障来代替高立式PE网沙障,根据网子的强度及相关力学计算,可以3 m宽度设置一个立柱,使得性价比最优,可以在保证最优阻沙率的同时,增加其耐久性和抗酸碱腐蚀性;同时该沙障施工简便快捷,积沙满后立柱还可以加长,便于后期补强和养护维修。

(三)芦苇方格、石方格和沙方格沙障

考虑到当地原料的现状,兰新高铁所试验段采用的固沙设施主要为石方格沙障和喷洒固化剂的沙方格沙障(性能对比表见表13—7—2),其布设地点为烟墩风区,规格为1 m×1 m。

表13—7—2　兰新高铁试验段固沙措施对比

序号	阻沙措施	优　点	缺　点
1	石方格	施工速度快,耐久性长	造价偏高,且固沙效果一般
2	沙方格	就地取材,施工便捷,为植物生长提供了一定的立地条件	耐久性较差
3	芦苇方格	固沙效果好,成本较低,使用寿命长	受原材料产地限制较大

整体来说,芦苇方格施工便捷、耐久性好、性价比高等优点,但是其受原料产地限制较大,所以作为第一推荐方案,建议在原材料采集,且交通运输便利的地区采用;石方格(图13—7—6)为第二推荐方案,具有普遍性,但造价偏高;沙方格(图13—7—7)为第三推荐方案,建议在立地条件较好,适宜植被生长的区段使用。

工程治沙是一种常用的风沙防护措施,受地域限制较小,通常应用于生物治沙的前期或自然条件恶劣不适宜进行生物防护的地区。常用的工程阻沙措施主要有:植物枝条沙障、废旧混凝土轨枕挡沙墙、高立式PE网沙障(图13—7—8)挡沙堤、截沙沟、板式挡沙墙、斜插板式挡沙墙(图13—7—9)等,工程固沙措施主要有草方格、低立式PE网方格、石方格、人工覆网等。根据现场实际情况,选择性组合使用施工。

图13—7—6 烟墩风区试验段的石方格沙障

图13—7—7 烟墩风区试验段的沙方格沙障

图13—7—8 试验段的高立式PE网沙障

图13—7—9 烟墩风区试验段的斜插板式挡沙墙

第八节 高原高海拔地区植草技术

青藏高原是全球海拔最高、面积最大的独特地理单元,素有"世界屋脊"之称,又由于严寒的气候条件,人们称之为"世界第三极"。这里空气稀薄,植物生长期短,生态环境异常脆弱。青藏铁路沿线生态环境敏感,高寒干旱,具有独特、原始、脆弱的特点,受干扰易退化,且自然恢复过程慢,人工种植植物越冬难、成活率低。因此,相关学者针对青藏铁路沙害地段高寒草原和高寒草甸的人工种植植物方法进行了研究,研发出了植生袋和植生带两种建植草本植物载体,根据当地立地条件设计出植生基质配比,按照配比配制成的植生基质在现场依托载体铺设在风蚀沙地,植物成活后即形成植草固沙带。该技术所用载体中植生袋和植生带为可降解的环保材料,以下从植物选种和建植技术对高原植草技术分别予以介绍。

一、生态修复植物物种组合

(一)植物物种选择的原则

1. 遵从植物生态习性,因地制宜

因为多年冻土区气候条件恶劣,所选择植物物种应具有一定的耐贫瘠性和抗寒性、耐旱性。同时还应考虑严寒地区植物生长期短的特点，选择生长迅速、能在短期内覆盖地面的植物物种，易形成覆盖层，且根系较为发达，能有效防止水土流失。

2. 先锋性、可演替性及持续稳定性原则

多年冻土地区生态修复中需要尽快实现植被覆盖并发挥固土作用，首先需要选择几种适应立地条件、生长迅速的先锋植物，然后随着生态修复实施时间的推移，原先的先锋植物品种随着生命的衰退成为弱势品种，甚至出现退化，而侵占能力强、生命力旺盛、寿命长的植物物种会慢慢占据主导地位，形成目标群落，实现自然演替。目标群落形成后，植物在无人工养护条件下仍能健康生长，这也体现了该植物物种对立地条件的适应性。

3. 具有较好的改良土壤能力，能互利共生

生态修复要考虑植物个体与群体关系，既要快出绿化效果，也要有持久性，保持植物多样性，构成多物种的立体植被结构考虑植物物种间互利共生关系，应尽量选择落叶量较大或固氮能力较好的植物，以改良土壤，为其他植物生长创造较好条件，保证人工建植的植物群落达到最合理。

4. 种子容易获取，可以批量使用

青藏铁路多年冻土区沿线需进行生态修复的地区面积较大，因此生态修复用种量较大，种源保证对生态修复有重要的意义，因此，应对当地及附近地区种子市场进行调研，尽量寻找种子容易获取，可以批量使用的植物物种。

(二) 生态修复植物物种确定

青藏铁路多年冻土地区气候严寒干旱，植物生长期短，且越冬难度大，当地乡土植物主要有紫花针茅、青藏苔草、矮火绒草、紫羊茅、高山早熟禾、垂穗鹅观草、二裂委陵菜、异叶青兰及豆科、菊科和苔藓类的一些植物，植物种类较为单调、层次结构简单、分化不明显、生物生产力较低，且无种源保证。依据上述生态修复植物物种选择原则，宜选择冷地早熟禾、披碱草、老芒麦作为修复植物。

1. 冷地早熟禾

冷地早熟禾，拉丁学名为 PoacrymophilaKeng，属于禾本科早熟禾属，多年生草本。冷地早熟禾茎秆直立，茎叶茂盛。当年实生苗只能达到孕穗期，不能结实。第二年4月下旬至5月上旬返青，5月中旬至6月上旬孕穗，6月上旬至7月上旬抽穗开花，8月下旬种子成熟。生育期 105~115 d。冷地早熟禾根茎发达，分蘖能力强。须根多而密集，一般多集中于 18~24 cm 深的土层中。冷地早熟禾适应能力很强，无论海拔高低均能生长良好。抗旱能力也较强。耐盐碱、耐瘠薄，在 pH7~8.3 的土壤上种植，生长良好，并能完成生活周期。抗寒，幼苗能耐 $-3\,^\circ\!C\sim-5\,^\circ\!C$ 低温，成株冬季 $-38.5\,^\circ\!C$ 也能安全越冬。对土壤要求不严格，但在湿润的沙壤土，轻黏性暗栗钙土生长繁茂。冷地早熟禾具有广泛的生态幅度。能适应高原复杂的生境条件。冷地早熟禾在我国主要分布于青海、甘肃、西藏、四川、新疆。

2. 披碱草

披碱草，拉丁名为 Elymus dahuricus Turcz.，禾本科披碱草属，多年生草本。披碱草为旱中生多年生牧草。其分布区的年平均气温为 $-3\,^\circ\!C\sim16\,^\circ\!C$，1月份平均气温为 $-28\,^\circ\!C\sim30\,^\circ\!C$，

7月份平均气温为15℃~24℃,≥10℃的积温为1 660℃~3 200℃,无霜期100~280 d,年降水量为150~600 mm,其分布区的植被类型有草甸草原、典型草原及高山草原地带,对水、热条件要求不严,适应环境能力强,是我国披碱草属牧草中分布最广、最为常见的种类。

披碱草种子千粒重约为4.0~4.5 g,种子在萌发时吸水率占种子干重的62%。种子萌发的最低温度为5℃,最高温度为30℃,最适温度为20℃~25℃。苗期一般地下部分较地上部分生长迅速,播后经50 d幼苗进入三叶期,此时地下及地上部分的比例约为3∶1。披碱草在播后的38 d左右,开始生出节根(次生根或永久根),由于节根的形成与发育,种根的作用逐渐减退。播种当年,节根入土深度可达70 cm,第二年达110 cm以上。

披碱草在播种当年苗期生长很慢,播种当年部分枝条可进入花期,但不能结实,至第二年后即可完成整个生育期。生育期为100~126 d。在生育期内,从返青至种子成熟所需≥10℃的积温为1 700~1 900℃,从返青至开花为1 300℃~1 600℃。从返青至拔节需60~65 d,拔节至抽穗为13~15 d,抽穗至开花为7~10 d,开花至种子成熟为20~25 d。披碱草属穗状花序,一穗开花的顺序如同一般穗状花序禾草。一日内大量开花时的适宜气温为30℃~35℃(27℃~35℃),相对湿度为45%~55%。

披碱草能适应较广泛的土壤类型,具有一定的耐盐能力,其耐盐能力高于无芒雀麦、肥披碱草、紫芒披碱草、麦宾草。土壤pH值的高低,对披碱草种子的萌发影响不大。但pH对幼苗及种根的生长有一定的影响,当pH为3~4时,呈现不适应的症状,当pH为10时,幼苗生长缓慢,种根死亡较多,但有侧根出现。

披碱草具有一定的抗旱能力,在年降水量为250~300 mm的地区生长较好。

披碱草具有较强的抗寒能力,在内蒙古锡林浩特地区,1月份平均气温为-28.0℃,绝对最低气温为-37.0℃的条件下,其越冬率可达98%~99.5%。

3. 老芒麦

老芒麦,拉丁名为Elymus sibiricus Linn.,禾本科披碱草属,多年生草本,疏丛型,须根密集而发育。老芒麦的根系发达,入土较深。春播第一年,根系的分布以土层3~18 cm处为最密,18~54 cm处次之;54 cm以下根系稀少。生活的第二年,根系入土可达125 cm。老芒麦地上部分与根系入土深度之比约为1∶1.2。根系发育,可以利用土壤深处水分,在旱情严重时叶片内卷,减少水分蒸发。老芒麦播种当年以营养枝为主,第二年以后则以生殖枝占优势;一般在返青后90~120 d开花,穗状花序开花整齐。开花最适温度是25℃~30℃,最适宜湿度是45%~60%。属异花授粉植物,但自花授粉率也较高;开花授粉后很快形成种子。千粒重3.5~4.9 g。属旱中生植物,在年降水量为400~500 mm的地区,可行旱地栽培。老芒麦分蘖能力强,分蘖节在地表3~4 cm深处,在-3℃的,低温下幼苗不受冻害,能耐-4℃的低温。冬季气温下降至-36℃~38℃时,能安全越冬,越冬率为96%左右。在青藏高原秋季重霜或气温下降到-8℃时,仍能保持青绿,有效地延长了利用时间。在青海、新疆、内蒙古、黑龙江等高寒地区栽培均能安全越冬,生长良好。需活动积温为1 500℃~1 800℃,有效积温700℃~800℃。老芒麦对土壤的要求不严,在瘠薄、弱酸、微碱或含腐殖质较高的土壤中均生长良好。在pH 7~8,微盐渍化土壤中亦能生长。具有广泛的可塑性,能适应较为复杂的地理、地形、气候条件。

二、建植技术

(一)植生袋技术

1. 技术介绍

植生袋也称生长袋、绿生袋、种子袋等,是指用无纺布、木浆纸、麻制品等为载体制成镶嵌有植物种子的夹层,再与聚乙烯编织网相连接而制成的有一定规格的袋子,这种袋子有一定的强度且不易很快分解掉,其内部有较大的空间可装入植生基质,夹层内的种子可在温度、水分、土壤条件适宜时发芽,并穿透袋子的网眼生长出来。将该技术进行改良,去掉夹层,改用草绳、无纺布与纤维棉制成袋子,装入已混合植物种子的植生基质,用于人工生态修复工程。植生袋施工快捷高效,可以提高高寒地区生态修复的质量和效率。其结构由三部分构成,外层为环保、易降解的无纺布,中间层为具有环保且具有改良土壤作用的草绳,植生基质由聚酯纤维棉网覆盖,可以起到保温和保墒的作用。植生袋的外形尺寸为 40 cm × 60 cm,用粗棉线缝制。生长袋内装入人工配制的植物生长基质,其主要成分为沙壤土、有机肥、保水剂、土壤改良剂等。

2. 植生袋施工工艺

根据植生袋生态修复技术给植物种子萌发创造优良的环境优势,结合多年冻土区立地条件类型,可采用以下施工工艺进行现场试验段的施工。

(1)植草场地平整。

(2)清理石头、垃圾等杂物。

(3)于取土场处将植物种子、保水剂、复合肥、有机肥按照一定配比与土壤均匀混合,制成植生基质。植生基质配比和用种量和试验设计会在下文详细说明。

(4)开挖 8~10 cm 表层土,将底层土壤 10~15 cm 进行翻松处理,同时将有机肥按照 15 g/m² 剂量均匀撒入植草场地内。

(5)按照浸入深度为 5~8 cm 浇水浸润。

(6)在现场开挖工作开始的同时将植生基质装入植生袋中,封边,装车后使用彩条布覆盖,然后运往施工现场。

(7)将植生袋整齐码放入开挖基坑内,设计袋间距为 10 cm,在相邻袋体间采用原土适量回填,保证植生袋底部与疏松土壤紧密接触。

(8)植生袋表面覆土,厚度为 1~2 cm。从而减少植生袋表面暴露面积、达到保持水分增加耐旱能力的作用。

(9)按照浸入深度为 2~3 cm 适量浇水养护。

3. 养护措施

由于多年冻土区降水量主要集中于暖季(5 月~10 月),冬季基本无降水,因此,可采取以下养护措施。

(1)施工后两年内每年 10 月份进行一次冬灌,浸入深度为 3~5 cm,可以起到冬季保温和保水的作用。

(2)施工后第 2 年和第 3 年每年 5 月份进行一次浇水养护,浸入深度为 3~5 cm,有利于补充植物返青所需要的水分。

(3)植草结束后要定期进行草场养护,保持场地平整、清洁,避免场地长期积水浸泡,严禁牛羊啃食。

4. 注意事项

(1)播种时间:5月中旬至6月。

(2)生态修复所选用的种子在播种前要进行常温催芽处理,即在常温下,将干种浸泡1~2 h后,将种子捞出,与过筛后干净无杂物的沙子按播种量的20倍均匀搅拌,反复多次。再将种子分别装入蛇皮袋或木箱等容器内,移入暗房、温室催芽,温度一般以28 ℃左右为宜,一般堆放1~2 d。催芽堆放期间应每天检查两次种子的变化,如发现有先端露白需迅速播种。

(3)施工前应对试验段现场进行调查,应确保附近的输油管道、光缆、电缆等设施安全。

(4)施工过程中除应按照设计要求施工处,还应严格按施工规范和铁路养护管理规范中的相关规定执行。

(5)施工完成后要完成施工垃圾的清理。

(二)植生带技术

1. 技术介绍

植生带是采用专用机械设备,依据特定的生产工艺,把草种、肥料、添加剂等按一定的密度定植在带状载体上,并经过机器滚压、针刺复合定位或冷粘接等工序,形成的一定规格的工业产品。

植生带施工快捷高效,且投资较低,可以提高高寒地区生态修复的质量和效率。植生带种子基质层中除镶嵌所选植物种子外,还需按照 $20 g/m^2$ 标准镶嵌营养颗粒,营养颗粒由保水剂、复合肥和有机肥组成。当有降雨时,水分透过纤维层使种子湿润,如果此时温度条件也适宜,种子就会发芽。发芽后种子的叶片会穿透无纺布伸展到植生带外部,在地面形成绿色覆盖层;种子的根系在人工基质中迅速生长发育,并逐渐深入土层之中;随着植物的不断生长发育,地面会被植物的叶、茎所覆盖,植物的根系也会深入地层与之成为一体,最终形成了由植物的叶、茎、根和无纺布构成的立体防护网,即恢复了地面的植被。

无纺布植生带通过改善土壤物理化学性状,改善了植物的生存条件,还有一定的保温功能和保墒功能,促进植物的生长发育,可以保证生态修复的效果。

2. 施工工艺

根据植生带生态修复技术现场施工快捷高效的优势,结合多年冻土区立地条件类型,可采用以下施工工艺进行现场试验段的施工。

(1)植草场地平整。

(2)清理石头、垃圾等杂物。

(3)制作植生带。

(4)植生带进场,同时将表层15~20 cm土壤进行翻松处理,把有机肥按照 $15 g/m^2$ 剂量均匀撒入植草场地内。

(5)按照浸入深度为5~8 cm浇水浸润。

(6)铺植生带,边缘交接处重叠5 cm左右,每隔5 m用竹签锚固,使带体与地表紧密相贴。

(7)植生带表面覆土,厚度为1.5~2 cm。覆土应完全将植生带覆盖,给植生带内植物种子生长创造良好环境。

(8)按照浸入深度为2~3 cm适量浇水养护。

3. 养护措施

由于多年冻土区降水量主要集中于暖季(5月~10月),冬季基本无降水,植生带的保水性较植生袋差,因此,可采取以下养护措施:

(1)施工后两年内每年10月份进行一次冬灌,浸入深度为5~8 cm,可以起到冬季保温和保水的作用。

(2)施工后第2年和第3年每年5月份进行一次浇水养护,浸入深度为5~8 cm,有利于补充植物返青所需要的水分。

(3)植草结束后要定期进行草场养护,保持场地平整、清洁,避免场地长期积水浸泡,严禁牛羊啃食。

4. 注意事项

(1)播种时间:5月中旬至6月。

(2)生态修复所选用的种子在播种前要进行常温催芽处理,即在常温下,将干种浸泡1~2 h后,将种子捞出,与过筛后干净无杂物的沙子按播种量的20倍均匀搅拌,反复多次。再将种子分别装入蛇皮袋或木箱等容器内,移入暗房、温室催芽,温度一般以28 ℃左右为宜,一般堆放1~2 d。催芽堆放期间应每天检查两次种子的变化,如发现有先端露白需迅速播种。

(3)施工前应对试验段现场进行调查,应确保附近的输油管道、光缆、电缆等设施安全。

(4)施工过程中除应按照设计要求施工处,还应严格按施工规范和铁路养护管理规范中的相关规定执行。

(5)施工完成后要完成施工垃圾的清理。

附 录

附录一 林业行业主要技术标准与规程名录

附表1—1 林业行业主要技术标准与规程名录

种子与苗木	（一）种子
	（1）林木种子检验规程（GB 2772—1999）
	（2）林木种子质量分级（GB 7908—1999）
	（3）林木种子贮藏（GB/T 10016—1988）
	（4）林木良种审定规范（GB/T 14071—1993）
	（6）主要造林阔叶树种良种选育程序与要求（GB/T 14073—1993）
	（7）林木引种（GB/T 14175—1993）
	（8）林木采种技术（GB/T 16619—1996）
	（9）主要针叶造林树种优树选择技术（LY/T 1344—1999）
	（10）主要针叶造林树种种子园营建技术（LY/T 1345—1999）
	（二）苗木
	（1）主要造林树种苗木质量分级（GB/T 6000—1999）
	（2）育苗技术规程（GB/T 6001—1985）
	（3）林业苗圃工程设计规范（LYJ 128—1992）
	（4）容器育苗技术（LY/T 1000—1991）
	（5）国有林区标准化苗圃（LY/T 1185—1996）
	（6）林木组织培养育苗技术规程（LY/T 1882—2010）
	（7）主要造林树种苗木质量分级 第1部分：裸根苗（DB45/T 628.1—2009）
	（8）主要造林树种苗木质量分级 第2部分：容器苗（DB45/T 628.2—2009）
森林培育技术	（一）生态公益林及林业生态工程建设
	（1）防沙治沙技术规范（GB/T 21141—2007）
	（2）沙化土地监测技术规程（GB/T 24255—2009）
	（3）喀斯特石漠化地区植被恢复技术规程（LY/T 1840—2009）
	（4）石漠化治理造林技术规程（DB45/T 626—2009）
	（5）人工造林质量评价与指标（LY/T 1844—2009）
	（6）低效林改造技术规程（LY/T 1690—2007）
	（二）造林经营
	（1）封山（沙）育林技术规程（GB/T 15163—2004）

续上表

森林培育技术	(2)造林技术规程(GB/T 15776—2006)
	(3)森林抚育规程(GB/T 15781—2009)
	(4)造林作业设计规程(LY/T 1607—2003)
	(5)主要造林树种林地化学除草技术规程(GB/T 15783—1995)
森林保护	(1)黄脊竹蝗防治技术规程(LY/T 1628—2005)
	(2)全国森林火险区划等级(LY/T 1063—2008)
	(3)森林火灾扑救技术规程(LY/T 1679—2006)
	(4)中国森林火灾代码(LY/T 1679—2006)
	(5)森林火灾成因和森林资源损失调查方法(LY/T 1846—2009)
花卉及园林绿化	(1)主要花卉产品等级 第1部分:鲜切花(GB/T 18247.1—2000)
	(2)主要花卉产品等级 第2部分:盆花(GB/T 18247.2—2000)
	(3)主要花卉产品等级 第3部分:盆栽观叶植物(GB/T 18247.3—2000)
	(4)主要花卉产品等级 第4部分:花卉种子(GB/T 18247.4—2000)
	(5)主要花卉产品等级 第5部分:花卉种苗(GB/T 18247.5—2000)
	(6)主要花卉产品等级 第6部分:花卉种球(GB/T 18247.6—2000)
	(7)主要花卉产品等级 第7部分:草坪(GB/T 18247.7—2000)
	(8)主要切花产品包装、运输、贮藏(GB/T 23897—2009)
	(9)城市绿地草坪建植与管理技术规程 第1部分:城市绿地草坪建植技术规程(GB/T 19535.1—2004)
	(10)城市绿地草坪建植与管理技术规程 第2部分:城市绿地草坪管理技术规程(GB/T 19535.2—2004)
	(11)花卉名称(LY/T 1576—2000)
	(12)花卉术语(LY/T 1589—2000)
	(13)古树名木代码与条码(LY/T 1664—2006)
	(14)主要观赏植物商品名称规范(LY/T 1916—2010)
园林绿化设计与施工	(1)城市道路绿化规划与设计规范(CJJ 75—97)
	(2)园林绿化工程施工及验收规范(CJJ 82—2012)
	(3)城市居民区规划设计规范(2002年版)(GB 50180—93)
	(4)园林基本术语标准(CJJ/T 91—2002)
	(5)园林基本术语标准 条文说明(CJJ/T 91—2002)
	(6)城市园林工人技术等级标准(CJJ 20—89)
	(7)城市绿化和园林绿地用植物材料木本苗(CJ/T 34—91)
	(8)城市园林苗圃育苗技术规程(CJ 14—86)
	(9)风景园林图例图示标准(CJJ 67—95)
	(10)城市容貌标准(CJ/T 16—86)
可行性研究与初步设计	(1)《投资项目可行性研究指南(试用版)》(国家计委 2002.3)
	(2)《林业建设项目可行性研究报告编制规定》(国家林业局 2006)
	(3)《林业建设项目初步设计编制规定》(国家林业局 2006)
其他	(1)林地分类(LY/T 1812—2009)
	(2)水土保持综合治理技术规范 风沙治理技术(GB 16453.5—1996)

附录二　常见草本、灌木及藤本植物

附表 2—1　常用护坡的草本植物

序号	草种名称	生物学特性	分布地区	铺植方法	用途
1	狗牙根	喜光,稍能耐半阴,草质细,耐践踏,在排水良好的肥沃土壤中生长良好。此草侵占力较强,在肥沃的土壤条件下,容易侵入其他草种中蔓延扩大。在微量的盐碱地上,亦能生长良好。此草春天返青较早,观赏期可达 260 d	广泛分布于温带地区,我国的华北、西北、西南及长江中下游等地应用广泛。我国黄河流域以南各地均有野生种	播种、分根	可用于草坪的建植,是极好的固土护坡植物品种
2	结缕草	喜温暖湿润气候,受海洋气候影响的近海地区对其生长最为有利。喜光,在通气良好的开旷地上生长壮实,但又有一定的耐阴性。抗旱、抗盐碱、抗病虫害能力强,耐瘠薄、耐践踏、耐一定的水湿	河北、安徽、江苏、浙江、福建、山东、东北等地	常规播种、移植草块、种子带铺设、水播育苗新技术	优良的草坪植物,是良好的固土护坡植物
3	假俭草	喜光,耐阴,耐干旱,较耐践踏。狭叶和匍匐茎平铺地面,能形成紧密而平整的草坪,几乎没有其他杂草侵入。耐修剪,抗二氧化硫等有害气体,吸尘、滞尘性能好	长江以南各省区	播种、移植草块、埋植匍匐茎	园林绿化;护岸固坡
4	冰草	适应半潮湿到干旱的气候,生长在干旱草原或荒漠草原。天然生冰草很少形成单纯的植被,常与其他禾本科草、莎草、非禾本科植物以及灌木混生	黑龙江、吉林、辽宁、河北、山西、陕西、甘肃、青海、新疆和内蒙古等省区	播种	园林绿化;护岸固坡
5	竹节草	具有匍匐茎,侵占性强,叶片着生于基部,易形成平坦的坡面。适宜的土壤类型较广,在土壤 pH 值为 6.0~7.0 时,生长最好。抗旱、耐湿,具有一定的耐践踏性,但不抗寒	在台湾、广东、广西、陕西及云南等省区有分布。常见于陡坡、山地和野外的潮湿地。生于向阳贫瘠的山坡草地或荒野中	播种、移植草块	园林绿化;护岸固坡
6	沙打旺	幼苗期间生长缓慢,有"蹲苗"习性,但根系伸长却很快。抗逆性强,适应性广,具有抗旱、抗寒、抗风沙、耐瘠薄等特性,且较耐盐碱,但不耐涝。沙打旺的根系深,对土壤要求不严,并具有很强的耐盐碱能力	野生种主要分布在西伯利亚和美洲北部,以及我国东北、西北、华北和西南地区。20 世纪中期我国开始栽培	播种	园林绿化;护岸固坡

续上表

序号	草种名称	生物学特性	分布地区	铺植方法	用途
7	野牛草	生长迅速,抗旱性强,适于在缺水地区或浇水不方便的地段铺植。生命力强,与杂草竞争力强,耐盐碱	起源于美洲中南部,作为水土保持植物引入我国,在甘肃地区首先试种,后在我国西北、华北及东北地区广泛种植	播种、移植草块	护岸固坡
8	二月兰	耐寒性强,冬季常绿。又比较耐阴,适生性强。土壤要求不严。具有较强的自繁能力,一次播种年年能自成群落	辽宁、河北、北京、山西、陕西、甘肃、山东、河南、安徽、江苏、浙江、江西、湖北、四川	播种	园林绿化;护岸固坡
9	披碱草	耐旱、耐寒、耐碱、耐风沙	东北、内蒙古、河北、河南、山西、陕西、青海、四川、新疆、西藏等省区	播种	可作固土、绿化等地被植物
10	香根草	能适应各种土壤环境,强酸强碱、重金属和干旱、渍水、贫瘠等条件下都能生长	江苏、浙江、福建、台湾、广东、海南及四川均有引种	分株	园林绿化;护岸固坡
11	白花草木樨	喜温凉半干燥气候条件,抗旱耐寒耐盐碱耐瘠薄,对环境的适应能力极强。对土壤要求不严,而以富含钙质的土壤最为适应,但不能适应酸性土壤	辽宁、河北、山西、陕西、甘肃、宁夏、内蒙古等省区	播种	护岸固坡
12	小冠花	该草喜温暖湿润气候,抗寒越冬能力较强,根系发达。较抗旱,不耐涝,水淹数日后会烂根而全株死亡。该草喜光不耐荫,病虫害少。对土壤要求不严,在pH值为5.0~8.2的土壤上均可生长。生长健壮,适应性强	原产欧洲和亚洲西南部。在我国已有30多年应用历史	播种	可作固土、绿化等地被植物
13	紫花苜蓿	抗逆性强,适应范围广。性喜干燥、温暖、多晴天、少雨天的气候和高燥、疏松、排水良好,富含钙质的土壤。pH值6~7.5为宜,成株高达1~1.5m	本属约70余种,分布地中海区域、西南亚、中亚和非洲。我国有13种,1变种,分布颇广	播种	可作固土、绿化等地被植物
14	草地早熟禾	喜光耐阴,喜温暖湿润,又具很强的耐寒能力,耐旱较差,夏季炎热时生长停滞,春秋生长繁茂;在排水良好、土壤肥沃的湿地生长良好;较耐践踏。最适宜pH值为6.0~7.0	分布于黑龙江、内蒙古、河北、山西、河南、山东、陕西、新疆、西藏、四川、云南、安徽、江苏、江西。生于湿润草甸、沙地、草坡	播种、移植草块	可作固土、绿化等地被植物
15	匍匐剪股颖	潮湿地区或疏林下草坪。喜冷凉湿润气候,耐寒、耐热、耐瘠薄、较耐践踏、耐低修剪、剪后再生力强。对土壤要求不严,最适pH值在5.6~7.0。绿期长,生长迅速	华北、华东、华中	播种、移植草块	可作草坪及地被

续上表

序号	草种名称	生物学特性	分布地区	铺植方法	用途
16	高羊茅	适宜于寒冷潮湿和温暖潮湿过渡带生长。高羊茅对高温有一定的抵抗能力,是最耐旱和耐践踏的冷季型草坪草之一,耐阴性中等。适应的土壤范围广,在肥沃、潮湿、富含有机质的细壤中生长最好,对肥料反应明显。最适宜pH值为5.5~7.5	主要分布于北方地区,我国东北和新疆地区;欧亚大陆也有分布	播种;移植草块	作固土、绿化等地被植物
17	黑麦草	喜温凉湿润气候,耐寒耐热性均差,不耐阴。较能耐湿,但排水不良或地下水位过高也不利黑麦草的生长。不耐旱,尤其夏季高热、干旱更为不利。对土壤要求比较严格,喜肥不耐瘠,略能耐酸,适宜的土壤pH值为6~7	原产于西南欧、北非及亚洲西南。在英国、新西兰、美国、澳大利亚、日本等国广泛栽培,在我国长江流域、四川、云南、贵州、湖南一带生长良好	播种;移植草块	作固土、绿化等地被植物
18	鸢尾	耐寒性较强,要求适度湿润,排水良好,富含腐殖质、略带碱性的黏性土壤;喜阳光充足,气候凉爽,亦耐半阴环境	分布于山西、安徽、江苏、福建、湖南、江西、广西、甘肃、青海、四川、贵州、西藏等	分株、播种	园林绿化;护岸固坡
19	常夏石竹	喜温暖和充足的阳光,不耐寒。要求土壤深厚、肥沃,盆栽要求土壤疏松、排水良好。生长季节经常施肥。病虫害少,在中性、偏碱性土壤中均能生长良好	长江流域及其以北地区	播种、分株及扦插法	园林绿化;护岸固坡
20	白三叶	喜温暖、向阳的环境和排水良好的粉砂壤土或黏壤土。适应性广,是一种匍匐生长型的多年生牧草,耐贫瘠、耐酸,不耐盐碱	原产欧洲,我国的东北、华北、华中、华南、西北均有栽培	播种	园林绿化;护岸固坡

附表2—2 边坡生态防护中常用灌木

序号	树种名称	生物学特性	分布地区	造林方法	用途
1	胡枝子	灌木,极耐寒,耐旱,耐瘠薄,耐轻度盐碱,速生,根系发达,生有根瘤菌,萌芽力强	华北和东北南部、华中、华东以及西北	植苗、直播、分根	薪炭树种;水土保持树种
2	紫穗槐	紫穗槐是耐寒、耐旱、耐湿、耐盐碱、抗风沙、抗逆性极强的灌木,萌芽性强,根系发达,每丛可达20~50根萌条,平茬后一年生萌条高达1~2 m	华北、西北和东北南部	植苗、直播、扦播	护坡固沟,护岸固坎,防风固沙,改良土壤
3	连翘	连翘喜光,有一定程度的耐荫性;喜温暖、湿润气候,也很耐寒;耐干旱瘠薄,怕涝;不择土壤,在中性、微酸或碱性土壤均能正常生长	河北、山西、陕西、山东、安徽西部、河南、湖北、四川	播种、分株、扦插	园林绿化,护坡固沟

续上表

序号	树种名称	生物学特性	分布地区	造林方法	用途
4	多花木兰	喜湿,耐旱,但不耐水渍,低洼地不适宜种植。适宜于亚热带、暖温带中低海拔广大地区栽培种植,生长速度快,根系发达,固土力强,对土壤要求不严	河北、山西、河南、江苏、浙江、广东、广西、福建、江西、四川、陕西、甘肃等省区	植苗、直播	水土保持、土壤修复、庭园绿化植物
5	迎春	喜光稍耐阴、湿润环境,耐寒,耐旱、耐碱,忌涝。对土壤要求不严,但以肥沃为好。根部萌发力强,枝端着地部分也极易生根	陕西、甘肃、四川、云南、西藏等我国北部、西北、西南等地	扦插、分株、压条	水土保持、庭园绿化植物
6	柠条	灌木,喜光,极耐寒,耐旱,耐瘠薄,耐沙埋,除重盐碱土外,其他土壤均能生长,生长迅速,根系发达,生有根瘤菌,萌蘖能力强	华北、西北、华中及东北南部	植苗、直播、压条	固坡护岸,防风固沙,改良土壤
7	沙地柏	一般分布在固定和半固定沙地上,生长势旺,根系发达,细根极多,萌芽力和萌蘖力强。能忍受风蚀沙埋,长期适应干旱的沙漠环境。喜光,喜凉爽干燥的气候,耐寒、耐旱、耐瘠薄	内蒙古、陕西、新疆、宁夏、甘肃、青海等地。主要培育基地有江苏、浙江、安徽、湖南等地	植苗、直播、扦插	护坡固沙,庭园绿化
8	山毛豆	适应性强,耐酸、耐瘠、耐旱,喜阳,稍耐轻霜,适于丘陵红壤坡地生长	云南、广西、广东、福建等地	直播	护坡固沙,饲料、燃料、肥料
9	锦鸡儿	生于山坡和灌丛。喜光,常生于山坡向阳处。根系发达,具根瘤,抗旱耐瘠,能在山石缝隙处生长。忌湿涝。萌芽力、萌蘖力均强,能自然播种繁殖	山地野生,分布于河北、山东、陕西、江苏、浙江、安徽、江西、湖北、湖南、四川、贵州、云南等地	播种、扦插、植苗	护坡固沙,庭园绿化
10	沙棘	喜光,耐寒、耐酷热、耐风沙及干旱气候。对土壤适应性强	河北、内蒙古、山西、陕西、甘肃、青海、四川西部	直播、植苗、扦插	护坡固沙,改良土壤
11	猪屎豆	一种韧性很强的植物,可在河床地、堤岸边、烈日当空、多砂多砾的环境生长	山东、浙江、福建、台湾、湖南、广东、广西、云南等地	直播	固坡护岸,改良土壤
12	杨柴	具有耐寒、耐旱、耐贫瘠、抗风沙的特点,适应性强,故能在极为干旱瘠薄的半固定、固定沙地上生长。喜欢适度沙压并能忍耐一定风蚀。一般是越压越旺	陕北榆林和宁夏东部沙地以及内蒙古的毛乌素沙地、库布齐沙漠东部、乌兰布和沙漠以及浑善达克沙地西部	直播、植苗、扦插	防风固沙、保持水土、改良土壤
13	夹竹桃	喜光,喜温暖湿润气候,不耐寒,忌水渍,耐一定程度空气干燥。适生于排水良好、肥沃的中性土壤,微酸性、微碱土也能适应	原产于伊朗、印度等国家和地区。现广植于亚热带及热带地区	植苗、扦插	固坡护岸、庭园绿化

续上表

序号	树种名称	生物学特性	分布地区	造林方法	用途
14	柽柳	大灌木或小乔木,喜光,适应性强,极耐寒,耐旱,耐瘠薄,耐盐碱,耐水湿,深根性,萌蘖能力强	华北、西北、东北和华中部分地区	植苗插条	护坡固沟,防风固沙,改良土壤
15	杞柳	灌木,喜光,很耐寒,较耐旱,耐水湿,稍耐盐碱,浅根性,侧根发达,萌芽力强	华北、西北、海拔2 100 m以下的平地、沙地、河边、渠旁	压条插条植苗	固岸护堤,护岸护坎,防风固沙
16	沙柳	灌木,喜光,稍耐寒,耐旱,耐水湿,较耐盐碱,耐沙埋、沙压,生长迅速,根系密集	西北、华北及东北部分地区	植苗插条	防风、固沙、护岸
17	荆条	灌木,喜光,稍耐寒,耐旱,耐瘠薄,对土壤要求不严,萌芽力强	华北、东北南部及西北、华东、华中、西南部分地区	植苗分根	护坡固沟
18	榛子	灌木,耐寒,较耐旱,耐瘠薄,对土壤要求不严,根系发达,萌芽力强	华北、西北及华东、华中部分地区的土石山区	植苗直播分根	护坡;薪柴
19	枸杞	灌木,适应性强,喜光,耐寒,耐旱,耐瘠薄,在盐碱沙荒地上也能生长,主根发达,侧根少,生长较快	西北、华北、华东、华南、西南及东北部分地区	植苗直播分根压条	固崖护堤
20	黄檀	落叶灌木,耐旱,耐瘠薄,耐酸	南方地区	植苗	用材

附表2—3 边坡生态防护中使用的藤本

序号	树种名称	生物学特性	分布地区及地势条件	造林方法	用途
1	爬山虎	适应性强,性喜阴湿环境,但不怕强光,耐寒,耐旱,耐贫瘠,气候适应性广泛。怕积水,对土壤要求不严。对二氧化硫和氧化氢等有害气体有较强的抗性,对空气中的灰尘有吸附能力	河南、辽宁、河北、山西、陕西、安徽、浙江、江西、湖北、广西、广东、四川、贵州、云南、福建都有分布	播种、扦插	护坡绿化、庭院绿化
2	五叶地锦	喜温暖气候,具有一定的耐寒能力;耐贫瘠,对土壤与气候适应性较强,在中性、偏碱性土壤中均可生长,并具有一定的抗盐碱能力,是一种较好的攀缘植物。生长旺盛,抗病性强,少病虫害,怕涝渍	分布于我国东北至华南各省区	播种、扦插	护坡绿化、庭院绿化
3	薜荔	耐贫瘠,抗干旱,对土壤要求不严格,适应性强,幼株耐阴	分布于福建、江西、浙江、安徽、江苏、台湾、湖南、广东、广西、贵州、云南东南部、四川	播种、扦插	护坡绿化、庭院绿化

续上表

序号	树种名称	生物学特性	分布地区及地势条件	造林方法	用途
4	扶芳藤	生长于山坡丛林中,对土壤要求不严格,喜湿润,喜温暖,较耐寒,耐阴,不喜阳光直射	江苏、浙江、安徽、江西、湖北、湖南、四川、陕西等省	播种、扦插	护坡绿化;庭院绿化
5	中华常春藤	极耐阴,也能在光照充足之处生长。喜温暖、湿润环境,稍耐寒,能耐短暂的-5℃~-7℃低温。对土壤要求不高,但喜肥沃疏松的土壤	分布地区广,北自甘肃东南部、陕西南部、河南、山东,南至广东、江西、福建,西自西藏波密,东至江苏、浙江	播种、扦插	护坡绿化;庭院绿化
6	凌霄	喜充足阳光,也耐半阴。适应性较强,耐寒、耐旱、耐瘠薄,病虫害较少,但不适宜在暴晒或无阳光下。凌霄要求土壤肥沃、排水好的沙土。较耐水湿,并有一定的耐盐碱性能力	长江流域各地,以及河北、山东、河南、福建、广东、广西、陕西,在台湾有栽培	分株、扦插、播种	护坡绿化;庭院绿化
7	络石	对气候的适应性强,能耐寒冷,亦耐暑热,但忌严寒。喜弱光,亦耐烈日高温。攀附墙壁,阳面及阴面均可。对土壤的要求不苛,一般肥力中等的轻黏土及沙壤土均宜,酸性土及碱性土均可生长,较耐干旱,但忌水湿	北京以南地区都有分布	播种、扦插	护坡绿化;庭院绿化
8	木香	喜温暖湿润和阳光充足的环境,耐寒冷和半阴,怕涝。地栽可植于向阳、无积水处,对土壤要求不严	四川、云南,全国各地均有栽培	扦插、压条、播种	护坡绿化
9	紫藤	为暖带及温带植物,对气候和土壤的适应性强。以土层深厚,排水良好,向阳避风的地方栽培最适宜。主根深,侧根浅,不耐移栽。生长较快,寿命很长。缠绕能力强,对其他植物有绞杀作用	华北地区多有分布,以河北、河南、山西、山东最为常见。华东、华中、华南、西北和西南地区均有栽培	播种、扦插、分株	护坡绿化;庭院绿化
10	野葛	野葛适应性强,喜温暖、潮湿的环境,有一定的耐寒耐旱能力,对土壤要求不甚严格,但以疏松肥沃、排水良好的壤土或沙壤土为好	四川、贵州、湖南、湖北、台湾	播种、扦插	护坡绿化
11	金银花	适应性很强,喜阳,耐阴,耐寒性强,也耐干旱和水湿,对土壤要求不严,但以湿润、肥沃的深厚沙质土壤上生长最佳。根系繁密发达,萌蘖性强,茎蔓着地即能生根	各省均有分布	播种、扦插	护坡绿化

续上表

序号	树种名称	生物学特性	分布地区及地势条件	造林方法	用途
12	茑萝	一年生柔弱缠绕草本,喜光,喜温暖湿润环境,不耐寒,能自播,要求土壤肥沃。抗逆力强,管理简便。为使多开花,宜植于向阳处肥沃的土中	我国广泛栽培。原产热带美洲,现广布于全球温带及热带。为美丽的庭园观赏植物	播种	园林绿化
13	葡萄	喜光、喜暖温,除了沼泽地和重盐碱地不适宜生长外,其余各类型土壤都能栽培,而以肥沃的沙壤土最为适宜	原产地亚洲西部地区,我国多分布在北纬30°~43°	扦插	园林绿化
14	藤本月季	藤本月季性喜阳光,光照不足时茎蔓细长弱软,花色变浅,花量减少。喜温暖背风、空气流通的环境。适合在肥沃、疏松、排水良好的湿润土壤中生长,土壤过湿,则易烂根	原种主产于北半球温带、亚热带,我国为原种分布中心。中国各地多栽培,以河南南阳最为集中,耐寒	扦插、嫁接	园林绿化
15	山荞麦	喜温暖湿润环境,切忌干燥和大雨冲刷。土壤以疏松、肥沃的腐叶土最宜	福建、台湾、江西、广东、广西、云南、四川等省区	播种	护坡绿化;庭院绿化
16	软枝黄蝉	喜温暖湿润和阳光充足的气候环境,耐半阴,不耐寒,怕旱,畏烈日。对土壤选择性不严,但以肥沃排水良好富含腐殖质之壤土或砂质壤土生育最佳	广西、广东、福建和台湾等省区	植苗、扦插	护坡绿化;庭院绿化
17	炮仗花	喜向阳环境和肥沃、湿润、酸性的土壤。生长迅速,在华南地区,能保持枝叶常青,可露地越冬	广东、海南、广西、福建、台湾、云南等地均有栽培	植苗、扦插	护坡绿化;庭院绿化
18	油麻藤	喜温暖湿润环境,喜光稍耐阴。抗性强,寿命长,耐干旱,宜生长于排水良好的腐殖质土中	福建、云南、浙江	植苗、扦插	护坡绿化;庭院绿化

附录三 各种肥料混施情况表

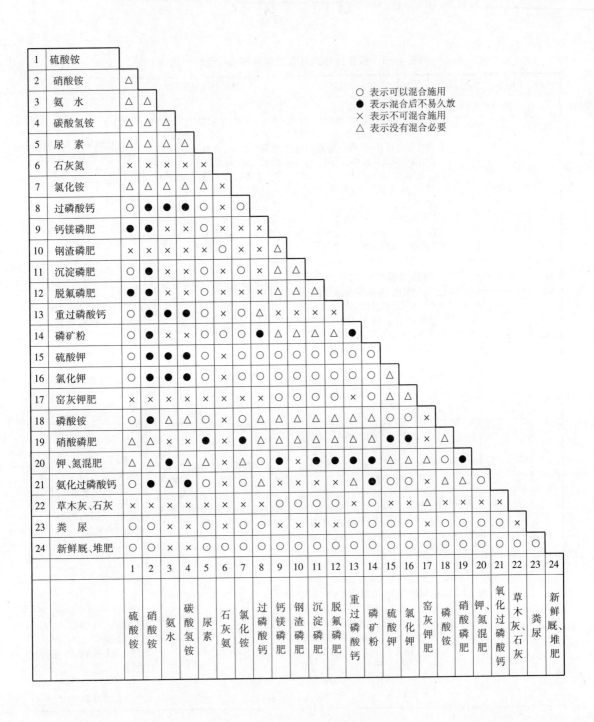

○ 表示可以混合施用
● 表示混合后不易久放
× 表示不可混合施用
△ 表示没有混合必要

附录四 铁路绿化造林常见树种繁殖与培育一览表

附表 4—1 铁路绿化造林常见树种繁殖与培育一览表

序号	名称、别名	科、属	形态特征分布与习性	繁殖与栽培	用途
一	常绿乔木类				
1	雪松	松科雪松属	常绿大乔木,高达30 m,树冠尖塔形。阳性树,有一定耐阴能力;深根系,生长中速,寿命长;性喜凉爽、湿润气候;喜土层深厚、排水良好之土壤;怕低洼积水,怕炎热,畏烟尘。原产喜马拉雅山西部,目前已在北京以南各城市的园林中广泛栽培,为"世界五大庭院树木"之一	播种、扦插或嫁接繁殖。一般春季播种,选择土层深厚、排灌方便、疏松肥沃的沙质壤土,播种前 2~3 d 灌足底水,先将种子用冷水浸种 2 d,待种皮稍晾干后即可播种。扦插以春插为主,夏插次之。春插以 2~3 月为宜;夏插一般在 5~6 月上旬进行	雪松树体高大,树形优美,为世界著名的观赏树。最适宜孤植于草坪中央、建筑前庭之中心、广场中心、主要建筑物的两旁、园门入口等处,或列植于园路的两旁,极为壮观
2	女贞	木犀科女贞属	阔叶常绿乔木,高达15 m。喜光,稍耐阴;喜温暖湿润气候,耐寒性较差;喜深厚、肥沃、湿润的微酸性至微碱性土壤;具深根性,根系发达,生长迅速,萌芽力强,耐修剪;对二氧化硫、氯气、氟化氢及粉尘等均有较强的抗性。秦岭、淮河流域以南均有分布,山西、河北、山东及甘肃的部分地区亦有栽培	播种繁殖为主。3月中旬~4月春播。一般4月中旬开始发芽出苗,苗出齐后及时间苗。供绿篱栽植的苗,在离地面 15~20 cm 处截干,促进侧枝萌发。如用作行道树或庭院绿化,需培养乔木,小苗分栽后再培养 2~3 年,当苗高 1.5~2 m 即可移植	女贞枝叶茂盛,叶片浓绿,可作行道树,或丛植配置,也可修剪成高绿篱。由于其抗有毒气体的能力较强,是工厂绿化的优良树种
3	樟树	樟科樟属	常绿乔木,高达30 m。喜光,幼时稍耐阴;喜温暖湿润,耐寒性差;喜深厚、肥沃、湿润的微酸性至中性土壤,不耐干旱瘠薄;主根发达,能抗风,萌芽力强,耐修剪;生长速度中等,寿命长;对氯气、二氧化硫等有害气体有抗性。一般分布于长江流域及以南地区	播种繁殖。播种期各地不同,有随采随播,有冬季播种,也可春季播种。冬季寒冷地区,常在 2~3 月进行春播,南方地区常用秋冬播	樟树四季常青,树姿雄伟,冠大荫浓、有香气,是城市绿化的良好树种,可作庭荫树、行道树,也可营造林带。孤植、丛植均可
4	广玉兰	木兰科木兰属	常绿乔木,高达30 m。喜光,幼树较耐阴;喜温暖湿润,能耐短期 -19℃ 的低温;喜肥沃、湿润、排水良好的酸性或中性土壤,不耐碱;生长速度中等;根系发达,较抗风;对烟尘、二氧化硫有一定抗性;病虫害少。原产北美东部,我国长江流域以南地区常见栽培	播种、嫁接繁殖。播种有随采随播(秋播)及春播两种。嫁接常用木兰作砧木。3~4月进行	广玉兰四季常绿,树姿雄伟、叶厚花大,芳香,宜孤植、丛植,是良好的城镇绿化观赏树种

续上表

序号	名称、别名	科、属	形态特征分布与习性	繁殖与栽培	用途
一	常绿乔木类				
5	油松	松科松属	常绿乔木,高达30 m。适应性强,强阳性,耐寒,耐干旱、贫瘠土壤,在酸性、中性及钙质土上均能生长;深根性生长速度中等,寿命可长达千年以上。分布于我国华北、西北及东北南部等地区	播种繁殖。播种前,用低温层积方法进行催芽。油松秋播、春播均可,但以春播为主	油松树姿苍劲古雅,枝叶繁茂,是华北的园林、风景区极为常见;同时也是华北、西北中海拔地带最主要的荒山造林树种,也是城市绿化常用树种
6	杉木	杉科杉木属	常绿乔木,高达30 m,树冠圆锥形。喜温暖潮湿气候及深厚、肥沃、排水良好的酸性土壤,不耐水淹和盐碱,在阴坡生长较好;浅根性,生长快。原产我国秦岭、淮河以南省区丘陵及中低山地带	播种繁殖。播种宜早,一般在12月~1月进行。春播最迟不能晚于3月中旬	树高大,枝叶茂密,生长快,是我国中部及南部重要速生用材树种之一。可于公园、庭院、草坪、绿地中孤植、列植或群植,也可成片栽植营造风景林,并适配常绿地被植物
7	杜英	杜英科杜英属	常绿乔木,高5~15 m。喜温暖湿润环境,最宜于排水良好的酸性黄壤土和红壤土中生长;较耐阴、耐寒;根系发达,萌芽力强,较耐修剪。产于我国浙江、福建、台湾、江西、广东、广西、贵州等省区。越南、日本也有分布	播种或扦插繁殖。采种母树应选择树龄15年生以上、生长健壮和无病虫害的植株。可随采随播,或湿沙低温层积至翌年春播。扦插繁殖在夏初。移植常在2月下旬至3月中旬进行,在苗芽尚未萌芽前起苗,起苗时注意深根起	杜英四季苍翠,枝叶茂密,树冠圆整,霜后部分叶变红色,红绿相间,颇为美丽。宜于草坪、坡地、林缘、庭前、路口丛植,也可栽作其他花木的背景树,或列植成绿墙起隐蔽遮挡及隔声作用
8	棕榈	棕榈科棕榈属	常绿乔木,高可达7 m。耐阴性强;喜温暖气候,不耐严寒;喜排水良好、湿润、肥沃的中性及微酸性土壤;能耐轻度盐碱,也能耐一定的干旱和水湿;对烟害及有毒气体的抗性较强;病虫害少;根系浅,须根发达,生长较慢。原产我国,除西藏外,秦岭以南地区均有分布	播种繁殖。随采随播或春播均可,也可湿沙混藏至翌春播种。移栽于春秋两季,尽量避免夏冬两季,尤其是1月和7月	棕榈栽于庭院、路边及花坛之中,树势挺拔,叶色葱茏,适于四季观赏
9	白皮松	松科松属	常绿乔木,高达30 m。喜光略耐半阴,能耐-30 ℃的低温,在深厚、肥沃的钙质土上(pH为7.5~8.0)生长良好。生长较慢,具深根性,寿命长。抗二氧化硫和烟尘的能力较强。主要分布于山西、河北等广大地区	播种繁殖,发芽率为60%。播前适当进行浸种,尽量早播,播后应尽量做好保温工作,保证成活率	白皮松为传统的园林绿化树种,又是一个能在钙质土壤和轻度盐碱地生长良好的常绿针叶树种。孤植、列植均具高度观赏价值
10	榕树、小叶榕、细叶榕	桑科榕属	常绿大乔木,树冠伞形或圆形,树高20 m,冠幅15 m。喜阳,喜暖热多雨气候及酸性土壤。热带树种,耐热、怕旱、耐湿、耐瘠、耐阴、耐风、抗污染、耐剪,易移植,寿命长。原产我国华南地区及江西、浙江南部等地	播种或扦插繁殖。榕树如在温暖相适之地,极易滋繁,如任其自然生长,不加破坏,则数年后便能成荫	树姿苍劲古雅,枝叶繁茂,是华北的园林、风景区极为常见;同时也是华北、西北中海拔地带最主要的荒山造林树种,也是城市绿化常用树种

续上表

序号	名称、别名	科、属	形态特征分布与习性	繁殖与栽培	用途
一	常绿乔木类				
11	樟子松	松科松属	常绿乔木，树高达30 m。喜光，耐寒，能耐－45℃的低温。对土壤要求不高，但不耐盐碱。生长中速。寿命较长。产东北大兴安岭山和呼伦贝尔草原	播种繁殖。播种前要催芽处理	主要是东北的速生用材林、防护林和"四旁"绿化的优良树种之一。防风固沙，适应性强，抗烟尘能力亦强，可作行道树。树皮颜色鲜艳，亦可作列植、群植
12	圆柏、桧柏	柏科圆柏属	常绿乔木，高达30 m，树冠尖塔形或圆锥形。性喜光，幼树耐阴，喜温凉气候，较耐寒。忌水湿。萌芽力强，耐修剪，寿命长。原产东北南部及华北等地。北至内蒙古及沈阳以南，南至两广，东自海滨省份，西至四川、云南均有分布	播种和扦插繁殖。7月采种，次年1月用5%的福尔马林消毒处理25 min，冲净置于5℃环境下层积处理100 d左右即可播种。6月进行软枝扦插，10月硬枝扦插。小苗移栽待宿土，大苗带土球	桧柏为我国古典民族形式庭院中不可缺少的观赏树，宜与宫殿式建筑相配合。在民间尚习于用桧柏作盘扎整形之材料；又宜作桩景、盆景材料，又为北方较好的绿篱材料
13	龙柏、螺丝柏	柏科桧柏属	常绿乔木，株高达4~8 m。树冠呈圆柱状或尖塔形。稍耐阴，性喜温暖湿润的气候，对土壤要求不严，不耐涝。幼苗耐寒能力较弱。龙柏原产我国长江以南	扦插、嫁接繁殖。扦插以冬春为主。嫁接繁殖一般在4月上中旬进行，以2~3年生侧柏或桧柏作砧木，用皮下腹接法嫁接。龙柏移栽时要带土球	龙柏侧枝扭曲螺旋状抱干而生，别具一格，是一种名贵的庭园树，树冠圆筒形，宛若盘龙，形似定塔适宜栽植在高厦广场四周，或代盆栽布置用
14	深山含笑	木兰科含笑属	常绿乔木，高达18~20 m。喜光，但幼苗需蔽阴。喜温暖湿润、深厚、疏松、肥沃而湿润的酸性沙质壤土。根系发达，萌芽力强，生长快速。原产我国东南部。主要分布于浙江、湖南南部、广东、福建北部、广西、贵州东部	播种和嫁接繁殖。播种2月中下旬条播。春季移植苗木必须保持根系完整，带好土球，并作适当修剪。嫁接3月中下旬以地径0.5 cm以上的一年生玉兰苗作砧木进行切接	早春优良观花树种，也是优良的园林和四旁绿化树种
二	落叶乔木类				
15	国槐	蝶形花科	落叶乔木，高达25 m。喜光，略耐阴；耐寒、耐旱，忌涝；喜深厚土壤；根系发达，抗风力强；萌芽力强，耐修剪；生长中速，寿命长；抗二氧化硫等有害气体及烟尘。原产我国北部，现南北各地普遍栽培	播种繁殖。10月至冬季均可采种，采收后用水浸法去皮处理，干藏。3月上旬用60℃水浸种24 h，捞出掺2~3倍量的湿沙，置于室内或藏以坑内，上覆盖塑料薄膜，注意经常翻动和喷水，使上下层种子温湿一致	槐树树冠宽广，枝叶繁茂，寿命长，适应城市环境，是良好的行道树和庭荫树。由于耐烟毒能力强，也是矿区和铁路沿线良好的绿化树种
16	垂柳	杨柳科柳属	落叶乔木，高达12~18 m。喜光，喜温暖湿润气候及潮湿深厚之酸性、中性土壤；较耐寒，特耐水湿，但亦能生于土层厚实之高燥地区；萌芽力强，根系发达，生长快。主要分布于长江流域及其以南各省平原地区，华北、东北亦有栽培	扦插繁殖。硬枝扦插于早春萌芽前剪取生长快、病虫害少的优良母株上1~2年生枝条，嫩枝扦插于6~8月选择垂柳半木质化的当年生枝条	垂柳枝条细长，柔软下垂，随风飘舞，姿态优美，是植于湖畔、河堤、池边最为理想的观赏树种。在我国东北、华北地区的园林绿化中应用较广，也是铁路线路防护林的先锋树种

续上表

序号	名称、别名	科、属	形态特征分布与习性	繁殖与栽培	用途
二	落叶乔木类				
17	玉兰	木兰科 木兰属	落叶乔木,高达25 m。性喜光、稍耐阴、颇耐寒,喜肥沃、湿润而排水良好的土壤,pH值为5~8的土壤均能生长;根肉质,忌积水,不耐移植。原产我国华东、华中各地山区。在黄河流域以南广泛栽培	播种繁殖和嫁接繁殖。在9月下旬~10月上旬采种,可随采随播,或堆放数日后熟,用草木灰擦洗除去外种皮,洗净阴干后层积贮藏至翌春播种。嫁接繁殖通常用望春花作砧木,宜采用切接或插皮接	白玉兰为我国传统名花。花大,洁白芬芳,先花后叶,为我国著名的早春花木。宜列植、对植、丛植、孤植于庭园中不论窗前、屋隅、路旁、岩际
18	红叶李	蔷薇科 梅属	落叶小乔木,高可达8 m。喜阳光、温暖、潮湿环境,根系较浅,生长旺盛,萌枝力较强。花、叶、果具有较高的观赏价值。原产亚洲西南部,中国华北及其以南地区广为种植	嫁接繁殖和扦插繁殖。北方以山桃、山杏作砧木,南方以毛桃、杏、梅、李作砧木,嫁接在春季芽已开始萌动时进行。扦插繁殖以硬枝扦插为主,时间一般选择在正常落叶达到70%以上或12月底至翌年1月中下旬。移植以春、秋季为主,春季最好	花、叶、果具有较高的观赏价值。宜在草坪、广场及建筑物附近栽培,在园林中常与常绿树相配置,可达到绿树红叶相映成趣的目的,是园林绿化中重要的观赏植物
19	鹅掌楸	木兰科 鹅掌楸属	落叶乔木,高达40 m。喜光,能耐半阴,在全阳光下也能正常生长,怕西晒。喜暖凉湿润气候和深厚、肥沃、排水良好的微酸性沙质土;具有一定的耐寒性,能-15℃的低温。根系发达、肉质、不耐水湿,亦不耐干旱。分布于长江流域以南省区	播种繁殖和扦插繁殖。10月下旬聚合果呈褐色时采种,翌年3月中下旬播种。扦插一年可进行二次。第一次于3月中旬,剪取去年生枝条进行硬枝扦插。第二次于夏初进行,选择健壮母树采集当年生枝条进行嫩枝扦插	树干端直高大,生长迅速,材质优良,寿命长,适应性广,叶形奇特,树姿雄伟,是优美的庭院和行道树绿化种,也是良好的用材树种
20	栾树	无患子科 栾树属	落叶乔木,高可达20多米。阳性树种,喜光,能耐半阴。耐寒。具深根性,产生萌蘖的能力强。耐干旱、瘠薄,但在深厚、湿润的土壤上生长最为适宜。能耐短期积水,对烟尘有较强的抗性。原产我国北部及中部,多分布于低山区和平原	播种繁殖。种子有隔年发芽的习性,沙藏催芽。播种期以3月为宜,播种前,可用70℃左右的温水浸种催芽	树形端直,枝叶茂密,春季嫩叶艳红,秋季叶色变黄,夏花金黄满树,是优良的园林绿化树种。可作庭荫树和行道树,也可用作防护林水土保持及荒山绿化树种
21	火炬树	漆树科 漆树属	落叶小乔木,高达12 m。适应性极强,喜温耐旱、抗寒、耐瘠薄盐碱土壤。根系发达,根萌蘖力强,寿命短。原产北美,我国引种,以黄河流域以北各省(区)栽培较多	播种、根插、根蘖繁殖	火炬秋叶红艳,果穗红色,大而显目,且宿存很久。除作为风景林观赏外,也是良好的护坡、固堤、固沙的水土保持和薪炭林树种。主要用于荒山绿化兼作盐碱荒地风景林树种
22	合欢	豆科 合欢属	落叶乔木,高可达16 m。喜光;喜生于湿润、排水良好的肥沃土壤,耐干旱、瘠薄,不耐涝;萌芽力中等,不耐修剪;具根瘤;对氯化氢、二氧化硫有一定抗性。原产我国黄河、长江及珠江流域各省市,现各地栽培普遍	播种繁殖。在播种前10 d左右用80℃的温水浸种,待冷凉后换清水再浸24 h,然后混湿沙置背风向阳处催芽。合欢小苗可在树液尚未流动时裸根移栽,大苗在落叶后至土壤封冻前带土球移栽。要求"随挖、随栽、随浇水"	优良的观赏树种,适宜作公园、机关、庭院行道树及草坪、绿地风景树

续上表

序号	名称、别名	科、属	形态特征分布与习性	繁殖与栽培	用途
二	落叶乔木类				
23	落叶松	松科松属	落叶乔木，树高达35 m。强阳性，耐严寒，适应性较强，喜湿润，也耐干旱和轻碱，但不能抗早期落叶病。分布于大兴安岭和小兴安岭	播种繁殖。秋分后的一周以内采种，风选或筛选法精选后贮藏，翌年3月上旬将种子进行沙藏催芽处理后播种	落叶松为东北风土树种，抗寒性强，季相分明，宜作园林绿化及风景林树种。是我国寒温带落叶针叶林的主要树种
24	水杉	杉科水杉属	落叶乔木，高达35 m，树冠尖塔形。喜温暖湿润的气候，喜土层深厚、土壤肥沃、排水良好的湿润地段，不耐涝，不耐干旱。分布于湖北、四川、湖南等地，是珍贵的孑遗植物，我国特有	播种和扦插繁殖。常用扦插繁殖。分春、夏、秋插，以春插为主。硬枝扦插在南方于3月中旬，嫩枝扦插在5月底至6月初，秋插在9月	水杉可于公园、庭院、草坪、绿地中孤植、列植或群植，也可成片栽植营造风景林，并适配营绿地被植物；还可栽于建筑物前或用作行道树，效果均佳
25	黄波罗、黄檗	芸香科黄柏属	落叶乔木，高达15~22 m；喜光，喜冷湿气候，耐寒，不耐干燥贫瘠及水湿地带，深根性。产于东北、华北等地	播种繁殖。果实成熟后宿存树上。采果后浸于缸中果肉腐烂，净种干藏至翌年春混沙催芽后播种。也可随采随播	树冠开展，树皮奇特，满树清香，叶色秋季变黄，可植于庭院、建筑物前方，作为庭荫树和行道树，也可孤植、群植、列植、丛植
26	水曲柳	木樨科白蜡属	落叶乔木，高达30 m。喜光，耐寒。对土壤要求较严，以深厚肥沃，排水良好的湿润土壤为宜。分布于东北、华北等地	播种和扦插繁殖	树体高大挺拔，枝叶茂密，秋叶橙黄，可作行道树、庭荫树
27	沙枣	胡颓子科胡颓子属	落叶小乔木，高达7~12 m；喜光，耐寒耐旱，抗风沙，耐盐碱；根系发达，具有固氮根瘤菌，生长较快。西北沙地，华北、东北都有分布	多采用播种繁育，对个别优质品种，采用扦插或嫁接繁殖。春播，在3月中旬至4月中旬	花香似桂，叶像柳，果形如枣，多生于沙地，是河西走廊沙漠荒滩植树造林的重要树种和先锋树种，也是优良的四旁绿化树种。也可植于园林绿地观赏或作背景树
28	悬铃木、英桐、二球悬铃木	悬铃木科悬铃木属	高大乔木，高达30 m，树冠广卵形；喜光，喜温暖湿润的气候，喜土层深厚肥沃的湿润土壤。较耐干旱，不耐水湿。深根性，生长快，抗性强。在世界各地都有栽培，我国主要在秦岭、淮河以南各地栽培	播种、扦插繁殖。10月下旬至11月上旬采球净种干藏，翌年春季播种，播前用凉水适当浸种处理。但发芽率较低。扦插繁殖于冬季或早春采条，冬季嫩条应进行埋藏，翌年3月进行硬枝扦插，成活率较高	世界著名的优良庭荫树和行道树。广泛应用于城市绿化和厂矿绿化，在园林中孤植于草坪或旷地，列植于道路两旁，尤为雄伟壮观
29	枫杨、麻柳	胡桃科枫杨属	落叶大乔木，高达30 m，喜光，对气候适应性较强，不耐严寒，喜水湿。对土壤要求不严格。生长较快。广泛分布于东北南部、华北、华中、华南和西南各省（区），尤以长江中、下游地区最为常见	播种繁殖。9月采种，晒干去杂后干藏至11月播种。春播，在1月温水浸种处理1天，混沙层积处理，2月中旬在阳光下加温催芽，3月下旬至4月上旬进行播种	树冠开展，枝叶茂盛，果实奇特可爱，耐湿，适应强，可植于水旁作护岸固堤和防风树种。也可作行道树和庭荫树，也可成片种植或孤植于草坪及坡地，均可形成一定景观

— 448 —

续上表

序号	名称、别名	科、属	形态特征分布与习性	繁殖与栽培	用途
二	落叶乔木类				
30	七叶树、娑罗树	七叶树科 七叶树属	落叶乔木,高达25 m。树冠圆球形。幼树喜阴,喜温暖湿润气候,怕干热,较耐寒,寿命长。原产黄河流域,陕西、河南、山西、河北、江苏、浙江等省多有栽培	播种繁殖,也可扦插、高空压条繁殖。种子不耐贮藏,受干易失去发芽力,应熟后及时采收,随即播种	树干耸直,树冠开阔,叶大而形美,遮阴效果好,初夏繁花满树,是世界著名的观赏树种,最适宜栽作庭阴树及行道树。在建筑前对植、路边列植,或孤植、丛植于山坡、草地都很合适
31	樱花	蔷薇科 樱属	落叶小乔木。高可达3~8 m。树冠椭圆形。喜光,喜土层深厚、肥沃、排水良好的壤土。对烟尘、毒气的抗性较弱。原产日本,我国栽培较多	嫁接繁殖。可用樱桃、桃、杏的实生苗做砧木进行切接、腹接或芽接	春花烂漫,枝繁叶茂。可植于山坡、庭院、建筑物前及园路旁
32	海棠	蔷薇科 海棠属	落叶小乔木,高可达3~10 m。树冠枝条多耸向上。喜光、耐寒、耐旱、抗逆性较强。不耐水湿,喜生长于排水良好的深厚沙质壤土中。原产中国,华南、华北、西北、中南、西南等地均有分布	播种、压条、分株、嫁接繁殖,以山荆子或海棠果为砧木,芽接或枝接	春天开花,花色清雅秀丽,是我国著名的观花树种。可植于门旁、庭院、草坪、林缘等地,亦可作为盆景和切花材料
33	五角枫	槭树科 槭树属	落叶乔木,高可达20 m。稍耐阴,深根性,喜湿润肥沃土壤。产于东北、华北、西北等地	播种繁殖。秋季采种风干,干藏,翌年春用40℃温水浸种2 h,混粗沙催芽,15 d后播种	树冠荫浓,叶形秀丽,嫩叶红色,秋季叶色艳红,是北方重要的秋叶树种。可作庭阴树和风景树
34	银杏、白果树、公孙树	银杏科 银杏属	落叶大乔木,高可达40 m,树皮灰褐色,深纵裂。阳性,耐寒,喜湿润而排水良好的深厚沙质壤土,喜酸性钙质土,可耐轻度盐碱。深根性树种,抗旱性强。寿命长,可达上千年。在我国沈阳以南,广州以北均有分布。为我国特产的孑遗树种,被尊称为"活化石"	播种、扦插、嫁接等繁殖。以播种及嫁接法最多。春播或秋播,播前应混沙催芽。嫁接一般用枝接法,常用的方法有皮下接、切接、劈接等。移植5 cm以下可以裸根种植,6 cm以上一般要带土球	树体高大,树干通直,姿态优美,春夏翠绿,深秋金黄,是理想的园林绿化、行道树种。可用于园林绿化、行道树、田间林网、防风林带等。被列为中国四大长寿观赏树种
三	常绿花灌木				
35	桂花	木犀科 木犀属	常绿灌木或小乔木,高3~5 m,最高可达18 m。喜光,稍耐阴;喜温暖和通风良好的环境,不耐寒;喜湿润排水良好的沙质土壤,忌涝地、碱地和黏重土壤;对二氧化硫、氯气等有中等抵抗力。原产我国西南部,现广泛栽培于黄河流域以南各省区,华北多行盆栽,是我国传统十大名花之一	扦插繁殖和嫁接繁殖。扦插繁殖在春季发芽以前或梅雨季节进行,也可在夏季新梢生长停止后,剪取当年嫩枝扦插。嫁接繁殖砧木多用小叶女贞、小蜡、水蜡、女贞等。在春季萌发前,用切接法进行嫁接。嫁接时,在接近根部处切断,不仅成活容易,而且接穗部分接活后容易生根	常作园景树,有孤植、对植,也是工矿区绿化的好花木,也有成丛成林栽种。我国古典园林中,桂花常与建筑物、山、石相配,以丛生灌木型的植株植于亭、台、楼、阁附近

续上表

序号	名称、别名	科、属	形态特征分布与习性	繁殖与栽培	用途
三	常绿花灌木				
36	山茶	山茶科 山茶属	常绿灌木或小乔木，高9 m。喜半阴，最好是侧方庇阴；喜温暖湿润；喜肥沃、排水良好的微酸性土壤；对海潮风有一定的抗性。原产中国和日本，我国长江流域以南各省有露地栽培，北方则温室盆栽，是我国的十大传统名花之一	繁殖方法有播种、扦插、嫁接等。播种繁殖多在繁殖砧木时应用。种子成熟后最好随采随插。扦插繁殖于6月下旬至7月选当年已停止生长呈半木质化枝条作插穗。嫁接繁殖多采用靠接法，通常在5~6月进行	山茶树姿优美，四季常青，花大色艳，花期长，是冬末春初装饰园林的名贵花木
37	南天竹	小檗科 南天竹属	常绿灌木，高1~3 m。性喜温暖湿润的疏阴环境，在阳光下亦能生长。能短期忍受-5℃的低温。喜床土疏松肥沃，要求床土湿润。原产中国和日本	可用播种、扦插或分株繁殖。扦插繁殖，春季主干留最下2叶片，上面的枝条全部截下作为插穗。分株繁殖，在3~4月萌发前，将植株的丛生根基部蘖生处分割成几个块根（根基上要带芽），或在萌发后分割块根，然后进行种植。播种繁殖，在深秋后进行采种，去除果肉晾干收藏，翌年春季进行点播	盆栽、制作盆景，也可应用于花坛、花池、花境中，多配置于山石旁、庭屋前后、院落角或花台之中。果枝可瓶插，是观叶赏果的优良树种
38	罗汉松	罗汉松科 罗汉松属	常绿乔木，高达20 m。中性树种，较耐阴，喜温暖湿润气候，在排水良好、土层深厚、肥沃的沙质壤土上生长良好。耐寒性较弱。寿命长。原产中国，长江流域及东南沿海各地广泛栽培	播种繁殖和扦插繁殖。播种繁殖，8月下旬采种，可随采随播，也可沙藏至翌年2~3月播种。扦插繁殖分春、秋二季进行。春插在3月上中旬，秋插于7~8月。不论何时扦插，插穗均须带踵，苗床亦需遮阴	罗汉松树形古雅，种子与种柄组合奇特，惹人喜爱，南方寺庙、宅院多有种植。可门前对植，中庭孤植，或于墙垣一隅与假山、湖石相配。斑纹罗汉松可作花台栽植，亦可布置花坛或盆栽陈设于室内欣赏。小叶罗汉松还可作为庭院绿篱栽植
39	夹竹桃、柳叶桃、半年红	夹竹桃科 夹竹桃属	常绿大灌木或小乔木，常丛生，树冠近球形，树高达5 m。喜光，稍耐阴。好温暖、湿润气候，有一定耐寒能力。耐旱力强，不耐湿，对土壤适应性强，喜肥，萌蘖性强。原产印度、伊朗和阿富汗，我国长江以南地区广泛栽培	扦插为主，水插尤易生根，也可压条、分株或播种繁殖。移植春、秋皆可，但以春季3月为宜，苗木带土球。水分浇足，适当重剪。生长期施追肥	夹竹桃是枝、叶、花均可观赏的花木，夏日枝叶浓绿，花色鲜艳，花期长。以丛生灌木型的植株植于亭、台、楼、阁附近，也是铁路沿线最好的隔离带树种
40	含笑	木兰科 含笑属	常绿灌木或小乔木，高2~5 m。分枝紧密，小枝有锈褐色茸毛。喜温湿，有一定耐寒性。喜半阴环境，不耐暴晒。不耐干燥贫瘠，要求肥沃、排水良好的微酸和中性土。对氯气抗性较强。原产我国华南、福建等地，现华南至长江流域各地均有栽培	繁殖以扦插为主，也可播种、压条、嫁接等。移栽可在3月中旬至4月中旬进行，秋季要带土球，需修剪。花后剪去残花，秋季施肥不宜过多，过晚	含笑是中国重要而名贵的园林花卉，常植于江南的公园及私人庭院内。由于其抗氯气，也是工矿区绿化的良好树种。其性耐阴，可植于楼北、树下、疏林旁，或盆栽室内观赏

续上表

序号	名称、别名	科、属	形态特征分布与习性	繁殖与栽培	用途
三	常绿花灌木				
41	红叶石楠、火焰红、千年红	蔷薇科石楠属	杂交种,树高达4~6 m。叶革质,新叶鲜红色,喜温暖潮湿、阳光充足的环境;耐瘠薄、盐碱、干旱;对二氧化硫、氯气具有较强的抗性;萌芽能力强,生长速度快;耐修剪。我国大部分地区均有栽培	硬枝、嫩枝扦插均可,时间可为春、夏、秋三季。以春插和秋插成活率较佳,也可选择夏插。移栽一般在春季3~4月和秋季10~11月,在定植后的缓苗期内,要特别注意水分管理,如遇连续雨天,及时排水	具有鲜红色的新梢和嫩叶,是绿化树种中最为时尚的红叶系列树种,被誉为"红叶绿篱之王"。可群植于疏林下,或在花坛、树坛、林缘作色块布置
42	红花檵木	金缕梅科檵木属	常绿灌木或小乔木,高4~9 m。耐半阴,温暖气候适应性较强。要求排水良好而肥沃的酸性至中性土壤,耐修剪。原产长江中下游及其以南、北回归线以北地区。现黄河流域以南各省有栽培	扦插、嫁接繁殖。扦插早春或花后6月采取半木质化枝作接穗。嫁接早春切接或劈接;移植宜在春季萌芽前进行,小苗带宿土,大苗带土球,栽后适当遮阴	常年叶色鲜艳,枝盛叶茂,特别是开花时瑰丽奇美,极为夺目,是花、叶俱美的观赏树木。常用于色块布置或修剪成球形,也可作绿篱,又是制作盆景的好材料
43	杜鹃、映山红	杜鹃科杜鹃属	落叶或半常绿灌木,小枝密被黄褐色平伏硬毛。稍喜光,喜温暖湿润环境,以酸性或中性的沙质土壤或黏壤土为宜,在盐碱及积水地生长不良。长江流域及以南各省有分布	常绿杜鹃常用播种繁殖,落叶杜鹃则用扦插、嫁接及播种繁殖。春、秋两季移植,带土球,栽培时应在庇阴条件或遮阳设备;花谢后及时剪去残花	开花期长,其时"花团若锦,灿如云霞",可群植于疏林下,或在花坛、树坛、林缘作色块布置。北方地区温室栽培,为我国传统十大名花之一
44	珊瑚树	忍冬科荚蒾属	常绿灌木或小乔木,树冠倒卵形。枝干挺直。喜温暖湿润,在潮湿肥沃的中性土壤上生长迅速而旺盛;在酸性土、微碱性土亦能适应。喜光亦耐阴;根系发达,萌芽力强,耐修剪,易整形。产华南、华东、西南等省区,北京以南省市有栽培	播种和扦插繁殖。移植宜在3月中旬至4月上旬,冬季不宜移植。移栽时多带宿土,注意断枝,并随挖随栽,及时浇水,加强养护管理	树枝叶繁茂,春季开出一串串白色小花,夏季红果累累,鲜艳诱人,常整修成绿墙、绿廊和绿门
四	落叶花灌木				
45	紫薇	千屈菜科紫薇属	落叶灌木或小乔木,高可达7 m。喜光,稍耐阴。喜温暖温润,较耐寒、耐旱;喜生于肥沃、深厚的沙壤土和石灰性土壤,忌积水;萌蘖性强,寿命长;对二氧化硫、氟化氢及氯气等抗性较强。原产中国中部,现各地普遍栽培	播种、扦插及压条、分株繁殖。扦插繁殖可于3月份直接扦插,也可于6~8月采取当年生枝条,插入苗床,需在塑料棚全封闭保温和搭棚遮阴降温条件下进行,第二年定植于苗圃。播种繁殖于11~12月果实成熟时采下蒴果,去皮净种后干藏。翌年早春3月用45℃~55℃温水浸种24 h,捞出混沙2倍,置于背风向阳处催芽。春季萌芽前利用当年生小苗或根部蘖生小苗进行压条或分株繁殖	紫薇花枝繁茂,花朵鲜艳,花期很长,极具观赏价值和绿化价值。广泛栽植于庭园、机关、厂矿、居民区等地。常丛植于建筑前、茶室凉亭周围;散植于园路两旁、草坪之中

续上表

序号	名称、别名	科、属	形态特征分布与习性	繁殖与栽培	用途
四	落叶花灌木				
46	紫荆	豆科紫荆属	落叶乔木,但在园林栽培中通常成灌木状,高2~5m。喜光。具有一定的耐寒性。耐修剪,萌蘖性强。怕涝。喜肥沃而排水良好的壤土。原产我国,现除东北寒冷地区外,均广为栽培	播种繁殖。10月采收种子,去荚净种,干藏至翌年3月下旬播种。播种前40 d左右,先用80℃的温水浸种,然后混湿沙催芽。也可用80℃的温水浸种后直接播种	紫荆先花后叶,花色艳丽可爱,常常被栽植于庭院、建筑物前及草坪边缘丛植观赏
47	紫丁香	木樨科丁香属	落叶灌木或小乔木,高1.5~4m。喜光,稍耐阴;喜温暖、湿润气候,有一定的耐寒性和较强的耐旱力;对土壤的要求不严,耐瘠薄,在肥沃、排水良好的土壤上生长良好。萌蘖力强,耐修剪。原产我国华北和西北,现各地均有栽培	繁殖方法有播种、扦插、嫁接等。播种繁殖可于春、秋两季在室内盆播或露地畦播。扦插繁殖可于花后1个月,选当年生木质化健壮枝条作插穗,也可在秋、冬季取木质化枝条作插穗,一般于露地埋藏,翌春扦插。嫁接繁殖以小叶女贞或水蜡为砧芽接或枝接	植株丰满秀丽,枝叶茂密,且具独特的芳香,广泛栽植于庭园、机关、厂矿、居民区等地。常丛植于建筑前、茶室凉亭周围;散植于园路两旁、草坪之中;与其他种类丁香配植成专类园,也可盆栽、促成栽培、切花等用
48	锦带花	忍冬科锦带花属	落叶灌木,高1~3m。性喜光,稍耐阴,耐寒,对土壤要求不严,耐瘠薄,怕水涝,以深厚、湿润、肥沃的土壤生长最好;萌芽力、萌蘖力强,生长迅速;对氯化氢抗性较强。原产中国东北、华北及华东北部	繁殖方法有播种、扦插、分株和压条。播种繁殖,10月采种,日晒脱粒,净种后密藏,2月撒播或条播。扦插繁殖,硬枝插、嫩枝插皆可。硬枝扦插,2~3月采取1~2年生枝条作插穗,露地扦插;嫩枝扦插时,6~7月采取当年生半木质化枝条作插穗,插床温度为27℃~29℃,湿度为90%左右,播后均需覆膜、遮阴保湿。分株在春季移栽时进行;压条在6月进行	锦带花枝叶茂密,花色艳丽,花期可长达2个多月。适宜庭院墙隅、湖畔群植;可在树丛林缘作花篱、丛植配植,也可点缀于假山、坡地
49	腊梅	腊梅科腊梅属	落叶丛生灌木,高达4m。喜光亦略耐阴,较耐寒;耐干旱,忌水湿,以湿润土壤为好,最宜选深厚肥沃排水良好的沙质壤土,如植于黏性土及碱土上均生长不良。发枝力强,寿命长。原产湖北、河南、陕西等省,现各地有栽培。河南省鄢陵县为腊梅苗木生产之传统中心	以嫁接繁殖为主,播种繁殖常用作培养砧木。嫁接以切接法为主,靠接次之。切接多在3~4月进行。靠接多在5月前后进行。砧木多以实生或分株的腊梅为主。播种繁殖,7月采种,可随采随播,或湿沙层积贮藏至翌年2月下旬至3月中旬条播	腊梅冬季开花,花香浓郁,是著名的冬季观花灌木,最适于丛植于窗前、墙前、草坪等处,作庭院绿化,也可做切花、盆景
50	木槿	锦葵科木槿属	落叶灌木或小乔木,高3~4m。喜阳光也能耐半阴、耐寒,对土壤要求不严,较耐瘠薄,能在黏重或碱性土壤中生长,惟忌干旱。在华北和西北大部分地区都能露地越冬,南方各省均有栽培	常用扦插和播种繁殖,以扦插为主。扦插宜在早春枝萌发前进行,也可在秋季落叶后进行扦插育苗	木槿适用于公共场所花篱、绿篱及庭院布置,也适宜墙边、水滨种植

续上表

序号	名称、别名	科、属	形态特征分布与习性	繁殖与栽培	用途
四	落叶花灌木				
51	花棒	蝶形花科岩黄芪属	落叶多分枝灌木，高1~5m。适应流沙环境，喜沙埋、抗风蚀、耐严寒酷热、极耐干旱、生长迅速、根系发达、枝叶繁茂，萌蘖力强、防风固沙作用大。产我国西北地区；蒙古及俄罗斯也有分布	播种繁殖。10月中下旬以后采种、摊晒、去杂、通风干燥处贮藏5月下旬进行播种	花棒是西北沙漠地区天然的沙生灌木，沙荒地固沙造林的优良先锋树种。花美丽而繁多，花期长，也是很好的蜜源兼观赏植物
52	梭梭	藜科梭梭属	灌木或落叶小乔木，高可达7m，适应性极强，抗旱、耐热、抗寒、耐盐、抗盐能力很强，梭梭幼树在固定半固定沙丘，梭梭枝条稠密，根系发达，材质坚硬，耐火力强。我国西北和内蒙古均有栽培	播种繁殖。10~11月间果实由绿色变为淡或褐黑色成熟时，立即采收，晾晒、风选、纯种贮藏，但贮藏时间不宜过长。以秋播为宜	荒漠地区重要的薪炭林树种。梭梭已是我国西北和内蒙古干旱荒漠地区防风固沙能力极强的优良树种
53	紫穗槐、棉条、紫花槐	豆科紫穗槐属	落叶丛生灌木，高达2~4m；喜光，适应性强，能耐盐碱、水湿、干旱和瘠土；根系发达，具根瘤，能改善土壤；病虫害少，有一定的抗烟及抗污染能力。原产北美。我国东北长春以南至长江流域各地广泛栽培，以华北平原生长最好	播种繁殖。浸种前用60℃~70℃的温水浸种1~2天，将种子与湿沙按1:3比例均匀搅拌，放置在温暖向阳、背风的地方催芽，保持种温20℃左右，上面用湿草帘覆盖，催芽3~4d，并每天翻动1~2次	防护林、薪炭林和水土保持树种，园林绿化中常用作水源地、库房、围墙灯掩防护树种、堤岸、沟边、角隅栽植，是铁路沿线固沙、护坡及防护林下的良好树种
54	月季、月月红、四季蔷薇	蔷薇科蔷薇属	常绿或半常绿直立灌木。适应性颇强；对土壤要求不严，但以富含有机质、排水良好而微酸性(pH值为6~6.5)土壤最好。喜光。喜温暖气候，一般气温在22℃~25℃最为适宜原产于长江流域及其以南地区，现全国各地普遍栽培。被称为"花中皇后"，是我国传统十大名花之一	嫁接和扦插繁殖。嫁接繁殖，芽接、切接、根接均可。扦插繁殖可分春、秋及梅雨季的夏插等三种。移植在3月萌动前进行，栽植时嫁接苗的接口要低于地面2~3cm，扦插苗保持原有深度，栽后及时浇水	月季花大色美，在小庭院中的粉墙院落，点缀几株。配以山石，杂以其他芳草，美丽如画。盆栽于阳台，花叶繁茂，暗香袭人，也很适宜。月季还是瓶插、切花的重要材料。也宜编扎花篮，绮丽灿烂，五色缤纷
55	黄刺玫、刺梅花、黄刺莓	蔷薇科蔷薇属	落叶丛生灌木，高达3m。喜光稍耐庇阴，喜肥沃湿润的土壤，耐寒性稍差。原产我国东北、华北至西北地区	繁殖有分株、嫁接、扦插和压条繁殖，以分株繁殖最常用，在春季3月中旬萌动之前进行。移植一般在冬春季节的休眠期进行，大植株带土球	花色艳丽，少病虫害，管理简单，是北方春天重要的观花灌木，宜丛植或篱植
56	牡丹、洛阳花、富贵花	芍药科芍药属	落叶小灌木，高1~2m，高者可达3m。耐寒、耐旱，忌炎热多湿，喜背风、半阴、排水良好的微酸性沙壤土。干热的地方，生长不良。夏秋雨水过多，叶片早落，易发生秋后开花现象。种子有幼芽休眠习性。原产于我国西部及北部，秦岭、伏牛山有野生。河南洛阳、山东菏泽栽培历史悠久，享有盛誉	繁殖方法有播种、分株、嫁接等。分株在秋季10月进行；嫁接通常以牡丹根或芍药根进行根接，于秋季9~10月进行；播种在秋季8月下旬种子成熟后随采播种	牡丹花大色艳、富丽堂皇、芳香宜人，可谓姿、色、香兼备，观赏价值较高，素有"国色天香"之誉。孤植或丛植于庭院，或室内盆栽观赏，也可用于切花。在公园或植物园中多以牡丹专类园出现

续上表

序号	名称、别名	科、属	形态特征分布与习性	繁殖与栽培	用途
四	落叶花灌木				
57	石榴、安石榴、海石榴	石榴科 石榴属	落叶灌木或小乔木，株高2~7m，树冠自然圆头形。喜光；喜温暖湿润，较耐寒，耐干旱，怕水涝；对土壤要求不严，耐瘠薄，不耐过度盐渍化和沼泽化土壤；萌蘖力强，易分株，寿命长；叶片对二氧化硫及铅蒸气吸附能力较强。原产伊朗、阿富汗，现我国黄河流域以南均有栽培	播种、扦插、嫁接、分株及压条繁殖，以扦插繁殖为主。移植在秋季落叶后至春季萌芽前，小苗裸根，大苗带土球。栽后立即浇透水。秋末施有机肥，生长季应于花前、花后、果实膨大和花芽分化及采果后进行施肥	石榴花色多，是美丽的观赏树种和果树，又是盆栽和制作盆景、桩景的好材料。可丛植，作花篱等
58	棣棠	蔷薇科 棣棠属	落叶丛生小灌木，高1~2m。喜温暖和湿润的气候，较耐阴，不甚耐寒，对土壤要求不严，耐旱力较差。产于中国、日本等亚洲国家，分布于我国华北南部及华中、华南各地	以分株、扦插繁殖为主，播种次之。移植春秋均可，但多在春季带宿土进行，移植易成活	丛植于路边、墙际、水畔、坡地、林缘及草坪边缘，或栽作花径、花篱，或以假山配植，景观效果极佳。花枝是插花的材料
59	连翘	木犀科 连翘属	落叶灌木，高1~3m，基部丛生，枝条拱形下垂。喜光，较耐寒，适生于肥沃疏松、排水良好的壤土，也能耐适度的干旱和瘠薄，怕涝。主产于华北、东北、华中、西南等各省(区)	播种和扦插繁殖。秋植在秋季落叶后进行，苗木带宿土。每年春季花谢后修剪	早春先叶开花，满枝金黄，是早春优良观花灌木。适宜于宅旁、亭阶、墙隅、篱下与路边配置，也宜于溪边、池畔、岩石、假山下栽种。可作花篱或护堤树栽植
60	迎春	木犀科 茉莉属	落叶灌木，枝直立而顶端弯曲下垂成拱形，小枝绿色四棱形。喜光，稍耐阴。耐寒，耐旱，忌涝。对土壤要求不严，但喜肥沃、排水良好的土壤。浅根性，萌蘖性强，枝端着地部分极易生根，耐修剪。产于华北、华中、华东等地	扦插、分株、压条繁殖。移植极易成活，春秋均可，大苗也无需带完整的土球。管理粗放，唯基部萌蘖过多或过老枝条需拔除或重剪更新	花开于早春，满枝金黄，在园林绿化中常应用为基础材料种植，可植于路边、山坡、水畔或假山旁，也可作为花篱以隔离空间
61	木芙蓉、芙蓉花	锦葵科 木槿属	落叶灌木或小乔木，高2~5m。小枝密生绒毛。阳性树，稍耐阴。喜湿润气候，耐寒性稍差。对土壤要求不严，瘠薄土亦能生长，忌干旱，耐水湿，耐修剪，生长较快。分布于我国山东、辽宁、四川、湖南、广东以及云南省等	扦插、压条繁殖，也可分株、播种。移植宜成活，枝条多，树形乱，注意修剪。冬季地上部分有枯萎现象，在秋季可从根茎上剪去，立春会重新萌发，枝密花茂	花大，花期长，品种多，花色丰富，有耐水湿，多种植于池畔、溪边邻水处、草坪边缘、路边、林缘、坡地、建筑物前，或作花篱都很合适
五	绿篱、地被类				
62	紫叶小檗	小檗科 小檗属	多枝丛生灌木。喜凉爽湿润的气候，喜阳光，但也耐半阴。耐旱，耐寒。对土壤要求不严，但在肥沃、排水良好的土壤中生长旺盛。萌蘖性强，耐修剪。原产我国及日本	扦插繁殖。在6~7月雨季最好	紫叶小檗枝细密而有刺，春季开小黄花，入秋则叶色变红，果熟后亦红艳美丽，是良好的观果、观叶和刺篱材料。与常绿树种作模纹花坛色彩布置，效果较佳。亦可盆栽观赏或剪取果枝瓶插供室内装饰用

续上表

序号	名称、别名	科、属	形态特征分布与习性	繁殖与栽培	用途
五	绿篱、地被类				
63	海桐	海桐花科海桐属	常绿灌木,高达6 m。喜光,略耐阴;喜温暖湿润,不耐寒;喜肥沃、湿润土壤,适应性较强;分枝力强,耐修剪,生长快;能抗二氧化硫等有害气体。原产我国华东、华南各地,现长江以南各地庭院常见栽培	播种和扦插两种,以播种繁殖为主。10~11月蒴果开裂露出红色种子时及时采收,可用草木灰相伴后立即播种;也可将种子阴干后贮藏,翌年春播。扦插育苗在梅雨季节进行,保持一定湿度,并搭棚遮阴	海桐枝叶茂密,叶色浓绿而有光泽,花有香气,果为红色。能自然形成疏松的球形。园林中优良的基础树种,常孤植或修剪成球形,也可作绿篱、地被
64	火棘	蔷薇科火棘属	常绿灌木,高可达3 m。喜强光,耐贫瘠,抗干旱;黄河以南露地种植,华北需盆栽、塑料棚或低温温室越冬,温度可低至0~5℃或更低。分布于黄河以南及广大西南地区	扦插、播种和压条法繁殖。扦插繁殖,春插一般在2月下旬至3月上旬,选取一、二年生的健康丰满枝条剪成15~20 cm的插条扦插。夏插一般在6月中旬至7月上旬,选取一年生半木质化带叶嫩枝,剪成12~15 cm的插条扦插。压条繁殖,春季至夏季都可进行	果实桔红色至深红色,9月底开始变红,可保持到春节。一种极好的春季看花、冬季观果植物。适作中小盆栽培,或在园林中丛植、孤植草地边缘。可做插花材料
65	绣线菊	蔷薇科绣线菊属	落叶灌木,高达1.5 m。喜温暖湿润气候,但也耐寒。性强健,喜肥沃湿润土壤,也耐瘠薄。原产我国等黑龙江、吉林、辽宁、内蒙古、河北等地	繁殖可用播种、扦插、分株等。可盆播或露地播种,播前将土水浸透,然后撒上种子,薄薄盖土一层。春季硬枝扦插,扦插必须遮阴、喷雾。晚秋用当年生新梢行嫩枝插,用激素处理插条效果良好	秋季枝繁叶茂,叶变为橘红色,如羽毛,非常美丽。它在园林中用途很广,街道、草坪、公园、楼前等地均可栽植,是园林绿化中不可多得的观花、观叶树种
66	大叶黄杨	卫矛科卫矛属	常绿灌木或小乔木,高达5 m。喜光,但亦能耐阴;喜温暖气候及肥沃湿润的土壤;耐寒性较差,温度低达-17℃时即受冻害。耐修剪,寿命长。原产日本南部,我国南北各省均有栽培	主要是扦插繁殖。硬枝插在春、秋两季进行,但以春季3~4月进行为好。嫩枝插在夏季进行。移植时施足基肥,小苗移栽可蘸泥浆,大苗移栽带土球	枝叶浓密,四季常青,浓绿光亮,极具观赏性,常用作绿篱或修剪成球形等;对有毒气体抗性较强,抗烟尘能力也强,是污染区绿化的理想树种
67	水蜡树	木犀科女贞属	高可达3 m,树冠圆球形。喜阳光,耐阴。在湿润、肥沃的微酸性土壤生长快速,中性、微碱性土壤亦能适应。深根性,根系发达,萌蘖、萌芽能力强,耐修剪整形。原产我国,广布长江流域及南方各省,华北与西北地区也有栽培	播种、扦插和分根法繁殖。播种前需进行催芽处理;扦插于花末期或开花后,剪萌条,或带顶芽的1~2年生半木质化枝条,随采随插。可在春季移植,主要虫害是蚧壳虫、白粉虱	可用于风景林、公园、庭院、草地和街道等处。可丛植、片植或作绿篱
68	阔叶箬竹	禾本科箬竹属	高约1 m,径约0.5 cm,具1~3分枝。适应性强,较耐寒,喜湿耐旱,喜光,耐半阴,对土壤要求不严,在轻度盐碱土中也能正常生长。原产日本,我国有引种栽培,分布于华东、华中及秦岭	播种、分株、埋鞭繁殖。母竹带鞭栽植时要做到:深挖穴,浅栽竹,不埋紧,上松盖	茎干低矮,叶片绿中夹有白条纹,雅致可爱,在园林中常用来配置于疏林、篱边或建筑物旁,作观赏地被或覆盖物。也可盆栽观赏

续上表

序号	名称、别名	科、属	形态特征分布与习性	繁殖与栽培	用途
五	绿篱、地被类				
69	金叶女贞	木樨科 女贞属	灌木，高 50～100 cm。喜光，喜温暖湿润气候，耐高温，不耐干旱和荫蔽。对大气污染抗性较强。我国华东地区多栽培	播种、扦插和分株等方法繁殖。播种繁殖随采随播或可晒后干贮至翌年3月温水浸种后播种；春季扦插，采用1～2年生金叶女贞新梢，插后及时搭塑料拱棚。可在阴天或傍晚时进行移栽	是一种优良的绿篱地被植物，可用来布置绿篱、花坛，或作高速公路两边的色叶绿化材料
70	锦鸡儿	豆科 锦鸡儿属	落叶灌木，高可达2 m。喜光，常生于山坡向阳处。根系发达，具根瘤，抗旱耐瘠，能在山石缝隙处生长。忌湿涝。萌芽力、萌蘖力均强。产于东北、华北、西北，俄罗斯、蒙古也有分布	播种或分株繁殖。秋播或春播均可。春播种子宜先30℃温水浸种2～3 d后，待种子露芽时播下。分株通常在早春萌芽前进行，在母株周围挖取带根的萌条栽在园地	枝繁叶茂，花冠蝶形，黄色带红，展开时似朱雀。在园林中可丛植于草地或配置于坡地、山石边，亦可作盆景或切花
71	枸骨、老虎刺	冬青科 冬青属	常绿灌木或小乔木。耐干旱，较耐寒，长江流域可露地越冬，能耐-5℃的短暂低温。喜阳光，也能耐阴。喜排水良好、湿润肥沃的酸性土壤，在中性及偏碱性土壤也能生长。分布于长江中下游地区各省，现各地庭园常有栽培	播种和扦插等法繁殖。播种常采用低温湿沙层积贮藏至第二年秋后条播，第三年春幼苗出土。扦插一般多在梅雨季节用嫩枝带踵扦插。移栽可在春秋两季进行，而以春季较好。移时须带土球。要特别防止散球	宜作基础种植及岩石园材料，也可孤植于花坛中心，对植于前庭、路口，或丛植于草坪边缘。同时又是很好的绿篱（兼有果篱、刺篱的效果）及盆栽材料。选其老桩制作盆景亦饶有风趣
六	藤本类苗木				
72	紫藤	豆科 紫藤属	大型木质藤木。喜光，略耐阴；较耐寒，并能耐-25℃的低温；喜深厚、肥沃而排水良好的土壤，但亦有一定的耐旱、耐瘠薄和耐水湿能力；主根深、侧根少，不耐移栽，生长快，寿命长。原产我国，国内外都有栽培	繁殖用播种、分株、压条、扦插、埋根等方法均可。播种繁殖，9～10月，当荚果由绿变为褐色时采集，晾晒取出种子，阴干后装袋干藏，秋冬播种。扦插繁殖和埋根繁殖，都在2月下旬～3月下旬。紫藤不耐移栽，栽培时尽量多带侧根，选择排水良好的高燥处栽植，积水容易烂根	紫藤枝干盘龙状，老态龙钟；其枝叶繁茂，花穗大，花色鲜艳而芳香，是园林中垂直绿化的好材料，也可作盆景材料
73	凌霄	紫葳科 凌霄属	落叶藤本。性喜光，略耐阴；喜温暖湿润气候，不甚耐寒；喜微酸性、中性土壤。萌蘖力、萌芽力均强。原产我国长江流域至华北一带，北京以南普遍栽培	可用播种、扦插、压条、分蘖等方法繁殖。播种繁殖，9～10月蒴果成熟，随即采收晾晒，脱粒净种，阴干后干藏。翌春播种前用清水浸种2～3 d。扦插繁殖，硬枝扦插在11月中旬～12月上旬，根插在3月中、下旬。压条繁殖在2～3月，入秋后分段切离成独立植株	凌霄攀缘能力强，是园林中进行垂直绿化的优良花木。常用于装饰棚架、墙垣、假山、花门，也可作盆景

续上表

序号	名称、别名	科、属	形态特征分布与习性	繁殖与栽培	用途
六	藤本类苗木				
74	常春藤	五加科常春藤属	常绿木质藤本。极耐阴；耐寒性较差；对土壤和水分要求不严。不耐旱而耐水湿，怕干风侵袭。分布于华中、华南、西南及陕西省南部	扦插繁殖。春、夏、秋三季均可进行,4~5月和9~10月最适宜,生根后可在秋初或夏初上盆定植	常春藤枝蔓茂密青翠，姿态优雅，在庭园中可以用于攀援假山、岩石或在建筑阴面作垂直绿化材料；也可作地被材料,盆栽室内观赏的良好材料
75	地锦	葡萄科爬山虎属	多年生大型落叶木质藤本植物。喜阴,耐寒,适应性很强,且生长快。我国分布很广,北起吉林,南至广东均有分布	扦插、压条和埋枝繁殖。扦插软枝、硬枝插均可,春夏秋三季都能进行。压条多在雨季前进行,秋季即可断离母体。埋枝或埋根春、夏、秋均可进行	良好的攀缘植物,攀缘能力强,能借助吸盘爬上墙壁或山石。秋季叶色变为红色、黄色,是垂直绿化的良好材料
76	木香	蔷薇科蔷薇属	常绿或半绿攀缘灌木。喜阳光,喜温暖气候；较耐寒、耐旱；怕涝,喜排水良好之土壤。原产我国西南部,黄河以南各城市广泛栽培	嫁接、扦插、压条等方法繁殖。嫁接用野蔷薇或刺玫作砧木,切接、芽接或靠接,切接在2~3月。扦插繁殖8~9月。压条一般在2~3月进行。栽或定植宜在春秋季节,施足基肥。适时防治病虫害	枝蔓长达10m左右,为园林中著名藤本花木,尤以花香闻名。适作垂直绿化外,亦可做盆栽或作切花用
77	扶芳藤	卫矛科卫矛属	常绿匍匐或攀缘植物,茎节处生气生根。喜温暖、湿润环境,喜阳光,亦耐阴。适生温度为15℃~25℃适于疏松、肥沃、沙壤土生长。分布于黄河流域中下游及长江流域各省	播种、扦插、压条繁殖。播种多在春季进行,盆播或露地直播。扦插春秋季都可进行。压条随时可进行。移植以春季为宜,小苗可裸根移栽,大苗必须带土球,移植后浇透水。加强病虫害防治	常用于覆盖地面、攀附假山、岩石、老树,是高速公路护坡的上佳材料。可以作为观叶地被,覆盖地面快,不但能美化环境,还能吸附粉尘。盆栽观赏,吊挂窗前,显得生机盎然
78	络石	夹竹桃科络石属	常绿藤本,长达10m。喜光,耐半阴,在庇荫处生长旺盛。喜温暖、湿润气候,有一定耐寒性,对土壤要求不严,在阴湿、排水良好的酸性土、中性土中生长健壮。耐干旱忌涝,萌蘖性尚强。产于我国长江流域,分布于华东、华南和华中等地,朝鲜、日本也有分布	播种、扦插、压条繁殖。移植在春、秋两季,但以春季为好,3~4年生苗要带宿土,大苗带土球,并剪去过长的枝蔓。栽后应立支架,使其攀缘。平日对老枝进行适当修剪	枝蔓攀绕,叶色翠绿常青,花繁茂芳香,可攀缘建筑物的墙壁、栏栅、花架、大树处,是优良的垂直绿化树种,也适宜作为常青地被覆盖与疏林下、坡地等处,也可培育成悬挂盆栽,用于室内绿化

参考文献

[1] 中国铁路总公司.铁路工程绿色通道建设指南(铁总建设〔2013〕94号)[S].北京:中国铁道出版社,2013.

[2] 铁道部工务局.造林与绿化(修订本)[M].北京:中国铁道出版社,1993.

[3] 徐天森.林木病虫防治手册(修订本)[M].北京:中国林业出版社,1987:304-312.

[4] 宋会访.园林规划设计[M].北京:化学工业出版社,2011.

[5] 胡长龙.园林规划设计[M].北京:中国农业出版社,2002.

[6] 曲娟.园林设计.北京:中国轻工业出版社,2012.

[7] 李良因.园林工程规划设计必读[M].天津:天津大学出版社,2011.

[8] 陈彦霖,胡文胜.园林设计[M].北京:中国农业大学出版社,2012.

[9] 陈进勇,朱瑛,张佐双.园林树木选择与栽植[M].北京:化学工业出版社,2011.

[10] 潘福荣,王振超,胡继光.园林工程施工[M].北京:机械工业出版社,2009.

[11] 本书编委会.园林工程施工一本通[M].北京:地震出版社,2007.

[12] 陈远吉.景观绿地养护管理[M].北京:化学工业出版社,2013.

[13] 白金瑞.园林绿化与管理[M].武汉:华中科技大学出版社,2012.

[14] 王希亮.现代园林绿化设计、施工与养护[M].北京:中国建筑工业出版社,2007.

[15] 杨向黎,杨田堂.园林植物保护及养护[M].北京:中国水利水电出版社,2007.

[16] 陶波.杂草化学防除实用技术[M].北京:化学工业出版社,2011.

[17] 上海市职业技能鉴定中心.绿化工(三、四、五级)[M].北京:中国劳动社会保障出版社,2013.

[18] 铁道部.铁路营业线施工安全管理办法(铁运〔2012〕280号)[S].北京:中国铁道出版社,2012.

[19] 中国铁路总公司.铁路技术管理规程[S].北京:中国铁道出版社,2014.

[20] 铁道部.铁路林业技术管理规则[S].北京:中国铁道出版社,2008.

[21] 蔡冬元.苗木生产技术[M].北京:机械工业出版社,2012.

[22] 刘睿颖.园林苗圃[M].北京:化学工业出版社,2012.

[23] 叶要妹.园林绿化苗木培育与施工实用技术[M].北京:化学工业出版社,2011.

[24] 刘晓东,韩有志.园林苗圃学[M].北京:中国林业出版社,2012.

[25] 陈志萍,刘慧兰.盆花生产配套技术手册[M].北京:中国农业出版社,2012.

[26] 周玉敏,杨治国.花卉生产与应用[M].武汉:华中科技大学出版社,2011.

[27] 林锋.花卉设施栽培[M].北京:科学出版社,2013.

[28] 刘克锋,石爱平,叶向斌.花卉栽培[M].北京:气象出版社,1999.

[29] 付军.城市立体绿化技术[M].北京:化学工业出版社,2011.

[30] 郝洪章,黄人龙,吕立祥.城市立体绿化[M].上海:科学技术文献出版社,1992.

[31] 马月萍,董光勇.屋顶绿化设计与建造[M].北京:机械工业出版社,2011.

[32] 日本枻出版社.阳台花草混栽园艺[M].北京:中国轻工业出版社,2012.

[33] 倪晋仁,李振山.风沙两相流理论及其应用[M].北京:科学出版社,2006.

[34] Bagnold R A. The Transport of Sand by Wind[J]. Geographical Journal,1937,89:409-438.

[35] Bagnold R A. The Measurement of Sand Storms. Proceedings of the Royal Society of London A,1938,169(929):282-291.

[36] Bagnold R A. The Physics of Blown Sand and Desert Dunes. London:Methuen. 1941.

[37] 河村龙马.飞砂的研究[R].东京大学理工学院研究报告,1951,5:3-4.

[38] 兹纳门斯基.沙地风蚀过程的实验研究和沙堆防止问题[M].杨郁花译,朱震达校.北京:科学出版社,1960.

[39] Owen P R. Saltation of Uniform Grains in Air. J. Fluid Mech. 1964,20:225-242.

[40] 朱震达,陈治平,吴正,等.塔克拉玛干沙漠风沙地貌研究[M].北京:科学出版社,1981.

[41] 钱宁,万兆惠.泥沙运动学[M].北京:科学出版社,1983.

[42] 吴正.风沙地貌与治沙工程学[M].北京:科学出版社,2003.

[43] 郑晓静,朱伟,谢莉.混合粒径风沙流情况下的一种沙粒起跃速度概率密度函数[J].中国科学,2008,38(6):668-677.

[44] 郑晓静,王萍.风沙流中沙粒随机运动的数值模拟研究[J].中国沙漠,2006,26(2):184-188.

[45] 董治宝,王训明,刘连友.中国干旱半干旱地区的风蚀[J].中国沙漠,2000,20(2):134-139.

[46] 董治宝,陈渭南,李振山,等.风沙土水分抗风蚀性研究[J].水土保持通报,1996,16(2):17-23.

[47] 董治宝,钱广强.关于土壤水分对风蚀起沙风速影响研究的现状与问题[J].土壤学报,2007,44(5):934-942.

[48] 董玉祥.波浪—海滩—沙丘相互作用模式研究评述[J].中国沙漠,2010,30(4):796-800.

[49] 董玉祥,黄德全,马骏.海岸沙丘表面不同部位风沙流中不同粒径沙粒垂向分布的变化[J].地理科学,2010,30(3):391-397.

[50] 董玉祥,S L Namikas,P A Hesp.海岸风沙流中不同粒径组沙粒的垂向分布模式[J].地理研究,2009,28(5):1179-1187.

[51] 董玉祥,马骏.风速对海岸风沙流中不同粒径沙粒垂向分布的影响[J].中山大学学报(自然科学版),2008,47(5):98-103.

[52] 李万清.风沙跃移运动的粒—床随机碰撞数值模拟研究[D].兰州:兰州大学,2007.

[53] 张默.基于FLUENT的建筑物风沙两相流场数值模拟[D].哈尔滨:哈尔滨工业大

学,2008.

[54] 武生智,刘楠,薄天利.沙漠公路近壁流场的风洞实验和数值模拟[J].兰州大学学报(自然科学版),2008,44(4):27-34.

[55] 马高生.定常和非定常来流下的风沙流数值模拟[D].兰州:兰州大学,2011.

[56] 任春勇.基于欧拉模型的风沙流运动模拟[D].兰州:兰州大学,2011.

[57] 危卫,鲁录义,顾兆林.风沙运动的电场 流场耦合模型及气固两相流数值模拟[J].物理学报,2012,61(15):535-542.

[58] 赵江.挡板影响下的风沙流数值模拟[D].兰州大学,2013.

[59] 陈广庭.沙害防治技术[M].北京:化学工业出版社,1998,2.

[60] 蒋富强,邱耀全,张红利.沙障立柱受力分析及埋深计算[J].中国沙漠,1999,19(2).

[61] 蒋富强,钱征宇.民调工程风积沙渠基压实工艺研究[J].中国铁道科学,1999,20(3).

[62] 蒋富强,王锡来.铁路防风治沙工程的规划设计[J].中国工程科学,2007,19(5).

[63] Ranga R K G, Garde R J, Singh S K, et al. Experimental Study on Characteristics of Flow Past Porous Fences[J]. Journal of Wind Engineering and Industrial Aerodynamics,1988,29:155-163.

[64] Hagen J K, Skidmore E L. Windbreak Drag as Influenced by Porosity[J]. Transactions of the ASAE,1971,8:269-292.

[65] Plate E J. The Drag on Smooth Flat Plate with a Fence Immersed in its Turbulent Boundary Layer [J]. An ASME Publication. NO.64-fe-17,1964.

[66] 高永,邱国玉,丁国栋,等.沙柳沙障的防风固沙效益研究[J].中国沙漠,2004,24(3):365-370.

[67] 屈建军,凌裕泉,俎瑞平,等.半隐蔽格状沙障的综合防护效益观测研究[J].中国沙漠,2005,25(3):329-335.

[68] 金昌宁,董治宝,李吉均,等.高立式沙障处的风沙沉积及其表征的风沙运动规律[J].中国沙漠,2005,25(5):652-657.

[69] 赵国平,胡春元,张勇,等.高立式沙柳沙障防风阻沙效益的研究[J].内蒙古农业大学学报,2006,27(1):59-63.

[70] 张克存,屈建军,董治宝,等.格状沙障内风速波动特征初步研究[J].干旱区研究,2006,23(1):93-97.

[71] 詹敏,于忠峰,于明.覆膜防沙治沙方法[J].水土保持研究.2007.14(3):381-383.

[72] 郑晓静,马高生,黄宁.铁路挡风墙挡风效果和积沙情况分析[J].中国沙漠,2011.31(1):21-27.

[73] 左合君.临策铁路防沙明洞防风阻沙机理及对风沙环境的影响[D].内蒙古农业大学,2013.

[74] 蒋富强,李莹,李凯崇,等.兰新铁路百里风区风沙流结构特性研究[J].铁道学报,2010,32(3):105-110.

[75] 薛春晓,蒋富强,程建军,等.兰新铁路百里风区挡沙墙防沙效益研究[J].冰川冻土,2011,33(4):859-862.

[76] 李凯崇,蒋富强,薛春晓,等.兰新铁路十三间房段的戈壁风沙流特征分析[J].铁

道工程学报,2010,138(3):15-18.
[77] Schiller L,Nauman A Z. Uber Die Grundlegenden Berechnungen Bei Der Schwerk Raftaufbe Reiting. Z Ver Deut Ing,1933,77:318-320.
[78] F. M. White,Fluid Mechanics,McGraw-Hill,New York,1991.
[79] R. Clift. W. H. Gauvin,The Motion of Particles in Turbulent Gas Streams. In:Proceedings of Chemeca 701,Butterworths,Melbourne(1970):14-28.
[80] 李驰,高瑜,黄浩.沙漠公路风蚀破坏规律的数值模拟研究[J].岩土力学,2011,21(1):642-647.
[81] 张军平,王引生,蒋富强.兰新铁路戈壁地区路基周围风沙流运动特征数值分析[J].中国铁道科学,2011,32(4):14-18.
[82] 李驰,高瑜,黄浩.风沙环境下沙漠路基风蚀破坏数值模拟研究[J].岩土力学,2010,31(2):378-382.
[83] 马晓洁,张春来,张加琼,等.包兰铁路沙坡头段防护体系前沿栅栏沙丘形态与近地面流场[J].中国沙漠,2013,33(3):649-654.
[84] 魏天琦,伍永秋,潘美慧,等.榆靖高速公路防护体系近地面流场特征[J].中国沙漠,2013,33(3):655-661.
[85] 唐玉龙.青藏铁路西格段戈壁风沙流防治体系研究[J].中国沙漠,2013,33(1):72-76.
[86] 曾秋兰,李振山,卢傅安,等.高速公路透风型挡风墙不同位置防风特性的数值模拟研究[J].中国沙漠,2012,32(6):1542-1550.
[87] 汪言在,魏殿生,伍永秋,等.塔克拉玛干沙漠沙垄区公路防护带内风场特征研究[J].中国沙漠,2012,32(5):1216-1223.
[88] 赵性存.中国沙漠铁路工程[M].北京:中国铁道出版社,1988.
[89] 治沙造林学编委会.治沙造林学[M].北京:中国林业出版社,1984.
[90] 周世权,马恩伟.植物分类学[M].北京:中国林业出版社,1995.
[91] 张奎壁,邹受益.治沙原理与技术[M].北京:中国林业出版社,1990.
[92] 王卫国.全国防沙治沙规划管理与防沙治沙实用手册[M].吉林:吉林电子出版社,2011.
[93] 姚云峰,王林和,姚洪林,等.沙漠学[M].内蒙古:内蒙古人民出版社,1998.
[94] 朱震达,刘恕.中国北方地区的沙漠化过程及其治理区划[M].北京:中国林业出版社.
[95] 虞毅,高永,汪季,等.沙袋沙障防沙治沙技术[M].北京:科学出版社,2014.
[96] 郝才元.临策铁路沙害治理研究[J].铁路节能环保与安全卫生,2014,4(1).